粘 土 鉱 物 学

粘 土 鉱 物 学

須 藤 俊 男 著

岩 波 書 店

序

『粘土鉱物』(岩波全書)は，1953年に初版が刊行されて以来，今日まで13刷を重ねた．刊行の趣旨は，当時，異常な発達のきざしのあった，新しい鉱物学の分野——粘土鉱物学——の状況を同学の研究者に，また同学の道に進む研究者に伝えることにあった．以来今日まで，この分野の発展は著しく，現在では粘土科学という新しい総合科学にまで発達した．その関連する分野は，鉱物，岩石，鉱床，地質などの地球科学全般よりはじまり，結晶学，物理学，化学(無機，有機)，レオロジー，化学工業，窯業，石油工業，土壌学，土木工学などのように，科学，工学，農学の基礎，応用の両分野にわたっている．鉱物の中でこのように広く利用の途を得ているものはなく，鉱物学の分野で，このように広く他の分野と関係を保っているものもない．粘土鉱物学は，今日では粘土科学の基礎を受け持っている．このような状況であるために，初版以来，年を追う毎に，内容は時代に即さなくなり，そのため，3回にわたって増補の機会が与えられたが，それでもなお，今日では，現代的の内容に欠ける部分が多くなった．小冊子『粘土鉱物』が，今日でもなお，新しい読者を得ていることを考えると，今日の時代に遅れた内容を，このまま放置しておくことにしのびない．ここに旧版を全面的に書きかえ，新しく単行本として世に送ることになった．改稿の趣旨は大要次のようである．

いうまでもなく，目前には莫大な量の新知識がある．今日の粘土鉱物研究を知ろうとすれば，新知識の中で不必要なものは1つとしてないわけであるが，包含の広い内容を盛ることは，本書の規模では不可能であり，また著者の意図でもない．むしろ，著者自身の観点により，今日大きく蓄積され，時に乱麻のように乱れているデータの中に，1つの体系を示そうというにある．また，古いデータを切りすてることは必ずしもしなかった．たとえば開拓的の研究は，科学史の上でも残るべきものと思い忠実に記し，古いデータではあるが，信用がおかれ，今日なお生きていて，重要な考えを生むに役立っているものは切りすてていない．また，手動により記録された古いデータでも，近代的の機械記録と比較して遜色ないものは採用した．このような意図のもとで，及ばずなが

ら，可能なかぎり，本書の内容に，内外を通じ類書のない特色を持たせようと努めた．本書が粘土科学，粘土鉱物学に志す同学の方々に活用していただければ幸いである．

　本書は22章からできている．章より大きい単位のまとめはしていないが，これらの章は，内容によりいくつかのグループにまとめることができる．第1章の序論では，主として粘土鉱物学の創立までのことを簡単に述べ，現在の国際的な活動状況と総合文献を紹介した．第2章の，試料の調整，粘土，粘土鉱物の定義を経て，第3章，第4章で，結晶構造およびそれと化学組成との関連を取り扱った．結晶構造は粘土鉱物(のみならず，すべての物質)のあらゆる特性の発現の源と考えているからである．第5章～第10章の6章は粘土鉱物に各種の電磁波ならびに熱をあてたとき，返ってくる信号(返信)と，それから知り得る特性である．これらの特性には，粘土鉱物の現在の姿が写し出されている場合もあれば，また外囲の条件の変化に対応する性質の変化が示される場合もある．熱の他に圧力も加え，また，化学的条件も変えて生じさせた変化が，原試料を全く消滅させて，新しく粘土鉱物が生成されるという結果は，第11章の合成の章に記してある．第12章～第15章の4章の内容は，粘土鉱物(全部では必ずしもない)が，水をはじめ，各種の無機イオン，有機分子，酸，アルカリなどと容易に常温，常圧下で反応し，結合し，しかもその中の大部分は，粘土鉱物の構造の中に分け入って，規則正しい構造をとる，いいかえれば，水をはじめ各種無機塩，有機分子が，粘土鉱物と分子オーダーの空間を分け合って，規則正しく配列し，1つの結晶となるという驚くべき事実についてである．また一方で，水の場合はその量比によって，泥水から，粘土の名の通り粘る土までの変化を示すことは古くから知られている．これらの章では，粘土鉱物の研究，利用面を，他の鉱物に見ることのできないほど，広げるに役立つ特性について述べている．しかし，これらの興味ある現象については，それを支配する諸因子の数が多く，その相互関係も多様であって，はじめから単純な理論を持ってきても，完全な説明は必ずしも期待できない．この点はレオロジーの研究方法と軌を一にしている部分である．次いで，産状，成因を第16章に述べた．粘土鉱物学の将来の研究と，従来の研究の林の中に，粘土鉱物の進化，サイクルという途をつけるという点で重要と思われるものに，非晶質粘土鉱物と，中

間性粘土鉱物がある．これらをそれぞれ第17, 18章に記した．第 19, 20, 21 章の3章では，定性判別法，定量方法，分類，応用を取り扱った．もとより本書は応用書ではないので，第21章の内容は簡単であるが，主要な利用の途はもれなく記したつもりである．かくして，最終の章に，粘土鉱物研究の結晶学理論の背景ともいうべきものをつけた．粘土鉱物の結晶構造は，粘土鉱物のあらゆる特性の源であるが，構造特性の研究には，結晶学の理解が必要である．

　筆者の研究に対し，常々有益な御忠言と激励をいただいている日本はじめ諸外国の研究者に対し，この機会に厚く謝意を表わす．特に本書をつくるにあたって，常々相談にのっていただき，データの検討をしていただいた下田右氏（東京教育大学助教授），生沼郁氏（東洋大学教授）に，また産地名を最近の行政区画により改めることで，御尽力をいただいた加藤昭氏，松原聰氏（国立科学博物館）に厚く御礼申し上げる．また岩波全書『粘土鉱物』以来，この度の単行本にいたるまで，誠に困難な出版を計画され，筆者のわがままな希望を受け入れられ，出版までの労をとられた岩波書店，栗原一郎氏，片山宏海氏，禰寝尚武氏，後藤紘一氏に深謝の意を表わす次第である．

　1974年春

著　者

凡　　例

(1) 本文中の鉱物名は，従来最も普通に用いられている呼び方に従い，多くの場合，原名をそのままカナ文字で綴ったものを用いた．ここでは，原語の発音には必ずしも拘泥しない方針を取った(例えば kaolinite をケオリナイトとせず，カオリナイトとし，saponite をセイポナイトとせず，サポナイトとしたことなど)．鉱物名の原名は索引にて一括して示した．

(2) 文献について：Gruner(1944)，のように人名と年号を入れたものは，学術誌，著書に発表されたもの．文献は各章末にある．日本人の外国語論文は下田右(Shimoda, 1971)のように，邦文論文は下田右(1969)のように示した．

(3) 研究資料，実験について：誰々試料，誰々実験などと出所を明記した．

(4) 挿図について：研究，データを示すための挿図については，すべてその出典を明らかにした．出典を簡単に明記できなかった図は，多くの論文から集め，またはこれに未発表のデータを加えて編集した図である．原典から転写したままの図はなく，すべて筆者が加筆，補修したり，または筆者の考察により描いた図(筆者原図)である．

(5) 以上(2),(3),(4)を通じて，年号を記することなく，人名のみで出所を示したところは，未発表のもの，または正式な学術刊行物でないもの(たとえば講習会のプリント)に掲げられたデータまたは図の中で，極めて有意義なものと認めて本書に採用したものである．

(6) 本書の中で統一して用いた略語は次の通りである．

　(a) a, b, c は結晶軸，a_0, b_0, c_0 は各軸上の周期，α, β, γ は軸角，$a_0, b_0, c_0, \alpha, \beta, \gamma$ でつくられる平行六面体を単位胞とする．

　(b) ベクトルは記号の上に矢印(→)をつけて示し，行列はボールド字体で示した．層格子の種類に関する記号は右上つきに括弧につつんで示し，層格子の枚数に関する記号は右下つきに括弧なしで示した(たとえば $A_m{}^{(st)}$ のように)．

　(c) 板状形態を示すフィロケイ酸塩の粘土鉱物では，面(原子面，イオン面)，シート(4面体シート，8面体シート)，層(2:1層，1:1層)，層間域の語

で構造を表わす．底面に垂直な方向について，1次元的に考えたときの最短周期の範囲内の構造を単位構造といい，この最短周期を d_0 と表わす．d と示したときは，原子面間隙一般を示す（高次反射の干渉域として仮想の面間隙をも含む）．

(d) Dioctahedral（二-8面体の），trioctahedral（三-8面体の）の語は，しばしば用いられる．最近は緑泥石の場合，2つの位置の8面体の特性を区別して示す場合もあり，極めて長い語となり不便であるから，本書では，dioctahedral subgroup を di. 亜群，trioctahedral subgroup を tri. 亜群と書くことに統一した．よって，di.-tri. 亜群などと示される．

(e) X線粉末回折パターンは特別な注がないかぎり，銅の対陰極，Kα線（λ=1.5414 Å）で求められたものである．（フィルム法）と記した以外は，すべてX線ディフラクトメーターの記録による．フィルム法の結果を示した場合は，そのデータの示す目的が，今日でも完全に伝えられていて，古いが価値あるデータという意味である．またX線ディフラクトメーターの記録については，特別の注がないかぎり，全くの不規則方位の粉末集合体からの反射を受けているという原則で実験が行われているものに限っている．しかし，実際はすべてについて厳密に上記の条件が満たされているとは必ずしもいえない．従って，粉末表として (00l)，(hkl) の反射を相対強度を並記して，1連に書き下してあるが，これは，粉末回折パターンの型を示しているという意味にとどまり，構造特性を厳密に論ずるための素材の役は果たしていないことが多い．

(f) 示差熱分析曲線，熱重量曲線，微分熱重量曲線はそれぞれ DTA 曲線，TG 曲線，DTG 曲線と記した．DTA 曲線では，（手動）と記した以外は，すべて自動記録機器によるものである．手動により記録した結果を示した場合は，その結果が今日の機器によるものと遜色ないので，古いが価値あるデータという意味である．DTA 曲線では吸熱ピークは下方に，発熱ピークは上方の向きに統一して示した．また掲げた TG 曲線では，重量減を上方に示したものばかりである．

(g) ピークの強さの比較として，s(強)，m(中強)，w(弱)，vs(非常に強)，vw(非常に弱) などの記号，またピークの鮮明度について，sh(鮮明，幅せまくするどい)，b(不鮮明，幅広い) の記号を用いたところがある．

鉱物命名について

粘土鉱物の命名については，微細結晶であることが原因して，他の肉眼的の大きさの結晶のように，性質解明が一般に難しく，しばしば命名が先走りした傾向があり，古くから混乱していた部分があった．このため，国際粘土研究連合(AIPEA)では，命名委員会をつくり，方針を検討してきたが，現在のところ，大綱が示されただけで，細部までの案は示されていない．また大綱の中にも，研究者の選択にまかせられている未定の部分がある．従って，研究論文についても，著書についても，内外を通じ，方針が示されぬまま，多様の命名が用いられている．このような事情のもとで，本書をつくるにあたり，限定された新しい提案をすることはむしろ適当でないと考え，従来の多様な命名用法の最大公約数ともいうべき方針にとどめ，AIPEA の命名委員会の今後の活動の進展に期待することとした．本書に用いた方針は，次のような範囲で示される．

(a) 分類の大綱は，AIPEA の命名委員会のそれに従う．

(b) 群名は種名と異なる名を採用する．従ってスメクタイトを群名として採用する．種名と異なる群名については，従来用いられているように，種名に「鉱物」という一般名をつけた用法「……鉱物」でも差支えないし，また群名と種名が異なるものでは，「……群」というように，「群」の語をつけることは必ずしも必要ないものとした．以下はすべて群名の意味である．

　例　スメクタイト＝モンモリロナイト鉱物
　　　緑泥石＝緑泥石群＝緑泥石鉱物
　　　蛇紋石＝蛇紋石群＝蛇紋石鉱物
　　　雲母＝雲母群＝雲母粘土鉱物

(c) 種名と異なる群名が未だないものでは，「……鉱物」，「……群」のように「鉱物」，「群」の語を省略しないようにした．

　例　カオリナイト群＝カオリナイト鉱物(カオリナイトといえば種名)

バーミキュライトの命名は，現在のところ最も不明瞭になる恐れがある．種の数が他より少ない点が，不明瞭ながら，混乱を少なくしている．群全体にわたるときは

　　　バーミキュライト群＝バーミキュライト鉱物

を原則とすべきであろう．

　(d) 1つの鉱物名の，最初とか後尾に註をつけた場合は，群よりも細かい分類段階(亜群とか，種)にある鉱物を示す．

　　例　緑泥石(di.)＝di. 亜群の緑泥石

　　　　鉄緑泥石＝鉄の多い緑泥石

　　　　雲母粘土鉱物(di.)＝di. 亜群のもの

　　　　雲母粘土鉱物(Al, di.)＝di. 亜群でAl質のもの．Alの含有量が，Feと比較したとき，1つの特色として指摘できるもの．

　　　　雲母粘土鉱物(Fe, di.)＝di. 亜群でFe質のもの．Feの含有量が，Alと比較したとき，1つの特色として指摘できるもの．海緑石，セラドナイトなど．

　　　　バーミキュライト(di.)＝di. 亜群のバーミキュライト

　　　　バーミキュライト(Mg型)

　　　　Al (層間)バーミキュライト

　　　　6層オルソ蛇紋石など．

　(e) イライトという名は，その実態が明らかになるまで使用を保留する．

　(f) 絹雲母という名は，ボーキサイト，褐鉄鉱などと同じようなフィールド名として取扱う．本書でイライトの名前が出てくる部分は，主としてその命名史の部分である．

　(g) ハロイサイト，メタハロイサイトの用法とする．

　(h) 本書では，「カオリン」をベントナイトと同じように粘土名として取扱った．従って，「カオリン鉱物」という用法は避けた．

目　次

序
凡　例
第1章　序　論 ………………………………… 1
1-1　粘土鉱物学の発達 ……………………………… 1
1-2　著　書 …………………………………………… 4
1-3　研 究 組 織 ……………………………………… 5
1-4　日本の研究 ……………………………………… 7
1-5　粘　　土 ………………………………………… 8
1-6　粘 土 鉱 物 ………………………………………10
参 考 文 献 ……………………………………………11

第2章　研究試料の作成 ………………………16
2-1　研究の方針 ………………………………………16
2-2　「ふるい」の使用 ………………………………16
2-3　有機物，炭酸塩鉱物の除去，脱鉄 ……………17
2-4　粗　　砂 …………………………………………19
2-5　分　　散 …………………………………………19
2-6　ストークス則 ……………………………………20
2-7　ピペット法 ………………………………………21
2-8　鉱 物 分 析 ………………………………………24
2-9　重 液 分 離 ………………………………………24
2-10　重液による遠心分離 ……………………………26
2-11　粒度分析についての注意 ………………………27
2-12　分散剤について …………………………………29
2-13　火 山 灰 土 ………………………………………29
2-14　堆積岩中の粘土鉱物 ……………………………30

2-15　比重分布……………………………………………30
　参考文献……………………………………………………32

第3章　粘土鉱物の結晶構造……………………………33
　3-1　フィロケイ酸塩……………………………………33
　3-2　2:1型………………………………………………33
　3-3　2:1:1型……………………………………………36
　3-4　1:1型………………………………………………36
　3-5　化学式………………………………………………37
　3-6　dioctahedral 亜群, trioctahedral 亜群(di. 亜群, tri. 亜群)……38
　3-7　同形イオン置換……………………………………38
　3-8　単位構造の高さ……………………………………39
　3-9　構造の変化——規則型積層………………………41
　3-10　構造の変化——不規則型積層……………………51
　3-11　構造のゆがみ………………………………………52
　3-12　セピオライト，パリゴルスカイト………………59
　3-13　ポリタイプ…………………………………………60
　参考文献……………………………………………………63

第4章　構造式，化学組成式，化学分析値……………65
　4-1　構造式………………………………………………65
　4-2　2:1型………………………………………………66
　4-3　1:1型………………………………………………79
　4-4　セピオライト，パリゴルスカイト………………80
　4-5　構造式の導き方……………………………………80
　4-6　格子定数と化学成分の関係式……………………88
　4-7　鉄に富む粘土鉱物の酸化還元性…………………90
　参考文献……………………………………………………93

第5章　肉眼および顕微鏡による観察…………………97
　5-1　序　説………………………………………………97

5-2	肉眼的性質	98
5-3	形と複屈折	98
5-4	屈折率	100
5-5	流動複屈折と電気複屈折	103
5-6	光軸角	104
5-7	粘土, 土壌の薄片のつくり方	105
参考文献		107

第6章 X線粉末回折パターン … 109

6-1	X線ディフラクトメーター	109
6-2	試料のつくり方	113
6-3	代表的の粘土鉱物X線粉末反射	115
6-4	X線反射ピークの詳細な検討	116
6-5	ピークの強度測定に関する検討	117
6-6	スリット系の補正	119
6-7	異常分散に対する補正	119
6-8	試料のつくり方と回折強度	120
6-9	X線粉末反射の数と太さ	123
6-10	X線粉末反射の形(ライン形)	124
6-11	構造の乱れの程度	125
6-12	X線粉末反射ピークの数と指数	125
6-13	規則-不規則の変化	126
6-14	格子定数	137
6-15	ポリタイプのX線粉末回折パターン	140
6-16	その他	140
6-17	X線粉末反射による粘土鉱物混合体の研究	149
参考文献		152

第7章 電子線による研究 … 154

7-1	原理	154
7-2	試料のつくり方	156

7-3	走査電子顕微鏡	159
7-4	撮影上の注意	159
7-5	電子線回折	162
7-6	格子像,モワレ模様	167
7-7	X線マイクロアナライザー(EPMA)	167
7-8	附.核磁気共鳴吸収	168
7-9	附.メスバウアー効果	168
参考文献		169

第8章 赤外線吸収スペクトル … 171

8-1	原理	171
8-2	水に関する問題	172
8-3	Si-Oの結合による吸収,その他	174
参考文献		175

第9章 熱分析 … 176

9-1	示差熱分析(DTA)の原理	176
9-2	試料の調整	177
9-3	DTA曲線の基本的性質	178
9-4	主な粘土鉱物のDTA曲線	183
9-5	熱重量測定(TG)	196
参考文献		203

第10章 加熱変化 … 204

10-1	カオリナイト群の加熱変化	204
10-2	スメクタイト,バーミキュライト	207
10-3	その他	209
10-4	加熱変化の応用	213
参考文献		216

第11章 粘土鉱物の合成 … 218

11-1	目的と方法	218

11-2　実験条件と出発物質 …………………… 218
　11-3　合成機器 ……………………………………… 219
　11-4　出発物質の影響 …………………………… 225
　参考文献 ……………………………………………………… 228

第12章　イオン交換 ……………………………… 229
　12-1　はしがき …………………………………………… 229
　12-2　イオン交換 ………………………………………… 229
　12-3　陽イオン交換容量の測定 ………………… 231
　12-4　交換性イオンの分析 ……………………… 233
　12-5　イオンの固定 ………………………………… 233
　12-6　陰イオンについて ………………………… 235
　参考文献 ……………………………………………………… 235

第13章　粘土鉱物と水 …………………………… 236
　13-1　粘土鉱物中の水の存在状態 ……………… 236
　13-2　層間水の構造 ………………………………… 236
　13-3　内部膨潤 ……………………………………… 237
　13-4　膨潤度の測定 ………………………………… 239
　13-5　外部膨潤 ……………………………………… 242
　13-6　コンシステンシー ………………………… 243
　13-7　分散 …………………………………………… 244
　13-8　凝集 …………………………………………… 245
　13-9　粘性 …………………………………………… 246
　13-10　粘度の測定，毛管粘度計 ………………… 247
　13-11　ティキソトロピー ………………………… 249
　13-12　可塑性 ………………………………………… 251
　13-13　塑性図 ………………………………………… 254
　13-14　地すべり粘土，重粘土 …………………… 255
　13-15　粘土鉱物に吸着された水の比重 ……… 256
　参考文献 ……………………………………………………… 257

第14章　粘土-有機複合体 ……………… 259

- 14-1　粘土-有機複合体 …………………… 259
- 14-2　極性結合 …………………………… 259
- 14-3　イオン結合による複合体 ………… 262
- 14-4　カオリナイト-尿素複合体 ………… 264
- 14-5　土壌と有機物 ……………………… 264
- 参考文献 …………………………………… 265

第15章　酸ならびに塩類溶液による構造変化, その他 ……………… 267

- 15-1　酸 …………………………………… 267
- 15-2　硝酸アンモニウム ………………… 267
- 15-3　Al(層間)バーミキュライト ……… 268
- 15-4　酢酸マグネシウム ………………… 270
- 15-5　塩の単分子層吸着 ………………… 270
- 15-6　粘土, 土壌の酸性 ………………… 271
- 15-7　摩剥 pH …………………………… 273
- 15-8　粘土鉱物の呈色反応 ……………… 276
- 15-9　触媒作用 …………………………… 277
- 15-10　電気的性質 ……………………… 278
- 15-11　粘土鉱物の化学反応性 ………… 281
- 15-12　表面積 …………………………… 282
- 15-13　摩砕の影響 ……………………… 282
- 15-14　塵肺症 …………………………… 283
- 15-15　宇宙化学と粘土 ………………… 283
- 参考文献 …………………………………… 284

第16章　粘土鉱物の産状, 成因 ……… 285

- 16-1　産状, 成因 ………………………… 285
- 16-2　pH の意味 ………………………… 288

16-3	熱水源	289
16-4	粘土化帯	292
16-5	現世の堆積物	300
16-6	粘土鉱物と海水中の変化に関する実験	302
16-7	現世堆積物より堆積岩	304
16-8	海緑石	307
16-9	土壌粘土鉱物	309
16-10	火山灰およびガラス質凝灰岩	313
16-11	黒鉱とグリーンタフ	326
16-12	熱力学的考察	333
参考文献		337

第17章　非晶質粘土鉱物 ……… 340

17-1	はしがき	340
17-2	アロフェン	341
17-3	イモゴライト	344
17-4	ヒシンゲライト	347
参考文献		347

第18章　中間性粘土鉱物論 ……… 349

18-1	中間性粘土鉱物	349
18-2	混合層粘土鉱物の発見	351
18-3	積層状態	351
18-4	成分層の性質の変動	355
18-5	雲母層との組合せ	356
18-6	緑泥石との組合せ	361
18-7	その他の混合層鉱物	368
18-8	X線以外の2,3の特性	373
18-9	産状と成因	375
18-10	規則型	377
18-11	合成	379

18-12　偏倚型の存在 ………………………………… 380
　18-13　サイクル ……………………………………… 384
　18-14　混合層鉱物の構造式 ……………………………… 386
　18-15　原理のまとめ ……………………………………… 390
　18-16　混合層鉱物の成因(初成因，1次成因) ……………… 393
　18-17　粘土鉱物の世界像 ………………………………… 395
　18-18　degradation, aggradation, 進化 …………………… 397
　参 考 文 献 ………………………………………………… 397

第19章　粘土鉱物の判別，定量 …………………………… 401
　19-1　判 別 表 …………………………………………… 401
　19-2　X線粉末回折パターンより出発する判別系統 ……… 404
　19-3　緑泥石の結晶化学的性質の判別図 …………………… 411
　19-4　モンモリロナイト-ノントロナイト系列 …………… 414
　19-5　定 量 方 法 ………………………………………… 414
　19-6　アロフェンの存在の認定 …………………………… 422
　19-7　ベントナイトの含有量測定法 ……………………… 422
　19-8　バイデライトの判別 ………………………………… 424
　参 考 文 献 ………………………………………………… 424

第20章　分　　　類 ……………………………………… 426
　20-1　分 類 表 …………………………………………… 426
　20-2　雲母粘土鉱物の命名について ……………………… 432
　20-3　di. と tri. 亜群 ……………………………………… 433
　参 考 文 献 ………………………………………………… 433

第21章　粘土鉱物の研究および応用領域 …………………… 434
　21-1　粘土鉱物の研究領域 ………………………………… 434
　21-2　粘土の利用 ………………………………………… 435
　21-3　合成工業と完全利用 ………………………………… 438
　21-4　将来の問題 ………………………………………… 439
　参 考 文 献 ………………………………………………… 442

第22章　粘土鉱物研究に関係するX線
　　　結晶学の基礎 …………………………………… 443
　22-1　規則正しい構造からのX線回折強度式 …………… 443
　22-2　不整構造のX線強度式(1次元不整構造) ………… 451
　22-3　フーリエ変換 ……………………………………… 463
　22-4　X線粉末回折の幅 ………………………………… 463
　22-5　非晶質物質からのX線回折強度式 ……………… 468
　参　考　文　献 ………………………………………… 471
索　　　引 ……………………………………………… 473

第1章 序　　論

1-1　粘土鉱物学の発達

　粘土は我々の身近にある．粘土といえばまず粘土細工を思い出す人も多いであろう．粘土粒子は我々がふんで歩く土の中にあり，泥水の中にあり，また大気のほこりの中にもある．また海底，湖底の土の中，堆積岩の中，風化を受けた岩石の中にも広く含まれている．

　粘土は我々の身近にあって，ありふれた平凡なものだけに，広く深い関心が得られず，また忘れられることもあるが，ありふれた平凡なものは，最も重要なものでもある．

　粘土は他の物質に見ることのできない数多くの特性を持っている．粘土の特性は，人類の歴史のはじまる頃から経験的に知られ，科学的研究の進歩に伴って次第に明らかにされてきた．この特性は，実に善悪両方面で，人生に大きい影響を与えてきた．たとえば，適当な水でこねてできる粘土塊の可塑性とか，火に耐える性質などは，古代人類が，火を用い石を築いて住いとしていた頃から注意され，土器，煉瓦の原料として粘土が用いられていた．西暦77年に出版されたというS. Pliniusの'The Natural History'第35巻には，粘土をせっけんの代用に用いたと記してあるというが，これは記録に残る粘土の利用記の最初のものであろうと考えられる．そして，粘土は実に化学工業の今日の発展を導いたといっても過言でない．また一方で粘土は悪として人生に関係し，たとえば，粘土は地すべり，山くずれの災害にしばしば大きい役を買っている．このように，善悪を通じて人生と深い関係を持つ粘土であればこそ，今日まで粘土は人類の歴史とともに歩んできた．そして，当然のことながら，その科学的研究の萌芽は，新しい鉱物学(粘土鉱物学)を創立させたのみならず，新しい総合科学(粘土科学)の発展を導いたのである．鉱物学分野で，かくも基礎，応用面で大きく発展した分野は珍しい．

　粘土に科学的メスがあてられるようになった結果，まず経験によって知られていた粘土のいろいろな特性が逐一解明されるようになったことは勿論である

が，また数多くの新しい特性が見出され，利用面が拡大された．またこれらの特性の研究方法も多方面にわたり，粘土研究は学理，応用の広範な方面，科学，工学，農学のあらゆる部門に及ぶようになった．そして粘土の特性の発現に重要な役割を演ずるものは，細かい鉱物であることが認められ，粘土鉱物と名付けられ，粘土鉱物学という新しい鉱物学の枝が生れ，今日では大木にまで発達した．最近では，粘土研究全般を包含する分野は，粘土科学という1つの新しい総合科学として発展するようになった．そして粘土鉱物学は，粘土科学の基礎部門を受け持つ役目を果している．

以上述べた事柄から，生物界のバクテリアが連想されるであろう．まさに，粘土は鉱物界のバクテリアに相当するといえる．微生物学という部門があるように，粘土鉱物学は微鉱物学ともいえるであろう．

以下に述べるのは，粘土研究史の中で，特に粘土鉱物の研究史のあらましである．

鉱物学研究の初期には，化学分析，偏光顕微鏡観察などが有力な研究方法であったが，微細な粘土粒子の研究には，普通の顕微鏡の倍率も無力であった．ここで「考え」が先に立って，粘土は一般に単一の物質の集合であると考えられた．細かい粒子の集合塊は，見掛け上一様に見えることが多いため，このような考えが先立ったのであろう．そして化学分析から得られた化学組成が，粘土を構成する物質のそれを示すものとされ，「粘土化合物」と名付けられた．当時は不純物の存在を特に深く考えることなく（事実当時は不純物の確認は大へんむずかしかった），分析表に示された元素酸化物の比が整数に近い場合は，それを整数化して粘土化合物の化学式とした．また広く利用されていた粘土にカオリナイトを主成分とする粘土が多く，SiO_2，Al_2O_3，H_2Oの3成分を主化学成分とする粘土が多かったため，粘土は一般に，この3成分よりなり，カオリナイトが粘土一般の主成分物質であるとされた(Ries, 1927)．このような傾向は，歴史的な事実であるが，しかし現在においてもなお，時に繰り返されている誤りである．

一方で粘土の特性の中で，特に水に対する性質は，コロイド化学の研究対象であるコロイドと結びつけて考えられるようになった(Van Bemmelen, 1888)．当時コロイドはすべて非晶質であると考えられていたので，粘土の構成物質は

1-1 粘土鉱物学の発達

すべて非晶質であろうと考えられた.その後,粘土は一定の組成を有しないコロイドの混合物と考えられたり,非晶質と考えられながらも,化学組成にある範囲があると考えられ,結局,一般に粘土は数種の化合物の混合であろうという考えが示された(Asch and Asch, 1914).

鉱物学史の新しい1ページはLaueによって1912年に開かれたことはよく知られているが,この年は粘土研究史についてもまた新しい1ページであった.Hadding(1923)とRinne(1924)は独立に粘土のX線分析を行って,粘土は一般に結晶質であることを示した.1924〜1930年にかけ,アメリカのRoss and Shannon(1925, 1926)は,工業的に利用されている粘土について,光学的,熱的,X線的性質,ならびに,化学成分を研究し,あらためて,一般に粘土は結晶質であることを認め,結晶性の物質を粘土鉱物と名付けた.この研究は,粘土鉱物研究の礎石を置いたものということができる.

粘土は細かい粒子の集合体であるから,X線分析による研究法の中では,X線粉末法が有力な方法であった.粘土のX線粉末回折パターンから同定できた結果では,当時知られていた粘土鉱物は,何れもフィロケイ酸塩があることが明らかにされた.たとえば,カオリナイト,白雲母,緑泥石などである.これらの鉱物は一方で肉眼的な結晶としても見出されていた.そして1912年来,発達した単結晶の構造解析のメスは,これらのフィロケイ酸塩鉱物単結晶にあてられた(Pauling, 1930; Mauguin, 1927; Jackson and West, 1930, 1933; Gruner, 1932).これらの研究結果はまた,粘土鉱物のX線粉末回折パターンの解析をより深めるに役立った.そして同一の鉱物が肉眼的の単一結晶として産し,一方で細かい結晶として(粘土の構成鉱物として)産する場合,両者の間には結晶粒が細かいという以外に,本質的の変化はないものであろうかという疑問が当時残されていた.この疑問に対する解答は,1930年の終り頃から,主としてHendricks(1940)により,詳細な研究によって明らかにされた.それによれば,粘土鉱物結晶の構造には,幅広い規則-不規則の変化があることが明らかにされた.この変化はまず,同一の単位構造の積み重なりの方式に示され,また一方で2種またはそれ以上の単位構造が,底面を平行にして結晶学的に平行に積み重なってできている混合層構造の存在も指摘された.この一連の研究は「粘土結晶学」の創立といわれたが,その特色は不規則結晶の研究にあった.一方

で，X線結晶学の分野でも，不規則結晶のX線解析の理論，ならびに，実験が発展しつつあり，非粘土鉱物の中にも原子面の積み重なりについての規則-不規則の変化があることが論ぜられていた．かくして粘土結晶学は不規則結晶を取り扱うX線結晶学の研究分野と密接な連絡をとりはじめるようになった．

1-2 著 書

粘土研究分野が，粘土科学という新しい総合科学にまで発展したことでもわかる通り，その研究分野は基礎，応用の面で広い．各方面での研究の内容，ならびに，その門を開いた開拓的の研究は，以下の各論中に記することにする．

戦後における粘土研究の発展に対応して，次の2つの動向が見られる．1つは総合文献ならびに著書の刊行であり，他は各国における研究組織の発足と，国際粘土研究組織の発足である．

総合文献の最初のものは，API(American Petroleum Institute――API)より，Kerrが主宰して，分冊で，1949~1950にわたり，Clay Mineral Standardsとして発行されたものであるが，その後Reference Clay Mineralsとして発行された(Kerr, 1951)．内容は今日では古くなっているが，アメリカ，その他より，粘土鉱物の試料を集め，これらの諸性質を研究者が分担して研究をまとめた成果である．この報告書の一部に，粘土鉱物名の辞典があり，今日でも大へん役に立っている．この報告書は名前でもわかる通り，アメリカの有力な粘土研究が石油工業の要請により行われたものであることを示している．

次に総合報告として注目すべきものは，イギリスの鉱物学会から出版されたモノグラフであり，X線による研究(Brown, 1961)，熱による研究(Mackenzie, 1957)，電子線による研究(Gard, 1972)と続刊されてきた．このモノグラフは，1人の編者(上記の括弧の中に記した)のもとで，世界中より選ばれた研究者が，各章を執筆している形式の本である．

専門書としてはGrim(1953)の本が最初であり，同年日本より『粘土鉱物』(岩波全書)が出版された(須藤俊男, 1953)．その後Grim(1963)により応用粘土鉱物に関する専門書が出された．またドイツよりJasmund(1955)，フランスよりCaillère and Hénin(1963)の著書がある．以上は粘土鉱物一般を内容としたものであるが，土壌中の粘土鉱物を主として対象としたものに，Parphenova and

Jarilova(1963), Gorbunov(1963), 許冀泉(1956)の著書があり, 粘土地質学の方面の書に Millot(1964)の書がある. 関連分野の方面で, コロイド化学の問題を主として取りあげたものに, Marshall(1949, 1964), van Olphen(1963)の本がある. 特定の国の粘土鉱物のデータを中心にして書かれた本に Konta(1957), Sudo(1959)の書がある. なお, 国際会議の時に出版された野外見学のガイドブックは, 各国の粘土鉱物, 鉱床を知るに適した出版物であるが, 特に, 1966年, イスラエル, エルサレムで開かれた国際粘土会議のとき出版された The Clays of Israel(Bentor, 1966), また日本で開かれた国際会議のときに, ガイドブックとは別に特別に編集し刊行された The Clays of Japan(Iwao, 1969)がある. Frank-Kamenetsky(1964)の著書は, 混合物という観点からまとめられた本で, その中に混合層鉱物の興味深い事柄が書かれている. また Eitel(1954, 1964)のケイ酸塩科学は, 粘土, 粘土鉱物の研究に役立つ. また粘土ハンドブック(1967)は, 粘土, 粘土鉱物の百科事典であり, 類のない著書である.

このような著書の刊行と相まって, 総合論文ともいうべきものが多数発表されている. 全般的な事柄については渡辺裕(1965), 特に土壌粘土鉱物については青峯重範(1963), Rich and Kunze(1964), Gieseking(1949), Rich and Thomas(1960), 江川友治(1959, 1960), 特に化学的風化と粘土鉱物の関係については Jackson and Sherman(1953), 産状, 成因については Keller(1964), 岩生周一(1972), 土壌中のアロフェンその他非晶質鉱物については青峯重範(1958), Mitchell, Farmer and McHardy(1964)の文献がある. また堆積学との関連で粘土鉱物を論じた文献に Müller(1967), 同定および定量法については和田光史(1966), フィロケイ酸塩の結晶構造の立場からみた粘土鉱物結晶の構造については Brown(1965), Bailey(1966)の総合文献がある.

1-3 研究組織

戦後は, 粘土鉱物研究体系の確立, 将来への発展の原動力という意味で, 研究の発達とともに, 専門書の刊行が相次いだと思われるが, また一方で, 各国での研究組織の発足となってあらわれはじめた. すなわちイギリス, フランス, スエーデン, アメリカ, 日本, アルゼンチン, オーストラリア, イタリア, 南ア, ソ連, スペイン, インド, ハンガリー, などで, 現在定期刊行誌を持って

いるところは，アメリカ，イギリス，フランス，日本である．またイタリアの組織では，その全会員は，同時に次に述べる国際研究組織(国際粘土研究連合，AIPEA)へ加入するという方式をとっている．日本においては，1956年頃より粘土研究の組織を要望する傾向が，国の内外から生じ，有志相集って準備に着手し，1958年に日本粘土研究会が発足し，1964年には日本粘土学会として発展した．趣旨は，粘土を中心としてあらゆる関係分野の研究者の協力を求め，国内に対しては，その研究，応用の助成に努力し，また常に国際的視野をもって世界と対等の地歩と活動を期待するものである．10周年の記念行事として，粘土ハンドブックの刊行，国際粘土研究連合の招待，粘土研究所の設立が計画され，前2者は実行された．

このように各国で粘土研究組織が発足する状勢に対応するため，1948年，ロンドンで万国地質学会議が開かれたとき，粘土研究の国際組織の設置の必要性が強調され，国際粘土研究委員会(Comite Internationale Pour l'Etude des Argiles——CIPEA)が発足し，その重要な事業の1つとして，2～3年毎に国際粘土会議を開催することとなった．以来今日までの開催国と開催年は次の通りである．

1948年*(ロンドン)，1950年(アムステルダム)，1952年*(アルジェー)，1954年(パリ)，1956年*(メキシコ市)，1958年(ブリュッセル)，1960年*(コペンハーゲン)，1963年(ストックホルム)，1966年(エルサレム)，1969年(東京)，1972年(マドリッド)．この間，万国地質学会議と共催されたり(*印)，されなかったり，会則も確立せず，報告は，万国地質学会議と共催した年は，その報告の分冊として発行されることが多かったが，またそれ以外の年では，全然発行されない年もあったらしく，決して活発ではなく，その間，各国の粘土研究組織による年会のほうが活発なことがしばしばであった．またこの間，ごく少数の役員で運営され，その委員長には，主として，R. E. Grim がこれにあたった．しかし，この委員会は，今日の国際研究組織の発展の礎石を置いたものであって，Grim はその意味で今日世界の粘土研究者より感謝されている．

1960年デンマークのコペンハーゲンで開かれた国際粘土会議で，I. T. Rosenqvist が会長になり，この会議の根本的な改革をはじめた．まず，この会議を，よくあるような，単なる「お祭」としないこととし，このために，粘土が関係

する広い分野を代表するため，他の国際会議と共催の形をなるべくとらず，この会議の開催に焦点が集中するよう，独立に会議を開くこととした．役員の数を増し，粘土研究の盛んな国からは，公平に役員を選出することとなった．そして会則の原案をたてられ，名称は Association Internationale Pour l'Etude des Argiles――AIPEA（国際粘土研究連合）とすることとし，これら一切は 1966 年のエルサレム会議のとき承認され確立した．またこの 1966 年の会で正式に評議員の選出が行われた．また特筆すべきことは，この会議を，単に「顔見せ」とするのでなく討論を積極的に盛んにし，学問的水準を高めるため，他にあまり例を見ない独特の方針が立てられ，1963 年のストックホルム会議のときから実行されてきた．

なお，国際研究組織の中で，粘土研究と特に密接なものが 2 つある．1 つは国際土壌科学学会（International Soil Science Society――ISSS）の第 7 部会（土壌鉱物学）である．この ISSS は土壌全般の問題を討論する極めて大規模な国際学会であり，古くから 6 つの部会を持っていたが，土壌の中の鉱物の研究の重要性が認められ，第 7 部会が設置されるようになった．他の 1 つは，国際熱分析会議（International Confederation on Thermal Analysis――ICTA）である．

1-4 日本の研究

神津俶祐およびその共同研究者により開拓された粘土鉱物の鉱物学的研究，小林久平により開拓された酸性白土の主として化学工業の方面での研究（小林久平，1949），川村一水により開拓された土壌粘土鉱物の研究は，それぞれの方面での開拓的な研究であった．1941 年筆者は日本の鉄苦土質の粘土鉱物に，近代的な手法を適用した．そして，1945 年の終りにかけて日本は敗戦の混乱した時期に面した．戦後特に日本の粘土研究が世界の学会の関心を深めてきたことは確かであろう．それは研究とともに，試料そのものに対する関心が著しく深いことを指摘することができる．日本は小さい国でありながら鉱物の種類が豊富である．粘土鉱物についていえば，特に熱水性の粘土鉱物，火山灰源の土壌中の粘土鉱物などについて，国の面積の割に豊富なデータを示しつつある．これは全く日本の地質学的な性格のしからしむるところであろう．そして日本は粘土鉱物の天然実験場であるとか，または，日本は粘土研究の 5 大国の 1 つと

かいわれる言葉を，国際会議の席上聞くことが多い．

　本書に紹介した日本の粘土鉱物研究の成果は，世界の文献で何らかの形で取り上げられているのであって，要するに現在の日本の研究は，二番せんじでは必ずしもなく，世界の研究の一翼をになっているといっても過言でない．

1-5 粘　　土

　粘土(clay)はギリシア語の '$\gamma\lambda o\iota o\varsigma$' (glutinous substance)より来た語である．粘土はその科学的研究がはじめられる以前より，いろいろな職場の人々により利用せられて，粘土という言葉が用いられていた．しかし，粘土の定義は人により(陶工，農夫，工業家，地質学者，鉱物学者)必ずしも一致していない．粘土の科学的研究が進み，粘土研究の体系がつくられるようになると，科学的の立場から，粘土の定義がいろいろな研究分野の人々により示されるようになったが，ここにもまた微妙な差が見られる．たとえば，赤熱すると固結するという特性は，窯業の方面では特に強調されていることが多いが，他の方面では，それほど強調されないことがある．従って，いろいろな分野の専門家によって用いられている粘土の定義をまとめて，最も適切な定義を与えることは容易でない．結論は定性的な表現にとどまらざるを得ず，また例外も認めないわけにゆかない状態である．

　粘土の定義は，2つの面から与えられてきた．1つはその特性により規定するもの，他は単に粒の大きさ(粒径，粒度)の範囲で規定するものである．

　性質より規定する定義は，粘土は次の3つの性質を有するとする．(1) 可塑性を示す．(2) 微細な粒．(3) 赤熱すると固結する．各性質については次下の章で詳細に述べられるであろうが，それらを参照されて再びこの定義を読まれるならば，この定義は極めて大まかな表現で述べられていることに気付かれるであろう．粘土の科学的研究に基づいて出された「粘土とは」という問に対する答は，まとめてみると上のようなブロードな範囲の表現に落ち着かざるを得ないのである．しかもなお，上記の各性質の何れをも粘土一般の性質とすることに，疑問が出されている場合もある．例えば，赤熱すると固結する性質は融剤(フラックス)となる物質の混入にも関係し，すべての粘土の通性かどうかという疑問も出されている．よって，より無難な定義は，上記の3つの性質を，

1-5 粘 土

少なくも2つまで有するものと述べられている(Mackenzie, 1963).

　粒径範囲を示す語としての定義は，大別して2つとなる．1つは粒径の上限を示す場合で，この定義は，粘土フラクションの定義ともみることができる．すなわち，特定の粒径以下の粒子で示される．ここで粒径といっても，粒には多様の形があり得るから，後で述べるように，ストークス則をあてはめて求められる球相当直径(e.s.d.)である．特定の粒径の上限としては，2ミクロン(2μ)が広く採用されているが，この値は，実は研究者により，特に，専門分野の異なる研究者により異なっている．最高20μより，5μ, 4μ, 3μ, 2μ, 1μ までである．本書ではこれらの中で2μをとる．もとより，「細かい」という意味の粒径の上限は，厳定されるべきものではなく，ある範囲があり得る(たとえば$1\sim5\mu$). このような範囲が定め得られたならば，その中のどの値をとるかは，人により異なっていても致し方がない．ところでこの範囲を規定するについての科学的の根拠はなにか，という問について参考になる事柄は次のようである．粘土粒子の性質(可塑性，吸湿性，その他)は，粒径1μを中心として突然に変り，この値はコロイド化学でのコロイド粒子の径($10^{-5}\sim10^{-7}$ cm)の上限であるという報告がある(Chukhrov, 1955).

　粘土フラクションより粗い粒径のものの名称には，礫，砂，などがあるが，粘土フラクションの上限が研究者により異なるように，それよりも粗い粒子の粒度の上限も研究者により異なる場合がある．表1-1に主な分類の対照表を示す(菅野一郎, 1966).

　粒径に基づく粘土の定義の他の1つは，試料中の粘土，砂，シルトの割合の

表1-1　粒径の分類

粒径(mm)								
れき (>2)	粗砂 (2–0.2)		細砂 (0.2–0.02)		シルト，微砂 (0.02–0.002)	粘土 (<0.002)		国際土壌科学学会法 (ISSS法)
れき (>3)	極粗砂	粗砂	中砂	細砂	極細砂	シルト，微砂 (0.05–0.005)	粘土 (0.005–0.001, 0.001–0.0001)	アメリカ農務省法(USDA)
石	れき	粗砂	中砂	細砂	粗微砂	中微砂 / 細砂	粗粘土 / 細粘土 / 膠質粘土 (0.0005)	ソ連法 (Kachinsky (1958)法)
れき (>2)	粗 (2–0.25)	砂 (0.25–0.05)		細砂 (0.05–0.01)	シルト 微砂	粘土 (<0.01)		日本農学会法

範囲を示す言葉として用いられる．いいかえれば，物質を粒度分析して得られた結果(粒度組成)の中を，砂，シルト，粘土の割合で整理し，その最も細かい範囲を粘土と呼ぶ．粘土フラクションの上限は研究者により異なることがあるから，砂，シルトのフラクションの上限もまた研究者により異なる．完全な統一が行われないかぎり，原典を示して，用いた方法を示すより致し方がないであろう．

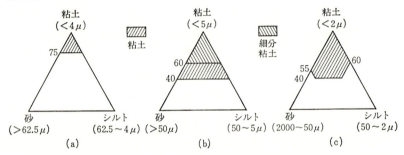

図1-1 粒度組成より示される「粘土」の組成範囲(Mackenzie(1963)による)．(a) Rukhin 等(1958)，Shepard(1954)．(b) Rukhin 等(1958)．(c) Soil Survey Staff(1951)．<4μ は 4 ミクロンの粒径より小さい，>50μ は 50 ミクロンの粒径より大きいという意味．

以上の粘土の定義は，特性と粒径による 2 つに大別される．これら 2 方面からの定義に，対応関係が欠けていては困るのであるが，その心配はなさそうである．何故なら，特性の 2 番目に，微細な粒子ということが示されているからである．そして粘土の定義は，この(2)の性質のみによって定義しても十分であることを示している．粘土の 3 つの特性の中で，(2)が，(1)，(3)の性質のみならず，粘土に見られるその他の性質の最も基本的な性質であることが多くの研究で実際に示されている．

1-6 粘土鉱物

既に述べたように，1912 年結晶による X 線の回折が実験により証明されて後に，粘土についても X 線分析が行われ，粘土の主成分鉱物は，結晶質であることが認められ，粘土鉱物と名付けられた．その後，これらの鉱物は，フィロケイ酸塩鉱物であることが確かめられ，粘土の特性の発現の源は，この鉱物にあることが確かめられてきた．しかし，一方で，(最近，特に土壌学専門の人々

が強調されているように)非晶質鉱物もまた粘土の主成分鉱物である場合があることが知られ，一方で，粘土の中には大なり小なり，非晶質鉱物が結晶質粘土鉱物に混在して含まれていること，そして，非晶質鉱物の存在が，粘土の特性の発現に陰ながら重要な一役を買っていることが暗示されている．結晶質鉱物に混在する非晶質鉱物の存在を確認することはむずかしく，従来は十分な注意検討がされなかった．

粘土鉱物とは，粘土を構成している主成分鉱物であって，粘土の諸性質の発現の源となっている．それは結晶質と非晶質に大別され，前者は何れもフィロケイ酸塩である．形態では，板状のものと繊維状のものと2つあるが，前者が圧倒的に多い．以下の記述で，特に繊維状の外形態をもつものと書いてない部分は，すべて板状形態を示すものについての事柄である．

粘土鉱物，粘土の意味は以上のようであるが，ここで主として地学の立場からそれらの意味を補足すると次のようになる．元来，鉱物という場合に，考えられる対象は単一の結晶の意味である．それの集まりは，たとえ，同一の鉱物結晶の集まりでも(たとえば石灰岩はこれに近い)，また異種鉱物の集まりでも(花崗岩)何れも岩石と呼ばれる．よって，粘土という名前は岩石に対応する．しかし粘土というときは，その主成分鉱物は粘土鉱物である．

参 考 文 献

青峯重範(1958)：日本土壌肥料, **28**, 508.
青峯重範(1963)：日本土壌肥料, **34**, 131.
Asch, W. and Asch, D.(1914)：The Silicates of Chemistry and Commerce, Constable, London.
Bailey, S. W.(1966)：Clays and Clay Miner., 14th Nat. Conf., 1, Pergamon Press.
Bentor, Y. K.(Editor)(1966)：The Clays of Israel, Israel Program for Scientific Translations, Jerusalem.
Brown, G.(Editor)(1961)：The X-ray Identification and Crystal Structures of Clay Minerals, Mineralogical Society, London.
Brown, G.(1965)：Clay Miner., **6**, 73.
Caillère, S. and Hénin, S.(1963)：Minéralogie des Argiles, Masson, Paris.
Chukhrov, F. V.(1955)：Коллоиду в Земной Коре, Изд. Акад. Наук СССР, Москва.
江川友治(1959)：農業技術, **14**, 385, 433, 481, 535.
江川友治(1960)：農業技術, **15**, 11, 54, 102.

Eitel, W. (1954) : The Physical Chemistry of the Silicates, The University of Chicago Press, Chicago.
Eitel, W. (1964) : Silicate Structures, Silicate Science, **I**, Academic Press, New York.
Frank-Kamenetsky, V. A. (1964) : Природа структурных Примесей в Минералах, Изд. Акад. Наук СССР, Москва.
Gard, J. A. (Editor) (1972) : The Electron Optical Investigation of Clays, Mineralogical Society, London.
Gieseking, J. E. (1949) : The clay minerals in soils, Advances in Agronomy, **I**, 159, Academic Press, New York.
Gorbunov, N. I. (1963) : Высокодисперсные Минералы и Методы их изучения, Изд. Акад. Наук СССР, Москва.
Grim, R. E. (1953) : Clay Mineralogy, McGraw-Hill, New York.
Grim, R. E. (1963) : Applied Clay Mineralogy, McGraw-Hill, New York.
Gruner, J. W. (1932) : Zeit. Krist., **83**, 75.
Gruner, J. W. (1934) : Amer. Miner., **19**, 557.
Hadding, A. (1923) : Zeit. Krist., **58**, 108.
Hendricks, S. B. (1940) : Phys. Rev., **57**, 448.
Iwao, S. (Editor) (1969) : The Clays of Japan, Geological Survey of Japan.
岩生周一(1972)：粘土科学, **12**, 31, 81, 113.
Jackson, W. W. and West, J. (1930) : Zeit. Krist., **76**, 211.
Jackson, W. W. and West, J. (1933) : Zeit. Krist., **85**, 160.
Jackson, M. L. and Sherman, G. D. (1953) : Chemical weathering of minerals in soils, Advances in Agronomy, **V**, 219, Academic Press, New York.
Jasmund, K. (1955) : Die Silikatischen Tonminerale, second enlarged edition, 1955, Verlag Chemie, G. m. b. H., Weinheim/Bergstr.
Kachinsky, N. A. (1958) : Механический и микроагрегатну состав почву, методу его изучения 192, Изд. Акад. Наук СССР, Москва.
菅野一郎(1966)：粘土ハンドブック, p. 563, 技報堂.
Keller, W. D. (1964) : Processes of origin and alteration of clay minerals, Soil Clay Mineralogy, **I**, 3, University of North Carolina Press.
Kerr, P. F. (Project director) (1951) : Reference Clay Minerals, Research Project 49, American Petroleum Institute, Columbia University Press, New York.
小林久平(1949)：酸性白土, 丸善.
Konta, J. (1957) : Jílové Minerály Československa, Československé Akad. Věd, Praha.
許冀泉(1956)：粘土礦物与土壌.
Mackenzie, R. C. (Editor) (1957) : The Differential Thermal Investigation of Clays, Mineralogical Society, London.
Mackenzie, R. C. (1963) : Clays and Clay Miner., 11th Nat. Conf., 11, Pergamon Press.
Marshall. C. E. (1949) : The Colloid Chemistry of the Silicate Minerals, Academic Press, New York.

Marshall, C. E.(1964) : The Physical Chemistry and Mineralogy of Soils, I, Soil Materials, John Wiley & Sons, New York.
Mauguin, C.(1927) : C. R. Acad. Sci., Paris, 185, 288.
Millot, G.(1964) : Géologie des argiles, Masson, Paris.
Mitchell, B. D., Farmer, V. C. and McHardy, W. J.(1964) : Amorphous inorganic materials in soils, Advances in Agronomy, XVI, 327, Academic Press, New York.
Müller, G.(1967) : Diagenesis in Sediments, Developments in Sedimentology, 8, 127 (G. Larsen and G. V. Chilingar, Editors), Elsevier, Amsterdam.
日本粘土学会編(1967)：粘土ハンドブック,技報堂.
Parphenova, N. I. and Jarilova, E. A.(1963) : Минералогические Иссчедования в Почвоведении, их изучения, Изд. Акад. Наук СССР, Москва.
Pauling, L.(1930) : Proc. Nat. Acad. Sci., 16, 123.
Rich, C. I. and Thomas, G. W.(1960) : The clay fraction of soils, Advances in Agronomy, XII, 1, Academic Press, New York.
Rich, C. I. and Kunze, G. W.(Editors)(1964) : Soil Clay Mineralogy, The University of North Carolina Press.
Ries, H.(1927) : Clays, Occurrence, Properties and Uses, 3rd ed., John Wiley & Sons, New York.
Rinne, F.(1924) : Zeit. Krist., 60, 55.
Ross, C. S. and Shannon, E. V.(1925) : J. Wash. Acad. Sci., 15, 467.
Ross. C. S. and Shannon, E. V.(1926) : J. Amer. Ceram. Soc., 9, 77.
Rukhin L. B., Serdyuchenko, D. P., Tatarskii, V. B., Kalinko, M. K. and Rengarten, N. V.(1958) : Справочное Руководство по Петрографий Осадочных Пород : Государст. Научно—Техн. Изд. Нефт. Горно—Топлив. и Литер. Ленинград, 1958, vol. 1.
Shepard, F. P.(1954) : J. Sed. Petrol., 24, 151.
Soil Survey Staff(1951) : Soil Survey Manual, U. S. Department of Agriculture, Washington.
須藤俊男(1953)：粘土鉱物(岩波全書),岩波書店.
Sudo, T.(1959) : Mineralogical Study on Clays of Japan, Maruzen, Tokyo.
Van Bemmelen, J. M.(1888) : Landw. Vers. Sta., 35, 69.
van Olphen(1963) : An Introduction to Clay Colloid Chemistry, John Wiley & Sons, New York.
和田光史(1966)：日本土壌肥料, 37, 9.
渡辺裕(1965)：日本土壌肥料, 36, 351.

国際研究組織よりの出版物
○国際粘土研究連合(Association Internationale Pour l'Etude des Argiles――AIPEA)
アルジェー会議(1952)：Congrès Géologique International, Comptes Rendus de la Dix-Neuvième Session, Alger 1952, XVIII(1953).

ストックホルム会議(1963)：Proc. Intern. Clay Conf., 1963, I(1963), II(1965), Pergamon Press.
エルサレム会議(1966)：Proc. Intern. Clay Conf., 1966, I(1966), II(1967), Isreal Program for Scientific Translations.
東京会議(1969)：Proc. Intern. Clay Conf., 1969, I(1969), II(1970), Israel Universities Press.
マドリッド会議(1972)：1972 Intern. Clay Conf., Preprints, I(1972), Edited by SEA and AIPEA.

AIPEA の会員には，AIPEA Newsletter が，ほぼ年1回配布されている．現在までに6冊が発行されていて，No. 1(1967)～No. 6(1972)．

○国際土壌科学学会(International Soil Science Society——ISSS)の第7部会(土壌鉱物学)は，1956年パリの第6回の会議で新設された．この部会の報告は，1960年のアメリカ Wisconsin の会議のものは Transactions of 7th International Congress of Soil Science, IV, 443-547(1960)．1964年ルーマニアの Bucharest の会議の報告は，8th International Congress of Soil Science, Transactions, III, 1077-1330(1964)．なお ISSS の会員には，Bulletin of ISSS(連絡紙)が配布されている．最近号は No. 4(1972)．

○国際熱分析会議(International Confederation on Thermal Analysis——ICTA)．Newsletter が発行されている．

○チェコスロバキアで 1961 年開かれた，チェコスロバキアの第2回粘土鉱物学-粘土岩石学会議の報告は，Acta Universitatis Carolinae, Geologica, Supplementum, 1, Second Conference on Clay Mineralogy and Petrography in Prague, Universita Karlova, Praha, 1961.

各国の研究組織とその出版物
○アメリカ(The Clay Minerals Society)：1955 年来 National Clay Conference を年1回開催して，その報告は，第1回のみは，Clays and Clay Technology, State of California, Division of Mines, Bull., 169(1955)として発行され，第2〜5回までは，Clays and Clay Minerals, Publication, National Academy of Science—National Research Council, Washington という形式で刊行され，第6回以後は，Clays and Clay Minerals, Pergamon Press の形式をとり，その後上記の単行本の形式は取りやめて，定期刊行物，Clays and Clay Minerals, Pergamon Press となって今日に到っている．なお，1965 年より Clay Minerals Society となる．

○イギリス(Clay Minerals Group)：Clay Minerals Bulletin(小冊の雑誌)を発行していたが，近年より，大版の雑誌 Clay Minerals に変え，今日に到っている．このグループはイギリスの鉱物学会の部会であって，上記の定期刊行物以外に，下記のモノグラフを出版し粘土鉱物研究の進歩に寄与している．G. Brown(Editor)(1961), R. C. Mackenzie(Editor)(1957), J. A. Gard(Editor)(1972).

○フランス(Groupe Français des Argiles)：Bulletin du Groupe Français des Argiles を刊行．

○ハンガリー(Clay Minerals Committee)：第1回の会合の報告書は，Földtani Közlöny

(Bulletin of the Hungarian Geological Society of Clay Minerals, **XCIII**(1963)).
- 〇イタリア(Italian Group of A. I. P. E. A.):第1回の会合の報告書が最近発行された.
Gruppo Italiano dell' A. I. P. E. A., Atti del I° Congresso Nazionale(F. Veniale, C. Palmonari, Editors).
- 〇日本(Clay Science Society of Japan):1958年,日本粘土研究会(Clay Research Group of Japan)として発足,定期刊行物として粘土科学(総説,ニュース,解説など,現在では日本語の原著論文も入れる),Clay Science(国際雑誌)の他に,年1回の討論会報告書を,粘土科学の進歩第1集(1959),第2集(1960),第3集(1961),第4集(1963),第5集(1965)(これは第5集で中断)として発行している.1964年より表記の日本粘土学会となる.
- 〇その他研究組織を持つ国名と,組織名は次の通りである.アルゼンチン(Argentine Society of Clays),オーストラリア(Australian Clay Minerals Society),ドイツ(German Clay and Clay Minerals Group),ソ連(Soviet Group for Clay Study),スペイン(Spanish Society for Clay Minerals——SEA),スエーデン(The Swedish Society for Clay Research),ポーランド,インド.

第2章 研究試料の作成

2-1 研究の方針

　粘土鉱物の大きい研究問題には，粘土の特性，産状，成因，利用の問題がある．あたかも，人間について，人間個性，社会における人間，人間社会の諸問題があると同じである．

　いま天然鉱物としての粘土鉱物に限って考えてみると，まず研究試料は野外から採取されることは勿論である．このとき，上記の研究の方針によれば，まず地に網をかけたように，まんべんなく採集された多数試料について研究がはじめられる必要がある．

　次に，粘土鉱物の特性については，いうまでもなく，天然にあるがままの状態で調べられなくては意味がない．したがって，野外で採集された試料について，実験室内で研究に着手するまでの取扱い処置が問題になる．記述鉱物学の研究では，野外で採取された試料を実験室内に持ち帰り，大きい紙上に出して，室温に放置するという程度の処置で問題は少ない．野外におけるままの状態でのサンプリングを注意深く行う必要がある部門は，土壌および土質研究を目標とする粘土鉱物の研究分野である．

　次に粘土鉱物の特性を研究するためには，各粘土鉱物を純粋に取り出して調べることが望ましいが，このことは以下に分離法を通じて述べるように，必ずしも容易でない．まず試料は一般に粒度について不均質であるから，粒度の相異で分け，その各について，鉱物組成を調べる必要がある．

　そこでまず試料を粒度により分け，その各がどのぐらいの割合で含まれているかという分析（粒度分析）を行う．方法は研究者により，また特に専門分野により異なっている．その相異点は粒度の区分にあり，また実験の方法にある．ここでは主として土壌学で用いられている方法を述べる．

2-2 「ふるい」の使用

　粘土試料の性質は多様である．固まっているが，ハンマーで軽くたたけば容

易に小塊に，更に細粒物になるものもあり，土壌のように，指で「ほごす」(解す)ことができるものもある．このような試料は何れも粘土粒子が試料の主要な部分を占めるものである．はじめから試料を乳鉢の中に入れ，すりつぶして，指頭に感ぜぬ程度の微粉末にするのは適当でない．「ほごす」程度にするのが適当で，その趣旨は，原試料中の礫，砂，および粘土を，たがいに原試料中にあるままの大きさを保ちながら，分離することである．粘土塊は，一般に軟らかいから，軽くたたいても，細かい粒になりやすい．

以上のように「ほごしたもの」を，大きい紙の上にひろげ，十分混合し，室温で十分乾かし，全体の重量をはかる．次にこれを，2 mmの円孔「ふるい」を通す．「ふるい」の上にたまった部分は礫であって，室温で乾かして秤量する．礫に附着する水分は単なる吸着水であるから，100°Cに乾かして，室温に冷してのちに秤量してもよいが，原試料の総量を，室温乾燥の状態で秤量したならば，以後秤量の条件をこのように統一したほうがよいと思われる．なお「ふるい」(表2-1)は粒径によって粒を分ける簡単な器具ではあるが，安易な取扱いは禁物である．たとえば，「ふるい」自身は試料とともに十分に乾かしておく(室温乾燥，風乾)ことが必要である．

表2-1 標準ふるいの型

JIS		ASTM		Tyler	
呼称寸法	目の開き	No.	目の開き	メッシュ	目の開き
	(mm)		(mm)		(mm)
2000	2	10	2.00	9	1.921
1000	1	18	1.00	16	0.991
500	0.50	35	0.50	32	0.495
250	0.250	60	0.250	60	0.246
210	0.210	70	0.210	65	0.208
105	0.105	140	0.105	150	0.104
53	0.053	270	0.053	270	0.053

2-3 有機物，炭酸塩鉱物の除去，脱鉄

「ふるい」を通った部分が，次の分析の対象物となるが，ここで，粘土鉱物以外の物質が存在するときは，予めそれを除去することになっている．1つは有機物，他は炭酸塩鉱物である．これらが無いことがわかっていれば，勿論次の

図2-1 トールビーカー.

2つの方法は略してよい.

「ふるい」を通った部分を20gとり，1000 ml のトールビーカー(図2-1)(高形ビーカーで，口径に比べて背の高いもの，液体の加熱のとき，または液体の環流がのぞましいときに用いる．蒸発皿の効果と反対)にとり，過酸化水素水(重量30%)を約60 ml 加え，水浴上であたためる．有機物が存在するときは，著しく発泡し，有機物は分解する．有機物の多い試料は，黒色を呈しているが，この操作で，有機物が分解するにつれ，試料の色は淡色になる．発泡がおとろえた頃，過酸化水素水を追加し，発泡しなくなるまで，追加する．この液を冷し，150～200 ml の1/5 Nの塩酸を加え，約1時間攪拌し，炭酸塩を分解させる．このときも分解に伴って発泡が続くが，発泡が全く止まるまで少量の塩酸を追加する．かくして得られた泥水を濾過する．このとき，ブフナー漏斗が用いられる(図2-2)．ブフナー漏斗は図に示すように，Aとその中に入る多くの孔のあいた板Bがあり，この上に濾紙を置いて，水流ポンプで減圧濾過を行う．このとき濾紙を選定する必要がある．多量の粘土フラクションが濾過されて，濾液が混濁することは避けねばならない．濾液は別に保存して，カルシウム以外に，できるならば，ケイ酸，アルミニウム，鉄などをも分析する．濾液が塩素イオンの反応を示さなくなるまで濾紙上の土塊を蒸溜水で洗滌する.

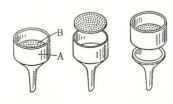

図2-2 ブフナー漏斗.

また粘土，土壌中で，水酸化物，酸化物の形で含まれている鉄分(ケイ酸塩の結晶格子に位置していない鉄分)を除去する方法がある．この方法は，構成鉱物の判定に必要であるのみならず，窯業原料では原料の純化に必要である．

種々な方法があるが，次にヒドロ亜硫酸ナトリウム（亜二チオン酸ナトリウム）を用いる方法を示す．具体的の方法は主としてMackenzie(1954)の報告に従う．風乾土(0.2 mm以下の粒度のもの) 2 gを，50 mlの容量の遠心管中に入れ，5～10 mlの蒸溜水を加えて，この管を約20分間，沸騰水中に浸す．別途に十分乾かした100 mlのメスシリンダー中にヒドロ亜硫酸ナトリウム($Na_2S_2O_4$) 2 gを入れ，50 mlの蒸溜水を加え，振とうして，溶解させる．土塊の懸濁液にこの塩の溶液40 mlを加え，40～45℃の水中に管を5分間浸して直ちに遠心分離機にかけ，上澄液を別に取り出す．この残渣に，0.05 Nの塩酸50 mlを加え攪拌し，分散させて管を40℃の水中に3分間浸して後に，遠心分離し，上澄液を取り出す．この方法を数回繰り返す．最後に1 Nの中性の塩化ナトリウム溶液で遠心分離により洗滌する．この方法は，他の湿式方法に比して最も鉄をよく取り去ることができるが，粘土物質は上記の処理で全く影響されないとはいい切れない場合がある（このことは鉄の少ない場合にX線粉末反射を比較した結果推定されることがある）．しかし特に詳細な結晶学的の研究の場合以外は問題にする必要がないであろう．ラテライト，またはそれに類する試料に，この方法を適用すると，その中の粘土物質を明確にすることができる．長野県宮川附近の蛇紋岩質の岩石より変質して生じている鉄の多い赤褐色土状物質を脱鉄すると，緑泥石を確認することができる．ラテライト中にしばしば含まれるニッケル，クロムの存在状態を確認する場合には，この脱鉄の方法を利用して，酸化鉄，水酸化鉄を除去する方法が有効である．ラテライト中のニッケルは主に残渣の中に含まれる．

2-4 粗　砂

濾紙上の土塊を室温で乾かし秤量する．これを再びビーカーの中に入れ，蒸溜水を加え，よくかきまぜて，0.2 mmの「ふるい」を通す．「ふるい」の上に残った部分を粗砂とし，室温で乾かして秤量する．「ふるい」を通った部分から粘土フラクションを次に述べるように分散によって分ける．

2-5 分　散

分散とは，巨視的に不均一のものが，微視的に不均一なものに変わる過程で

あるといえる．すなわち，主として水という連続相の中に，粘土粒子が浮んだ状態をつくり出し(粘土粒子を水中に分散させ)，粘土粒子を取り分ける．まず上記の「ふるい」を通った部分を500 ml~1 l とし，攪拌器で攪拌し，粘土粒子を水中に分散させる．しかしあくまで粘土粒子を「ほごす」という趣旨であるから，羽根式(羽根を回転または振動させるもの)，流動式(液を流動させるもの)，空気攪拌式(空気を吹き込むもの)などが用いられるが，長時間の攪拌は避ける注意が必要である(大体30分以内)．分散を更によくするために，分散剤を加える．分散剤は一般にアルカリイオン溶液で，このイオンが，粘土粒子のまわりを取りまき，粒子の接近をさまたげる．ここでは分散剤として，10%のアンモニア水を用いる．すなわち振とう管中の500 ml の泥水の中に，10%のアンモニア水を加え，1分間30~40振とう下で1昼夜振とうして後に，1l のメスシリンダー中に入れ 1l とする．これを恒温室内に放置し，粒子を沈降させる．その結果をストークスの法則に照らして，次のように処理し，粒度分析の役を果す．

2-6　ストークス則

　ストークスの法則とは，半径 r の剛体球が，粘度 η の粘性流体中を，一定速度 v で運動するとき，この球が受ける抵抗力は，$6\pi\eta rv$ となることを示す．ただし，ここで球の表面と流体の間に「ずり」速度と「ずり」応力が比例するというニュートン流動を示すこと，球は剛体であり，その運動は十分おそいこと，流体のひろがりは無限であること，球は一定の速度で運動し，流体は球に対して定常運動をするなどの条件がある．この法則により，重力下で水の中を微粒子がゆっくり沈降する速度 v は

$$v = \frac{2}{9}gr^2\frac{\rho'-\rho}{\eta}$$

で示される．g は重力定数，ρ, ρ' はそれぞれ，水ならびに粒子の比重である．この式で，r の範囲，ρ' の範囲(粘土鉱物2.2~2.8)，更に温度 T による ρ, η の変化が考えられる．v を d/t (d は分散液の表面から粒子が t の時間かかって沈む深さ)で示したのが，表2-2，表2-3である．この中で表2-2では，η の温度変化を，特に考慮してつくった表であり，ρ' の相異は t の値に大きい影響がな

表 2-2 ストークスの法則により計算された粒子の沈降速度

温度(T) (°C)	粘度(η) (c. g. s.)	10 cm の沈降時間(t)		8時間当り沈降距離(粘土) (<0.002mm)
		微砂(シルト) (0.02〜0.002mm)	粘土 (<0.002mm)	
		分 秒	時 分	cm
5	1.519×10^{-2}	7 13	12 2	6.6
6	1.473 〃	7 0	11 41	6.8
7	1.429 〃	6 48	11 20	7.1
8	1.387 〃	6 36	11 0	7.3
9	1.348 〃	6 25	10 41	7.5
10	1.310 〃	6 14	10 23	7.7
11	1.273 〃	6 3	10 6	7.9
12	1.239 〃	5 54	9 49	8.1
13	1.206 〃	5 44	9 34	8.4
14	1.175 〃	5 35	9 19	8.6
15	1.145 〃	5 27	9 5	8.8
16	1.116 〃	5 19	8 51	9.0
17	1.087 〃	5 10	8 37	9.3
18	1.060 〃	5 3	8 24	9.5
19	1.034 〃	4 55	8 12	9.8
20	1.009 〃	4 48	8 0	10.0
21	9.84×10^{-3}	4 41	7 48	10.3
22	9.61 〃	4 34	7 37	10.5
23	9.38 〃	4 28	7 26	10.8
24	9.16 〃	4 22	7 16	11.0
25	8.95 〃	4 15	7 6	11.3
26	8.75 〃	4 10	6 56	11.5
27	8.55 〃	4 4	6 47	11.8
28	8.36 〃	3 59	6 38	12.1
29	8.18 〃	3 54	6 29	12.3
30	8.00 〃	3 48	6 21	12.6
31	7.83 〃	3 43	6 12	12.9
32	7.67 〃	3 39	6 5	13.2
33	7.51 〃	3 34	5 57	13.4
34	7.36 〃	3 30	5 50	13.7
35	7.21 〃	3 26	5 43	14.0

$\rho'=2.65$ とし，η の温度変化を考慮してある．

いので，$\rho'=2.65$ により代表させてつくられている．

2-7 ピペット法

上記のストークスの式を応用して，粒度分析を進める方法は次のようである．

表2-3 ストークスの法則により計算された粒子の沈降速度(Kachinsky, 1958)

粒 径	試料の比重 (ρ')	沈降の深さ (d)	沈 降 時 間 (t)		
			20°C	22.5°C	25°C
mm		cm	時間 分 秒	時間 分 秒	時間 分 秒
<0.05	2.20	25	2 34	2 25	2 16
<0.01	—	10	25 36	24 10	22 45
<0.005	—	10	1 42 24	1 36 41	1 30 59
<0.001	—	7	29 52 06	28 12 17	26 32 30
<0.05	2.25	25	2 27	2 19	2 11
<0.01	—	10	24 34	23 12	21 50
<0.005	—	10	1 38 18	1 32 50	1 27 21
<0.001	—	7	28 40 29	27 04 39	25 28 51
<0.05	2.30	25	2 22	2 14	2 06
<0.01	—	10	23 38	22 19	21 00
<0.005	—	10	1 34 31	1 29 16	1 24 02
<0.001	—	7	27 34 22	26 02 11	24 30 16
<0.05	2.35	25	2 17	2 09	2 01
<0.01	—	10	22 45	21 29	20 13
<0.005	—	10	1 31 02	1 25 58	1 20 54
<0.001	—	7	26 33 09	25 04 35	23 35 51
<0.05	2.40	25	2 12	2 04	1 57
<0.01	—	10	21 59	20 41	19 33
<0.005	—	10	1 27 54	1 22 45	1 18 13
<0.001	—	7	25 28 20	24 08 23	22 48 31
<0.05	2.45	25	2 07	2 00	1 53
<0.01	—	10	21 13	19 59	18 53
<0.005	—	10	1 24 53	1 19 54	1 15 31
<0.001	—	7	24 45 15	23 18 23	22 01 15
<0.05	2.50	25	2 03	1 56	1 49
<0.01	—	10	20 31	19 19	18 15
<0.005	—	10	1 22 01	1 17 14	1 12 58
<0.001	—	7	23 55 43	22 31 52	21 17 17
<0.05	2.55	25	1 59	1 51	1 46
<0.01	—	10	19 51	18 41	17 39
<0.005	—	10	1 19 24	1 14 44	1 10 37
<0.001	—	7	23 09 23	21 48 13	20 36 00
<0.05	2.60	25	1 55	1 49	1 43
<0.01	—	10	19 14	18 06	17 06
<0.005	—	10	1 16 55	1 12 24	1 08 25
<0.001	—	7	22 25 57	21 07 17	19 57 26
<0.05	2.65	25	1 52	1 45	1 40
<0.01	—	10	18 39	17 33	16 35
<0.005	—	10	1 14 34	1 10 12	1 06 21
<0.001	—	7	21 45 09	20 28 59	19 21 13
<0.05	2.70	25	1 49	1 42	1 37
<0.01	—	10	18 06	17 02	16 06
<0.005	—	10	1 12 24	1 08 10	1 04 24
<0.001	—	7	21 06 44	19 52 47	18 48 40
<0.05	2.75	25	1 45	1 39	1 34
<0.01	—	10	17 35	16 33	15 38
<0.005	—	10	1 10 19	1 06 13	1 02 34
<0.001	—	7	20 30 32	19 18 40	18 14 51
<0.05	2.80	25	1 43	1 37	1 31
<0.01	—	10	17 06	16 06	15 12
<0.005	—	10	1 08 22	1 04 22	1 00 50
<0.001	—	7	19 56 28	18 40 34	17 44 23

ρ'の変化を考慮している.

2-7 ピペット法

円筒内の内容物を1分間振とうし,適当時間(t),特定の温度(T)に放置する.
t時間後に,図2-3のようにピペットを用いて,適当な深さ(d)の以上の部分をとり出す.いま取り扱っている分散液に,ストークスの法則が完全にあてはめられると仮定すれば(これは全くの仮定),表2-2,表2-3が適用できるわけである.ここで,ρ'の値は未知であるから,表2-2を適用する以外に仕方がない.
$\rho'=2.65$の値は,多くの粘土鉱物のρ'の平均とも見ることができるが,これの値より著しくはずれたものもある(火山灰起源の粘土鉱物ではこの値より小さい).そして表2-2が用いられるならば,粘土フラクション(0.002 mm=2ミクロン(μ)以下の部分)を取り出すためには,20°Cで8時間後に,$d=10$ cmの部分をとり出せばよいことになる.2μ以下という粒径の範囲は,ストークス則により$v=10/t$の速度で沈降する球(比重ρ')の径およびそれより小さい径の範囲であるが,これと同じ速度で沈降する粘土粒子についても適用する.このときの試料の粒径は,ストークス則に相当する径(相当直径)として,2μ以下の粒径範囲を記載し,$<2\mu$(e. s. d.)と示す(e. s. d.はequivalent spherical diameter=球相当直径).かくして,20°C,8時間後に10 cmの深さまでの部分をとりのぞいた後,再び蒸溜水を加えて容積をもとにもどし,約1分間攪拌すれば,「ほごされず」に残った2μ(e. s. d.)以下の粒子が分散するから,これらをとりのぞく.かくして得た部分は,室温で乾かして秤量する.このとき遠心分離するか,素焼板の上に流して水分を切るか,またはブフナー漏斗を用いると,乾かすための時間が節約できる.次に,円筒内の内容物を1分間振とうして,4

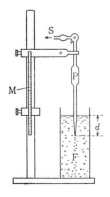

図2-3 粒度分析のピペット法.
P:ピペット(20 ml),F:分散液を入れたびん,M:ピペットの高さを示す(スケールはmm),S:吸入口.

分48秒後約5分後に10 cmの深さまでの部分をピペットで吸いあげ，表2-2，表2-3を参照すれば，この中の粒径は，<20 μ(e.s.d.) であり，シルトに相当する．この操作を上澄液が透明になるまでくり返し，取り出したシルト分の合量を(室温で乾かした状態で)秤量する．円筒ビーカーの底に，最後までたまった部分は，細砂に相当する．この細砂は室温で乾かして秤量する．

以上述べてきた方法により，次の表をつくることができる．すなわち礫，粗砂，細砂，シルト，粘土の各％(重量)．この表が試料の粒度分析の結果である．

2-8 鉱物分析

次に各フラクションの鉱物組成の判別，特に，粘土フラクションを構成する各粘土鉱物の分離へ進む．

各フラクションの鉱物組成を定性的に調べるには，鉱物学的諸方法が用いられる．礫，砂，のフラクションでは，薄片を通じての偏光顕微鏡下の観察がまず有効である．近年，X線粉末反射記録が便利になり，またこれによって鉱物(のみならずあらゆる結晶性物質)の判別ができるようなシステムがつくられているが，偏光顕微鏡下で一見して判定できるものまで，わざわざX線による必要はない．しかし，細粒フラクション，特に粘土フラクションになると，偏光顕微鏡も有効でないから，まずX線粉末反射にたよることになる．粘土鉱物の複雑な性質のために，単なる定性判別でもX線粉末反射のみでは不十分な場合が多い．結局，粘土鉱物判定法に基づいて判別を進める必要がある．

各フラクションは，単一の鉱物からできていることは極めて稀で，2種，多種の鉱物の集合体である．このとき，鉱物研究の目的のためには，各鉱物に分けることが望ましい．まず，比較的粗粒の部分については，磁力選別と重液分離で，各鉱物に分けることが可能な場合が多い．しかし，細粒のフラクションになるほど各鉱物の分離は困難である．以下は，粘土鉱物を単一鉱物として分離する目的で試みられている方法である．

2-9 重液分離

媒質の比重をいろいろに変えて，粘土鉱物相互およびそれと非粘土鉱物とを主に比重の差により分離しようとする方法で，一定粒度に「ふるい」分けした

2-9 重液分離

試料について行うものである．これには，比重の大きな液を用いる．2,3の例を次に掲げる．

トゥーレ液：蒸溜水80 ccに，ヨウ化第二水銀(HgI_2) 270 g，ヨウ化カリウム(KI) 230 gを溶かし，磁製の蒸発皿に入れ水浴上で加熱し，その表面に結晶性の皮膜ができるまで蒸発したものを用いる．これを水で適当にうすめると，比重1〜3.2(18°C)の間の任意の液が得られる．

ブロモホルム($CHBr_3$)：比重2.902(15°C)の液で，例えば粘土鉱物とダイアスポアの分離に有効である．揮発性である．

ヨウ化メチレン(CH_2I_2)：比重3.333(15°C)の黄色ないし赤褐色の液で，ブロモホルムと同様，粘土鉱物と非粘土鉱物との分離に有効である．

クレリシ液：ギ酸第一タリウムの飽和水溶液($Tl(HCO_2)$)(10°Cの水1 ccに5 gを溶かす)で，水でうすめることにより，比重2.0から4.2くらいまでの間を自由に変えることができる．

クレリシ重液で粘土鉱物を分離するには，まず小さい分液漏斗中に，最も比重の高い状態に濃縮した重液を入れ，それに鉱物粉末を投入すれば，多くの場合その全部が重液の上に浮く．これに少しずつ蒸溜水を加えてよく振り，次第に液の比重を下げていくと，粘土粒子の中で沈みはじめるものがあり，加える水の量を適当にして，分離を完遂することができる．この重液分離については，まず分離する試料の粒度をよくそろえておくことが必要である．また著しく細かい粒子は，表面張力が影響するので，液より重くても浮いてくることがある．

粘土鉱物の中にはイオン交換の性質の著しいものがあり，また種々の有機化合物と結合するものも知られている．この点は粘土鉱物の重液分離で最も注意を要するところである．明らかに不適当と認められている場合は，スティルプノメレーンをクレリシ液で分離する場合である．このときはこの液中に含まれているタリウムが，スティルプノメレーン中に多量に吸着され，スティルプノメレーンの性質を一変させてしまう．一方において雲母粘土鉱物と石英の分離はクレリシ液で成功している．たとえば，石英(比重2.65)，雲母(比重2.8〜3.0)の混合物より，クレリシ液(比重2.75〜3.08)を用いて，両鉱物を，殆ど完全に分離できる(日本鉱業中央研究所報告(1967)による)．一般に重液分離では，重液と粘土鉱物の反応の有無の検討が将来必要である．重液を用いてさらに粘土

鉱物相互の分離を試みる場合は次の方法による．

2-10　重液による遠心分離

粘土を重液中に分散させ，遠心分離法により分離する方法である．このときは重液中で粘土粒子がよく分散していることが大切であるが，それには水中の場合に用いられる分散媒が，必ずしもそのまま，重液中で有効とは限らない．重液による遠心分離では，重液としてテトラブロムエタン($C_2H_2Br_4$)とニトロベンゼン($C_6H_5NO_2$)の混合液中でマンガン塩溶液を分散媒として用いると，安定な分散液が得られることが報告されている(Baston and Truog, 1939)．すなわち，40 mg の粘土に対し，20~30 cc の 1 N の塩化マンガンの溶液を加えよくふって濾過し，さらに新しく塩化マンガンの溶液を加えて分散させる．この操作を 5 回繰り返し，十分に粘土粒子を塩化マンガン溶液と接しさせる．この電解質の過剰をのぞくため 20 cc のメタノール(無水)で洗い，さらに新しいメタノールで繰り返して洗い，この洗滌を 5 回繰り返して後，余分のメタノールを流し出し，メタノールで湿ったままの粘土を重液中に入れる．重液は比重 2.50～2.20 の間を 0.04 の間隔でつくり，各を遠心分離管の中に入れ，その中へメタノールで湿ったままの粘土を入れて，2000 回転で 12～14 時間遠心分離する．これにより，石英(比重 2.60)，カオリナイト(比重 2.48)，白雲母(比重 2.22)，モンモリロナイト(比重 2.20 以下)の人工混合物をよく分離できる例が示されている((　)内の値は分離比重点の値を示す)．

以上述べた場合のように，粗粒の鉱物相互の分離，また粗粒と細粒の鉱物の

表 2-4　粘土鉱物の粒度分布の例(Marshall, 1949)

	$2\sim0.5\,\mu$	$0.5\sim0.25\,\mu$	$0.25\sim0.125\,\mu$	$0.125\sim0.062\,\mu$	$<0.062\,\mu$
カオリナイト	46	42	5	3	3
ハロイサイト	25	24	32	16	4
「イライト」	41	21	15	10	13
モンモリロナイト	38	23	6	11	24

今取り扱っている粘土鉱物の粒度が，ある範囲に著しく濃集する場合は，この粘土鉱物の粒度分布は狭いといい，粒度の広い範囲に分布するときは，粒度分布が広いという．この粒度分布の広狭が熱分析曲線の形に著しい影響を示すことは後に述べる．

分離は，重液分離，遠心分離などで成功例が報告されているが，細粒になればなるほど，特に多種の粘土鉱物の混合物より，各鉱物を満足すべき程度に分離することはむずかしく，将来の研究問題である．ただ，粘土鉱物でも種により粒度範囲が多少異なるものがあるので，たとえば，2μ(e.s.d.)以下の範囲を更にピペット法で細かく分けると，各粘土鉱物がそれぞれ比較上濃集するフラクションがつくれる(表2-4)．

かくして要するに，混合物から各粘土鉱物の分離研究が進められている一方で，混合物のままで，各組成粘土鉱物の判別を目ざす研究が進められている．

2-11 粒度分析についての注意

単に粒度を分析するのみならず，各フラクションの鉱物のデータが提供されてはじめて，最終回答になることは既に述べた通りである．粘土塊を構成する主な物質は粘土鉱物であるから，ハンマーで軽くたたく程度で「ほごす」ことができるはずであって，原試料中の礫とか砂の部分は，原試料の中にあるままの大きさとして粘土から分け取ることができる．更に粘土フラクションは，水中に分散させて，細かくほごして分離する．土の塊を水の中に，沈めただけでは，必ずしも十分に「ほごす」ことができないので，攪拌器を用いるのである．しかし極めて長時間攪拌したり，また超音波振動子を用いたりすると，実験条件により，粒子は，いくらでも細かくなり得る．よく知られているように，電子顕微鏡下の観察試料をつくるとき，超音波を長時間かけて分離させた試料では美事な結晶輪郭が見られるべきところ，ちぎれて不定形の細かい結晶のみが見えることがある．従って，攪拌の時間は長すぎないように注意を要する．流動式攪拌器を用いて，「よせては返す波」にもむようにして，「ほごす」ことが望ましい．このようにして「ほごされた」粒子を1次粒子ということがあり，「ほごされない」大きい粒子のことを2次粒子ということがある．粒度分析の目標は，1次粒子にまで分けることである．

1次粒子，2次粒子の区別はいうまでもなく，厳密に定量化して区別できるものではないが，現象面として重要なこと，注意すべきことは次のようである．

2次粒子は一般に，まだ「ほごされ」ない粒子という意味で，1次粒子より大きいことは勿論であるが，天然に存在するままの粒子という意味で重要であ

ろう．たとえば，土壌の粒子は，土壌学で，土壌構造，土壌の性質を考える上で重要である．

また1次粒子は，結晶性の粘土鉱物では，単結晶片であることが多いと思われるが，この片の大きさは天然に存在するままの大きさより細かくなっていることがある．へき開のある粘土鉱物結晶は，必要以上の攪拌により細かくはがれ，ちぎれることがある．

次に粒径には粒の形が関係する．粘土鉱物結晶の形は板状ないし繊維状であるから，縦，横の長さの差は大きい．粒の形を考慮して，粒径を各粒毎に示すことは，たとえば，電子顕微鏡写真の上で可能である（ただし，原試料中の各粒を，著しく破壊しないように，試料の分散過程で注意が払われていることが必要）．しかし，試料中の多くの粒の粒径の平均を求めることは，大へんな仕事である．

そこで沈降する速度の差を求め，その結果の記述に，ストークスの法則によって示される理想的，理論的な値をもってするのであって，これは1つの方法なのである．X線解析による粒径の分析でも，やはり平均値が求められるが，結晶の形に密接に関係した粒の径を取り扱うことができる．

粒径についての関心は，結晶学的見解が神経質に持ち込まれるようになるよりもはるか古くからあった．それは，粘土粒子程度の細かい物質には，大なり小なり，粗粒のものに無い幾多の特性が認められるからである．これら特性は，固体の表面に関する問題であることが多かった．そこで便宜上球体のモデルによって説明が行われた．コロイド粒子とその表面のイオン吸着層，水分子の特殊な集合層を一括して，ミセルと呼んだのは，主としてコロイド化学の研究者である．これもまた，1つの方法なのである．

近年粘土鉱物の結晶学も一段と進み，粘土粒子の研究にも，結晶学的見解がくり込まれて来た．たとえば，平たい板状の結晶外形は，否定できないところであり，その表面といっても，一様ではなく，平らな面の表面と，端の面は同一視することができない．そして，その相異が，結晶の内部構造に関係して説明され，凝集体の粒子の配列を説明するに役立っている．

2-12 分散剤について

　分散をよくするため,分散剤を用いることは既に述べたが,分散剤としては,アンモニア以外に,カルゴン(六メタリン酸ナトリウムを主とするポリメタリン酸ナトリウム($NaPO_3)_x$)が広く用いられる.粘土鉱物は一般に物理的,化学的の外部からの刺激に弱い.にもかかわらず,既に述べたように,試料の調整の場合には,いろいろな薬品で処理している.粘土鉱物の研究の目標は,天然にあるままの姿を写すことであるから,前処理として,酸,アルカリ,その他の薬品処理をする場合に,それら薬品と粘土鉱物の反応の影響を十分研究しておく必要がある.まだ十分明らかではないが,粘土試料の中には,大なり小なり,非晶質粘土鉱物が混在していて,それが粘土の特性にかくれた一役を買っているらしい.とすれば,試料調整の目的に用いられる酸,アルカリと粘土の反応の研究が必要である.分散剤として,アルカリイオン電解質であれば,何でもよいわけで,アンモニア,カルゴン以外には,苛性ソーダも用いられる.しかし,分散剤は,十分洗滌して除くことが必要であるが,アンモニアは,洗滌不十分で残っていても揮発して除かれるという利点がある.

2-13 火山灰土

　火山灰土の中には,アルカリ性下で分散が著しくなく,逆に酸性下で分散するものがある.よって,火山灰土の粒度分析の場合は,別途の方式がとられる.日本には火山灰土が広く分布しているので,火山灰土の粒度分析は,日本の粘土鉱物の研究にとって特に重要であり,菅野一郎(1954)の方法が一般に採用されている.方法の大綱は前述したところと変わらないので,異なる点を述べる.火山灰土には,有機物が,特に多量に集積している部分があるから,有機物を除去して後に2分し,一方は1Nの塩酸で分散させ,他方は1Nの苛性ソーダ溶液で分散させる.0.2 mmの「ふるい」で,粗砂をのぞき,分散液200 mlに対し,1Nの塩酸2 mlを加えて分散させる.アルカリで分散させる方法は,前述の方法と同じである.アロフェンはリン酸イオンと結合するから,カルゴンを使用すると分散が著しく妨げられる.また表2-2の$\rho'=2.65$の代表値は,火山灰土の粘土鉱物では高すぎる.

2-14 堆積岩中の粘土鉱物

前節で述べた試料の調整法ならびに粒度分析の方法は，土壌学で広く用いられている方法である．土壌の試料は大して硬くなく，粘土分の多少にかかわらず，軽くたたけば「ほごす」ことができるものである．この方法は土壌以外の試料でも，粘土分が多く，著しく硬く固結していない試料，たとえば岩石の風化帯，熱水変質を受けて著しく粘土化した部分，または主として若い時代の堆積岩などに適用できる．

しかし粘土鉱物の研究対象となる試料は，必ずしも粘土分の多い試料とはかぎらない．たとえば，砂，砂岩の中に砂粒の間を埋めて僅かな粘土が含まれている場合でも，その粘土鉱物の性質によっては，この砂岩は，最も軟弱な地盤を形成していることになるから，このような僅かな量の粘土鉱物の研究もまた必要である．また石灰岩の中に含まれる僅かな粘土鉱物の研究も，堆積環境を知る上で必要である．このような試料は，土壌や風化岩のように軟らかくない．したがって，まず試料をたたいてこわすときに，軟らかい土壌のように，砂粒を原試料の中にあるままの大きさで,「ほごして」分けることがむずかしくなる．たたき方，こすり方によっては，砂粒の一部もシルトの大きさにしてしまうこともある．硬い堆積岩中の粘土フラクションのみをとり出して調べるときは，原試料を鋼鉄製の乳鉢の中でついてくだき，60 メッシュ程度のふるいを通し，通過した部分を，更にめのうの乳鉢の中で微粉になるまですりつぶし（このときは，たたくことは禁物)，この微粉末について，分散，沈降という手順をとる．

2-15 比重分布

粘土鉱物の比重は比重びんで測定されるが，媒質が粘土鉱物をよくぬらすことが必要である．粘土鉱物を最もよくぬらす媒質として，テトラヒドロナフタリン($C_{10}H_{12}$) が用いられている．

また土壌の比重分布というべきものを簡単に調べて，土壌を比較する方法がある (Goin and Kirk, 1947)．この方法によれば，同一地域内の土壌でも，その各部分においての組成鉱物の量的割合，および種類の変化を鋭敏に認めることができるので，犯罪方面の土壌の鑑定に利用される．方法は次のようである．すなわち，細かい目盛のついたガラス管（血沈棒が利用できる）の下へ，コルク

をつめて,数本立てる.採集地点の異なっている土壌の各試料を一定粒度にふるい,その各の一定量を,これらのガラス管の各の中に入れる.一方で,ブロムベンゼン(C_6H_5Br)とブロモホルム($CHBr_3$)をいろいろの割合に混じた1組の重液をつくり,その中で,最も重いものを一定量ずつ注射器で,各管の中へ入れる.すると土壌中の物質で,この液の比重より軽い物質は浮ぶ.次いで,この液より次に軽い液を同一量だけ,各管の中へしずかに注入する.すると,土壌中の物質で,この2番目の液よりも軽い物質は,さらに上へ浮ぶ.このようにして,順に,軽い液を一定量ずつ,この管の中へ同様の操作で注入する.一番軽い液を最後に各管の中へ入れて後,一定時間放置して平衡状態を得させると,土壌はこの管の中の比重の異なった液柱の中に分離して分布し,いくつかの縞を生ずるので,この縞の幅を比較するのである.この方法によると,きわめて狭い区域内のいくつかの土壌試料でも,組成鉱物の種類と量的割合に多少の相異があれば,その相異がこの縞の状態の変化となり鋭敏に示される.この場合ブロモホルムとブロムベンゼンとは,よくかきまぜないと均一に混合し難いのであって,そのため土壌は明瞭ないくつかの帯になり,分離したまま平衡に達するので,この点がこの方法の特色である.もっとも,長時間(1日以上)放置すれば,1つの管の中の,比重の異なる液柱は,互いに混じて,下部より上部へと比重が漸次変化した液柱となり,土壌は,この液柱の中に上下にわたり分散する.筆者はこの方法を粘土鉱物に応用した(図2-4).

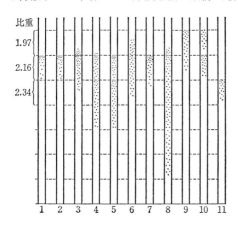

図 2-4 日本産のハロイサイト質の粘土およびそれに関係ある試料を Goin および Kirk の方法により,比較した結果(筆者実験).(1)上信粘土,(2)調川(つきのかわ)粘土,(3)八戸粘土,(4)種市粘土(淡褐色),(5)八女(やめ)粘土,(6)種市粘土(白色),(7)今市白粘土,(8)七戸粘土,(9)雫石粘土,(10)浮石の風化物(アロフェン)(栃木県大谷),(11)宮城県鬼首温泉附近に産する白色ちみつなガラス質の凝灰岩.

参 考 文 献

Baston, D. M. and Truog, E.(1939) : Proc. Soil Sci. Soc., Amer., **4**, 104.
Goin, L. J. and Kirk, P. L.(1947) : J. Criminal Law and Criminology of Northwestern Univ., **38**, 267.
Kachinsky, N. A.(1958) : Механический и микроагрегатну состав почву, методу его изучения 192, Изд. Акад. Наук СССР, Москва.
菅野一郎(1954)：九州農試彙報, **2**, 235.
Mackenzie, R. C.(1954) : J. Soil Sci., **5**, 167.
Marshall, C. E.(1949) : The Colloid Chemistry of the Silicate Minerals, Academic Press, New York.

第3章 粘土鉱物の結晶構造

3-1 フィロケイ酸塩

　粘土鉱物は結晶質粘土鉱物と非晶質粘土鉱物に大別され,前者はフィロケイ酸塩である.近年,構造解析の進歩によって,精度が一段と向上した結果,構造のゆがみまで詳細に描き出されるようになったが,この傾向は,フィロケイ酸塩鉱物についても例外でない.今日の知識では,全く規則正しい構造は,理想像であるが,構造を理解するための基本的な説明に便利であるから,まず全く規則正しい構造で,粘土鉱物の構造の基本を説明しよう.

　フィロケイ酸塩鉱物は,T_2O_5 (T : Si, Al, Fe^{3+} など)の組成をもった配位4面体の2次元シートを含む.各4面体は,3つの頂点で,相隣る4面体と連結しているが,残る頂点の向きは,何れも同一の側に向く場合と,交互に両側に向く場合とがある.前者は板状形態を示し(へき開面を底面ととることができ),粘土鉱物の大部分を占める.後者は,たとえば,繊維状形態を示し,セピオライトはその一例である.単位構造の中で,2枚の4面体シートは,単独のイオン,または8面体シート,または,配位している陽イオン群により結ばれている.フィロケイ酸塩に属する板状形態を示す粘土鉱物は,2:1型と1:1型に分けられる.

　以下本章の図3-18までに出る構造の模式図では,底面に平行な原子面,イオン面をつくる原子,イオンは,それぞれ高さにより異なった記号で示してある(図3-2参照).相隣る単位構造で対応する原子面の原子は,同じ型式の記号を用いて示してあるが,○印を多少大きく,中の線の数を増してある.以下3-11節までは板状形態を示すフィロケイ酸塩に属する粘土鉱物についてである.

3-2 2:1型

　酸素の正4面体配置体を考え,その中心にケイ素を位置せしめる.これをケイ素-酸素の4面体という(図3-1).この4面体が,3つの頂点で,たがいに連結して,1つの層をつくる.このとき連結にあずからない頂点の突きだしてい

図 3-1 ケイ素(Si)-酸素(O)の4面体. Si-O の距離は平均 1.60 Å である.

る向き(今後略して頂点の向きという)は，この層の片側のみにみられる．この形を4面体シート(T)という(図3-2)．このシートには，酸素の6角形の配置部分が，2つの層位にできる．1つは連結にあずからない酸素(頂点酸素と今後略する)の配列面内にあり，他はケイ素-酸素の4面体の連結する酸素(今後底辺酸素と略する)でできる酸素面にある．前者の中心に (OH) イオンが位する．この4面体シートの2枚(T_1とT_1')をたがいに頂点の向きを向い合わせて，最も密になるように，かさね合わせると(図3-3)，4つの頂点酸素と頂点酸素面にある2つの (OH)，すなわち6つの陰イオンでかこまれた位置ができる．この中に，たとえば，Mg イオンが位する．ここで，これらの2枚のO-(OH)の面と，その間にはさまれたMg イオンを中心に見ると，各Mg イオンは，6つの陰イオンで，正8面体の配置体でかこまれているから，これを8面体シート

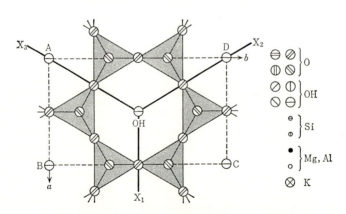

図 3-2 4面体シート．ABCDは単位胞の1面($\overline{AB}=a_0$, $\overline{AD}=b_0$). a, bは結晶軸．原子，イオンの層位の異なりを〇印の内部の記号により区別して示している(以下にでてくる図の記号は特別な註がないかぎりここで一括して示した記号に従う．縮尺の変化で各記号の大きさは，図を通して必ずしも一定せず，したがって記号の相対的な大きさの相異で原子，イオンの種を判定されたい).

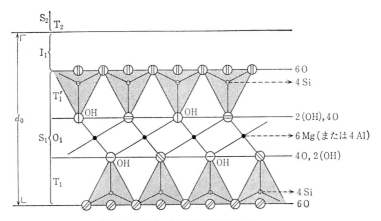

図3-3 2:1層. b軸の方向より見た図.

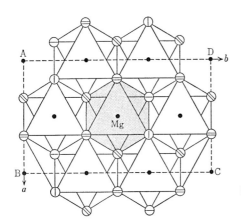

図3-4 8面体シート.

(O_1)と名付ける(図3-4). かくして2枚の4面体シートと, その間にできている8面体シートよりできた層状体を, 2:1層(S_1)という. 2つの層がくりかえして積み重なるとき, 相隣る2:1層の間に層間域(I_1)ができる. 層間域には物質が存在する場合もあり, また存在しない場合もある. かくしてできた構造が2:1型である. T_1-O_1-T_1'-I_1 の1組でできた層状体を単位構造という. 単位構造の高さを d_0 で示す. 2:1型とは, 単位構造の中に4面体シートが2枚, 8面体シートが1枚できているという意味である. 一例をあげれば, 4面体シートに入る陽イオン(4面体陽イオン)はSiで, 8面体シートに入る陽イオン(8

面体陽イオン)は Mg で，層間域に物質のない例は滑石である．

3-3 2:1:1型

上記の2:1型の層間域に，8面体層(O_1')が位する型である(図3-5)．この8面体層では，6角網の配置を示している (OH) イオンよりできたイオン面が2枚あり，これが密に重なるとその間に6つの (OH) イオンでかこまれた位置ができて，ここに (Mg, Al) のような陽イオンが位してできたものである．これが2:1:1型で，T_1-O_1-T_1'-O_1' の1組よりできた構造が単位構造である．2:1:1とは，単位構造の中に4面体シートが2枚，8面体シートが，2:1層の中に1枚，層間域に1枚存在するという意味である．この2枚の8面体シートの幾何学的な性質は同じでない．2:1層内の8面体シートは，酸素，(OH) イオンを4面体シートと共有して形成されている部分であり，層間域の8面体シートは，独立したシートである．一例としては緑泥石があり，4面体陽イオンは，Si, Al で，8面体陽イオンは Mg, Fe^{2+}, Fe^{3+}, Al などである．この型は，層間域に物質がある一例とみて，2:1型の中に含ませる場合もある．

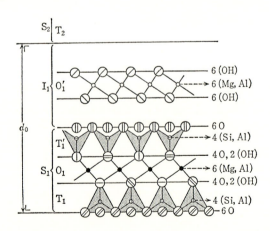

図3-5 2:1:1層．緑泥石の例を示す．

3-4 1:1型

4面体シートの頂点酸素面の上に (OH) イオン面を密に重ねた型である(図3-6)．よって8面体陽イオンは，2つの酸素と，4つの (OH) イオンで囲まれてい

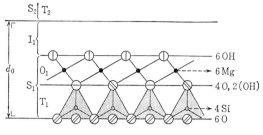

図3-6 1:1層.

る. T_1-O_1の1組でできた層状体を1:1層といい，これが積み重なってできた構造が，1:1型であり，このとき，相隣る1:1層の間に層間域(I_1)ができる. T_1-O_1-I_1の1組でできた層状体を単位構造という. 層間には，物質を含む場合もあり，含まない場合もある. 一例はカオリナイトであり，4面体陽イオンは，Siで，8面体陽イオンはAlで，層間域には物質がない.

3-5 化 学 式

フィロケイ酸塩鉱物の構造は，<u>イオン面，原子面——シート——層——単位構造</u>の組立てに見られるように，層状体の積み重ねよりできている. 各シートの2次元の対称は六方対称であるから，水平軸はシートの面に平行に，六方晶系式式でX_1, X_2, X_3をとるか，または，直六方式でa, b両軸($b_0 = a_0\sqrt{3}$)をとる. 通常後者の軸のとり方で議論が進められる(図3-2, 図3-4, ABCD). c軸の向きは，層面に交わるが，その周期(c_0)と向きは，シート，層，単位構造の積み重なりの様式で規定される. 単位胞の中に入るイオン，原子の数が，構造式をつくるために必要で，構造式を最も簡単な形で示したものが，化学(組成)式である. フィロケイ酸塩の場合は，単位胞そのもの，またはその何分の1かが，単位構造になっている. 従って，いまc軸がどのような周期と向きを示していても，単位構造の範囲に限った長さ(c_0')をとれば，a_0, b_0, c_0'でかこまれた平行6面体の内部にあるイオン，原子の数を求めることができる. この数は，c軸の傾きにはよらない. なぜなら，a_0, b_0, c_0'でかこまれた平行6面体の体積は，a_0, b_0, d_0の直方体の体積と変りないからである. このようにして，a_0, b_0と，単位構造の高さ(d_0)の範囲内のイオン，原子の種と数を示せば，図3-3, 3-5, 3-6のよ

うである．これらを加えると化学式が得られるはずで，

滑石　　　　　　　$Mg_6Si_8O_{20}(OH)_4$
アンチゴライト　　$Mg_6Si_4O_{10}(OH)_8$

単位構造の高さ(d_0)が，必ずしも最も簡単な式を示す単位とはならないが，化学組成式として示すときは，これらを更に最も簡単に約して示してよい．構造式として示すときは，最も簡約した化学組成式と共に，単位胞中に含まれる化学式数を示す必要がある．

3-6　dioctahedral 亜群，trioctahedral 亜群(di. 亜群，tri. 亜群)

Mg イオンのような 2 価の陽イオンの代りに，Al イオンのような 3 価の陽イオンが 8 面体イオンになったものに，

パイロフィライト　　$Al_4Si_8O_{20}(OH)_4$
カオリナイト　　　　$Al_4Si_4O_{10}(OH)_8$

がある．このときは，滑石，アンチゴライトの Mg が $6Mg \rightleftarrows 4Al$ の関係で置きかわったものである．単位構造の中に，6 個の Mg があることは，8 面体層中の陽イオンの位置が，すべて Mg イオンで占められていることを示す．従って，Al が 8 面体陽イオンになったときは，8 面体陽イオンの位置が，一部分(3 個に対し 1 個の割合で)空隙になっている．8 面体層の陽イオンの位置する場所を，すべて陽イオンが占めているものを trioctahedral(tri.)亜群，一部空所(3 つの中で 1 つの割合)となっているものを dioctahedral(di.)亜群と名付ける．そして，各型には，これらの 2 つの亜群がある．滑石，アンチゴライトは trioctahedral 亜群，パイロフィライト，カオリナイトは，dioctahedral 亜群である．今後それぞれ便宜上 tri. 亜群，di. 亜群と記する．

3-7　同形イオン置換

フィロケイ酸塩の粘土鉱物構造の型の変化は極めて少ない．単位構造の積み重なりの方式にいろいろ変化があっても，それに伴って化学組成式は変化しない．粘土鉱物に多くの種が存在する原因は，主として，陽イオンの同形置換による．主な粘土鉱物の例は表 3-1 のようである．

結晶化学の常識に照らしてこの表をみると，粘土鉱物の構造の中には，4 面

表3-1 主なる粘土鉱物の主なる陽イオン
(*印は図3-7に構造の比較図がでている)

	4面体イオン	8面体イオン	層間イオン	
パイロフィライト(di.)	Si	Al	なし	*
滑石(tri.)	Si	Mg	なし	
スメクタイト モンモリロナイト(di.)	Si	Al, Mg(少量)	(E)(H_2O)	*
スメクタイト サポナイト(tri.)	Si, Al	Mg	〃	*
バーミキュライト (di.)	Si, Al	Al	(E)(H_2O)	
バーミキュライト (tri.)	Si, Al	Mg	〃	*
雲母 (di.)	Si, Al	Al	K, Na	*
雲母 (tri.)	Si, Al	Mg	K, Na	
緑泥石 (tri.)	Si, Al	Mg, Al(Mg>Al)	Mg, Al, (OH)(Mg>Al)	*
緑泥石 (di.)	Si, Al	Mg, Al(Al>Mg)	Mg, Al, (OH)(Al>Mg)	
カオリナイト(di.)	Si	Al	なし	
アンチゴライト(tri.)	Si	Mg	なし	
ハロイサイト(di.)	Si	Al	(H_2O)	*

(E) 交換性陽イオン, (H_2O) 水分子層.

体シートより8面体シートへ,更に層間域へと移るにつれ,陰イオンに対する陽イオンの配位数は,4から6へ,更に大きい値へと変わっている.これに対応して,陽イオンのイオン半径も,小より大へ変わっている.従って,層間イオンが存在する場合(たとえば雲母のK, Na),その配位数は,6よりも大きかろうと考えられるが,理想構造では12である(雲母の項).更に4面体陽イオン,8面体陽イオン,層間イオンと酸素の結合は,この順に,よりイオン的になる.上記の構造型を持つ粘土鉱物が化学的に分解するとき,まず層間域よりはじまり,次に8面体シートへ及び,4面体シートは最後まで残る傾向がある.

3-8 単位構造の高さ

図3-7は主な粘土鉱物について,その構造を比較したものである.この図は,比較のための略図であり,a軸方向より見た図であって,シート,または層,または単位構造の相互の積み重なりの姿は忠実に伝えていない.この図から見られることは,各構造の間に,最も大きい相異が示されるのは,層間域の高さの変化,すなわち単位構造の高さ(d_0)の変化である.この値は各粘土鉱物のX線粉末反射で,2θの最も小さい粉末反射の原子面間隙(d_0)の値に示される.全く同一の(構造についても化学組成についても)2:1層または1:1層が,全く

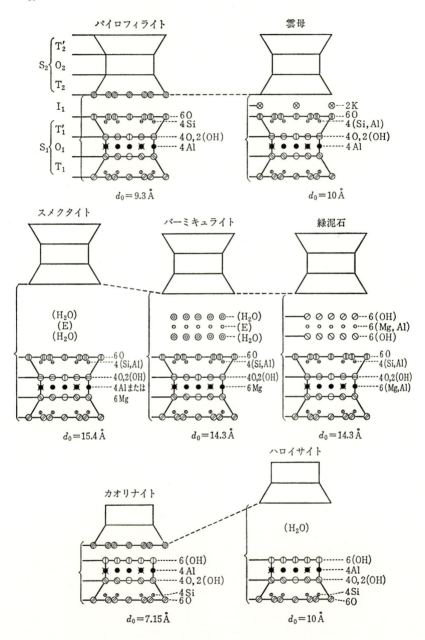

図3-7 主な粘土鉱物の構造の比較図．✖の記号は di. 亜群では空所となる位置を示す．S_2 の原子，イオンの記号は，S_1 と同じ形式で示してあるが，○印を大きく，しかも，その中の模様の線の数を多くして示してある(以下の図でも同じ)．

表3-2 主な粘土鉱物の原子面の Z パラメーター
(原点より底面に垂直な方向にはかられた距離)

緑　泥　石		モンモリロナイト		白　雲　母	
	Z^*		Z^{**}		Z^{**}
Mg, Al	0	K	0.0000	K	0.0000
O, OH	0.072 (25.9°)	H_2O	0.0387	O	0.1828
Si	0.192 (69.1°)	H_2O	0.0973	O	0.1598
O	0.233 (83.9°)	O	0.2791	(Si, Al)	0.2272
OH	0.433 (155.9°)	O	0.2940	O	0.3916
Mg, Al	0.500 (180°)	(Si, Al)	0.3229	OH	0.3996
		O	0.4296	Al	0.5000
		OH	0.4348	OH	0.6004
		Al	0.5000	O	0.6084
		OH	0.5652	(Si, Al)	0.7728
		O	0.5704	O	0.8402
		(Si, Al)	0.6771	O	0.8172
		O	0.7060	K	1.0000
		O	0.7209		
		H_2O	0.9027		
		H_2O	0.9613		
		K	1.0000		

* Bailey and Brown (1962) による．Z パラメーターは角度で示すこともできる．
** Burnham and Radoslovich (1964) による．特に精密な構造解析の結果によるもので，モンモリロナイトでは，酸素面も一様に平らでないことが示されている．白雲母のデータは，粘土鉱物のデータの参考のため掲げたものであるが，雲母粘土鉱物(Al, di. 亜群)については，特別に精密な論を行う目的でないかぎり，この白雲母のデータが使用できる．

規則正しく積み重なるときは，c_0 の周期が何層目にあっても，消滅則により，X線粉末回折パターンには，単位構造の高さ(d_0)が示されるのみである．化学成分の変化，同形イオン置換により，a_0, b_0 と各原子面間の距離は変化するが，これらは層間域の高さの変化に比すれば僅少である(表3-2)．

3-9 構造の変化——規則型積層

フィロケイ酸塩の構造には，層状体の平行の積み重なりがみられる．これを

積層という言葉で表わす．まず，1つの粘土鉱物の構造の変化は，同一の単位構造の積層状態の変化に見られ，これが規則型と不規則型に分けられる．そして規則型にも幾通りかの異なった型があり，不規則型といっても，規則-不規則の間に変化を示す．理想的な構造では，$a_0, b_0, \gamma = 90°$ の値には，積層状態にかかわらず変化は少ないが，c_0 と α, β の軸角はどのような規則正しい積層状態をとっているかにより規定される．

カオリナイト群

カオリナイト(図3-8)の構造では，4面体シートの上に (OH) の6角網が最も密に重なっている．すなわち，たとえば，F, J, L の陰イオン(F は (OH) で，J, L は酸素)の正3角形配置部分の上(底面に垂直な投影図では，3角形 FJL の重心となる位置(E))に，(OH) が乗る．また1つの Al イオン(K)は，6つの陰イオン(2つの酸素(H, J)と4つの (OH) (G, I, E, F))で囲まれている．この (OH) の配列面の上に，第2の2:1層(S_2)が乗る．このときの制約は，O-(OH) の水素結合が形成される程度に接近することである．あらゆる積層状態

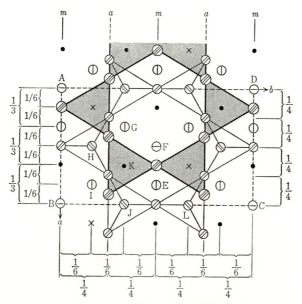

図3-8 カオリナイトの単位構造．×印は空位置．反射面(m)，a 軸映進面(a)は，tri. 亜群のとき見られる(空間群 Cm として)．

3-9 構造の変化——規則型積層

が検討された結果,次の3つの場合に,上の条件が満たされることがわかった.(1) 相隣る1:1層の間にずれが全くない場合,(2) $-a_0/3$ のずれで重なる場合,(3) $\pm b_0/3$ のずれで重なる場合である.カオリナイト群の場合は di. 亜群であるから,相隣る単位構造について,8面体シートのAlイオンの分布状態が問題となる.

カオリナイトでは,各単位構造のずれは,$-a_0/3$ で,1:1層の8面体の空所は,一様に右,または,左に偏在している.このため格子は単斜晶系よりゆがみ,3斜晶系となる($a_0=5.15$ Å,$b_0=8.95$ Å,$c_0=7.39$ Å,$\alpha=91.8°$,$\beta=104\sim 105°$,$\gamma=90°$)(Brindley and Robinson, 1946).もし tri. 亜群であれば,8面体陽イオンの分布,空位置の分布の影響はなくなり,$-a_0/3$ のずれで生ずる $\beta=104°$ の角を持って,単斜晶系となり,Cm の空間群を示す.例はシャモサイト(7Å型)である.

ディッカイトでは,各層のずれは $a_0/6$ であるが,空所の位置は,交互に左右に偏在している.従って,単斜晶系,Cc の単位胞の中に,2層を含み,$a_0=5.150$ Å,$b_0=8.940$ Å,$c_0=14.424$ Å,$\beta=96°44'$(Newnham, 1961)の格子定数が与えられる(図3-9のGHJI).しかし,その後,Bailey(1963)は,c 軸の向きをカオリナイトと同じ向き($-a_0/3$ のずれにより生ずる)にも取ることができて,この軸を採用するほうが,カオリナイトと比較するに便利であると指摘した(図3-9のEFJI).

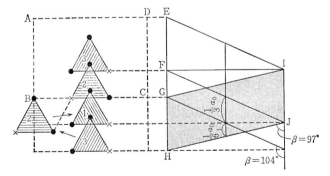

図3-9 ディッカイトの8面体シートの積み重なり.1,2,3は積み重なりの順.8面体陽イオンの一部のみを示す.×印は空位置(Bailey(1963)の原図に筆者が補足した図).

ナクライトでは，各層のずれは，$b_0/3$ であって，1層毎に 180°の回転で積み重なり，しかも，水平軸 a, b は，カオリナイト，ディッカイトの a 軸を b 軸に，b 軸を a 軸に交換したものである．単位胞の中に6層を含む構造が示され，tri.

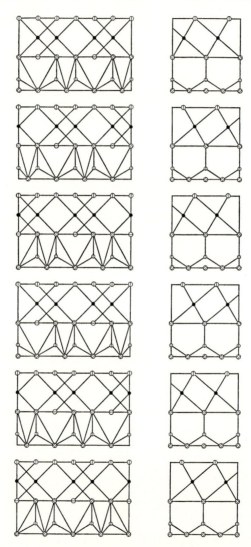

図 3-10　ナクライトの結晶構造(Newnham(1956)の原図に筆者が補足作成したもの).

亜群とすれば，$R3c$ の空間群を示すが，di. 亜群であるため，3回対称は消失し，Cc となる(図3-10)．

カオリナイト，ディッカイト，ナクライトの3つは，古くから，同一の化学成分を示し，結晶学的の性質が異なり，多形(ポリモーフィズム)の例として知られていた．またカオリナイトは粘土の主成分として産し，古くはこれが唯一の粘土の構成物質であると誤認されたこともあった．ディッカイト，ナクライト，カオリナイトは，肉眼的な単結晶として見出されることもあった．古い時代の結晶学的性質の研究，また新しい時代の構造解析の結果は，大なり小なり，このような単結晶について行われた結果であって，この結果と，粘土中に含まれるカオリナイトのX線粉末反射から解析し得た結果と比較して，粘土鉱物のカオリナイト群の研究が進展した．カオリナイト，ディッカイトの構造は Gruner(1932, a, b)により，ナクライトの構造は Hendricks(1939)により研究がはじめられた．近年多形(ポリモーフィズム)とポリタイプ関係について多くの議論がある．従来の多くの用法に照らしてみると，ポリタイプは，多形の1次元の形として考えられるもの，すなわち，構造の相異が層や面の積み重ねの状態の変化に基づくものである．ポリタイプでは，単位胞の中にある単位構造の枚数が異なり，この層の数で構造を呼ぶことがあり，1層構造(たとえばカオリナイト)，2層構造(たとえばディッカイト)，6層構造(たとえばナクライト)などである．

雲母の構造

まず4面体シートの上にもう1枚の4面体シート(T')を積み重ねるときに，向い合っている頂点酸素面の酸素が最も密に接するようにする(図3-11)．その結果，Mgイオン(たとえばK)が，6つの陰イオン(E, F, G, H, I, J，このうち G, H, I, J は酸素で，E, F は(OH))で囲まれるようになる．この積み重なりは，4面体シートの上に，他の1枚の4面体シートが，上下逆になって $-a_0/3$ のずれで重なっている形である．完全な理想形として論ずるときは，1枚の4面体シートの上で同価な向きは3つあり，相互に120°の角度をなしている(図3-11, X_1, X_2, X_3)．従って，層間のカリウムイオンは，Fの直上に位し，上の4面体シートの底辺の酸素の6角網配置体の真中に位する．上方の2:1層の下辺にある4面体シートの底辺酸素によってつくられる6角網配置部分がKの上に

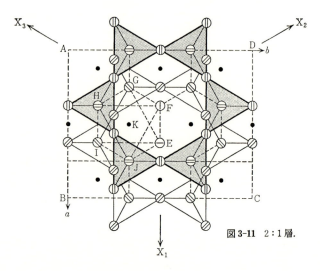

図3-11 2:1層.

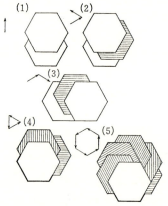

図3-12 雲母のポリタイプ.

重なり,結局,理想構造では,12の酸素に囲まれている.次いで上方の2:1層の2つの4面体シートの相対的ずれがある.このとき,3つの同価なずれの何れをとるかによって,多くのポリタイプができる(図3-12)(Smith and Yoder, 1956).図3-12の正6角形は,4面体シートの頂点酸素で形成される正6角形であり,矢印はずれの向きである.次の記号で示される.

(1) 1M:ずれは,次々と $-a_0/3$ で,1層構造,空間群 $C2/m$.
(2) $2M_1$:2層構造, $C2/c$.

(3) $2M_2$: 2層構造, $C2/c$.
(4) 3T : 3層構造, $P3_112$ または $P3_212$.
(5) 6H : 6層構造, $P6_122$ または $P6_522$.

　この記号は何層構造であるかを示す数を最初に書き,次に晶系を示す.すなわち M_1, M_2 は何れも単斜晶系,Tは六方晶系(三方区分),Hは六方晶系(六方区分)である.

　雲母は粘土の主成分としても産するが,一方で肉眼的の大きさの結晶として白雲母,黒雲母,金雲母として知られてきた.従って,雲母の構造の研究は,これら肉眼的の大きさの雲母片を用いて行われ,Mauguin(1928), Jackson and West(1930)による開拓的研究があり,Hendricks and Jefferson(1939)は雲母の多形(ポリモーフィズム)(当時はポリタイプという言葉は用いられていなかった)の研究の礎石を置いた.その後,粘土中の雲母については,X線粉末反射の解析と,単結晶の構造解析の結果との比較を通じて研究が進められてきた.

緑泥石

　緑泥石の構造では,シート間,または層間にずれの生じ得る箇所の数が多く,これまで述べたカオリナイト群,雲母群より複雑である.ここでは,最近,Bailey and Brown(1962)で示された記述の方式で説明する.

　まず2:1層中で,相対する2枚の4面体シートの間のずれは,雲母の場合と同じく,$-a_0/3$ をとる.次に2:1層の上層の4面体層の上に,層間8面体層の下層の (OH) が乗る方式は,図3-13の4通りとなり(I_a, I_b, II_a, II_b),これらの相互の関係は,$-a_0/3$ の相対的なずれで結ばれるか,または,180°の回転(R)で結ばれる.Iは層間8面体シートと2:1層中の8面体シートの傾斜が平行の場合,IIは反対の場合,a は層間陽イオンが下の2:1層の4面体イオンと重なる(投影図で)場合,b は重ならない場合とみることができる.

　次に水酸基層の上面の水酸基が重なる方式は,各型について一義的に定まる.次いで,この上に更にケイ酸塩層(S_2)が重なるが,このときもその下面の酸素と水酸基層の上面の水酸基との間に,O-(OH) の結合による規制がある.この規制が保たれる場合は次の通りである.まず,水酸基層の上面の酸素の配置について,図3-14のような正6角形の配置に着目する.このとき,この中心の水酸基は,ケイ酸塩層 T_1 の対称面上に乗っているものである.この正6角形に

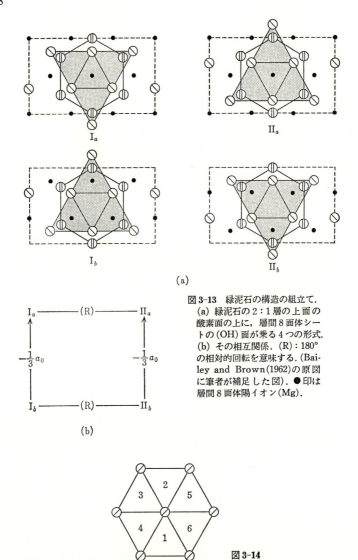

図 3-13 緑泥石の構造の組立て. (a) 緑泥石の 2:1 層の上面の酸素面の上に，層間 8 面体シートの(OH)面が乗る 4 つの形式. (b) その相互関係. (R): 180° の相対的回転を意味する. (Bailey and Brown(1962) の原図に筆者が補足した図). ●印は層間 8 面体陽イオン(Mg).

図 3-14

できる 6 つの正 3 角形を，図のように $1, 2, 3, \cdots, 6$ と番号をつける. T_2 の 4 面体の水酸基が，この 6 つの正 3 角形の，何れかの重心の直上にくる場合に，水酸基層の上面の水酸基と S_2 の下面の酸素の間に，O-(OH) の結合が成り立つ.

3-9 構造の変化——規則型積層　　　　49

上記の重なり方を，I_a, I_b, II_a, II_b の各でつくると，24通りの積層型式がきまるが，同一のものをのぞき 12 型が残る．その中の 4 例を図 3-15 に示す．各図の下に，4面体と，8面体シートの陽イオンの位置を投影して示した．接近して示した位置は，同一点へ投影される位置を，便宜上，陽イオンの種を区別できるように偏在させて示したものである．この図で見る通り，II_b-2, I_b-1 では，

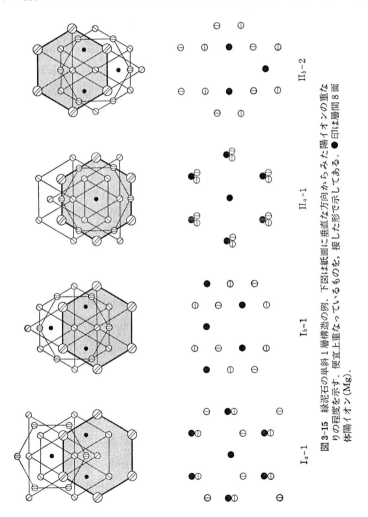

図 3-15　緑泥石の単斜 1 層構造の例．下図は紙面に垂直な方向からみた陽イオンの重なりの程度を示す．便宜上重なっているものを，接した形で示してある．●印は層間 8 面体陽イオン (Mg)．

50　第3章　粘土鉱物の結晶構造

他に比し，陽イオンが1つずつよく離れて分布している．このことは，陽イオン同士の反発が他より弱いことを示すが，天然では，II_b, I_bは，他に比し産出率が高いのである．複雑な積層型式の安定度を，構造の動力学的な解析から定

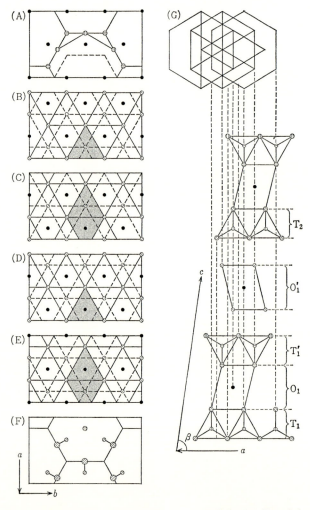

図3-16　緑泥石の構造の一例(須藤原図)．(A)：単位構造の半分(O_1の半分とT_1')．(B)：II_b．(C)：II_a．(D)：I_a．(E)：I_b．(F)：O_1'とT_2の重なりの一例．ここではO_1, O_1'の両8面体陽イオンを共に●印で示す．

量的に比べることは大へんむずかしい問題であろうが,安定な型は天然での産出率が高いと考えられる.これらは何れも1層構造である.I_a, II_a では,2:1層の上の4面体陽イオンの直上に,層間陽イオンがある.I_b, II_b では,2:1層の8面体陽イオンの直上に,層間8面体陽イオンはなく,重なりは見られない.上記の積層の一例を,もう少し解説して図3-16に示す.

3-10 構造の変化——不規則型積層

粘土鉱物の構造には,更に不規則な積層状態が広く見られる.これらも一般のポリタイプの中に含められるであろうが,記述は,規則型の場合のように簡単でない.規則型の場合は特定の型として記することが容易であるが,一般に不規則状態では,厳密に考えれば全くの不規則状態という極端な場合のみでなく,規則-不規則の間に連続した変化が考えられる(部分的不規則という).この一連の変化は,X線粉末反射の特性から追求することができる.ここでは,構造の模型についての説明が目的であるから,全くの不規則型を説明する.

b 軸不規則性

カオリナイト,緑泥石などで,$(00l)$ の反射以外は,主に $(hkl), k=3$ の反射であって,$k \neq 3$ の反射は極めて弱いという特性がしばしばX線粉末反射で見られ,また単結晶からの回折像では,$(hkl), k \neq 3$ の反射は極めて弱く,しかも連続反射を伴い,$(hkl), k=3$ の反射像は,明瞭な斑点になって現われることがある.この連続反射を2次元反射((hk) バンド,(hk) 反射),などという.この事実は,$b_0/3$ のずれで,各層が不規則に積み重なっていることを示す.実際に,上記の粘土鉱物の構造では,一般に $b_0/3$ の間隙でくりかえして配列しているイオンがあり(たとえば (OH) イオン),O-(OH) の結合は,$\frac{n}{3}b_0$ (n は整数)の変位によっては全く乱されないから,極めて低いエネルギー・バリアのために,このような不規則型積層がしばしば生ずるものと考えられる.これを b 軸不規則型積層と名付ける.

次第に不規則度が増し,b 軸の方向に,$\frac{n}{3}b_0$ 以外にも不規則な変位が生ずれば,$(hkl), k=3$ の斑点にも2次元反射が伴うようになり,b 軸の方向のみならず,平行積層状態である以外は,全く不規則な積層状態となれば,$(00l)$ の反射以外は,すべて2次元反射を示す.スメクタイト,ハロイサイトはこの例で

ある．粘土鉱物には，まず積層状態で，規則-不規則の幅広い変化があることが明らかとなっているが，この変化は，粘土鉱物の群と群とを比較して認められるのみならず，1つの群の中にも，極めて幅広い変化が認められる例がある．カオリナイト群はその一例である．Hendricks(1940)は充実した研究によって粘土鉱物の不規則性研究の礎石を置いた．

3-11 構造のゆがみ

多くのケイ酸塩の構造解析の結果より得られた実測値から，Si-O の距離は，平均して 1.60 Å である (Smith, 1954)．この値を，完全に規則正しい4面体シート（陽イオンはSiのみ）に適用して，このシートの b_0(tet.) を求めると，9.05 Å となり，カオリナイトの b_0 の実測値，8.93~8.95 Å に近い．また規則正しい8面体シート（陽イオンはAlのみ）の b_0 の計算値は，8.01 Å となっている．これを，カオリナイトの構造に照らして考えてみると，1:1層の b 軸方向のダイメンションについて，1:1層の4面体シートの側と，(OH)面の側では相異があることになる．Bates, Hildebrand and Swineford(1950)は，ハロイサイトが電子顕微鏡下で管状の形を示すことを見出し，その理由として，ハロイサイトの1:1層が，(OH)面のある向きを内側に，4面体シートのある向きを外側にし，両者の b_0 の値の相異による内部ひずみのために，管状の形をとると説明した．ハロイサイトでは，層間に水分子層があり，各1:1層の形が管状になることを妨げないものと考えた．

一方で蛇紋石群では，8面体イオンが，Mgイオンであり，その大きさは，Alイオンより大きいために，カオリナイト群の場合と逆に，8面体シートが4面体シートより，b 軸方向のダイメンションが大きくなるはずで，やはり，管状の形が見られるだろうと考えられる．事実，クリソタイルは，明らかな管状を呈している．このようにして，粘土鉱物に見られる管状の形は，4面体シートと，8面体シートのダイメンションの不一致による内部ひずみによるらしいことは，Roy and Roy(1954)の研究で更に確かめられた．すなわち，合成により，Mg, Si $\rightleftarrows$ 2Al の置換を蛇紋石に生じさせた．そうすれば，4面体シートのSiの一部を，Alが置換するために生ずる4面体シートの伸びと，Mgの一部をAlで置換することによる8面体シートのちぢみが，相殺するところがある

3-11 構造のゆがみ

はずで,その組成は,$(Mg_{2.5}Al_{0.5})[Si_{1.5}Al_{0.5}]O_5(OH)_4$ であることが知られた. この組成の蛇紋石が合成されたが,この合成物は常に明瞭な自形の板状結晶であった.

以上述べてきたところから,完全に規則正しい形の4面体シートと8面体シートが,平らな形で1つの1:1層を形成することは,理想像で考えられても,実際には管状に彎曲した形を示す. ここに1つの疑問がわく. それは4面体と8面体シートのダイメンションの不一致は,カオリナイト群,蛇紋石群の共通点であり,また他の粘土鉱物でも考えられるのに,管状を示す鉱物が限られているのはなぜか. 2:1層のように,2枚の4面体シートの間に8面体シートがはさまれている構造では,管状になりにくいであろうが,しかし1:1層を持つカオリナイト,ディッカイト,ナクライトなど何れも板状であり,蛇紋石群の中にも板状のものが多い. この疑問に関係する次の事柄がある.

1つは蛇紋石群の1つであるアンチゴライトについてであって,古くからa軸の方向に長周期があることが知られ,Aruja(1945)は,最初に,$a_0=43.48$ Å,$b_0=9.26$ Å,$c_0=7.28$ Å,$\beta=91.4°$を示した. その後,この長周期は,電子顕微鏡下で直接の格子像として(Brindley, Comer 等, 1958),電子回折像では衛星斑点,または特有な形の散漫散乱として(Zussman, Brindley 等, 1957),また特色あるX線粉末回折パターンとして認められた. Kunze(1956)は,構造解析の結果,1:1層が波形になっている構造を明らかにした. なおこの波の形については,その後,研究者の間で必ずしも一致を見ていないが,1:1層が彎曲していることは認められている. この彎曲の原因は1:1層内の4面体シートと8面体シートとの長さの不一致が要因をなしているものと考えられる.

最近には,機器の精度が向上し,構造の refinement が盛んに行われるようになった. その結果,一般に物質の結晶構造は,細かいゆがみに富むものであることが明らかとなってきた. フィロケイ酸塩では次のようである.

4面体シートのゆがみの模式図は図 3-17(a)のように示される. ゆがみの表現として,なお模式表現の域を脱していないが,ゆがみの主要な性格は,この図の中にすべて示されている. まず,Si-O の4面体は,正4面体であり,底辺は同一平面上にあるものとする. 頂点酸素の投影点は,全く規則正しい形の場合と同じである. 各4面体は,頂点酸素から底辺へ下した垂線を軸として,相

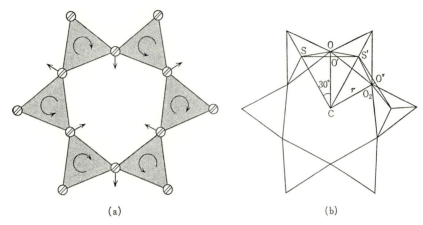

図3-17 4面体シートのゆがみ.

隣る4面体は，たがいに反対の向きに，少しずつ特定の角(ϕ)だけ回転する.

図3-17(b)で，S, S′は頂点酸素の底面への投影点である．従って，∠OSO′ = ϕ であり, $\cos\phi = \overline{SO'}/\overline{SO}$ である.

もし，完全に規則正しい形ならば，4面体シートのb軸方向のダイメンション b_0(tet.) は,

$$b_0(\text{tet.}) = 6\overline{SO} = 6\left(1.60 + \frac{0.57-0.39}{4}x\right)\sin(180°-T)$$

となる．ここで，1.60 Å は Si–O 間の距離，0.57 Å は Al のイオン半径，0.39 Å は Si のイオン半径，x は4個の Si について Al が置換する割合，T は4面体角で，正4面体のときは，$T=109°28'$ である．$\overline{SO'}<\overline{SO}$ であるから，b_0 の実測値，b_0(obs.) は，b_0(obs.)$=b_0$(tet.)$\cos\phi$ となる．すなわち，このようにゆがんだ4面体シートでは，理想形より，b_0 の値が小さいことになり，8面体シートと4面体シートとの b_0 の長さの不一致を減少させるに役立つ．上式により b_0(tet.) を求め，b_0(obs.) と比べることにより，回転角 ϕ が求められる．これを，構造解析の結果から直接に得られた値と比べると，次の通りである(Radoslovich and Norrish, 1962)(括弧内の値は計算値)．白雲母：13.7°(14°42′)，ディッカイト：7.5°(8°56′)，カオリナイト：10.9°(10°48′)，9°(9°18′).

図3-17はなお理想図であって，実際はSi–Oの4面体は正4面体よりゆがんでいる．たとえば，ディッカイトでは，Tは112°，セラドナイトでは，107°で

3-11 構造のゆがみ

ある．構造解析で得たϕの値と，計算値の差の一部は，Si–Oの4面体自身のゆがみに原因する部分があろう．

di. 亜群の8面体層では，陽イオンの位すべき位置が一部空所になっていることは既に述べた通りであり，図3-18のような変形が8面体層に認められている．ここで4面体層の場合と同様に，実際は(8面体の各稜の長さが僅かずつ異なっている場合など)微細な変化に富むものであるが，変形の主な特性を示すと次の通りである．まず各8面体は稜を共有して連結しているが，アルミニウムを持つ隣接している8面体間の共有稜上の陰イオンは接近していて，共有稜の長さは減少している(EF)．これはアルミニウムの相互の反発をなるべくおさえるためと解される．そのため，空所の周囲の6つの陰イオンの配置は，アルミニウムの周囲の陰イオンに比し大きくひらいて配置する．またアルミニウムの上面と下面の陰イオンの3角形の配置(正3角形とする)は，アルミニウムの位置を通り，層に垂直な軸のまわりに僅かに相対的に回転した(そのため8面体層の厚さは多少減少する)結果となっている．また空所の周囲の6つの陰イオンは，中央に陽イオンが無いために，陰イオン間の反発により，できるだけ，一様に離れようとし，そのため，これらの配置は，層面上への投影で見ると正6角形(FGHIJK)を示す．ここでアルミニウム，または空所の周囲の6つの陰イオンは，それぞれの位置を中心とした球面上に乗る．これらの半径をそれぞれr_1, r_2とすると，これらの値は，それぞれ，アルミニウムまたは空所の

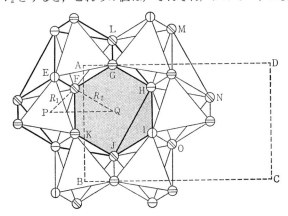

図3-18 di. 亜群の8面体シートのゆがみ．

位置と，それらに近接する陰イオン間の距離となる．上下2枚の陰イオン面間の垂直距離を t とし，前述の球と陰イオン面との交わりで生ずる円の半径を，それぞれ R_1 (PF), R_2 (QF) とすれば，

$$R_1 = \left(r_1^2 - \frac{t^2}{4}\right)^{1/2}, \quad R_2 = \left(r_2^2 - \frac{t^2}{4}\right)^{1/2}$$

よって，PQ の距離は

$$\overline{PQ} = \left(R_1^2 - \frac{R_2^2}{4}\right)^{1/2} + \left(R_2^2 - \frac{R_2^2}{4}\right)^{1/2}$$

となり，b_0 の値は，

$$b_0 = \frac{3}{2}\left(4r_1^2 - r_2^2 - \frac{3t^2}{4}\right)^{1/2} + \frac{3\sqrt{3}}{2}\left(r_2^2 - \frac{t_2}{4}\right)^{1/2}$$

となる．

　8面体層にこのような変形が生ずるときは，4面体層にも従来考えられていた以外の変形が生ずると考えられる．何故ならば，4面体の頂点は，2つの長辺と，4つの短辺よりなる不等6角形(LMNOJF)の上に乗ることになる．このため，短辺の両端に4面体の頂点が乗るときは，4面体の回転で達せられようが，長辺の両端に乗るときは，4面体が，その底の稜を軸として回転するような変形が考えられる．実際には，更に複雑な変形が伴うものと考えられるが，何れにしても，4面体シートの面は，もはや平らではなく，細かい起伏が生じていると考えられる(Takeuchi, 1965)．

　以上述べたように，4面体，8面体シートの変形が，b_0 の変化に影響することが示されているが，これらの影響はまた次の関係式で示されている．

　4面体シートの陽イオンと陰イオン間の距離の平均値 d_t と，4面体の回転角 ϕ は，b_0 に対し

$$b_0 = 4\sqrt{2}\,d_t \cos\phi$$

の関係にあり，また，8面体シートの陽イオンと陰イオンとの間の距離の平均値 d_0 と，8面体角 ω とは，b_0 に対し

$$b_0 = 3\sqrt{3}\,d_0 \sin\omega$$

の関係が示されている(Donnay, Donnay and Takeda, 1964)．

　4面体と8面体シートの変形はまた，層間域のイオンと酸素の距離に関係す

3-11 構造のゆがみ

る．層間イオンが，層間域に規則正しく格子点に位置する場合として，12の配位を有する場合があるが，このような例は，全く規則正しい構造に考えられるものであって，変形した4面体シートでは，12の酸素の中で6個が，層間イオンに，より接近している．いまこの距離を r_0 とし，これの層面上への投影を r とすれば，層間域の垂直距離 η は $\eta = 2(r_0{}^2 - r^2)^{1/2}$ である．図3-17より

$$r = \overline{CO_2} = \overline{CO''} - \overline{O_2O''}, \quad \overline{CO''} = \overline{CO'}, \quad \overline{O_2O''} = \overline{OO'}$$

であり，また

$$\overline{CO'} = \overline{SO'}\cot 30°, \quad \overline{OO'} = \overline{SO}\sin\phi, \quad \overline{SO'} = \overline{SO}\cos\phi$$

であるから，$\overline{SO} = b_0(\text{tet.})/6$ として

$$r = \frac{b_0(\text{tet.})}{6}(\sqrt{3}\cos\phi - \sin\phi)$$

ここで $\cos\phi = b_0(\text{obs.})/b_0(\text{tet.})$ であるから

$$b_0(\text{tet.}) = \left\{36\left(\frac{\sqrt{3}}{6}b_0(\text{obs.}) - r\right)^2 + b_0{}^2(\text{obs.})\right\}^{1/2}$$

となる．

このようにして，構造の中には，細かいゆがみが通性として認められるようになった．たとえば，ディッカイトについて(Newnham and Brindley, 1957)，鉄クロム緑泥石について(Brown and Bailey, 1963)，バーミキュライトについて(Mathieson and Walker, 1954)である．またパイロフィライトの構造は，Rayner and Brown(1965)により，refinement されたが，その中で異常消滅則がでている．すなわち，(a) $hkl, h+k=2n$；(b) $h0l, l=2n$；(c) $hkl, k=3n, l=2n$；(d) $hkl, k=3n+1, l=2n+1$．(a), (b)のみより可能な空間群は $C2/c$，または Cc となる．これは $A_0 = a_0 = 5.17$ Å，$B_0 = \frac{1}{3}b_0 = \frac{1}{3} \times 8.92$ Å，$C_0 = \frac{1}{2}c_0 = \frac{1}{2} \times 18.66$ Å の subcell をとれば，(a), (b), (c)は，それぞれ，(a') $h'k'l', h'+k'=2n$；(b') $h'0l', h'=2n$；(c') $0k'0, k'=2n$ (図3-19)となり，subcell の可能な対称は $C2, C2/m, Cm$ の何れかとなる．

図3-20は，Hendricks(1938)の座標により単位構造の ac 面を描いたものである．$c_0 = 18.66$ Å より2層構造であるから，図のように単位層の1/4を下より，1, 2, 3, 4階と名付ける．いま図3-20の ab 面で見る通り，ここでは，$A_0 = a_0/2$，$B_0 = b_0/6$，$C_0 = c_0/2$ の subcell に分けられる．図を多少簡略化して，1〜2階と

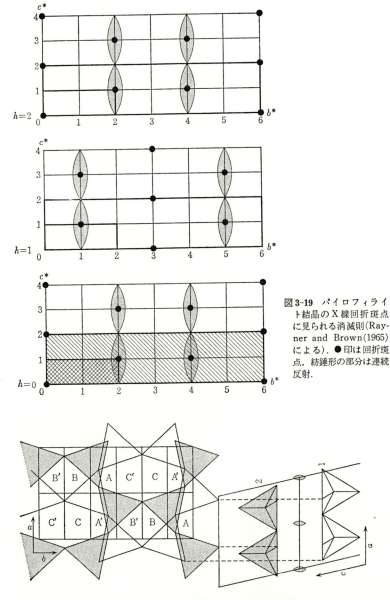

図 3-19 パイロフィライト結晶の X 線回折斑点に見られる消滅則(Rayner and Brown(1965)による). ●印は回折斑点, 紡錘形の部分は連続反射.

図 3-20 パイロフィライトの単位構造(Hendricks(1938)の座標による).

3～4階の subcell 構造をそれぞれ(I), (II)で示すと図3-21のようになる. A と A', B と B', C と C' (何れか一方が(I)にあれば他は(II)にあるものとする)は c 軸映進面で結ばれている. この構造は消滅則の(a), (b), (c)を満足するものであって, (d)の条件をも同時に満たすような構造は, 未だ十分明らかにされていない.

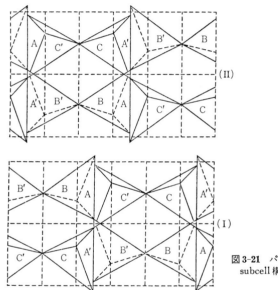

図3-21 パイロフィライトの subcell 構造(筆者原図).

3-12 セピオライト, パリゴルスカイト

この両鉱物は, 極めて細い繊維状の形を示す結晶である. 構造はこれまで述べてきた構造とは異なる. 図3-22は, セピオライトの構造である(Bradley, 1940). セピオライトには, Nagy-Bradley のモデル(Nagy and Bradley. 1955) と, Brauner-Preisinger のモデル(Brauner and Preisinger, 1956)の2つの構造が出されているが, 後者が広く用いられている. このセピオライト, パリゴルスカイトの構造型を, イノケイ酸塩と模式的に比較すると, 図3-23のようになり, この2つの鉱物の構造は, フィロケイ酸塩である. 頂点酸素が交互に向い

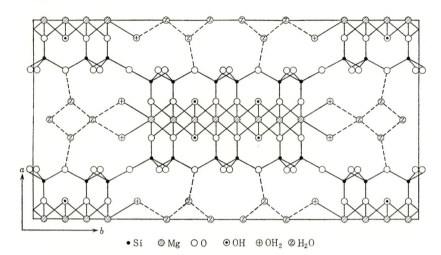

・Si　◎Mg　○O　⊙OH　⊕OH$_2$　⊘H$_2$O

図3-22　セピオライトの構造(Brauner and Preisinger(1956)による).

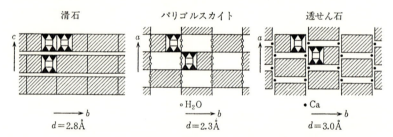

図3-23　フィロケイ酸塩(2:1型)とイノケイ酸塩の構造を模式的に比較したところ(Pedro(1967)による).

ているため，チャンネルができているものである．水は3つの状態で存在する．1つは(OH)，1つはチャンネルの中に入っている水分子で(他に例を求めれば沸石の水と同じ性質を持つ)H$_2$Oで示され，残りの1つは，チャンネルの壁に出ているMgイオンに配位している水分子で，これは結合水といいOH$_2$で示される．

3-13　ポリタイプ

古くから知られているように，化学成分は同一で結晶学的性質が異なる1群の鉱物は，多形(ポリモーフィズム)と呼ばれていた．その後，ポリティピズム

3-13 ポリタイプ

という言葉が用いられ，ポリモーフィズムとの関係について論議が交されてきた．ここでは，それらを詳細に論ずることはできないが，最近に落ち着いてきた結論では，ポリティピズムはポリモーフィズムを1次元の形態として論ずる場合に使用し得る語であるといえる．1つの原子面または1群の原子面(層状の構造体)が，いろいろ異なった積層状態によって構造的の相異を生ずることをポリティピズムといい，それら実物をポリタイプという．フィロケイ酸塩の2:1型の場合に，2:1層内の4面体シートの積層状態の変化もあれば，層間域をはさんでの4面体シートの積層状態の変化もある．更にフィロケイ酸塩鉱物に限ったことでなく，よく知られているように，等軸，六方の最密充填方式に結晶する例でも，原子面の積層の変化として取り扱うときは，ポリティピズムという言葉が用いられる．

近年結晶構造研究の理論，実際両方面の進歩により，僅かなゆがみが広く物質の結晶構造の内部に見られるようになったが，ポリタイプについても例外ではない．古くは，幾種かのポリタイプの構造で，単位体である原子面，または1群の原子面は，化学成分についても結晶学的性質についても全く同一で，それらの積層状態のみが変化しているという固定的な考えがあったが，最近の研究では必ずしもそうでなく，1つの化合物の幾種かのポリタイプで，積層状態が異なると同時に，単位原子面または原子面群にも，僅かながら化学成分の上で，またはゆがみの様式で相異が認められる場合がある(Güven and Burnham, 1967)．しかしこのような事実を，厳密に，ポリタイプの命名分類に持ち込むと，むしろ混乱する恐れがある．僅かな変化が，単位層，またはその積層体の化学成分，対称性の上で，特記して区別認定するほど重要なものと考えられない場合は，ポリタイプを，そのたびに更に細分する必要はないであろう．元来，従来のポリモーフィズム，ポリタイプの概念は極めて幾何学的の区分である(化学成分の一定，対称性の相異)．しかし，広くこれらの問題をはなれて考察する場合，僅かな変化がすべて無視できるわけではない．それが成因の相異に大きい役割を示す例もある．ポリタイプは混合層の成因に重要な暗示を示す問題であって，積層状態の変化に対応する単位層の内部の性質の変化の研究が重要と考えられる．

将来への研究動向とは別に，現在，ポリタイプの命名(積層状態の相異を如何

に表現しポリタイプを表わすか)の問題がある．研究者によって，同じポリタイプについても，異なった表現が提案されている．たとえば，雲母のポリタイプについては，Smith と Yoder の記号があることは既に述べた通りであるが，Ross, Takeda and Wones (1966) は，Ramsdell の記号と，〔　〕の中に単位層毎の層の相対的回転を数値で記した．$0, \pm 1, \pm 2, \pm 3$ は，それぞれ，相隣る層の相対的の回転角で，$0°, \pm 60°, \pm 120°, \pm 180°$ の意味である．雲母の $2M_1$ 型は，$2M_1 [2\bar{2}]$ である．特色のある記号は，Zvyagin (1967) の記号である．σ_i は層内の8面体シートと，4面体シートの相対的の変位を示し，τ_k は相隣る層間の相対的ずれを示し，i, k は変位の azimuthal の方位である．1:1型では，4面体シート(上)と，8面体シート(下)の原点の相対的変位を (001) 面上の投影で示す．4面体シートの原点は，4面体リングの中点とし，8面体シートの原点は，di. 亜群のときは，空位置で，tri. 亜群のときは，対称面上の8面体配位点を選ぶ．i の文字は，8面体シートの原点から4面体シートの原点へ向かうベクトルに照らして示された全体の構造の X 軸の方位で，Z^* 軸のまわりに時計の針の動く方向に1~6 (60°毎) の数字で示す．τ_k は，下層の4面体シートの原点から上層の8面体シートの原点へ向かうベクトルで示され，k は X, Y 両軸上の変位成分であり，3つの擬六方軸の方向に，$\pm na/3$ の変位を1~6で示し，$+$，$-$ で，それぞれ，$+b_0/3, -b_0/3$ の変位を示し，0は変位の生じないことを示す．ディッカイトは，$\sigma_1 \tau_+ \sigma_5 \tau_- \sigma_1$ で示される．

　2:1層型の場合は，τ_k は相隣る4面体シート間のずれを示すものとするが，雲母では，τ は常に0となるので，除外できて，また，σ_i で2:1層内の変位を代表させることができる．雲母 $2M_1$ は，$\sigma_2\sigma_4\sigma_2\sigma_4$ となる．また緑泥石については，まず，層間8面体シートと，2:1層中の8面体シートの傾斜が平行の場合を $\sigma_i{'}$，そうでない場合を σ_i とする．層間イオンが，下の2:1層の4面体陽イオンの上に(投影図上で)重なる場合を σ_i とし，上の2:1層の下部の4面体陽イオンと重なる場合を $|\sigma_i$ とし，両方に重なる場合を $|\sigma_i|$ とする．τ_k は相隣る4面体シートの間のずれとする．

　なお緑泥石については，既に述べたように Bailey と Brown のポリタイプ表示方式がある．

　一般に異なったポリタイプのエネルギーレベルの差について，定量的考察が

ないが，産出率，産状との関係を調べてみると，いくつかの関係が見られることが報告されている．Bailey and Brown (1962) は，II_b 型が他よりも圧倒的に多く見出されることを示した．II_b では，4面体陽イオンと8面体陽イオンが他のポリタイプの何れよりも離れていて(従って反発力は小さい)，このために，II_b が他より相対的に安定になるのであろうと述べている．Hayes (1970) は，続成作用の間，または低変成度よりも更に低い温度圧下で，$I_b(\beta=90°)$，$I_b(\beta=97°)$ がみられ，結晶作用が進むにつれ，$I_b(\beta=97°) \rightarrow I_b(\beta=90°)$ の変化が見られ，低変成度の域では，$I_b(\beta=90°) \rightarrow II_b$ の変化が見られることを報告している．

参 考 文 献

Aruja, E. (1945) : Miner. Mag., **27**, 65.
Bailey, S. W. and Brown, B. E. (1962) : Amer. Miner., **47**, 819.
Bailey, S. W. (1963) : Amer. Miner., **48**, 1196.
Bates, T. F., Hildebrand, F. A. and Swineford, A. (1950) : Amer. Miner. **35**, 463.
Bradley, W. F. (1940) : Amer. Miner., **25**, 405.
Brauner, K. and Preisinger, A. (1956) : Miner. Petrogr. Mitt., **6**, 120.
Brindley, G. W. and Robinson, K. (1946) : Miner. Mag., **27**, 242.
Brindley, G. W., Comer, J. J., Uyeda, R. and Zussman, J. (1958) : Acta Cryst., **12**, 99.
Brown, B. E. and Bailey, S. W. (1963) : Amer. Miner., **48**, 42.
Burnham, C. W. and Radoslovich, E. W. (1964) : Carnegie Inst. Washington Yearbook, **63**, 232.
Donnay, G., Donnay, J. D. H. and Takeda, H. (1964) : Acta Cryst., **17**, 1374.
Gruner, J. W. (1932, a) : Zeit. Krist., **83**, 75.
Gruner, J. W. (1932, b) : Zeit. Krist., **83**, 394.
Güven, N. and Burnham, C. W. (1967) : Zeit. Krist., **125**, 163.
Hayes, J. B. (1970) : Clays and Clay Miner., **18**, 285.
Hendricks, S. B. (1938) : Zeit. Krist., **99**, 264.
Hendricks, S. B. (1939) : Zeit. Krist., **100**, 509.
Hendricks, S. B. and Jefferson, M. E. (1939) : Amer. Miner., **24**, 729.
Hendricks, S. B. (1940) : Phys. Rev., **57**, 448.
Jackson, W. W. and West, J. (1930) : Zeit. Krist., **76**, 211.
Kunze, G. (1956) : Zeit. Krist., **108**, 82.
Mathieson, A. McL. and Walker, G. F. (1954) : Amer. Miner., **39**, 231.
Mauguin, C. (1928) : C. R. Acad. Sci., Paris, **186**, 879.
Nagy, B. and Bradley, W. F. (1955) : Amer. Miner., **40**, 885.
Newnham, R. E. (1956) : Ph. D. Thesis, The Pennsylvania State University.

Newnham, R. E. and Brindley, G. W.(1957) : Acta Cryst., **10**, 88.
Newnham, R. E.(1961) : Miner. Mag., **32**, 683.
Pedro, G.(1967) : Bull. Group. Franç. Argiles, **XIX**, 69.
Radoslovich, E. W. and Norrish, K.(1962) : Amer. Miner., **47**, 599.
Rayner, J. H. and Brown, G.(1965) : Clays and Clay Miner., 13th Nat. Conf., 73, Pergamon Press.
Ross, M., Takeda, H. and Wones, D. R.(1966) : Science, **151**, 191.
Roy, D. M. and Roy, R.(1954) : Amer. Miner., **39**, 957.
Smith, J. V.(1954) : Acta. Cryst., **7**, 479.
Smith, J. V. and Yoder, H. S.(1956) : Miner. Mag., **31**, 209.
Takeuchi, Y.(1965) : Clays and Clay Miner., 13th Nat. Conf., 1, Pergamon Press.
Zussman, J., Brindley, G. W. and Comer, J. J.(1957) : Amer. Miner., **42**, 133.
Zvyagin, B. B.(1967) : Electron-diffraction Analysis of Clay Mineral Structures, Plenum Press.

第4章 構造式, 化学組成式, 化学分析値

4-1 構 造 式

結晶構造解析の結果, 格子定数が決定されると, 単位胞の大きさも決定できる. 単位胞は, 結晶の構造の基本的の単位体である. 従って, 化学式を表わす方針についても, 結晶構造に立脚した立場をとるならば, 単位胞に照らして表わす必要がある. すなわち, 単位胞の内部に位するイオン, 原子の数と, それらの構造内の結晶化学的の位置的関係, 結合関係を示すような式をつくる. このようにして表わされた式を構造式と名付ける.

たとえば, 白雲母(2M$_1$型)は, a_0=5.18 Å, b_0=9.02 Å, c_0=20.04 Å, β=95°30′ の格子定数を示し, 2層構造であるから, その単位胞内のイオン, 原子を集めて,

$$\{K_4\}(Al_8)[Si_{12}Al_4]O_{40}(OH)_8$$

と表わす. このとき, これらの元素記号の数と配列には, 次に述べるような点で, 構造内の位置, 結合関係を示されている. まず, 4面体シートでは, 1個のSiに結合する酸素の数は, 1+(1/2)×3=5/2 となる. なぜなら4つの酸素の中で, 3つは相隣るSiにも結合しているから, 1個のSiについての結合の割合は1/2であり, 残る1個の酸素は, 1だけ結合している割合となるからである. よって, 常に, Si:O=2:5 となる. Siが一部 Al で置換されているときは, [Si, Al]:O=2:5 である. 次に, 既に述べたように, 2:1層, 1:1層の何れでも, 陽イオンは, 4面体シートでは4の配位数を持ち, 8面体シート内では6の配位数を持ち, 層間域では, 更に大きい配位数を持ち得る. 構造式では, 最右端に陰イオンを示し, それより左へ, 4面体イオン[ ], 8面体イオン( ), 層間イオン{ }の順で配列する. いうまでもなく, 括弧の中の陽イオンは同形置換している陽イオンであり, 原則として多い方より少ない順に左から右へ書く. 比率を明らかにするときは, 比率を示す数を各陽イオンの右下に記し, 比率が明らかでないとき, または置換の範囲を広く一般に示すときは, 括弧の外に示す. 陰イオン, 水分子は式の最後の部分に, 酸素, (OH), H$_2$O の

順に記する．H_2O は，層間水として存在する場合(板状形を示すフィロケイ酸塩の場合)，または，チャンネル水として存在する場合(繊維状形を示すセピオライトなど)に示す．

構造式のイオン比率を示す数が，最大公約数で約すことができるときは，最も簡単な式として表わし，これを化学組成式という．雲母の場合は，

$$\{K\}(Al_2)[Si_3Al]O_{10}(OH)_2$$

である．このとき単位胞中の化学式数(Z)を示す．雲母 $2M_1$ 型の場合は $Z=4$ である．

4-2　2：1型
パイロフィライト，滑石
この両鉱物は

$$(Al_2)[Si_4]O_{10}(OH)_2$$
$$(Mg_3)[Si_4]O_{10}(OH)_2$$

で，化学組成は比較的単純なものである．いうまでもなく，パイロフィライトは di. 亜群，滑石は tri. 亜群である．

雲　　母
4面体シートの Si^{4+} の一部(x)を Al^{3+} で置換する．このとき x だけの陽電荷が不足するので，この不足を，層間に主としてアルカリイオンを迎えることにより補う．白雲母，金雲母では，x の値が最も大きく，理想式としては次に示すように $x=3$ とする．

白雲母　　$\{K\}(Al_2)[Si_3Al]O_{10}(OH)_2$
金雲母　　$\{K\}(Mg_3)[Si_3Al]O_{10}(OH)_2$
黒雲母　　$\{K\}(Mg,Fe^{2+})_3[Si_3Al]O_{10}(OH)_2$

古くから，雲母の化学成分に変化があることが知られていた．たとえば白雲母の化学組成に近いが，白雲母の理想的の化学成分に比して僅かな変化を示す細かい雲母が知られていて，いろいろな名前でよばれていた．この変化とは，白雲母に比べて Si と 4配位の Al (Al(IV)) の比が高く，K が少なく，H_2O (主として 105℃ 以上で放出される水分で分析値で $H_2O(+)$ と記されている)が多いなどである(表 4-1)．

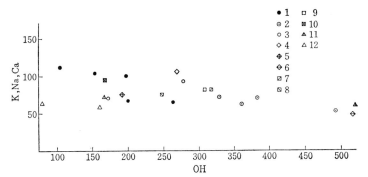

図 4-1 雲母粘土鉱物(Al に富む di. 亜群)における (OH)(分子比)と (K, Na, Ca)(原子比)の関係(筆者原図, 1949).
(1)絹雲母. (2)イライト. (3)フェンジャイト. (4)アルージャイト. (5)白色マリポサイト. (6)加水雲母. (7)加水白雲母. (8)二次的白雲母. (9)ダムーライト. (10)ギルバータイト. (11)スポジューメンより変化している雲母. (12)グリマートン. これらの鉱物の原典は須藤俊男(Sudo, 1949)参照.

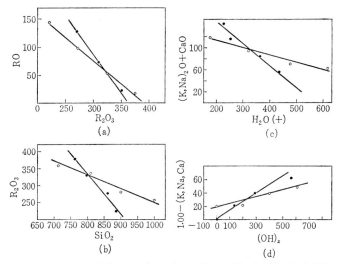

図 4-2 雲母粘土鉱物(Al に富む di. 亜群)の化学成分の間に見られる相関関係(筆者および早瀬喜太郎(1950)による). 元素記号, 酸化物記号, (OH) はいずれもこれらの原子比または分子比を表わす. R: 8面体陽イオン.

第4章 構造式，化学組成式，化学分析値

　このような雲母鉱物は，肉眼的の大きさの結晶として，また粘土フラクションの粒度の細かい鉱物(雲母粘土鉱物)としても見出され，いろいろな名前で呼ばれてきた．中でも絹雲母は広く知られた名前である(表4-1)．これらの鉱物の化学成分の中で，K，水分，その他，SiO_2，R_2O_3（R は Al，Fe^{3+}）の量の相互の間にはかなり明らかな相関がみられる．

　これらの化学成分を総括してみると，カリウムの減少に伴って，水分が増加する(図4-1)．但しこの図で (OH) と記した値は，分析値で $H_2O(+)$ と $H_2O(-)$ とに(または $H_2O(-)$ と灼減とに)分けて記してあるものでは，$H_2O(+)$

表4-1　雲母粘土鉱物(Al に富む di. 亜群)

	(1)	(2)	(3)	(4)	(5)	(6)	(7)	(8)	(9)
SiO_2	52.58	58.90	53.22	56.79	47.29	53.47	40.79	46.54	46.54
TiO_2	—	—	—	25.29	—	—	1.28	0.17	—
Al_2O_3	23.56	25.28	21.19		31.31	32.36	29.98	36.37	30.39
Fe_2O_3	—	2.30	1.22	1.59	1.19	0.79	8.07	0.72	4.42
FeO	5.76	—	—	—	0.37	0.42	2.48	0.36	2.98
Mn_2O_3	—	—	0.87	—	—	—	—	—	—
MnO	—	—	0.18	—	—	0.72	—	—	—
CaO	0.65	0.65	—	0.07	0.69	0.17	0.45	0.22	0.35
MgO	2.43	1.49	6.02	3.29	2.38	—	2.71	0.50	0.94
Ng_2O	—	1.37	0.34	0.17	0.88	0.44	0.38	0.46	1.44
K_2O	9.52	5.73	11.20	8.92	4.07	7.68	3.47	8.06	5.57
$H_2O(+)$	5.94*	4.14*	5.75*	4.72*	9.92**	4.07*	9.34	6.83*	5.31**
$H_2O(-)$					1.88		1.20		
F	—	—	—	—	—	—	—	0.02	0.58
P_2O_5	—	—	—	—	—	—	—	—	—
計	100.44	99.86	99.99	100.84	(100.26)	(100.16)	100.15	100.25	98.52

* H_2O.
** 灼熱減量．
*** 105°C で乾かした試料の化学分析値．
**** 110°C で乾かした試料の化学分析値．
⊗ 110°C 以上で脱水　⊕ 110°C 以下で脱水

(1) フェンジャイト(Wildschapbachtal)(Doelter, 1917)．
(2) フェンジャイト(Witticher Tal)(Doelter, 1917)．
(3) アルージャイト(イタリア，Piemont, St. Marcel の近くのマンガン鉱山より)(Penfield, 1896)．
(4) 白色マリポサイト(California, Bear Valley の Josephine 鉱山)(Hillebrand, 1900).Cr_2O_3: ナシ．
(5) スポジューメンからの変質物(South Dakota, Etta 鉱山)(Schwartz and Leonard, 1926)，Li_2O : 0.28．
(6) 同 上(Connecticut, Branchville) (Brush and Dana, 1881)．Li_2O : 0.04．
(7) 加水雲母(North Carolina)(Bayley, 1920)．
(8) 加水白雲母(Nagelschmidt, 1937). Li_2O:tr.
(9) 2次的白雲母(Spprechstein)(Doelter, 1917).
(10) ダムーライト(Fen Norway)(Doelter,

(または灼減)の値を (OH) に換算した値であり,さもないとき,すなわち,H_2O (または灼減)とのみ記して,水分を分けて記してないときは,それらの値をそのまま採用して,(OH) に換算して得た値である.この雲母粘土鉱物のカリウムの減少に伴う水分の増加は,さらに,図 4-2 の統計的の表示でもよく示されている(須藤俊男,早瀬喜太郎,1950).図 4-2(a) と (b) とは,それぞれ R_2O_3 と RO,SiO_2 と R_2O_3 との間に,明らかな逆相関が示されていることを明らかにするため掲げたもので,この逆相関は,これらの量の間に同形置換が生じていることから当然の事実である.(d) は化学分析値より,構造式を $O_{10}(OH)_2$ を

および粘土の化学分析値(数値は %)

(10)	(11)	(12)	(13)***	(14)***	(15)	(16)****	(17)****	(18)
45.72	48.96	47.00	51.65	50.30	46.58	50.39	50.05	45.64
—	—	0.66	tr.	tr.	—	0.42	0.14	1.81
37.17	30.96	23.30	21.67	32.80	37.46	29.74	30.11	33.59
2.18	—	7.74	6.20	0.00	0.80	1.61	1.47	1.96
—	—	3.20	—	—	—	—	—	—
—	2.24		1.24	0.00	—	0.38	0.43	0.38
—	—	—	—	—	—	0.01	0.01	0.10
0.05	0.26	0.17	0.00	0.55	tr.	0.00	0.00	0.00
2.00	1.97	1.70	4.48	1.95	1.16	2.40	2.49	2.33
1.44	1.65	0.14	0.31	0.52	0.64	2.62	1.97	1.59
6.69	8.47	6.69	6.08	6.72	6.38	9.97	9.80	8.81
6.79*	3.83*	8.24	6.44	6.98	6.06	2.55	3.58	3.89⊗
		0.64			0.30	—	—	0.00⊕
—	1.04	—	—	—	—	—	—	—
—	—	—	—	—	—	—	—	—
102.04	99.38	99.48	98.07	99.82	99.38	100.09	100.05	100.10

1917).
(11) ギルバータイト (Ehrenfriedersdorf) (Dana, 1915).
(12) イライト (Beavers Bend)(Gaudette, Eades and Grim, 1965). 灼減:6.64%.
(13) 泥灰岩中に産する雲母粘土鉱物.少量の石英を含む (Maegdefrau and Hofmann, 1938).
(14) 流紋岩中の雲母粘土鉱物(Sarospatak, Hegyalja 山の北東)(Maegdefrau and Hofmann, 1938).
(15) 絹雲母(Idaho, Carrol-Driscoll 鉱山) (Shannon, 1926).
(16) 絹雲母(Albdruck-Dogern) 片麻岩の構成鉱物.水簸により粗粒の結晶を集めて分析した結果(Jakob, Friedlaender and Brandenberger, 1933).
(17) 同上.細粒結晶.
(18) 絹雲母(Campra bei Olivone, Kanton, Tessin).絹雲母-黒雲母片岩中の絹雲母 (Jakob, 1929).

基本としてつくり, $(OH)_2$ に入れてもなおあまる余分の水をかりに $(OH)_x$ と表わし, (K, Na, Ca) の原子数と 1 との差と比較した結果であって, やはり明瞭な相関関係が認められる. 水分の取り扱いは前述したと同様である.

以上の事実より, (K, Na, Ca) の不足は, 水分と逆比例することは明らかであるが, この水分は, $H_2O(+)$ の形で示される水分が主体をなしていることを示している.

表 4-1 には, 古くから特殊名で記載されているこの種の雲母粘土鉱物の化学分析を選定して集めてみた. まず, この化学分析表で気がつくように, 白雲母の理想的な化学分析値からの変化の程度に差があるが, 他に本質的な差がないかぎり, 1 つ 1 つを特殊名で呼ぶのは不適当である. すなわち, 「Al を主とし, di. 亜群であって, 白雲母より化学成分上の差が認められる雲母粘土鉱物」 の総称名が望ましい. この種の雲母粘土鉱物の産状はいろいろある中で, 泥質堆積岩の中に広く含まれていることが古くから注意されていた. Grim, Bray および Bradley(1937)は, イリノイ地方の頁岩中の雲母粘土鉱物を注意深く分離し, その鉱物学的性質を近代的方法ではじめて明らかにし, これにイライトという名をあたえ, イライトを他の同様な雲母粘土鉱物の総称名として提唱した. その後 Grim の研究した試料をはじめとして, これと同様の雲母粘土鉱物の性質は一様でなく, 中には混合層鉱物が多いという報告(Yoder and Eugster, 1955) が出された. つづいて, Gaudette, Eades 等(1965)は, 従来の試料を再検討した結果, たしかに混合層鉱物が存在するが, 中には, 1 つの結晶相であり, しかも化学成分が白雲母の理想化学成分より変化しているものがあることを認めた(表 4-1(12)). 既に, Brown と Norrish(1952)は, 層間のアルカリイオン, アルカリ土金属イオンの不足を, H_3O^+ (ヒドロニウムイオン)で償っていると考えていたが, 一方で, 層間イオンは, アルカリイオン, アルカリ土金属イオンのみによってつくられ, 欠損したままであるとして構造式を立てる考えもあった(Marshall, 1949). Gaudette 等の報告によれば, Marshall の方式で導かれた式のほうが無理がない.

このように, いま問題としている細かい白色の雲母の本質については, 意見が分かれている. ここに将来の重要な検討問題が残る. その意味で, 本書には, 表 4-1 ならびに各化学成分をそのまま統計処理した結果を残したのである. 表

4-2 2：1型

4-1の試料については，必ずしもすべてが，原試料について再検討されているわけではないので，恐らく今後原試料が混合層であることが示される例もあると思われる．またGaudetteが再検討して確かめたように，単一結晶と見るべきものがあることも事実であろう．要は単一結晶か混合層かの問題は，両者は1つの連続体の2つの部分と考えることもできるであろう．要するに混合層の2成分層の1つが無くなった究極状態が1つの単結晶であるとも考えられる．この単結晶が，白雲母の理想化学成分と比べて，なお僅か明らかに異なっていれば，この単結晶は，簡単に白雲母と同等な地位に置くことができないであろう．

色々注意すべき点があるなかで，まず白雲母に比して多くなっている水分が，

表4-2 雲母粘土鉱物(Fe, di.)またはそれらを主とする粘土の化学分析表(数値は%)

	(1)	(2)	(3)	(4)	(5)***	(6)	(7)	(8)***	(9)	(10)	(11)	(12)
SiO_2	48.66	48.5	48.12	49.42	49.10	53.61	49.11	55.30	54.30	54.84	54.22	46.65
TiO_2	—	—	—	—	—	—	—	—	tr.	—	—	0.73
Al_2O_3	8.46	9.0	9.16	10.23	19.30	9.56	8.03	10.90	5.08	3.52	3.70	17.92
Fe_2O_3	18.80	20.0	19.10	16.01	7.52	21.46	20.05	6.95	14.77	12.64	12.50	10.09
FeO	3.98	3.1	3.47	3.00	2.87	1.58	3.05	3.54	4.82	4.90	4.75	4.25
MnO	—	—	—	—	tr.	—	—	—	0.09	0.24	0.19	0.07
MgO	3.56	3.7	2.36	3.78	2.71	2.87	3.18	6.56	6.05	6.65	6.98	1.63
CaO	0.62	0.4	0.76	0.31	0.98	1.39	0.87	0.47	0.80	0.89	0.84	1.26
Na_2O	ナシ	1.5	0.22	0.26	0.00	0.42	0.66	0.00	3.82	0.39	0.44	0.69
K_2O	8.31	6.2	7.08	7.91	7.50	3.49	6.97	9.38	4.85	7.00	6.90	3.91
P_2O_5	—	—	—	—	—	—	—	—	—	—	—	0.04
CO_2	—	—	—	—	—	—	—	—	—	—	—	1.66
$H_2O(+)$	4.62	7.3**	5.28⊗	8.08*	6.07	5.96*	8.05*	5.21	5.64*	9.62*	9.99*	5.07
$H_2O(-)$	1.94		4.78⊕		—			—				5.86
計	98.95	99.7	100.33	99.00	96.05	100.34	99.97	98.31	100.22	100.69	100.51	99.83

*, **, *** の説明は表4-1と同じ．
(1)～(5) 海緑石．⊗ 105°C以上で脱水，⊕ 105°C以下で脱水．
(1) Gruner(1935)，CO_2を入れれば，計は99.08．
(2) Schneider(1927)．
(3) Hallimond(1922)．
(4) (3)に同じ．石英，0.80%．
(5) Maegdefrau and Hofmann(1938)．
(6) Challenger号で採取された海緑石の平均化学成分(Twenhofel, 1939)．
(7) 12個の海緑石試料の平均化学分析(Hallimond, 1922)．
(8) セラドナイト(Maegdefrau and Hofmann, 1938)．
(9) セラドナイト(Lacroix, 1916)．
(10) スコットランドからのセラドナイトの平均化学分析値(Twenhofel, 1939)．
(11) セラドナイトの平均化学分析値(Heddle and Fermor, 1926)．
(12) 「緑土」(Hummel, 1931)．

第4章 構造式, 化学組成式, 化学分析値

従来の化学分析値の表示によれば, $H_2O(+)$ の部に入ることが多いことである. 層間に水分が入ることがあるとすれば, H_2O の形か, H_3O^+ の形かの区別と共に, 脱水機構の詳細な研究が必要であろう. 要するに一般に粘土鉱物の水分の研究の詳細な深い研究がこの雲母問題の解決に役立つと思われる. 従来のように, 100～110℃ の温度により, $H_2O(+)$ と $H_2O(-)$ とに区別することは, この雲母問題のみならず, 一般に, 粘土鉱物研究にも役立たない. 例えば, 精密な TG(熱重量)曲線の解析が広く行われるべきであろう.

海緑石, セラドナイトは古くから知られている. 表 4-2 は選定した化学分析値である. 特に, Heddle と Fermor (1926) の, インドにおける化学成分と産状を主とする海緑石, セラドナイトの研究は, 今日でも珍らしい価値を持っている. 表 4-2 の化学分析値をありのままに見れば, 両鉱物の化学成分は極めて近似しているが, その相異は表 4-3, 図 4-3 のようである.

Heddle と Fermor (1926) は当時, この両鉱物の一般化学式を,

$$(R_2O_3 \cdot RO \cdot R_2O) \cdot 2SiO_2 \cdot nH_2O$$

と示し, 次のように示した. R は Si 以外の陽イオンを示す.

セラドナイト　$R_2O_3 \cdot 3(RO \cdot R_2O) \cdot 8SiO_2 \cdot 5H_2O$

表 4-3

	海緑石	セラドナイト
SiO_2	少	多
MgO	少	多
R_2O_3/RO	多	少
水　分	少	多
カリウム	ほとんど同様	

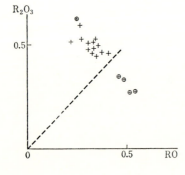

図 4-3　海緑石(+印), セラドナイト(⊕印), 及び Hummel (1931)の緑土(※印)の R_2O_3 と RO(いずれも分子比)の比の図(筆者原図, 1949). セラドナイトでは $R_2O_3<RO$ であり, 海緑石では $R_2O_3>RO$ である. しかもこの両者を通じて R_2O_3 と RO とは逆の相関を示す.

4-2 2 : 1 型

海緑石　　　$2R_2O_3 \cdot 2(RO \cdot R_2O) \cdot 8SiO_2 \cdot 4\frac{1}{2}H_2O$

　近代的方法による研究によって，雲母粘土鉱物(Al に富む di. 亜群)と同じように，海緑石と名付けられてきた鉱物試料の性質は，必ずしも一様のものでなく，不均質のものがあることが明らかになった．この意味は，不純物を混入しているというような，ふつうの事柄を意味するものではなくて，たとえば，混合層鉱物である試料も多く見出されたのである(Burst, 1958)．よってここでもまたイライト問題と同じような論議が生じている．

　以上は何れも di. 亜群であるが，tri. 亜群の例は，意外なほど産出が明確でない．

　以上のように，将来の問題は残るにしても，さしあたり，記述の上で大へん不便なことがある．それは，命名の問題である．雲母群に属する粘土鉱物(雲母粘土鉱物)の中には，既に述べた「Al に富む di. 亜群のもの」以外に，Fe に富むセラドナイト，海緑石がある．また，既に述べたように，「Al に富む di. 亜群」には，古くから不必要な特殊名がつけられている．Grim 等はこの不便をとりのぞくため，イライトを総称名として提案したのである．しかし，このイライトというべき試料の性質は一様性を欠く．このことは，海緑石についても同様である．そこで，AIPEA の命名委員会では，イライトの性質が解明されるまで，イライトという名の使用は保留しようということになった．そこで雲母または雲母粘土鉱物という全体名のみが決定されている．しかし，「Al に富む di. 亜群」の総称名がないと大へん不便である．従来は，雲母，雲母粘土鉱物といえば，海緑石，セラドナイト，黒雲母をも含めた名前として用いられているが，また「Al に富む di. 亜群」の総称名とも受取れるように用いられていることが多い．本書では，新しい提案は国際的命名問題に大きい影響を示すので差控え，総称名として雲母(または雲母粘土鉱物)(Al, di.)と，雲母(または雲母粘土鉱物)(Fe, di.)(すなわち，ここには，セラドナイト，海緑石が入る)のように示すことにした．前者について，古くから使用された不必要に多くの名前の中で，絹雲母(セリサイト)がある．AIPEA の命名委員会では，絹雲母は鉱物名よりも粘土名(フィールドネーム)であるとの意向が強く，粘土鉱物学の本流では，鉱物名として尊重されていない(褐鉄鉱——リモナイト，ボーキサイトなどと同じような意味であると解している)．絹雲母は古くから，主として，鉱床

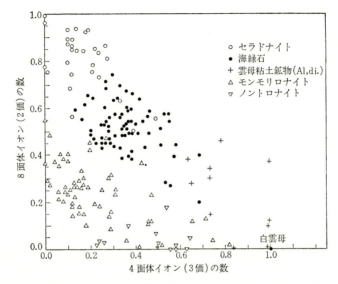

図4-4 海緑石，セラドナイト，雲母粘土鉱物(Al, di.)，モンモリロナイト，ノントロナイトの化学成分上の比較($O_{10}(OH)_2$ を基準とする)(金原啓司原図)．データについては，Dana(1915), Ross and Hendricks(1945), 表4-1, 表4-2参照．

学の方面で広く用いられている．

図4-4に，海緑石，セラドナイト，雲母粘土鉱物，モンモリロナイトの化学成分の比較図を示す．

スメクタイト

2:1層内の4面体シート，または8面体シート，または両者における同形イオン置換の結果生じた陽電荷の不足(または，陰電荷の過剰)を，層間物質の電荷で償うことは，雲母，緑泥石と同じであるが，スメクタイトの層間物質は，水分子を伴った交換性のイオンである．

交換性陽イオンに対し，雲母の層間イオンのように非交換性の陽イオンを，固着した陽イオンという．交換性陽イオンは固着イオンに比し，定まった格子点を占めることが少ない．またその数は，2:1層より生ずる過剰の陰電荷と密接な関係にあるが(これを層間電荷という)．この電荷にも範囲があり，一般の化学組成式をつくることはむずかしい．Ross と Hendricks(1945)は，多くの試料の分析結果より，交換性陽イオンは，1価イオンとして平均1/3 ($O_{10}(OH)_2$ を

4-2 2:1型

基準として)となることを示したので，一般の化学組成式を示すには，この値が採用されている．以下交換性1価陽イオンを {E} と示す．なお交換性イオンは，常に水分子で囲まれているが，その数は外界の水分の量により著しく変化するので，一般化学組成式では $n\mathrm{H}_2\mathrm{O}$ とする．スメクタイトは以下のように分けることができる．

di. 亜群　モンモリロナイト　　$\{\mathrm{E}_{0.33}\}(\mathrm{Al}_{5/3}\mathrm{Mg}_{1/3})[\mathrm{Si}_4]\mathrm{O}_{10}(\mathrm{OH})_2 \cdot n\mathrm{H}_2\mathrm{O}$

　　　　　　バイデライト　　　$\{\mathrm{E}_{0.33}\}(\mathrm{Al}_2)[\mathrm{Si}_{11/3}\mathrm{Al}_{1/3}]\mathrm{O}_{10}(\mathrm{OH})_2 \cdot n\mathrm{H}_2\mathrm{O}$

　　　　　　ノントロナイト　　$\{\mathrm{E}_{0.33}\}(\mathrm{Fe}_2)[\mathrm{Si}_{11/3}\mathrm{Al}_{1/3}]\mathrm{O}_{10}(\mathrm{OH})_2 \cdot n\mathrm{H}_2\mathrm{O}$

tri. 亜群　サポナイト　　　　$\{\mathrm{E}_{0.33}\}(\mathrm{Mg}_3)[\mathrm{Si}_{11/3}\mathrm{Al}_{1/3}]\mathrm{O}_{10}(\mathrm{OH})_2 \cdot n\mathrm{H}_2\mathrm{O}$

　　　　　　ヘクトライト　　　$\{\mathrm{E}_{0.33}\}(\mathrm{Mg}_{5/3}\mathrm{Li}_{1/3})[\mathrm{Si}_4]\mathrm{O}_{10}(\mathrm{OH})_2 \cdot n\mathrm{H}_2\mathrm{O}$

　　　　　　ソーコナイト　　　$\{\mathrm{E}_{0.33}\}(\mathrm{Mg},\mathrm{Zn})_3[\mathrm{Si}_{11/3}\mathrm{Al}_{1/3}]\mathrm{O}_{10}(\mathrm{OH})_2 \cdot n\mathrm{H}_2\mathrm{O}$

上記の化学組成式は理想式であって，4面体，8面体の両イオンについては，代表的のもののみを記している．一般に，8面体イオンとしては，$\mathrm{Mg}, \mathrm{Fe}^{2+}, \mathrm{Fe}^{3+}, \mathrm{Al}$ などが含まれている．更に，上記の各鉱物は連続系列の端成分に相当するものが多く，特に，モンモリロナイト——ノントロナイト——バイデライトは同形系列に属する．一方で，tri. 亜群の方では，従来，Mg の端成分であるサポナイトに対し，Fe の端成分については，論ぜられた例がない．しかし，従来鉄を含んだサポナイト(鉄サポナイト)の存在が知られ，近年の研究によれば，鉄の極めて多い tri. 亜群のスメクタイトも発見され，サポナイトの Fe 端成分が天然で見出される可能性があり，また分類上，考える必要が生じたように思われる．

スメクタイトの特殊な一例に，ステブンサイトがあり，理想的構造式は，

$$\{\mathrm{E}_{0.33/2}\}(\mathrm{Mg}_{2.92})[\mathrm{Si}]_4\mathrm{O}_{10}(\mathrm{OH})_2 \cdot n\mathrm{H}_2\mathrm{O}$$

交換性イオンの数は，$\mathrm{O}_{10}(\mathrm{OH})_4$ を基準として比べた場合，スメクタイトの他の種より小さく，ほぼ半分であり，層間電荷の発生源は，8面体イオンの欠損に基づき，tri. と di. の両亜群の中間のものである．

バーミキュライト群

バーミキュライト群では，スメクタイトと同様に，層間物質は交換性陽イオンと水分子よりできていて，層間電荷により保有されている．結晶粒子がスメクタイトより一般に大きく，肉眼的の大きさの単結晶片もある．肉眼的の結晶

を用いて構造解析が進んでいるが，それによると，水分子，交換性陽イオンの配置は，何れも規則正しい．また層間電荷は，スメクタイトよりも比較的大きいが，やはりある範囲($0.6\sim0.9$, $O_{10}(OH)_2$ を基準として)に変化する．従来の研究例は，tri. 亜群であって，交換性イオンも，主として Mg である．一般式は

$$\{E_{0.6\sim0.9}\}(Mg_3)[Si, Al]_4O_{10}(OH)_2\cdot nH_2O$$

West Chester, Pennsylvania 産(Walker, 1962)の例では，

$$\{Mg_{0.38}\}(Mg_{1.92}Fe^{3+}{}_{0.46}Al_{0.22}Ti_{0.11}Fe^{2+}{}_{0.08})(Si_{2.72}Al_{1.28})O_{10}(OH)_2\cdot 4.43H_2O$$

緑泥石

滑石の Si の一部を Al で置換すれば，陽電荷の不足を生ずる．この不足の一部は，2：1 層内の 8 面体陽イオン(Mg)を Al で置換することによって補い，残りは層間の 8 面体$((Mg, Al)_3(OH)_6)$で補ったものが緑泥石である．従って，一般化学組成式は，

$$(Mg, Al)_6[Si, Al]_4O_{10}(OH)_8$$

となる．緑泥石は，化学成分の変化が著しく，8 面体イオンとして，Fe^{2+}, Fe^{3+}をも含むことがある．いま 4 面体配位の Al を x とすれば，8 面体配位の Al の数も同じく x となり，

$$(Mg_{6-x}Al_x)[Si_{4-x}Al_x]O_{10}(OH)_8 \tag{4-1}$$

Fe^{2+} が Mg の一部を置換しているとすれば，

$$(Mg_{6-x-y}Fe^{2+}{}_yAl_x)[Si_{4-x}Al_x]O_{10}(OH)_8 \tag{4-2}$$

Fe^{3+} が Al の一部を置換しているとすれば，

$$(Mg_{6-x-y}Fe^{2+}{}_yFe^{3+}{}_zAl_{x-z})[Si_{4-x}Al_x]O_{10}(OH)_8 \tag{4-3}$$

また Fe^{3+} が Fe^{2+} の 2 次的酸化で生じたものとすれば，

$$(Mg_{6-x-y}Fe^{2+}{}_{y-z}Fe^{3+}{}_zAl_x)[Si_{4-x}Al_x]O_{10+z}(OH)_{8-z} \tag{4-4}$$

これらは何れも tri. 亜群である．緑泥石では 8 面体シートが 2 カ所にある．この両 8 面体シートでは，イオンの種と比率が，古くは常に同一(対称分布)と仮定されていた．しかし近年，実例に照らすと，非対称分布のものもあることが明らかとなった．このときは，2：1 層は

$$(Mg_{3-b-x_2}Fe^{2+}{}_bAl_{x_2})[Si_{4-x}Al_x]O_{10}(OH)_2$$

で，これより生ずる電荷は，$-x+x_2$ であり，層間の 8 面体は

4-2 2:1型

$$(Mg_{3-a-x_1}Fe^{2+}{}_a Al_{x_1})(OH)_6$$

で,これより生ずる電荷は $+x_1$ である. よって

$$(Mg_{6-a-b-x}Fe^{2+}{}_{a+b}Al_x)[Si_{4-x}Al_x]O_{10}(OH)_8 \quad (x = x_1+x_2)$$

となる.

　緑泥石は化学成分上に変化が著しく,その分類は古く Tschermak (1890) によりはじめられ,次いで Orcel (1927) の分類は有名である. しかし,結晶化学に立脚した分類は Hey (1954, a) により示された.

　Tschermak 以来今日まで,オルソ緑泥石,レプト緑泥石との2大別は受けつがれている. 今日の知識で,これらの2つの別を述べるならば,オルソ緑泥石は

$$(Mg, Fe^{2+}, Al)_6[Si, Al]_4O_{10}(OH)_8$$

の式に適合するものであって, Fe^{3+} は少量で,8面体シートの Al を置換していると考えられるものである. これに反し,レプト緑泥石は, Fe^{3+} を著しく多く含み,一般に上式によく適合せず,多くの場合, Fe^{3+} は Fe^{2+} の酸化によって生じたものと考えられるものである. 従って,上に連記した構造式の中で,(4-4) はレプト緑泥石で,それ以外はオルソ緑泥石の構造式といえる.

　緑泥石は,粘土鉱物学創立以前から,広く研究が行われていて,重要な鉱物として取り扱われていた. しかし,それらの殆どすべては,今日でいえば, tri. 亜群のものであった. しかし,実は di. 亜群の緑泥石の存在も極めて古くから注意されていた. Samojlow (1906) の α-緑泥石と Gábor Varinecz (1936, 1937) の nagolnit (István Viczián (1971) の教示による), また Lasarenko 等 (1940) の donbassite (Chukhrov, 1968) は,何れも di. 亜群の緑泥石とされている. 1954 年,筆者が, di. 亜群の緑泥石を混合層鉱物中の一つの成分鉱物層として発見した報告に対し, Engelhardt, Müller および Kromer (1962) は di. 亜群の緑泥石を sudoite と命名した.

　緑泥石では,8面体層が2カ所にあり,しかも,陽イオンの分布で,非対称の場合も考えられる. よって,いま di. 亜群の緑泥石を考えるにあたって,一般に両8面体層の性質を別々に記する必要がある. 即ち tri.-tri., tri.-di. (または di.-tri.), di.-di. である (最初の記号は2:1層の8面体,あとの記号が層間の8面体の性質を意味する). 近年の AIPEA の命名委員会では di.-di. 緑泥石

を donbassite とし,di.-tri. を sudoite とすること,そして,tri.-tri. より tri.-di. (または di.-tri.)までを tri. 亜群の緑泥石と総称し,di.-di. より tri.-di.(または di.-tri.)までを,di. 亜群の緑泥石と総称することとした.

tri. 亜群の緑泥石が,di. の緑泥石に近付いてゆくには,$1.5\text{Mg} \rightleftarrows 1\text{Al}$ の置換が進むことを要する.このような置換にあずかる Al の数を d とし,これを,

表4-4 緑泥石の分類表

	8面体イオンの全数(n)	d	$6-3d/2$ または $n-d$	
tri. 亜群	6	0	6	tri.-tri.
	5.75	0.5	5.25	
	5.5	1	4.5	
di.-tri. または tri.-di.	5	2	3	
di. 亜群	4.5	3	1.5	
	4	4	0	di.-di.

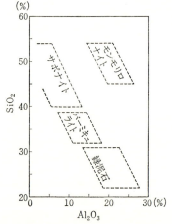

図4-5 モンモリロナイト,サポナイト,バーミキュライト,緑泥石の化学成分の比較(金原啓司原図)(後3者は何れも tri. 亜群のものにかぎっている).極めて多くの分析値を集め,SiO_2 と Al_2O_3 の比を比べると,この4つの粘土鉱物の各は,図のように分離した稜形の範囲を示す.サポナイト,バーミキュライト,緑泥石の3つは,全体として一連の SiO_2/Al_2O_3 の比の変化傾向を示すとも見られる.データの出典については,発表されたデータをほとんど網羅しているので,1つ1つ示すことは省略する.読者はこの図を,各自の研究試料について,活用,検討されんことを望む.

di. 亜群の性質を示すパラメーターとすると，緑泥石の最も一般な式は
$$(Mg_{6-x-y-3d/2}Fe^{2+}{}_yAl_{x+d})[Si_{4-x}Al_x]O_{10}(OH)_8$$
で，表 4-4 のように分類される．

スメクタイト，バーミキュライト，緑泥石の 3 者は，粘土鉱物の中でも特に近縁の鉱物である．この中の前 2 者は，後者とは異なり，イオン交換，水和のような能動的の性質があり，しかも，加熱変化も著しい．このように，動力学的の性質に差がありとすれば，これらの 3 鉱物は近縁であっても，区別は容易であるように思われるが，実は幾何学的性質，動力学的性質の両者に基づいて区別しようとすれば容易でない．詳細は後に述べるが，交換性イオンの種が，動力学的の性質に著しい変化を与えることがあるからである．そこに，多くの中間性粘土鉱物が生まれてくる．ここでは，化学成分の点で区別如何が問題となるが，その問題の解答の 1 つに，図 4-5 が示される．この図に示した例は何れも tri. 亜群のものである．

4-3 1：1 型

$O_5(OH)_4$ を基準として，一般化学組成式が示される．

di. 亜群　カオリナイト ⎫
　　　　　ナクライト　　⎬　$(Al_2)[Si_2]O_5(OH)_4$
　　　　　ディッカイト ⎭
　　　　　メタハロイサイト　$(Al_2)[Si_2]O_5(OH)_4$
　　　　　ハロイサイト　$(Al_2)[Si_2]O_5(OH)_4 \cdot H_2O$

tri. 亜群　アンチゴライト　$(Mg_3)[Si_2]O_5(OH)_4$
　　　　　アメサイト　$(Mg_2Al)[Si, Al]_2O_5(OH)_4$
　　　　　クロンステダイト　$(Fe^{2+}{}_2Fe^{3+})[Si, Fe^{3+}]_2O_5(OH)_4$
　　　　　7Å-シャモサイト　$(Fe^{2+}, Mg, Al)_3[Si, Al]_2O_5(OH)_4$

アメサイト，クロンステダイト，シャモサイトは古くは緑泥石に分類されていたが，近年の研究により 1：1 型であることがわかった．ただし，シャモサイトは，一部に緑泥石構造を持つものもあり，7Å-シャモサイトに対して，14Å-シャモサイトと名付けられている．

4-4 セピオライト,パリゴルスカイト

パリゴルスカイトの理想式は,
$$(Mg_5)[Si_8]O_{20}(OH)_2(OH_2)_4 \cdot 4H_2O$$
セピオライトは,Brauner-Preisinger のモデルを用いるときは,
$$(Mg_8)[Si_{12}]O_{30}(OH)_4(OH_2)_4 \cdot 8H_2O$$

4-5 構造式の導き方

粘土鉱物の構造式を決定するには,まず第一に,その構造の型が,別途の方法で決定されていることが必要である.構造型が決定されていれば,それに従って,構造式の上に現わされるべき陰電荷の全量,すなわち,陽電荷の全量が決定される.従って,化学分析値より求めた陽電荷の全体を,構造式の上に示される数に補正するための係数 K が求められ,この K を陽イオンの原子比に乗じて構造式に組み入れるのである.ここで問題となるのは水分である.

従来の化学分析値では,水分を 100~110°C の間において区別して表示しているが,この区分は十分に検討し直す必要がある.よって,構造式を組み立てるにも,従来の水分の分析値を基礎にすることは適当でない.それで,分析値の上で示された水分の量は問題とせず,陰イオンを $O_{10}(OH)_2$,または $O_{10}(OH)_8$ または $O_5(OH)_4$ として,構造式を決定する方法が採用されている.次に 2,3 の例を述べてみよう.

化学分析値の重量パーセントより分子比を出し,この分子比より,原子比を出す.方法は SiO_2, MgO 等のように,1個の陽イオンのみを含むものは,分子比がそのまま原子比を与え,Na_2O, K_2O 等のように,2個の陽イオンを含むものは,その分子比を2倍する.かくして求められた原子比を,かりに Si : Z,Al : A,Fe^{3+} : B,Fe^{2+} : C,Mg : D,Ca : E,Na : F,K : G,… とする.陰電荷を 22 とすれば,係数 K は

$$K = \frac{22}{4Z+3A+3B+2C+2D+2E+F+G}$$

従って,
$$ZK = z,\ AK = a,\ BK = b,\ CK = c,\ DK = d,\ EK = e,$$
$$FK = f,\ GK = g,\ 4-z = y$$

4-5 構造式の導き方

となり $\{Na_fK_gCa_e\}(Al_{a-y}Fe^{3+}{}_bFe^{2+}{}_cMg_d)[Si_{4-y}Al_y]O_{10}(OH)_2$ となる.

Beavers Bend「イライト」 $SiO_2:47.00\%$, $Al_2O_3:23.30\%$, $Fe_2O_3:7.74\%$, $FeO:3.20\%$, $MgO:1.70\%$, $CaO:0.17\%$, $K_2O:6.69\%$, $Na_2O:0.14\%$, $TiO_2:0.66\%$, $H_2O(+):8.24\%$, $H_2O(-):0.64\%$, 計 99.48%, においては
$\{K_{0.61}Na_{0.02}Ca_{0.01}\}(Al_{1.29}Fe^{3+}{}_{0.41}Fe^{2+}{}_{0.19}Mg_{0.18}Ti_{0.04})[Si_{3.34}Al_{0.66}]O_{10}(OH)_2$
となる (Gaudette, Eades and Grim, 1965).

モンモリロナイト群の場合は $E_{1/3}$ と仮定し,しかもこれが,4面体または8面体シートの中の同形イオン置換により生ずる電荷の変化を償っていると仮定しているから,

$$K = \frac{22-0.33}{4Z+3A+3B+3C+3D}$$

とし,

$ZK=z$, $AK=a$, $BK=b$, $CK=c$, $DK=d$, $4-z=y$

とする (Ross and Hendricks, 1945).

モンモリロナイト-バイデライト系 $SiO_2:49.70\%$, $Al_2O_3:22.10\%$, $Fe_2O_3:2.12\%$, $MgO:2.85\%$, $CaO:1.08\%$, $Na_2O:1.17\%$, $TiO_2:0.28\%$, $H_2O(\pm):21.14\%$, 計 100.44% においては

$\{E_{1/3}\}(Al_{1.66}Mg_{0.32}Fe^{3+}{}_{0.12})[Si_{3.71}Al_{0.29}]O_{10}(OH_2)\cdot nH_2O$

となる.このとき Na_2O, CaO の各の原子比は $F=0.38$, $E=0.39$ となるから $FK+EK=0.345$ となり $0.33\fallingdotseq 1/3$ に近い値を示す.

ハロイサイトの例 (Alexander, Faust 等, 1943) $SiO_2:40.26\%$, $Al_2O_3:37.95\%$, $Fe_2O_3:0.30\%$, $CaO:0.22\%$, $Na_2O+K_2O:0.74\%$, $H_2O(-):4.45\%$, $H_2O(+):15.94\%$, 計 99.86%.ここでハロイサイトの式を

$\{E_a\}(Al_{m-n})[Al_nSi_{2-n}]O_5(OH)_4$

とすれば

$$3m+4(2-n)+a = 14$$

Si と Al との原子比はそれぞれ 0.670, 0.744 であるから

$$\frac{m}{0.744} = \frac{2-n}{0.670}$$

ゆえに

より

$$\frac{3(2-n)0.744}{0.670}+4(2-n)+a=14$$

$$\{E_{0.02}\}(Al_{2.024})[Si_{1.908}Al_{0.082}]O_5(OH)_4$$

すなわち

$$\{E_{0.02}\}(Al_{2.02})[Si_{1.91}Al_{0.08}]O_5(OH)_4$$

となり，4面体配位の位置を占める Al は極めて少量である.

粘土鉱物の中には多量の第2鉄を含んでいて，これが鉱物が生成した当時は，全部第1鉄であり（構造の中に欠損が無い状態であったと考えられ），鉱物が生成後，天然でまたは人工的に酸化されて生じたものと考えられる場合がある. このような場合に, $(OH)^- \to O^{2-}$ の変化が，酸化に伴って生じていることが認められている.

$(OH)^- \to O^{2-}$ の変化については，いろいろの説がある. Addison 等(1962)は，空気中の酸素の導入を考えて,

$$4Fe^{2+}+4(OH)^-+O_2 \to 4Fe^{3+}+4O^{2-}+2H_2O\uparrow$$

とし，この反応は，電子，プロトンが結晶中をさまようて,

$$Fe^{2+}(格子中)-e^-(可動) \to Fe^{3+}(格子中)$$
$$(OH)^-(格子中)-H^+(可動) \to O^{2-}(格子中)$$

のような反応を起こすものと考えた．しかし，一方で，Rimsaite(1967)は，黒雲母が真空中でも酸化することより，

$$4Fe^{2+}+4(OH)^- \to 4Fe^{3+}+4O^{2-}+2H_2\uparrow$$

の反応式を考え，これは

$$2(OH)^- = \begin{cases} (OH)^- - H^+ \to O^{2-} \ (2(OH)^- \text{を置換して格子中に残る}) \\ (OH)^- + H^+ \to H_2O\uparrow \end{cases}$$

のような作用によるものと考えた.

表4-5の(1)は，シャモサイト（$(Fe^{2+}, Fe^{3+}, Mg, Al)_3[Si, Al]_2O_5(OH)_4$）の分析値である(Brindley and Youell, 1953). これより酸素数を5として,

$$(Fe^{2+}_{1.82}Al_{0.83}Mg_{0.23}Fe^{3+}_{0.01})[Si_{1.32}Al_{0.68}]O_5(OH)_{3.96}$$

となる. (2)はこれを700°Cに加熱したものである. Fe^{2+} は大部分 Fe^{3+} となり，このときは (OH) はかなり O に変化しているはずである．そのため基準とし

て負イオン数，負イオン電荷をとることはできないので，Si のイオン数を 1.32 とし，これを基準として出すと，

$$(\underbrace{Fe^{3+}_{1.83}Al_{0.81}Mg_{0.22}Fe^{2+}_{0.02}}_{2.88})[Si_{1.32}Al_{0.68}]O_{5.00}O_{2.30}(OH)_{1.02}$$

となる．これにより Fe^{3+} のイオン数は 1.83 である．

表 4-5

	(1)	(2)
SiO_2	23.81	24.69
Al_2O_3	23.12	23.61
Fe_2O_3	0.23	45.61
FeO	39.45	0.47
MgO	2.72	2.74

Brindley と Youell はこの酸化の機構を次のように考えた．

$$Fe^{2+}+(OH)^- \to Fe^{3+}+O^{2-}+H \tag{4-5}$$

$$(OH)^- \to \frac{1}{2}H_2O + \frac{1}{2}O^{2-} \tag{4-6}$$

いま 8 面体層に x だけの第 1 鉄が存在しているとすれば，

$$x((4\text{-}5)の反応式) + (3-x)((4\text{-}6)の反応式)$$

として

$$xFe^{2+}+3(OH)^-+\frac{x}{2}O(大気中より) \to xFe^{3+}+\frac{3+x}{2}O^{2-}+\frac{3}{2}H_2O$$

となる．いま，$x=1.82$ であるから，3(OH) を置換する酸素数は $(3+1.82)/2=2.41$ となり，構造式とよく一致している．

表 4-6

		(1)		(2)		(3)	
SiO_2	38.40	1.786		2.000		1.75	
Al_2O_3	0.10	0.005	1.911	0.006		0.05	
Fe_2O_3	3.42	0.120		0.134		0.11	
FeO	ナシ				2.858		2.97
MnO	0.05	0.002		0.002		0.02	
MgO	41.91	2.905	2.907	2.716		2.84	
CaO	ナシ			0.537			
$H_2O(+)$	15.03	OH:4.662	9.000	4.143		H:4.96=4.00+4×0.24	
$H_2O(-)$	1.26	O:4.338		0.537 / 4.857			

なお構造式を算する場合に,いろいろきめにくい因子があり,最終的の決定のできない場合がある. 表4-6に示すのはアンチゴライトの例である(Brindley and Knorring, 1954).

表4-7 日本産粘土鉱物の

	1	2	3	4	5	6	7
SiO_2	63.57	61.83	46.15	45.80	38.97	35.06	44.18
TiO_2	0.04	—	—	—	—	—	—
Al_2O_3	29.25	1.28	38.93	39.55	34.43	27.68	39.09
Fe_2O_3	0.10	—	—	0.57	2.06	1.24	0.89
FeO	0.12	1.58	—	0.18	—	—	—
MnO	tr.	—	—	—	—	—	—
CaO	0.38	0.25	0.26	0.41	—	1.57	0.10
MgO	0.37	30.77	0.36	0.14	—	0.59	0.05
Na_2O	0.02	0.12	—	—	—	—	—
K_2O	tr.	0.13	—	0.03	—	—	—
$H_2O(+)$	5.66	}4.70	(灼)14.19	13.90	(灼)24.66	13.90	(灼)14.09
$H_2O(-)$	0.66			0.17		20.82	2.40
P_2O_5	tr.	—	—	—	—	—	—
SO_3	—	—	—	—	—	—	—
計	100.17	100.66	99.89	100.75	100.12	100.86	100.80
分析者	児玉秀臣	瀬戸国勝	吉木文平	長沢敬之助	地質調査所	湊 秀雄	須藤俊男

(灼):灼熱減量として表示されている量. (H_2O):水分とのみ表示されている量. その他はすべて$H_2O(+)$として表示されている. 加熱温度は示されている場合も, ない場合もあるが, 105°C, 110°Cの何れかである.

(1) パイロフィライト(長野県穂波鉱山). {$Ca_{0.02}$} $(Al_{1.97} Mg_{0.03} Fe^{2+}_{0.01}) [Si_{3.87} Al_{0.13}] O_{10}(OH)_2$ (Kodama, 1958).
(2) 滑石(長崎県, 大串)(瀬戸国勝, 1929).
(3) ディッカイト(広島県, 勝光山)(吉木文平, 1934).
(4) カオリナイト(新潟県三川鉱山). 鉛亜鉛鉱脈に伴う黄鉄鉱石英脈の盤際の粘土脈. 電子顕微鏡によって見ると, 6角形の結晶外形を示す. 屈折率 $1.560 < α, γ > 1.569$ (長沢敬之助, 1951).
(5) ハロイサイト(群馬県上信). 安山岩の上部を蔽う凝灰岩を交代している. 温泉作用によって生じた変質鉱物. ろう感のあるちみつな塊. 淡緑, 淡褐色. 屈折率 1.560. 顕微鏡下ではほとんど等方性に見える(微細粒子の集合複屈折). X線粉末回折パターンでは, 10Åと共に, 7.5Åの反射が見られる. 一部メタハロイサイトに変化している(Sudo and Ossaka, 1952).
(6) アロフェン(栃木県大谷).「大谷石」の表面を蔽う軽石の風化物(Sudo and Ossaka, 1952).
(7) メタハロイサイト(山形県蔵王硫黄鉱山附近). 母岩中に脈状をなす. 屈折率, $1.560 < n < 1.566$. 電子顕微鏡下では伸長状の結晶であることが観察される(Sudo, Kawashima and Tazaki, 1949).
(8) アロフェン-ハロイサイト球粒体(青森県七戸). ガラス質凝灰岩の風化物. 少量の亜炭を伴う. 濃硫酸を加えると発熱して分解する. 乳鉢の上でこすると, モチのように粘る. 屈折率 1.535. 顕微鏡下では, 微粒子の集合で等方性に見える(集合複屈折). アルミニウムの原料の可能性がある(Sudo, Minato and Nagasawa, 1951).

4-5 構造式の導き方

まず(1)のように酸素数を9として計算すると，

$$(\underbrace{Mg_{2.905}Mn_{0.002}}_{2.907})[\underbrace{Si_{1.786}Al_{0.005}Fe^{3+}_{0.120}}_{1.911}]\underbrace{O_{4.338}(OH)_{4.662}}_{9.000}$$

化 学 分 析 表 (数値は%) (1)

8	9	10	11	12	13	14	15
39.58	47.14	51.49	47.65	55.99	51.55	47.14	29.07
—	—	0.05	0.10	0.49	tr.	0.34	0.32
30.24	37.13	31.75	37.03	11.13	4.03	37.09	21.82
1.74	0.64	0.39	0.01	4.65	22.17	0.49	0.83
—	—	1.04	tr.	7.34	3.54	—	3.67
—	—	—	tr.	0.20	tr.	—	—
0.98	0.71	0.29	tr.	0.22	0.69	0.57	0.19
tr.	0.17	0.11	0.04	2.27	3.86	0.83	29.90
—	0.65	1.42	0.76	1.30	0.55	0.35	tr.
—	9.98 (灼) 4.28	7.34	9.02	8.00 (灼) 4.22	7.03 (H_2O) 6.62	7.10	tr.
11.08		6.17	4.97			5.18	10.76
16.60		0.85	0.73	3.68		0.99	2.76
—	—	—	0.02	—	0.03	0.01	—
—	—	—	—	—	—	—	—
100.22	100.70	100.90	100.33	99.49	100.07	100.09	99.32
今井琢也	瀬戸延勝	泰 考明	児玉秀弘	神山宜彦	八木次男	下田右	須藤俊男

(9) 雲母粘土鉱物(Al, di.)(「絹雲母」)(茨城県日立鉱山)．絹雲母片岩の構成鉱物．「絹雲母」の化学分析では，日本で最初の報告である(Koto, 1888)．

(10) 雲母粘土鉱物(Al, di.)(「絹雲母」)(熊本県天草陶石中の雲母粘土鉱物)．クレリシ液で分離した試料．屈折率，$\alpha=1.553$，$\gamma=1.592$，$\gamma-\alpha=0.039$，$2V=8°\sim9°$(武司秀夫, 1949)．

(11) 雲母粘土鉱物(Al, di.)(「絹雲母」)(群馬県余地峠)．$\{K_{0.76}Na_{0.09}\}(Al_{2.00})[Si_{3.13}Al_{0.87}]O_{10}(OH)_2$ (Kodama, 1957)．

(12) セラドナイト(栃木県大谷)．「大谷石」中の火山ガラス片を交代している．
$\{K_{0.78}Na_{0.18}Ca_{0.02}\}(Al_{0.93}Fe^{2+}_{0.44}Mg_{0.30}Fe^{3+}_{0.25}Mn_{0.01})[Si_{3.99}Al_{0.01}]O_{10}(OH)_2$ (Kohyama, Shimoda and Sudo, 1971)．

(13) 海緑石(八木次男, 1932)．

(14) 雲母粘土鉱物(Al, di.)(秋田県釈迦内鉱山)．凝灰岩凝灰質堆積岩の変質物．2M_2型と考えられる．$\{K_{1.19}Na_{0.09}Ca_{0.08}\}(Al_{3.92}Mg_{0.16}Fe^{3+}_{0.05}Ti_{0.04})[Si_{6.17}Al_{1.83}]O_{10}(OH)_2$(Shimoda, 1970)．

(15) 緑泥石(ロイヒテンバージャイト，またはシェリダナイト)(島根県鰐淵鉱山)．石膏鉱体を取りまく変質帯の最内部に生成されている．
$(Mg_{4.30}Al_{1.28}Fe^{2+}_{0.30}Fe^{3+}_{0.06})[Si_{2.80}Al_{1.20}]O_{10}(OH)_8$ (Sakamoto and Sudo, 1956)．

(16) 緑泥石(茨城県日立鉱山)．鉱体に伴う変質塩基性岩中に産する．$(Mg_{2.82}Al_{1.17}Fe^{2+}_{1.24}Fe^{3+}_{0.52}Ca_{0.09})[Si_{2.62}Al_{1.38}]O_{10}(OH)_8$(Sato and Sudo, 1956)．

(17) 緑泥石(マンガンチューリンジャイト)富山県立山一の越)．暗緑色の塊で，方解石，ざくろ石，赤鉄鉱，緑れん石を伴う．せん緑岩中に取り込まれた石灰岩の接触変質部に産する．鉄の多い粘土鉱物の構造式のたて方には注意を要する．この試料はレプト緑泥石に属し，Fe^{3+}はFe^{2+}より酸化によって生じた可能性がある．Fe^{3+}のすべてがFe^{2+}より酸化してできたもの

となり，Fe^{3+} を4面体イオンの中に入れても 1.911 で，この数値は2よりかなり少ない．そこで(2)は Si：2 として出したもので，このとき (OH) の9より過剰の部分は，$Mg(OH)_2$ として層間に位するものとして，

16	17	18	19	20	21	22	23
25.76	22.24	24.50	35.63	33.42	51.62	46.30	39.68
—	—	—	—	tr.	0.07	—	0.37
21.26	17.05	16.32	34.87	10.44	24.31	18.47	3.93
6.75	13.38	7.45	5.01	3.66	0.88	6.03	19.82
14.60	26.26	31.46	0.43	2.34	0.41	0.45	1.12
—	5.42	3.33	0.05	tr.	—	—	0.19
0.90	tr.	—	1.13	4.00	1.52	2.16	2.37
18.64	4.10	4.59	8.63	25.18	1.36	3.06	11.21
—	—	—	0.24	0.02	1.06	1.03	—
—	—	—	0.46	tr.	0.16	0.35	—
10.33	10.05	11.36	12.24	14.60	(灼)	6.83	6.16
1.32	0.98	—	1.91	6.12	6.46 12.68	14.50	15.11
—	—	—	—	tr.	tr.	—	—
99.56	99.48	99.01	100.60	99.78	100.53	99.18	99.96
佐藤 弘	須藤俊男	須藤俊男	林久人 生沼郁	島根秀年	林 久人	須藤俊男	小坂丈予

とすれば，構造式は次のように立てられる．
$(Fe^{2+}_{2.62} Fe^{3+}_{1.20} Al_{1.05} Mg_{0.73} Mn_{0.55}) [Si_{2.65} Al_{1.35}] O_{10+1.20}(OH)_{8-1.20}$ (Sudo, 1943).

(18) 緑泥石(マンガンシャモサイト)(秋田県荒川鉱山)．黄銅鉱石英脈中に見出される．14Å 型 (Sudo, 1943).

(19) 緑泥石(Al に富む．di.-tri. 亜群．スドー石)(青森県上北鉱山)．本坑体の周囲の変質帯の外縁に黄鉄鉱の小脈中に見出される．変質帯の主成分鉱物は，パイロフィライト，カオリナイト，ダイアスポア，石英など．$(Al_{3.017}Mg_{1.175}Fe^{3+}_{0.345} Fe^{2+}_{0.033} Ca_{0.110} Mn_{0.004}) [Si_{3.261}Al_{0.739}] O_{10}(OH)_8$ (Hayashi and Oinuma, 1964).

(20) バーミキュライト(tri. 亜群)．福島県雲水峯 (No. 41)．島根秀年試料，実験．CEC：118.8 me/100 g.

(21) モンモリロナイト(山形県左沢)．国峯礦化工業株式会社，試料(Hayashi, 1963).

(22) 含鉄モンモリロナイト(秋田県花岡鉱山西観音堂鉱体)．$\{Na_{0.16} K_{0.04} (Ca/2)_{0.36}\} (Al_{1.37} Mg_{0.36} Fe^{3+}_{0.36} Fe^{2+}_{0.03}) [Si_{3.65} Al_{0.35}] O_{10}(OH)_2 \cdot nH_2O$ (Sudo, 1950).

(23) 鉄サポナイト(宮城県茂庭)．第3紀層の砂鉄の砂粒を膠結する．鉄の多い鉱物全般について，構造式をつくる場合に注意すべき点は，第1鉄，第2鉄，何れを初成と考えるかという点である．この試料では，第2鉄を初成と考えれば，8面体陽イオンの類は 2.56 となり，di. 亜群と，tri. 亜群の中間となり，第2鉄の一部が4面体イオンとして存在するが，第1鉄を初成とすれば，上記の異常性はなくなる．$\{Ca/2\}_{0.46} (Mg_{1.52}Fe^{2+}_{1.45}Al_{0.04}) [Si_{3.62} Al_{0.38}] O_{10}(OH)_2 \cdot nH_2O$ (Sudo, 1954).

(24) 日本の酸性白土の平均化学成分．小林久平 (1949)．$SiO_2/Al_2O_3=7.05$.

(25) 世界のベントナイトの標準化学成分．大村一蔵(1922).

(26) アンチゴライト(京都府河守鉱山)．$\{Na\}_{0.02}$

$$\{0.537\mathrm{Mg(OH)}_2\}\underbrace{(\mathrm{Mg}_{2.716}\mathrm{Mn}_{0.002}\mathrm{Al}_{0.006}\mathrm{Fe^{3+}}_{0.134})}_{2.858}\underbrace{[\mathrm{Si}_{2.000}]\mathrm{O}_{4.857}(\mathrm{OH})_{4.143}}_{9.000}$$

となる.しかも実際に $\mathrm{Mg(OH)}_2$ が層間に位する確証はない.そこで SiO_4 の 4

(2)

24	25	26	27	28	29	30	31	32
68.87	60.18	43.84	46.91	40.67	49.46	41.45	27.99	52.85
—	—	—	0.61	—	—	ナシ	—	—
—	26.58	2.23	—	0.83	1.55	0.36	—	1.03
16.65	—	3.72	1.72	2.90	0.49	0.47	34.25	0.04
2.76	—	—	—	—	—	—	0.54	0.01
—	—	0.07	—	0.11	—	tr.	—	<0.01
1.57	0.23	tr.	—	0.15	0.24	0.57	2.33	0.51
2.15	1.01	38.16	34.50	39.43	27.16	34.38	—	23.74
}0.99	—	0.11	0.04	0.14	0.02	ナシ	—	—
	1.23	0.08	0.02	0.07	—	ナシ	—	—
}(灼)	(灼)10.26	12.28	13.76	13.36	9.95	9.78	7.11	9.04
7.43	—	0.36	2.45	1.78	10.55	12.48	27.89	12.67
—	—	—	—	—	—	—	—	—
		100.85	100.01	99.44	99.42	99.49	100.11	99.90
		下田右	下田右	下田右	下田右	下田右	須藤俊男	中村忠晴

$(\mathrm{Mg}_{5.20}\mathrm{Fe^{3+}}_{0.26}\mathrm{Al}_{0.24})[\mathrm{Si}_{4.02}]\mathrm{O}_{10.25}(\mathrm{OH})_{7.51}.$
$\mathrm{H_2O}(+)$ の値より (OH) を出して,これを基準として,組み立てた構造式.(27),(28)も同様(Shimoda, 1967, a).

(27) クリソタイル(群馬県三波川).$\{\mathrm{Na}_{0.01}\}$ $(\mathrm{Mg}_{4.84}\mathrm{Fe^{3+}}_{0.13}\mathrm{Al}_{0.08})[\mathrm{Si}_{4.42}]\mathrm{O}_{10.425}(\mathrm{OH})_{7.15}$ ((26)参照).

(28) 6層蛇紋石(埼玉県越生).$\{\mathrm{Ca}_{0.02}\mathrm{Na}_{0.03}\mathrm{K}_{0.01}\}$ $(\mathrm{Mg}_{5.66}\mathrm{Fe^{3+}}_{0.21}\mathrm{Mn}_{0.01}\mathrm{Al}_{0.01})[\mathrm{Si}_{3.92}\mathrm{Al}_{0.08}]\mathrm{O}_{9.705}$ $(\mathrm{OH})_{8.59}$ ((26)参照).

(29) 水爆石(アクアクレプタイト)(岩手県宮守).蛇紋石中に脈状に産する.暗桃色.(Shimoda, 1965).

(30) ジュエライト(岩手県宮守).蛇紋石中の小脈.$(\mathrm{Mg}_{4.85}\mathrm{Ca}_{0.07}\mathrm{Al}_{0.03}\mathrm{Fe}_{0.03})[\mathrm{Si}_{3.98}\mathrm{Al}_{0.02}]\mathrm{O}_{10}$ $(\mathrm{OH})_{6.00}(\mathrm{OH}_2)_{1.47}\cdot 2.64\mathrm{H_2O}$, $a_0=8.22$ Å, $b_0=18.19$ Å, $c_0=5.36$ Å, $\beta=114°2'$, $Pm-C_s^1$, の新しい構造の中で,Mg に配位する水 (OH_2) が生ずる(Shimoda, 1967, b).

(31) ヒシンゲライト(山口県河山鉱山).磁硫鉄鉱の鉱石の割目,断層面に見られ,一部鉱石中に斑点状に入っている.褐色の塊(時に緑色)で,褐鉄鉱に似ているが,ガラス光沢が強い(Sudo and Nakamura, 1952).

(32) セピオライト(栃木県葛生).ドロマイト,石灰岩の断層にそって脈状に産する.単位胞の半分の中の酸素数 32 を基準として,$\{\mathrm{Ca}_{0.12}\}$ $(\mathrm{Mg}_{7.89}\mathrm{Al}_{0.06}\mathrm{Fe^{3+}}_{0.01})[\mathrm{Si}_{11.79}\mathrm{Al}_{0.21}]\mathrm{O}_{32}.$ $\mathrm{H_2O}$: 8.3%,OH_2: 5.9%,(OH): 3.0%(Imai, Otsuka, Kashide and Hayashi, 1969).

面体が一部 H_4O_4 で置換されているものとする考えに基づき，酸素の負電荷を 14.00 として，

$$(Mg, Fe, Mn)_{2.97}[Si_{1.75}Al_{0.05}(H_4)_{0.24}]O_5(OH)_{4.00}$$

という式を出すこともできる．この例は確実な化学分析値から計算された式が，理想構造式とかなりかけはなれる珍しい例である．このようなときは原因について色々考えられるが，上の最後の解釈が正しいか否か，まだはっきりしたことはわかっていない．

表 4-7 に日本産の粘土鉱物の化学分析表を示す．

4-6 格子定数と化学成分の関係式

板状形態を示すフィロケイ酸塩鉱物では，単位構造の高さは，群により著しく異なるが，水平軸方向のダイメンション (a_0, b_0) は，ほとんど変りがない．しかし，a_0, b_0 の長さは，同形イオン置換により，僅かではあるが，規則正しい変化を示し，精密に測定して求めることにより，化学組成の一部を知り，判別に

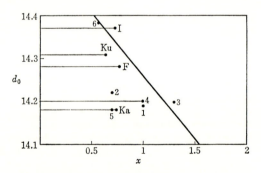

図 4-6 di. ないし di.-tri. 亜群の緑泥石の x (8 面体シートの中の Al) と，d_0 の関係 (Oinuma, Shimoda and Sudo (1972) による)．
1 : Brydon, Clark and Osborne (1961)
2 : Müller (1961, 1963)
3 : Caillère, Hénin and Pobeguin (1962)
4 : Brammall, Leech and Bannister (1937)
5 : Bailey and Tyler (1960)
6 : Frenzel and Schembra (1965)
Ka : Hayashi and Oinuma (1964)（上北鉱山）
F : Tsukahara (1964)（古遠部鉱山）
I : 下田右（未発表）（岩見鉱山）
Ku : 鈴木啓三（未発表）（黒沢鉱山）

4-6 格子定数と化学成分の関係式

役立たせることができる．緑泥石，スメクタイトは，化学成分の変化の幅が広いので，古くから研究されていた．主な式を次に示す．緑泥石 $((Mg_{6-x-y}Fe^{2+}{}_y Al_x)[Si_{4-x}Al_x]O_{10}(OH)_8)$ の b_0 については

Brindley-MacEwan (1953) の式：

$$b_0 = 9.19 + 0.03y \qquad (4\text{-}7)$$

Hey (1954, b) の式：

$$b_0 = 9.20 + 0.028(Fe \text{ の全量}) + 0.047(Mn) \qquad (4\text{-}8)$$

白水晴雄 (Shirozu, 1958) の式：

$$b_0 = 9.210 + 0.037(Fe^{2+}, Mn) \qquad (4\text{-}9)$$

があり，また，d_0 (単位構造の高さ) については

Hey (1954, b) の式：

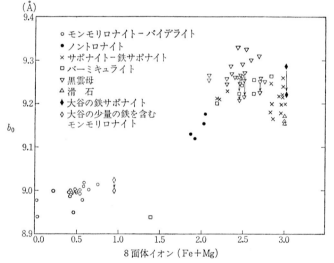

図 4-7 化学成分と b パラメーターの関係 (神山宣彦原図)．矢印は自然酸化による b_0 の変化量と向きを示す．

モンモリロナイト-バイデライト	(Radoslovich, 1962 ; Grim, 1968)
ノントロナイト	(Radoslovich, 1962)
サポナイト-鉄サポナイト	(Radoslovich, 1962 ; Miyamoto, 1957 ; Sudo, 1954 ; Midgley and Gross, 1956; Quakernaat, 1970)
バーミキュライト	(Radoslovich, 1962)
黒雲母	(Radoslovich, 1962)
滑石	(Radoslovich, 1962)．

$$d_0 = 14.38 - 0.23x - 0.05\text{Fe}^{3+} + 0.05\text{Mn} \tag{4-10}$$

Brindley-Gillery (1956) の式:

$$d_0 = 14.53 - 0.31x \tag{4-11}$$

Brindley (1961) の式:オルソ緑泥石について

$$d_0 = 14.55 - 0.29x \tag{4-12}$$

di. ないし di.-tri. 亜群の緑泥石の x と d_0 の関係を図 4-6 に示す.その後, Radoslovich (1962) は更に新しい化学分析を基として,次の式を示した.

カオリナイト群　$b_0 = (8.023 + 0.125\text{Mg} + 0.229\text{Fe}^{2+} + 0.079\text{Fe}^{3+} + 0.28\text{Mn}^{2+} + 0.17\text{Ti}) \pm 0.014$ Å
緑　泥　石　群　$b_0 = (9.23 + 0.03\text{Fe}^{2+}) \pm 0.03$ Å
雲　　母　　群　$b_0 = (8.925 + 0.099\text{K} - 0.069\text{Ca} + 0.062\text{Mg} + 0.116\text{Fe}^{2+} + 0.098\text{Fe}^{3+} + 0.166\text{Ti})$
　　　　　　　　　　± 0.03 Å
スメクタイト　$b_0 = (8.944 + 0.096\text{Mg} + 0.096\text{Fe}^{3+} + 0.037\text{Al}_{(4配位の)}) \pm 0.012$ Å

また図 4-7 に,主な鉱物の b パラメーターと,化学成分の比較図を示す.

4-7　鉄に富む粘土鉱物の酸化還元性

粘土鉱物の中には鉄に富むものがある.鉄緑泥石,海緑石,セラドナイト,ヒシンゲライト,鉄サポナイト,ノントロナイトなどである.3価の鉄,または2価の鉄を主とするものがあり,また3価,2価の両方の鉄を同程度に含むものがある.これらの鉄鉱物は,加熱(空気中で)すれば,$\text{Fe}^{2+} \to \text{Fe}^{3+}$ の変化を生ずるが,この変化は,$(\text{OH})^- \to \text{O}^{2-}$ の変化と並行して起こると考えられている(§4-5).従って,このように人工的に加熱酸化させた試料では,酸素と(OH)の比は,理想式よりも増大する.また,2価,3価の両鉄を含む粘土鉱物の中で,3価の鉄は,その鉱物の生成後,天然で酸化して生じたものと考えられる例がある.緑泥石の中の鉄の多い種であるレプト緑泥石と名付けられている種はこの例である.以上述べたように,第1鉄を含む粘土鉱物は,加熱により酸化するが,空気中に放置しておいただけで酸化することはない(たとえば第1鉄シャモサイト).しかし,次に述べる鉄サポナイトでは,空気中に露出させるだけで,容易に多量の酸素を吸い,鉄は酸化され,褐色に変色する(新鮮な切り口は,青緑色味を帯び,鉄は第1鉄を主とする).大谷石の中の鉄サポナイトは最も著しい変色を示す.採集直後は青緑色を示すが,1時間ほど空気中に露出させると黒色となり,数週間経つにつれて,褐色となる.鉄の多いモンモ

リロナイトと記載されたが(Sudo and Ota, 1952)，最近神山宣彦は，EPMA で元素分析をした結果，鉄の極めて多いサポナイト(A)とモンモリロナイト－バイデライト－ノントロナイト系の種(B)との微細な混合物であることを示した．顕微鏡下で見ると，気泡状構造を示し，(B)は各気泡の縁の部，(A)はその中心部を占めている．

化学成分は表4-8の通りである．Fe がすべて，Fe^{2+} である状態を初期のものとすれば((A)-(2))，

$\{Na_{0.60}K_{0.04}Ca_{0.44}\}(Mg_{2.04}Fe^{2+}{}_{3.98}Al_{0.02})[Si_{6.36}Al_{1.64}]O_{20}(OH)_4 \cdot nH_2O$

のようになり，また Fe^{3+} 型を初期のものとすれば((A)-(1))，

$\{Na_{0.54}K_{0.04}Ca_{0.40}\}(Mg_{1.86}Fe^{3+}{}_{3.04})[Si_{5.84}Al_{1.54}Fe^{3+}{}_{0.62}]O_{20}(OH)_4 \cdot nH_2O$

のように，4面体陽イオンに Fe^{3+} が加わり，また6面体陽イオンは4と6の中間となる．Fe^{3+} が4面体シートに入る例が他にないことはない(クロンステロダイトのように)．また6面体シートが tri. 亜群としては欠損している例は，ステブンサイトにも見られる．しかし Fe^{2+} 型には異常性が見られないので，この鉱物は第1鉄を主としたサポナイトと判定された．鉄の少ない部分は，

(B)-(1)　$\{Na_{0.50}K_{0.08}Ca_{0.24}\}(Mg_{0.88}Fe^{3+}{}_{0.92}Al_{2.30})[Si_{7.50}Al_{0.50}]O_{20}(OH)_4 \cdot nH_2O$

(B)-(2)　$\{Na_{0.52}K_{0.08}Ca_{0.26}\}(Mg_{0.90}Fe^{2+}{}_{0.95}Al_{2.52})[Si_{7.66}Al_{0.34}]O_{20}(OH)_4 \cdot nH_2O$

表 4-8

	中心部分(A)		縁の部分(B)	
	(1) Fe^{3+} 型	(2) Fe^{2+} 型	(1) Fe^{3+} 型	(2) Fe^{2+} 型
SiO_2	35.5%	35.5%	49.2%	49.2%
Al_2O_3	7.9	7.9	15.6	15.6
Fe_2O_3	29.6	—	8.1	—
FeO	—	26.6	—	7.3
MgO	7.6	7.6	3.9	3.9
CaO	2.3	2.3	1.5	1.5
Na_2O	1.7	1.7	1.7	1.7
K_2O	0.2	0.2	0.4	0.4
計(%)	84.8	81.8	80.4	79.6
残部(%)	15.2	18.2	19.6	20.4

酸化により b 軸のパラメーターは減少する．一例では，酸化により，鉄サポナイトの部分(中心部)は，9.300 Å→9.216 Å，鉄の少ない部分(縁の部)では，9.030 Å→9.006 Å.

上式の第1鉄サポナイトの化学式は理想式として，

$$\{M^+_{0.67}\}(Mg_2Fe^{2+}_4)[Si_{7.33}Al_{0.67}]O_{20}(OH)_4 \cdot nH_2O$$

と示される．

筆者が日本の第3紀砂鉄層の中より見出したレンベルジャイト(Sudo, 1943)は，その後，鉄サポナイトと同定されたが(Sudo, 1954)，その化学式

$$\{Ca/2\}_{0.46}(Mg_{1.52}Fe^{2+}_{1.45}Al_{0.04})[Si_{3.62}Al_{0.38}]O_{10}(OH)_2 \cdot nH_2O$$

は理想式として

$$\{M^+_{0.67}\}(Mg_3Fe^{2+}_3)[Si_{7.33}Al_{0.67}]O_{20}(OH)_4 \cdot nH_2O$$

と示される．上記の結果より，サポナイト

$$\{M^+_{0.67}\}(Mg_6)[Si_{7.33}Al_{0.67}]O_{20}(OH)_4 \cdot nH_2O$$

の Mg を Fe^{2+} で置換した端成分

$$\{M^+_{0.67}\}(Fe^{2+}_6)[Si_{7.33}Al_{0.67}]O_{20}(OH)_4 \cdot nH_2O$$

の存在が強く暗示される．これをここではフェロサポナイトと名付けておく．

鉄サポナイトの産状成因の主なものは，中性，塩基性の火山ガラスの変質物（局部的熱水，または続成作用）として知られている．一方で，同じような産状を示す鉱物に，パラゴナイト(palagonite)，クロロフェアイトがあるが，これらの鉱物の分類学上の地位は明らかでない．パラゴナイトは，ナトリウム雲母（パラゴナイト(paragonite)）と発音が同じであるからまぎらわしいが，シシリー島パラゴニア(palagonia)原産で，玄武岩ガラス質凝灰岩中の杏仁状のガラス片の変質物で，その顕微鏡下の組織は大谷石の組織とよく似ている．

また非晶質鉱物の1つにヒシンゲライトがある．この鉱物は多くの場合，極めて微弱な幅広いスメクタイト型のX線粉末回折パターンを示す．大谷石の風化面ではヒシンゲライトが見出されている．以上述べたように，鉄サポナイト，パラゴナイト，クロロフェアイト，ヒシンゲライトは，産状，成因，化学成分の上で極めて近縁の鉱物のように見える．神山宣彦は，これらの中の鉄については，ヒシンゲライト以外の鉱物を，第2鉄を初期の鉄と考えた場合に，8面体イオン数は，tri., di. の中間となり，かなりの Fe^{3+} が4面体イオンに入り，第1鉄を初期と考えたときは，上記の異常性はなくなり，tri. 亜群に近づくことに気付き，これらの鉱物は何れも，第1鉄の tri. 亜群が初期のものであろうと考えた．図4-8に示すように，これらの鉱物の分布面積は小さくなり，恐ら

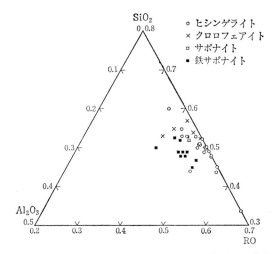

図4-8 鉄サポナイト,クロロフェアイト,ヒシンゲライトの化学成分の比較(神山宣彦原図).

ヒシンゲライト (Dana, 1915 ; Sudo and Nakamura, 1952 ; Harada, 1954 ; Schwartz, 1924 ; Whelan and Goldich, 1961 ; Bowie, 1955 ; Lindqvist and Jansson, 1962)
ノントロナイト (Ross and Hendricks, 1945)
サポナイト,鉄サポナイト (Ross and Hendricks, 1945 ; Miyamoto, 1957 ; Ross, 1946 ; Sudo, 1954 ; MacEwan, 1954 ; Caillère and Hénin, 1951 ; Muchi and Higashiyama, 1971)
モンモリロナイト (Hayashi, 1963)
クロロフェアイト (Emerson, 1905 ; Campbell and Lunn, 1925 ; Fermor, 1928 ; Peacock and Fuller, 1928 ; Peacock, 1930 ; Tomkeieff, 1934)

くクロロフェアイト,パラゴナイトは,鉄サポナイトの仲間であろうと推定される.

参 考 文 献

Addison, C. C., Addison, W. E., Neal, G. H. and Sharp, J. H. (1962) : J. Chem. Soc. Pt., **II**, 1468.

Alexander, L. T., Faust, G. T., Hendricks, S. B., Insley, H. and McMurdie, H. F. (1943) : Amer. Miner., **28**, 1.

Bailey, S. W. and Tyler, S. A. (1960) : Econ. Geol., **55**, 150.

第4章 構造式，化学組成式，化学分析値

Bayley, W. S.(1920) : Econ. Geol., **15**, 236.
Bowie, S. H. U.(1955) : Bull. Geol. Surv., Great Britain, No. 10, 45.
Brammall, A., Leech, J. G. C. and Bannister, F. A.(1937) : Miner. Mag., **24**, 507.
Brindley, G. W. and Youell, R. F.(1953) : Miner. Mag., **30**, 57.
Brindley, G. W. and MacEwan, D. M. C.(1953) : Structural aspects of the mineralogy of clays, Ceramics――A Symposium, 15, The British Ceramic Society, Stoke-on-Trent.
Brindley, G. W. and Knorring, O.(1954) : Amer. Miner., **39**, 794.
Brindley, G. W. and Gillery, F. H.(1956) : Amer. Miner., **41**, 169.
Brindley, G. W.(1961) : The X-ray Identification and Crystal Structures of Clay Minerals(G. Brown, Editor), Ch. VI, 242, Mineralogical Society, London.
Brown, G. and Norrish, K.(1952) : Miner. Mag., **29**, 929.
Brush, G. J. and Dana, E. S.(1881) : Zeit. Krist., **5**, 210.
Brydon, J. E., Clark, J. S. and Osborne, V.(1961) : Can. Miner., **6**, 595.
Burst, J. F.(1958) : Amer. Miner., **43**, 481.
Caillère, S. and Hénin, S.(1951) : Clay Miner. Bull., **1**, 138.
Caillère, S., Hénin, S. and Pobeguin, T.(1962) : C. R. Acad. Sci., Paris, **254**, 1657.
Campbell, R. and Lunn, J. W.(1925) : Miner. Mag., **XX**, 435.
Chukhrov, F. V.(1968) : Clays and Clay Miner., **16**, 3.
Dana, E. S.(1915) : Descriptive Mineralogy, 6th Ed., John Wiley & Sons, New York.
Doelter, C.(1917) : Handbuch der Mineralchemie, II, Part 2, 422, 426, 428.
Emerson, B. K.(1905) : Bull. Geol. Soc. Amer., **XVI**, 91.
Engelhardt, W. von, Müller, G. and Kromer, H.(1962) : Naturwiss., **49**, 205.
Fermor, L. L.(1928) : Rec. Geol. Surv., India, **60**, 411.
Frenzel, G. and Schembra, F. W.(1965) : Neues Jahrb. Miner., Monatsh., **1965**, 108.
Gaudette, H. E., Eades, J. L. and Grim, R. E.(1965) : Clays and Clay Miner., 13th Nat. Conf., 33, Pergamon Press.
Grim, R. E., Bray, R. H. and Bradley, W. F.(1937) : Amer. Miner., **22**, 813.
Grim, R. E.(1968) : Clay Mineralogy(2nd Ed.), McGraw-Hill, New York.
Gruner, J. W.(1935) : Amer. Miner., **20**, 699.
Hallimond, A. F.(1922) : Miner. Mag., **19**, 330.
Harada, J.(1954) : J. Fac. Sci., Hokkaido Univ., Series IV, **VIII**, No. 4, 337.
Hayashi, H.(1963) : Clay Sci., **1**, 176.
Hayashi. H. and Oinuma, K.(1964) : Clay Sci., **2**, 22.
Heddle, F. and Fermor, L. L.(1926) : Rec. Geol. Surv., India, **58**, 141, 330.
Hey, M. H.(1954, a) : Miner. Mag., **30**, 277.
Hey, M. H.(1954, b) : Miner. Mag., **30**, 481.
Hillebrand, W. L.(1900) : U. S. Geol. Surv. Bull., **167**, 74.
Hummel, K.(1931) : Chem. Erde, **6**, 468.
Imai, N., Otsuka, R., Kashide, H. and Hayashi, H.(1969) : Proc. Intern. Clay Conf.,

1969, Tokyo, I, 99, Israel Universities Press.
Jakob, J.(1929): Zeit. Krist., 69, 511.
Jakob, J., Friedlaender, C. and Brandenberger, E.(1933): Schweiz. Miner. Petrogr. Mitt., 13, 74.
小林久平(1949): 酸性白土, 丸善.
Kodama, H.(1957): Miner. J., 2, 151.
Kodama, H.(1958): Miner. J., 2, 236.
Kohyama, N., Shimoda, S. and Sudo, T.(1971): Miner. J., 6, 299.
Koto, B.(1888): J. Coll. Sci., Imp. Univ., Tokyo, 2, 89.
Lacroix, A.(1916): Bull. Soc. franç. Minér., 39, 93.
Lindqvist, B. and Jansson, S.(1962): Amer. Miner., 47, 1356.
MacEwan, D. M. C.(1954): Clay Miner. Bull., 2, 120.
Maegdefrau, E. and Hofmann, U.(1938): Zeit. Krist., 98, 31.
Marshall, C. E.(1949): The Colloid Chemistry of the Silicate Minerals, Academic Press, New York.
Midgley, H. G. and Gross, K. A.(1956): Clay Miner. Bull., 3, 79.
Miyamoto, N.(1957): Miner. J., 2, 193.
Muchi, M. and Higashiyama, K.(1971): Bull. Fukuoka Univ. Education, 21, 151.
Müller, G.(1961): Neues Jahrb. Miner., Monatsh., 1961, 112.
Müller, G.(1963): Proc. Intern. Clay Conf., 1963, Stockholm, I, 121, Pergamon Press.
長沢敬之助(1951): 地雑, 57, 357.
Nagelschmidt, G.(1937): Zeit. Krist., 97, 514.
Oinuma, K., Shimoda, S. and Sudo, T.(1972): J. Toyo Univ., General Education (Nat. Sci.), No. 15, 1.
大村一蔵(1922): 石油時報, 2月, 131.
Orcel, H.(1927): Bull. Soc. franç. Miner., 50, 75.
Peacock, M. A. and Fuller, R. E.(1928): Amer. Miner., 13, 360.
Peacock, M. A.(1930): Geol. Mag., 67, 170.
Penfield, S. L.(1896): Zeit. Krist., 25, 277.
Quakernaat, J.(1970): Clay Miner., 8, 491.
Radoslovich, E. W.(1962): Amer. Miner., 47, 617.
Rimsaite, J.(1967): Geol. Surv. Canada Bull., 149.
Ross, C. S. and Hendricks, S. B.(1945): Prof. Pap. U. S. Geol. Surv., 205-E, 23.
Ross, C. S.(1946): Amer. Miner., 31, 411.
Sakamoto, T. and Sudo, T.(1956): Miner. J., 1, 348.
Sato, H. and Sudo, T.(1956): Miner. J., 1, 395.
Schneider, H.(1927): J. Geol., 35, 296.
Schwartz, G. M.(1924): Amer. Miner., 9, 141.
Schwartz, G. M. and Leonard, R. J.(1926): Amer. J. Sci., 11, 262.
瀬戸国勝(1929): 岩礦, 1, 234.

Shannon, E. V.(1926): U. S. Nat. Museum Bull., 131, 367.
Shimoda, S.(1965): Clay Sci., 2, 138.
Shimoda, S.(1967, a): Science Rep. Tokyo Kyoiku Daigaku, Sec. C, No. 92, 7.
Shimoda, S.(1967, b): Professor Hidekata SHIBATA Memorial Volume, 180.
Shimoda, S.(1970): Clays and Clay Miner., 18, 269.
Shirozu, H.(1958): Miner. J., 2, 209.
Sudo, T.(1943): Bull. Chem. Soc. Japan, 18, 281.
Sudo, T.(1949): Bull. Chem. Soc. Japan, 22, 25.
Sudo, T., Kawashima, C. and Tazaki, H.(1949): Proc. Japan Academy, 25, 45.
Sudo, T.(1950): Proc. Japan Academy, 26, 2.
須藤俊男, 早瀬喜太郎(1950):「化学の研究」, 第8集, 朝倉書店.
Sudo, T., Minato, H. and Nagasawa, K.(1951): J. Geol. Soc. Japan, 57, 473.
Sudo, T. and Nakamura, T.(1952): Amer. Miner., 37, 618.
Sudo, T. and Ossaka, J.(1952): Jap. J. Geol. Geograph., 22, 215.
Sudo, T. and Ota, S.(1952): J. Geol. Soc. Japan, 58, 487.
Sudo, T.(1954): J. Geol. Soc. Japan, 6, 18.
武司秀夫(1949): 窯協誌, 57, 102.
Tomkeieff, S. I.(1934): Geol. Mag., 71, 501.
Tschermak, G.(1890): S. B. Acad. Wiss. Wien, Abt. I, 99, 174.
Tsukahara, N.(1964): Clay Sci., 2, 56.
Twenhofel, W. H.(1939): Principles of Sedimentation, 401.
Varinecz, G.(1936, 1937): Földt. Közl., 66, 10, 242 ; 67, 1, 46.
Viczián, I.(1971): Földt. Közl. Bull. Hangarian Geol. Soc., 101, 69.
Walker, G. F.(1962): The X-ray Identification and Crystal Structures of Clay Minerals(G. Brown, Editor), Ch. VII, 297, Mineralogical Society, London.
Whelan, J. A. and Goldich, S. S.(1961): Amer. Miner., 46, 1412.
八木次男(1932): 海緑石, 岩波講座, 岩波書店.
Yoder, H. S. and Eugster, H. P.(1955): Geoch. Cosmoch. Acta, 8, 225.
吉木文平(1934): 岩礦, 12, 107.

第5章 肉眼および顕微鏡による観察

5-1 序説

　粘土鉱物に，光，X線，赤外線，電子線のような電磁波をあてるとき，またそれを加熱，冷却するときにいろいろな特性が見られる．研究用機器の進歩により，それらの特性は，容易に記録紙の上でピークとして示される．X線粉末反射ピーク，赤外線吸収ピーク，熱ピークなどである．これらのピークの性質を左右するものは，粘土鉱物の特性であるから，これらのピークは，粘土鉱物の判別，同定にまず広く利用される．粘土鉱物のみならず，鉱物一般についても，判別，同定は極めて重要である．しかし，これらのピークを，単に形式的に判別に利用することで終るならば，研究の途はせまく，各ピークが示している特性を詳細に読み取ることが望ましい．このときしばしば，研究方法の併用が必要となる．たとえば熱変化と，X線反射から認められる性質と比較することである．ところで，これらの特性は，2つに大別して考えられる．1つは化学成分，偏光顕微鏡下で観察される性質，X線粉末回折パターン，赤外線吸収スペクトル，電子顕微鏡下で観察できる性質，電子線回折などで，これらは，粘土鉱物の現在の姿を写し出している性質である．これらを，ここでは幾何学的(静的)の特性という．一方，熱的特性は，たとえば，加熱変化に見られるものであり，動的性質ということができる．研究方法の併用とは，静的，動的の両方面の特性を調べる必要があるという意味である．

　古く神津淑祐は，長石の研究に，静動両方面の研究手段を用いられた．この研究により，長石のみならず，鉱物研究史の輝かしい門を開かれ，P. Niggliは，この研究を，鉱物病理学の創成であると賞讃した．粘土鉱物も，その正しい診断は，せまい分野のみにとじこもっていては達成されそうにもない．粘土研究分野が，粘土科学という1つの大きい総合科学に発達しつつあるのも極めて重要な意味がある．

5-2 肉眼的性質

粘土の研究は，まず，肉眼的の観察からはじめられる．粉末を手にこすりつけてみるとき，絹糸のような光沢を示すものは，雲母粘土鉱物(Al, di.)(「絹雲母」)の可能性が強く，水中に分散させた状態で，この絹糸光沢が特によく見られる．水中に入れると，水を吸ってふくれる(膨潤する)ものは，スメクタイトまたはそれを含む粘土である可能性が強い．

粘土の自色としては次のようなものがある．

　　無色：カオリナイト群，モンモリロナイト，雲母粘土鉱物(Al, di.)．
　　緑色：緑泥石群，蛇紋石群．
　　褐色：ヒシンゲライト，鉄サポナイト．
　　緑黄色：ノントロナイト．
　　青緑色：海緑石，セラドナイト．

採集した当時は緑色であるが，空気中にさらしておくと褐色に変る粘土鉱物には，鉄を少量含むモンモリロナイト，鉄サポナイト，または鉄の多い蛇紋石群がある．

他色の例としては，

　　桃色：マンガンが，含水ケイ酸マンガンの形で混入している場合で，モンモリロナイトにその例がある．
　　緑色：少量の緑泥石が含まれているため生ずる(ハロイサイト，モンモリロナイトに見られる)．
　　褐色または黄色：褐鉄鉱の混入によって生ずる(ハロイサイトに見られる)．

5-3 形と複屈折

粘土はもともと微細な粒子の集合体であるから，その観察は，まず顕微鏡によって行われる．しかし，顕微鏡下での観察方法には，粘土以外の岩石，鉱物を観察する場合と異なった事柄がある(Marshall, 1949)．

最初に行う最も簡単な観察は，載物ガラスの上に適当な屈折率(1.55の程度)を有する油を1滴たらし，その中へ粉末を細い針でかき落し，針でよく粘土粒子と油とを混じ，薄いガラスの1片をかぶせ，顕微鏡下(最高倍率下)で観察する．このような簡単な第1段の観察により，粒子の形と複屈折が推定される．

5-3 形と複屈折

単一結晶片の大きいものでは,その形を顕微鏡下で認めることができる.例えば雲母,ディッカイト等はその例である.

単一結晶片の大きさが極めて細かいものでは,粘土鉱物の結晶の集合形のみが見られる.この集合形には不規則集合と定方位集合とがある.不規則集合体の形は,一般に不規則な外形を示す.そして単一結晶片の大きさが細かくなればなるほど(その単一結晶片が非等方性であっても)その集合体の複屈折は見かけ上弱くなり,遂には見かけ上,全体が等方性を示すようになる.これは各片が非常に細かいためと,その細かい多くの結晶片が不規則に集合するため,各単一結晶片の複屈折が見難くなり,あるいは互いに打ち消される結果として,見かけ上の等方性を示すのである.このような集合体を特に強い光源下で鏡検するときは,完全な等方体の物質と異なり,もやもやした観を示す.例えば,ハロイサイト,グリーナライト等によく認められる.

定方位集合体の形としては,見かけ上繊維状の形を示すものが多い.これは鱗片状の結晶片が,その鱗片の面を互いに平行にして重なりあった結果生ずる集合形を,その鱗片面にななめ横の方向から見た形である.粘土鉱物は後に述べるように鱗片状の単一結晶片をなしているから,この集合形は極めて普通に認められる形である.例えば雲母粘土鉱物に,この集合形が普通に認められる.鱗片状の結晶を有する粘土鉱物は,いずれもその光軸面は鱗片面に垂直に近く,光軸角は小さい.従って鱗片面に垂直に近い断面では,最も高い複屈折を示し,しかも劈開面に対して,ほぼ直消光を示す.従って,このような繊維ののびの方向に対し,延長の方向の正負を調べることがある.粘土鉱物の大部分は光学性は負であるから,この延長の方向の光学性は正のものが大多数である.各結晶片が著しく小さくて顕微鏡下で認められない場合でも,それが定方位集合をなし,その集合の大きさが顕微鏡の分解能の範囲に入る程度の大きさのときは,定方位配列の結果生ずる複屈折が鏡下で明らかに認められる.このような複屈折を集合複屈折と名づける.極めて細かい鉱物の集合体の一部にひずみを受けたときに,そのひずみのため,この細かい鉱物が定方位配列を示すので,このようなとき集合複屈折が現われる.グリーナライト(Gruner, 1936),火山ガラス片より変化した極めて細かいセラドナイトの集合体などに認められる(Sudo, 1951).この集合複屈折を薄片下で見る場合は,各鉱物の単一結晶片の複屈折

に極めて近い値を示すので，各粘土鉱物の鑑別に役立つ．非晶質に近い物質は，光学的等方性を示すのが普通であるが，しばしば，かなり大きい範囲(顕微鏡下で明らかに見うる範囲)で，一様な複屈折を示すことがあり，その結果，繊維状の外形を呈することが多い．これは非晶質の物質の中に起こるひずみによって生ずる複屈折であって，これを張力複屈折という．これは火山ガラス片にしばしば見られ，特にいくつかのガラス片が互いに接する部分(すなわちガラス片の周辺部)に見られることが多い．これはガラス片の互いに接する部分が，最もひずみを受け易いためと考えられる．また人工物では，パラフィンを融かして固まらせたときに，著しい張力複屈折が見られる．

以上述べた集合複屈折，または張力複屈折は，その複屈折を示す全体が1つの単一の鉱物の結晶片であると誤認される場合が多いが，強い光源で調べると，集合複屈折はもやもやした観を呈し，その内部は一様でないことがわかり，また張力複屈折は，その周辺部において，等方性部分に移り変ることが多いので区別することができる．

5-4 屈 折 率

屈折率の測定にはもっぱら浸液法が用いられる．粘土鉱物の単一結晶片の大きさが顕微鏡下で認め得られる場合は，浸液法の常法をそのまま適用すればよい．例えば雲母の粗粒のもの，ディッカイトの屈折率の測定の場合などはこの例である．

しかし，結晶片が著しく細かくなると，浸液法による屈折率の測定法には，技術の上にも，また得られた屈折率の解釈の上にも注意すべき事柄がある．

結晶片が著しく細かくなると，明らかに認められるのは，その集合体の形であるから，その屈折率を測定する場合には，集合体のそれが測られることになる．この集合体は，顕微鏡の分解能以下の細かい結晶，およびその微細な各結晶の間隙を満たす物質よりできている．この間隙を満たすものは，試料が著しく湿っているときには，主に水分で占められ，乾いているときは空気で占められている．よって，この集合体の屈折率は，結晶片の平均の屈折率と，それらの間隙を満たす物質(水分または空気またはこの両者の混合物)の屈折率との平均に近い屈折率のある値に相当する．このような値は，その結晶片の粒度の相

異,その鉱物と水分の親和性の程度の相異により,またこの混合物の乾燥の程度の相異により変化する.従って同一の鉱物種でも,その粒度,集合状態により,この見かけ上の屈折率の値は変化を示すことが容易に考えられる.次に浸液は有機性の油であり,このような油の中には,水分と親和性のあるものが存在する.従って浸液の種類によっては,屈折率測定中に粘土鉱物中の水が油の中にすい取られ,屈折率の値が測定している間にごく徐々に変ることもあり得る.

例を示せばハロイサイトの屈折率は,その含水状態の変化につれ,その平均屈折率の値も一定しない.加熱の脱水(約 $50°C$ より2分子が脱水)により,$n=1.535$ より $n=1.548$ に変化することが知られている(Correns and Mehmel, 1936).浸液の影響の例としては,モンモリロナイトの屈折率が,クロルベンゼン(C_6H_5Cl)を用いるときは 1.524,ニトロベンゼン($C_6H_5NO_2$)を用いるときは 1.552,ブロモホルム($CHBr_3$)を用いるときは 1.596,テトラヒドロ-α-ナフチルアミン($C_{10}H_{13}N$)を用いるときは 1.631 の値を得る(Kerr, 1951).またハロイサイトの屈折率も,用いる浸液の種類により著しく変化する.すなわちグリセリン,キノリンを用いたときは,他の浸液を用いたときよりも高い屈折率を示す.これは水分が,これらの浸液中に吸引されて,試料が一部脱水するためと考えられている.従って,従来知られている粘土鉱物のすべてに対して作用を及ぼさない有機剤を浸液に用いる必要がある.現在のところ,クロルナフタリン($n=1.662$),ケロシン(燈油)($n=1.466$) およびヨウ化メチレン(CH_2I_2)($n=1.738$) などが用いられ,これらをいろいろの体積比に混じ種々なる屈折率の値を有する液をつくって用いる.

図 5-1 に主なる粘土鉱物の屈折率の平均値(($No+Ne$)/2 または Nm)と複屈折($Ng\sim Np$ または $No\sim Ne$)とを図示した.

また暗視野の顕微鏡下で懸濁粒子を見ると,屈折率が分散媒より低ければ緑色味を,高ければ黄色味を呈することにより,1μ 以下の微粒子の屈折率を測定することが行われている.まず濃度 0.01 g/cc の 0.2~0.5 cc の懸濁液を,トゥーレの重液(比重約 2.5) 10~20 cc 中に分散させて,暗視野顕微鏡下で見る.このような状態では一般に,粒子の屈折率は重液より小さいので,粒子は緑色を呈する.そこで蒸溜水で重液を次第にうすめていって,粒子の光らないところ

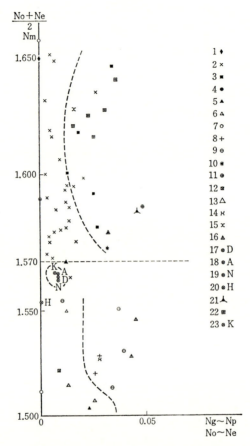

図 5-1 粘土鉱物の光学的性質の表示(筆者原図)
(データは Larsen and Berman(1934)による). (1)グリーナライト, (2)緑泥石群, (3)ノントロナイト, (4)ガーニーライト, (5)アンチゴライト, (6)クリソタイル, (7)ヒシンゲライト, (8)モンモリロナイト, (9)サポナイト, (10)バーミキュライト群, (11)滑石, (12)セピオライト, (13)コンナライト, (14)スパダイト, (15)セラドナイト, (16)フォリドライト, (17)ディッカイト, (18)アノーキサイト, (19)ナクライト, (20)ハロイサイト, (21)パイロフィライト, (22)海緑石, (23)カオリナイト.

を見つけ, そのときの重液の屈折率より, 粒子の屈折率を求めるのである. Marshall(1935)は 1μ より小さい粒子の屈折率を求めている.

上に述べたように粘土鉱物の結晶片が著しく細かいため, その屈折率は, こ

れらの結晶片の集合体について測られることが多い．平均屈折率 n として示されてあるものはこのような値を示すものである．しかし，できるならば，これらの細かい結晶片の正しい屈折率の値が測られることが望ましい．それで，現在のところは，モンモリロナイトについて，次のような方法が用いられている(Ross and Hendricks, 1945)．すなわち，水中に分散させたモンモリロナイトの分散液を載物ガラスの上で乾かすと，細かいモンモリロナイトの結晶片は，底面のみを平行にして配列して，モンモリロナイトの膜をつくる(このとき，モンモリロナイトの鱗片の面は載物ガラスの面にほぼ平行となる)．この膜をカミソリの刃で小さくリボン状に切り，その片で屈折率を測定する．方法は次のようである．まず，モンモリロナイト中の不純物をのぞき，それを水中に十分に分散させるため，モンモリロナイトに数倍の水と共に塩化ナトリウムの過剰を加える．これを水浴の上でよくあたためて，かきまぜ，濾過する．この濾液を遠心分離し，液中に分散している部分を載物ガラス上で室温で乾かし，カミソリの刃でリボン状に切り，屈折率測定用に用いるのである．

5-5 流動複屈折と電気複屈折

細かい粘土鉱物の光学的の性質の測定の困難を克服する方法として，上に述べたような方法がとられているが，これを要するに，天然において定方位配列をなす部分について調べ，また人工的に定方位配列をさせて，その配列集合体について調べる方法である．

ここにまた別の2つの方法がある．1つは懸濁液を定方向に流動させると，流れにより微粒子は定方位に配列し複屈折を示すのでこれを測定する．これを流動複屈折という．他の1つは，電場をかけ，その力により，定方位配列をとらせ，そのときに見られる複屈折を測定する方法である．これを電気複屈折という．この方法は Marshall (1930) により，粘土鉱物の屈折率測定法として発展されたものであり，日本では塩入松三郎(1951)により，土壌粘土鉱物の光学的性質が，この方法により研究されている．方法は次のようである．すなわち鉱物顕微鏡を90°倒し，直方体の小さいガラスの器を載物台の穴の部分へ，その器の1つの面が載物台に平行するように固定する．この中へ，白金電極を2枚平行にならべ，その各面を載物台に垂直にする．白金板の間隙は 0.5～1.5 cm

の間を適当に加減できるようにする．この器の中に懸濁液を入れて，電流を通じモノクロマートルの黄色光で観察する．上下のニコルを直交させると視野は暗くなる．この直交ニコルを直交のまま右へ 45° まわすと明るくなる．これは複屈折を示すからである．次に 1/4 波長の雲母板を器と対物鏡との間に挿入し，その振動方向を下のニコルのそれに一致させる．この場合に明るさは変化しない．次に上のニコルを左にまわし，再び視野を暗くする．このときの回転角 α は位相角で，複屈折 $n-n' = \frac{a}{180} \times \frac{\lambda}{b} \times \frac{d}{x}$ である．ただし λ は波長(Å)，b は光の通った距離(cm)，d は粒子の比重，x は濃度(g/ml)である．この方法で測られた代表的の粘土鉱物の屈折率は表 5-1 に示すようである．塩入松三郎によれば，試料の作成法は次のように行う．原地の水分状態を保有した試料 20 g をとり，蒸溜水を加えて十分攪拌し，蒸溜水を追加し 1 l とし，48 時間静止し，サイフォンで 10 cm の深さまで上液を集める．数回この操作を繰り返し，これらの懸濁液をコロジオン膜で濾別し，膜上の粒子を集める，直ちに蒸溜水を加えて，0.1% の濃度の懸濁液とし，電気透析を行い，各粒径に分けて試料とする．

一般に電場の強さが一定なる場合，懸濁液の濃度がある限度を越えて大きくなれば，電気複屈折の値は小さくなる．また濃度が一定の場合，電場の強さをある限度越えて小さくすれば，電気複屈折の値は小さくなる．すなわち濃度が大きくなれば，粒子の配列の規則性は乱され，また電場の力が小さくなれば同様に粒子の配列の規則性が乱されるものと考えられる．

表 5-1

	屈折率	複 屈 折
ハロイサイト	1.47～1.52	0 または極めて小
メタハロイサイト	1.54～1.55	0
アロフェン	1.47～1.55	0
カオリナイト	1.56～1.60	0.005～0.01
モンモリロナイト	1.50～1.53	0.01 ～0.02
ノントロナイト	1.56～1.65	0.02 ～0.04

5-6 光 軸 角

単一結晶片の大きさが顕微鏡下で認められるときは，ユニバーサルステージを用いて，その光軸角を測定する．しかしこのようにして得られた光軸角の値

の解釈については，いろいろ考慮すべきことが多い．まず粘土鉱物の大部分は，薄い鱗片の形をしているためその面にゆがみを生じやすい．このゆがみは光軸角に著しく影響する．次に，鏡下において単一の結晶片のように見えるものでも，底面を接合面とする双晶を形成していることが多く，しかもこの双晶は底面を接合面とする聚片双晶をなしている場合が考えられる．このような場合は，これらの双晶片のコノスコープ像は，単一の結晶片のそれと比べて著しく異なり得る．すなわち，このような双晶体の光軸角は各結晶片のそれより見かけ上小さくなる．次に単一の結晶片においても，後に述べるように，その結晶構造においては不規則性が多い．一般の粘土鉱物に見られる不規則性は，層格子が互いに平行に変位しているためである．従ってこれらの層格子の平行変位が，光軸角にどのような変動を与えるか研究の余地がある．このように，1つの粘土鉱物の光軸角に変化を生ずべき原因が多いと考えられるので，この点に注意して，光軸角の値を研究する必要がある．

5-7 粘土，土壌の薄片のつくり方

本章で述べた方法は，他の章に比して，粘土の判別手段として有効性が少ない．それは粘土フラクションの粒径が細かすぎるからである．しかし，ここで十分理解しておくべきことがある．

元来，一般論として偏光顕微鏡観察は，他の如何なる方法にないすぐれた特色を持っている．その1つは光学的諸性質が化学成分の変化に対して，極めて鋭敏なことである．たとえば，化学成分の変化に対する格子定数の変化に比すれば，屈折率の変化は，はるかに著しい．次に薄片下で示されるものは，個々の鉱物を取り出して調べ明らかにされた結果とは異なり，鉱物の社会における，鉱物相互の存在状態であり，各鉱物の成因の解釈に極めて重要なデータを約束するものである．偏光顕微鏡観察の上記の意味の重要性は，粘土鉱物研究の方法の中でも消えるものではない．

よく知られているように土壌学の方面では古くから土壌微形態学と呼ばれている分野で，土壌の微細組織の研究が行われている．そのためには，土壌の薄片を通じての顕微鏡下の観察が重要な手段となっている．このことは，岩石の偏光顕微鏡による観察と軌を同じくするように思われるが，土壌微形態学の方

法がよりダイナミックな印象を受ける．すなわち，顕微鏡下で見られる土壌粒子の判別よりもむしろ，過去，現在，将来を通じての変化の様相を，土壌の微細な組織の上で見とどけようという趣旨の記述語に満ちている．元来「土壌」とは，地球の表面で，無機界と生物界との間でつくり出された生活機関であるというもっともな定義があるが，この定義に副う観察記述が土壌の微細な組織の研究で行われていると見ることができる．土壌を構成している物質は土壌構成物質と一般に名付けられ，粘土鉱物もその中の主要な一員である．土壌のありのままの組織の研究を進めている方面からみると，土壌構成物質を土壌より分けて，分析，解析する方面は，「平均値」を求めているに等しいと評される．一様の特性を示すドメインは微細であり，従って場所場所による変化は細かく，これが組織の上に示されていて，この微細な変化を追跡することが，土壌の生成の研究に極めて重要であると考えられる．以上述べたような土壌学の1つの研究方法は，粘土研究にもそのままあてはまるものであり，もし，粘土の研究領域で，粘土岩の組織の研究が遅れていたり，不活発であったりするならば，土壌学の歩みは1つの警鐘として受けとめねばならないであろう．

　しかしここに2つの問題提起がある．1つは土壌粘土の薄片のつくり方であり，他は，薄片下の顕微鏡観察では極めて不十分ならざるを得ない粘土鉱物の判定をどのようにするかの問題である．

　粘土，土壌のような軟らかいものの薄片は，古くはカナダバルサムで固めてつくられていたが，固化に時間がかかり，固化した試料がもろい欠点があるので，近年は低温で短時間で重合して固化する樹脂が用いられている．たとえば，ポリエステル樹脂(ポリライトという商品名(J 8157))を用いる．松井健(1966)は，この方法により北海道の重粘性土壌の研究を行っている．松井健の報告に記された方法の概略は次の通りである．

　(A) ポリライト 300 ml を，モノスチロール 300 ml でうすめ，0.6 ml のナフテン酸コバルド溶液を混合する(2～3週間は安定)．

　(B) 上につくった(A)に，100 ml のメチルエチル(またはエチルメチル)ケトンパーオキサイド(メポックス)，0.5 ml を加え混合する．

　(C) ポリライト 100 ml，ナフテン酸コバルト 0.2 ml，メポックス 1.0 ml を混合する．

(B), (C)は保存がきかないので，使用の度ごとに新しくつくる．室温で十分乾かした土塊を小さい容器に入れ，減圧用デシケーター中に置き，デシケーターの蓋に分液漏斗をつけ，そのコックをしめて，3～5 mmHgに減圧する．分液漏斗の中に(B)の液を入れ，減圧のまま，分液漏斗のコックを僅かに開いて，(B)の液を試料の入った容器の中に入れ，再び分液漏斗のコックをしめて吸引をつづける．容器中の液から発泡するが，それが終るまで吸引し，発泡が終ったら取り出す．1夜後にはゲル化し2,3日後に固化する．減圧吸引でモノスチロールの一部は揮発する．従って，長い時間吸引した後に試料容器中の液量が著しく減少するので，1夜放置後，ゲル化した内容物に，(C)の液を加え，更に，発泡が止むまで減圧吸引する．

粘土鉱物の研究が「平均値」の域をでないという評は事実であるにしても，やはり，顕微鏡により薄片下で見られる範囲内で，部分部分の物質の判定が十分可能となることが必要である．化学成分については，最近X線マイクロアナライザ(EPMA)で完全に達せられた．また電子顕微鏡，電子回折は，微少部の構造特性を知るに有効であるが，いうまでもなく，検定範囲は光学顕微鏡よりはるかに小さくなる．将来の構想としては，光学顕微鏡下で見得る組織の部分部分の構造特性をも求められるような「土壌，粘土の総合解剖顕微鏡」ともいうべきものがある．微小部分のX線回折写真が，その部分の化学成分と共に自由に求められるような構想である．

参 考 文 献

Correns, C. W. and Mehmel, M.(1936) : Zeit. Krist., **94**, 337.
Gruner, J. W.(1936) : Amer. Miner., **21**, 449.
Kerr, P. F.(Project director)(1951) : Reference Clay Minerals, Research Project 49, American Petroleum Institute, Columbia University Press, New York.
Larsen, E. S. and Berman, H.(1934) : U. S. Geol. Surv. Bull., No. 848, **13**, 1934.
Marshall, C. E.(1930) : Trans. Faraday Soc., **26**, 173.
Marshall, C. E.(1935) : Zeit. Krist., **90**, 8.
Marshall, C. E.(1949) : The Colloid Chemistry of the Silicate Minerals, Academic Press, New York.
松井健(1966)：資源科学研究所彙報, No. 67.
Ross, C. S. and Hendricks, S. B.(1945) : Prof. Pap. U. S. Geol. Surv., **205-E**, 23.

塩入松三郎(1951)：土壌肥料, **22**, 13.
Sudo, T.(1951) : J. Geol. Soc. Japan, **57**, 347.

第6章　X線粉末回折パターン

6-1　X線ディフラクトメーター

　粘土鉱物のX線解析法としては，X線粉末法が広く用いられる．古くは写真法が用いられていたが，近年は広くX線ディフラクトメーターが用いられている(図6-1)．X線ディフラクトメーターは，写真法に比して，自動化され，便利になっていて，高い測定精度が得られるが，器械自身は，写真法の器械に比して複雑である．粘土鉱物の判別の場合，また更に詳細な研究を進める場合には器械自身の仕組，特性を理解し，十分調整して後に，実験測定を行う必要があることはいうまでもない．X線ディフラクトメーターの原理は焦点法に基づく．図6-2のように試料を回転し(図では試料の面は紙の面に垂直で，回転軸は，この試料面内にあり，紙面に垂直)，試料より等しい距離にすべての焦点をむすばせ，この距離に計数管(G)を置き，試料の回転と共に，その2倍の速度で回転させる．このとき，焦点円の半径 $(R_1, R_2, R_3, \cdots)$ は，θ と共に異なっている(図6-3)．X線管球(クーリッジ管)よりでるX線束の断面は，フィラメントの形により線形と点の形をしている．ふつうは線形のX線を用いる(図6-4)．このX線束(F)を一定に保持して計数管に導くため，多くのスリットを通す．平行スリット(P_1)(0.016インチ程度の平行の金属板をならべたもの)で平行にし，発散スリット(D)で，他の方向への発散を制限し試料面(S)へあてる．これより反射したX線は，受光スリット(G)で焦点を結ばせ，平行スリット(P_2)と制限スリット(H)を通して，計数管へ導かれる．発散スリットと制限スリットの幅は，X線束の発散角を，4°，1°，1/2°，1/4°，1/6°，1/12°，1/30°に変えられ，受光スリットの幅には，0.003インチ，0.006インチがある．平行スリットは，横の方向の発散を2°以内におさえる．

　計数管は，試料の回転速度の2倍で回転し，その速度は歯車で，1分間に，1/8°，1/4°，1/2°，1°，2°に変えられ，回転角範囲は $-38°\sim165°$ で，2θ は副尺で0.01°まで読むことができる．記録紙の移動速度は，1分間に1/2インチ，1/4インチ，1/8インチに変えることができる．

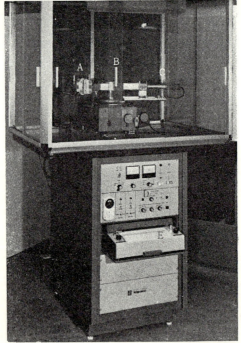

図 6-1 X線ディフラクトメーター.A:X線管球,B:試料支持器,C:計数管,D:X線発生装置,E:記録紙.

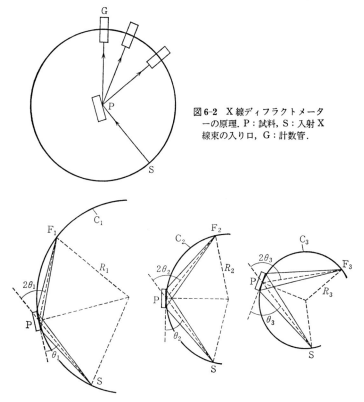

図6-2 X線ディフラクトメーターの原理. P:試料, S:入射X線束の入り口, G:計数管.

図6-3 焦点法. P:試料. S:入射X線の入口. F_1, F_2, F_3:反射X線のむすぶ焦点の位置. R_1, R_2, R_3:焦点円(C_1, C_2, C_3)の半径.

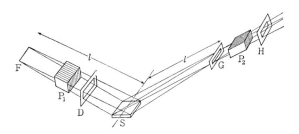

図6-4 X線ディフラクトメーターのスリット系.

計数管はフィルムに相当する大切な部分であり，ガイガー—ミュラー(GM)管，シンチレーション(SC)管があり，近年は後者が広く用いられている．シンチレーション管では，ケイ光体(シンチレーター)に入射した放射線は，エネルギーを失って，光電子を発生し，これが光電子増幅管で，電流に変えられ，増幅され，放射線の強度が電気的パルス，または，電流として検出される．従って，放射線が数として記録されるが，単位時間に測定される放射線の数が計数率である．これは電圧により異なり，電圧との関係図では，プラトーとよばれるほぼ平らな部分が生ずる．電圧100Vあたりの計数率の変動は，シンチレーション管では最も大きく，約10%程度で，特に計数率の変動を少なくするため，電圧の安定が大切である．計数管では，分解時間が大切である．これは放射線が入射して，計数管が作用した後のt秒間に，第2の粒子が入ってきても，計数されないようなtの時間のことであって，シンチレーション管では，10^{-7}〜10^{-9}秒である．tが大きければ，それだけ感度が不良なわけで，放射線の数え落しがあり，補正式は，実測した計数率をN_1，真の値をN_0とすれば，

$$N_0 = \frac{N}{1-KtN}$$

である．KはX線管球の電圧，整流条件，対陰極の種により多少異なる定数で，通常$K=1.7$である．数え落しが，20%以下のときは，$K=1$としてよい．上式は，計数管を固定し，一定時間中の計数を求める場合の式であり，計数管を特定な方式で動かして計数する場合では，

$$N_0 = \frac{N'}{1-N'K'\frac{t}{T}}$$

である．Tは走査に要した時間である．なおここで数え落しに相当する誤差は，単に計数管のみならず，計数回路，録数器の各部分でも起こっている．従来，計数管の分解時間が最も大きい場合は，計数管による数え落しのみが問題とされていたが，シンチレーション管のように，tの小さいものでは，計数管の後に，計数回路その他の部分の分解時間があり(10^{-5}〜10^{-6}秒)，これが影響する．計数回路の分解時間に無関心であっては，特に精密な実験に不適当である．

計数管から出る信号は，スケーラー(計数率計(レートメーター)，ディスクリ

ミネーター，パルス成形回路，計数回路，録数器)へ送られる．計数管内の電離パルスの頻度は，計数率計(レートメーター)，または録数器へ送られる．前者では，ランプ(計数ランプ)が用いられているが，実際は計数逓減回路によって実際のパルスの一定の分数を示すようになっていて，2進法では，1, 1/2, 1/4, 1/8, 1/16 の計数ができるようになっている．このとき，1, 2, 4, 8, 6 をスケール因子という．計数率計は，計数逓減回路から送られてきたパルス1個について，一定の電気量を積分回路に送り，その充電電圧で，パルスの時間的の頻度が示されるようにしたもので，スケール因子と，マルティプライアー(パルス1個ごとの感度を示す因子)を乗じたものが，計数の値(毎秒)を示すようになっている．なお，この積分回路には，時定数という重要な因子がそなわっている．一般に回路の時定数というのは，回路の過渡現象で，その変化の速さを示す定数ということであり，ここでは，真の計数率を示すに要する時間(秒)を示す．時定数は 1, 2, 4, 8, 16 秒などに変えられる．

6-2 試料のつくり方

試料を乳鉢の中ですりつぶし細かい粉とする．粘土鉱物は，一般に外部からの物理的，化学的の刺激に対し弱いから，長時間の摩砕によって構造が変化する可能性がある．指頭に感ぜぬ程度の細粉となったとき中止する(15～30 分の程度)．図 6-5(a) のように載物ガラス B の上に，10×20 mm 程度のアルミニウム製の「わく」(A)を置き，穴 C の中へ試料粉末を入れ，他の1枚の載物ガラスで，上よりおしつけ，粉末が C の中へつまった程度にすれば，アルミニウム製のわくを，載物ガラスから静かに離して立てても，粉末はぬけおちない(図 6-5(b))．これを，ゴニオメーターの中に立て試料面に X 線を照射する．

試料の量が少量で，このわくの中に一杯つめられるだけの量より不足すると

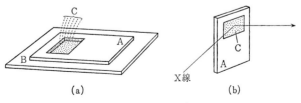

図 6-5 試料のつくり方．

きは，載物ガラスの上に浅い円形のくぼみをつくった載物ガラスを用いるか，または試料を少量の水にほごしてガラスの上に取り，乾かして得られた粘土膜を利用する．これらの場合は，粘土膜の大きさと厚さが，X線粉末反射ピークの相対強度に影響することがある(後述)．

　X線粉末回折パターンは個々の粒がたがいに全く無関係に不定方位に集まっている集合体から得られるものである．しかし粘土鉱物は鱗片状の形をしているものが大多数である．従ってアルミニウムのわくの中につめ，上からおしつけるとき，表面では各粒が鱗片の面のみを平行にして(面内の方位については各粒間の関係はでたらめで，これを今後，底面定向(または定方位)配列という)集まる傾向がある．この傾向の程度は，X線粉末反射の底面からの相対強度に影響する．底面反射強度の計算値を求めて，実測値と比べる場合に，全くの不定方位集合体か，または全くの底面定方位集合の両極端の何れかの集合体の場合は計算値を容易に出すことができる．しかし，現在のところ，完全な底面定方位の配列をつくることは，不定方位集合をつくるよりむずかしい．また仮に，底面定方位の配列ができたとしても，それからのX線回折は，特定の指数のもののみが現われる．よって特殊な目的(たとえば底面反射のみを利用し，粘土鉱物の判別または相対量の測定などをする)の場合は別として，結晶学的全般の研究には不便である．一般に全くの不定方位集合体のX線粉末回折パターンを取り扱うのが望ましい．

　全くの不定方位粉末集合をつくるときは，予めAのわくの中に少量の試料を入れ，他の1枚の載物ガラスで蔽って，2枚のガラスと，中にはさまれたアルミニウム製のわくを同時につかみ，よくふり，静かに台の上に置く．上のガラスをとり，試料粉末を追加して，わくの中につめる．そして，静かにわくをガラスから離し，下のガラスと接していた試料面に，X線を照射する．また試料中に，20〜30%程度のシリカゲルの粉末を混合する方法もある．シリカゲルは，不定形の粒であって，鱗片状粒の間に介在して，鱗片状粒の方位をできるだけ不定方位にするに役立ち，またそれ自身は，非晶質であって，結晶性物質の示すような明瞭なピークを示さないから，試料の粉末反射の確認をさまたげない．不定方位粉末集合体からのX線粉末反射からは底面反射($00l$)の反射と共に，その他の(hkl)の反射も強められる．図6-6にカオリナイトを主とする

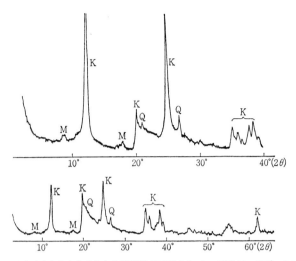

図 6-6 カオリナイトを主とする粘土の X 線粉末回折パターン．産地は，西ボヘミア Cheb 近くの Vonšov．J. Konta 教授の試料．児玉秀臣，生沼郁，実験．K：カオリナイト，M：雲母粘土鉱物(Al, di.)(モンモリロナイトと混合層を形成している徴候を示す)，Q：石英．

粘土の X 線粉末回折パターンを示す．上図は載物ガラス上につくられた粘土膜，下図は不定方位集合体よりの反射である．

6-3 代表的の粘土鉱物 X 線粉末反射

判別のみの目的では，多数の試料を，短時間内に処理しなくてはならない場合もあり，1 試料の記録に，長い時間をかけたくない．この目的のためには 70°(2θ) より 0°までを，次の条件またはこれに近い条件で記録することが望ましい．スリット系：1/6°-1/6°-0.4 mm；走査速度：1/2°/分；スケール因子：8〜4；時定数：4 秒；ゴニオメーター半径：185 mm．

主な粘土鉱物の X 線粉末反射を X 線ディフラクトメーターで記録した結果を見ると，次のようなことが注意される．まず，各反射はピークで示される．各ピークの方位は，その頂点の方位で求められる．強さはピークの高さとする．まず，記録曲線はなめらかでないから，変動の幅の平均と思われる部分に線を入れる．各ピークの方位は，こうして描かれたピークの頂点の方位とし，2θ でよみ，(2θ)$-d$ の換算表で，d（原子面間隙，Å）で示す．バックグラウンドレベルからの高さを，各反射の相対強度とする．相対強度は，最強を 100，または

10として，他はそれとの比率で示してもよければ，適当な尺度で，全反射ピークの強さを統一して示してもよい．板状形態の粘土鉱物すべてに共通して現われているピークがある．すなわち $d=4.5$ Å, $d=2.6$ Å, $d=2.2$ Å, $d=1.5～1.6$ Å 附近のピークである．これらは，何れも (hkl) の反射に関係するピークであって，これらの値は僅かずつ異なっているが，差は僅少であり，そのため一見してこれらの反射はこの粘土鉱物すべてに同じに出現しているように見える．

ピークの中に何本かの底面反射ピークがみられ，それらの d の値は，その最大値 (d_0) の整数分の値を示す．d_0 を示すピークの指数は一般に n 層構造では，$(00n)$ の指数を持つ．この値は粘土鉱物により，著しく異なっていて，大別すれば，30 Å，14～15 Å，9～10 Å，7 Å などとなる．

6-4　X線反射ピークの詳細な検討

時定数が大きいときは，小さい場合に比し，記録のおくれを生じ，2θ の小より大なる向きに走査を行うと，ピークは，真の位置より，2θ の大きい側へ僅かずれて示され，2θ の大より小の向きに行うと，この逆になる．そして細かい変動はなくなり，ピークはなめらかになり，ピークの高さも低くなる．よって，d の値をより正しく求めるには，時定数を小さくし，スケール因子，マルティプライヤーを大きくし，感度を上げるとよいが，こうすると，少しの変動も，著しく現われて，ピークは滑らかでなくなる．時定数の影響は，走査速度を落すと，小さくなる．以上述べた事柄は，粘土鉱物の判別のみを目的とする場合でも十分考えておくべきことである．スケール因子-マルティプライヤー-時定数の条件として，4-1-4，4-1-8，2-1-8 などが広く用いられる．しかし走査速度が大になると，ピークの位置のずれが大となる．走査速度(度/分)に時定数(秒)を乗じた値が，1～2 の範囲になる条件が適当とされている (Parrish, 1960)．d の値を特に精密に検討する場合は，走査速度を小さくするか，または標準試料を用いる．すなわち，標準物質と試料とを混じて，その混合物の粉末回折パターンを記録し，その標準物質の各粉末ピークの d の計算値より内挿して，未知物質の各粉末ピークの d の値を求める方法である．すなわち標準物質としては，なるべく結晶構造が明確に判明していて，しかも化学成分が簡単であり，同形イオン置換により化学成分の変化することのないものが選ばれる．通常は

NaCl, α-Al_2O_3, β-Al_2O_3, MgO, SiO_2 等が用いられる．これらはいずれも結晶構造が判明しているから，そのX線粉末ピークの指数および d が既知である．d の大きい部分では，d の計算に誤差が著しく大きく介入する．ゆえに補正曲線では，d の大なる部分が，特に重要なわけであるが，標準物質として用いられる物質の中には，大きい d の値を示す粉末ピークを示すものはほとんどない．その理由は，大きい d を有する構造は，概して構造の単位の大きさに変化が多く，標準物質として適しないからである．ただこの目的にそうものとして，β-Al_2O_3 ($Na_2O \cdot 11Al_2O_3$ または $K_2O \cdot 11Al_2O_3$ とされている）があり，補正曲線の d の大きい部分の作成には，β-Al_2O_3 と石英の混合物が用いられることがある．粘土鉱物では，d の著しく大きい粉末ピークに重要なものがある．

標準物質の粉末回折ピークの数が多いほど，補正曲線をつくるのに容易であるが，それだけ標準物質の回折ピークは試料の粉末ピークと重なるため不便であって，例えば石英はその一例である．しかし石英は粘土中にしばしば混入しているものであるから，石英を混入している試料ではその石英を標準物質として用いることがある．

6-5 ピークの強度測定に関する検討

既に述べた時定数と，走査速度の影響の中には，d 値の測定値に関するものと同時に，強度測定値に関するものが含まれているが，後者については，以下に述べるような多くの検討事項がある．

まず相対強度を求める場合を取り扱う．判別のみを目的とする場合は勿論のこと，また構造特性を可能なかぎり深く論ずる場合でも，相対強度に基づいて論ぜられる事柄がある．要は，ここで，どのような補正が必要かという問題である．ピークの強度を高さで表わすか，面積で示すかの問題がある．特に強度分布を問題とする研究以外では（判別の場合は勿論），著しく不鮮明な，特異な形をしているピークでないかぎり，高さをもって，相対強度を示してよい．以下，ピークの強度を高さで示した場合についてである．

まず機械の安定性が強度測定の第1条件である．5μ より小さい石英粉末を，アルミニウムホルダーへつめ，3.35 Å の反射を10回くりかえして測定したときの変動の一例は表6-1の通りである．

表 6-1

	ピークの高さ	計 数
	165〜169	554〜562
平 均	166.5	557.9
平均偏差	0.72%	0.38%

次には既に述べた数え落しの補正があり，また試料の作成に注意すべき点もある．すなわち，試料の粒が粗ければ(大体 10^{-3} cm 以上)，各 X 線粉末反射は一様の濃さを示さなくなるので，強度測定には適しなくなる．指頭に感じない微粉にする必要があるが，極めて長時間摩砕して，構造を一部破壊してしまったものに X 線をあてても，原試料の強度測定の意味を失う．300 メッシュ以下の粒度が望ましいとされているので，325 メッシュの「ふるい」を通したもの(粉末と「ふるい」は十分室温で乾かす)を試料とする．石英の ($10\bar{1}1$) の反射の測定値について，粒の細かさ P と，強度の 10 回の偏差 D の一例は，表 6-2 のようである．

表 6-2

P	15〜50 μ	5〜50 μ	5〜15 μ	<5 μ
D	1545	929	236	132

いま 5 μ 以下の石英と，方解石を等量に混合し，石英については 3.35 Å のピークを，方解石については 3.03 Å のピークを測定したが，アルミニウムホルダーに 10 回つめかえた結果の平均偏差の一例は表 6-3 の通りである．ところが

表 6-3

	ピークの高さ(H_1) 石英 3.35 Å	ピークの高さ(H_2) 方解石 3.03 Å	H_1/H_2
	86〜94	61〜68	1.37〜1.48
平 均	90.9	65.2	1.40
偏 差	1.4%	2.5%	1.6%

表 6-4

	H_1	H_2	H_1/H_2
	92〜110	88〜158	0.67〜1.05
平 均	103.1	126.5	0.84
偏 差	4.7%	14.1%	11.3%

5μ 以上の場合は，表 6-4 のように偏差が大きくなる．

次にはピークの強度測定に重要な因子は，粒子の定方位配列度である．試料の構造モデルを考えて，それより構造因子を計算し(F_c)，実測された強度(I_0)より，構造因子の実測値(F_0)を出して，F_c と F_0 を比較する場合に，試料の配列状態がどうであったかが問題となる．

6-6 スリット系の補正

低角度のピークの強度については，X 線束が試料の面より外へ，はみでることがあるので，スリット系についての補正が必要な場合がある．試料支持器のアルミニウムのわくを用いた場合，ゴニオメーター半径が 185 mm で，発散スリットで $1/6°$ を用いた場合は，$3°(2\theta)$ までは，X 線束が試料面よりはみ出ることがない．多くの粘土鉱物の X 線反射ピークは，$3°$ より大きい角度範囲に生ずるので，上記の条件の場合はスリット補正は必要ない．しかし，使用するスリットの開きが小さければ，それだけ，全体のピークの強さは弱まる．一般に，スリット補正式は次のように与えられる．

$$L = \frac{\gamma}{57.3} \frac{R}{\sin\theta}$$

L(cm) は試料表面の長さ，γ は発散スリットの開き(度)，R(cm) はゴニオメーターの半径である．

6-7 異常分散に対する補正

試料中の原子の X 線吸収端の近傍の波長の X 線を用いると，異常分散が生じ，その原子散乱能は入射 X 線の波長により変化する．また非干渉性の X 線の散乱が多くなり，バックグラウンドが高まり，ピークが不鮮明となる．たとえば鉄を多く含む試料(鉄の多い粘土鉱物)を，銅の対陰極による X 線で記録された X 線粉末反射ピークに見られる．鉄原子の散乱能(f)の補正式は次の通りである(Lonsdale 等, 1962)．

$$f = f_0 + \Delta f' + i\Delta f''$$

これより補正値 $|f|$ は次のように与えられる(James, 1965)．

$$|f| = \{(f_0+\Delta f')^2+(\Delta f'')^2\}^{1/2} = f_0+\Delta f' + \frac{1}{2}\frac{(\Delta f'')^2}{f_0+\Delta f'}$$

銅の対陰極(CuKα)の場合は,鉄では,$\Delta f'=-1.1$,$\Delta f''=3.3\sim3.4$ である.

6-8 試料のつくり方と回折強度

試料が少量の場合は,試料を少量の水とともにこねて,載物ガラスの上にぬり,室温で乾かしてつくった粘土膜面を,X線照射面として利用することがある.

まず粘土粉末を少量の水とねりペーストとする.これを載物ガラス上に置き,水を少量ずつ滴下し,このペーストを次第にほごす.急に過剰の水を追加すると,ところどころに小さい集合体ができて,これらは分散しにくい.肉眼で見て一様な粘土フィルムができても,顕微鏡下で強い透過光で見ると,なお部分的に不均一な部分が見出されることがある.このようなときは,この載物ガラスの一端をかるくたたくと,一様な粘土膜をつくり上げるに有効である.最後に室温で乾かす.

雲母粘土鉱物(Al, di.)の粉末を5枚の載物ガラスの上に分けて粘土膜をつくる.各30 mgを用い,膜の大きさを2.0×2.7 cmとし,10Åのピークの強さをはかるとき,変動は,78.0〜85.5(平均82.2),平均偏差3.0%である.カオリナイトについて,同様の実験を行った結果の一例は表6-5の通りである.

表 6-5

	ピークの高さ	計 数
	66.5〜70.5	66.2〜70.1
平　均	68.6	68.1
平均偏差	2.2%	1.8%

粘土膜をひろげる範囲を,2.0×2.7 cmとした場合に,粘土鉱物粉末の使用量が0.01 gより少量の場合は,粘土膜に細かいひびが入り,0.08 gより多量の場合は,乾いた粘土膜の表面が不平坦になる.0.02〜0.06 gの程度が,再現性のある一様な粘土膜をつくるに適している.この範囲の試料を使用したときに生ずる粘土膜の厚さは,

0.06 g:　0.12〜0.21 mm

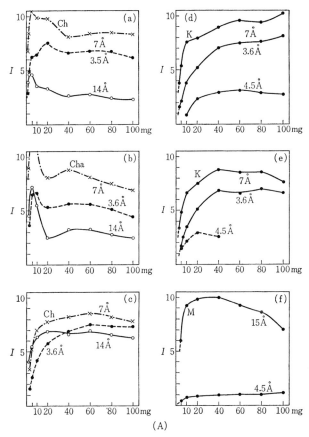

図 6-7(A) ガラス板上につくられた粘土膜中の試料の量(mg)と,主なX線粉末回折強度の関係(Sudo, Oinuma and Kobayashi, 1961). (a)緑泥石(日立鉱山)(Sato and Sudo, 1956). 乳鉢の中で微粉化した試料. 4.5Åの反射は認められない. (b)シャモサイト(14Å型)(荒川鉱山)(Sudo, 1943). 乳鉢の中で微粉化した試料. 4.5Åの反射は見えず. 14Åの反射強度は約2.5倍して示してある. (c)緑泥石(鰐淵鉱山)(Sakamoto and Sudo, 1956). 3μ以下のフラクション. 4.5Åの反射は認められない. (d)カオリナイト(関白鉱山). 乳鉢の中で微粉化した試料. 4.5Åのピークの強度は2倍して示してある. (e)カオリナイト(原). 3μ以下のフラクション. 4.5Åの反射強度は10倍にして示してある. (f)モンモリロナイト(花岡鉱山). 乳鉢の中で微粉化した試料.

0.04 g : 0.07〜0.12 mm

0.02 g : 0.05〜0.09 mm

粘土膜の厚さが著しくなれば,X線反射ピークの方位に誤差を生ずるが,

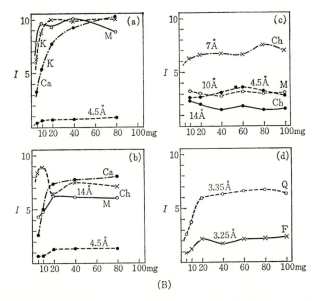

図 6-7(B) ガラス板上につくられた粘土鉱物と非粘土鉱物の混合体の量と，各鉱物の主要 X 線粉末回折強度との関係(Sudo, Oinuma and Kobayashi, 1961). (a)Ca(方解石，5μ以下，20%)，K(カオリナイト，原，3μ以下，40%)，M(雲母粘土鉱物(Al, di.)，余地峠産，40%)の人工混合物．ピークの強度は 1/0.63 倍．(b)Ca(方解石，5μ以下，20%)，M(雲母粘土鉱物(Al, di.)，余地峠，40%)，Ch(緑泥石，日立鉱山，40%)の人工混合物．雲母粘土鉱物(Al, di.)，緑泥石は，乳鉢の中で微粉化した試料，緑泥石の強度は，1/0.4 倍に示してある．(c), (d)第三紀の頁岩(乳鉢の中で微粉化した試料)，Ch(緑泥石の 7Å ピークまたは 14Å のピーク)，M(雲母粘土鉱物(Al, di.)の 10Å ピーク)，Q(石英の 3.35Å のピーク)，F(長石の 3.25Å のピーク)．

0.1 mm の厚さで，ピークの位置は，高角度側へ 5°(2θ) の程度であるから，判別を主目的とするときは大きい問題にならないであろう．

図 6-7 は，2.0×2.7 cm の範囲につくる粘土膜のために使用する粘土鉱物の量の変化と，強度の変化の関係を示したものであって，量の変化に伴って，強度は急に増加し，次第に変化がなくなり，次いで低下する場合が見られる．試料の量が多くなると，かえって強度が低下する傾向がある例は，恐らく粘土膜が厚くなると，底面定方位配列が(勿論完全なものでない)乱されはじめるのではないかと考えられる．

詳細な検討によれば，上記のガラス板法では完全な底面定方位配列の状態を得ることはむずかしく，部分的な定方位配列が得られているのみである．でき

るだけ定方位配列になるようにするには次の方法がとられている．しかし一様な状態ができる再現性は乏しい．粘土鉱物粉末を少量の水でこねてペースト状とし，これを 2 枚の載物ガラスの間にはさみ，強くおしつけて，この 2 枚のガラス板を相対的にこすって，粘土膜に拡げるのである．次に，カオリナイト（愛知県藤岡産，2μ 以下）の一例を示す（表 6-6）．

表 6-6

	7 Å	3.6 Å	2.4 Å	4.5 Å
アルミニウムホルダー	60	48	17	22
ガラス板法（自然放置）	316	232	30	5
ガラス板法（すり合せ）	380	244	25	1

6-9 X 線粉末反射の数と太さ

粘土鉱物の X 線粉末反射には，全体として粉末線が太く，数少ないもの（たとえばスメクタイト，ハロイサイト，ジュエライトなど）と，これらに比し，鮮明な数多くの粉末線を示すもの（緑泥石，ディッカイト，パイロフィライト，滑石など）がある．

一般に試料粉末の粒径が小さく（大体 10^{-5} cm 以下に）なると X 線粉末反射は著しく太く不鮮明になるが，また結晶構造の中で，いろいろな不規則な変化（たとえば，ひずみ）によっても X 線粉末反射が幅広く不鮮明になる．粘土鉱物の場合もこの例外ではない．試料粉末の粒径が小さくなると，X 線粉末反射は太く不鮮明になるのであるから，その逆に粒径が大きくなれば，より鮮明になるはずである．しかし粒径の大きいものでも，なお僅かな幅が示される．この僅かな幅は，試料の性質によるものでなくて，使用している器械の特性によるものである．

まず，粘土鉱物の X 線粉末反射の太さ（幅）を調べ，それに関連する結晶学的の特性を解明しようとすれば，X 線粉末反射を，線としてでなくて，反射ピークの強度分布として問題とすることになる．ここにラインの形，またはラインプロファイルという表現が用いられる．まず器械の特性により引き起こされる太さを取りのぞいて，試料の特性のみによる太さを求めなくてはならない．そのためには，幅を調べようとする X 線粉末反射を P とし，P の示す網面間隙を

d とする．P と同じ方位，または，できるだけ P に近いところに反射を示す物質で，しかも器械の特性のみによる幅を持つ X 線粉末反射を示す物質(これを標準物質という)を選び，この X 線粉末反射と比較して，P より器械の特性に基づく形を除去し，真のラインプロファイルを得る (Stokes, 1948)．真のラインプロファイルをフーリエ解析することにより，粒径による幅と，構造のひずみによる幅とに分離することができる (Warren and Averbach, 1950)．もし構造のひずみがなく，粒径の影響のみの場合は，シェラー (Scherrer, 1918) の式により幅(半価幅)と $\sec\theta$ は直線的に比例する．

6-10　X 線粉末反射の形(ライン形)

X 線粉末反射ピークの形は左右対称のものが多い．厳密にいえば，器械の仕組，試料の作成法などにより，左右対称を欠くピークを生ずることがあるが，非対称のピークの原因には，まだ次の原因がある．1つは，単なる2つの大小のピークの重なりによるものであって，走査速度の大きい条件で記録したチャートの上に(分解不十分のため)あらわれる．走査速度を小さくすれば，重なったピークが分離してあらわれる．他は，構造の不規則性(この場合は層のつみ重なりの様式について)に基づくもので，特定の指数の X 線粉末反射ピークに見られる．

粘土鉱物で底面反射ピーク $(00l)$ は，左右対称のピークを示すが，(hkl) の反射に著しい非対称のピークを示すものが多い．$d=4.5$ Å の附近のピークは，すべてのフィロケイ酸塩(板状形を示す)の粘土鉱物に示されるが，このピークは左右非対称(2θ の大きい側へゆるやかで小さい方に急な傾き)の形を示すものがある．これは次のような不規則構造を持つためである．すなわち，各層は平行に重なっているが，各層の相対的位置はでたらめである．よって，このような非対称ピークを，2次元反射という．また指数 l は特定の値をとらないので，指数としては (hk) と示すことができて，その意味で，この非対称ピークは (hk) バンドともいう．すなわち，通常の規則正しい結晶は3次元のくりかえしの周期を持つが，ここで考えられるモデルは，2方向のみに，くりかえしの周期があり，いわば2次元結晶のモデルである．

$(00l)$ の反射は上記のような不規則構造には影響されない．全く規則正しい

3次元の結晶では，各逆格子点に反射可能な条件が与えられる．反射可能な条件が，この点以外に及ぶ場合があるが，それは粒径が特に極めて細かい場合，または構造に乱れがある場合，または，この両者の場合である．極めて細かい結晶でしかも特定の方向の周期に乱れがある場合には，反射可能域は点よりもむしろ棒(逆格子棒)となる．この棒の内部濃度分布は，粒子の細かさ，ならびに構造の不規則性と関係する．反射球がこの棒を切るとき，切断面の濃度変化が反射球の上に非対称の形を示す．

6-11 構造の乱れの程度

粘土鉱物には一般に粒が細かいという性質以外に，構造に不規則性が示される．不規則な構造にもいろいろあるが，上で示されたものは，層の積み重なりの不規則(積層不整)である．

しかし，ここに不規則といっても，いろいろな程度がある．まず，全く規則正しい積み重なりでは，4.5Åの反射は，非対称性の2次元反射を示すことなく，対称性のピークを示す．全く規則正しい積み重なりから，ところどころ不規則な積み重なりが生じているモデルが考えられ，そして遂に1枚1枚が全く不規則に積み重なっているモデル(全く不規則なモデル)まで考えられる．すなわちこれら両極端の間に連続して，規則-不規則の変化が考えられ，粘土鉱物においては，この変化が実際に認められる．たとえば，4.5Åの反射ピークには，全く規則正しい積み重なりの構造によって示される対称性の形から，全く不規則な積み重なりの構造によって示される非対称形までの間の変化が認められる．全くの規則正しい構造から全くの不規則構造の間に連続した変化を，定性的，相対的に，結晶度が高い(良い)，結晶度が低い(不良)，というように記述される．

6-12 X線粉末反射ピークの数と指数

一般に幅広い不鮮明なピークを示す粘土鉱物は，全体にピークの数が少ない．ピークの数もまた，構造の結晶度と関連しているが，この減少は，特定の指数のピークが消失しているためであることが多く，この指数の検討から構造の不規則性が読み取れる場合がある．

出現したピークの中で，強いピークはすべて $(00l)$ と (hkl) $(k=3n)$ の対称

ピークで占められていることがある．これは各層が b 軸の方向に $\pm\dfrac{n}{3}b_0$ の不規則な変位(n のとる値の順序について不規則な変位)を起こしていることを示す．元来このような変位が広く粘土鉱物に見出されることは，Hendricks(1940)により実験的に認められた(b 軸不整構造という)．

6-13 規則-不規則の変化

以上述べたように，X線粉末回折パターンでは，ピークの形，幅，ならびに数，指数などに，平均粒径ならびに構造の不規則性格(ひずみ，積層の不整)を示す情報が示されている．しかも，構造の不規則については，幅広い規則-不規則の変化が認められる．このことは，極めて重要なことなので，以下にまとめて記す．

(1) まず回折ピークの数が多く，各ピークはいずれも鮮明である場合はピークはいずれも対称形を示し，各粉末反射ピークの指数の間には，特に定まった制約が少ない．このような結晶は，最も結晶度の高い結晶である．粘土鉱物にはこのような例はむしろまれで，ディッカイト，ナクライト等はこれに近い．また粘土鉱物ではないが，それに関係ある白雲母はこの例に入る．この型に入る粘土鉱物は一般に結晶片が比較的大きい(結晶度の高い結晶は大きく発達し易いからであろう)．

(2) 粉末回折ピークの数はかなり多く，その鮮明度も良好であるが，強いピークはいずれも $(00l)$, (hkl) $(k=3n)$ の指数を有し対称形を示す．少数の (hkl) $(k\neq 3n)$ の反射ピーク(僅かに弱く太く多くは非対称形を示す)を有する．このような時期はすなわち， b 軸の方向に $\pm\dfrac{n}{3}b_0$ の変位が無秩序に起こっている部分が結晶の一部に存在することを示す(b 軸不整構造)．

(3) 次第に粉末反射ピークは太くなり，その数が少なくなり， $(hkl)(k=3n)$ のピークは次第に弱く，多くはわずかに非対称形を示し，また $(hkl)(k\neq 3n)$ のピークも弱く太く非対称形を示す． $(00l)$ は太いながら対称形のピークとして残る．このようなものでは， b 軸の方向に $\pm\dfrac{n}{3}b_0$ 以外の不規則な変位が起こりはじめ，同時に b 軸以外の方向にも不規則な変位が起こりはじめていることを示す．

(4) さらに粉末反射ピークが太くなりその数が少なくなり (hkl) なる指数の

6-13 規則-不規則の変化

反射の大多数は著しい非対称形を示し,(00*l*)は太く対称形を示す.これは *b* 軸以外に *a* 軸の方向にも不規則な変位が著しく起こり,結晶の3次元的の規則性は失われて,2次元的の結晶となる.すなわち規則正しい一様の部分が非常に薄い片となるため,(*hkl*)反射が現われても非常に弱くなり,実際には認められない.よって,このときの(*hkl*)の指数は(*hk*)として表わすのが適当である.この例は粘土鉱物の格子不整の中では最も不整の度の著しいもので,一種の2次元結晶として,モンモリロナイト,ハロイサイトにその例が見られる.

以上に述べたように粘土鉱物においては,多くの場合,結晶が不規則であり,この不規則度は,著しいものから順次に細かく変化をしている.この変化は,異種鉱物種の中の重要な1つの区別をなす場合がある.例えばナクライト,またはディッカイト,カオリナイト,ハロイサイト,アロフェンは,多くの場合この順に構造が不規則となる.またさらに,同一の種の粘土鉱物の中にも,結晶の不規則度の変化があることが知られている.すなわち,同じくカオリナイトの中にも,結晶度に相異のあることが知られている.

図6-8は山口県蔵田鉱山(カオリナイト)より見出されたカオリナイトの試料

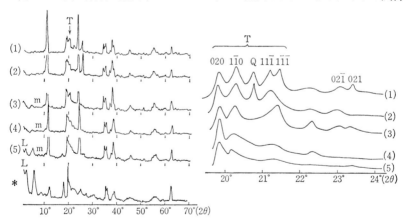

図6-8 山口県蔵田鉱山産カオリナイト(Sudo, Takahashi and Matsui, 1954).
結晶度の異なる試料から示される0°〜20°(2θ)の範囲のX線回折パターン.
(1)より(5)へ結晶度は次第に低下し,モンモリロナイト(m:14.7Å)を含むようになり,また,混合層鉱物(L:29.8Å)のピークがみられる.Q:石英.
(1)は結晶度の最もよい三斜晶系のカオリナイト.結晶度の低下にしたがって,(*hk*0)の反射(T)が次第に2次元反射((*hk*)バンド)に移行する.右図はその拡大図である.*は純粋な混合層鉱物である.

のX線粉末回折パターンである(Sudo, Takahashi and Matsui, 1954). 相対的に結晶度のよい試料(1)より, 次第に不良の試料(2), (3), (4), (5)まで見られる. 各粉末回折ピークの d 値と, 相対強度 I は表6-7のようである. また(1)の試料のX線粉末反射ピークの全体を, 表6-8に示す. d 値は石英の反射に照らし

表6-7

hkl	(1) d Å	I	(2) d Å	I	(3) d Å	I	(4) d Å	I	(5) d Å	I
020	4.44_7	30	4.46_3	35	4.44_7	40	4.45_3	30	4.45_7	30
1$\bar{1}$0	4.35_2	30	4.36_2	35	4.35_4	35	4.40b	20	4.37b	10
11$\bar{1}$	4.16_7	30	4.16_6	30	4.14_2	35	4.17b	15	4.17b	10
1$\bar{1}\bar{1}$	4.11_9	—	—	—	—	—	—	—	—	—
02$\bar{1}$	3.83_5	10	3.85_1	10	3.83_5	10	—	—	—	—
021	3.78_1	15	—	—	3.78_7	10	—	—	—	—
002	3.57_1	150	3.57_5	130	3.57_2	200	3.57_6	80	3.57_2	150

表6-8

hkl	I	d Å	hkl	I	d Å
001	105	7.15		5	2.20
020	40	4.45		5	2.15
1$\bar{1}$0	45	4.34		5	2.04
石英	35	4.26	20$\bar{3}$ 1$\bar{3}$2	15	1.98_4
11$\bar{1}$	40	4.17		5	1.95
1$\bar{1}\bar{1}$	35	4.10		5	1.90
02$\bar{1}$	20	3.82		5	1.85
002	100	3.56_9		5	1.79
石英	35	3.35		5	1.74
	5	3.1_2		10	1.68b
	5	2.9_8		15	1.65b
	5	2.7_8		7	1.62
20$\bar{1}$ 1$\bar{3}$0 130	25	2.55_8		5	1.58
13$\bar{1}$ 1$\bar{1}$2	20	2.52_3		5	1.54
13$\bar{1}$ 112 200	30	2.49_2	060 33$\bar{1}$ 33$\bar{1}$	20	1.485
003	10	2.37_8		5	1.45
20$\bar{2}$ 131 11$\bar{3}$	40	2.33_0		5	1.42
1$\bar{1}$3 131	20	2.28_9		5	1.37

d 値は石英の反射に照らして補正してある. d の値の誤差は, 強く鮮明なピークでは, $0.1°(2\theta)$ 以下, 弱く不鮮明なピーク(b)では, 約 $0.1°(2\theta)$.

6-13 規則-不規則の変化

て補正してあるが,誤差は約 0.02°(2θ) で,太い反射ピークでは,0.05°(2θ) またはそれ以上である.

底面反射ピークは,何れも対称形を示す. 4.5Å附近のピークは,(1)では対称形を示し,(2)より(5)へいくにつれて,次第に2次元反射の性格が強まる. (1)では,いくつかの反射からできていて,指数づけの結果では,(1$\bar{1}$1),(1$\bar{1}\bar{1}$),(02$\bar{1}$),(021) の各ピークが分離してでている.これは三斜晶系のカオリナイトであり,Brindley と Robinson(1946)により,カオリナイトの構造の一例として実在が示されていたものである.(2)より(5)へいくに従って,4.5Å のピークは,2次元反射の性質を帯びるから,構造の中には積層不整が次第に著しくな

表 6-9 Pugu 産カオリナイト(b 軸不整)

hkl	d(Å) 計算値	d(Å) 観測値	I		hkl	d(Å) 計算値	d(Å) 観測値	I	
001	7.145	7.17	10	s	33$\bar{2}$	1.459			
"02"	4.457	4.47	8	2次元反射	061	1.454	1.455	3	b
002	3.572	3.577	10+	s	330	1.450			
20$\bar{1}$	2.560	2.560	8	s	005	1.429	1.429	2	s
130	2.552				205	1.400	—	—	
13$\bar{1}$	2.507	2.497	8	s	134	1.382			
200	2.491				33$\bar{3}$	1.379			
003	2.382	2.381	8	s	062	1.372	1.372	1	b
20$\bar{2}$	2.336	2.336	9	*	331	1.364			
131	2.311				135	1.321	1.336	1	
13$\bar{2}$	2.215	2.202	1	vb	204	1.305	1.307	1	vb,**
201	2.188				26$\bar{1}$	1.2850	1.2847	3	ms
20$\bar{3}$	1.988	1.985	4	*	40$\bar{1}$	1.2827			
132	1.961				33$\bar{4}$	1.2695			
13$\bar{3}$	1.865	—	—		063	1.2605	1.2624	1	
202	1.839				332	1.2515			
004	1.786	1.786	4	s	26$\bar{2}$	1.2537	1.2476	1/2	
20$\bar{4}$	1.662	1.663	5	*	400	1.2457			
133	1.639				40$\bar{3}$	1.2385	1.2345	3	*
13$\bar{4}$	1.560	1.538	1	**	261	1.2291			
203	1.540				006	1.1908	1.1918	1	
060	1.486	1.485	10	s					
33$\bar{1}$	1.485								

* 高角度側へ尾を引く.
** 低角度側へ尾を引く.
s:鮮明,b:不鮮明,vb:非常に不鮮明,ms:中位の鮮明度.

表6-10 カオリナイト群,およびそれを主

hkl		蔵(1) d	I	田(1) d	I	(2) d	I	(3) d	I	(4) d	I	(5) d	I
001(L)		—	—	—	—	—	—	—	—	—	—	32.7	6b
001(M); 002(L)		—	—	—	—	—	—	16.1	3vb	16.1	3vb	16.1	8b
001(H)		—	—	—	—	—	—	—	—	—	—	—	—
003(L)		—	—	—	—	—	—	—	—	—	—	8.04	5b
004(L); 001		7.15	10	7.15	105s	7.14	62s	7.14	66s	7.16	35s	7.14	53s
006(L); 003(M)		—	—	—	—	—	—	—	—	—	—	4.96	4b
(020); 02, 11; 007(L)	a	4.45	4	4.45	40s	4.47	14s	4.45	20s	4.45	18s	4.45	22s
1$\bar{1}$0	b	4.35	6	4.35	45s	4.36	16s	4.35	18s	4.40	16s	4.37	17b
Q		—	—	4.26	35s	4.27	14s	—	—	—	—	—	—
11$\bar{1}$	c	4.17	6	4.17	40s	4.17	12s	—	—	4.17	11b	4.17	4b
1$\bar{1}\bar{1}$	d	4.12	3	4.12	35b	—	—	4.14	16b	—	—	—	—
F		—	—	3.99?	5b	3.98?	6b	3.98?	7b	—	—	3.98?	5vb
02$\bar{1}$		3.84	4	3.84	10b	3.85	11s	3.84	12s	—	—	—	—
F		—	—	—	—	—	—	—	—	—	—	—	—
021		3.73	2	3.78	15b	—	—	3.79	12s	—	—	—	—
F		—	—	—	—	—	—	—	—	—	—	—	—
002; 002(MH); 008(L)		3.57	10	3.57	10s	3.57	56s	3.57	61s	3.58	32s	3.57	49s
F		—	—	—	—	—	—	—	—	—	—	—	—
Q; 111, 009(F); 003(H)		3.37	4	3.35	35s	3.36	36s	—	—	—	—	3.38	5vb
F		—	—	—	—	—	—	—	—	—	—	—	—
11$\bar{2}$		3.14	2	3.12	5vb	3.12	2vb	3.13	2s	—	—	—	—
F		—	—	—	—	—	—	—	—	—	—	—	—
1$\bar{1}$2		3.09	2	2.98	5vb	2.98	1vb	2.96	2vb	2.97	1vb	2.98	2vb
0, 0, 10(L)		—	—	—	—	—	—	—	—	—	—	—	—
022		2.75	2	2.78	5vb	2.82	1vb	—	—	—	—	—	—
20$\bar{1}$; 1$\bar{3}$0; 130	e	2.553	8	2.558	25s	2.585	9s	2.578	14s	2.571	11s	2.571	13s
13$\bar{1}$; 1$\bar{1}$2	f	2.521	4	2.523	20s	2.54	7b	2.54	9b	2.54	9b	i	i
F		—	—	—	—	—	—	—	—	—	—	—	—
200; 112; 13$\bar{1}$	g	2.486	9	2.492	30s	2.508	11s	2.522	13s	2.522	11s	2.515	12s
Q		—	—	—	—	—	—	—	—	—	—	—	—
003	h	2.374	7	2.378	10s	2.398	7s	2.398	8s	2.398	5s	2.392	7s
20$\bar{2}$; 1$\bar{3}$1; 11$\bar{3}$	i	2.331	10	2.330	40s	2.350	17s	2.344	24s	2.344	17s	2.338	18s
1$\bar{1}\bar{3}$; 131; Q	j	2.284	9	2.289	20s	2.315	7s	2.31	8b	2.31	6b	2.298	7s
132; 040		2.243	1	2.20	5vb	2.25	2b	2.22	2b	2.22	2vb	2.238	2s
132; 2$\bar{2}$0		2.182	3	2.15	5vb	2.21	2b	2.14	3b	—	—	2.21	3b
02$\bar{3}$; 041; Q		2.127	2	—	—	2.15	2b	2.14	3b	—	—	—	—
222		2.057	1	2.04	5vb	—	—	—	—	—	—	—	—
20$\bar{3}$; 1$\bar{3}\bar{2}$; Q		1.985	7	1.98	15b	1.99	4b	2.00	7b	1.99	4b	2.00	5b
132; 221		1.935	4	1.95	5vb	1.95	2s	1.95	3b	—	—	—	—
133		1.892	2	1.90	5vb	—	—	1.895	2s	—	—	1.91	2b
								1.873	2s	—	—	1.90	2b
042		1.865	1	1.85	5vb	1.845	2s	1.855	2s	—	—	1.85	3vb
1$\bar{3}\bar{3}$; 202; 20$\bar{3}$		1.835	4	—	—	1.831	2s	—	—	—	—	—	—
114; 22$\bar{3}$; Q		1.805	1	—	—	1.80	2b	1.794	4s	1.794	2s	1.79	3b
004		1.778	5	1.79	5vb	1.762	1s	—	—	—	—	—	—
				1.74	5vb	—	—	1.73	2b	—	—	—	—
2$\bar{2}\bar{2}$		1.704	1	—	—	—	—	—	—	—	—	—	—
150; 24$\bar{1}$; 31$\bar{1}$; 3$\bar{1}\bar{1}$		1.682	2	1.68	10b	1.69	4b	1.69	4b	1.69	3b	1.69	5b
240; 15$\bar{1}$; 204; 1$\bar{3}\bar{3}$; Q		1.659	8	1.65	15b	1.67	6b	1.67	9b	1.67	6b	1.66	10vb
133; 24$\bar{2}$; 310; 151		1.616	6	1.62	7b	1.63	3b	1.64	4b	1.63	3b	—	—
152; 24$\bar{1}$; 13$\bar{4}$		1.581	4	1.58	5vb	—	—	1.59	2b	1.59	2b	—	—
13$\bar{4}$; 20$\bar{3}$; 24$\bar{1}$; 22$\bar{4}$; Q		1.539	5	1.54	5vb	1.55	4b	1.56	3b	1.56	2b	1.55	2vb
060; 33$\bar{1}$; 33$\bar{1}$		1.486	9	1.485	20s	1.495	9s	1.495	10s	1.495	10s	1.49	13vb
22$\bar{3}$; 115; 06$\bar{1}$; 33$\bar{2}$		1.462	2	1.45	5vb	1.47	2b	1.46	2b	1.46	2b	1.46	2vb
332; 153; 223; 330		1.449	4	1.42	5b	1.46	2b	1.44	2v	1.44	2vb	1.43	2vb
005		1.426	4	—	—	1.39	2vb	1.40	2vb	1.39	2vb	1.40	2vb
				1.37	5vb								

(1)~(5) 山口県蔵田鉱山(カオリナイト鉱床). 図 6-9, 6-10 に対応する(筆者試料, 実験).
(6)~(9) 北海道鴻ノ舞鉱山(松田亀三試料). 5号脈の白色粘土, 金銀鉱物を含み, それ自身が鉱石として採掘されていた. 図16-2(1)は, この表(6)のDTA曲線である.
(10) メタハロイサイト, 山形県蔵王硫黄鉱床附近, 逸見吉之助試料, 筆者実験, hkl ($k \neq 3n$) の反射(*印), 2.3~2.6Åの間のピークの分離程度より, メタハロイサイトについて一般に見られる結晶度より高い. メタハロイサイ

とする粘土のX線粉末回折パターン

鴻ノ舞								蔵王		上信		調川		種市(淡褐色)	
(6)		(7)		(8)		(9)		(10)		(11)		(12)		(13)	
d	I	d	I	d	I	d	I	d	I	d	I	d	I	d	I
—	—	—	—	17.7	7b	16.4	18s	—	—	—	—	—	—	—	—
—	—	—	—	10.4	3b	—	—	—	—	⎰10.3	42s	9.02	16s	10.3	12s
—	—	—	—	—	—	—	—	—	—	⎱ —	—	8.67	8b	8.19	8s
7.31	15s	7.31	11s	7.38	21s	7.37	18s	7.25	31s	⎰ —	—	7.44	7vb	7.50	6b
5.37	2b	—	—	—	—	—	—	—	—	⎱					
4.48	13s	4.44	8b	4.48	15s	4.48	8s	4.48	25s	4.48	30s	4.48	22s	4.48	19s
4.40	11b	4.40	8b	4.40	8s	4.40	8s	*4.33	25s	—	—	—	—	⎰4.34?	15s
4.21?	10b	4.23?	7b	4.23?	10b	4.23?	6vb	—	—	—	—	4.23?	12b	⎱4.27	15s
—	—	4.17	6b	—	—	—	—	*4.11	14vb	—	—	—	—	—	—
—	—	—	—	—	—	—	—	—	—	4.13	19s	3.93	8b	4.10	10b
4.00?	6b	—	—	—	—	—	—	—	—	—	—	—	—	—	—
3.88	5b	3.88	4vb	3.92	6b	3.92	4vb	—	—	—	—	—	—	—	—
—	—	—	—	—	—	—	—	—	—	—	—	—	—	3.68	9s
3.58	14s	3.59	9s	3.60	15s	3.62	14s	3.62	12s	—	—	3.56	13s	3.56	8vb
3.40	4vb	—	—	3.39	5s	—	—	—	—	3.36	17s	3.40	9s	3.36	24s
—	—	—	—	—	—	—	—	—	—	—	—	—	—	3.23	9s
3.13	3vb	3.13	2b	3.19	3vb	—	—	—	—	—	—	—	—	—	—
—	—	—	—	—	—	—	—	3.07	3b	—	—	—	—	—	—
2.578	7s	2.564	4s	2.578	7s	2.56	5b	*2.578	12s	2.58	9b	2.57	10b	2.578	10s
2.536	6s	2.536	4s	2.550	6s	2.54	5b	*2.550	9s	—	—	—	—	—	—
2.508	7s	2.508	4b	2.515	6s	2.51	5b	*2.515	11s	2.48	8b	2.522	8s	2.52	7b
—	—	—	—	—	—	—	—	—	—	—	—	—	—	2.462	7s
2.392	4s	i	i	i	i	2.39	4b	*2.404	8s	⎰2.38	7vb	⎰2.35	8vb	⎰2.36	8vb
2.350	9s	2.350	5b	2.356	9s	2.35	6b	2.356	16s	⎱ —	—	⎱ —	—	⎱ —	—
2.31	5b	2.31	4b	2.369	6s	2.31	4b	*2.309	8s	—	—	—	—	—	—
2.20	3vb	—	—	—	—	—	—	2.201	3s	—	—	—	—	—	—
2.01	3vb	2.01	2vb	2.00	4vb	2.01	3vb	2.01	4b	2.02	3vb	—	—	—	—
—	—	—	—	—	—	—	—	—	—	—	—	1.91	3b	1.90	4s
—	—	—	—	—	—	—	—	—	—	—	—	1.86	2b	—	—
—	—	—	—	—	—	⎰1.70	3b	i	i	—	—	—	—	—	—
1.67	5b	1.66	3vb	1.67	4vb	⎨1.67	4vb	1.68	7b	1.69	4vb	1.68	5b	1.68	4b
—	—	—	—	—	—	⎱1.63	2vb	1.63	3b	1.63	3vb	—	—	—	—
1.55	2vb	—	—	—	—	—	—	—	—	—	—	—	—	—	—
1.492	6s	1.488	4s	1.497	5s	1.497	5s	1.492	9s	1.49	8b	1.49	8b	1.50	6b
1.46	3b	—	—	—	—	—	—	—	—	—	—	—	—	—	—
—	—	—	—	—	—	—	—	—	—	—	—	—	—	1.38	4b

トで異常に結晶度の高いものか，またはカオリナイトの結晶が混入しているものか不明．電子顕微鏡写真では，すべて伸長状の結晶粒子の集まりが見られる．
(11) ハロイサイト．
(12)～(19) アロフェン-ハロイサイト球粒体 (図 6-11)．
(12) 種村光郎試料，筆者実験．

hkl			八戸(14)		八女(15)		七戸(16)		今市(17)		種市(白色)(18)		雫石(19)	
			d	I	d	I	d	I	d	I	d	I	d	I
001(L)			—	—	—	—	—	—	—	—	—	—	—	—
001(M); 002(L)			—	—	—	—	14.7	4b	—	—	—	—	16.1	3b
001(H)			10.2	14b	10.2	32s	10.3	31s	10.2	32s	10.3	27s	10.3	42s
003(L)			—	—	—	—	—	—	—	—	—	—	—	—
004(L); 001			7.69	6vb	7.63	8vb	—	—	—	—	—	—	5.75	2vb
					6.56	4b								
006(L); 003(M)			4.85	4vb	—	—	4.75	4vb	—	—	—	—	4.93	3b
(020); 02, 11; 007(L)	a		4.44	17vb	4.48	24s	4.51	19s	4.46	15s	4.51	16s	4.48	30s
1$\bar{1}$0	b		—	—	—	—	—	—	—	—	4.35	13s	—	—
Q			?	?	?	?	?	?	4.27	11vb	—	—	—	—
11$\bar{1}$	c										?	?		
1$\bar{1}$1	d													
F			4.10	10b	3.95	9s	4.04	43s	4.08	9s	4.10	22s	—	—
							3.92?	9b						
02$\bar{1}$			—	—	—	—	—	—	—	—	—	—	—	—
F			—	—	—	—	3.79	8s	3.75	7b	3.82	9b	—	—
021			—	—	—	—	—	—	—	—	—	—	—	—
F			—	—	3.62	8b	3.66	10s	—	—	—	—	—	—
002; 002(MH); 008(L)			3.56	8vb	—	—	—	—	—	—	—	—	—	—
F			—	—	—	—	3.49	18s	—	—	—	—	—	—
Q; 111, 009(F); 003(H)			3.36	16s	3.36	14s	3.36	11b	3.36	24s	3.38	27s	3.36	17s
F			—	—	3.27	19s	3.22	12b	3.22	5b	3.23	17s	—	—
11$\bar{2}$			—	—	—	—	—	—	—	—	—	—	—	—
F			3.10	6vb	2.95	5s	—	—	2.93	7s	3.00	5vb	—	—
1$\bar{1}$2			—	—	—	—	—	—	—	—	—	—	—	—
0, 0, 10(L)			—	—	—	—	—	—	—	—	—	—	—	—
F			2.85	4s	2.81	4b	—	—	—	—	2.87	4b	—	—
022			—	—	—	—	—	—	—	—	—	—	—	—
20$\bar{1}$; 1$\bar{3}$0; 130	e		2.58	9b	2.59	8b	2.59	7b	2.57	6b	2.59	8b	2.58	9b
13$\bar{1}$; 1$\bar{1}$2	f		—	—	2.529	10s	—	—	2.53	6vb	2.52	9b	—	—
200; 112; 13$\bar{1}$	g		2.508	8s	2.48	7b	—	—	2.47	7s	2.47	10s	2.48	8b
Q			2.475	10s										
003	h		2.40	6vb	2.42?	6b	2.40?	8b	—	—	2.41?	7s	—	—
20$\bar{2}$; 1$\bar{3}$1; 1$\bar{1}$3	i		—	—	2.36?	6b	—	—	—	—	2.32?	6s	2.86	4vb
1$\bar{1}\bar{3}$; 131; Q	j		2.304	7b	2.24	2b	—	—	2.24	5b	2.24	4b	2.26	4vb
13$\bar{2}$; 040			—	—	—	—	—	—	—	—	—	—	—	—
132; 220			—	—	—	—	2.18?	4vb	2.18?	4b	—	—	—	—
02$\bar{3}$; 041; Q			—	—	—	—	2.049?	3s	2.14?	3s	2.15	4b	—	—
222			—	—	—	—	2.014?	4s	—	—	—	—	—	—
203; 1$\bar{3}$2; Q			—	—	—	—	—	—	—	—	—	—	—	—
13$\bar{2}$; 221			—	—	—	—	—	—	—	—	—	—	—	—
13$\bar{3}$			—	—	—	—	—	—	—	—	—	—	—	—
042			—	—	—	—	1.84?	5b	—	—	—	—	—	—
13$\bar{3}$; 202; 20$\bar{3}$			—	—	—	—	—	—	—	—	—	—	—	—
114; 22$\bar{3}$; Q			—	—	—	—	1.778?	10s	—	—	1.787	4s	—	—
004			—	—	—	—	—	—	—	—	—	—	—	—
22$\bar{2}$			—	—	—	—	—	—	—	—	—	—	—	—
1$\bar{5}$0; 24$\bar{1}$; 31$\bar{1}$; 3$\bar{1}\bar{1}$			—	—	—	—	1.70?	4b	—	—	—	—	—	—
240; 15$\bar{1}$; 20$\bar{4}$; 1$\bar{3}\bar{3}$; Q			1.68	4vb	1.67	3vb	1.67	4vb	1.67	3vb	1.681	9s	1.69	4vb
1$\bar{3}$3; 242; 310; 151			—	—	—	—	—	—	—	—	—	—	—	—
152; 24$\bar{1}$; 13$\bar{4}$			—	—	1.590?	5s	—	—	—	—	—	—	—	—
13$\bar{4}$; 203; 241; 22$\bar{4}$; Q			—	—	1.54	5b	—	—	—	—	1.555	4s	—	—
060; 33$\bar{1}$; 3$\bar{3}$1			1.49	5b	1.49	6b	1.49	6b	—	—	1.50	5b	1.49	8b
22$\bar{3}$; 115; 06$\bar{1}$; 33$\bar{2}$			—	—	—	—	—	—	—	—	—	—	—	—
33$\bar{2}$; 153; 22$\bar{3}$; 330			—	—	—	—	—	—	—	—	—	—	—	—
005			—	—	—	—	1.386	7s	—	—	—	—	—	—

(13), (14), (18), (19) 小川雨田雄試料, 筆者実験.
(15) 村岡誠試料. (16) 湊秀雄試料.
(17) 小坂丈予試料, 筆者実験.
L：混合層鉱物（トスダイト）, M：モンモリロナイト, H：ハロイサイト, Q：石英, F：長石, MH：メタハロイサイト, d は Å で示す値である.

っていることを示している.

表 6-9 は Pugu 産のカオナイトで, b 軸不整の例である (Robertson, Brindley and Mackenzie, 1954). 4.457 Å の (02) の反射以外は, すべて, $k=3n$ の反射とみることができる. ただし, この試料については, 多少注意が必要である. $a_0=5.14$ Å, $b_0=8.91$ Å, $c_0=7.38$ Å, $\beta=104.5°$ の格子定数をもとにして適切に指数付けをすることができるが, その指数は主に $k=0$ である. しかも, (02) の反射以外の反射は, 大部分は, 対称形を示すが, 一部には * 印, ** 印で示したように, 僅かであるが, 尾を引く形を示す. そして尾を引く方向は, $k=0$ の反射より, $k=3n$ の反射へ向かっている. $\beta=104.5°$ は, 層間のずれが, 正しく $-a_0/3$ の場合の $103.5°$ の値より大きいため, 計算値では, $k=0$ と $k=3$ の反射は一致していない. 厳密なことをいえば, この試料は, b 軸不整のカオリナイトの中で, 最も詳細に研究された試料ではあるが, b 軸方向の変位がほぼ $-a_0/3$ であるために, $k=3$ の反射は, $k=0$ の反射に比し, 多少不鮮明になっているものと思われる.

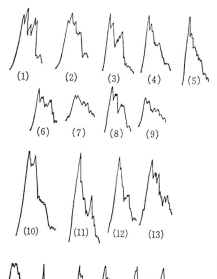

図 6-9 カオリナイト群(表 6-10)の 4.5 Å 附近の X 線粉末ピーク (a, b, c, d)のプロファイル. 番号は表 6-10 と同じ.

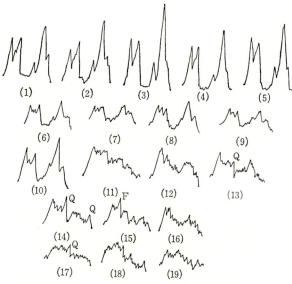

図6-10 カオリナイト群(表6-10)の2~3ÅのX線粉末ピーク(e, f, g, h, i, j)のプロファイル．番号は表6-10と同じ．

結晶度が低下すれば，特定のピークに，(hk)バンドが明らかに現われ，また接近しているピークの分離が不十分となり，ピークが太く不鮮明になり，ピークの数も減少する．この傾向は，粒径が細かくなるにつれても同様に現われる．

表6-10に，カオリナイト群およびそれを主とする粘土のX線回折パターンを示した．(1)には既に述べた結晶度の最もよい蔵田の三斜晶系のカオリナイトを示し，以下，右の方へ，大体に，結晶度の低下の順に配列してある．この中に，b軸不整の型も見出すことができる．図6-9，図6-10に，ラインプロファイルの一部を示し，図6-11にアロフェン-ハロイサイト球粒体のX線粉末回折パターンを示す．もちろん，アロフェンは極めて幅広い反射のみを示すから，図6-11のピークは何れもハロイサイト(一部にメタハロイサイトの反射を伴う)のそれである．

近年，BrindleyとWardle(1970)は，パイロフィライトのX線粉末回折パターンを調べ，三斜晶系として指数付けできるものと(たとえばニュージーランド産)，単斜晶系として指数付けできるものの2つを区別した．前者は，$a_0=$

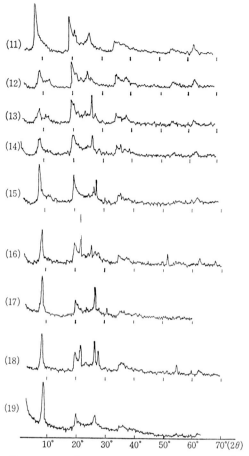

図 6-11 ハロイサイトおよびアロフェン-ハロイサイト球
粒体の X 線粉末回折パターン. 番号は表 6-10 と同じ.

5.173 Å, $b_0=8.960$ Å, $c_0=9.360$ Å, $\alpha=91.2°$, $\beta=100.4°$, $\gamma=90°$ で,後者は $a_0=$ 5.172 Å, $b_0=8.958$ Å, $c_0=18.67$ Å, $\beta=100.0°$ と示されている.日本産の例は多くが単斜晶系である(表 6-11).

以上要するに,粘土鉱物の X 線粉末回折パターンより認められた事実は,粘土鉱物の結晶構造が一般に多少の不規則性を持っていることであり,この不規則性の変化は,極めて小さい段階から逐一大きい段階まで,いろいろの程度に,

表6-11　パイロフィライトのX線粉末回折パターン

三斜晶系(ニュージーランド産)			単斜晶系(穂波産)		
hkl	d (Å)	I	hkl	d (Å)	I
001	9.204	80	002	9.21	vs
002	4.60	30	004	4.58	s
110	4.42	100	020；110；021	4.40	ms, b
11$\bar{1}$	4.26	80	11$\bar{2}$；111；022	4.17	m, b
02$\bar{1}$	4.06	60	006	3.08	vs
1$\bar{1}$1；111	3.764	5		2.97	vw
11$\bar{2}$	3.492	5	130；20$\bar{2}$	2.59	w
1$\bar{1}$2	3.454	5	200	2.55	mw
022	3.178	20	132；20$\bar{4}$	2.44	m
003	3.068	100	008	2.31	w
112	2.953	20	134	2.17	w
11$\bar{3}$	2.741	3	222	2.09	w
1$\bar{1}$3	2.710	4	13$\bar{6}$；028	2.07	w
20$\bar{1}$；130	2.569	30	136	1.895	vw
13$\bar{1}$；200	2.547	30	0, 0, 10	1.848	m
13$\bar{1}$	2.532	40	31$\bar{2}$；150など	1.692	w
20$\bar{2}$；131	2.416	80	134；152	1.650	mw, b
201；11$\bar{3}$	2.341	10	0, 0, 12；22$\bar{5}$	1.542	w
004	2.300	5	060；33$\bar{2}$	1.492	mw
2$\bar{2}$0；220	2.215	4	33$\bar{4}$	1.475	vw
1$\bar{1}\bar{4}$；041	2.170	15	15$\bar{6}$；1, 3, 10など	1.437	vw
20$\bar{3}$；132	2.152	15	1, 1, 12；2, 0, 10	1.388	mw
22$\bar{2}$	2.135	2	1, 3, $\bar{12}$；316	1.373	mw
2$\bar{2}\bar{2}$	2.116	2			
2$\bar{2}$1；13$\bar{3}$	2.083	20			
02$\bar{4}$；1$\bar{3}$3	2.059	25			
04$\bar{2}$；024	2.026	3			
042	1.998	2			
22$\bar{3}$	1.952	<1			
2$\bar{2}$2；20$\bar{4}$	1.887	12			
005	1.841	10			
04$\bar{3}$	1.823	2			
13$\bar{4}$；115など	1.812	3			
22$\bar{4}$	1.7439	1			
2$\bar{2}\bar{4}$	1.7223	1			
2$\bar{4}$1；2$\bar{2}$3など	1.6894	12			
15$\bar{1}$；310など	1.6674	12			
1$\bar{3}$4；151など	1.6529	30			
151；2$\bar{4}\bar{2}$など	1.6327	20			

指数はBrindley and Wardle(1970)による．穂波産パイロフィライトのデータは，Kodama(1958)による．

大体連続的な変化をしていることである．すなわち，この結晶構造の不規則性は，3次元の結晶より2次元の結晶へ，さらに，それよりもっと不規則な結晶から，遂には完全に非晶質の物質への変化である．この変化の中での細かい変化は，同一の粘土鉱物種の中でも認められ，さらに大きい変化は，いくつかの異なった粘土鉱物を包括している．そこで，このような結晶構造の不規則性の観点より粘土鉱物を見ていくと，すべての粘土鉱物は，この結晶構造の不規則性という点において，連続した一連の存在物であって，これが，粘土鉱物の生成変化という背景を暗示しているように考えられる．

6-14 格子定数

最小な回折角を示す底面反射より d_0 が求められる．この値は単斜1層構造の場合は，$d_0 = c_0 \sin \beta$ であり，粘土鉱物の群により大幅に異なっていることは既に述べた通りである．単斜晶系の場合は，(060) のピークより，$b_0 = 6 \times d_{060}$ が求められる．理想構造として，$a_0 = b_0/\sqrt{3}$ より，a_0 が求められる．β角は，単位構造のずれの様式（規則正しい）で規定されるが，粘土鉱物結晶では，a軸の方向に $-a_0/3$ ずつのずれが生ずる例が多い．たとえば，緑泥石の場合では，$\beta = 97°$ である．このときの単斜1層格子は，とりもなおさず，直六方格子となる．

単斜晶系（軸率 $a:1:c$）では，

$$d_{hkl} = \frac{b_0}{\sqrt{\dfrac{\left(\dfrac{h}{a}\right)^2 + \left(\dfrac{l}{c}\right)^2 - \dfrac{2hl}{ac}\cos\beta}{\sin^2\beta} + k^2}}$$

単斜1層構造のときは，$a_0 = b_0/\sqrt{3}$, $c_0 \sin\beta = d_0$, $\cot\beta = a_0/(3d_0)$（β角は鈍角をとっていることに注意）より

$$\left(\frac{1}{d}\right)^2 = \frac{3h^2 + k^2}{b_0^2} + \frac{(h+3l)^2}{9d_0^2} \tag{6-1}$$

また直六方格子では，$c_0 = d_0$ より

$$\left(\frac{1}{d}\right)^2 = \frac{3h^2 + k^2}{b_0^2} + \frac{l^2}{d_0^2} \tag{6-2}$$

前者では $(13\overline{l+1})$, $(20l)$ の d 値は一致する．直六方軸をとったときの軸の周

期ベクトルを $\vec{A_0}$, $\vec{B_0}$, $\vec{C_0}$ ($|\vec{A_0}|=|\vec{B_0}|$) とし,単斜1層構造の場合のそれらを $\vec{a_0}$, $\vec{b_0}$, $\vec{c_0}$ とすれば,軸変換は, $\vec{A_0}=\vec{a_0}$, $\vec{B_0}=-\frac{1}{2}\vec{a_0}+\frac{1}{2}\vec{b_0}$, $C_0=\vec{a_0}+3\vec{c_0}$ となる.

いま(6-2)式を用いる.ここで,b_0の値は,板状形態を示す粘土鉱物では,僅かな変化があるが,変化はせまい範囲におちる.また,単位構造の高さは,最小の回折角を示す底面反射のd値(d_0)から求められる.また(hk)の組合せで$3h^2+k^2$の値の取り得る例は次の通りである.

$3h^2+k^2$	可能な hk の指数
4	02 11 11
12	20 13 13
16	04 22 22
28	24 24 31 31 15 15

直交軸上に $\sqrt{(3h^2+k^2)/b_0^2}$ と $\sqrt{l^2/d_0^2}$ をとり格子図をつくる.たとえば緑泥石で,$d=2.142$ Å ((hkl)の1つの反射)の値が示されていれば,この図で,1/2.142 の半径の円の通る格子点より,(hkl)の範囲を知ることができる.$d=2.142$ Å の場合は,$3h^2+k^2=12$, $l=4$ となる.

b_0の大きさは,di.亜群,tri.亜群で異なり,またその中で同形イオン置換により変化する.図6-12に主な粘土鉱物の(060)のピークの位置を示す.tri.とdi.の境は自然と引くことができるが,ノントロナイト,海緑石は共に,di.亜群であるが,鉄イオンの影響で,他のdi.亜群の鉱物よりd(060)が大きい.

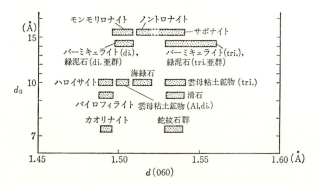

図6-12 (060)の反射ピークで示されるd値と,単位構造の高さd_0との関係(生沼郁原図).

表 6-12 雲母粘土鉱物(Al, di.)のポリタイプ(Kodama, 1958, 1962)

	(1)		(2)			(3)		(4)		(5)	
hkl	d(Å)	I	d(Å)	I	hkl	d(Å)	I	d(Å)	I	d(Å)	I
002	9.99	s	10.1	35	001	10.07	s	10.2	15	10.1	35
004	4.98	m	5.05	22	002	5.00	w-m	5.04	8	5.06	24
110	4.47	vs	4.50	12	020	4.487	s	4.50	16	4.50	10
111	4.29	w	4.31	3	11$\bar{1}$	4.342	w-m	4.34	2	4.37	3
022	4.11	w	4.12	2	021	4.093	w-m	4.10	2	4.31	2
112	3.95	vw	3.98	5	11$\bar{2}$	**3.647**	s	**3.65**	7	4.15	1
11$\bar{3}$	3.87	m	3.89	5		3.482	vvw			3.91	5
023	**3.72**	m	**3.74**	6	003	3.337	s	3.34	17	**3.73**	5
113	3.55	vw				3.208	vvw			**3.67**	7
11$\bar{4}$	**3.475**	m	**3.50**	10	112	**3.0593**	s	**3.08**	9	**3.52**	10
006	3.32	vs	3.35	48	11$\bar{3}$	2.9211	w	2.91	4	3.35	35
144	**3.20**	ms	**3.21**	11	023	2.6772	w-m	2.68	4	**3.20**	12
11$\bar{5}$	3.1	vw	3.13	5	130	2.5875	w-m			**3.06**	10
025	**2.98**	s	**3.01**	12	13$\bar{1}$; 203	2.5585	vs, b	2.57	12	**3.00**	8
115	2.86	m	2.88	8		2.4773	vvw	2.46	3	2.94	2
11$\bar{6}$	2.78	m	2.81	6	131	2.4327	w			2.87	6
200	2.585	w			13$\bar{2}$	2.3918	w	2.25	3	2.82	5
20$\bar{2}$	2.560	vs	2.57	13	11$\bar{4}$	2.3509	w			2.57	17
008	2.49	w	2.51	5	040	2.2440	w	2.25	3	2.52	4
13$\bar{3}$	2.46	w	2.46	4	220	2.2096	vw			2.46	3
20$\bar{4}$	2.390	vw			031 ; 13$\bar{3}$	2.1901	vvw			2.44	3
133	2.376	m	2.38	5	202	2.1020	vw	2.146	3b	2.39	3
22$\bar{1}$	2.245	w, b			005	2.0766	w-m	2.001	5b	2.24	2
22$\bar{3}$	2.185	w	2.20	3b	133	2.0022	w-m, b			2.13	3
20$\bar{6}$	2.14	m	2.13	5		1.9454	vw, b			2.08	4
043	2.13	m			11$\bar{6}$	1.6856	vvw	1.661	4b	2.01	17
223	2.05	vw			204	1.6662	w-m	1.639	3b	1.721	2
0, 0, 10	1.991	s	2.006	20		1.6307	m, vb			1.698	2
206	1.95	w	1.977	4	060	1.5717	w	1.501	7	1.669	4
04$\bar{6}$	1.83	vw				1.4978	vs, b			1.642	3
138	1.76	w	1.736	3						1.613	2
1, 3, $\bar{10}$	1.654	w	1.653	8						1.585	2
321	1.64	m								1.565	1
313	1.60	w	1.602	2						1.501	8
314	1.55	w	1.558	1							
1, 3, 10	1.52	w	1.527	4							
060	1.504	s	1.501	5							

太字で示した反射ピークが各ポリタイプの特徴となる.
(1) 白雲母, 2M₁ 型.
(2) 雲母粘土鉱物(Al, di.). 群馬県余地峠. 主として石英閃緑岩の熱水変質鉱物. 2M₁ 型.
(3) 白雲母, 1M 型(Radoslovich, 1960).
(4) 雲母粘土鉱物(Al, di.). 秋田県花岡鉱山, 堂屋敷鉱体の周囲の粘土化した変質帯より見出された もの. 1M 型.
(5) 栃木県白石鉱山. 流紋岩および流紋岩質凝灰岩の変質物. 2M₁ と 1M の混合物.

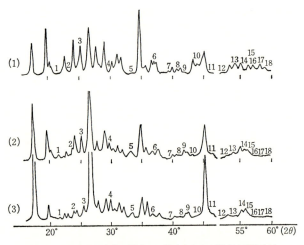

図 6-13 (1) 秋田県釈迦内鉱床より見出された雲母粘土鉱物(A).
(2) 同上の産地より見出された雲母粘土鉱物(B). $2M_1$ と $1M$ の混合. (3) $2M_1$ 型の雲母と $1M$ の雲母の等量人工混合物.
1, 2, …, 18 の番号の箇所を比較してみると, (1)の試料の粉末回折ピークは(2), (3)と異なっている(下田右(Shimoda, 1970)による).

6-15 ポリタイプの X 線粉末回折パターン

雲母のポリタイプの中で, $1M$ と $2M_1$ 型の示す X 線粉末回折パターンの相異はよく知られている(Kodama, 1958, 1962)(表 6-12).

最近に下田右(Shimoda, 1970)は, 秋田県釈迦内鉱山の母岩の変質物の中より 1 つの雲母粘土鉱物を見出し, その X 線粉末回折パターンが, $2M_1$, $1M$, またその混合物の何れとも一致せず, むしろ $2M_2$ 型(Threadgold, 1959; Levinson, 1953)に近いことを示した(図 6-13).

緑泥石の 1 層構造のポリタイプについては II_b, I_a, I_b の型について, Bailey と Brown(1962)の示したデータがある(表 6-13).

白水晴雄(Shirozu, 1958)は, 直六方格子構造が, 日本では熱水性鉱脈に伴って, 広く見出されることを報告した(表 6-14).

6-16 その他

その他主な粘土鉱物の X 線粉末回折パターンを表 6-15～表 6-19 に示す. ま

表 6-13 緑泥石のポリタイプ (Bailey and Brown(1962)による)

	(1)		(2)		(3)			(4)	
hkl	d (Å)	I	d (Å)	I	d (Å)	I	hkl	d (Å)	I
001	14.15	8	14.4	6	14.2	6	001	14.2	6
002	7.05	10	7.15	10	7.10	10	002	7.10	9
003	4.72	6	4.79	4	4.73	4	003	4.75	$2^1/_2$
02;11	4.60	2	4.63	4	4.63	1	02;11	4.62	$3^1/_2$
004	3.54	10	3.59	7	3.55	8	004	3.56	7
005	2.83	4	2.87	$2^1/_2$	2.84	3	005	2.85	2
20$\bar{1}$	2.66	$1^1/_2$	2.68	4	—		200	2.685	2
200	—		—		2.66	4	201	2.64	$1^1/_2$
20$\bar{2}$	**2.59**	**5**	2.61	$1^1/_2$	2.59	$^1/_2$	**202**	**2.505**	**10**
201	**2.54**	**8**	2.55	$^1/_2$	2.55	1	203	2.33	1
20$\bar{3}$	**2.44**	**7**	**2.475**	**6**	—		**204**	**2.14**	**4**
202	**2.38**	**4**	2.39	1	**2.395**	**6**	007	2.03	$^1/_2$
20$\bar{4}$	**2.255**	**4**	2.29	1	2.27	1	205	1.955	$^1/_2$
203	—		2.20	$^1/_2$	—		206	} 1.78	3
20$\bar{5}$	2.06	$1^1/_2$	**2.105**	**2**	2.07	$^1/_2$	008		
007	—		2.045	$^1/_2$	—		15;24;31	1.75	1
204	2.00	6	2.01	1	2.01	3	207	1.62	$^1/_2$
20$\bar{6}$	1.88	$2^1/_2$	1.91	$^1/_2$	1.89	$^1/_2$	060	1.548	6
205	1.82	$2^1/_2$	—		—		062	1.515	$2^1/_2$
15;24;31	1.74	1	1.758	2	1.76	$^1/_2$	208	1.482	2
207	1.715	$^1/_2$	1.74	1	—		064	} 1.422	2
206	1.66	$1^1/_2$	—		1.67	$2^1/_2$	0,0,10		
20$\bar{8}$	1.565	3	—		1.57	1	065	} 1.360	1
060	1.538	7	1.548	6	1.549	6	209		
062	1.503	$2^1/_2$	1.515	3	1.515	3			
063	1.462	$^1/_2$	1.478	1	1.472	1			
20$\bar{9}$	—		—		1.439	$^1/_2$			
0,0,10	} 1.414	1	1.434	$^1/_2$	} 1.420	3			
064			1.420	1					
208	1.392	$2^1/_2$	—		—				

太字で示した反射ピークが,各ポリタイプの区別に役立つ.
(1) II$_b$ 型, Buck Creek, North Carolina.
(2) I$_b$(β=97°)型, New Britain, Connecticut.
(3) I$_a$ 型, Vicar 鉱山, Michigan.
(4) I$_b$(β=90°), Florence 鉱山, Wisconsin.

た,粘土中にしばしば粘土鉱物と共存する鉱物の主要反射ピークを表 6-20 に,4.5 Å より大きい原子面間隙を示すピークの中で各粘土鉱物の主要ピークを表 6-21 に示す.Brown(1961)の総合文献を参照されたい.

表6-14 緑泥石のX線

hkl	(1) d(Å)	I	(2) d(Å)	I	(3) d(Å)	I
001	14.3	5	14.7	41	14.1	7
002	7.14	10	7.14	>90	7.07	9
003	4.74	6	4.75	57	4.72	8
020	4.58				4.59	1
004	3.553	8.5	3.56	>90	3.54	10
005	2.846	2	2.840	23	2.84	5
			2.652	2		
131 ; 20$\bar{2}$	2.583	2.5	2.600	5	2.58	3
13$\bar{2}$; 201	2.544	3	2.564	6	2.53	6
132 ; 20$\bar{3}$	2.443	2.5	2.462	6	2.43	5
13$\bar{3}$; 202	2.390	1	2.398	6	2.37	4
006			2.356	4		
133 ; 20$\bar{4}$	2.258	1	2.238	5	2.25	3
13$\bar{4}$; 205			2.151	4	2.06	1
007	2.009	3	2.027	10	2.026	2
13$\bar{5}$; 204			2.014	11	2.000	6
135 ; 20$\bar{6}$	1.885	1	1.895	5	1.883	3
13$\bar{6}$; 205			1.824	4	1.825	3
			1.762	3		
136 ; 20$\bar{7}$			1.713	5	1.73	$^1/_2$b
13$\bar{7}$; 206					1.660	1
137 ; 20$\bar{8}$	1.568	1	1.578	8	1.562	4
060 ; 33$\bar{1}$	1.536	2	1.549	5	1.534	7
062 ; 331 ; 33$\bar{3}$	1.504	1	1.514	4	1.500	2
063 ; 332 ; 33$\bar{4}$					1.458	1
0, 0, 10			1.425	8	1.417	2
064 ; 333 ; 33$\bar{5}$					1.407	$^1/_2$
13$\bar{9}$; 208	1.396	1	1.397	8	1.392	5
065 ; 334 ; 33$\bar{6}$					1.349	$^1/_2$
400 ; 26$\bar{2}$ \ 139 ; 2, 0, $\bar{10}$ /					1.317	2
401 ; 26$\bar{3}$					1.297	$^1/_2$
066 ; 335 ; 33$\bar{7}$					1.287	2
1, 3, 10 ; 2, 0, $\bar{11}$					1.220	2
26$\bar{6}$; 404 \ 1, 3, $\bar{11}$; 2, 0, 10 /					1.190	$^1/_2$
0, 0, 12					1.182	1

(1)〜(3) 単斜1層構造.
(1) ロイヒテンバージャイトまたはシェリダナイト. 島根県鰐淵鉱山石膏鉱床の変質帯(鉱体に最も接近した部分)より採取. 坂本卓試料, 実験(Sakamoto and Sudo, 1956).
(2) リピドライト. 茨城県日立鉱山の鉱体に伴う変質塩基性岩中に産する. 佐藤弘試料, 実験(Sato and Sudo, 1956).
(3) 長崎県村松のマンガンの変成鉱床中に産する. マンガンロイヒテンバージャ

粉末回折パターン

	(4)			(5)		(6)	
hkl	d (Å)	I	hkl	d (Å)	I	d (Å)	I
001	14.1	5	001	14.1	2	14.1	4
002	7.05	10	002	7.05	10	7.05	10
003 } 020	4.69	5	003 } 020	4.64	2b	4.71	4
004	3.52	9	022			3.92	1/2
005	2.83	4	004	3.53	8	3.53	8
200	2.67	1	005	2.83	1/2	2.84	3
202	2.51	5	024				
025	2.40	1/2	200	2.67	{ 3	2.70	{ 1
204	2.14	4	201	2.63	{ 1/2	2.67	{ 1/2
007	2.02	2	202	2.50	5	2.52	5
206	1.776	4	025	2.42	1/4		
240			204	2.14	2	2.15	4
060	1.559	5	007	2.02	1/4	2.023	1
062	1.523	3	206 } 240	1.76	1	1.778	3
063 } 208	1.479	4	060	1.553	5	1.63	1/4
064	1.424	1	062	1.517	3	1.558	4
0, 0, 10	1.412	3	208 } 063	1.477	1/2	1.522	2
065	1.365	1/2				1.479	3
400 } 401	1.347	1/2	064 } 0, 0, 10	1.419	1b	1.424	1
402	1.326	1	401	1.340	1/2	1.417	2
066	1.300	1	402	1.319	1	1.359	1/4
2, 0, 10	1.253	1	066	1.299	1/2	1.344	1/2
0, 0, 12	1.179	2	404 } 2, 0, 10	1.255	1/4	1.325	1
406	1.171	1/2				1.300	1/2
			0, 0, 12	1.180	1/2	1.259	1/2
						1.255	1
						1.181	1
						1.171	1/2
				1.045	1/2	1.081	1/2
				1.010	1/2	1.074	1/2
						1.047	1
						1.011	2

イト(岡本要八郎試料)(Shirozu, 1958).
(4)〜(6) 直六方構造.
(4) 秋田県佐山鉱山の石英-銅鉱脈中に産する. 木下亀城試料.
(5) シャモサイト, 高知県勝賀瀬. 白水晴雄試料, 実験. b_0=9.32 Å, a_0=$b_0/\sqrt{3}$=5.38 Å, c_0=14.16 Å(Shirozu, 1955).
(6) シャモサイト(14 Å 型), 秋田県荒川鉱山銅鉱脈中に産する. 若林弥一郎試料(Sudo, 1943; Shirozu, 1955).

表 6-15 ディッカイト,ナクライトの X 線粉末回折パターン

(1)		(2)		(1)		(2)	
d	I	d	I	d	I	d	I
7.2	77	7.2	100	1.78	18	1.79	3.1
4.43	6	4.46	5.4			1.66	2.3
4.36	6.3	4.39	6.9	1.64	10	1.65	3.1
4.26	6.7	4.28	23	1.55	4.7	1.55	1.5
4.12	9.3	4.14	7.7	1.48	2.6	1.48	3.8
3.96	10	3.99	3.1	1.43	4.7		
3.78	12	3.82	3.8			1.38	2.3
3.58	100	3.60	64	1.37	2.0	1.37	4.6
3.43	4.7			⎰3.33	⎰10.6	⎰3.34	⎰92
2.93	2.6			2.45	1.3	2.46	6.1
2.78	4			*	*	2.29	3.8
2.56	4	2.57	3.1			*⎱2.24	*⎱3.7
2.52	6	2.51	3.1			2.13	5.4
2.50	**4.6**			⎱1.97	⎱6.6	1.98	6.1
2.38	**40**	2.39	5.8			1.67	1.5
2.32	**10.6**	2.33	10			⎱1.54	⎱6.1
		1.82	8.4				

(1) 鹿児島県春日鉱山(金鉱床)の変質帯に産する.ナクライトとディッカイトの混合物と考えられる.変質帯の中心部のケイ化帯の中に脈状に産する.
(2) ケイ化帯の外辺を取り囲む変質帯の一部に産する.ディッカイト.徳永正之試料,実験(Tokunaga, 1957). * 不純物による.

表 6-16 バーミキュライトの X 線粉末回折パターン

hkl	d (Å)	I
002	14.5	157
004	7.20	7
006	4.82	16
02l ; 11l	4.62	2
008	3.61	31
0, 0, 10	2.885	43
132 ; 20$\bar{4}$	2.599	2
13$\bar{4}$; 202	2.564	3
0, 0, 12 ; 13$\bar{6}$; 204	2.404	4
138 ; 2, 0, $\bar{10}$	2.062	2
1, 3, $\bar{14}$; 2, 0, 12	1.684	2
060 ; 1, 3, $\bar{16}$; 2, 0, 14 ; 330 ; 33$\bar{2}$; 33$\bar{4}$	1.539	3
0, 0, 20 ; 1, 3, 16 ; 2, 0, $\bar{18}$	1.442	1

福島県雲水峯産(No. 41).島根秀年試料,実験.細かい鱗片の集合体.磁力選別後,拡大鏡下でピンセットで集めた純粋の試料.

表6-17 スメクタイトのX線粉末回折パターン

hkl	(1) d(Å)	(1) I	(2) d(Å)	(2) I	(3) d(Å)	(3) I	(4) d(Å)	(4) I
001	15.2	200	15.2	20	16.7	38s	15.7	40〜150
003	5.21	38	5.03	3	5.19	5b		
11;02	4.51	20	4.51	10b	4.53	15s	4.55	10
			4.33	0.5				
			3.82	11b	4.10*	28s		
					3.51	5s		
					3.23	7vb		
005	3.09	79	3.09	2	3.10	6b		
					2.90	3b		
					2.73	3vb		
13;20	2.58	10	2.58	10b	2.59	7b	2.62	8
					2.50*	8s	2.47	5
			2.40	2b	2.39	3b		
					2.32	2b		
22;40			2.26	1	2.26	3b		
					2.13	3b		
31;15;24			1.71	1b	1.70	2vb	1.70	3
			1.67	0.5b				
06;33	1.503	8	1.51	7			1.533	10
26;40			1.30	1.5			1.323	5

(1) モンモリロナイト(山形県左沢). ナトリウム型といってよいほどナトリウムに富む部分がある(Hayashi, 1963)(国峯鑛化工業株式会社, 試料).

(2) 含鉄モンモリロナイト(秋田県花岡鉱山). 西観音堂鉱体のすぐ周囲を, 雲母粘土鉱物(Al, di.)が取り囲み, その更に周囲を, この鉱物がとりまく. 淡緑色を示し, 部分的に自然銅を含み, 天日下に露出すると, 褐色に変る. 顕微鏡下では, 火山ガラス片の気泡組織を示す(Sudo, 1950, b).

(3) 酸性白土(石川県菩提). クリストバライトの反射(*印)が見られる. この反射は酸性白土中には一般に認められ, SiO_2/Al_2O_3 の比が一般にモンモリロナイトより高いのはこのためと考えられる. クリストバライトは, 原岩の流紋岩, またはそれの凝灰岩中に初成的に生成されたものとの説もあるが, また蛋白石に基づくとも考えられる. 流紋岩質凝灰岩の粘土化した部分を顕微鏡で検すると, しばしば球状の蛋白石が生成している. また, 地質時代を経た蛋白石は, もはや非晶質とはいい難く, クリストバライトの微細結晶の集合となっていることが知られているからである(Sudo, 1950, a). クリストバライトには高温, 低温型があるが, 蛋白石の結晶化の結果生じたクリストバライトは, 意外にも高温型のままのものがある(Sudo, 1950, a). 高温型と低温型はX線粉末回折パターンを僅かに異にするが, 本試料については, その区別が完全に行えるだけのデータはない.

(4) 鉄サポナイト(宮城県茂庭). 第3紀砂鉄層の砂粒の膠結物として産する(Sudo, 1954).

表 6-18　蛇紋石群の X 線粉末回折パターン

(1)			(2)			(3)		
hkl	d (Å)	I	hkl	d (Å)	I	hkl	d (Å)	I
001	7.26	500	002	7.338	100	001	7.368	100
20$\bar{1}$	6.86	6	020	4.595	18	110	4.595	29
30$\bar{1}$	6.388	8	—	4.037	5		4.424	2
710	5.200	1	004	3.649	100		4.267	3
810	4.679	5	**201	2.597	10		4.092	5
020	4.595	6	—	2.513	18	111	3.914	3
910	4.246	4	*202	2.499	20	002	3.652	65
81$\bar{1}$	4.009	2	**202	2.447	14		3.531	8
102 ; 10$\bar{2}$	3.616	256	*203	2.331	5		3.354	3
302 ; 202	3.504	15	*204	2.162	3		3.168	4
14, 0, $\bar{1}$	2.813	2	*205	1.967	3	112	2.851	2
15, 0, 1	2.684	2	008	1.826	3		2.777	3
17, 0, 0 ; 16, 0, $\bar{1}$	2.569	10	060	1.534	14		2.627	16
16, 0, 1	2.533	80	0, 0, 10	1.458	2	201	2.506	68
93$\bar{1}$	2.453	3				003	2.440	10
003 ; 18, 0, 0	2.421	15					2.402	2
17, 0, 1 ; 30$\bar{3}$; 10, 3, 1	2.390	9					2.336	20
15, 0, 2	2.252	7				023	2.154	13
16, 0, $\bar{2}$	2.215	4					1.967	19
16, 0, 2	2.156	29				004	1.823	5
17, 0, $\bar{2}$	2.111	3					1.794	7
11, 3, $\bar{2}$	2.026	2				310	1.745	3
15, 0, $\bar{3}$	1.894	2					1.641	12
15, 0, 3	1.843	9				330	1.538	28
004 ; 10$\bar{4}$; 833	1.816	7				134	1.507	18
93$\bar{3}$	1.783	4				005	1.458	2
17, 0, 3	1.735	10				332	1.418	4
21, 3, 1	1.682	2					1.387	6
24, 3, 0	1.565	12						
060	1.538	5						
15, 0, 4 ; 16, 0, $\bar{4}$; 22, 3, $\bar{2}$	1.524	7						
17, 0, $\bar{4}$; 93$\bar{4}$	1.496	5						
10, 3, 4	1.464	2						
20$\bar{5}$	1.450	10						

(1) アンチゴライト(京都府河守).
(2) クリソタイル(群馬県鬼石). クリノ型とオルソ型の混合物と考えられる. *はオルソ型, **はクリノ型, 他は両型に共通の指数.
(3) 6層蛇紋石(埼玉県越生).
何れも下田右試料, 実験(Shimoda, 1967, a).

表 6-19 ガーニエライト，アクアクレプタイト，ジュエライトのX線粉末回折パターン

hkl	(1) 20°C d(Å)	I	250°C d(Å)	I	500°C d(Å)	I	(2) 常温 d(Å)	I	700°C d(Å)	I	1000°C d(Å)	I	(3) 常温 d(Å)	I	700°C d(Å)	I	1000°C d(Å)	I
110	7.50	40m	7.49	36m	7.37	15b	10.16	42b	10.23	50b	5.151	13	11.04	30b	10.63	27b	4.457	10
120	5.82	5	5.98	5s			4.595	27b	4.620	36b	4.329	13	5.06	4			3.229	66
130	4.77	10	4.90	7			3.644	5			4.130	10	4.620	45	4.615	38	3.151	—
040;121	4.548	40m	4.548	30m	4.82	5	3.373	9			3.897	15	3.73	4			2.937	63
021	4.130	8	4.130	7	4.503	22m	3.200	20b	3.215	25b	3.735	8	3.223	20	3.229	20	2.562	28b
140	3.931	4b	3.900	4b	4.120	6	2.533	33b	2.550	30b	3.490	26	2.560	40b	2.560	27b	2.149	10
200	3.675	44m	3.720	30m			1.726	9			3.299	4	2.307	5	2.280	6	2.039	11
221	3.559	10	3.630 }	30m	3.645	5	1.527	36	1.529	25	2.882	5	1.726	10	1.697	5	1.653	15
121	3.360	8b			3.529	6					2.769	50	1.534	35	1.536	23	1.507	9
231	3.220	8b									2.576	14						
{240/$\bar{1}$02}	2.720	6b									2.513	50						
251	2.615	25	2.583	24	2.576	25b					2.447	85						
{$\bar{1}$61/061}	2.554	25									2.257	21						
300	2.500	30									2.159	12						
{310/012}	2.448	28	2.473	28							2.026	8						
{261/$\bar{4}$12;371;$\bar{4}$51}	1.894	4b									1.742	48						
212;$\bar{4}$61	1.726	4b	1.723	5b							1.668	8						
263					1.546	7					1.663	7						
0,12,0	1.540	24m	1.538	15m	1.529	10					1.612	10						
											1.489	15						
											1.474	28						
											1.390	10						
											1.345	9						
											1.307	7						

(1) ジュエライト（岩手県宮守）(Shimoda, 1967, b).
(2) ガーニエライト（New Caledonia）(Shimoda, 1964).
(3) アクアクレプタイト（水滲石）（岩手県宮守）(Shimoda, 1964).

加熱時間は何れも1時間．デシケーター中に保存して，空気中でX線を照射．(2)の1000℃加熱物はかんらん石．(3)の1000℃加熱物はエンスタタイト．

表 6-20

14〜15.5 Å	モンモリロナイト, バーミキュライト群, 緑泥石群
12.1	セピオライト
10.2〜10.5	パリゴルスカイト
9.9〜10.1	雲母粘土鉱物, ハロイサイト
9.2〜9.4	滑石
9.1〜9.2	パイロフィライト
7.6	(セピオライト)
7.2〜7.5	メタハロイサイト
7.0〜7.2	ナクライト, ディッカイト, カオリナイト, 蛇紋石群, 緑泥石群, (バーミキュライト群)
6.44	パリゴルスカイト
5.42	パリゴルスカイト
5.0	雲母粘土鉱物, (モンモリロナイト)
4.7〜4.8	緑泥石群, (バーミキュライト群)
4.6〜4.7	滑石
4.57	パイロフィライト

( ) 内に記した鉱物では, 弱い X 線粉末ピークであることを示す.

表 6-21 非粘土鉱物の主な X 線粉末回折線 (( ) は強度を示す)

7.56 Å	石こう(100)		3.14	クリストバライト(12)
6.3〜6.45	長石(40〜60)		3.13	黄鉄鉱(36)
5.11	かんらん石(50)		3.06	石こう(60)
4.85	ギブサイト(100)		3.03	方解石(100)
4.30	トリディマイト(100)		3.01	みょうばん石(85)
4.27	石こう(50)		2.97〜3.00	長石(30〜70)
4.26	石英(35)		2.96	トリディマイト(17)
4.08	トリディマイト(33)		2.86	スピネル(40)
4.04	クリストバライト(100)		2.85	クリストバライト(14) / 硬石こう(33)
4.0〜4.2	長石(80)		2.81〜2.89	長石(40〜80)
3.98	ダイアスポア(100)		2.77	かんらん石(100)
3.89	かんらん石(60)		2.71	黄鉄鉱(84)
3.86	方解石(12)		2.70	あられ石(50)
3.81	トリディマイト(67)		2.55	ダイアスポア(25)
3.8〜3.9	長石(20〜70)		2.51〜2.55	長石(40〜80)
3.73〜3.75	長石(40〜80)		2.52	かんらん石(80)
3.64〜3.67	長石(30〜80)		2.50	方解石(14)
3.50	硬石こう(100)		2.49	クリストバライト(18) / トリディマイト(27)
3.44〜3.48	長石(30〜60)		2.46	石英(12), かんらん石(60)
3.40	あられ石(100)		2.44	スピネル(100)
3.35	石英(100)		2.42	黄鉄鉱(66)
3.27	あられ石(50)		2.38	ギブサイト(25)
3.1〜3.25	長石(70〜100) (2重線となることもある)			

2.32	ダイアスポア(45)		2.02	スピネル(60)
2.31	トリディマイト(11)		1.92	黄鉄鉱(40)
2.29	方解石(18)		1.91	方解石(17)
2.28	石英(12)		1.90	みょうばん石(100)
2.24	石英(6)		1.89	方解石(17)
2.21	黄鉄鉱(52)		1.82	石英(17)
2.13	石英(9)		1.75	みょうばん石(88)
2.10	方解石(18)		1.63	黄鉄鉱(100)
2.08	ダイアスポア(50)			

6-17 X線粉末反射による粘土鉱物混合体の研究

既に述べたように,粘土フラクションは一般に2種またはそれ以上の種の粘土鉱物の集合体であって,これらの相互の分離は極めてむずかしい.異種の粘

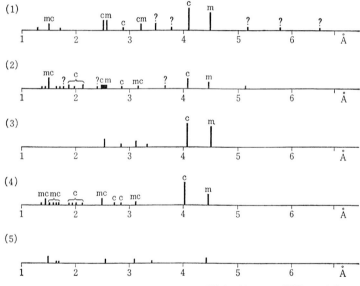

図6-14 モンモリロナイトを含む粘土のX線粉末回折パターン(撮影は田崎秀夫,計算は筆者による).mはモンモリロナイト,cはクリストバライト.
(1) 秋田県横手(筆者試料).$d=15.6$Å,$I=20$の線と,$d=9.1$Å,$I=1$の線は省略してある.?の線を示す鉱物は不明である.(2) 新潟県小戸(加藤武夫試料).$d=15.6$Å,$I=10$の線は省略してある.(3) 山形県上ノ山(加藤武夫試料).$d=17.2$Å,$I=14$の線は省略してある.(4) クリストバライトを含むベントナイト(Gruner, 1940).$d=12.7$Å,$I=10$の線は省略してある.(5) 純粋なベントナイト(Gruner, 1940).$d=12.3$Å,$I=10$の線は省略してある.

土鉱物の主要反射ピークが重ならない場合は，容易に混合物中の各鉱物を判別することができる(図6-14, 6-15, 6-16)．これらの図は，X線ディフラクトメーターが普及する以前に，フィルム法で得られた結果から作成したものであるが，結果は，今日でも生きているので，古いデータのままを掲げた．

図6-14にモンモリロナイトを含む粘土のX線粉末回折パターンを示す．いずれもモンモリロナイトの線(m)にクリストバライトの線(c)が混じている．図6-15に，図6-14と関連させる意味で，クリストバライトと蛋白石のX線粉

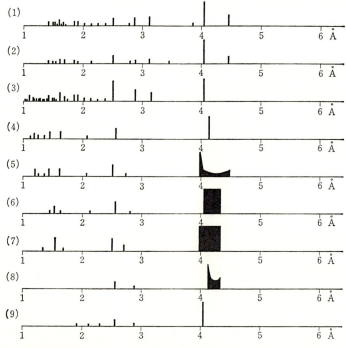

図6-15 クリストバライトおよび蛋白石のX線粉末回折パターン(撮影，計算は筆者による)．
(1), (2) クリストバライト(Gruner, 1940)．低温型．(3) クリストバライト(Barth, 1932)．低温型．(4) クリストバライト(Wyckoff, 1925)．高温型．(5) 蛋白石(福島県宝坂，筆者試料)．高温型クリストバライトに一致する．(6), (7) 緑色蛋白石(大分県若山鉱山，筆者調査)．ニッケル鉱を伴う．魚卵状蛋白石の表面に薄く緑色鉱物が蔵うている試料．(8) 白色蛋白石，産地は(6)と同じ．(9) 別府白土(大分県別府，永井彰一郎試料)．火山岩が蛋白石化した試料．この蛋白石はアルカリまたは酸により著しく溶解し易い．

末写真を示した．これによれば蛋白石の一部は，高温型ないし低温型のクリストバライトの主線を示すことが明らかである．粘土鉱物の中には，しばしばクリストバライトの存在が，X線粉末回折パターンより認められることがあるが，そのクリストバライトの一部は，蛋白石の結晶化により生じている超顕微鏡的のクリストバライト結晶核によるものと考えられる．この点の詳細な論議は本書では省略する(Sudo, 1950, a)．

図6-16は，新潟県大須戸の村上粘土を野口長次のもとで分離された各試料のX線粉末回折パターンである．これをみると，この粘土は石英と雲母粘土

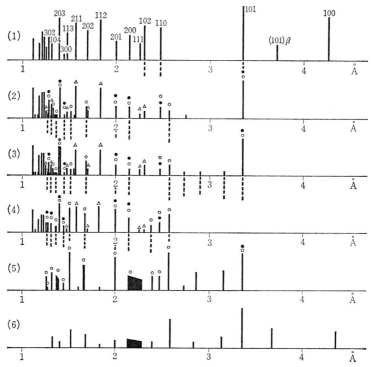

図6-16 新潟県村上粘土を水簸ならびに，遠心分離により分けた各試料のX線粉末回折パターンを示す(試料作成は野口長次，粉末線の解析は筆者による)．
(1) 比較のため掲げた石英の粉末線．(2) 5分後に沈降したもの．(3) 24時間後に沈降したもの．(4) 3日後に沈降したもの．(5) 遠心分離したもの．(6) クレリシ重液により分離した粘土鉱物(雲母粘土鉱物(Al, di.))．

鉱物(Al, di.)との混合物であり，粗粒より細粒のものに進むに従って，石英は次第に少量となり，細粒のものほどその中に雲母が濃集しているのを確かめられる(○印は雲母，● 印は雲母の線と重なる石英線，△ 印は他の線と重ならない石英線)．これは粘土を分離した各試料にX線を応用して，その鉱物組成を確認し，しかもその細かいものに，1つの粘土鉱物が次第に濃集していくことが確かめられた好例である．

参 考 文 献

Bailey, S. W. and Brown, B. E. (1962) : Amer. Miner., **47**, 819.
Barth, T. F. W. (1932) : Amer. J. Sci., **23**, 350 ; **24**, 97.
Brindley, G. W. and Robinson, K. (1946) : Miner. Mag., **27**, 242.
Brindley, G. W. and Wardle, R. (1970) : Amer. Miner., **55**, 1259.
Brown, G. (Editor) (1961) : The X-ray Identification and Crystal Structures of Clay Minerals, Mineralogial Society, London.
Gruner, J. W. (1940) : Amer. Miner., **25**, 567.
Hayashi, H. (1963) : Clay Sci., **1**, 176.
Hendricks, S. B. (1940) : Phys. Rev., **57**, 448.
James, R. W. (1965) : The Optical Principles of the Diffraction of X-ray, Bell & Sons, London.
Kodama, H. (1958) : Miner. J., **2**, 236.
Kodama, H. (1962) : Clay Sci., **1**, 89.
Levinson, A. A. (1953) : Amer. Miner., **38**, 88.
Lonsdale, K., MacGillavry, C. H. and Rieck, G. D. (1962) : International Tables for X-ray Crystallography, Vol. 3, Physical and Chemical Tables, Kynoch Press, Birmingham.
Parrish, W. (1960) : Clays and Clay Miner., 7th Nat. Conf., 230, Pergamon Press.
Radoslovich, E. W. (1960) : Amer. Miner., **45**, 894.
Robertson, R. H. S., Brindley, G. W. and Mackenzie, R. C. (1954) : Amer. Miner., **39**, 118.
Sakamoto, T. and Sudo, T. (1956) : Miner. J., **1**, 348.
Sato, H. and Sudo, T. (1956) : Miner. J., **1**, 395.
Scherrer, P. (1918) : Nachr. Ges. Wiss. Göttingen, **26**, Sept. 98.
Shimoda, S. (1964) : Clay Sci., **2**, 8.
Shimoda, S. (1967, a) : Sci. Rep. Tokyo Kyoiku Daigaku, Sec. C, No. 92.
Shimoda, S. (1967, b) : Professor Hidekata SHIBATA Memorial Volume, 180.
Shimoda, S. (1970) : Clays anb Clay Miner., **18**, 269.
Shirozu, H. (1955) : Miner. J., **1**, 224.

参考文献

Shirozu, H. (1958) : Miner. J., 2, 209.
Stokes, A. R. (1948) : Proc. Phys. Soc., 61, 382.
Sudo, T. (1943) : Bull. Chem. Soc. Japan, 18, 281.
Sudo, T. (1950, a) : J. Geol. Soc. Japan, 56, 137.
Sudo, T. (1950, b) : Proc. Japan Academy, 26, 91.
Sudo, T. (1954) : J. Geol. Soc. Japan, 59, 18.
Sudo, T., Takahashi, H. and Matsui, H. (1954) : Jap. J. Geol. Geograph., 24, 71.
Sudo, T., Oinuma, K. and Kobayashi, K. (1961) : Acta Universitatis Carolinae—Geol. Suppl., 1, 189.
Threadgold, I. M. (1959) : Amer. Miner., 44, 488.
Tokunaga, M. (1957) : Miner. J., 2, 103.
Warren, B. E. and Averbach, B. L. (1950) : J. Appl. Phys., 21, 595.
Wyckoff, R. W. G. (1925) : Amer. J. Sci., 9, 448.

第7章 電子線による研究

7-1 原　理

　粘土鉱物結晶の大きさは，多くの場合，通常の光学顕微鏡の分解能の範囲以下であることが多い．よって電子顕微鏡が，この粘土鉱物の有力な1つの研究方法となっている．電子顕微鏡が粘土およびコロイドの方面に本格的に用いられはじめたのは，1940年以来で，Ardenne, Endell and Hofmann(1940)，Eitel and Radczewski(1940)により，カオリナイトおよびベントナイトの写真が撮影されたのが最初である．電子に伴う波(電子波)の波長は光波に比し著しく小さく，X線と異なり，電場磁場によりその進行方向を適当に変えられ，電子波についてのレンズの作用により，焦点を結ばせることができる(電子レンズ)．以上の性質を利用して，電子線束を物体に照射し，分解能を高めて極めて細かい物体の形をはっきり見ようとするものである．分解能は，波長が小さくなればなるほど大きくなり，また電子波の波長は，$\lambda=12.3/\sqrt{V}$ (Å)で，加速電圧(V)を大きくすれば著しく小さくできる．加速電圧を1.5Vとすれば，すでに$\lambda=$10Åとなり，50kVで$\lambda=0.05$Åとなる．Vを大きくすればさらに小さい波長の電子波を得ることができるから，著しく分解能を高めて，細かい物体の形をはっきりと見ることができる．

　電子レンズの型に，静電場を用いる静電型と，磁場を用いる電磁型の2つの区別がある．図7-1(a)は電磁型の電子顕微鏡である．その機構を光学レンズと比較して示したのが図7-1(b)である．顕微鏡の内部は，真空ポンプにより0.5×10^{-6}mmHg以下の圧力に排気し，タングステンの熱陰極を点じ，陰極と陽極の間に，高い負電圧40～100kVをかけると，電子は陰極に加えられた負電圧により加速されて，図の下方に向かう．コンデンサーレンズにより集束されて，試料の入れ口より挿入された試料へあたり，さらに対物レンズにより，中間像をむすぶ．中間像は螢光板上に明るい斑点となって生ずる．中間像はさらに，投射レンズにより拡大されて，螢光板の上に像を結ぶ．これを直接倍率という．下端に写真の乾板を置き2～3秒の露出で撮影し，写真をさらに大き

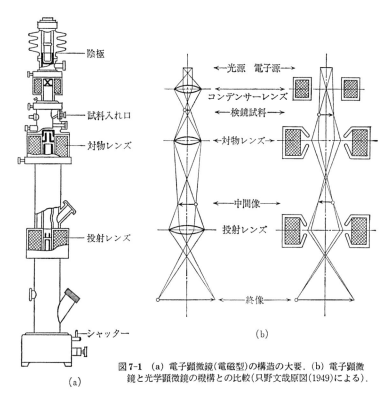

図7-1 (a) 電子顕微鏡(電磁型)の構造の大要. (b) 電子顕微鏡と光学顕微鏡の機構との比較(只野文哉原図(1949)による).

く引きのばし,細部の組織をよりよく観察する.現在のところ,電子顕微鏡の直接倍率は20万倍の程度であり,それ以上の拡大写真は,写真を引きのばすことにより得られる.直接倍率をもっと上げようと試みるならば,視野は著しく暗くなり,従って電子線を強力にせねばならず,そのため実験上不便が伴う.特別の拡大を要しない場合はむしろ低い直接倍率で鮮明な写真を撮り,それを引きのばすことにより,倍率の大きい明瞭な写真が容易に得られる場合がある.最近では,200~1000 kV の加速電圧による超高圧電子顕微鏡の開発,高温(1300°C),低温(−200°C)の試料の撮影,また試料の傾斜して撮影できる附属品など,限りない発展を示し,粘土鉱物にも応用されつつある.

7-2 試料のつくり方

電子顕微鏡下で検する試料のつくり方には，いろいろの方法があるが，現在広く用いられている方法は概略次のようである．

まず試料を乳鉢の中で指頭に感じないくらい一様の細かさになるまですりつぶす．この粉末を載物ガラスの上で水と共にねり，ペーストをつくる．一方でホルムバールを，二塩化エチレン($C_2H_4Cl_2$)に溶かし(2%)，この溶液を水面上にたらして，放置すると，水面に薄い皮膜ができる．この皮膜を，電子顕微鏡用の小型の円形のメッシュ(200メッシュ，円の直径は約0.3 cm)の上へ移す．この上に，ペーストを置き，細い出口の洗滌瓶より細い水流を吹きつけ，大部分の粉末を洗い落して検鏡試料とする．近年は薄い炭素膜も利用されている．

検鏡試料では，粘土鉱物が単一結晶片の程度にまでよく分散していることが必要であって，この分散が十分よく行われていないときは，電子顕微鏡で調べても効果がない．分散が不十分の場合は，分散剤を使用する．分散媒としては，まず水で十分の場合もある．また，ごくうすいアルカリ溶液，たとえばpH=9の程度のアンモニア水(このときアンモニアは分散剤である)が用いられる．分散剤の濃度はごくうすいことが大切であるが，分散媒中に分散せしめる試料の濃度は大きい方がよい．何とならば，試料の量が不足すれば，電子顕微鏡の視野の中に，ごく僅かしか試料の影が現われないからである．分散媒を用いるときは，別の器の中に粘土を分散せしめ，その1滴を，200メッシュの網の上にかけた皮膜の上へ附着させて，電子顕微鏡の中に設置する．ある場合には，分散媒としてグリース，ワセリン等を用いることがある(Mottlau, 1949)．このときは，試料を載物ガラスの上で少量のワセリンとともにねり，他の1枚の載物ガラスの縁で，そのねった塊をうすくひきのばし，この上へ網の上の皮膜面を附着させて，皮膜の上へ，ワセリンで分散させた試料を附着させる．スメクタイトは，水中で一般に分散し，この水分が相隣る層格子の間に入りこみ，この格子面を引きはなすことはよく知られているので，スメクタイトの場合は分散媒として水がよく用いられる．

結晶の厚さをはっきり認めさせ，従ってその立体的の形をもはっきり認めさせる方法が考案されている．これがシャドウイングの方法とよばれるものである(Williams and Wyckoff, 1946)．

試料をつけた皮膜を支持したメッシュをガラスの鐘の中に設置する．同じくこの鐘の中のある位置に，タングステンの線でつくった小さいバスケットを置き，この中に重い金属片（ウラン，クロム，金，等）の一片を置く．真空ポンプでこの鐘の中の空気を引き真空とし，このタングステンの線に電流を通すと，この金属が金属の蒸気となり飛散する．この飛散する方向に対し，試料をつけたメッシュの面をいろいろの角度に調節して固定しておけば（10°〜30°位の角度），金属は粘土鉱物の結晶片に所定の角度であたり，その上へ沈殿する．そのときに，この粘土鉱物の結晶片の厚さのために，その一方の側には金属が沈殿しないところ，すなわち影に相当するところができる．写真を現像すると，金属が沈殿したところは輝いているため写真では黒くなり，影になって金属が沈殿しなかった部分は白く出る．この写真を反転すると黒白の部分が反対となり，あたかもこの粘土鉱物を，ある方向より光で照らしたとき生ずる明暗のような陰影ができて，立体感がよく現われる．水中に分散させたモンモリロナイトの結晶では，角度をどのようにしても明らかな立体感が出ないので，その厚さは著しく薄いものと推定されている．またハロイサイト，およびメタハロイサイトでは，棒状（パイプ状）の形が認められる．アレバルダイトは，雲母-モンモリロナイトの規則型の混合層であるが，モンモリロナイト層は，真空中の脱水で，

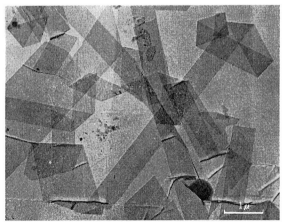

図7-2 アレバルダイトの電子顕微鏡写真．フランス，Allvardの近くのLa Table産．Weir, Nixon and Woods(1962)による．

その単位構造の高さは約 9 Å となる．極めて薄い長方形のリボン状の結晶で，その各結晶片の厚さは，この混合層鉱物の単位構造の高さ 19 Å であることが知られている(図7-2) (Weir, Nixon and Woods, 1962)．

表面の状態を観察するにはレプリカ法が用いられる．試料面上に少量の酢酸メチル(CH_3COOCH_3)を流し，その上に，0.03 mm の厚さのアセチルセルロース$((C_{12}H_{16}O_8)_n)$のフィルムの小片をはりつけ，数分後にはがし，その上にシャドウイングを行う．次いで，これを酢酸メチル液に浸して，アセチルセルロースをとかして後に，金属の蒸着した面をすくいあげて用いる．

断面を見るにはウルトラマイクロトーム法がある．生物体の組織の研究のために用いられた方法であるが，電子顕微鏡に用いられる方法は，300～100Å の厚さに切ることができる超薄切片法である．試料の粉末を特殊な樹脂(硬さが鉱物試料に適合するようなもので，たとえばメタクリル酸メチル$(C_5H_8O_2)$(アラルダイト))の中に埋め，超薄切片をつくり，いろいろの断面が見られるようになった．

電子顕微鏡の視野は，網の上に分布させた粘土鉱物の分布面積に比すれば極めて小さく，そのごく一部にすぎないから，1試料の電子顕微鏡写真を調べるには，できるだけ各部分の写真を撮り，結論することが必要である．ただ1枚の写真に示される結果だけから結論する場合は，粘土中に混ずる不純物(非粘土鉱物)の形をみて，それがその試料の大部分を構成する粒子の形であるとの誤った結論をすることがあり，また2種以上の粘土鉱物の混合である場合(これは極めて普通に見られる場合である)，多量の鉱物成分のみに注目し，少量の鉱物成分を見逃すことがある．また規則正しい特殊な形の物質は，少量混入していても，よく注意されるが，不定形の形をしているものはかなり多量混入していても注意されず，論議の材料とならない傾向がある．この点も電子顕微鏡の撮影上注意すべき事柄であろう．例えば，カオリナイト中に少量混ずるハロイサイトとか，モンモリロナイト中に少量混ずるハロイサイト，またアロフェン中に少量混ずるハロイサイトはしばしば見逃される．

電子顕微鏡観察で重要なことは，分散をよくして単一結晶の姿をよくとらえることである．一般には水中に分散している場合の粒子(自由の粒子)そのものの姿を見ているわけであるが，電子顕微鏡下で見られる結晶粒の大きさは，多

くの場合,原試料中の結晶粒よりは小さくなっていることが多い.また一方で皮膜に附着するとき,いくつかの単一結晶が凝集することがある.できるだけ希薄な分散液から出発する必要があるが,視野の内部には適当な密度で結晶が散在していることも望ましい.

7-3 走査電子顕微鏡

すでに述べたように,物体の表面を観察する方法にレプリカ法がある.その原理は凹凸のある表面を電子線の透過し得る物質の薄膜で転写し,この薄膜を観察するのである.物体の表面を観察する方法に,走査電子顕微鏡がある(Borst and Keller, 1969).この原理はテレビまたは電送写真に似たものである.すなわち電子プローブで表面照射すると,2次電子,反射電子,またはX線などの電磁波が生ずるが,これらの量は物質の表面の凹凸,形などで変化する.この変化量をブラウン管上で輝度の部分的変化としてとらえ,表面の形状,凹凸を見る.近年この方法は粘土鉱物の研究に広く利用されるようになった.目的は多様であって将来さらに広く発展さすべき方法である.すなわち天然にあるままの粘土鉱物の結晶の集合状態,また集合体の大きさ,単結晶の大きさ,たとえば,堆積物,堆積岩について層理に対しいろいろな角度での面の観察,また地層の新旧による粘土鉱物の結晶片の大きさ,その集合体の形や状態の変化などが,比較,追跡できれば興味深い.また人工的に,粘土粒子の懸濁液から,いろいろな化学的処理により凝集させた粒度鉱物の集合状態(土質,土壌の研究面で特に重要)を調べることもできる.一般に透過法では,予め懸濁液を用いるが,しばしば,この分散過程で,天然にあるままの粒径より細かく分離している状態を見ていることが多いが,走査型ではこの相異を是正することができる.

7-4 撮影上の注意

試料を分散沈積させた皮膜を支持したメッシュを,電子顕微鏡下に設置して,真空ポンプで空気を引き,電子線を放射せしめて,最下段の面で像を結ばせ,焦点を合わせて撮影に移るのである.

電子線が強く集中するときは,試料が高温度に熱せられてその外形が変るこ

とがあるという報告がある(Kerr, 1951). すなわち, このような変形はよく分離した結晶片よりも, 分離の不十分な集合体において容易に認められ, 例えば, モンモリロナイトの大きい集合体は強い電子線のもとでは融けて, その縁が丸くなる場合があり, また, 強い電子線を1分以上長く照射していると, カオリナイト, ハロイサイト, またセピオライトの単一結晶片でも, その縁が丸味を帯びることがあるという.

形には, 規則正しい形がある. カオリナイトの6角形はその代表的の例である. また不定形を示す場合もある. モンモリロナイトの不定形はその代表的の例である. 次に粒度については粒の大きさが大体そろっているものもあり, またその大きさが1つの視野の中でも変化していることがある. 前者は粒度分布が小さいといい, 後者は粒度分布が大きいという.

形は板状のものと伸長状のものとに大別することができて, 板状のものは, 不定形と定形のものに分けられる. 不定板状形は, 雲母粘土鉱物, カオリナイトおよびモンモリロナイトに認められるが, 詳細に観察すると, 不定形の中にもいろいろの形がある. 例えば, モンモリロナイトの中に, 直線的の外縁を有するものがあり, これは結晶度の高い種と推定されている(Ross and Hendricks, 1945). また板状定形のものの中では, カオリナイト, 雲母粘土鉱物(Al, di.)の6角板状の形が代表的である. 伸長状のものには短冊状, 棒状, 繊維状, 針状, 管状などがある. これらの中には6角板状のものの晶相として含まれている場合がある. 例えば, カオリナイトの6角板状の結晶が1つの方向に細長くのびた不等辺6角形をなしている場合である. このような晶相は雲母粘土鉱物(Al, di.)の中にも例が認められる. また一方で短冊状の形は, 鉄マグネシウムの多い鉱物に多い. 例えば, ノントロナイト, サポナイトである. これらは, 鉄マグネシウムが, イオン半径が大きい故に, 結晶構造をゆがませて, 1つの鱗片が, 底面に交わる1つの面を境として細長い形に分裂し易いためと考えられている. 管状を示すものには, ハロイサイト(Bates, Hildebrand and Swineford, 1949), クリソタイル(Bates, Sand and Mink, 1950)があり, これらではしばしば管の切口が現われていることがあり, また管の一方の端が, はじけていることがある. これは, ハロイサイトの部分的の脱水で, 管がひずみ, そのため割れた割れ口であろうと推定されている. 透過法により撮られた写真で, そ

表7-1 主な粘土鉱物の電子顕微鏡で見られる形

形	粘土鉱物	粒度の例	
6角板状, 不整6角板状	カオリナイトの一部	長さ 幅 平均の厚さ	$0.07\sim3.51\,\mu$ $0.05\sim2.11\,\mu$ $0.03\sim0.05\,\mu$
	ディッカイト	最大幅 厚さ	$2.5\sim8\,\mu$ $0.07\sim0.25\,\mu$
	雲母粘土鉱物の一部		
短冊状, 繊維状, 針状, 棒状	ノントロナイト	長さ $0.0567\pm0.057\,\mu$ 幅 $0.0108\pm0.014\,\mu$ 厚さ $0.0014\pm0.003\,\mu$	(Marshall (1949)による)
	サポナイト ヘクトライト	最大の長さ $0.9\,\mu$ 最大幅 $0.1\,\mu$ 厚さ $0.001\,\mu$ 以下	California 州 Hector 産
	α-セピラオイト, カオリナイトの一部 雲母粘土鉱物の一部		
	アタパルジャイト	最大の長さ $4\sim5\,\mu$ 幅 $0.1\,\mu$	Georgia 州 Attapulgus 産
管状(中空)と考えられるもの	ハロイサイト メタハロイサイト クリソタイル	外形 $0.07\,\mu$ 内径 $0.04\,\mu$ 厚さ(壁) $0.02\,\mu$	(平均)
不定形板状	モンモリロナイト パイロフィライト カオリナイトの一部 雲母粘土鉱物の一部 β-セピオライト	厚さ $0.02\sim0.002\,\mu$	
微粒状 球状	アロフェン アロフェン-ハロイサイト球粒体		
特異な繊維状	イモゴライト		

Rekchinsky(1966), Beautelspacher and Van der Marel(1968), Gard (1971)の総合文献参照.粒度は主に Kerr(1951)による.

の管の中央部が外縁の部分より色が淡くなっている.この濃淡は中空であるために生ずる場合もあると考えられている.

　管状の形は,たしかに特異な形であるが,近年この形は必ずしも粘土鉱物の判定の役に立たないという報告がある.それはカオリナイト群について示され

ていて，たとえば，ハロイサイトでも短冊状の形を示すものもある．多くの場合，カオリナイトは板状形，ハロイサイトは管状の形を示すが，この逆は正しくないということである．将来なお研究を深めるべき問題である(Brindley and Souza Santos, 1966)．

7-5 電子線回折

電子線を結晶にあてると回折を起こす．この実験結果は，電子が一定の速度で運動しているとき，運動の方向に波を伴うという de Broglie の考えを実証するものである．波長は $30\sim100$ kV のもとで加速された $0.037\sim0.070$ Å の波長を用いるので，$2d\sin\theta=n\lambda$ で示される通り，θ が極めて小さくなる．

図7-3 カオリナイトの形(上)と電子線回折像(下)(写真：日本電子株式会社)．

7-5 電子線回折

径 0.1 mm 程度のひろがりの平行電子線束による回折では，細かい結晶片の集合の部分を蔽うので，粉末回折パターンが得られる．また制限視野回折法で，極めて小さい単結晶に対応する回折パターンを得ることができる(図7-3)．粘土鉱物の板状結晶はその板の面が円形のメッシュの面に平行になり，電子線は，層面に垂直に透過する．一般に結晶片は極めて薄いので，反射可能な逆格子点は，層面に垂直方向に伸びている．また波長は極めて小さいので反射球の半径は極めて大きく，ほぼ平面と見なすことができる．よって，斑点は2次元に配列する斑点群で，その指数 (hk) は図7-4に示すようである($b_0 = a_0\sqrt{3}$)．全体に六方対称の配列を示す．結晶片の方位が少し傾けば，明らかに六方対称は失われるから，結晶片の方位をチェックすることができる．中心より，同一の円

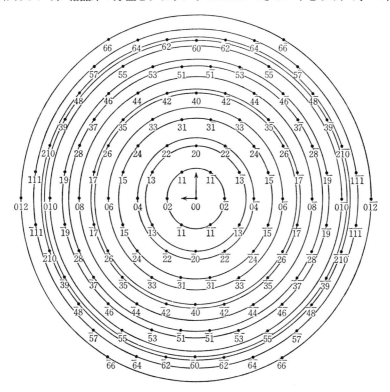

図7-4 層構造の (hk) 逆格子点($b_0 = a_0\sqrt{3}$ で面心格子)(Zvyagin (1967)による)．

周上に乗る斑点群は，(02, 11)，(20, 13)，(04, 22)，(24, 15, 31)，(06, 33) である．これらの斑点の位置，ならびに強度に関する斑点の配列様式は，2次元の面対称に関係する．

まず斑点の位置を正確に求めるには(X線分析のときと同様の方針で)，標準物質と比べる．しかし，電子線回折では，試料に混合することは適当でなく，格子定数の明確にわかった金属(たとえば金)を，試料の上に飛散させる．金属の微粒子の不定方位集合の薄膜が生じ，これが粉末回折パターンとなって，試料の電子線回折像の上に現われる(図7-5)．

特に，微細な1つの結晶の構造特性の研究は，電子線回折に期待できる．現在では，電子線回折による粘土鉱物の構造特性，更に，構造解析の研究は，X線回折法に比し，必ずしも広く行われ，また高い精度が得られているとはかぎらないが，その原因の1つに，斑点の強度測定の問題がある．Cowley. Goodman and Rees (1957) は，強度測定，解析技術を導入している．電子線回折による構造研究は将来より大きい発展が必要とされる分野である．

図7-5 パイロフィライトの電子線回折像(斑点)と，原子面間隙を正確に求めるために，飛散させた金の粉末反射像．矢印は $d=2.36$ Å で，(111) の反射である(写真：日本電子株式会社)．

本庄五郎等(Honjo, Kitamura and Mihama, 1954)は,この方面ですぐれた研究を発表した.すなわち,ハロイサイトの管状の結晶の電子線回折の研究によれば,管の伸長方向は,大多数の場合,b[01]軸であり,僅か a[10],[31]のものがあること,また取り扱われた試料(香港カオリン粘土の1試料)の結晶度は,通常のハロイサイトに比し,著しく高いこと,また b[01]軸に伸びている結晶片の回折像より,$(02l)$ ライン上の斑点は,$(00l)$ の中間に来ることより,$l=2,4,6$ であり,2層構造であることが示されている.

ソ連の学派(Pinsker, Vainshtein, Zvyagin)は傾斜繊維像により,相対強度を目測し,かなりの誤差を見越して,構造解析を行っている(Zvyagin, 1967).セラドナイト,カオリナイトが解析されている.傾斜装置で試料の方位角を変えると,たとえば図7-6(a)の粉末反射パターンは,同図(b)のような繊維像となる.このときは傾斜させるための回転軸は,繊維像の短軸の方向である,図7-7に示すように,a,b 両軸を底面に平行にとり,c 軸は β 角に規定されて一般に底面と傾いているとすれば,逆格子軸,a^*,c^* は,一般に β^* 角で交わる.電子線は,c^* の方向に入射し,反射球(破線)は,既に述べたように,平面と考えられ,また,各逆格子点は,c^* 方向に伸びている.よって,粉末反射パター

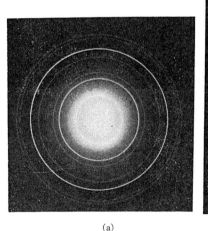 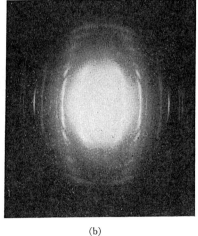

(a) (b)

図7-6 緑泥石(島根県鰐淵鉱山)の電子線回折写真.(a) 粉末反射像.(b) 傾斜繊維像(写真:高橋浩).

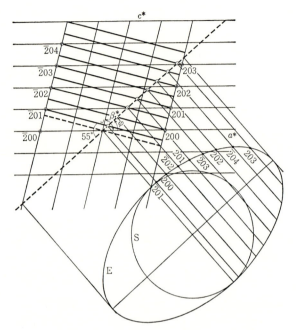

図7-7 傾斜繊維像のでき方(筆者原図)．逆格子(a^*, c^*, β^* などで示される)は，入射電子線の入射方向が，c^* の方向である限り，粉末回折像(S)を生ずるが，傾斜させれば(傾斜角 φ)，反射球(破線)は，異なったレベルの逆格子面を切り，反射可能な部分が楕円状(E)に分布する．

ンとして，反射可能な逆格子点の軌跡は，各逆格子点(c^* 方向に伸びた)が，c^* 軸を軸として描いた小さい高さの円筒(太い線で示した)の部分と，反射球の切り合う部分である．このとき，反射球と c^* は垂直でたとえば図7-6(a)のような2次元のパターンが生ずる．いま結晶を傾けると(図では55°)，反射球は，c^* と傾くため，l の値の異なる逆格子円筒を，より広く切ることになる．よって，最初示されていた粉末反射パターンの円(S)は，楕円形にのび，その上に，l の異なる各の逆格子円筒の部分が分離して，斑点状に現われ，2次元パターンが，3次元のパターンに展開される．図では (20), $(\bar{2}0)$ が $(20l)$, $(\bar{2}0l)$ へ展開することを示す．

7-6 格子像,モワレ模様

格子面間隙の像を観察することは,Menter(1956)によりフタロシアニンについて行われはじめて以来,電子顕微鏡の分解能の向上に伴って,細かい格子像が観察できるようになった.ある面の回折の0次と,1次回折波が像面で相互に干渉すると,その面間隙に対応した格子像が得られる.アンチゴライトの $a_0 = 43$ Å の長周期に対応した格子像(Brindley, Comer 等,1958)の報告がある.なお近年,超薄切片の技術が進み,いろいろな方向に切ってつくられた切片について,格子像の研究が進められているが,矢田慶治(Yada, 1967)のクリソタイルの繊維に垂直な断面に見られるらせん形の格子像の研究は代表的の研究である.

更にモワレ模様が粘土鉱物の電子顕微鏡写真によく見られる.これは,2つの薄い結晶片が,ごく僅かの角度傾いて重なっているとき,上下2枚の2面間の2重反射によるもので,直線的な縞模様となって現れる.特に雲母粘土鉱物の写真によく見られる.

7-7 X線マイクロアナライザー(EPMA)

X線マイクロアナライザーは,試料の微小部分の元素分析に偉力を発揮している.原理・方法はCastaing(1949)により提唱,確立されたものであって,細くしぼった電子線を試料面にあてて,発生する特性X線を調べて,微小部分の元素分析の役目を果たす.EPMA は electron probe microanalyser の意味である.分解能は試料面にあたる電子線の幅に関係し,更に加速電圧,検出すべき元素の種に関係する.電子プローブで試料面を自動的に走査し,得られたX線の強度に応じた輝度により,試料面の特定の元素の含有量の大小を比べること,また,この元素の濃度分布を,曲線として記録することができる.定量分析については多くの補正条件があるが,各被検元素について標準試料を選び,それらよりの特性X線と比べることにより,望ましい分析精度をあげることができる.EPMA は,その機械の仕組の上から,粘土鉱物の研究には当然広く用いられてよいものであったが,従来は研究少なく,神山宣彦ははじめて粘土鉱物の研究に EPMA を活用した.

7-8 附. 核磁気共鳴吸収

物質の磁性は,電子によるものと,原子核によるものとに大別されるが,ここでは原子核の磁化(核磁気)が問題とされる.原子核が外部の静磁場に置かれたとき,原子核磁気が外部の電磁場からエネルギーを吸収したり,発散したりする現象が見られる.これが核磁気共鳴であり,吸収の場合,吸収スペクトルが見られる.従来,粘土鉱物研究に応用された例は,水,(OH)のプロトンの核磁気共鳴スペクトルの研究で,北川靖夫(Kitagawa, 1972)によれば,カオリナイト,ハロイサイト,モンモリロナイトのような板状形態を示す粘土鉱物では,吸着水と(OH)水の間には,エネルギーレベルの差が認められるが,沸石やアロフェンでは,差を認めることがむずかしいと報告されている.

7-9 附. メスバウアー効果

メスバウアー効果は,Mössbauer(1958)により発見されたものであって,原子核ガンマ線を固体にあてたとき生ずる無反跳散乱および共鳴吸収を示す.1つの粒子Aが他の粒子に衝突されるとき運動量保存則に従ってAがはじきかえされる現象を反跳というが,これを伴わない散乱(無反跳散乱)および共鳴吸収によって,吸収スペクトルが生ずる.吸収帯の位置と分離を示すパラメーターにアイソマーシフト(I.S.)と,4極分裂(Q.S.)がある.鉄化合物はメスバウアースペクトルを生ずる.上記のパラメーターは鉄原子の酸化状態,電子配置,配位数,構造中の位置の周囲の対称に関係する.また吸収帯の面積より,構造中のFe^{3+}/Fe^{2+}の比が求められる.大谷石中の「みそ」の部分を構成するスメクタイトの未酸化試料(A)と,空気中で酸化した試料(B)については,I.S.は,酸化により大した変化がないが,Q.S.は,酸化により減少する.Fe^{2+}の構造内の位置の対称は,酸化状態におけるほうがより対称性が高いといえる.(佐野

表 7-2

	Fe^{2+}		Fe^{3+}	
	I.S. (mm/s)	Q.S. (mm/s)	I.S. (mm/s)	Q.S. (mm/s)
A	1.19	2.86	—	—
B	1.14	2.52	0.36	0.96

博敏の御助力による．Kohyama, Shimoda and Sudo, 1973)．

参 考 文 献

Ardenne, M. V., Endell, K. and Hofmann, U.(1940) : Ber. Deut. Keram. Gesell., **21**, 209.
Bates, T. F., Hildebrand, F. A. and Swineford, A.(1949) : Amer. Miner., **34**, 374.
Bates, T. F., Sand, L. B. and Mink, J. F.(1950) : Science, **111**, 512.
Beautelspacher, H. and Van der Marel, H. W.(1968) : Atlas of Electron Microscopy of Clay Minerals and Their Admixtures, Elsevier, Amsterdam.
Borst, R. L. and Keller, W. D.(1969) : Proc. Intern. Clay Conf., 1969, Tokyo, **I**, 871, Israel Universities Press.
Brindley, G. W., Comer, J. J., Uyeda, R. and Zussman, J.(1958) : Acta Cryst., **12**, 99.
Brindley, G. W. and Souza Santos, P. de(1966) : Proc. Intern. Clay Conf., 1966, Jerusalem, **I**, 3, Isreal Program for Scientific Translations.
Castaing, R.(1949) : Advances in Electronics and Electron Phys., **13**, 317, Academic Press, New York.
Cowley, J. M., Goodman, P. and Rees, A. L. G.(1957) : Acta Cryst., **10**, 19.
Eitel, W. and Radczewski, O. E.(1940) : Naturwiss., **28**, 397.
Gard, J. A.(Editor)(1971) : Electron-optical Investigation of Clays, Mineralogical Society, London.
Honjo, G., Kitamura, N. and Mihama, K.(1954) : Clay Miner. Bull., **2**, 133; Acta Cryst., **7**, 511.
Kerr, P. F.(Project director)(1951) : Reference Clay Minerals, Research Project 49, American Petroleum Institute, Columbia Univ. Press, New York.
Kitagawa, Y.(1972) : Amer. Miner., **57**, 751.
Kohyama, N., Shimoda, S. and Sudo, T.(1973) : Clays and Clay Miner., **21**, 229.
Marshall, C. E.(1949) : The Colloid Chemistry of the Silicate Minerals, Academic Press, New York.
Menter, J. W.(1956) : Proc. Roy. Soc. **A 236**, 119.
Möessbauer, R. L.(1958) : Z. Phys., **151**, 124.
Mottlau, A. Y.(1949) : J. Appl. Phys., **20**, 1055.
Rekchinsky, L. G.(1966) : Атлас Электронных Микрофотографий Глинистых Минерглов и Их Природных Ассоциаий в Осадоцных Породах, Издательство "Недра" Москва.
Ross, C. S. and Hendricks, S. B.(1945) : Prof. Pap. U. S. Geol. Surv., **205-E**, 23.
Weir, A. H., Nixon, H. L. and Woods, R. D.(1962) : Clays and Clay Miner., **9**, 419.
Williams, R. C. and Wyckoff, R. W. G.(1946) : J. Appl. Phys., **17**, 23.
Yada, K.(1967) : Acta Cryst., **23**, 704.

Zvyagin, B. B. (1967) : Electron-diffraction Analysis of Clay Mineral Structures (revised edition, translated by S. Lyse), Plenum Press, New York.

第8章 赤外線吸収スペクトル

8-1 原　理

いろいろの電磁波を物質にあてると，それらの波に対応して，物質内の特定の部分が反応して，その波に変化をおよぼす(波の進行方向が変ったり，吸収が生じたりする)．X線には，核外電子がその相手役をつとめる．紫外線，可視光線が物質にあたると，これらの波のエネルギーは，物質内の電子のエネルギーレベルを高め，電子を，より高いエネルギーレベルへ移すのに消費(吸収)される．赤外線は更に波長が長く，物質内の原子間の結合にそなわる振動(基準振動)に共鳴して，その振動数と等しい振動数の赤外線が吸収される．ただし，振動が双極子モーメントの変化による場合である．赤外線の連続スペクトルを物質にあてて，その吸収部分を調べる．連続スペクトルを得るプリズムは，波長の範囲によって岩塩，臭化カリウムなどが用いられ，また分解能の高い回折格子が用いられる．粉末試料をNujol油(精製した流動パラフィンの商品名)中に分散させ，岩塩の容器の中に入れて，赤外線を透し，透過赤外線を熱電流に変えて記録される．記録紙の横軸には，波長(単位 μ)，または，1cm中の波の数(波数，単位は cm^{-1})がとられ，波数範囲は，4000〜200の程度で，100以下の測定には，遠赤外分光計が用いられる．縦軸には，透過率(入射強度に対する透過後の強度のパーセント)，または，吸光度(対数目盛とし，log {(入射強度)/(透過後の強度)})が示され，吸収部分は記録紙上でピークとなって示される．

　X線と赤外線とを比べると，前者は物質の構造の変化を反映させるに対して，赤外線は原子間の結合の性質を反映する．異なった構造の物質でも，特定の2つの原子間の結合振動による吸収ピークは，同じ範囲内に現われることが多い．しかし，原子間の結合は，構造と無関係ではない．赤外線吸収ピークの変化には，結晶度，粒度，同形イオン置換など数多くの因子が関係する．従って，粘土鉱物でも，群の相異，また1つの群の中のdi., tri. 亜群の相異なども示される．よってまず，X線粉末反射が鉱物の判別に用いられるように，赤外線の吸収スペクトルもまた判定に有効であるが，X線粉末反射自身についても，深い解析

がなされる必要があるように,赤外線分析にも,基準振動の計算と相まって理論的の解析の途がある.赤外線分析は,粘土鉱物学の発足当時より行われていたが(Kerr, 1951),最近はX線,熱的方法とともに広く行われるようになった.

8-2 水に関する問題

赤外線分析により,H_2O, (OH) に関する情報が得られる.主な粘土鉱物の H_2O, (OH) に基づく赤外線吸収スペクトルは,図 8-1 に示す通りである.

モンモリロナイトの 3300〜3500 cm^{-1} 附近の幅広い吸収ピーク,バーミキュライトの 3450 cm^{-1} のピーク,ハロイサイトの 3400〜3570 cm^{-1} のピークは,何れも層間水によるものと思われる.何れも,H_2O の伸縮振動によるものである.

1:1型の粘土鉱物では,層間域に面している (OH)(これを外側面の (OH) という)と,1:1層内の8面体と4面体の両シートの間にある (OH)(これを内部の (OH) という)の区別ができる.たとえばカオリナイト群では,(OH)

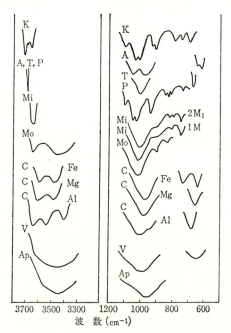

図 8-1 赤外線スペクトルにおける粘土鉱物の特徴線(生沼郁,児玉秀臣原図).K:カオリナイト,A:アンチゴライト,T:滑石,P:パイロフィライト,Mi:雲母粘土鉱物(Al, di.),Mo:モンモリロナイト,C:緑泥石群,V:バーミキュライト(Mg型),Ap:アロフェン.林久人,生沼郁(1967),Farmer(1968)の総合文献参照.

8-2 水に関する問題

の伸縮振動(酸素に対するプロトンの振動)によるものとして,3690~3700 cm^{-1},3650~3660 cm^{-1},3624~3628 cm^{-1} の3本の吸収ピークが示され,またこれ以外に,3410~3420 cm^{-1} に幅広い吸収が見られる.これらの帰属については,まだ一定した結論を得られていないが,多くの研究の中で見られる結論は,3700 cm^{-1} 附近の吸収は,外側の (OH) に,3620 cm^{-1} 附近の吸収は,内側の (OH) に帰属するようであり,他については説が一定していない(たとえば,Scholze and Dietzel, 1955).

1:1型の tri. 亜群の例(蛇紋石群の中で古く緑泥石といわれていたもの)では,3636 cm^{-1} の線が認められ,この線は,普通の緑泥石では極めて弱いことから,この場合も外側,内側の (OH) の区別が,吸収線に現われているように思われるが,まだ明らかでない(Tuddenham and Lyon, 1959).

また (OH) の吸収に方向性があることが示されている (Serratosa and Bradley, 1958, a, b). スメクタイト,雲母粘土鉱物(di. 亜群)に 3630 cm^{-1} の吸収がある.白雲母において,この吸収は,赤外線を透す方向により変化はないが,雲母の tri. 亜群のもの,たとえば金雲母,黒雲母では,へき開面に垂直に赤外線を透過させた場合に消失する.この事実は,tri. 亜群では,8面体イオンはすべて Mg で埋められているので,H のつく側は,(OH) の本体から見ると,へき開面に垂直方向であり,di. 亜群では,空所のため,H のつく側は,へき開面に垂直の方向より傾くわけである.すなわち,tri. 亜群では,へき開面に垂直方向についているプロトンは,どの酸素とも水素結合をつくっていないが,di. 亜群では,H は空所の方向に向いていて,近くの酸素と水素結合をつくる.前者を自由状態の (OH) といい,3710 cm^{-1} の吸収を示し,後者は 3620 cm^{-1} を示す.また黒雲母では,金雲母よりも (OH) による吸収の波数が小さいことは,Bassett(1960)により,次のように説明された.一般に4面体と8面体シートの間の (OH) の H は,4面体側についている.そして,di. 亜群では,Al は Mg より電荷が大きいから,酸素は Al に引かれ,O-H の距離が大となるので,その振動による吸収ピークは,波数の小さい方へずれる.また di. 亜群では,(OH) の H のつく方向が,へき開面より傾いているため,tri. 亜群の場合より,層間域の K の周囲の負電荷が比較的強くなり,K と 2:1層との結合は,より強くなると説明されている.

緑泥石群とカオリナイト群のX線粉末反射の主要線は，極めて近似していて重複する．粘土鉱物の混合体の中で，これら両鉱物の区別同定が必要な場合が多く，いろいろな方法があるが，赤外線吸収スペクトルもその1つである(Kodama and Oinuma, 1963)．それによれば，3700 cm^{-1} の吸収ピークは，カオリナイト群の特徴で，他の粘土鉱物の吸収ピークと重複しない．

8-3 Si-O の結合による吸収，その他

なお赤外線吸収ピークには，次のようなものがある．1つは，Si-O 振動で，di., tri. の両亜群とも，900～1000 cm^{-1} の範囲の吸収は伸縮振動に基づき，430～460 cm^{-1} の吸収は，変角振動とされている．tri. 亜群では，668 cm^{-1} に示される．次は，OH-X の振動で，X は8面体シート中の3価の陽イオンである．また Si-O-X の振動に基づく吸収も見られる．これらは，何れも，イオンの種により影響されるので，広く同形イオン置換の変化が赤外線吸収に示される．Stubican and Roy (1961, a, b, c) によれば，4面体シートの Si と Al の置換の影響は，8面体シートの中のイオンの種に関係なく，Si-O の伸縮振動による 900～1100 cm^{-1} の吸収は，低波数側へずれる．これは (Si, Al)-O˙ の間の距離の増大で，結合がよりイオン的になるためと考えられている．また，8面体イオン

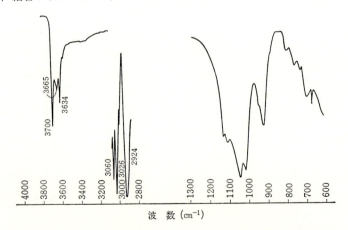

図 8-2 カオリナイトの赤外線吸収スペクトル．試料は西ボヘミア Cheb 附近の Vonšov. 試料には少量の石英と雲母粘土鉱物が含まれる．J. Konta 教授の試料．児玉秀臣，生沼郁，実験．

が，Al より2価イオンが多くなると，(Si-O)…X の距離と，結合の強さの変化により，538 cm^{-1} にある Si-O-Al(8面体のイオン) の強度は減少して，低波数の側へずれる．tri. 亜群では，4面体シートに Al が多くなると，750〜660 cm^{-1} の Si-O の吸収が低波数側へ移動する．また林久人，生沼郁(Hayashi and Oinuma, 1965 ; Oinuma and Hayashi, 1965)は，緑泥石の Si-O の吸収(900〜1100, 765〜744, 692〜620 cm^{-1})は，8面体中の Al の減少，Mg の増加に伴って，波数の小さい方へずれ，また，Fe の増加によって波数が更に減少することを示し，また b_0 の増加により，これらの吸収の波数が減少することを示し，b_0 の増加は，Si-O の距離の増加に影響されるので，この増加により振動の波数の減少が生ずるのであろうと説明している．図8-2 にカオリナイトの赤外線吸収スペクトルを示す．

参 考 文 献

Bassett, W. A. (1960) : Bull. Geol. Soc. Amer., **71**, 449.
Farmer, V. C. (1968) : Clay Miner., **7**, 373.
Hayashi, H. and Oinuma, K. (1965) : Amer. Miner., **50**, 476.
林久人, 生沼郁(1967) : 粘土科学, **6**, 29.
Kerr, P. F.(Project director)(1951) : Reference Clay Minerals, Research Project 49, American Petroleum Institute, Columbia Univ. Press, New York.
Kodama, H. and Oinuma, K. (1963) : Clays and Clay Miner., 11th Nat. Conf., 236, Pergamon Press.
Oinuma, K. and Hayashi, H. (1965) : Amer. Miner., **50**, 1213.
Scholze, H. and Dietzel, A. (1955) : Naturwiss., **42**, 575.
Serratosa, J. M. and Bradley, W. F. (1958, a) : J. Phys. Chem., **82**, 1164.
Serratosa, J. M. and Bradley, W. F. (1958, b) : Nature, **181**, 111.
Stubican, V. and Roy, R. (1961, a) : Zeit. Krist., **115**, 200.
Stubican, V. and Roy, R. (1961, b) : Amer. Miner., **46**, 32.
Stubican, V. and Roy, R. (1961, c) : J. Amer. Ceram. Soc., **44**, 625.
Tuddenham, W. M. and Lyon, R. J. P. (1959) : Anal. Chem., **31**, 377.

第9章 熱 分 析

9-1 示差熱分析(DTA)の原理

示差熱分析(differential thermal analysis, DTAと略記する)の歴史は極めて古く，1887年，フランスのLe Chatelierにより始められた熱的性質の研究方法の1つである．その後，数多くの研究者により受けつがれたが，Roberts-Austen(1899)により，ほぼ今日用いられているような機械の仕組となった．主な研究対象物は金属であったが，次第に粘土鉱物の研究に広く用いられるようになった．粘土鉱物の示差熱分析の研究は，KerrとKulp(1948)，GrimとRowland(1942, 1944)により開かれたが，日本では，より古く神津淑祐とその共同研究者(Kozu and Masuda, 1926–1929)により始められ，戦後，河島千尋(1949)，大坪義雄，加藤忠蔵(1956)，筆者およびその共同研究者(Sudo, Nagasawa等，1952)により積極的に開発された．

粘土鉱物の研究にDTAが広く用いられるようになった理由は，粘土鉱物の持つ次の一般性による．外界から与えられる物理的，化学的の刺激に対し，粘土鉱物は特に敏感であって，変化を受け易く，この変化を追うて研究を進めることが，粘土鉱物の研究に有効であり，またこの変化が粘土鉱物の群により異なるので，粘土鉱物の判別にも有効だからである．炉の内に，試料と標準物質をならべておいて，温度を上昇していく過程で，両者の温度差を測る．このとき，試料中に生じ得べき温度差は，脱水((OH)の脱水も含め)，転移，燃焼，再結晶に基づく．加熱温度範囲は，従来は，0～1000°Cが多かったが，次第に高温DTAの装置が考えられ，最高温度も，1500°C程度まで行えるようになった．標準物質は，実験温度範囲で，吸熱も発熱も伴わないものであって，通常は，α-アルミナの粉末が用いられる．DTAの曲線は，横軸に温度，縦軸に温度差(ΔT)，またはそれに基づく熱電対の起電力(これは温度により異なる．また試料の方が高温のとき正とする)を示し，温度変化は，$\Delta T=0$の線(基線)よりピークとして示され，発熱反応のとき発熱ピーク，吸熱のとき吸熱ピークといい，それぞれ基線より上，下に示されるようにする．

試料容器の材質は古くは耐熱材が用いられたが，熱伝導の良好なことが望ましいので，現在は金属製品が用いられる（ニッケル，白金）．形は一定していないが，できるだけ対称性の高い形のものがよい．一例を図9-1に示す．

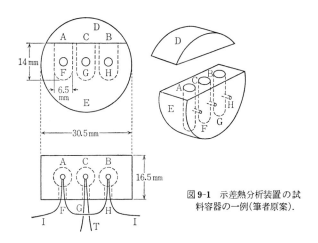

図9-1 示差熱分析装置の試料容器の一例（筆者原案）.

同形同大の孔（A, B, C）の中の1つ（C）にアルミナをつめ，その中に，熱電対を挿入し，これで炉の内部の温度を測定する．A（またはB）に試料をつめ，B（またはA）にα-アルミナをつめ，この2つを，複熱電対で連結し，試料と標準試料の間の温度差を測定する．熱電対の位置は，これらの同形同大の孔の中心点とする．A, Bの中心点に位置する熱電対は，常に同じ温度にあり，これらは炉の温度を測定する熱電対の位置Cより離れているが，A（またはB）の中心と，Cの中心の温度差は僅かである．金属製の試料ホルダーは，極めて熱伝導がよいから，上記の試料ホルダーのように試料と標準物質を入れる孔が，1つの容器中につくられている場合は，試料の中心部と，試料と金属の接触部の温度差が測定されることになる．

9-2 試料の調整

試料および標準試料は，何れも乳鉢の上で指頭に感ぜぬように細かくすりつぶし，風乾して各孔へつめる．細い針でつつきながら少量ずつ入れて，中に大きい空隙のできないようにつめる．孔の出口の上にもり上った部分は，小紙片

で切りすてる．試料のつめ方は，いろいろあって，極めて固くおしつけて，孔の中に粉末をつめた状態から，極端にゆるくつめて，内部に大小の空隙があいているような状態まであるが，一様のつまり方であることが望ましい．試料を上からおして固めて入れるときは，充填度を一様にすることがむずかしい．大きい空隙は生じない程度に一様にゆるくつめるほうが，一様な充填状態が得られ，しかも再現性が得られる．

　昔は手動式，または，ガルバノメーターの反射を写真に受けるような仕組の器械で，DTA の曲線を記録したが，最近は，記録はすべて電子式の自動記録計になっている．炉の温度上昇率の自動制御，自動平衡型の温度計や記録計である．温度上昇率は，1分10°C附近が最も広く用いられている．

9-3　DTA 曲線の基本的性質

　理想的な場合のピークは図 9-2(a) のようであるが，具体的には図 9-2(b) のようになる．すなわち，基線と，DTA 曲線の水平部は，平行にずれることがある．これは特定の温度範囲で，試料と標準試料の間に，僅かではあるが特定の温度差が常にできていることを示す．炉内の温度分布の上で，試料と標準試料が多少異なった場所にあるため，また試料と標準試料の熱伝導の差（主としてつまり方の相異），ならびに，熱容量の差などが原因として考えられる．被検試料と，標準試料は，同一物質を用いることができない．標準試料は，測定温度の範囲で熱変化が無いことが第1の条件で，このような条件を持つ物質の中から，一般の粘土鉱物に熱容量がなるべく近い物質が選ばれるにとどまる．ピークの前後で，DTA 曲線の水平部分のレベルが異なることも，しばしば見ら

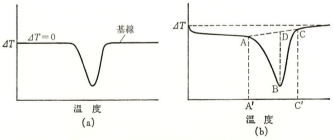

図 9-2　DTA 曲線の基線，ピークの高さ，幅．

9-3 DTA曲線の基本的性質

れる．これは，このピークの示す反応によって生じた物質と，原試料の間の熱容量の相異による．また，体積変化(たとえば脱水のための収縮)によって生ずる熱伝導の変化による場合もある．$\Delta T=0$ の水平線(基線)と，DTA曲線の水平部分のずれは，本質的の意味を持たない．

曲線の水平部分からそれる点(A)は，熱反応のはじまる点を示し，ピークが再び水平部分へもどる点(C)は(よほど速やかな反応でないかぎり)，反応の終点と見られる．ピークとは，この間のABCの部分であり，A'C' をピークの幅という．ACを連ね，ピークの頂点Bより縦軸に平行に引いた線が，ACをDで切ると，$\overline{BD}$ をピークの高さという．ピークの温度とはCの温度のことである．

1つの吸熱反応を示す曲線を図9-3のように，横軸に時間を，縦軸に温度を目盛って表示する．図9-2の吸熱ピークのはじまる点A，ピークの底B，および吸熱ピークの終る点Cはそれぞれ図9-3のa', b', c' に相当する．b' は，その点において b' に引かれた接線が，OO' に平行となる点である．a'b'c' の間の曲線の形は，理想的な場合は，a'b' の間が横軸に平行な直線となり，この吸熱反応の起こっている間は，温度の上昇が無いわけであるが(図9-3(A))，実際の場合は，このような平衡が保たれる場合は少なく，a'b' がゆるく上昇する場合(図9-3(B))，a'b' の一部が横軸に平行な直線となる場合，a'b' の間が逆に下へ垂れ下る場合(図9-3(C))などいろいろの場合がある．炉の温度を，試料容室(A)(図9-1)中に入っている試料の外縁ではかるとすれば，A点の温度がこの吸熱

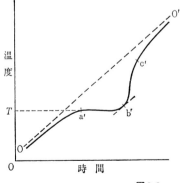
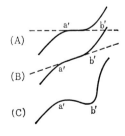

図 9-3

反応の始まる温度を示す．もし炉の温度を試料中にある熱電対と同一の場所で測っているとすれば，その示差熱分析曲線は，図9-3(A)の場合は図9-4のようになり，a'b'の直線の部分は縦軸に平行な直線となり，この直線方向で示された横軸上の温度が，吸熱反応の始まる温度を示すことになる．炉の温度を試料容室(A)の外部で測っている場合には，試料容室(A)中にある熱電対と，炉の温度を測定する熱電対との間の温度差を正確に測定することにより，熱反応の温度を求めることができる．

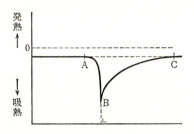

図 9-4

しかし，一般の場合に，炉の温度を試料容室(A)の外の適当なところで測っていたとしても，その場所は試料容室に極めて近いのが普通である．従ってピークの温度は，実際に熱反応の起こる温度に極めて近いものである．このようにピークの温度それ自身には意味は無いが，同一の条件下で記録されたいくつかの粘土鉱物の吸熱ピーク，または発熱ピークを比較する場合には，便宜上ピークの温度の相対的な高低をもってする．

上に述べたような円筒形の試料ホルダーを用いた場合に，ピークの面積は熱量変化 $\varDelta H$ に比例し，

$$\int_{t_1}^{t_2} \theta dt \propto \varDelta H$$

であることが示されている(Nagasawa, 1953)．t_1, t_2 はそれぞれピークのはじまりと終りの時間，$\varDelta H$ は試料の単位重量あたりの反応熱である．この比例定数の中には，試料孔の半径(R)，試料の熱伝導度(λ)(熱伝導度は試料の粒度，種類，孔の中へのつめ方に関係する)，試料の密度(孔につめた状態での見掛けの密度)があるが，λ がこの定数の中に入っているので，この場合は厳密な反応熱の測定には適しない．

DTAのように，動的に上昇させている温度条件では，ピークの温度は加熱

速度が大きいと,高い方へずれ,また試料の量が多いときも高いほうへずれ,実験条件により左右される.これに対し,ピークのはじまる点の温度(反応のはじまる温度)は,実験条件により左右されることが少ない.

以上述べたように,DTAは,実験条件,または機械の仕組により左右される部分が多い.にもかかわらず,古くから今日まで使用されてきたが,その1つの大きい目的は,物質の判別であった.実験条件,機械の仕組による影響はあっても,変化の幅は,粘土鉱物の確認を混乱させるほどのものでないことが長い経験から示されたからであろう.そして,DTA曲線から定量的な議論ができるかという問題が論ぜられたり,多様な実験条件下で,同一の物質のDTA曲線の変化の幅を,統計的に出してみようという試み(国際熱分析会議(ICTA)の標準作成(Standardization)の専門委員会で行われた)がなされたのは最近のことである.一方で,最近には定量化することも含めて,従来のDTAの改良が行われはじめた.

1つはミクロDTAといわれるもので,従来の試料量の1/10〜1/100(数mgから数十mg)で行うものである.従来の方法に見られるように,試料の量が多いと(熱電対のまわりを試料が厚く覆っていると),粉末のつめ方が,この試料の熱伝導にひびく.また反応は,外方より内方へ伝わるが,試料が多ければ,外方から内方へ伝わる時間,また内部での反応生成物(たとえば脱水のときの水分)が,試料内を伝わって外方へ逃げるのに時間がかかる.試料の量が多いと,起こり得べき状態や,反応の進行過程に不均一が目立つ.これらは,DTAのピークの高さ,形などに大きく影響する.試料を微量にすれば,この影響は無視できるようになる.また被検試料の容器と,標準試料の容器を別々とし,熱的に隔離しておくが(これは古くからも一部で用いられていた),その結果図

図9-5 ミクロDTAの試料ホルダーの一例(理学電気株式会社,内田博による).

表 9-1

	N_1		N_2	X
アロフェン	100~200 ↓			900~1000 ↑
ヒシンゲライト	100~200 ↓			900~1000 ↑
ハロイサイト	100~200 ↓		500~600 ↓	900~1000 ↑
メタハロイサイト	100~200 ↓		500~600 ↓	900~1000 ↑
モンモリロナイト	100~200 ↓	200~300 ↓	700 ↓	900~1000(S)
ノントロナイト	100~200 ↓	200~300 ↓	400~500 ↓	900~1000(S)
サポナイト	100~200 ↓	200~300 ↓		900 ↓
バーミキュライト	100~200 ↓	200~300 ↓		900~1000(S)
セピオライト	100~200 ↓		300 ↓ 500 ↓	800~ 900(S)
アタパルジャイト	100~200 ↓	200~300 ↓	350~650 ↓	800~1000(S)
雲母粘土鉱物(Al, di.)	100~200 ↓	200~300 ↓	500~800 ↓	900(S)
海緑石	100~200 ↓		550~600 ↓	950(S)
セラドナイト	100~200 ↓		600 ↓	900~1000(S)
パイロフィライト			600~800 ↓	
滑石				900~1000 ↓
アンチゴライト			600~700 ↓	800~ 900 ↑
緑泥石(Mgの多い種)			600~700 ↓	800~ 900(S)
ディッカイト			600~700 ↓	900~1000 ↑
ナクライト			600~700 ↓	900~1000 ↑
カオリナイト			500~600 ↓	900~1000 ↑
方解石				900~1000 ↓
マグネサイト			600~700 ↓	
ドロマイト			800 ↓	900~1000 ↓
アンケライト		700 ↓	800~900 ↓	900~1000 ↓
リョウ鉄鉱		500~600 ↓	600~700 ↑	800~ 900 ↑
針鉄鉱	300~400 ↓			
レピドクロサイト	300 ↓	500 ↑		
バイアーライト	300 ↓	500~600 ↓		
ギブサイト	320~330 ↓			
ダイアスポア		500~600 ↓		
ベーマイト		500~600 ↓		
マグヘマイト		500~600 ↓		
磁鉄鉱	300~400 ↑	600~700 ↑		
ウスタイト	300 ↑			

数字は温度(℃)を示し，↓は吸熱ピーク，↑は発熱ピーク，SはS字形のピーク(吸熱と，それに引きつづいて起こる発熱ピーク)，データは筆者の研究室で得られたもの，およびMackenzie (1957, b, 1970)の総合文献に示されているものを基本とした．もちろん，このピークの温度は種々なる原因により多少の変動があると知るべきである．たとえば温度の上昇率，機械の仕組，試料中の反応物質の量などである．ここで温度上昇率は大部分が平均毎分10℃であり，一部は10~15℃の間にある．試料は不純物を含まないものである．

9-1の型の試料ホルダーを用いた場合よりは大きい温度差が得られ，同程度の温度差を生ぜしめるのに少量の試料ですむ．一例は熱電対の接点の玉の先端を切って孔をあけ，この中に試料を入れる．すなわち熱電対自身が試料の容器になっているものである(図9-5)．また試料の多い場合，その内部にできる温度分布の不均一は，接近したDTAピークの分離を不鮮明とする．すなわち分解能の向上にもミクロDTAは役立つ．

ピークの面積と，反応熱量の変化の比例定数の中には，試料の粒度，つめ方，種類により異なる熱伝導率が入ってきて，定量化の妨げになっているが，最近この点の改良も示されている．

9-4 主な粘土鉱物のDTA曲線

常温より1000℃までの間に見られるDTAの主なピークの型は，次のように大別することができる．

(a) 100～200℃に著しい吸熱(N_1)ピークを示すもの．

ハロイサイト，スメクタイト，バーミキュライト群，アロフェン，ヒシンゲライト，セピオライト，パリゴルスカイト．

主として表面吸着水，層間水，沸石水の脱水による．

(b) 900℃附近で発熱ピーク(X)を示すもの．

カオリナイト，緑泥石群(主としてMgの多い種に著しい)，スメクタイト，

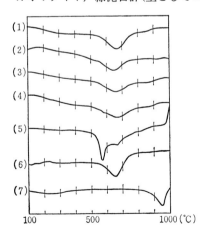

図9-6 パイロフィライト，滑石のDTA曲線．(1)～(6)パイロフィライト(実験，木村守弘，長沢敬之助)．(1)～(5)は岡山県三石．(5)はカオリナイトを含む．(6)は長野県金倉鉱山．(7)滑石，韓国(実験，下田右，試料，国峯礦化工業株式会社)．

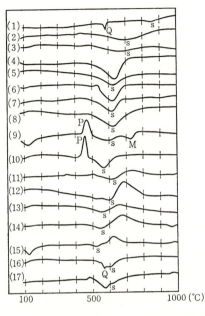

図 9-7 雲母粘土鉱物 (Al, di.) の DTA 曲線 (実験: 筆者, 長沢敬之助, 本多朔郎). (1) 茨城県日立鉱山の絹雲母-石英片岩(本多朔郎試料), 粒度平均 65 μ, Q は石英の吸熱ピーク. (2) 愛知県上栗代(加藤武夫試料). 水簸上等品, 粒径最大約 20 μ, 石英粗面岩中の粘土脈. (3) 埼玉県秩父鉱山(安倍亮試料), 水簸物, 粒径最大約 20 μ, 鉛, 亜鉛鉱脈に伴う. (4) 栃木県足尾鉱山再盛かじか(筆者試料). 石英粗面岩中の交代銅鉱床に伴う. (5) 青森県上北鉱山,「立坑」(筆者試料), 凝灰岩および石英粗面岩中の交代硫化鉱床に伴う. (6) 栃木県足尾鉱山「本口かじか」(筆者試料), 石英粗面岩中の交代銅鉱床に伴う. (7) 栃木県足尾鉱山横間歩に伴う(中村威試料). (8) 青森県上北鉱山「奥の沢」鉱床(筆者試料). 石英粗面岩および凝灰岩中の黒鉱式銅硫化鉄鉱床の銅鉱体の周辺部に附着する. (9) 秋田県花岡鉱山西観音堂露天掘(筆者試料), 凝灰質岩中の黒物鉱体のすぐ周囲に鉱体を取り囲む. P は黄鉄鉱, M はモンモリロナイトのピーク. (10) 青森県茂浦(湊秀雄試料), 主として流紋岩質並びに安山岩質集塊岩中の粘土化帯, P は黄鉄鉱のピーク. (11) 奈良県神戸鉱山(加藤武夫試料), 黒雲母花崗岩中のアンチモニー鉱脈に伴う. 鉱山にて水簸された試料. (12) 岡山県三石(木村守弘試料), パイロフィライト鉱床の周辺部のケイ化岩中の晶洞を満たす. (13) 奈良県神戸鉱山(湊秀雄試料), 第1坑第4立入. (14) 同上(第1坑第5立入)(同上). (15) 新潟県大須戸(高橋浩試料), 俗に村上粘土と呼ばれる. 石英粗面岩を交代する粘土塊. (16) 新潟県三川鉱山宝西(長沢敬之助試料), 石英粗面岩の変成物, 石英のピーク Q が見られる. (17) 同上. 宝坑北立入. 500〜600°C の吸熱ピークの一部が, 多少するどくなるとともに, 900〜1000°C の間に極めて弱い発熱が現われていて, カオリナイトが混在してることを示す.

アンチゴライト, 雲母粘土鉱物.

主として加熱物の再結晶による.

(c) X の直前に, 引きつづいて吸熱が伴うもの.

結晶度のよいカオリナイトでは極めて小さい. ノントロナイト, サポナイトをのぞくスメクタイト, 緑泥石群(主として Mg の多い種に著しい), これを S 字形のピークということがある. 原因は一律でない. たとえばカオリナイトの場合は, 再結晶直前の膨張による. 緑泥石の場合は 2:1 層の (OH) の脱水による.

(d) N_1 より高い温度に生ずる吸熱ピーク(N_2)を示すもの, 主として (OH)

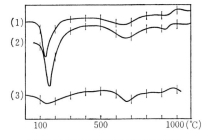

図9-8 海緑石，セラドナイトのDTA曲線．(1),(2) 宮城県白石市のガラス質凝灰岩中のガラス粒を交代するセラドナイト(筆者試料，実験，小坂丈予)．(3) 栃木県大谷石中に含まれるガラス質岩石片を交代するセラドナイト(試料，実験，神山宜彦)．

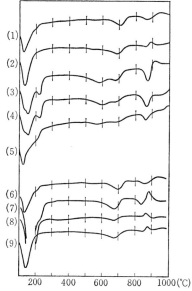

図9-9 スメクタイトのDTA曲線．
(1)～(5)：実験，木村守弘，長沢敬之助．
(1),(3),(4),(5)：モンモリロナイト-バイデライト系．(1) 新潟県小戸(加藤武夫試料)．(2) 栃木県大谷(筆者，太田茁司試料)，俗に「みそ」といわれる粘土化した岩片，鉄サポナイト，モンモリロナイト-バイデライト系の混合物．採集当時は緑色，Fe_2O_3, 13.77％．(3) 秋田県花岡鉱山西観音堂露天掘，鉱体を直接取り囲む，雲母粘土鉱物(Al, di.)の周辺に分布する緑色粘土(筆者試料)，Fe_2O_3, 6.03％．(4) 栃木県日光鉱山，坑内の真珠岩の変質物(筆者試料)，MgO, 6.74％．(5) 静岡県大賀茂(湊秀雄試料)．
(6)～(9)：栃木県大谷，「みそ」(小坂丈予実験，筆者および太田茁司試料)．(6) 比較のため掲げた新潟県小戸のモンモリロナイト．(7) 淡灰色流理構造のある「みそ」(地表面より採集)．(8) 褐色塊状「みそ」(地表面より採集)．(9) 緑色塊状「みそ」(深層より採集)，採集後褐色に変ずる．曲線は褐色に変化した試料のものである．

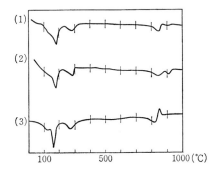

図9-10 バーミキュライトのDTA曲線(試料，実験，島根秀年)．(1),(2) 福島県雲水峰．(3) 茨城県北ノ沢．

の脱水による．発熱ピークが存在する場合には，S字形といわれるほど接近していない．

カオリナイト，緑泥石群，アンチゴライト，雲母粘土鉱物，スメクタイト．これらの組合せを表9-1に示す．また主な粘土鉱物のDTA曲線を図9-6〜図9-16に示す．図9-6(1〜6)，図9-7，図9-8(1,2)，図9-9，図9-11(1〜3)，図9-12，図9-16は古い手動の器械で記録した曲線であり，それ以外は，近代的な器械で自動記録した曲線である．以下にN_1, N_2, Xの各ピークの特性を述べる．

N_1のピークについて：板状形態を示す粘土鉱物では層間水によるものであり，そのピークの性状(数，温度)は，交換性イオンにより著しく影響される．層間水を持たない鉱物には生じないわけであるが，湿度の高い状態では，粒子表面に少量の吸着水を保有し，これが弱いピークとして現われる．メタハロイサイトは理想的にいえば，ハロイサイトの層間水が脱水したものであり，理想

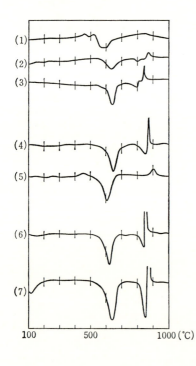

図9-11 緑泥石のDTA曲線．
(1)〜(3)：実験，長沢敬之助，橋本光男．
(1) 14Å型シャモサイト(秋田県荒川鉱山,筆者試料)，石英銅鉱脈中に含まれる．450℃の発熱は黄銅鉱による．(2) 緑泥石(茨城県日立鉱山の鉱体に伴う，筆者試料)．(3) 緑泥石(茨城県諏訪鉱山の緑泥片岩，筆者試料)．
(4)〜(7)：試料,下田右．(4) 緑泥石(Mgに富む．秋田県釈迦内鉱山,下田右試料)．
(5) 緑泥石(Alに富む．di.-tri.亜群，スド一石．青森県上北鉱山，林久人試料)．
(6) 緑泥石(ロイヒテンバージャイト-シェリダナイト．島根県鰐淵鉱山，坂本卓試料)．(7) 膨潤性緑泥石(秋田県花岡鉱山，下田右試料)．

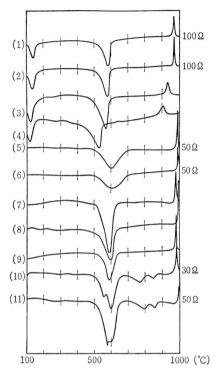

図 9-12 カオリナイト群の DTA 曲線(I)(実験,長沢敬之助,天藤森雄,武藤正).
(1) ハロイサイト(群馬県上信,筆者試料),角礫凝灰岩の温泉作用による変質物.(2) ハロイサイト(長野県金倉鉱山,筆者試料),パイロフィライトの割目を満たす.(3) アロフェン-ハロイサイト球粒体を主とするハロイサイト粘土(長崎県調川,種村光郎試料),凝灰岩の風化生成物.(4) アロフェン-ハロイサイト球粒体を主とするハロイサイト粘土(青森県七戸,筆者試料),凝灰岩の風化生成物.(5) カオリナイト(兵庫県福山鉱山,天藤森雄試料),パイロフィライトに伴う.(6) カオリナイト(新潟県三川鉱山,長沢敬之助試料),鉛亜鉛鉱脈と石英粗面岩との境界面に見られ,また鉱石中に散点する.(7)~(11) カオリナイト(栃木県関白鉱山,武藤正試料),石英粗面岩中の交代鉱床.(10),(11) はみょうばん石を含む.

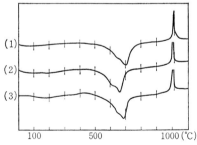

図 9-13 カオリナイト群の DTA 曲線(II)(実験,下田右).
(1) ディッカイト(鹿児島県春日鉱山,徳永正之試料).(2) ディッカイト(岡山県三石,逸見吉之助試料).(3) ナクライト((1)と同じ).

化学式もカオリナイトと同じように示されるが,実際は,極く少量の水が残っているらしく,小さい N_1 のピークを示す.単位構造の高さも,7.15 Å より少し大きく,7.3~7.5 Å を示す(これは加熱により 7.15 Å へ近づく).

N_2 のピークについて:緑泥石では主として層間の 8 面体シートの (OH) の

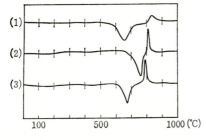

図 9-14 蛇紋石群の DTA 曲線(実験,試料,下田右).
(1) クリソタイル(群馬県鬼石). (2) アンチゴライト(京都府河守鉱山). (3) リザルダイト(埼玉県越生).

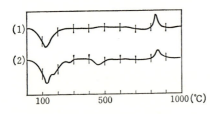

図 9-15 セピオライトとパリゴルスカイトの DTA 曲線(実験,試料,下田右).
(1) セピオライト(京都府大江山). (2) パリゴルスカイト(長野県川端下).

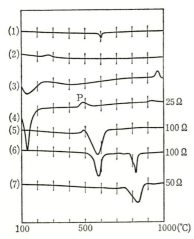

図 9-16 粘土鉱物に伴う主な非粘土鉱物の DTA 曲線(実験,長沢敬之助,橋本光男).
(1) 石英. (2) 宮城県鬼首温泉附近の白色ガラス質凝灰岩(筆者試料),熱ピークなし. (3) アロフェン(栃木県大谷の大谷石の表面を蔽う軽石の風化物)(筆者および太田苕司試料). (4) ヒシンゲライト(山口県河山鉱山),筆者および中村威試料,P は黄鉄鉱の発熱ピーク. (5) ダイアスポア(岡山県三石,木村守弘試料),パイロフィライトに伴う. (6) みょうばん石(兵庫県福山鉱山,天藤森雄試料),パイロフィライトに伴う. (7) ズニ石(長野県金倉鉱山,木村守弘試料),パイロフィライトに伴う.

脱水により,その他では,2:1 層または 1:1 層中の (OH) の脱水によるピークである.このピークの温度は,群により一般に著しく異なり,また同一群の中でも,結晶度,粒度,粒度分布の相異により(カオリナイト群),また同形イオン置換により(スメクタイト)多少異なる.また不純物の存在にも影響される.
粘土鉱物の群による相異としては,ノントロナイトで最も低く(400〜500°C),

9-4 主な粘土鉱物のDTA曲線

また滑石で最も高い(900～1000℃). また1つの群の中の変化の原因としては,結晶度,結晶の粒径,粒径分布の影響がある. これらの影響は,ピークの温度のみならず,ピークの形にも影響する. ハロイサイト-メタハロイサイト-結晶度の悪いカオリナイト,また結晶度のよいカオリナイト-ディッカイト-ナクライトの順に, N_2 ピークの温度は上昇する. 一般的の傾向として,ピークの形は,この順に,次第に幅広くなることも認められている. 結論として,恐らく,この傾向は,ハロイサイトよりナクライトへゆくに従って,結晶度の改良と同時に,結晶粒径の増大およびその分布の変化が考えられる. 既に,次のことが一般的事実として知られている. すなわち,単一結晶の粒径がそろっていて,細かく一様であるときは,ピークは細く強く鮮明な形を示すが,粒が大きく,また粒径分布が一定していないときは,ピークの形は,一般に太く不鮮明となる. 細かい,そろった粒径の試料では,反応は表層よりすみやかに内部におよび,反応生成物が粒子の内部から表面まで達するのも容易であるが,粗い粒子

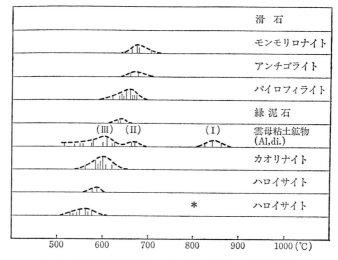

図9-17 筆者の研究室で記録された各種粘土鉱物の示差熱分析曲線において,認められた(OH)の脱出の温度を,各鉱物について統計的に表わした図(筆者原図). *ガラス質の凝灰岩より,風化により生じたアロフェン-ハロイサイト球粒体を主とするハロイサイト粘土. このハロイサイトは標準のハロイサイトよりも結晶粒が細かく結晶度の低い種であると考えられる(図9-20の2, 3, 4, 5, 6, 7, 8, 9).

があれば上記の過程には時間がかかるためと考えられる．ここで試料は，何れも最初乳鉢の上で指頭に感ずることのない程度に細かくしたものであるが，粒度が大きいという場合は，たとえば，粉末粒が単一結晶の破片である場合であり，粒径が細かいという場合は，たとえば，単一結晶の大きさが粉末粒の大きさより細かいということである．雲母粘土鉱物(Al, di.) の N_2 の温度にはかなり幅があり(図9-17)，統計的に処理してみると，I, II, III の３つの温度範囲が認められる．(I)は図9-7(1)，(II)は図9-7(2), (3)，(III)は図9-7(4)〜(10)である．これらの変化の原因もやはり，結晶度と結晶片の大きさ，その分布によるものと考えられる．

同形イオン置換による N_2 のピークの温度変化は，スメクタイト，緑泥石群に見られる．鉄の多いもの(たとえばノントロナイト，鉄緑泥石)は，Mg の多いもの(たとえば，ペンニン)より，N_2 のピークの温度は低い．

N_2 のピークの温度およびその形，強さは，混入物により左右されることがある．図9-18, 図9-19はハロイサイトとアロフェン，またはハロイサイトと火山ガラスの人工的につくった混合物のDTA曲線である．混入物の含有量が少なくなると，N_2 ピークは弱くなるが，同時にその温度は低下する．しかし，ピークのはじまりの温度はほとんど変化しない．図9-20, 図9-21はアロフェン-ハロイサイトの球粒体のDTAの結果である．図9-22には，このDTA曲線(図9-20)と，ハロイサイト-アロフェン-モンモリロナイトの人工混合物のDTA曲線を比較した．ピペリディン処理物のDTA曲線では，アロフェン-ハロイサイトの球粒体を主とする粘土にも，モンモリロナイトの存在を示す発熱ピークが出ているが，この発熱ピークは，モンモリロナイトが極く少量でも鋭敏に現われる．

(OH) 脱水による N_2 のピークは，時によると，２つ生ずる場合がある．たとえば，Mg の多い緑泥石は，常に２つのピークを示し，低温側のピークは，層間の８面体シートの (OH) の脱水により，高温側のピークは，2:1層中の (OH) の脱水により，発熱ピーク(X)とS字形のピークを示す．また，モンモリロナイトでは，700°C附近に，幅広い N_2 のピークが現われるが，同時に，600°C附近にも現われることがある．この理由については第10章を参照されたい．

ハロイサイト，メタハロイサイト，結晶度の低いカオリナイトの N_2 ピーク

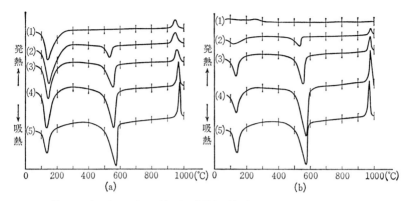

図 9-18 人工的につくった混合物の DTA 曲線の例(実験,筆者,小坂丈予).
(a) (5)はハロイサイト(H), 群馬県上信(筆者試料). (1)はアロフェン(A), 栃木県大谷の大谷石の表面を蔽う軽石の風化物(筆者試料). (2),(3),(4)は H と A との混合物. (2)は, A:80%+H:20%. (3)は A:50%+H:50%. (4)は A:20%+H:80%.
(b) (1)は宮城県鬼首温泉附近の白色のちみつなガラス質の凝灰岩(P)(筆者試料). (5)は上信のハロイサイト(H). (2),(3),(4)はこれらの混合物. (2)は P:80%+H:20%. (3)は P:50%+H:50%. (4)は P:20%+H:80%.

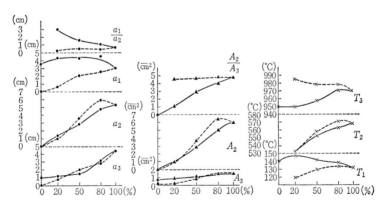

図 9-19 ハロイサイト(上信)とアロフェン(大谷)の混合物(実線), および, ハロイサイト(上信)と白色粘土(鬼首)(ケイ華と考えられる)の混合物(破線)の DTA 曲線に示されるピークの性質の変化. 100〜200°C の間のピーク(N_1), 500〜600°C の間のピーク(N_2), 900〜1000°C の間のピーク(X)の温度を, それぞれ, T_1, T_2, T_3 とし, 面積を A_1, A_2, A_3 とし, 高さを a_1, a_2, a_3 とする.

は左右非対称であり，低温側より高温側の傾斜が急である．Bramão, Cady 等 (1952)は，この非対称の度を傾斜比(図9-23)で示した．カオリナイトでは0.78～2.39，ハロイサイトでは2.50～3.80の範囲内に入る．非対称性は明らかに反応の終結が速いことを示す．しかしディッカイト，ナクライトのN_2は明らかに非対称であるが，これは，少し小さいピークが低温側に伴っている複合ピー

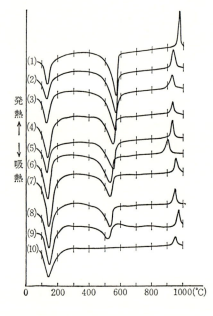

図 9-20 アロフェン-ハロイサイト球粒体を主とするハロイサイト粘土(1～9)とアロフェン(10)のDTA曲線(実験，筆者，小坂丈予)．
(1) ハロイサイト(群馬県上信，筆者試料)．(2) 長崎県調川(村岡誠試料)．(3) 岩手県種市(小川雨田雄試料)，淡褐色．(4) 青森県八戸(小川雨田雄試料)，一部に石炭層を伴う．(5) 福岡県八女(村岡誠試料)．(6) 青森県七戸(筆者および湊秀雄試料)，一部に炭質物あり．(7) 栃木県今市，今市白粘土(小坂丈予試料)，関東ロームの中にはさまれた粘土化の著しい浮石土の一種．(8) 岩手県種市(小川雨田雄試料)，白色部．(9) 岩手県雫石(小川雨田雄試料)．(10) アロフェン，栃木県大谷の大谷石の表面を蔽う軽石の風化物(筆者および太田茁司試料)．

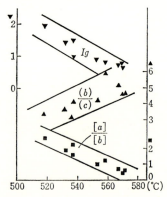

図 9-21 アロフェン-ハロイサイト球粒体を主とするハロイサイト粘土のDTA曲線の変化．Ig：200°C以上に灼熱したときの灼熱減量．$(b)/(c)$：N_2，Xのピークの面積の比．$[a]/[b]$：N_1，N_2のピークの高さの比．横軸はN_2の温度．

9-4 主な粘土鉱物のDTA曲線

クのための見掛けの非対称の形とされている．

 Xのピークについて：発熱ピークXが2つの重なったピークからできていて，分離が不十分のときは，低い温度の発熱ピークの強さの増加とともに，Xの温度は低下する(図9-18(a))．しかし，重なるピークが無いときは，Xの温度は混合比により影響されない(図9-18(b))．

 またAlの多い鉱物(たとえばダイアスポア，ベーマイト，ギブサイトなど)が，カオリナイト中に混入しているときは，カオリナイトのXのピークは殆ど認められないほど小さくなるという(Keller and Wescott, 1948)．スメクタイトで，Feの多いもの(ノントロナイト)，またFe-Mgの多いもの(鉄サポナイト)では，Xの直前の吸熱は著しくなく，単に発熱が認められるのみである．

 S字形ピークは，吸熱に引きつづいて発熱ピークが示される型である．この発熱ピークは，多くの場合，再結晶によるものであるが，吸熱ピークの原因は一律でない．極めて小さくて，S字形とはいえないが，結晶度のよいカオリナイトに見られるものは，再結晶直前の膨張によるとされ，モンモリロナイトの場合は，原因が十分明らかになっていないが，やはり脱水物の再結晶によるものと考えられている．これらでは，何れも，重量減を伴わない．緑泥石群の場合は，主として，2：1層中の(OH)脱水と引き続く再結晶によるものであるが，鉄緑泥石では，層間(OH)の脱水後引きつづいて僅かずつ2：1層の(OH)の脱水が生ずるらしく，S字形のピークの生成は極めて不明瞭となる．

 バーミキュライト，サポナイトの純粋な試料では，100～200℃附近の吸着水の脱水によるピーク以外は，800℃附近のS字形のピーク(バーミキュライトの場合)，または1つの吸熱ピーク(サポナイトの場合)が生ずるのみであると考えられている．バーミキュライトでは，S字形ピークの吸熱ピークと伴って，発熱後にも小さい吸熱ピークが伴って，あたかも1つの発熱ピークの左右に，小さい吸熱ピークが伴う形を示していることがある．この2つの小さい吸熱ピークも重量減が伴うので，恐らく両者とも，2：1層の(OH)脱水によるものであって，発熱ピークよりも高温側の小さい吸熱ピークは，脱水し残った(OH)脱水によるものかと考えられる．サポナイト，バーミキュライトで，600℃附近の吸熱ピークが生ずる試料がある．このとき，サポナイトの800～900℃の吸熱ピークは多少変形し，S字形に似た形を示す．この600℃附近の

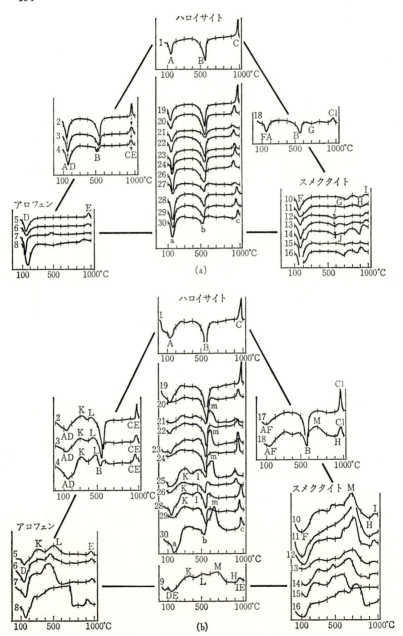

9-4 主な粘土鉱物の DTA 曲線

図 9-22 ハロイサイト，アロフェン，スメクタイト，およびそれらの 3 成分人工混合物と，アロフェン-ハロイサイト球粒体を主とするハロイサイト粘土の DTA 曲線(筆者原図(Sudo, 1954)). (a) 採取後風乾した未処理試料. (b) ピペリディン処理物.
(1) ハロイサイト(上信). (2)〜(4) ハロイサイト(上信)とアロフェン(大谷)の混合物. (2) 80% と 20%. (3) 50% と 50%. (4) 20% と 80%. (5), (6), (8) アロフェンまたはそれを主とする粘土. (5) 大谷. (6) 今市. (7) ヒシンゲライト(河山)(比較のため掲げる). (8) 東京都小金井の関東ロームの表層. (9) アロフェン(大谷)50% とモンモリロナイト(小戸)50% の混合物. (10)〜(16) スメクタイトまたはそれを主とする粘土. (10) 小戸. (11) 上ノ山. (12) 沼田. (13) 渋川. (14) 花岡(Fe_2O_3:6.03%). (15) 大谷石中の「みそ」，褐色の部分，Fe_2O_3:13.77%. 最近の研究では，鉄サポナイトとモンモリロナイト-バイデライト系の混合物である. (16)「みそ」が野外の露出部で白く漂白されている部分(モンモリロナイト-バイデライト系). (17) ハロイサイト(上信)80%，モンモリロナイト(小戸)20% の混合物. (18) 50% と 50% の混合物. (19)=(1). (20)〜(30) アロフェン-ハロイサイト球粒体を主とするハロイサイト粘土. (20) 調川. (21) 水沢. (22) 種市(褐色). (23) 八戸. (24) 八女. (25) 和気. (26) 七戸. (27), (28) 今市. (29) 種市(白色). (30) 雫石.
ピペリディン処理により，モンモリロナイトに基づく発熱ピーク(m)が現われるものがあるが，このピークは極く少量のモンモリロナイトがあっても鋭敏に示される.

ピークを示す試料は，純粋な試料ではなく，緑泥石が機械的に混入しているか，または，バーミキュライトの層間物質が一部 (OH) 層に化した(従って緑泥石化したバーミキュライトといえる)ものと考えられている (Mackenzie, 1957, a, 1970). この事柄は Mackenzie も強調しているように，X 線的には認め難い構造化学上の変化が DTA 曲線で示されると考えられる点で興味があるが，一般性として取り扱ってよいかどうか将来の研究問題である. 上にサポナイトとしたのは，Mg の多い種であって，鉄を含む鉄サポナイトについては，常に上の考えが適用できるか否か現在のところ不明である.

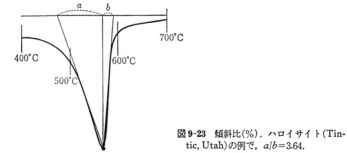

図 9-23 傾斜比(%). ハロイサイト(Tintic, Utah)の例で，$a/b=3.64$.

9-5 熱重量測定 (TG)

試料を特定の温度上昇率のもとで加熱し,温度による試料の重量減を分析する.本多光太郎(Honda, 1915)により世界ではじめて創案され,その研究が開始された「本多の熱天秤」はこれである.その後,斎藤平吉(1962)はじめ,多数の後継者によって,広い研究分野が開拓され,今日のレベルに達した.

機械の仕組で望ましいことは,天秤の本体に熱が伝わらないようにすること,炉の内部に熱対流の影響をできるだけふせぐことなどである.

TG曲線の意味はいろいろある.重量減の原因には,水その他 SO_2, CO_2 な

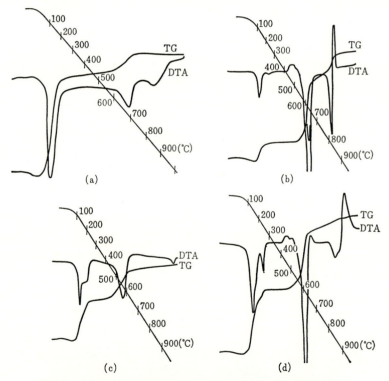

図 9-24 TG, DTA 曲線の例(昇温速度:平均毎分 10°C, 同時記録)(実験,下田右)(Sudo, Shimoda, Nishigaki and Aoki, 1967). (a) モンモリロナイト(山形県左沢)(国峯礦化工業株式会社試料). (b) 緑泥石(ロイヒテンバージャイト–シェリダナイト)(島根県鰐淵鉱山)(坂本卓試料).
(c) 雲母–モンモリロナイトの混合層鉱物(長崎県五島鉱山)(下田右試料). (d) トスダイト(青森県上北鉱山)(児玉秀臣試料).

9-5 熱重量測定(TG)

どの，いろいろな揮発物の脱出があるから，予め試料が単一の鉱物よりできていて，しかも，その鉱物の種がわかっている必要がある．そのうえで，揮発分が温度の上昇とともに，どのように脱出するかを知るのを目的とする．従って，判別法としての用途は，示差熱分析ほど広くない．最近はDTA，TGの同時記録装置が用いられている．4例を図9-24に示す．粘土鉱物の場合には，重量減の原因は脱水である．温度とともに，どのように脱水していくかという変化は，たとえばバーミキュライトの層間水のように，いくつかのステップによる脱水が示されているものについては特に興味がある．

試料の重量減がはじまる点(a)は，試料の外縁において重量減が生じた瞬間を示す．炉の温度を試料の塊の縁(すなわち試料容器の内壁)で測っていれば，aの温度は減量の起こる温度(T)となるはずである．しかし炉の温度が，試料の容器にごく近いが，その外部の適当なところで測られている場合には，aの温度は試料の重量減の起こる温度(T)に極めて近いが，Tを忠実に現わしていない．

またTG曲線からは，反応速度を導くことができる．反応速度は，一般に，$dx/dt=k(1-x)^n$で示される．xは反応のすんだ部分の全体に対する割合，tは時間，kは定数，nは反応の次数である．一定温度に保って，各温度のdx/dtをはかる必要があるが，連続して昇温する場合でも，この式が適用できるとすれば，次のような手順で行うことができる．加熱減量曲線の上で，温度(T)およびx(未反応物質の量，すなわち$1-x$)，およびdx/dt(すなわち$-dx/dt$)を求め，横軸に，$\Delta(1/T)/\Delta \log x$をとり，縦軸に$\Delta \log(-dx/dt)/\Delta \log x$をとって，プロットすると，これは直線的関係となるべきである．反応の速度式を

$$-\frac{dx}{dt} = kx^n$$

とし，このkがアレニウスの式に従うとする．Arrheniusは1889年，反応速度定数kと，温度の関係を示す実験式を得た．すなわち

$$k = A \exp\left(-\frac{E}{RT}\right)$$

である．Eは見掛の活性化エネルギー(以下，活性化エネルギーというのはこの意味である)，Aは定数，Rは気体定数，Tは温度である．両辺の対数をと

って微分し微少変化(Δ)として表わすと

$$-\frac{E}{R}\Delta\left(\frac{1}{T}\right) = \Delta\log\left(-\frac{dx}{dt}\right) - n\Delta\log x$$

これより $\Delta(1/T)/\Delta\log x$ と $\Delta\log\{-(dx/dt)\}/\Delta\log x$ の関係は直線的関係になる．TG 曲線の上から，各点について，T, x を求め，$-(dx/dt)$ を求め，$\Delta(1/T)/\Delta\log x$, $\Delta\log\{-(dx/dt)\}/\Delta\log x$ をプロットすると，この傾斜から E が，$E/2.3R$ として求められ，軸を切る長さより n が求められ，また A を求めることができる(Freeman and Carroll, 1958)．この方法はカオリナイトの脱水反応に適用された(図9-25, 表9-2はその一例)．この結果によれば，カオリナイトの脱水反応の次数は1，活性化エネルギーは，38~53 kcal/mol の範囲に示されていたが，大塚良平(1970)によれば，これらの値は粒径にまた特に加熱速度により影響されることが示されていて(表9-2)，その理由として，試料中の温度の分布の不均一があげられている．また一般に脱水反応では，試料をとりまく水蒸気分圧の影響も大きいことは古くから知られている(第10章)．

　反応の速度論的の解析を行うには，重量の変化速度を求めることが重要である．この値は重量変化曲線の接線の勾配の変化から求められる．このようにして求めた重量の変化速度には，接線の引き方により，個人誤差が大きく入ってくるから，重量変化を刻々に電気的に微分し，その値と温度の関係を自記記録する装置がつくられていて，微分熱重量測定(DTG)とよばれている．この装置で反応の速度論的の解析を容易に行うことができる．図9-26, 表9-3に，蛇紋石群の例を示す．この装置の創造は，de Keyser(1953)によりなされ，Erdey, Paulik 等(1954)により発展させられた．更に，Paulik, Paulik and Erdey(1958)

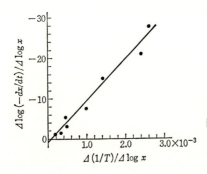

図 9-25　カオリナイト(新潟県赤谷鉱山)の脱水反応の解析図(今井直哉，大塚良平，渡辺晃二 (1965)による).

表 9-2 カオリナイトの脱水反応の解析
(大塚良平(1970)による)

昇温速度 °C/分	試料 産地	粒径	E (kcal/mol)	n
2.5	A	$<2\,\mu$	44.9	0.79
		$2\sim10\,\mu$	44.5	0.79
	B	$<2\,\mu$	45.5	0.69
		$2\sim10\,\mu$	45.4	0.64
5	A	$<2\,\mu$	45.0	0.95
	B	$<2\,\mu$	47.5	0.95
10	A	$<2\,\mu$	64.4	0.79
	B	$<2\,\mu$	71.6	0.45

A:鳥取県石見鉱山,　B:栃木県関白鉱山

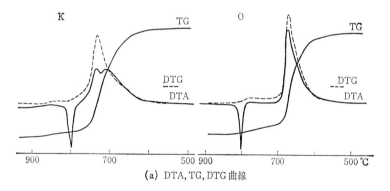

(a) DTA, TG, DTG 曲線

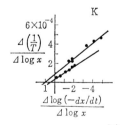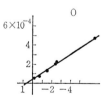

(b) 脱水反応の解析図

図 9-26　蛇紋石鉱物の熱分析(Shimoda, 1967). K:アンチゴライト(京都府河守), O:6層蛇紋石(埼玉県越生).

表9-3 蛇紋石群の熱分析(Shimoda, 1967)

	温度	n	E (kcal/mol)	脱水エネルギー変化 ΔH (kcal/mol(脱水水分の))
クリソタイル	630°C	0.4	36.9	13.3
6層蛇紋石	668°C	0.5	67.6	16.0
アンチゴライト	720°C 745°C	1.0 0.5	54.0 69.9	16.7

n：脱水反応次数，E：活性化エネルギー，ΔH：熱量変化．クリソタイル：群馬県鬼石，6層蛇紋石：埼玉県越生，アンチゴライト：京都府河守．

は，DTA, TG, DTG の 3 つを同時記録する装置をつくった．これが今日のデリバトグラフのはじまりである．今日では，近代的なデリバトグラフが，斎藤平吉，岩田重雄，大塚良平により開発されている(大塚良平, 1964)．図 9-27 に 2 例を示す．

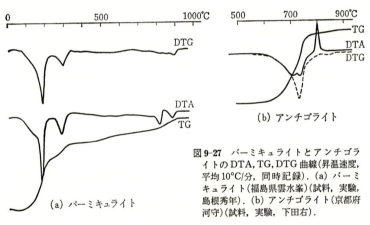

図 9-27 バーミキュライトとアンチゴライトの DTA, TG, DTG 曲線(昇温速度，平均 10°C/分，同時記録)．(a) バーミキュライト(福島県雲水峯)(試料，実験，島根秀年)．(b) アンチゴライト(京都府河守)(試料，実験，下田右)．

TG 曲線は，一定の温度上昇の間における重量変化を測っているのであって，各温度においての平衡状態のもとでの重量減を測っているのではない．従って，同一の試料でも，上昇温度率が異なれば，重量減のはじまる a 点は多少移動し a 点の温度は上昇率が大きいときは多少高く，小さいときは低く示される．また重量減を示す部分の傾斜も異なってくる．従って，この曲線は減量がはじまる温度を忠実に示す点に意味があるのではなく，ただ何度から何度の間に何段の重量減があるかを示すにとどまるのである．

もし各温度で平衡を保つまで放置した場合の加熱重量減曲線の例を示せば，

図9-28のようになる.これを恒温熱重量曲線という.

また断熱方式を採用して,できるだけ熱的平衡を保ちながら,状態量の測定をし,定量分析に役立たせようとする方式がある(図9-29).断熱式比熱示差熱分析装置とよばれ,長崎誠三,高木豊(1948)により創案されたものである.試料支持器は,重さ4.265gで,円筒形の石英ガラスよりできていて,下に3つの孔a,b,cがあいている.これは石英ガラスのフレイム(石英支持台)の上に置かれ,球形のニッケル容器(断熱容器)の中心に置かれている.試料は,中心の孔(a)の中に挿入されたヒーターで熱せられる.試料の温度は,試料容器中の(c)の孔の中に入れられた熱電対で測定される.複熱電対の一方の接点は,試料容器の中の孔(b)の中に,他の1つは,ニッケル容器の壁に接して置かれている.ニッケルの球状容器は,さらに3重の球状の金属シールドに囲まれ,全体が球状の電気炉の中心に置かれ,試料容器と,ニッケル容器の温度差を常に無くす

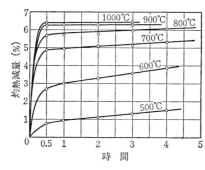

図9-28 広島県勝光山のパイロフィライトの恒温熱重量曲線(吉木文平(1934)による).

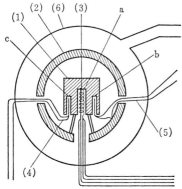

図9-29 断熱式比熱示差熱分析装置(長崎誠三,高木豊(1948)による).(1) シリカガラス製の円筒状の試料支持器.(2) 球状のニッケル製容器(断熱容器).(3) 内部ヒーター(中央のaの孔に挿入されている).(4) 熱電対(試料の温度測定用,cの孔に挿入されている).(5) 複熱電対(bの孔に挿入されている).a,b,c:試料支持器につくられた3つの孔.

るよう自動制御されている.ヒーターに,恒常の電力(Pワット)を加えることにより,重さWgの試料を,$\Delta\theta$だけ温度を上昇するにΔt(秒)要したとすれば,比熱SHは$(0.239 P\Delta t)/(W\Delta\theta)$ (cal/g)で示される.多くの物質の比熱は,温度の上昇とともに上昇するから,基線はゆるやかに上昇するが,転移や脱水などの変化が生ずるとピークが生ずる(図9-30).主な粘土鉱物の脱水エネルギーを表9-4に示す(Sudo, Shimoda, Nishigaki and Aoki, 1967).

熱分析装置の近年の発達は,更に測定の条件を広める方向に(ガスフロー,高圧,低温,高温),また2種,3種の装置を併用して,同時記録する方向に見られる.また一方で,熱分析装置と他の機器とを併用し,同時記録する装置もつくり出されている.例えば,DTAとガスクロマトグラフを併用して,揮発物

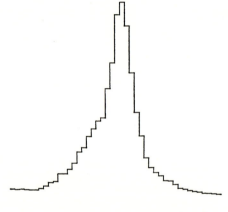

図9-30 緑泥石(ロイヒテンバージャイト-シェリダナイト)(島根県鰐淵鉱山産,坂本卓試料)の脱水の比熱曲線(Sudo, Shimoda等(1967)による).試料:5.60 g;0.606 W;時間フルスケール,1000秒;熱電対はクロメル-アルメル(C-A).空気中にて測定.

表9-4 主な粘土鉱物の脱水エネルギー

	脱水量(%)	脱水温度(°C)			脱水エネルギーの変化 ΔH (kcal/mol(脱水水分の))
		T_1	T_2	T_3	
モンモリロナイト(左沢)	16.4	62	102	154	9.8
	3.6	620	652	690	17.7±0.7
緑泥石(ロイヒテンバージャイト-シェリダナイト)(鰐淵)	8.28	550	592	630	19.3±1.0
	2.95	802	832	850	20.1

T_1:ピークの始点,T_2:ピークの頂点,T_3:ピークの終点.

質の組成も同時に明らかとするもの,また,DTAと高温X線ディフラクトメーターを併用して,構造変化をも同時に明らかとする方法である.

参 考 文 献

Bramão, L., Cady, J. G., Hendricks, S. B. and Swerdlow, M.(1952) : Soil Sci., **73**, 273.
Erdey, L., Paulik, F. and Paulik, J.(1954) : Nature, **174**, 885.
Freeman, E. S. and Carroll, B.(1958) : J. Phys. Chem., **62**, 394.
Grim, R. E. and Rowland, R. A.(1942) : Amer. Miner., **27**, 746, 801.
Grim, R. E. and Rowland, R. A.(1944) : J. Amer. Ceram. Soc., **23**, 5.
Honda, K.(1915) : Sci. Rep. Tohoku Imp. Univ., Ser 1, **4**, 97.
今井直哉,大塚良平,渡辺晃二(1965):粘土科学, **4**, 15.
河島千尋(1949):窯業原料,第2集,窯業原料協議会,学術図書.
Keller, W. D. and Wescott, J. F.(1948) : J. Amer. Ceram. Soc., **31**, 100.
Kerr, P. F. and Kulp, J. L.(1948) : Amer. Miner., **33**, 387.
Keyser, W. L. de(1953) : Nature, **172**, 364.
Kozu, S. and Masuda, M.(1926-1929) : Sci. Rep. Tohoku Imp. Univ., Ser. 3, **3**, 33.
Le Chatelier, H.(1887) : C. R. Acad. Sci., Paris, **104**, 1443.
Mackenzie, R. C.(1957, a) : Miner. Mag., **31**, 672.
Mackenzie, R. C.(Editor)(1957, b) : The Differential Thermal Investigation of Clays, Mineralogical Society, London.
Mackenzie, R. C.(Editor)(1970) : Differential Thermal Analysis, Vol. I, Academic Press.
長崎誠三,高木豊(1948):応物, **17**, 104.
Nagasawa, K.(1953) : J. Earth Sci., Nagoya Univ., **1**, 156.
大坪義雄,加藤忠蔵(1956):実験化学講座,固体物理化学,丸善.
大塚良平(1964):分析化学, **13**, 490.
大塚良平(1970):熱・温度測定と熱分析, 1970年度版, 1, 科学技術社.
Paulik, F., Paulik, J. and Erdey, L.(1958) : Anal. Chem., **160**, 240.
Roberts-Austen, W.C.(1899) : Proc. Inst. Mech. Engrs.(London), 35.
斎藤平吉(1962):熱天秤分析,技術書院.
Shimoda, S.(1967) : Sci. Rep. Tokyo Kyoiku Daigaku, Sec. C, No. 92.
Sudo, T., Nagasawa, K., Amafuji, M., Kimura, M., Honda, S., Muto, T. and Tanemura, M.(1952) : J. Geol. Soc. Japan, **58**, 115.
Sudo, T.(1954) : Clay Miner. Bull., **2**, 96.
Sudo, T., Shimoda, S., Nishigaki, S. and Aoki, M.(1967) : Clay Miner., **7**, 33.
吉木文平(1934):岩礦, **12**, 165.

第10章 加熱変化

10-1 カオリナイト群の加熱変化

粘土鉱物の加熱変化には脱水,変態(転移)がある.DTA,TG 曲線には,これらの変化に伴って出入りする熱量の変化に対応するピークが示される.加熱変化の研究は,基礎,応用両面で必要であるのみならず,高温工業ともいうべき窯業の方面で必要である.その方面で,カオリナイト群は重要な原料の1つであるから,その加熱変化の研究史は特に長い.

カオリナイト群の 500~600°C の脱水は,(OH) の離脱によるものであることはよく知られている.(OH) は8面体シートの外側にあり,また4面体,8面体の両シートの中間にあるが,最近,岩井津一等(Iwai, Tagai, Shimamune, 1971)は,ディッカイトの構造解析より,脱水の進むにつれて,外側の (OH) の中で Al と結合している (OH) が離脱し,次いで,535°C の加熱によって,Si と Al の間の (OH) が離れることを示し,結果として Al は,極めてゆがんでいるが,4配位の位置をとることを示した.古くから,この脱水後メタカオリンといわれる非晶質物質が生ずることが知られ,その中に,Al が4配位をとっていることを,螢光 X 線のピークから確かめられていた(Brindley and McKinstry, 1961).(OH) の脱出の機構については,$2(OH) \rightarrow H_2O + O^{2-}$ となり,水が粒子内を拡散して出ていく説,O イオンの骨組は変わらず,H イオンがさまよって,O イオンと結合し水として出ていく説がある.ここで,粒子の表面から脱水が生じ,次第に内部に進むとすれば,水が表面に出るまでに時間を要し,これが反応次数を大きくし,DTA 曲線の形に影響するが,粒子が大きい場合ならびに粒度が不均一の場合に,この影響が特に大きいことが,都築芳郎,長沢敬之助(Tsuzuki and Nagasawa, 1957)により論ぜられた.

Brindley と中平光興(Brindley and Nakahira, 1957)は,粉末粒子の大きさ,形,試料容器中へのつめ方の影響に注目して,カオリナイト粉末を円板状(直径 1.15 cm, 厚さ 0.5~2.5 mm)に成形し,等温法で減量を測定し,反応の初期は1次反応 ($n=1$) と考えられるが,進行につれそれよりずれること,このず

れ方は，試料の厚さにより異なることを知り，これは，脱水により生じた水蒸気が粒子間にトラップされ反応をおくらせるためと考えた．また，Brindley, Sharp, Patterson 等(1967)は，石英スプリング式の熱天秤を用い，等温法でカオリナイト(フロリダ産)の脱水反応をいろいろの水蒸気圧で記録し，結果は，水分子の結晶内拡散により説明できるとした．また，Achar, Brindley および Sharp(1966)は，TG 曲線を，いろいろな水蒸気圧と加熱速度のもとで記録し，水蒸気圧が高くなるほど曲線は高温側へずれることを示し，また一方で反応次数，活性化エネルギー(E)の解析図では，何れも直線関係が示されていることより，水分子の2次元的な拡散が主要な原因であると述べている．表10-1 に，TG 法と等温法で求められた反応速度的パラメーターを示すが，E の一致は良好といってよいであろう．

表10-1 TG 曲線および等温法で求められたカオリナイトの脱水反応の活性化エネルギー
(Achar, Brindley and Sharp(1966)による)

圧力(mmHg)	TG 曲線		等温法
	$\log A$	E (kcal/mol)	E (kcal/mol)
~10^{-3}	12.5_2	42	51
4.6	19.2_5	66	84
13	28.5_2	100	90
47	29.3_0	107	112

900~1000°C 間の発熱ピークは，メタカオリンの再結晶によることは古くから知られていたが，何度で，どのくらいの再結晶が進むかは，不純物の存在，温度の上昇率によって(その他，熱履歴があれば，それによっても)左右されて，一義的には定めにくい．古くからこの配慮のもとでの研究も詳細に行われていた(Insley and Ewell, 1935). 古くから再結晶物は，γ-アルミナ，ムライトなどといわれていたが，2つの重要な事実が注意されていた．1つは，これらの物質の晶出が X 線的に確かめられるようになる温度と，示差熱分析のピークの温度とが一致しない．また，ムライトが，メタカオリン化したカオリナイト上に，定方位配列して生ずることから(ムライトの細い結晶がカオリナイトの6角の外形の縁に平行に生ずることが電子顕微鏡下で観察された), メタカオリンは，全く非晶質のものでなく，構造は極めてゆがんでいるであろうけれども，もと

のカオリナイトの構造の「おもかげ」を残しているものであろうと考えられた (Comeforo, Fischer and Bradley, 1948).

近年 Brindley と中平光興(Brindley and Nakahira, 1958, 1959)は，まず従来 γ-アルミナといわれていたものは，γ-アルミナよりも格子定数が幾分小さく，スピネル型の構造のもの(シリカアルミナスピネル)であるとした．このものは等軸最密充填式に配列した酸素の8配位点にAlが位置し，4配位点にSiが位置したもので一部に欠損のある構造である．そして，カオリナイトの単結晶の加熱物のX線回折より，シリカアルミナスピネルの[111]方向は，カオリナイト結晶の底面に垂直で，[110]がカオリナイトのb軸に平行に生成していると述べた．これに対して，都築芳郎(Tsuzuki, 1961)は，高温相をX線によって化学分析した結果では，γ-アルミナのみが生じているか(結晶度の悪いカオリナイトまたはハロイサイトの場合)，または γ-アルミナとムライトができる(結晶度のよいカオリナイトの場合)としたほうが，原試料中の Al_2O_3 と高温相中の Al_2O_3 の量の対比がよいと報告した．その後，都築芳郎，長沢敬之助(Tsuzuki and Nagasawa, 1969)の一連の研究によれば，次のような事実が得られている．DTA曲線と熱膨張を同時に記録する装置をつくり調べたところ，収縮はDTA曲線のピーク以前よりはじまり，急な著しい収縮の生ずる温度は，DTA曲線のピークと一致する．DTA曲線のピークは，γ-アルミナ，またはそれとムライトの結晶化に伴うものであり，これ以前の収縮のために，発熱ピークの直前に弱い吸熱ピークが生ずる．またAlの配位は，4から次第に4と6が共存する状態をとり，この変化も，DTAのピークの生ずる温度より低い温度から生じている．要するに，発熱ピークは，高温相の結晶化によるものであるが，このための，いろいろな前駆現象が生じているという結論である．そして，電子回折により，γ-アルミナと，もとのカオリナイトの結晶との定方位関係が認められ，結晶相以外に，かなりの非晶質物質(シリカ)の存在が推定されている．

カオリナイトでは，1200°C附近に1つの発熱ピークがあるが，これはムライト，クリストバライトの結晶化とされている．Brindleyと中平光興(Brindley and Nakahira, 1959)は，シリカアルミナスピネル($SiO_2 : Al_2O_3 \fallingdotseq 3 : 2$)から，1400°C附近になると，$SiO_2 : Al_2O_3 = 2 : 3$のムライトになり，余分の SiO_2 がクリストバライトになると説明した．ムライトの化学成分は，温度によって変

わることが知られているが,低温ではAl_2O_3に富み,高温ではSiO_2に富むという説もある(Agrell and Smith, 1960).なおここでも,ムライトの生成は,焼成の温度のみならず,時間にも左右されることが示され(宇田川重和,1966),合成したカオリナイトでは,天然のカオリナイトより,この発熱が起こりにくい事実があり,これは天然物の一般性として不純物を含むためと考えられている(MacKenzie, 1969).

10-2 スメクタイト,バーミキュライト

スメクタイトの100〜300°Cの吸熱ピークは,1個ないし2個あり,その数ならびに温度は,交換性イオンの種による.Li型では2個,Ca, Mgのような2価イオンの場合も2個,Na, Kのような1価イオンの場合は1個であるとされ,更に湿度によっても影響され,湿度が高いときは,1価イオンでも2個であり,2価イオンでは3個となっている.ピークの温度は1価イオンの場合は2価イオンの場合より低い.加熱し層間水を脱水させ,再び水分を加えたとき複水する温度範囲も,交換性イオンの種で異なり,Li型では約200°C, Ca型では300〜400°C, Na型では400〜500°Cである.

600〜700°Cのピークは,(OH)の脱水によるもので,このとき構造は著しい非晶質となることはないが,モンモリロナイトの構造の大綱は残してゆがむものと考えられている.(OH)脱水によるピークは,通常700°C附近に生ずるが,600°C附近に生ずるもの,両者が共に生ずるものがある.(OH)脱水温度の低いものは,4面体シートのSi⇄Alの置換が進んだもの(バイデライト)に多く見られるが,また規則-不規則変化で説明されている.一方で8面体シート中の同形イオン置換にも関係がある(サポナイト,ノントロナイトのように,鉄,マグネシウムの多いものでは,600°C附近にピークが現われる).700°C附近でピークを示すものを加熱し,(OH)をのぞき,再水和させると,500〜600°C附近にもピークが生ずることがあり,これは,規則-不規則の関係で説明されている.

800〜1000°CのいわゆるS字形ピークは,モンモリロナイト,バイデライトなどに見られるが,ノントロナイト,サポナイト,ヘクトライトでは,主として発熱ピークが見られる.GrimとKulbicki(1961)は,この吸熱ピークは,モ

ンモリロナイト構造が一時くずれて，非晶質となるとき現われると説明し，この再結晶に対応して，発熱ピークが生ずることを高温X線カメラと，DTAを併用して確かめた．鉄，マグネシウムの多いスメクタイトでは，この非晶質状態が認められない．高温相は，スメクタイトのdi.亜群では，ムライト，クリストバライトであり，スメクタイトのtri.亜群では，エンスタタイト，クリノエンスタタイトなどである．

　バーミキュライト群の層間脱水物については，Mg型についてWalker(1956)は詳細な研究を行った．20°C，50%の相対湿度のもとで，まず，2層の水分子層の完成した14.36Å相が，60°Cまで安定である．60°Cより水分子層の完成した多少構造の異なる13.82Å相が生じ，70°Cで1層の水分子層を持つ11.59Å相が生ずる．110°Cで，無水相の9.02Å相がゆっくり生じはじめ，200～250°Cで，20.6Åの長周期反射が生ずる．これは，11.59Å相と，9.02Å相の規則型混合層と思われる．13.82Å相と9.02Å相は容易に複水するが，9.02Å相は複水しない．従って，9.02Åが生成する温度範囲になっても，11.59Åがまだ完全に消失していない温度範囲(少なくとも300°Cぐらいまで)にあるときは，水分を加えると，14.39Åのピークが生ずる．なお，9.02Åは複水はしないが，完全に9.02Åとなるのは，温度の上昇と共に，極めてゆるやかで，10Å程度から，ゆっくりと9Åへ変わる(300°Cでも10Åの程度)．以上は，肉眼的の結晶の場合で，2μ以下の粒子の場合も，傾向は同じであるが，特に9.02Åの最終点に達し難く，750°Cでも，9.5Åの程度にとどまっていることが多い．細かい粒子では，特に層間の収縮が加熱により完全に行われず，水分が少量ながら層間に入り得るものと思われる．

　複水する性質を持つスメクタイト，バーミキュライト群の加熱変化は，高温X線ディフラクトメーターで調べる必要がある．たとえば従来広く行われているように，粉末試料を，加熱後，直ちにデシケーターに保存し，空気中に出してX線を照射する方法では，湿度の高いときは，14.3Åの粉末反射ピークが，高温加熱物からも示される．天然産のスメクタイト(homoionicでない)に比すれば，天然産のMg型のバーミキュライトのほうが複水性が大きいから，上記の結果は両者の判定に利用できる．しかし，いろいろな層間イオンの場合にも広く利用される安全な判定法ということはできない．高温X線ディフラクト

メーター(Shimura, 1961)の記録によれば，スメクタイト，モンモリロナイトの脱水は，100°C附近から著しく生じ，バーミキュライト群ではいくつかのステップが認められる．これは，構造解析の結果認められた各脱水相に対応する．ここで興味あることは，モンモリロナイトの Mg 型は，弱く不明瞭ながら，Mg 型のバーミキュライトに似たステップを示す．スメクタイトとバーミキュライトは，紙一重の近縁な鉱物で，交換性イオンの種によっては，スメクタイトがバーミキュライト群の性質を一部帯びるようになることは，「Al-バーミキュライト」の性質でも認められている．

また高温X線ディフラクトメーター法の1つに振動法がある．この方法は特定の温度上昇率のもとで特定の回折ピークの出現角度範囲に計数管を往復させ，このピークの変化を見るものである(図10-1)．

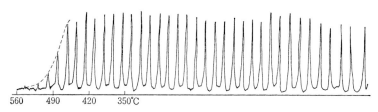

図 10-1　高温 X 線ディフラクトメーターの振動法で記録したカオリナイトの 7Å のピークの変化．西ボヘミア Cheb 近く Vonšov のカオリナイトを主とする粘土．J. Konta 教授の試料，児玉秀臣，生沼郁実験．温度上昇率毎分 10°C．この上昇率のもとで 7Å のピークの消失の温度が示されている．

10-3　その他

パイロフィライトは 600°C 附近より脱水しはじめ，それに伴って，屈折率は低下し，また次第に複屈折も弱くなる．しかし，1000°C 附近までは光学性が保たれていて，カオリナイトのように非晶質化は著しくないものと考えられる．1000°C 附近での加熱物はムライトの他に未知の鉱物の粉末回折を示し，1100°C では完全にムライトと化し，1200～1500°C ではムライトとクリストバライトの混合物に変化することが X 線粉末回折パターンより認められる．この状態では光学的に見掛け上，等方性を示し，屈折率は 1.22 くらいまで低下する．カオリナイトの 600～850°C の焼成物では，酸によりアルミナの大部分を溶出するが，パイロフィライトではこの範囲の加熱物よりアルミナの溶出はほとん

ど認められない(吉木文平, 1934).

滑石は 800°C 附近まで変化しないが, 900~1000°C で脱水し, エンスタタイトとクリストバライトになる. すなわち

$$(Mg_3)[Si_4]O_{10}(OH)_2 \rightarrow 3MgSiO_3+SiO_2+H_2O$$

アンチゴライトは 500~700°C の間で脱水し, それに伴って次第にかんらん石に変化し, 1000°C 以上では, さらにクリノエンスタタイトに変化する. すなわち

$$2(Mg_3)[Si_2]O_5(OH)_4 \rightarrow 3Mg_2SiO_4+SiO_2+4H_2O$$
$$3Mg_2SiO_4+SiO_2 \rightarrow 2Mg_2SiO_4+2MgSiO_3$$

のように2段に分解するものと考えられている(Haraldsen, 1928).

また Ali と Brindley (1948) はペンニンの結晶の加熱実験より次の事実を報告した. すなわち, 800°C でかんらん石を生じ, 1000°C でかんらん石とともにエンスタタイトおよびスピネルを生ずる. このとき, かんらん石はペンニンの原形と平行連晶をなして生ずる. たとえば, かんらん石の [013], [011] は, それぞれペンニンの a, b 両軸に平行となり, かんらん石の a 軸は, ペンニンの c^* 軸に平行となる.

緑泥石では, 層間の (OH) シートの (OH) の脱水(約 600°C)と, 2:1 層の内部の (OH) の脱水のピークと2つ見られるが, 前者の脱水に伴って, 14Å は極めて強くなり, 他の底面反射は極めて弱くなり, 14Å の値は減少することなく結晶がこわれてしまう. Brindley と Ali(1950)は, 1次元フーリエ合成図で, 加

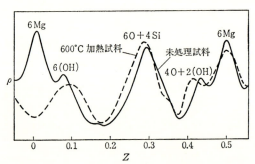

図 10-2 ペンニンの1次元フーリエ合成図(Brindley and Ali(1950)による). Z:Z パラメーター, ρ:電子分布密度.

熱前後の状態を比較し，加熱により，層間の電子分布は著しく変化しているが，単位構造の高さは殆んど変化していないことを認めた(図10-2).

BrindleyとZussman(1957)は，蛇紋石群の加熱変化を詳細に検討し，加熱物と原試料の間に，結晶学的な規則正しい配列関係が見られることを示した．たとえば，以下でFをかんらん石，Sを蛇紋石とすれば，$[010]_F$と$[013]_F$は$[100]_S$に平行，$[001]_F$と$[011]_F$は$[010]_S$に平行，$[100]_F$はSのc^*の方向に垂直で，単位胞間に$2a_S \simeq b_F, 2b_S \simeq 3c_F$の関係がある．図10-3に，X線粉末回折パターンに見られる加熱変化を示す．

アロフェンは，100〜200°Cの間で著しく脱水するが，高温側まで脱水がつづく．従って，DTA曲線は高温側の傾斜がゆるやかで，ピークの温度も，ハロイサイト，モンモリロナイトより高温側へずれる．またTG曲線でもゆるやかな傾斜が高温側へつづく．約800°Cぐらいになって，水平に近くなる．この

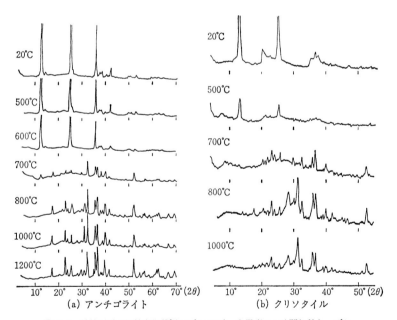

図10-3 蛇紋石群の加熱変化(Shimoda, 1967)．各温度に1時間加熱し，デシケーター中に保存し，空気中でX線を照射．(a) アンチゴライト(京都府河守)．(b) クリソタイル(群馬県鬼石)．加熱生成物は何れもかんらん石とエンスタタイト．

事実は,水分子と固体との間の結合力にいろいろの程度の幅があることを示し,恐らく,水分の形態にも変化があるのではないかと考えられている.赤外線吸収では,(OH) による吸収 (3500 cm^{-1} 附近) もみられ,吸着水に基づく吸収ピーク (1700 cm^{-1} 附近) も見られるが,それ以外に,800～1300 cm^{-1} の範囲に幅広いピークが出る.1000°C に加熱後も,(OH) の吸収ピークは残っている.吸着水に基づくとされているピークは,700°C でも一部残り,1000°C ではほとんど消失する.この脱水曲線は,沸石水のそれに似ている.沸石水は,規則正しい構造内のチャンネル,または空洞に保有されている水であるが,アロフェンの構造は,不規則であるから,極めて細かい粒子間の不規則な空洞を満たしている水の示す脱水性質と考えられる.またアロフェンの粒径は,加熱により一時減少したり,ときに増加したりする.

粘土鉱物が加熱と共に脱水して単位構造の高さが変化したり,また構造がこわれたりする性質は,粘土鉱物の群により大へん異なっているので,判別に利用される.しかし,ここで十分注意しなければならないことは,粒度,複水の影響,また加熱速度,特定の時間に加熱しておく時間による影響である.今後は高温ディフラクトメーターの記録(耐熱曲線ともいうべきもの)によって比較し,また目的が粘土鉱物の判定判別にあったにしても,一方で実験条件を変えて,各粘土鉱物の加熱変化の根本的の検討に力を入れる必要があるように思われる.

以上述べ来ったところから一般的にいえることは,固相反応,特に粉末塊のそれは極めて複雑である.それは反応進行過程,機構が多様である上に,それらに影響を与える因子がまた多様だからである.たとえば粉末塊の脱水過程で考えられることは,脱水相の核の生成,成長,結合,水分子の結晶内の拡散,水分子の結晶粒子端面よりの離脱,水分子の結晶粒子間の拡散など限りがない.よって,一般にこれらの反応の(特に粉体の)反応速度論的パラメーターの解析を単純な1つの式により行うとしても,その意味(限度)は注意しておかなくてはならない.たとえば不均一系の反応速度論の場合に,反応の次数とは果してどのような意味を持っているのだろうか.

10-4 加熱変化の応用

　上に考察したように，一般に粘土鉱物を高温度に加熱したとき結晶して出る結晶相の性質は，まずその粘土鉱物の化学成分と結晶構造に影響されると考えられるが，さらに加熱脱水温度はもとの鉱物の粒度や不規則性にも影響される．原結晶の構造の不規則性が著しいほど，その脱水温度が低下していることがある．しかるに原結晶の粒度，不規則性は，同一の鉱物種の中においても変化があることが知られている．よって，同一種の鉱物でも，脱水温度，加熱変化により生ずる新しい結晶相の種類，その晶出順序(従って，ある温度において晶出する結晶相の種類とその量的割合)は異なることがあり得る．また一方において，極めて僅かな不純物が，粘土の高温加熱物中に晶出する結晶相の種類，晶出順序，その量的割合を変化させることが認められている．このようにして，同一種の粘土鉱物でも，その加熱変化の性状は，かなり変化があり得て，その変化の原因には，原結晶の粒度，不規則性と不純物などが考えられる．

　以上要するに，1つの粘土鉱物を加熱していくとき生じ得べき結晶相の中には，原粘土鉱物と構造上の類似性のあるものが多く，加熱変化により生ずる結晶相が，必ずしも相律により規定されない原因の1つがここに存在する．要するにその結晶相の種類，および晶出順序を規定する原因は，原結晶の粒度，化学成分，結晶構造とともに，その結晶度が影響しているらしく，さらに不純物の存在がこの点に著しい影響を与えるものと考えられる．

　加熱変化は，粘土を利用する上において大切であることはいうまでもないが，2種以上の粘土鉱物の鑑別に，この加熱変化を利用することがある．その原理は次のようである．すなわち，既に示差熱分析の項で述べたように，各粘土鉱物は，結晶水の脱水する温度が異なっているものが多い．結晶水が脱水する瞬間に，その結晶構造がくずれはじめ，X線粉末写真は，不明瞭となりはじめるものがある．今2種以上の粘土鉱物の混合物を加熱していって，その中で最も脱水温度の低い鉱物(A)の脱水温度まで加熱し，ただちに冷却した試料のX線粉末写真を撮ってみると，Aの粉末線が消失していて，残りの鉱物を，より明瞭に確かめられる場合がある．かくして脱水温度の異なる鉱物の混合物を適当に加熱することにより，その各鉱物を区別することができる場合がある．例えば，モンモリロナイトとカオリナイト群の混合体を600℃に加熱すれば，カオ

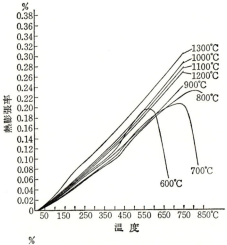

図 10-4 韓国産カオリン粘土の焼成物質の熱膨張曲線(河島千尋(1949)による).

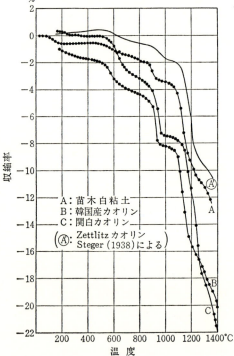

図 10-5 カオリン粘土の熱間荷重曲線(河島千尋(1949)による).
A：主としてハロイサイト．
B：主としてカオリナイトとハロイサイト．
C：主としてカオリナイト．

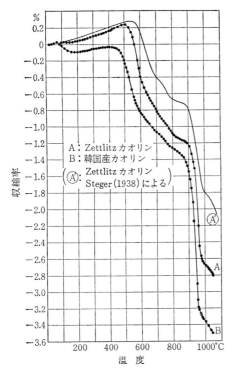

図10-6 カオリン粘土の熱膨張収縮曲線(河島千尋(1949)による).

リナイトの粉末線は消失し,モンモリロナイトの粉末線が残るので,この両者の混合を確認することができる.これは各種の粘土鉱物の混合物である頁岩中の粘土鉱物成分を,区別確認するのに利用される.

一般に粘土鉱物は融点が高い.すなわち耐火性がある.耐火性の大小,すなわち,耐火度はゼーゲル錐で測定される.ゼーゲル錐は,アルミナ,ケイ酸,アルカリ,石灰,などの配合物を錐状につくり,加熱による軟化点(錐が曲がる,熔倒する温度)により,高温工業で炉内の温度,試験物の耐火度を測定する(発案者,H. Seger).20〜50°Cおきに異なる軟化点を持つような組成につくられていて,熔倒温度をゼーゲル(円)錐(Seger Kegel)より,SK何番とよぶ(たとえばSK 10は1300°C).粘土鉱物の中でもアルカリ金属の多いものは比較的耐火度が低く(例えば雲母粘土鉱物などはその一例),少ないものは,特に耐火度が高いので耐火材料に用いられる(カオリナイト群,パイロフィライトなど).

また一般の粘土鉱物は加熱していくと，融点に達する前に，全体が融けないにかかわらず，しっかり固まる性質がある．これを焼結という．焼結しはじめる温度，焼結物の得られる温度の範囲は，熱膨張，収縮とともに窯業用の粘土について問題となる．クリストバライトは，280°C 附近で異常な膨張をするので，窯業用の粘土にクリストバライトの混入が特に注意される．また粘土塊の高温下での力学的の強さも窯業用の粘土で問題となる．これは各温度で粘土塊が耐え得る重さの最大値をもって測定される．これを熱間荷重という．図10-4, 5, 6 に代表的の粘土の熱膨張収縮測定と熱間荷重試験の例を示す．

参 考 文 献

Achar, B. N. N., Brindley, G. W. and Sharp, J. H. (1966) : Proc. Intern. Clay Conf., 1966, Jerusalem, I, 67, Israel Program for Scientific Translations.
Agrell, S. O. and Smith, J. V. (1960) : J. Amer. Ceram. Soc., **43**, 69.
Ali, S. Z. and Brindley, G. W. (1948) : Proc. Leeds Phil. Soc., **5**, 109.
Brindley, G. W. and Ali, S. Z. (1950) : Acta Cryst., **3**, 25.
Brindley, G. W. and Zussman, J. (1957) : Amer. Miner., **42**, 461.
Brindley, G. W. and Nakahira, M. (1957) : J. Amer. Ceram. Soc., **40**, 346.
Brindley, G. W. and Nakahira, M. (1958) : Nature, **181**, 1333.
Brindley, G. W. and Nakahira, M. (1959) : J. Amer. Ceram. Soc., **42**, 311.
Brindley, G. W. and McKinstry, H. A. (1961) : J. Amer. Ceram. Soc., **44**, 506.
Brindley, G. W., Sharp, J. H., Patterson, J. H. and Achar, B. N. N. (1967) : Amer. Miner., **52**, 201.
Comeforo, J. E., Fischer, R. B. and Bradley, W. F. (1948) : J. Amer. Ceram. Soc., **31**, 254.
Grim, R. E. and Kulbicki, G. (1961) : Amer. Miner., **46**, 1329.
Haraldsen, H. (1928) : Central. Miner. Geol., Abt. A, No. 9, 297.
Insley, H. and Ewell, R. H. (1935) : J. Res. Nat. Bur. Stand., **14**, 615.
Iwai, S., Tagai, H. and Shimamune, T. (1971) : Acta Cryst., **27**, 248.
河島千尋(1949)：窯業原料, 第2集, 窯業原料協議会編, 学術図書.
MacKenzie, K. J. D. (1969) : J. Amer. Ceram. Soc., **52**, 635.
Shimoda, S. (1967) : Sci. Rep. Tokyo Kyoiku Daigaku, Sec. C, No. 92.
Shimura, Y. (1961) : Rev. Sci. Instrum., **32**, 1404.
Steger, W. (1938) : Ber. Deut. Keram. Gesell., **19**, 1.
Tsuzuki, Y. and Nagasawa, K. (1957) : J. Earth Sci., Nagoya Univ., **5**, 153.
Tsuzuki, Y. (1961) : J. Earth Sci., Nagoya Univ., **9**, 305.
Tsuzuki, Y. and Nagasawa, K. (1969) : Clay Sci., **3**, 87.

宇田川重和(1966)：粘土科学, **5**, 25.
Walker, G. F.(1956) : Clays and Clay Minerals(A. Swineford, Editor), Publ. **456**, 101, Nat. Acad. Sci.—Nat. Res. Counc., Washington.
吉木文平(1934)：岩礦, **12**, 165.

第11章　粘土鉱物の合成

11-1　目的と方法

　鉱物合成の研究目的は，大別して2つとなる．1つは，天然の鉱物の生成条件を知ること，他は生産行程に移して利用しようという目的である．前者では，高温，高圧の生成反応であっても，また常温，常圧の場合であっても(すべてではないが)，反応の速度はゆるやかで，そのままを実験に移すことは不可能である．天然の鉱物の中には，平衡状態での生成物もあり，また準安定の生成物もある．合成物についても同様であるが，合成実験の結果が相律的に矛盾がないかをしらべて，平衡状態図をつくることになる．粘土鉱物の場合は，明らかに非平衡状態にある天然生成物と見られるものがある．たとえば土壌中の粘土鉱物の生成にこれを見ることができる．

　利用する目的のための合成実験の趣旨は次のようである．天然物でも多量に存在するものは利用される場合が多い．しかし，天然物には，とかく不純物が密雑して混合していることが多い．そこで使用規格が極めて厳格な場合は，純粋な材料(化学薬品など)から純粋な合成物をつくり，利用の途に供することが望ましい．以上述べたことは，粘土鉱物の合成についてもそのままあてはまる．

11-2　実験条件と出発物質

　実験条件は，高温高圧の水蒸気下(熱水条件)から，高温常圧下，常温常圧下まであるが，条件としては，温度(T)，圧力(P)以外に，化学的条件が広く変えられて合成が進められている．化学的条件とは，pH，イオンの種類などである．出発物質として，単純な組成を持つ人工，天然の酸化物(SiO_2, Al_2O_3, 石英)を用いる場合，人工，天然の非晶質物質(シリカゲル，火山ガラス，アロフェン)を用いる場合があり，また，天然の鉱物(長石，輝石，雲母)を用いる場合がある．粘土鉱物では，産状で見られる通り，1つの鉱物から変化して生じたものがしばしば見出されるからである．

11-3 合成機器

高温高圧下での合成に用いられる耐熱耐圧容器はオートクレーブで,古くから用いられ,今日でも簡単な合成に用いられているものに Morey 型のオートクレーブがある.試料は白金の小容器中に入れて,本体の容器中に入れる.圧力を直接測定することは不可能で,反応室内に入れた水の量と温度から,水の P-V-T の関係を利用して圧力を求める (Morey and Ingerson, 1937).

テストチューブ型 (Roy and Osborn, 1952) は,粘土鉱物の合成に広く利用されている (図 11-1).容器は 1×8 インチの長円筒 (A) で,水または空気中での急冷の効果が上るよう小型になっている.材質はステライト (Ni-Cr-Co-W 系) である.白金の細いチューブを用意し,その一端を溶接し,中に 1/3 ほど試料粉末を入れ,水を加え,他端を溶接し密閉し,容器の中に入れ,水を満たす.試料を白金チューブの容器中に密閉して入れるのは,高温高圧下で試料の化学成分の一部が,水中に溶出するのをふせぐためである.圧力は,加圧装置 (B) から,高圧用毛管 (C) を通り,圧力をかけられた水が (A) 中に送られ,温度調節器 (D) によって特定の温度に保たれた電気炉 (E) で加熱され,温度と圧力は独立に調節できる.しかも特定の温度,圧力下で長時間保つことができる.実験が終了後,(A) を電気炉より取り出して,水または空気中で急冷する.

反応生成物の量は一般に少量である.これは反応をなるべく速く均一に進め

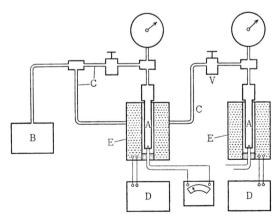

図 11-1 テストチューブ型.

るためでもある．しかし，そのため，反応生成物の性質を詳細に判定するには，試料が少なすぎる．従来はX線粉末反射を調べて判定するにとどまっていたことが多く，従って，時には判定が不十分のまま放置されていた例がある．粘土鉱物の場合は，P-T条件と水のみでなく，化学的条件，母材の性質が反応生成物の性質を規定する上に不可欠の要因である．

Noll(1935)は，粘土鉱物の合成研究に先鞭をつけた．結果の大要は以下のようである．水酸化アルミニウム，ケイ酸ゲルを1:4に混合したものに，いろいろの酸，塩基($NaOH$, KOH, $Mg(OH)_2$, $Ca(OH)_2$等)を加え，300°C，水蒸気圧(87気圧下)で処理したもので，処理の時間は20時間前後である．合成物をX線で調べて，次のような結果を得ている．すなわち，酸性で(例えば塩酸(1/100 N)，腐植酸，硫酸等の存在下)塩基を加えないときは，常にカオリナイトを生じ(400°C)，塩基の濃度を大としてアルカリ性にすれば，カオリナイトに混じてモンモリロナイトを生ずる(400°C)．そして，特に$Mg(OH)_2$の濃度の最も広い範囲にわたって，モンモリロナイトを生ずることが確かめられている．これによれば，まずカオリナイトの生成には，塩基の少ない酸性条件が好適であり，モンモリロナイトの生成では，塩基(特に$Mg(OH)_2$)の多いアルカリ性が好適であると考えられる．

なお特殊な粘土鉱物の合成には，次の例が知られている．EwellおよびInsley(1935)によれば，Al_2O_3とSiO_2の人工共沈ゲル($1Al_2O_3$: $2SiO_2$の割合)より，350°C，167気圧または390°C，260気圧の蒸気圧下で，それぞれバイデライトができることを認めている．また両氏は同様に，SiO_2とFe_2O_3のゲルより，ノントロナイトを合成している．ディッカイトの生成温度は，カオリナイトより高いことが知られている．またStreseおよびHofmann(1941)は，$MgCl_2$の溶液中にケイ酸ガラスと$NaOH$，またはKOHを加えて沸騰し，ヘクトライトを合成し，$NaOH$の存在下で最も生じ易いことを示した．中位の濃度KOHは，ヘクトライトの合成に有利であるが，濃度が著しく高くなると，雲母粘土鉱物が生成されるようになる．

水を含む系の合成実験が盛んになったのは戦後であって，特にテストチューブ型，またはこれに類する機器がつくられた頃に，ほとんどあらゆる系の相図が完成した．主な系は次のようである．(a) Al_2O_3-H_2O (Ervin and Osborn,

1951), (b) Al_2O_3-SiO_2-H_2O (Roy and Osborn, 1952), (c) MgO-SiO_2-H_2O (Bowen and Tuttle, 1949), (d) MgO-Al_2O_3-SiO_2-H_2O (Roy and Roy, 1952; Yoder, 1952; Roy and Roy, 1955), (e) Na_2O-Al_2O_3-SiO_2-H_2O (Sand, Roy and Osborn, 1957), (f) K_2O-Al_2O_3-SiO_2-H_2O (Yoder and Eugster, 1954) である.

これらの報告に基づいて主な鉱物の生成温度範囲を示すと表11-1のようになる.

表 11-1

鉱 物	温 度	文献	鉱 物	温 度	文献
パイロフィライト	400～575°C	(b)	ギブサイト	常温～120°C	(a)
滑石	300～780	(c)	ベーマイト	120～280	(a)
白雲母	～675	(f)	ダイアスポア	280～400	(a)
ナトリウム雲母	250～650	(e)	カオリナイト	常温～400	(b)
金雲母	～1000		メタハロイサイト	常温～400	(b)
クリソタイル	～500	(c)	ハロイサイト	常温～200	(b)
クリノクロール	400～680	(d)	モンモリロナイト	常温～250～450	(e)
ハイドラルサイト	400～450	(b)		常温～300～460	(d)

なお, Roy と Roy (1955) の 1000 kg/cm² の MgO-Al_2O_3-SiO_2-H_2O の平衡図で, モンモリロナイトの化学組成と温度の関係が示されている(図11-2). 同図の上に人形峠地区より産するモンモリロナイト試料(表11-2, 11-3)を投影した図を図11-3に示す. この図より, 試料の生成温度が暗示されているが, 天然と人工実験における出発物質の相異が鉱物生成温度におよぼす影響については検討を要する. このように合成実験の結果から, 天然粘土鉱物ならびにそれと

表 11-2

	(1)		(4)	
	d	I	d	I
001	16.4 Å	124vs	15.8 Å	270vs
003	5.20	9b	5.16	24
02, 11	4.48	45s	4.48	30s
005	3.11	11b	3.10	21
13, 20	2.55	18	2.57	11b
	1.70	8		
06, 33	1.499	14s	1.499	10s

2試料ともに550 mgの試料をアルミニウム板の試料保持台につめてX線を照射した.

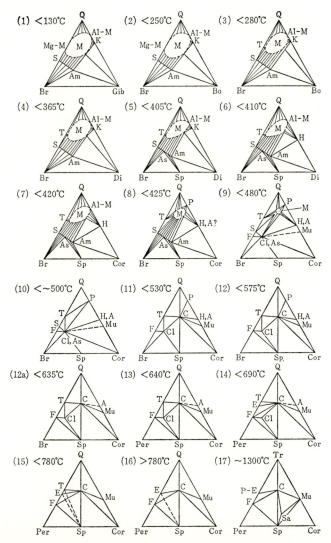

図 11-2 MgO–Al$_2$O$_3$–SiO$_2$–H$_2$O 系(Roy and Roy(1955)による). Br：ブルーサイト, Gib：ギブサイト, S：蛇紋石, Mg-M：マグネシウムモンモリロナイト, M：モンモリロナイト, K：カオリナイト, Al-M：アルミニウムモンモリロナイト, Q：石英, Bo：ベーマイト, Am：アメサイト, T：滑石, Di：ダイアスポア, As：アルミニウム蛇紋石, Sp：スピネル, H：ハイドラルサイト, A：紅柱石, P：パイロフィライト, F：苦土かんらん石, Cl：クリノクロール, Mu：ムライト, Cor：コランダム, C：コージーライト, E：エンスタタイト, Per：ペリクレス, P-E：プロトエンスタタイト, Tr：トリディマイト, Sa：サフィリン.

表 11-3

試　　料	(1)	(2)	(3)	(4)	(5)
岩　　質	白　色塊状粘土	黄かっ色ちみつな粘土	黄かっ色塊状粘土	白　色ちみつな粘土	黄かっ色ちみつな粘土
カオリナイト含有量*	0%	13%	3%	0%	10%
SiO_2	48.24%	44.73%	46.95%	48.90%	43.30%
TiO_2	0.08	0.05	0.08	tr.	0.33
Al_2O_3	20.30	24.90	19.45	18.40	20.45
Fe_2O_3	2.29	2.58	3.64	1.21	6.02
FeO	0.11	0.24	0.09	0.07	0.18
MnO	—	tr.	—	—	0.01
MgO	2.06	1.36	2.24	1.88	3.62
CaO	2.10	1.18	2.24	2.25	2.22
Na_2O	0.36	0.50	0.28	0.35	0.25
K_2O	0.05	0.08	0.05	0.28	0.46
$H_2O(+)$	7.20	11.10	8.44	8.44	9.50
$H_2O(-)$	17.94	13.58	16.92	17.64	13.20
P_2O_5	0.02	0.02	0.04	0.05	0.21
計	100.75%	100.32%	100.42%	99.47%	99.75%

* カオリナイトの含有量は栃木県関白鉱山産のカオリナイトを標準試料として作成した補正曲線に照らして求めた値である(分析，吉川恵也)．

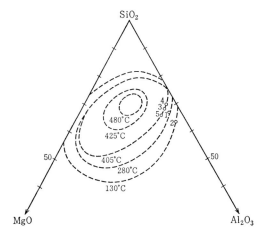

図 11-3　人形峠地域の凝灰岩よりの変質物のモンモリロナイトの試料を，Roy and Roy(1955)の図表の上に投影したもの(吉川恵也，須藤俊男，1961)．カオリナイトを含む試料はカオリナイトの理想式に相当する成分を差引き，残りをモンモリロナイトの化学成分としてプロットしてある．

よく伴う鉱物の生成温度，生成したときの地表からの深さなどについて議論されることが多い(地下増圧，増圧率を考慮して).

ハイドラルサイト($2Al_2O_3 \cdot 2SiO_2 \cdot H_2O$)は Roy の合成実験で得られた新鉱物で，パイロフィライトに酷似する X 線粉末反射を示すが，現在のところ天然ではまだ見出されていない．またモンモリロナイトは成分により生成温度は異なり，マグネシウム質のものは温度が比較的高いことが示されている．

一方において，鉱物または天然物を種々の温度，圧力，pH の下で処理して粘土化に成功し，その粘土化の条件を求めている例がある．ここに，天然でしばしば粘土鉱物化を受けているもの(例えば長石，火山ガラス等)が選ばれている．結果は上述の試薬を原料とする合成実験の結果と完全には一致していない．その理由は $SiO_2 \cdot Al_2O_3$ 等の人工物から合成する場合の条件と，特定の結合状態にある天然物から生成される場合との相異に基づくものと考えられる．

Norton(1939)は，ソーダ長石，霞石，正長石，白榴石，ペタライト，スポジュメン，鱗雲母，灰長石，緑柱石，ポルーサイト，カオリナイト等を，高圧の炭酸ガスと水蒸気の混合気体中で高温度で処理し，多くの結果を得た．例えばこの実験では，ソーダ長石よりモンモリロナイト型の鉱物を生じ，灰長石よりパイロフィライトを生じている．

Folk(1947)は，長石を種々の温度，圧力および陽イオンの存在下で熱して大要次のような結果を得た(表 11-4).

表 11-4

温　度	アルミニウム	カリウム	粘土鉱物
～350°C	多	少	カオリナイト
～525°C	多	多	雲母粘土鉱物(Al, di.)
300～550°C	少	少	パイロフィライト

これを要するに，カオリナイト，パイロフィライトは，ともに酸性状態より生じ，パイロフィライトの方が生成温度高く，雲母粘土鉱物(Al, di.)はアルカリ性の状態において生じ易いことを暗示している．従って，さらに広い雲母型粘土鉱物の生成の条件の1つも，これに準じ，カリウムの濃度の高いアルカリ性の状態は，その生成の好条件と考えられる．Norton(1941)は長石を，炭酸ガス，水とともに高温高圧下で熱し，カオリナイトの生成の好条件を 300°C, 300 lbsとし，パイロフィライトは400°Cよりごく僅か低い温度で生ずることを見出している．Gruner(1944)は，長石を塩酸で高温高圧下で処理し，カオリナイトの生成温度を350±10°C以下とした．またHauserとReynolds(1939)は，黒曜石およびその他のガラス物質を，酸，アルカリの状態下で300°Cに加熱し，モンモリロナイト型の鉱物の合成に成功し，この場合，Noll(1935)の結果と同様に，その生成には$Mg(OH)_2$の存在が最も有効であることを示した．概して，天然鉱物を基として粘土鉱物を生成せしめる場合には，人工物を基として生成せしめる場合に比し，生成温度は多少低く現われている．

いわゆるグリーンタフの中には，輝石，角せん石，かんらん石などが，緑色の粘土鉱物に変化している例が広く認められる．最近，立山博，下田右等(Tateyama, Shimoda and Sudo, 1972)は，普通角せん石を，Morey型オートクレーブを用いて，70〜500気圧の範囲に熱して，いろいろな粘土鉱物に人工的に変質させる研究を進めている．400°C以下，NaOH, $MgCO_3$の濃度の低い範囲で，バーミキュライト，ハイドロざくろ石が生じ，500°Cでバーミキュライトは次第に雲母粘土鉱物に変化する．天然鉱物を出発物質にする粘土鉱物の合成実験は極めて重要で興味ある問題である．

11-4 出発物質の影響

出発物質の化学組成は同一であっても，その結晶度，種類，組合せが異なれば，合成の状態図は著しく異なるという重要な事実を見逃がすことができない．CarrとFyfe(1960)は，$Al_2O_3 : SiO_2 = 1 : 4$の全体の組成をもつ，いろいろな物質の組合せを用いて，カオリナイト+SiO_2⇄パイロフィライト+H_2O，のP-T曲線を求めたが，石英とカオリナイトを用いた場合，非晶質シリカとカオリナイトを用いた場合，石英と非晶質アルミナを用いた場合，の各場合で，異なった曲線が得られた．また，同じくアロフェンを用いた場合でも，天然のアロフェン(鉱物アロフェン)を用いた場合と，共沈させたシリカ-アルミナゲルを用いた場合で，反応生成物の生成温度範囲，ならびに，種類が異なる．非晶質物質と総称されている結晶度の悪い物質でも，なお，そのゲル構造の相異が合成結果にひびくと思われる(Koizumi, Kiriyama等, 1960).

出発物質の影響について，もっと重大なことは，出発物質として試薬その他

の人工化合物を用いた場合と,天然鉱物を用いた場合の,合成結果に与えられる相異である.粘土鉱物の合成の場合に,出発物質をフィロケイ酸塩に選ぶ場合(たとえば雲母片を粘土鉱物化する)には,トポ化学反応とも考えられる過程で,反応が進行する場合もあると考えられる.このような場合には,P, T,化学的条件以外に,母材の構造そのものが,粘土鉱物の合成の促進にあずかって役立っている.

「粘土鉱物の肉眼的な単一結晶の合成」という,極めて奇妙な問題が,時には興味深く魅力ある問題として論ぜられることがある.これは次のような趣旨と解される.粘土鉱物は,粘土フラクションの範囲にあるほど細かい.このことが,他の鉱物にない数多くの興味ある特性を示す1つの要因である.大きい結晶になれば,微細な結晶に見られるような,数多くの興味ある特性は,無くなるか,弱まってしまう.しかし,細かい粒子についての構造解析は,肉眼的の単結晶の場合より不便である.幸い,カオリナイト,緑泥石などは,肉眼的の単結晶が見出されるから,これらについての研究が粘土フラクションのカオリナイトの研究にも役立っている(もちろんこのような大きい結晶の示す性質のすべてが,粘土鉱物の性質とするのは早計であるが).ところで,スメクタイトは,粘土フラクション範囲に入る微細な結晶としてのみ産する.そこでスメクタイトのようなものでも肉眼的の単結晶につくり上げる研究に価値を認めることができる.1つの試みるべき方法は,白雲母片をスメクタイト化することである.

粘土鉱物はまた風化作用で生じ得るものであって,この場合は常温常圧下で生成する場合である.そこで風化を実験的に研究することは,甚だ興味あるところである(Correns, 1961).実験自身は容易であるが,認め得る変化を示すまでに長い時間を要する.

現在までに次のような実験が行われている.古く Johnstone(1886, 1889)は,大きい黒雲母の結晶を,1年間,炭酸水の中につけて密封することにより,その黒雲母が次第に白色の雲母粘土鉱物に変化することを認めた.天然においても,黒雲母が風化して一部白い雲母粘土鉱物に変化しているものがある.また Nagelschmidt(1944)は雲母粘土鉱物(Al, di.)を,濃厚な塩化カルシウムの液中に約5週間浸し,その間しばしば液を新しい濃い塩化カルシウムの液に変えて

いった.その結果,雲母粘土鉱物の底面の原子面間距離は,次第に大きくなり,モンモリロナイトのそれに近づいていくことを確かめた.この事実は,原試料が,湿った状態では,共存するイオンの種類により不安定となり,モンモリロナイトに変化することを暗示している.また一方でモンモリロナイトに十分のカリウムイオンを作用させ,これらのカリウムイオンを(もともとモンモリロナイトの格子面上にある交換性のカリウムイオンとともに)非交換性の状態にすることができれば,モンモリロナイトを雲母粘土鉱物(Al, di.)に移化させ得ることが考えられ,これはモンモリロナイトを,カリウム溶液中に湿して後に乾かすという操作を長い間繰り返せば成功するであろうと考えられている.この考えは実験的にまだ成功していないが将来の研究問題である.

　酸性下での風化作用の初期には,母材からのイオンの溶脱が主に生ずると考えられる.従ってこのような風化作用の人工的実験では,まず母材からイオンが溶脱する方向の実験が行われることは上に述べた通りである.しかし,終始,溶脱的の風化であっても,長い年月の間(この長い年月は人工実験では必ずしもそのまま再現できない)には,単に溶脱により分解されるのみでなく,途中で構造の変化が生ずることもある.

　一方で交換性イオンを有する粘土鉱物を母材とし,これに特定のイオンを附加して,更に物理的の条件を変えることにより,母材を他の粘土鉱物に変える実験が行われている.たとえばモンモリロナイトに,Alイオンの濃溶液を加え,中和するという手段をくりかえすか,乾かしてまた湿すという過程をくりかえすと,次第にAlイオンが層間に重合体をつくり固定し,耐熱性の点で,バーミキュライト,更に緑泥石の性質を帯びてくる(Slaughter and Milne, 1960).恐らく上の操作を繰り返すことを長く続けてゆけば,モンモリロナイトから,Alに富む緑泥石をつくり出すことが可能であると考えられ,またその途中の産物は,天然のAl(層間)バーミキュライトに相当するものと考えられる.Mgイオン溶液でも同じような事実が知られている.この合成実験は,天然の鉱物生成場でいえば,海底風化からはじまり,続成作用の過程をたどるモンモリロナイトの変化の1様式を示すものといえよう.

参 考 文 献

Bowen, N. L. and Tuttle, O. F. (1949) : Bull. Geol. Soc. Amer., **60**, 439.
Carr, R. M. and Fyfe, W. S. (1960) : Geoch. Cosmoch. Acta, **21**, 99.
Correns, C. W. (1961) : Clay Miner. Bull., **4**, 249.
Ervin, G. and Osborn, E. F. (1951) : J. Geol., **59**, 381.
Ewell, R. H. and Insley, H. (1935) : J. Res. Nat. Bur. Stand., **15**, 173.
Folk, F. L. (1947) : Amer. J. Sci., **245**, 388.
Gruner, J. W. (1944) : Econ. Geol., **34**, 578.
Hauser, E. A. and Reynolds, H. H. (1939) : Amer. Miner., **24**, 590.
Johnstone, A. (1886) : Edinbur. Geol. Soc., **5**, 282.
Johnstone, A. (1889) : Geol. Soc. London, Quart, J., **95**, 363.
Koizumi, M., Kiriyama, R. and Murayama, W. (1960) : Bull. Chem. Soc., Japan, **33**, 1620.
Morey, G. W. and Ingerson, E. (1937) : Amer. Miner., **22**, 1121.
Nagelschmidt, G. (1944) : Miner. Mag., **27**, 59.
Noll, W. (1935) : Neues Jahrb., Beil. Bd. **70**, Abt. A, 65.
Norton, F. H. (1939) : Amer. Miner., **24**, 1.
Norton, F. H. (1941) : Amer. Miner., **26**, 1.
Roy, D. M. and Osborn, E. F. (1952) : Econ. Geol., **47**, 717.
Roy, D. M. and Roy, R. (1952) : Bull. Geol. Soc. Amer., **63**, 1293.
Roy, D. M. and Roy, R. (1955) : Amer. Miner., **40**, 147.
Sand. L. B., Roy, R. and Osborn, E. F. (1957) : Econ. Geol., **52**, 169.
Slaughter, M. and Milne, I. H. (1960) : Clays and Clay Miner., 7th Nat. Conf., 114, Pergamon Press.
Strese, H. and Hofmann, U. (1941) : Zeit. anorg. allgem. Chem., **247**, 65.
Tateyama, H., Shimoda, S. and Sudo, T. (1972) : J. Jap. Assoc. Miner. Petrol. Econ. Geol., **67**, 35.
Yoder, H. S. (1952) : Amer. J. Sci., Bowen Volume, 569.
Yoder, H. S. and Eugster, H. P. (1954) : Geoch. Cosmoch. Acta, **61**, 157.
吉川恵也, 須藤俊男(1961): 粘土科学の進歩, **3**, 167, 技報堂.

第12章 イオン交換

12-1 はしがき

特定の粘土鉱物は液体に接するとき,多くは常温常圧で,著しい変化を示すが,これは動的特性といえる.ここでいう液体の中には,水,酸,アルカリ,塩類溶液のような無機質のものから,有機溶媒まで含まれる.第4章の最初に述べた事柄は,必ずしも粘土鉱物に限定される事柄ではなかったが,本章より第15章へかけて述べる特性は,特定の粘土鉱物に限り,非粘土鉱物には夢想もされなかったものであり,応用方面にも研究価値が高く,粘土の利用を比類なく拡げるに役立っている.すなわちイオン,水,塩類,ほとんどあらゆる有機物が,粘土鉱物の層間に,常温常圧で出入りするということである.一般に層間侵入現象を intercalation というが,この中でイオンとして,また水分子として侵入することもあるが,また塩類として入ることもあり,有機物分子として入ることもある.多くの場合,イオン以外の場合は,層間に水分子層,塩類の単分子層,有機分子層が,常温常圧に瞬時にして形成され,母体である粘土鉱物と水,粘土鉱物と無機塩,粘土鉱物と有機物の結晶ができるということである.これらは一般に複合体という名で呼ばれている.たとえば粘土鉱物-無機塩複合体,粘土鉱物-有機複合体などである.特に塩類の層間侵入現象を inter-salation ということがある.

12-2 イオン交換

イオン(A^+)を含む物質(AR)があり,イオン(B^+)を含む溶液(BS)と接するとき,B^+ の一部が AR の中に入り,A^+ が溶液中に出てくる.このとき,AR の中に入る B^+ と,溶液中へ出てくる A^+ との当量数は等しく,次のような化学式で示される反応(イオン交換反応)が進む.

$$B^+ + AR \rightleftarrows A^+ + BS$$

AR をイオン交換体といい,R はイオン交換反応を示す能力のある基という意味で交換基という.イオン交換反応は,一般に常温常圧下で,短時間で,平衡

に達し,平衡時のイオン交換体中の A^+, B^+ のイオンの活量をそれぞれ, α_{AR}, α_{BR} とし,溶液中のそれらを, α_{AS}, α_{BS} とすれば,

$$K = \frac{\alpha_{BR}\alpha_{AS}}{\alpha_{AR}\alpha_{BS}}$$

はイオン交換平衡定数といえる.イオン交換体は,土壌中に見出されて以来(Way, 1850),沸石,海緑石,粘土鉱物の中のスメクタイト,バーミキュライト群に知られ,また「合成沸石」といわれている「パームチット(一部は非晶質のものもある)」は何れもイオン交換体であることが知られ,今日ではまた,イオン交換樹脂としての有機質交換体が知られている.

粘土鉱物にみるイオン交換は2つに大別することができる.1つは層間に交換性イオンを含むもので,スメクタイト,バーミキュライト群で,交換基ともいうべきものは,層間電荷を持った2:1型の層である.他の1つは,結晶の破面に出ている酸素の原子価の一部である.破面に出ている酸素の原子価の一部が満たされぬまま(未飽和という言葉で表わす),溶液中に出ていると考えられる.未飽和原子価に結合する交換性陽イオンは,層間に位する交換性陽イオンに比し少量であるが,これは粘土鉱物全体に認められる.この破面の酸素は,Hイオンが溶液にあるときは,未解離の (OH) を形成し,R-O→R-(OH) となる.そしてアルカリ性のもとでは,

$$R\text{-}(OH)+(OH)^- \rightleftarrows R\text{-}O^-+H_2O$$

の反応が右へ進み,破面に酸素イオンが生じ,これが,溶液中のイオンを吸着し,この吸着されたイオンが交換性イオンの役目をする.カオリナイト群のように,同形置換のない粘土鉱物に見られるイオン交換性は,結晶の破面につくられるイオン交換反応による.

イオン交換反応で,交換される強さは,イオンの種類により異なり,イオン交換の選択性という.これは

$$K_A{}^B = \frac{[A]_S[B]_R}{[A]_R[B]_S}$$

の選択係数で示される.$[A]_R$, $[B]_R$ は,イオン交換体中のA,B両イオンの濃度であり,$[A]_S$, $[B]_S$ は,溶液中のA,B両イオンの濃度である.この係数は,ほとんどの場合,交換平衡定数と同じものである.たとえば $K_A{}^B > 1$ のときは,

粘土はAよりもBを選択的に交換する．一般に次の順序でイオン交換力(K_H^M または $K_{NH_4^+}^M$ の係数の大小，Mは陽イオン，Hは水素イオン)が増大する．

$$Li \leq Na < K \risingdotseq NH_4 < Rb < Cs$$
$$Mg \leq Ca < Sr < Ba$$

同じ原子価のものでは，原子量の大きいものが選択性が大であり，多価イオンの選択性は大である．この順は，イオンの和水半径の小さいものほど選択性が大きいことを示している．

イオン交換反応は，常温常圧下で短時間に行われるが，定量的の研究は少ない．定性的には，粘土鉱物の種，粒子の大きさ，温度の影響があり，また粘土の種によっては(主に非晶質粘土鉱物)，溶液の濃度，pHにより著しく異なることがある．交換反応が平衡に到達する時間は，主な粘土鉱物で1時間以内であり(Borland and Reitemeier, 1950)，見掛けの活性化エネルギーも，一般に小さい．たとえばスメクタイトで5〜6 kcal/molである(Lai and Mortland, 1961)．

イオン交換性はイオン交換容量(CEC)，交換性イオンの分析の2つで示される．

12-3 陽イオン交換容量の測定

極めて多くの測定法があるが，ここでは，従来もっとも広く用いられているSchöllenbergerとSimon(1946)の方法を述べる．温度変化の影響をできるだけ避けるため，恒温室(20〜25°C)で行う．試薬の濃度，pHは，できるだけ正確に調整する．バーミキュライト群，またはそれを含む試料は，以下の別項に記する方法に従う．また水可溶性の陽イオンを含んでいるものは(海底土のように)，予め蒸溜水で洗い，風乾したものを用いる．

試料は乳鉢で指頭に感ぜぬ程度の粉末とし，室温で十分乾かしたものを用いる．次の試薬をつくる．(1) 1Nの酢酸アンモニウム液(2Nのアンモニア水と，2Nの酢酸を等容に混じ，濃アンモニア水，または，酢酸を滴下し，pHを7とする)，(2) 80%(容量)のエチルアルコール(99%または96%のエチルアルコールを蒸溜水で所定の濃度に薄め，濃アンモニア水を滴下し，pHを7とする)，(3) 10%の塩化ナトリウム液，の3つである．浸出管(E)は，長さ12 cm，内径1.3 cmの下部に，長さ4 cm，内径0.3 cmの管(T)がついている(図12-1)．洗浄

容器(W)の容量は約 100 cc で，10 cc 毎に目盛がついている．浸出管の最下部に脱脂綿を少量つめ，その上に濾紙乳を流して 5 mm 程度の層をつくる．粘土粉末塊の部分は，水が通りにくく，必要以上に時間がかかるので，石英砂(0.1 mm 以下)を，1 g の粘土粉末に，等量または 2 倍加えて，よく混合したものを浸出管につめる．浸出管の中に，少量の 1 N の酢酸アンモニウム液を入れ，その中に，試料と石英の混合物を少量ずつ落下させ，濾紙乳の上に沈積させる．洗浄容器を浸出管に連結させ，洗浄容器の中に約 100 cc の 1 N の酢酸アンモニウム溶液を入れ，その下部のコックをひらいて，100 cc の 1 N の酢酸アンモニウム液が，約 10 時間で浸出管を通るよう，コックの開きを加減して，滴下速度を調節する．酢酸アンモニウム液 100 cc が，試料を通り終わったならば，80%のエチルアルコールで，浸出管の上部の内壁を洗い，更に約 50 cc の 80%のエチルアルコールで試料を通し，余分の酢酸アンモニウム液を除去する．以上の操作により，試料中の交換性イオンは全くアンモニウムイオンで交換されている．次に，10% の塩化ナトリウム溶液 100 cc を，試料層を通して試料を洗浄すると，試料中のアンモニウムイオンは，ナトリウム(またはカリウム)イオンと交換し，アンモニウムイオンは，前下部のびんに浸出される．このびんの中に浸出された液をビーカーに移し，中のアンモニウムイオンを，蒸溜法で定量する．結果は，風乾試料 100 g 中の飽和したアンモニウムイオンの量で示され，

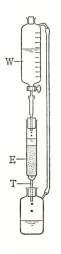

図 12-1　イオン交換
　　　容量測定装置の一部．

ミリグラム当量(me=milliequivalent)(元素の原子量を原子価で割った値が(化学)当量である．その 1/1000 の単位)で示され，これをイオン交換容量(CEC)として示される．この値は，いうまでもなく，原試料中に現実に含まれている交換性イオンの種ならびに各の含有量を出しているものでなく，全体をアンモニウムイオン相当量として示しているのである．100 g に対し 1 me Na^+ の割合は，Na_2O として 0.031% となる．

12-4 交換性イオンの分析

CEC のデータは，古くから土壌特性のデータとして無くてはならぬものであり，粘土鉱物についても，近年広く測定されるようになった．しかし，交換性イオン自身の分析データは，従来求められることが少なかったが，基礎的部門のみならず，応用部門(特に土質研究)でも，欠くことのできない重要なデータである．たとえば，あとで述べるように，雲母-モンモリロナイトの混合層鉱物の化学成分は，交換性イオンと，非交換性イオンを区別して示すことが必要であり，一方で，土質的の特性は，交換性イオンの種，量，組合せにより著しく左右されるのである．

交換性イオンの分析は，酢酸アンモニウム液で浸出した液を化学分析する．交換性イオンは，主に，アルカリイオン，アルカリ土イオンではあるが，含有量の多少を問わないならば，他にも多くのイオンが交換性イオンとして含まれている．従って Al, Mg, Fe などをも分析することが望ましい．

12-5 イオンの固定

イオン交換反応で，溶液中のイオンが粘土鉱物に入り，再び交換されない形になって粘土鉱物と結合することを，粘土鉱物における陽イオンの固定という．例はバーミキュライトによる K イオン，アンモニウムイオンの固定がある．この両者は，半径が殆ど等しく，2：1 層の層間域に対峙している酸素の 6 角網の空隙の中に，半ば入りこみ(雲母の構造の項)，層間をひきしめるからである．他の粘土鉱物のアンモニウムイオンの固定量は，バーミキュライトの値からみると無視し得る程度である．風乾試料については，次のようである．

モンモリロナイト　　　　0 me/100 g

雲母粘土鉱物(Al, di.)	～1.0
バーミキュライト群	120～130

　バーミキュライト群とスメクタイトの差は恐らくバーミキュライト群では，層間陽イオンと水分子の配列が，スメクタイトより整っていること，しかも層間電荷がスメクタイトより比較的大きいことによるものと考えられる．バーミキュライト，またはそれを含む試料のCEC測定には，酢酸アンモニウムは用いられない．ナトリウム，カルシウム，バリウム溶液の何れかが用いられる．

　固定という言葉は，化学工業で他にも用いられている．たとえば，Nの固定とか，繊維の一部を可溶性から不溶性にするとか．ここでは，交換して交換体に入っていったイオンが，非交換性になるという意味である．一方で，吸収，吸着，収着の言葉がある．固体の内部まで液体，気体が入っていく場合(吸収)，固体の表面にとどまっている場合(吸着)，これらの区別がむずかしい場合(収着)がある．これらの場合に，新しい化合物ができる場合もあり，液体，気体の分子が，母体の格子点に位置したり，チャンネルに入ったり，空洞に入ったりする．そして，吸着熱が明らかに認められて，化学結合で結ばれたことが示される(化学吸着)ときと，またそれが極めて弱く特殊な化学結合が認められない(物理吸着)ときとに分けられている．要するに，ここでいう固定は，化学吸着(または化学収着)といってよいであろう．

　CECの値は粘土鉱物の特性として重要であり，層間に交換イオンを含むバーミキュライト群，モンモリロナイトが最高である(主としてGrim(1962)による)．

バーミキュライト群	100～150 me/100 g
モンモリロナイト	80～150
カオリナイト	3～15
雲母粘土鉱物(Al, di.)	10～40
ハロイサイト	40～50
メタハロイサイト	5～10
セピオライト，パリゴルスカイト	20～30
緑泥石	10～40

RossとHendricks(1945)により測定されたモンモリロナイトの塩基交換容量

の一例としてカリフォルニア州Amargosa Valley産モンモリロナイトの塩基交換量は 1.00 me/g であり,分析値より求めた Ca, Na, K の合量は, 1.04 me/g (その内訳は Ca^{2+} 0.04, Na^+ 0.93, K^+ 0.07)である.

12-6 陰イオンについて

粘土鉱物の表面(層間域の露出部分ならびに層に交わる破面)に酸素が露出していることが多いと考えられるから,陰イオンの交換反応は,陽イオンより例が少ないと考えられる. 従来,研究が進められているのは,リン酸イオンである. 特に農業の方面では,土壌中のカリウム,アンモニウムとともにリン酸の状態が重要な事柄である. リン酸イオンの場合は,上に述べたような交換反応ではなく,固定と考えたほうがよいとされている. 溶液の pH が小さいほど,試料が交換性アルミニウムイオンを含む場合,またアロフェンの場合などに,特にリン酸イオンが固定される. 恐らく破面の Al-(OH) が出ていて,これが

$$Al\text{-}(OH) + H^+ \rightleftarrows [Al(OH)_2]^+$$

のイオンに対し,リン酸イオンが結合するものと考えられている. 更にリン酸と粘土鉱物の反応には,粘土鉱物の構造が破壊され,リン酸がこれらの分解物と結合して,いろいろなリン酸化合物をつくる反応がある.

参 考 文 献

Borland, J. W. and Reitemeier, R. F. (1950) : Soil Sci., **69**, 251.
Grim, R. E. (1962) : Applied Cley Mineralogy, McGraw-Hill.
Lai, T. M. and Mortland, M. M. (1961) : Soil Sci. Soc. Amer., Proc., **25**, 353.
Ross, C. S. and Hendricks, S. B. (1945) : Prof. Pap. U. S. Geol. Surv., **205-E**, 23.
Schöllenberger, C. J. and Simon, R. N. (1946) : Soil Sci., **59**, 13.
Way, J. F. (1850) : J. Roy. Agr. Soc. Engl., **11**, 313.

第13章 粘土鉱物と水

13-1 粘土鉱物中の水の存在状態

板状形態を示す粘土鉱物の水は,粒子の表面に吸着する吸着水,粘土鉱物の結晶の層間域に含まれる層間水,構造の内部に (OH) の形で含まれる水酸基 (OH)(これを (OH) 水ということがある)の3通りに分けられる.

この中で吸着水の脱水は,構造そのものに変化を及ぼさないが,層間水, (OH) 水の脱水により構造は変化する.

またセピオライト,アタパルジャイトでは,細孔の中に入っていて必ずしも定位置を占めていない水分 (H_2O)(沸石水),細孔の内壁に出ている Mg イオンと結合している水(結合水)((OH_2) と示す)と, (OH) 水の3つである. (OH_2), (OH) の脱水によって構造の変化が認められる.

13-2 層間水の構造

層間水はバーミキュライト群,スメクタイト,ハロイサイトに知られている.何れも層間水が存在したままの状態で,結晶構造はよく保たれ, ($00l$) の反射は明瞭に示されている.この反射は,脱水に伴って次第に 2θ の小さい側へ移行する.すなわち,単位構造の高さは減少する.これらの事実は,層間水の水分子は,室温でも全くでたらめな配列状態(すなわちふつうの流れる水(自由水)のような状態)ではなく,規則正しく配列していて,その水の構造が,粘土鉱物の構造と結晶学的関係にあるものと考えられる.その構造モデルがスメクタイトについて提出された(Hendricks and Jefferson, 1938; Macey 1942, Barshad, 1949; Mackenzie, 1950)が,今日なお最終的な結論が得られていない.一方で,肉眼的の結晶が得られるバーミキュライト(Mg 型)については,構造解析が進められ(Walker, 1956),それによれば,大体において,緑泥石の層間の (OH) の位置(図13-1)が,バーミキュライトでは層間水の位置になっている.そして,交換性イオンの Mg イオンは,6つの水分子に囲まれていて,その数は,緑泥石の層間の Mg イオンに比して少ない.スメクタイトでも,水分子の配列は,

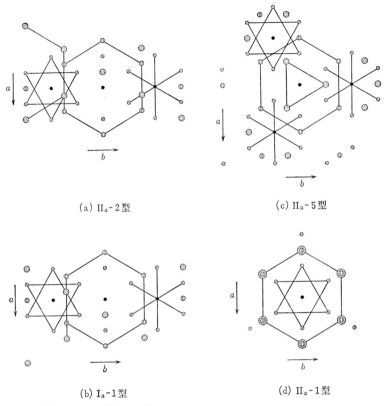

(a) II$_a$-2型 (c) II$_a$-5型
(b) I$_a$-1型 (d) II$_a$-1型

図13-1 緑泥石構造で相隣るケイ酸塩層の相対する酸素面と水酸基面の関係（須藤原図）．記号は第3章の図と同じ．

バーミキュライトに比し著しい相異はないもので，大体において，水分子でつくられる6角網が層面に平行に配列していると考えられる．

13-3 内部膨潤

スメクタイトの中のモンモリロナイトは，一般に室温では，15.4Å程度の単位構造の高さ(d_0)を示す．前節に述べた理由により，この高さより水分子層の厚さを出してみると，2層の水分子層の厚さとなっている．モンモリロナイトの層間イオンを交換して，特定のイオンのみにすることができる．これをhomoionicの状態といい，たとえば，K型，Na型，Ca型などという．室温風乾

の状態で，これらの単位構造の高さを測定すると，アルカリ金属のK, Na型では，12Åの程度，Ca型は15.4Åの程度で，K, Na型では，1層の層間水を持っていることになる．もっとも極めて湿った状態では，K, Na型といえども，12Åより大きい値を示す．天然産のスメクタイトは，既に述べたように，多くの場合，15.4Åを示す．このことは，Ca型であるということでは必ずしもなく，天然産のものは，homoionicといえるものより，むしろNa, K, Caなどの層間イオンが混在しているものが多く，これらの場合も，2層の水分子層を持つことが比較的安定であることを意味している．天然産のものでも，K, Na型に近いものは12Åで，Ca型に近いものは，15.4Å程度の単位構造の高さを示す．

スメクタイトに水を加えて，ペースト状とし，X線で調べると，単位構造の高さは，更に大きく，20Åの程度まで拡がることはよく知られている．すなわち，層間水の水分子層の高さは，外界の水の量，水蒸気圧の変化により著しく変化し，また層間にある交換性イオンの種，組合せによっても影響を受ける．そして，水は積極的に層間に吸いこまれて層間を開く．この現象を内部膨潤と名付ける．内部膨潤が単位構造の高さの変化としてどのぐらいまで認められるかについては，Norrish(1954)の重要な実験がある(図13-2)．すなわち，Na型モンモリロナイトの小さい片を，いろいろな塩類溶液の中につけ，その溶液の濃度を次第に減少させて，底面間隙を調べたところ，20Åまでは階段的に増大し，それ以後，100〜120Å程度までは，塩類濃度の平方根の逆数に比例して増大する．もっとも，20Åより大きい値は，恐らく単一の底面間隙の増加と考え

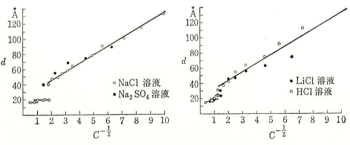

図13-2 塩類(NaCl, Na$_2$SO$_4$, LiCl, HCl)の濃度 C と，モンモリロナイトの平均層間隙 d (Å)との関係(Norrish(1954)による)．

るよりも,いろいろな値の混合層によるものと考えられている.スメクタイトは,水またはその他の溶媒の中で,時間と濃度の変化とともに,板状粒子がどこまで剝がれるかの研究をX線による粒径分析の方法で行い,その結果を,力学的の方法で求められている粒度分析の結果と比べるというような研究は,従来ほとんど手をつけられていない.

スメクタイト,バーミキュライト群の常温における層間水の状態,また特にスメクタイトの層間膨潤の状態を見ると,層間水は水分子の規則正しい層面に平行な配列からなる.しかもスメクタイトの層間膨潤で見る通り,水を追加すれば,この水分子層は,次々と平行に層間に積み重なり,層間隙を拡大する.この水分子層の発達は,交換性イオンの性質(電荷,原子価,大きさ,加水エネルギーなどの性質)の相異に影響され,水分子層の発達には,何枚くらいまで発達するかという量(水分の量,すなわち膨潤量)と速度(膨潤速度)がある.恐らく,層間域に対峙する酸素面の陰電荷と,交換性イオンの加水力により,層間に水分子が引き入れられ,水分子の双極子的性質により,酸素に対して,水分子が水素結合をして,配列するものと考えられる.1枚の水分子層の上には,更に水分子層が発達する.この間に,交換性イオンがあり,水分子は,各イオンのまわりに配位するから,イオンの存在する場所では,水分子層の配列は,多少乱されているかもしれない.Na型では膨潤速度は小さいが,厚い水分子層が形成されるのは,1価で層間を引きしめる力が小さいということに1因があろう.Li型も同様であるが,この場合は,イオン半径が小さいため,水分子層の配列のみだれは少なく,加水度が大であるのが1因であろう.2価のイオンの型(Mg, Ca型)では,水分子層の発達は,単位構造の高さの増加として限度(20Å程度)があるのは,1価のイオンより,層間をひきしめる力が強いからであろう.なおバーミキュライト群がスメクタイトに比し膨潤が著しくないのは,構造がより規則正しいこと,層間電荷の範囲がより大きいことなどによるものであろう.

13-4 膨潤度の測定

膨潤という現象は水を吸って体積が増大することといえる.よって膨潤の程度(膨潤度)とか,その量(膨潤量)とかいうものを比較しようとすれば,体積の

増加,吸水量を比べてみる方法がある.

膨潤度を比較するには,蒸溜水 100 ml の中に試料微粉末 2 g を少しずつ投入し,1 時間後の見掛の体積を比べる.20 ml 以下では,膨潤度は下位に属し,30 ml 以上では上位に属するという.膨潤量,ならびにその速度は吸水量を測定することにより比較することができる.

吸水量の測定は,たとえば,Enslin (1933) の方法 (White, 1955) が用いられる (図 13-3).U 字ガラス管 (D) の一端に,ガラスフィルター (G) を有する器をとりつけ,他端に目盛つきの細管 (C) をガラスフィルターと同一の平面上にあるようにとりつける.細管の中心軸が,ガラスフィルターの表面と同一の平面上にある.取入口 (I) より水を注入し,ガラスフィルター全体をうるおし,D を満たし,三方コック (T) を切りかえて,細管にも導き入れる.細管中の水柱の右端の目盛を読む.次に秤量した試料をガラスフィルターの上に散布すれば,水が試料に吸引される.この量を,細管内の水柱の移動で求める.原理は簡単であるが,実際に実験してみると,試料粉末をガラスフィルターの上にのせるときの形 (山のようにするか,台地のようにするか),その他の影響が見られ,必ずしも簡単でない.図 13-4,図 13-5 は,モンモリロナイトの吸水量曲線であり,また水素粘土をアルカリイオン溶液の中で膨潤させた結果は図 13-6 のようである.日本では玉虫文一等 (Tamamushi and Sekiguchi, 1938) の研究がある.水の代りに塩類溶液を用いて実験した結果からは,吸水,膨潤という現象は,溶液中の陽イオンの種類,組合せ,水和度,解離度,濃度などと関係することがわかっている.濃度が大であれば,膨潤量は抑制され,解離度の大小は,膨潤性の大小とほぼ比例し,一般に水和度の大きい陽イオンほど膨潤量が大きい (ただしナトリウムはのぞく) などの一般的の事実がある.また,速度に

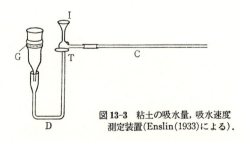

図 13-3 粘土の吸水量,吸水速度測定装置 (Enslin (1933) による).

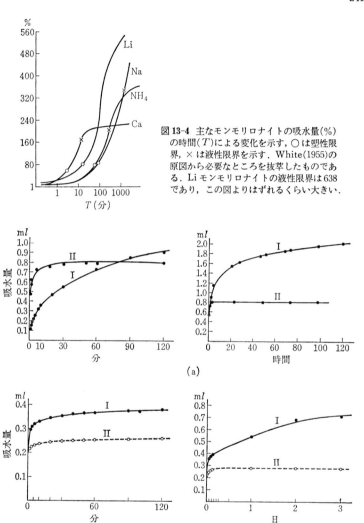

図13-4 主なモンモリロナイトの吸水量(%)の時間(T)による変化を示す，○は塑性限界，×は液性限界を示す．White(1955)の原図から必要なところを抜萃したものである．Liモンモリロナイトの液性限界は638であり，この図よりはずれるくらい大きい．

図13-5 (a) モンモリロナイト(I)およびその水素型(II)の吸水量(Freundlich, Schmidt, Lindau(1932)による)．(b) 鳥取県人形峠ウラン鉱床の母岩(凝灰岩)より変質してできているモンモリロナイトの吸水量(表11-2，表11-3)．I：表11-3の(1)の試料，II：表11-3の(4)の試料．

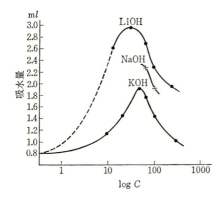

図13-6 水素型モンモリロナイトの吸水量が,加えたアルカリの種類および濃度 C により異なることを示す.

ついては,アルカリモンモリロナイトは,速度は小さいが,量は大きく,水素型は,その逆であるという一般的事実もある.膨潤という現象は,層間イオン(交換性)と溶液中のイオンとの間に見られる関係により引き起こされる.膨潤するとき,溶液と層間を移動するものには,水とともにイオンがあるが,このとき当然,圧力が作用している.この圧力は膨潤圧といわれているが,この圧力はいわば一種の浸透圧として説明することができる(Warkentin and Schofield, 1962).この圧力に対して,スメクタイトの層間が著しく開いて変化するのは,やはり,その構造不整が,バーミキュライト群に比して著しく,層間電荷がバーミキュライト群より小さい範囲にあるためであろう.

13-5 外部膨潤

粘土鉱物,粘土結晶学では,膨潤といえば,層間に生ずる現象として,主に注意を払っている.何故ならば,水その他の液体が,瞬時にして層間に取り入れられると同時に,粘土鉱物結晶の一部を形成し,水と粘土鉱物が瞬時にして1つの結晶をつくることが,興味の中心だからである.前節で膨潤量の1つの測定方法を示したが,単位構造の高さの増加から見積った吸水量と,前節に述べたような方法で実測した吸水量と一致するかどうかの検討は重要である.富士岡義一,長堀金造(Fujioka and Nagahori, 1960)は,一般に膨潤量測定装置で測定された値は,内部膨潤のみでは説明できないほど大きいことを見出し,この差は,粘土鉱物の粒と粒との間に生ずる膨潤量が,内部膨潤よりもはるかに

大きいことを示し，内部膨潤（層間膨潤）と外部膨潤（粒子間膨潤）の2つに区別した．ここで粒子のモデルとしては，各粒子は何枚かの単位胞よりできている単結晶片であり，各粒子の方位は，必ずしも厳密に一定していない．いまこのような粒子の集合体中に水または溶液が浸透してゆくとき，各粒子内の層間よりも，粒子間の空隙に入り易いであろう．各粒子は板状形態を示すフィロケイ酸塩であるかぎり，底面に割れ易いから，各粒子の形も，底面に平行な板状体のものが多いであろう．従って，粒子間の膨潤は，粘土粒子の表面と，水または溶液の交互作用として考えることができるし，またその表面は主として底面よりできている面と思われる．以上述べたようにモンモリロナイト，バーミキュライト群の層間域は，交換性イオン，水分子層を持つことで，他の粘土鉱物とは異なっているが，またこれらの鉱物は，粒子の表面の性質についても，他の粘土鉱物と相異がある．

しかし，粒子の表面の性質の中には，微細な粘土鉱物全体に共通した（もちろん定性的に共通しているのであって，定量的には異なる）特性もある．以下に述べるところは，粘土鉱物全般に認められる特性のうちで，主として粒子の表面に端を発する特性である．特に以下の部（§ 13-6 より § 13-15）については，素木洋一（1962, 1963）の詳細な研究が参考となる．

13-6 コンシステンシー

粘土と水の比率の変化により，粘土が示す性質は千変万化であって，これをコンシステンシーという言葉で総括して表わされている．この性質は，応用粘土科学で大切であるが，特に土木工学の方面で重要で，この性質を基準として土を分類することがある．Casagrande(1948)，Attenberg(1911)はその方面の開拓者である．

コンシステンシーとは，元来，固体（外力で形や体積の容易に変化しないもの）と，液体（常温で一定の形を持たないが，一定の体積を持つ流動体）の何れでもない中間のもののかたさ——やわらかさを示す言葉で粘稠度ともいう．いいかえれば，変形しようとするときに示される抵抗の性質ともいえる．ここでは，液体，固体の両端の状態も含めて，簡単に粘土と水との混合物の性質を述べる．

13-7 分　　散

既に粘土の機械的分離のところで述べたように，粘土に多量の水をまぜると泥水となるが，この中に低濃度の陽イオン溶液を加えると，粘土フラクションは水中に浮游して沈み難くなる．これを分散，解膠などといい，この液を懸濁液，ゾルと名付ける．恐らく粘土粒子の表面は陰電荷が多いから，陽イオンは，表面に吸着され，同符号イオンの反発で，粒子は反発し合って，長く水中に浮ぶようになると考えられる．粘土粒子の全表面が一様に負電荷で囲まれているとはかぎらないから，ときには，粒子間には静電気的な引力，または分子間引力ともいうべきファン・デル・ワールス力などにより，粒子が引き合うことも考えられる．それが，極めて長い間，沈まないのであるから，粒子の接触を十分妨げるものがあると考えねばならない．今日では，表面に吸着された水が，溶液中のイオンと共に，粘土粒子の分散に一役買っていると考えられている．即ち水は，その大きい双極子モーメントで，粒子の表面に吸着される．粒子の表面には，4面体シートの底辺酸素の6角網配置体がでていることが多いと考えられるから，その上に沈着した水分子層は，定まった配列を示し，2次元の水の結晶ともいえるものと考えられる．その上に，次々と水分子層が規則正しく重なっていくが(規則水のある範囲はふつう10Åの厚さ以内とされている)，次第に規則性配列は乱れ，自由水に移化する．分散に他の一役を買っている陽イオンは，この水分子層の中にあって水和している．いいかえれば，水分子は，陽イオンの周囲に配位している．このモデルは，Gouy(1910)，Chapman(1913)によって出された電気2重層の拡散2重層である．要するに粒子間を近づけない因子は，水分子層の形成，陽イオンの反発，水和力，そしてまた，粒が格別に細かいことも要因の1つと考えられる．水分子層の厚さは，イオンの濃度，種類，原子価による．イオンの濃度が高くなると，分散が逆に妨げられる事実がある．これを凝集(または凝結，凝析)という．2価イオンより1価イオンが分散剤に適している．溶液中のイオン濃度が大となると，それらは，粘土粒子表面に圧縮されて，電気2重層が薄くなると説明される．また分散剤は，アルカリ性のほうが有効である．恐らく，アルカリ性下で，粒子の表面の(OH)の解離度が高まり，表面に陰電荷が増大するためであろう．表13-1はvan Olphen(1963)によって示された結果である．

表 13-1

溶液中の イオンの濃度	電気2重層の厚さ (Å)	
	1価イオン	2価イオン
10^{-5} N	1000	500
10^{-3} N	100	50
10^{-1} N	10	5

粘土鉱物の中にも，種類により粒径に差がある．膨潤性の粘土鉱物スメクタイトでは，カオリナイトより一般に細かい．スメクタイトでは，粒の大きさについては，分散と同時に，なお一段と細かい部分が生ずることも考えられる．そうすれば，これらの粘土鉱物で，同じように水分子層が粒子の表面に生ずるとしても，その模式図は図13-7のように大へん異なったものとなる(Lambe, 1958)．

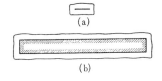

図13-7 粘土粒子の表面に発達した水層のモデル図．(a) Na型スメクタイト．(b) Na型カオリナイト(Lambe(1958)による)．

13-8 凝 集

塩類溶液の濃度が次第に大きくなると，分散している粒子は凝集すること(次第に大きい粒子となり沈む)は既に述べたが，凝集を起こさせる因子には多くのものがある．たとえば，加熱，蒸発乾固，冷凍，振とうなどであり，これらは電気2重層の厚さを減少させるに役立つか，または，粒子と粒子の接触を助成するに役立つからである．

凝集してできた塊の中で，粘土鉱物粒子の集合の様子は，全くでたらめであるよりも，色々特色のある様式が想定されている．最近では，この塊を急に冷凍乾燥したり，また特殊の樹脂でかため，ダイアモンドカッターで超薄切片をつくり，電子顕微鏡下で見たり，走査型電子顕微鏡で見て確かめられている．その中の1つに，図13-8のようなカード・ハウス構造がある．この構造は，pHの小さい場合によく生ずる．一見するに，板状面と，端破面との間に引力がはたらいてできるように見える．今のところその原因は次のように考えられ

ている.粒子の表面は,恐らく層間域ではがれてできた面が多いと思われ,従って,そこには酸素面が露出し,負の電荷を示していると思われる.それに反し,端破面は,Al, (OH) なども共に露出しているので,時によれば,負の電荷よりもむしろ正の電荷が多く露出していると考えられる.外囲の pH が高くなれば,粒子の表面の (OH) の解離が大となり,粒子表面の負の電荷が増大する.これが分散の原因となっている.pH が小さくなると,たとえば,Al–(OH)＋H$^+$→Al(OH)$_2^+$ のように,表面には正の電荷が増加し,粒子の端面は底面と結合し易くなる.このように考えれば,粒子の端面は,pH の小さいときは正に,大きいときは負の電荷を示すことになる.

図 13-8 カード・ハウス型の凝集のモデル図.

分散液から粘土鉱物粒子が凝集したときのできる構造には,カード・ハウス構造以外にもいろいろあるが,多くは,粘土粒子の間に溶媒をふくんだまま凝集している場合が多い.すなわちゼリー(狭義のゲル)である.もちろん,中には分散媒と全く分離して,粘土粒子が凝集する場合もある.これは一般にコアゲルに相当する.

水処理用の凝集剤は,近年,特に重要視されている.その効力と目されるものは,懸濁微粒子の負電荷をできるだけすみやかに中和するような,また中和によって凝集した粒子を吸着して,更に大きい粒子にするような特性を持つものである.従来は硫酸アルミニウムが広く用いられているが,近年は他の凝集促進剤が開発されている.

13-9 粘　性

粘土鉱物粒子の懸濁液をかきまぜると,ドロドロした感じがする.すなわち粘性がある.粘性というのは,流動する物の内部に1面を考えたとき,速度(ずりの速度,変形速度,速度勾配)(D)を一様にするような向きに外力(ずりの応力)(F)がこの面を境として,両側の流体の部分に相対的に認められる性質であ

る.

　粘性は D と F の関係図で示されるが，粘土の懸濁液の場合は，図 13-9 のように，i という限界まで，F が増加するまでは，流動は起こらず，i を越すと，D と F は比例する．これをビンガム流動という．i を降伏値と名付ける．一方で油のような液体の場合は，降伏値は 0 で，直線は原点を通る．これをニュートン流動という．懸濁液でも，濃度が極めて小さい場合は，ニュートン流動に近い．しかし，上記何れの場合の粘性でも，D, F の比例定数 η が，粘性の比較に用いられるのであって，η を粘性係数または粘度という．F の単位は g·cm/sec², D の単位は sec^{-1} であるから，η の単位は，g/(cm·sec) で，これをポアズ (P) といい，その 100 分の 1 を，センチポアズ (cP) という．

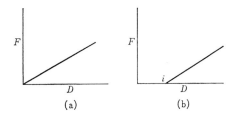

図 13-9 (a) ニュートン流. (b) ビンガム流.

　懸濁液内の微細な粘土鉱物粒子は，その周囲に，表面の陰電荷，交換性イオン溶液中のイオンなどにより，水分子層で蔽われていること，また表面のイオン溶液中のイオンも水和していることが多いことなどから考えると，懸濁液の粘性は，水を媒体として生ずる粘土粒子とイオン(溶液中の)間の連鎖ともいうべき状態によるものと考えられる．

13-10　粘度の測定，毛管粘度計

　いま液が x の方向に流れるとし，その流れの方向に対して 1 つの面を考える．この面をはさんで da なる隔りに対して，流速が dv だけ異なるとする．この流速の相異に対して生ずるずり応力を F とする．この F はずりの速度 $\partial v/\partial a$ に比例する．

$$F = \eta \cdot a \cdot \frac{\partial v}{\partial a}$$

この η が粘度である．いま液を，r なる半径と l なる長さの円筒の中を流すとき，P なる圧力で t 時間に v の容積だけ流れたとすれば，その液の粘度 η は

$$\eta = \frac{\pi P r^4 t}{8vl}$$

であることが知られている．いま管を垂直として，一定の容積 (V)(例えば10 cc)だけ流れ出すに要する時間(t)を，第1の液体では t_1，第2の液体では t_2 とすれば

$$\frac{\eta_1}{\eta_2} = \frac{d_1 t_1}{d_2 t_2}$$

である．ただし d_1, d_2 は，それぞれの液体の比重で，このときの圧力は，その液柱の重さ(管の両端における圧力差(mmHg))をもってする．これで2つの液

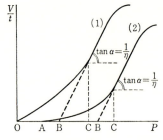

図 13-10　粘土と水とをこねた泥状物質について毛管粘土計により示される粘度曲線の2つの例．(2)は(1)より粘度に富む場合である(素木洋一原図)．

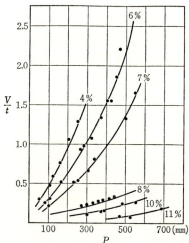

図 13-11　山形県産ベントナイトの各濃度の懸濁液の粘度曲線(玉虫文一(1940)による)．

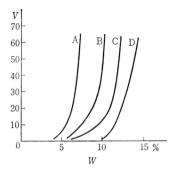

図 13-12　日本産ベントナイト (4 カ所の産地のもの A, B, C, D)の粘度曲線．W は粘土の重量 %，V はストーマーの回転粘度計の値で単位はセンチポアズで表わす(沖野文吉による)．

体の粘度を比較することができる．また垂直に置いた円筒形のガラス管の下に毛細管をつけて，その中に液体を入れ，流出する時間を 10 cc 毎にはかり，その各の場合に，最初の液柱と最後の液柱との平均の液柱の重さを以て，その場合の 10 cc を流出させる圧力として表わし，グラフに示した例は図 13-10 のようになる．懸濁液の粘性は，濃度が大となるほど大きく，また同一の濃度では，粒子が細かく分散しているほど粘性は小さい．図 13-11 は玉虫文一(1940)が，山形県柏倉門伝村産ベントナイトの 4〜10% の懸濁液について，その粘度を測定された結果で，8% 以上ではビンガムの降伏値がかなり大きくなる．なお図 13-12 に回転粘度計で求めた例を示す．

13-11　ティキソトロピー

懸濁液中に，濃度の高い電解質を加えることは，凝集を起こさせる 1 つの方法であることは既に述べたが，このとき凝集体はコアゲルよりも，ゼリー(狭義のゲル)となることがある．これをかきまぜると，再びゾルになり，放置すると，再びゲルとなり，ゾルとゲルの恒温可逆変化が認められることがある．これをティキソトロピーという．塩類の濃度が高くなれば，前節に述べた連鎖が発達し，ゲル化を起こすが，この連鎖は機械的の衝撃で破られるが，再び放置されている間に再生され，このことがくりかえされるのが，ティキソトロピーの現象であろう．最初水酸化鉄に見出されたが，その後ベントナイト，酸性白土，カオリナイトに認められるようになった．ティキソトロピーをみるためには，濃度の高いゾルの中に電解質を加える．一定濃度のゾルを試験管に入れて，そ

れに一定濃度の電解質を加え，その瞬間より時間をはかり，その内容物がゲル化し，試験管を倒立しても流れ出さなくなった瞬間までの時間をはかる．これを固化時間という．いろいろの濃度の電解質についての固化時間 T の対数と，電解質の濃度との間には，直線的な関係がみられる．またゾルの濃度を変えていくと，その濃度の小さい間は，ティキソトロピーの現象はみられないが，ある濃度以上になると，ティキソトロピーが現われるようになる．この濃度は粘度の変化と密接な関係にあり，粘土の降伏値が大きい値に達するときの濃度は，ティキソトロピーを示しはじめる濃度となることが明らかにされている．玉虫文一，鈴木英雄(1937)，玉虫文一(Tamamushi, 1937)は，酸性白土を蒸溜水中に懸濁させ，沈んだ粗粒をのぞき，残りを電気透析して水素粘土としたものの 33% の懸濁液は，非常に著しいティキソトロピーをアルカリ塩溶液中で示すことを認め，固化時間の最小はその沈降体積の最大と一致すること，陽イオンの効果は Li>Na>K であること，また沈降体積も Li>Na>K の順に小なることを報告した．

ティキソトロピーは非常に興味ある現象で，天然で粘土を交えた砂地に，ティキソトロピーに似た現象を示す場所がある．イギリスの海辺地にその一例があり，一見したところ，かたい砂地であるが，それをふむとたちまちゾル状態となる危険なところである．またこのようなティキソトロピックな場所へ生物が落ち込むと，その生物の周囲は直ちに固まり生物は死滅するといわれている．

筆者は青森県陸奥鉱山のベントナイトを一定量秤量し，そのまま水中に分散せしめ，沈降した粗粒を傾瀉で分離し，室温に乾かし秤量し，それよりゾルの濃度を求め，NaCl の電解質を加えて，ティキソトロピーの現象を認めた．固

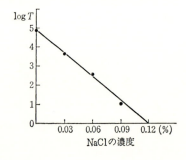

図 13-13　青森県陸奥鉱山のベントナイトのティキソトロピー(筆者原図未発表)．T は固化時間を示す．

化時間と，NaCl の濃度との間には図 13-13 のような直線的の関係が示される．

13-12 可 塑 性

　粘土粒子と水分の比が更に大きくなると，粘土を水でこねた塊の状態で可塑性という性質が示される．すなわちこれに外力をかけるとひずみが生ずる．外力が極めて小さいときは，外力をとれば，ひずみはなくなり，もとへもどる．しかし，外力を次第に大きくしていくと，この塊はこわれることなく連続して変形していって，外力を除いても，もとの形にはもどらない．このような性質を可塑性(塑性)と名付ける．水分の量を次第に増すと，どろどろと流れはじめる状態となる．このような限界に達するまでに要する水分の量を，風乾試料の重量の比(%)で示し，これを液性限界(W_L)という．また一方で，水分の量が次第に少量になると，もろくなり，われたり，くだけたりして変形することができなくなる．このような限界に達するまでに失われる水分を，風乾試料の重量に対する比で示し，これを塑性限界(W_P)という．

　粘土塊をロールして，3 mm の直径のひも状のものにしようと試みるとき，ちょうどちぎれはじめて1本のひも状態ができなくなるときの含水量を，原試料の重量に対する比(%)で塑性限界を表わす．風乾した試料を JIS Z 8801 の標準試験ふるいの 420 μ を通したもの約 15 g をとり，適量な水を加え，こねて手でまるめ，ガラス板の上でのばし，ちぎれないで直径 3 mm の細いひも状のものとなったとき，再びこねてのばし，ちぎれて 3 mm の細いひもができなくなるまで繰り返す．このちぎれた塊について含水量を測定する．

　液性限界は土塊をかるくたたくとき，ちょうど流れはじめるときの含水量を原試料に対する重量比(%)で示す．420 μ のふるいを通った風乾試料を約 100 g とり，水と混じて「のり」状にする．これを直径約 6 cm の丸底の蒸発皿の中に入れ，表面を平らとし，図 13-14 のような鋼でつくったへらで，中央にみぞを切る．この容器を 1 cm の高さ(底よりはかった距離)より何回か落していって，みぞの底で土がちょうど流れ合わさりはじめるときの落下回数(T)を記録し，同時に，合流した附近から試料をとり，その含水量(W)を求める．含水量を変えて同様の実験を繰り返し，その度毎に落下回数を記録する．この結果を，T と W のグラフで示し，$T=25$ のときの W の値を求めこれで液性限界を示

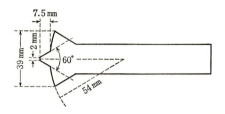

図13-14　液性限界の測定のとき用いる「みぞきり」(JIS A 1205 による).

す(土木工学会(1962)参照). T, W のグラフの傾斜角は液性限界におけるティキソトロピーの性質に関係する.

　塑性に影響する因子には, 水分子層の厚さ, 粒子の細かさ, 粒子の形があるとされているが, ここで水分子層の厚さが関係してくるならば, 粒子表面, ならびに溶媒中の交換性イオンの種類, 組合せ, 濃度も関係する. 塑性は, 外力に対する変形についての問題であるから, その機構は, 粘性の場合と本質的な相異はないと考えられる. ただ懸濁液の場合には, 自由水も一部に関係しているが, 塑性を示す状態では, 水分子層の発達が何よりも優先した一因となっていると考えられる. 次に粒子の形が極めて細かく, しかも, 偏平なとき塑性が明らかに示される事実がある. 従って, 塑性は, やはり粘土鉱物の1つの特性として取り上げることができる. またイオンの影響としては, たとえば, アルカリイオンの存在では, 小さい降伏値で大きい変形が可能であり, より高い原子価のイオンの存在下では, 降伏値は大きく, 大きい変形をさせるためには, 1価イオンの場合よりも多くの水分を要する. これらの事実の説明には, 膨潤, 粘性のとき述べたと同じように, 粒子表面のイオンならびにイオンの水和度, イオンの原子価と水分子層の形成能などによって説明ができるように思われる. 厚い水分子層を発達させる場合は, 吸水量, 塑性限界, 液性限界は大きくなる. $W_L - W_P = I_P$ を塑性指数という. これは塑性を示す含水量の範囲を示す. 2μ 以下の粘土の % を F とすれば, $I_P/F = A$ の比, また自然状態の土塊の凝集力 (C_0) に比し, それを同一の温度下で混練したものの凝集力 (C_r) は一般に減少するが, このとき $C_0/C_r = S$ の比が土質を示す上で比較されることがある. 混練したものを放置すると, 再び凝集力が増してくることがあり, これを回復という(熟成させるという言葉も用いられる). S の値は一般の粘土類で 2~4, 特に

13-12 可 塑 性

大きいものは 16 以上に達する．A の値は，Na 型のモンモリロナイトで，最大 5～6，Ca 型モンモリロナイトで，0.4～0.7，カオリナイトでは，0.2～0.4，石英（シルトの大きさのもの）では 0.25 の程度である．Na 型モンモリロナイトでは，厚い水分子層が形成され，吸水量，塑性限界，液性限界が大きい．これを混練すると，水分子層の発達は乱れて，凝集力が弱まる．すなわち，S, A 共に大きい．

次にシルトに少量の粘土分を含むものは，湿った状態では，シルト粒子は，粘土フィルムと水分子層を媒介として互いに膠結するため，凝集力が発達しているが，混練すれば水分子層の乱れで凝集力は減少する．すなわちこの場合は A は小さく S は大きい．混練したものを放置すると再び水分子層が発達し凝集力が生ずる．回復の現象はこれである．更に乾燥すれば，いっそう強い凝集力を生ずることがある．モンモリロナイトは乾燥による収縮率または重量減は他の粘土鉱物より大きい．石英砂とベントナイトと水を混じてつくる鋳物砂型の生型強度の問題もこの辺に主な原因があろう．凝集力は試験片を破壊する力で比べられる．すなわち以上述べたように，水分子層の発達のため，粘土粒子が「のり」ではりつけられたようなものとなるので，凝集力を生ずるが，一般に凝集力は外力に対する抵抗力として認められ，歪力として，また圧縮に対する抵抗力として現われ，これらの力に対する歪，剛性率，圧縮率で比較することができる．そこでこの力を比べる方法には，歪力と歪の関係を求める方法があり（図 13-15），針をおとして比較する方法がある．すなわち粘土と水の混合体を成形し，適当時間熟成させ，成形面より一定の距離から，定重量の針を落して，

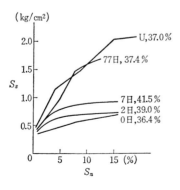

図 13-15 山口真一原図 (1956) から抜萃した図．地すべり粘土（モンモリロナイトを主とする）を一度混練してこれを適当日数放置したものの応力と歪みの関係である．% は含水量を示す．応力 (S_s) に対する歪み (S_n) は放置日数と共に増加している．U：天然にあるままの状態（攪乱されていない）の試料．

つきささった深さを mm の単位で比べる．

　昔から可塑性の意味は，異なった専門分野で必ずしも全く同じでない．もちろん，異なっているといっても，定義が根本的に異なるわけではなく，定義の中で強調する部分が異なるのである．たとえば，粘土を利用する工業では，粘土でいろいろな形をつくり，それを乾かし灼熱するという作業が重要で，この作業を望ましく進めるため可塑性が重要である．よって，この方面では可塑性とは，外力を与えることにより，任意の形ができ，外力を除いてもその形がそのまま保たれ，乾かしても形が保たれ，しかも固まるという性質とする．ここでは workability(成形能力)という意味を強調されている．このような意味の可塑性は，粘土鉱物の種により良否がある．昔から一般に粘土の可塑性の改良のため，粘土を「むしろ」の上に敷き，長時間にわたり，時々水を散布することが行われている．これを粘土の「寝かし」，また「寝かせ」といっている．単に粘土と水のみならず，粘土鉱物と複合体をつくる物質は可塑性を大なり小なり左右することが知られている．

　近年，粘土工業の中で，特に，高温工業の主原料であるカオリナイト群についても，有機複合体が見出された．その中で，カオリナイト-尿素複合体を発見した Weiss(1961) は，興味ある推論を行っている(Weiss, 1963)．陶磁の歴史で1つの黄金時代といわれている中国宋代の製品に，極めて薄いものがあり，しかも，これが可塑性，乾燥強度の不良な，粗粒の結晶度のよいカオリナイトのみを用いてつくったらしいという．しかも，そのとき，カオリナイトを，尿の中に長年月貯え(一種の「寝かせ」と考えられる)，そして摩砕したといわれている．このような過程で推定されることは，カオリナイト-尿素複合体の形成ならびに摩砕により，表面積の増加などによる可塑性の改良がなされたのではないかということである．

13-13　塑性図

　$W_L(\%)$ と $I_P(\%)$ の図表(Casagrande, 1948)，または W_P と W_L の図表をつくり，塑性図という．多くの粘土鉱物は，この図で $I_P=0.73(W_L-20)$ の線を境とし，多くの無機質の粘土はこの上側に示される(桑原徹, 1970)．下側には，ケイ藻土，アロフェン，ハロイサイト(従ってそれらを含む，いわゆる関東ロー

ム),アタパルジャイト,有機物を含む土,シルトなどが分布する.この理由は,ケイ藻,アロフェン,ハロイサイト,アタパルジャイトなどにほぼ共通していえることは,含有されている水分の全部,ないし一部は,細孔,毛細管を満たしている水(W_0)であり,これらの水は,粒子の間の凝集力には影響を示さない水であり,その点でW_LとW_Pの値に関係する水,すなわち粒子表面の水分子層を形成する水とは異なっているが,これらはW_L, W_Pの値の中に入ってしまう.よって,液性限界,塑性限界の実測値W_L, W_Pは,見掛け上,真の値W_L', W_P'より大きくなっている.すなわち,$W_L = W_0 + W_L', W_P = W_0 + W_P'$である.

13-14 地すべり粘土,重粘土

粘土の功罪のうち罪と考えられているものに,地すべり,山くずれに一役買っていることがあげられている.そして地すべり粘土という名前が用いられている.地すべり粘土は,地すべり地帯で,「すべり面」といわれる面に見出されるものであるが,この粘土はしばしばこの面より上部または下部の土塊とか岩石中の主要な構成粘土鉱物と大差ない場合がある.恐らく土塊,岩塊がくずれるとき,ずり応力の集中する部分で,水分が他よりも多くしみ出し,しみ通り,この水分と土塊の動きにより,上下の土塊,岩塊中の粒子が水に混じて,微粒子の集合部分が,粘土になったものもあると思われる.すなわち,最初,ある面だけに特殊な粘土ができていて,これがすべって地すべりの導因となると考えるよりは,地すべりにより粘土が生じているといってもよい場合である.しかしこのようにして生じた粘土は,地すべりの発生に一役買うことはたしかであり,続いて地すべりが発生すると共に,この地すべり粘土も発達する.しかし以上のような機構以外の機構は必ずしも否定することはできない.地すべり発生の素因となる粘土を一般に地すべり粘土といってよいであろう.地すべり粘土は,地すべり,山くずれに一役買っているのであって,これが地すべりの原因のすべてではない.いうまでもなく,地すべり,山くずれの原因の中には,構造線の有無,地形,地質などが大きい役割を占めている.谷津栄寿(1965)によれば,凝灰岩頁岩地域の地すべり粘土はモンモリロナイトが主であり,結晶片岩,蛇紋岩地域の地すべり粘土には,蛇紋石群,雲母粘土鉱物,緑泥石が目

立つ．なお一般的性質として，地すべり粘土中には，膨潤性緑泥石，中間性粘土鉱物(混合層型，偏倚型)が含まれることが多い．

なお地すべり，山くずれの地帯で悪い作用をするものは，必ずしも粘土のみではなく，砂，シルトの中に，僅かにスメクタイトを含むようなものは，粘土よりも危険な物質である場合が多い．

重粘土とか重粘性土壌といわれるのは，次のような一般性を持っている．多量の粘土分を含み，孔隙差は小さく，極めてち密な状態を呈している．加えて，可塑性著しく，粘性が大であり，置換酸度，加水酸度も大きいとされている．しかも乾くと甚だもろくくずれ易くなる．従って，耕作にもまた交通にも，まことに不良な土壌である．

森哲郎，佐々木清一(1956)によれば，北海道の小向の重粘土は，ハロイサイトを主とし，非粘土鉱物の中には，石英が目立ち，一部にアロフェンの混在も考えられる．また一部に有機物質を多量に含む部分があり，母材は流紋岩質の凝灰岩と推定されているが，電子顕微鏡下では球状，不定形板状を示すことは注意すべきことである．上記の性質は，日本の火山灰地に産するアロフェン-ハロイサイト球粒体を主とする粘土に近いが，重粘土の特性の中に，日本の各地のアロフェン-ハロイサイト粘土にない特性が含まれているか否か，将来の研究問題である．

13-15 粘土鉱物に吸着された水の比重

粘土粒子の表面，または粘土鉱物の層間に水が吸着されるとき，まず2次元

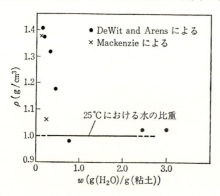

図13-16 Na型モンモリロナイトに吸着する水の比重 ρ と，水の含有量 w の関係 (Martin (1962)の原図より筆者が簡約した図)．

的な結晶状態をとるという事実は,その比重が果して自由水と同一であるかどうかの疑問を生じさせる.ピクノメーターを使用して求められた従来のデータ(Mackenzie, 1958 ; DeWit and Arens, 1950)によれば,たとえば, Na 型のモンモリロナイトについては, 0.3 g(H_2O)/g(粘土)より低い範囲で,吸着水の密度は,自由水の比重より大きいことが示されている(図 13-16).なお将来研究を進めるべき問題が多い.

参考文献

Attenberg, A.(1911) : Intern. mitt. Boden, **I**, 4.
Barshad, I.(1949) : Amer. Miner., **34**, 675.
Casagrande, A.(1948) : Trans. Amer. Soc. Civil Engres., **113**, 901.
Chapman, D. L.(1913) : Phil. Mag., **25**, 475.
DeWit, C. T. and Arens, P. L.(1950) : Trans. 4th Int. Cong. Soil Sci., **2**, 59.
土木工学会編(1962):土質試験法解説,第 1 集.
Enslin, O.(1933) : Die Chemische Fabrik, **6**, 147.
Freundlich, H., Schmidt, O. and Lindau, G.(1932) : Koll. Ber., **36**, 43.
Fujioka, Y. and Nagahori, K.(1960) : Clay Sci., **1**, 7.
Gouy, G.(1910) : Ann. Phys.(Paris), Ser. 4, **9**, 457.
Hendricks, S. B. and Jefferson, M. E.(1938) : Amer. Miner., **23**, 863.
桑原徹(1970):粘土科学, **9**, 12.
Lambe, T. W.(1958) : Proc. Amer. Soc. Civil Engres., S. M., **2**, 1.
Macey, H. H.(1942) : Trans. Ceram. Soc.(Engl.), **41**, 73.
Mackenzie, R. C.(1950) : Clay Miner. Bull., **4**, 115.
Mackenzie, R. C.(1958) : Nature, **181**, 334.
Martin, R. T.(1962) : Clays and Clay Miner., 9th Nat. Conf., 28, Pergamon Press.
森哲郎,佐々木清一(1956):北海道農試彙報, 71 号, 13.
Norrish, K.(1954) : Disc. Faraday Soc., **18**, 120.
素木洋一(1962):セラミック外論(I),窯業協会.
素木洋一(1963):セラミック外論(II),窯業協会.
Tamamushi, B.(1937) : Kolloid-Zeit., **79**, 300.
玉虫文一,鈴木英雄(1937):日化誌, **58**, 507.
Tamamushi, B. and Sekiguchi, Y.(1938) : Bull. Chem. Soc. Japan, **13**, 556.
玉虫文一(1940):日化誌, **61**, 286.
van Olphen(1963) : An Introduction to Clay Colloid Chemistry, John Wiley & Sons, New York.
Walker, G. F.(1956) : Clays and Clay Minerals (A. Swineford, Editor), Publ. **456**, 101, Nat. Acad. Sci.—Nat. Res. Counc., Washington.

Warkentin, B. P. and Schofield, R. K.(1962) : J. Soil Sci., **13**, 98.
Weiss, A.(1961) : Angew. Chem., **73**, 736.
Weiss, A.(1963) : Angew. Chem., **75**, 755.
White, A.(1955) : Clays and Clay Minerals (W. O. Milligan, Editor), Publ. **395**, 186, Nat. Acad. Sci.—Nat. Res. Counc., Washington.
山口真一(1956)：京都大学防災研究所創立5周年記念論文集.
谷津栄寿(1965)：粘土科学, **4**, 8.

第14章　粘土-有機複合体

14-1　粘土-有機複合体

　スメクタイトでは，水分子が層間に入り，ここで底面に平行(しかも結晶学的に平行)な水分子層をつくることを述べた．この反応は，常温常圧で直ちに生ずる．すなわち，水が結晶状態となり，粘土鉱物の層間にでている酸素面の上に，平行連晶するとか，またスメクタイトと水との混合層結晶ができるとか，また粘土鉱物の結晶と水の結晶のどちらつかずの中間の結晶ができるともいえる面白い性質である．

　スメクタイトは水のみならず，極めて数多くの有機物分子に対しても，同様の挙動を示す．このようにして生じたものを，粘土-有機複合体と名付ける．この複合体は，スメクタイト以外に，バーミキュライト群，ハロイサイトのように層間に交換性イオンと水分子層，または，水分子層のみを持つものに見られるが，最近ではカオリナイト群にも見られるようになった．特定の粘土鉱物と有機物が，瞬時にして1つの結晶(有機物とも無機物ともつかぬ中間の状態の)をつくることより，有機物と粘土鉱物の関係は，もはや水と油のようにたとえられなくなり，粘土鉱物は有機物とも密接な関係で結ばれていることになる．研究の歴史は古いにかかわらず，最近まで研究がなお増加の一途をたどっている．それは，あらゆる有機物が登場してくるからである．そして，粘土科学と，有機化学はもはや縁遠い間柄ではなくなってきた．Gieseking and Jenny(1936), Jordan(1949), MacEwan(1948), Bradley(1945)は，この方面の近代的研究の礎石を置き大きい貢献をした．

　粘土-有機複合体は，大別して，有機イオンがイオン交換反応により粘土鉱物と結合する場合と，有機物が双極子モーメントを持つ極性分子であり，双極子モーメントによって，粘土鉱物と結合する場合がある．

14-2　極 性 結 合

　極性有機分子の1つに，アルコール類があり，その中の多価アルコール(エチ

レングリコル($HOCH_2CH_2OH$)，グリセロール($CH_2OHCH(OH)CH_2OH$))の複合体は，粘土鉱物の判定にも広く用いられる．これらは明らかにスメクタイト，バーミキュライト群と複合体をつくるが，その様相は共存物質(交換性イオンの種類，水)により，バーミキュライト群の場合はさらに層間の電荷の大小により変化し複雑である．スメクタイトは，一般に交換性陽イオンの電荷によらず(Na^+, Ca^{2+})，2層の有機分子層ができて，17 Åの単位構造の高さを示す．しかし，1価のイオンが極めて多くなると，1層の複合体をつくることがある．スメクタイトでは，Ca型にすれば，常によく単位構造の高さd_0は17 Åへのびるといえる(González García 等, 1953; Greene-Kelly, 1953)．バーミキュライト群では一般にスメクタイトより複合体をつくるときの層間膨潤は著しくない．そしてこの様相は，交換性イオンの種とか層間電荷に著しく影響される(Walker, 1961)．Mg型は，グリセロール処理で，ほとんど見掛上変化しない(14.5 Å)が，Ca, Sr, Baの各型は，17〜18 Åに膨潤することがある．エチレングリコルの場合は，層間電荷の影響が少し研究されていて，Mg型は，一般に膨潤しないが，中には層間電荷が標準のバーミキュライト群としては小さいものがあり，このようなものは膨潤する．Ca, Sr, Baの型は膨潤するが，層間電荷がバーミキュライト群の範囲の高い部に属するものでは，膨潤が見られないことがある．ハロイサイトでは，グリセロールまたはエチレングリコルの1層と複合体をつくり，約11 Åの単位構造の高さを示す．以上の複合体の生成には，何れも層間の水分が有機分子によって交換される．スメクタイトとエチレングリコルの複合体に見られる17 Åのピークは，それに水を加えても大きい変化を生じない．

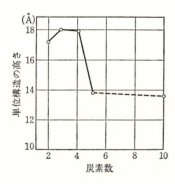

図14-1 モンモリロナイト-2価アルコール(グリコール)複合体(Bradley(1945)による).

14-2 極性結合

モンモリロナイト，ハロイサイトをエチレングリコール処理した試料を密閉したガラス容器中に入れ，スプリングでつるし，真空吸引し，カセトメーターで重量の変化を測定する．結合していないエチレングリコールはのぞかれるので，結合しているエチレングリコールの量と，試量の重量から，試料中のモンモリロナイト，ハロイサイトの量を見積ることができる(Dyal and Hendricks, 1950).

一般に極性有機分子の複合体で，炭素数が大きくなるものほど，複合体の単位構造の高さは減少する(図14-1). これは，極性分子の複合体形成は吸着エネルギーに支配されるので，有機分子中の非極性部分が，大きくなれば，それだけ吸着エネルギーは減少するためと考えられている．

以上述べたように，極性有機分子と粘土鉱物間の複合体の形成には，層間イ

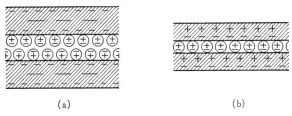

図14-2 (a) スメクタイトと有極性分子との結合．
(b) ハロイサイトと有極性分子との結合．

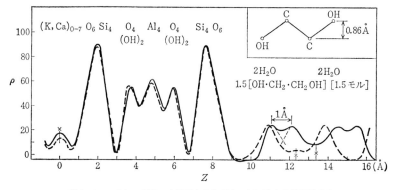

図14-3 エチレングリコール処理をしたアレバルダイト(実線)の1次元電子分布密度図(破線は2層の水分子層を有するアレバルダイトの試料より求められたもの)(Brindley(1956)による). ρ：電子分布密度(エレクトロン/Å), Z：原子のZパラメーター．

オン,層間電荷などの影響が見られ複雑であるが,モデルとして示せば,図14-2のようになろう.ハロイサイトは層間の一方は正,他方は負の電荷が生じていると見てよいであろうから,まず1層の有機分子層が定着するものと思われる.1次元のフーリエ合成の例を図14-3に示す.

14-3 イオン結合による複合体

粘土鉱物と複合体をつくる有機イオンは,アミン類($R-NH_2$, $RR'-NH$, $RR'R''-N$),ベンゼン(C_6H_6),ピペリディン($C_5H_{11}N$)などがある.この中で,ピペリディンは,エチレングリコル,グリセロールと同様に,やはりスメクタイト,バーミキュライト群の判定に用いられる.

粘土-有機複合体を,X線粉末反射を調べると,有機分子が層間に規則正しく入ることが単位構造の高さの増加で認められる.この事実は,有機分子と粘土鉱物との間に結合力がはたらいている結果である.従って,複合体を形成している有機分子の挙動は,自由な状態とは異なっているはずで,たとえば,その分解の温度が高くなることが予想される.この事実は,1つの例として,ピペリディン処理したスメクタイトのDTA曲線によく示されている.

粉末試料に,ピペリディンを加え,泥状とし,これを水浴上で,十分に乾燥させると,再びサラサラした粉末状になるが,このとき既にピペリディンは,スメクタイトの中に複合体をつくっている.ピペリディンそのものの揮発温度は100°C前後であるから,上記の操作で,複合体の形成にあずからない余分のピペリディンは,100°C前後で揮発するが,複合体を形成している部分は,この温度で揮発をまぬがれる.ピペリディンで処理したスメクタイト試料のDTA曲線には,新しい発熱ピークがいくつか現われる.その中で300°C, 500°C, 700°C附近に生ずる3つの発熱ピークが最も鮮明である.この中で500°Cの発熱の原因は,まだはっきりしていない.結晶片の端面についたピペリディンの焼燃のためともいわれ,また一部分は遊離の酸化鉄に基づくらしいことが認められている.300°Cのピークは結合しているピペリディンの燃焼する温度であり,燃焼後も炭素が依然として結晶格子の上に結合されている.これがモンモリロナイトの(OH)の脱水とともに酸化されて,COとして放出されるとき,700°Cの発熱ピークを生ずるものと考えられている.すなわち700°Cの発

14-3 イオン結合による複合体

熱が,モンモリロナイトの格子の破壊される温度と一致する事実は,上述のように説明することができる.

700°Cの発熱ピークは,極めて強いので,極く少量のスメクタイトの存在も確認することができる.色の変化を見ると,300°C附近より,炭素の残存により,次第に色が黒くなり,700°Cを越すと,炭素が燃焼しつくすので,色が再び白くなる.なおデータが不足で確実なことはいえないが,バーミキュライト群でも複合体が形成され,700°C附近の発熱が現われるらしいので,判別に利用するときは,このことに留意して,検討する必要がある.なお500°C附近の発熱ピークの原因は不明であるが,アロフェンの試料をピペリディンで処理した後にDTA曲線を調べると,500°C附近の発熱が著しく発達していることがある.恐らくアロフェンに吸着したピペリディン分子の分解のためのピークが,400〜500°Cに現われるものと思われる(Sudo. 1954).

有機イオンとの複合体では,炭素数が多くなると,単位構造の高さは,それに伴って増加する(図14-4).これは,スメクタイトの層間電荷を中和するためには,十分な有機分子が必要であり,正電荷を持っている解離基1個あたりの分子量が大きくなれば,それだけ層間電荷の中和のため,多量の有機分子が必要となるからである.

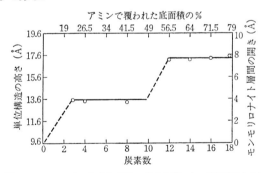

図14-4 モンモリロナイト-アミン複合体(Jordan(1949)による).

モンモリロナイトの有機複合体は,また応用方面で重要である.たとえば特定のモンモリロナイト有機複合体は,有機溶剤の中で著しく膨潤するので,印刷用インキ,塗料などに用いられる.これは一般にオルガノフィリックベントナイトとよばれている.たとえばドデシルピリジニウム($C_{17}N_{30}N^+$)とモンモ

リロナイト複合体は，ピリジン(C_5H_5N)，フルフラール($C_5H_4O_2$)の中に浸すと膨潤し，分散するが，ほとんど透明になり溶液のようになってしまう．

14-4 カオリナイト-尿素複合体

カオリナイトと酢酸カリウムの間の複合体が，和田光史により発見されてから，Weiss(1961)は，尿素($CO(NH_2)_2$)が，カオリナイト群に対して同様の作用をすることを発見した．なお，カオリナイトの場合は，さらに，ホルムアミド($HCONH_2$)，ヒドラジン(NH_2NH_2)も同様にはたらくことがわかってきた．尿素との複合体の構造は，図14-5のように考えられている．尿素のNH_2と，4面体酸素の間の水素結合と，また一方で，尿素分子の大きさが層間に露出している酸素の6角形配置体とほぼ同じことが，カオリナイト-尿素複合体の形成に役立っていると考えられている．

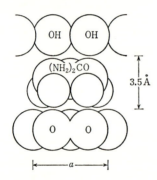

図14-5 カオリナイト-尿素複合体(Weiss(1961)による)．

14-5 土壌と有機物

粘土鉱物と有機物の結合の問題に関連して，粘土中に含まれている有機物，土壌中に含まれている有機物の問題がある．この問題は，粘土-有機複合体の問題が論ぜられるより以前から，特殊な粘土について知られ，また一方では土壌そのものの本質に関係する問題となっている．たとえば，日本の「木節粘土」は，漂積粘土(岩石の風化分解物が，原位置から他の場所へ運ばれ，堆積した粘土)の一種で，亜炭，褐炭のような炭質物を含む．今更いうまでもなく，土壌の定義からしても有機物の混在は土壌の本質である．

土壌と共存する有機物の意義として，植物生育は今更いうまでもないが，更に深い研究については，粘土-有機複合体の研究に比べると，取り残されている感がないでもない．たとえば，土壌中の有機物が土壌化作用にどのような物理化学的の反応で寄与しているかという問題は，まだ十分に解明されているとはいえない．しかしいろいろな事実が将来の研究を約束している．たとえば，火山灰土にて，中に含まれる炭質物のまわりが，それ以外の部分に比し著しく粘土化が進んでいることがある事実，また，土質について有機物が大きい役割を果たしているらしいと考えられる事実がある．

　土壌中の有機物の主なものは極めて細かい腐植である．腐植は，まず著しく多量の水分を保有する．したがって，腐植の多い土壌は軟弱であり，圧縮性に富み，乾けば固くなり，液性，塑性の両限界は高い．過酸化水素で処理し，有機物を取りのぞくと，これらの限界の低下が認められる．

　腐植は一定の化学組成も持たない非晶質の物質であるが，その中，特に表面には，アミノ基($-NH_3^+$)，カルボキシル基($-COO^-$)など多くの基がでているものと考えられる．層間に結合して，粘土-有機複合体を形成する場合があるか否か明らかでないが，少なくも，腐植は土壌の中に，ただ機械的に混合しているものでなく，密接に粘土粒子と結合していることは明らかで，その結合は，上記の基と粘土粒子の表面の間に考えられ，イオン結合，水素結合または双極子相互作用などによるいわゆるファン・デル・ワールス力などが考えられる．またタンパク質の分解が，モンモリロナイトの存在で抑制されるという事実についても，この有機物と粘土粒子との間の結合が暗示される．土壌の中に，特に腐植が集積する傾向のある土壌があるが，その1つにアロフェンを主とした火山灰土がありアロフェン腐植土といわれている．

参　考　文　献

Bradley, W. F.(1945) : J. Amer. Chem. Soc., **67**, 975.
Brindley, G. W.(1956) : Amer. Miner., **41**, 91.
Dyal, R. S. and Hendricks, S. B.(1950) : Soil Sci., **69**, 421.
Gieseking, J. E. and Jenny, H.(1936) : Soil Sci., **42**, 273.
González García, F. and González García, S.(1953) : An. Edafol. Fisiol. veg., **12**, 925.
Greene-Kelly, R.(1953) : Clay Miner. Bull., **2**, 52.

Jordan, J. W. (1949) : J. Phys. and Coll. Chem., **53**, 294.
MacEwan, D. M. C. (1948) : Trans. Faraday Soc., **44**, 349.
Sudo, T. (1954) : Clay Miner. Bull., **2**, 96.
Walker, G. F. (1961) : The X-ray Identification and Crystal Structures of Clay Minerals (G. Brown, Editor), Ch. VII, 297, Mineralogical Society, London.
Weiss, A. (1961) : Angew. Chem., **73**, 736.

第15章 酸ならびに塩類溶液による構造変化,その他

15-1 酸

粘土鉱物と塩類溶液による反応として,既にイオン交換反応を述べたが,この反応では,構造に著しい変化は生じていない.また水との反応について述べたが,ここでは,層間膨潤の結果,構造に大きい変化が見られた.また有機化合物との反応の結果でも構造に大きい変化の生ずることが見られた.この章では無機酸,ならびに塩類溶液(無機,有機)によって引き起こされる粘土鉱物の構造変化をまとめて述べよう.

粘土鉱物一般は,酸,アルカリに分解し易い.6Nの塩酸に1時間,水浴上であたためると(もちろん粒度は2μ以下),雲母粘土鉱物,カオリナイト群には,著しい変化はなく,モンモリロナイトでは,大きい変化の見られないものがあり,また,15.4Åのピークが12Åへ移るものがあり,緑泥石,バーミキュライト(Mg型)は分解してしまう.ただし,緑泥石の中のAl質のものは,分解が著しくないので,カオリナイト群との区別が困難である.アロフェンは,酸,アルカリに極めて溶解し易い.1例は,80°C,2時間の加熱条件下で,酸の濃度を変えると,5Nの濃度で,アルミナはケイ酸とともに,溶解率がほぼピークとなり,その後,アルミナの溶解率は,ほぼ増減がないが,ケイ酸は,シリカゲルとして残るため,溶解率は急に減少する(田中甫, 1960).

15-2 硝酸アンモニウム

1Nの溶液中で5~10分間沸騰することにより,Mg型のバーミキュライトの14.3Åのピークは10Åへうつる(Walker, 1949).これは,アンモニウムイオンが,Kイオンとほぼ同じ半径を持つため,層間の12の配位点(実際はゆがんでいるから12個の酸素からすべて等距離では必ずしもない)へ落ち着き,層間を引きしめて,その結果単位構造の高さが,雲母と同程度になるためと思われる.もちろん,試料の粒度により,この変化の速度は(上記の実験条件下で

も)変わる.また塩化カリでも同様である.スメクタイトでは,上記の実験条件下で変化を示さないものもあれば,また 14.3 Å→12 Å の変化を示すものもある.

15-3 Al(層間)バーミキュライト

　Mg 型バーミキュライトに性質が近いが,上記の硝酸アンモニウムの処理で全く変化なく,また加熱脱水による単位構造の高さの変化も,Mg 型のバーミキュライトよりゆるやかであるような鉱物が,最初 Brown(1953) により報告された.この鉱物はエチレングリコル処理では変化なく,14 Å→10 Å の移行は通常のバーミキュライト(Mg 型)と同様に 300°C 附近の加熱で生ずるものもあるが,500~800°C の高い温度に加熱してはじめて生ずるものもある.Walker の方法では一般に 14 Å の反射は変化しないが,硝酸アンモニウム溶液(1 N)で 8 時間沸騰するとき,また塩化カリの溶液で長時間沸騰するとき,14 Å の反射は一部 10 Å へ移行するものがある.塩化カリと苛性カリの混合溶液では,沸騰の時間に伴って 14 Å は次第に 10 Å へ移行し,5 時間で全く 10 Å へ移化してしまう.Brown はこの原因を次のように考えた.すなわちこの試料ではアルミニウムイオンが一部交換性イオンとして含まれているためと考え雲母粘土鉱物(Al, di.)よりの変質物と考えた.なお過酸化水素で処理すると 14 Å の加熱変化は極めて容易になることから有機物が一部層間位置にあり,これもまた上記の特性の原因となっていると考えた.

　その後,特定の型の土壌に,この種の鉱物が広く含まれていることが見出され,層間域に交換性の Al イオンを持つバーミキュライトであるとされ,Al(層間)バーミキュライトと名付けられた.そして,この層間の Al イオンが,硝酸アンモニウム処理による単位構造の収縮を妨げているものと考えられ,Al イオンを溶脱する目的でいろいろな試薬が用いられている.

　たとえば,KOH と KCl (Brown, 1953),NH_4F と KCl (Rich and Obenschein, 1955) などである.しかし見出された試料の中には(もちろん,粒度,実験条件を一定として比べても),なお 10 Å へもどらないものもあった.Tamura(1958) は,1 N のクエン酸ナトリウム($Na_3C_6H_5O_7$)中で煮沸し,塩化カルシウム中に浸し Ca 型とし,グリセロールで処理すれば,15.4 Å→17 Å へ移動するものと,

15-3 Al (層間) バーミキュライト

変化のないものの2つがあることを示し,この鉱物には,Alイオンを層間にもつモンモリロナイトの場合(Al (層間) モンモリロナイト)と,バーミキュライトの場合(Al (層間) バーミキュライト)があることを示した.恐らく,モンモリロナイトといえども(層間電荷の範囲はバーミキュライトより小さい),層間に3価のAlイオンを含むときは,層間が強くひきしめられ,ふつうのモンモリロナイトとは異なる性質を示すものと考えられた.

生沼郁等(Sudo, Oinuma and Kobayashi, 1965)は,日本の中生代の堆積岩の中より,いわゆる Al (層間) バーミキュライトの試料を見出したが,表15-1 のような複雑な結果を得ている.原試料中に,既に10Åのピークが示されているが,14.5Åの変化に注目すれば,試料1は,Al (層間) モンモリロナイト,試料2は Al (層間) バーミキュライトに近い.なお加藤芳朗(Kato, 1964, 1965)は,日本の土壌中から Al (層間) バーミキュライトを見出し,その中に黒雲母の風化物で tri. 亜群の Al (層間) バーミキュライトも存在することを示している.

既にイオン交換の項で述べたように,たとえばモンモリロナイトを酸処理すると,まず Al が溶出し,これが層間にとらえられて,酸性を呈する.この変化の過程で,層間にアルミニウムを持ったモンモリロナイトが一部にできてい

表 15-1

処 理	試 料 1		試 料 2	
(1) 未 処 理	14.5 Å(7)	10.2 Å(8)	14.5 Å(7)	10.2 Å(51)
(2) 0.1 N KOH-1 N KCl	14.3(3)	10.3(11)	13.8(4)	10.3(25)
(3) 0.1 N KOH-1 N KCl-1 N 酢酸マグネシウム	14.7(7)	10.3(9)	14.7(6)	10.2(19)
(4) 0.1 N KOH-1 N KCl-1 N 酢酸マグネシウム-グリセロール	14.5(4)	10.2(6)	14.7(5)	10.2(15)
(5) 0.5 N NH$_4$F-1 N KCl		10.3(22)		10.3(26)
(6) 0.5 N NH$_4$F-1 N KCl-グリセロール	14.7(2)	10.2(8)		10.2(13)
(7) 1 N クエン酸ナトリウム 3 時間沸騰-CaCl$_2$ 溶液中で 30 分沸騰	15.2(8)	10.2(8)	14.7(5)	10.2(13)
(8) 1 N クエン酸ナトリウム 3 時間沸騰-CaCl$_2$ 30 分沸騰-グリセロール	17.2(2)	15.2(4) 10.3(6)	15.0(3)	10.3(13)
(9) 1 N クエン酸ナトリウム 3 時間沸騰-CaCl$_2$ 30 分沸騰-硝酸アンモニウム	14.7(2)	10.3(11)		10.3(14)
(10) 1 N クエン酸ナトリウム 6 時間沸騰-CaCl$_2$ 30 分沸騰-グリセロール			15.0(5)	10.0(9)
(11) 1 N クエン酸ナトリウム 6 時間沸騰-CaCl$_2$ 30 分沸騰-硝酸アンモニウム				10.4(26)

る可能性がある．また，天然では Al (層間) バーミキュライトは，著しい風化を受けたと考えられる土壌 (たとえば赤黄色土) に見出され，強酸性の土壌中にも，類似鉱物が見られる．これら人工実験と，天然産状とをあわせ考えると，Al (層間) モンモリロナイト，Al (層間) バーミキュライトの成因については，共通したものがあるように考えられる．

15-4 酢酸マグネシウム

1 N の溶液中に 1 時間煮沸すると，雲母の 10 Å が 14～15 Å へ移ることがある (Rolfe and Jeffries, 1952)．このとき，この雲母は極端に風化を受けた雲母であるとされている．恐らく，強い風化を受けた雲母は，まだモンモリロナイトにまでは変化していない状態で，しかも，層間のカリウムイオンが一部溶脱し，あるいは一部交換性になった状態にあるとき，これに，Mg イオンが加えられると，バーミキュライト (Mg 型) の性質を帯びたものに変わるものと考えられる．

15-5 塩の単分子層吸着

ハロイサイトを 1～2 N の程度の塩類溶液 (たとえばアルカリ塩化物，塩化アンモニウムなど) で洗うと，層間にこれらの塩類が集積し，しかもその状態は，塩の単分子層 (2 次元の結晶) として固定されること，いいかえれば，ハロイサイトと塩分子が 1 つの結晶を容易につくることは，Weiss(1956)，和田光史 (Wada, 1958) により示されていた．このような事実は，モンモリロナイトでは見られない．恐らく，モンモリロナイトでは，層間の交換性イオンが，単分子層形成を妨げるものと考えられる．ハロイサイトでは，まず層間に露出している酸素でできた 6 角の孔の中に，陽イオンが吸着され，層間は電気的に中性であるから，この陽イオンの電荷を中和するため，陰イオンが陽イオンに配位し，層間に塩分子が形成されると考えられている．この塩分子は，水で洗うと容易に溶出され，10 Å の層高を示すようになる．

和田光史 (Wada, 1961) は世界ではじめて酢酸カリ ($KC_2H_3O_2$) がカオリナイトの層間を開くこと (7 Å→14 Å) を発見した．15～30 分間，両者を乳鉢の中で摩砕し，1 昼夜放置すると，反応は完全となると報告されている．カオリナイ

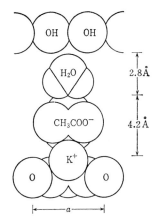

図15-1 カオリナイト層間に生ずる酢酸カリウム-水分子の構造(和田光史(Wada, 1961)による).

トの層間に生じている酢酸カリの単分子層の構造は,図15-1のようである. 100°Cに加熱すると,水分がのぞかれ,11.4Åの単位構造を示し,水で洗うと, 7Åにもどる(ディッカイトも同じ.ナクライトでは多少異なる).すなわち, 水との複合体の形成は,カオリナイト,ディッカイトでは,ハロイサイトに比し不安定であるといえる.また塩化アンモニウムで洗うと,ハロイサイトと同じように,塩化アンモンとの複合体ができる(ディッカイト,ナクライトも同じ).

以上のような粘土鉱物の層間に塩の単分子層が生ずる事実は,極めて重要な新事実であるので,その現象は intersalation と呼ばれるようになった.粘土鉱物の層間にいろいろな物が侵入する現象は intercalation と呼ばれている.カオリナイト群の intersalation は,それら相互の判別,またカオリナイト群と他の粘土鉱物の判別にも役立つ.酢酸カリが,他の塩よりも顕著に,カオリナイトの層間の (OH)…O の水素結合を切って intersalation を起こす理由は,同塩の高い潮解性,溶解性が関係しているのではないかと和田光史は述べている.

15-6 粘土,土壌の酸性

粘土の中に酸性白土があり,また土壌の中に酸性土壌といわれているものがある.このような酸性は,溶液の pH とは異なるもので,粘土粒子自身が酸性を示すことなのである.土壌学の方面では,土壌の水浸液中の解離した H^+ に

基づく酸性を活酸性，粘土粒子自身の示す塩基未飽和に基づく酸性を潜酸性と名付けている．この潜酸性は，水素イオンを水中に放出しないが，pH電極，pH試験紙には，水素イオンと同様に作用し，ショ糖を転化したり，アルカリを中和したりする．たとえば，酸性白土の1片を，水でぬらし，試験紙の上におくと，粘土塊が附着した部分のみが赤くなる．

人工的に潜酸性を示す粘土粒子をつくるには，希酸で洗ったり，電気透析をしたり，また水素イオン交換樹脂を通したりする．こうしてできた当初のものは，水素イオンを持っているが，不安定で，Alが溶出してくる．そして水素イオンは，pH 5以下では

$$Al + 3H^+ + 6H_2O \rightleftarrows H_3 + Al(H_2O)_6{}^{3+}$$

のように変わる．このものは $pK=5$ であって，酢酸と同じ程度である（K は酸の電離定数で，$pK = -\log_{10} K$ であり，溶液中の酸と塩基の濃度が等しいときは，$pH = pK$ である．酢酸は $pK = 4.75$）．pH 5以上になると，$Al(H_2O)_6{}^{3+}$ は，重合をはじめ，その過程で水素イオンを解離する．たとえばその初期には，

$$Al(H_2O)_6{}^{3+} \rightleftarrows Al(OH)(H_2O)_6{}^{2+} + H^+$$

のようである．そして，$Al(H_2O)_6{}^{3+}$，ならびに更に重合の進んだものは，高い原子価により層間に保持されていると考えられている．この酸度を的確に測定することはむずかしい．ここで，1つの方法がある．それは塩類で処理し，溶液中のイオンとアルミニウム重合体を交換し，出てきたアルミニウムを中和するアルカリの量で定義する．このとき KCl のように強酸と強塩基よりなる中性塩を加えたときの値を置換酸度といい，また酢酸カルシウムのように，弱酸弱塩基の塩を加えて出したものを加水酸度と名付ける．風乾試料，100 g に 1 N の塩化カリ液 125 ml を加え，1時間振とうして上澄液 125 ml をとり，フェノルフタレインを指示薬として，1/10 N の NaOH で滴定する．酢酸カルシウムを用いたときも同様である．一般に，加水酸度は置換酸度より大きい．弱酸塩は強酸塩より吸着している H^+ を交換浸出する力が大きいからであろう．

さて酸性白土は，鉱物学的に見れば，モンモリロナイトを主とする粘土である．一方で同じくモンモリロナイトより主としてできている粘土にベントナイトがあるが，ベントナイトは，酸性を示さない．酸性白土は触媒能がある．たとえば重油を接触分解して軽油としたり，重合，異性化反応があったり，デン

プンの糖化，ショ糖の転化などである．以上述べた酸性化の機構から考えれば，ベントナイトを酸処理したり，また酸性白土を更に酸処理して酸性度を強めたりして利用する途がある．これを粘土の活性化といい，人工的に酸処理してできた粘土を活性白土という．各種の酸が用いられているが，塩酸を用いたときは，一例として，15～20%のものを試料の重量に対し，2～3倍容加えて，沸点で3～5時間撹拌して製造されている．

酸性白土の研究は，小林久平により1899年その門が開かれた．この年に小林久平は酸性白土を新潟県小戸で発見されてから，その特性の研究と共に，無機，有機の広い工業方面の利用研究に身を投ぜられた(小林久平, 1949)．これは日本のみならず世界の粘土研究史における偉業である．

15-7 摩剝pH

pHは鉱物一般の生成条件を論ずるときにしばしば用いられる．時に極めて安易に用いられているが，もとより，pHを考えるためには，水溶液化学の常識が通る場合である．しかし，鉱物，粘土鉱物，粘土，土壌のpHがしばしば論ぜられる．これは次の事実に関係した意味を持つ．粘土鉱物の粉末を水の中に懸濁させるとき，鉱物粒子自身の示すpHと，水の示すpHの2つに大別することができる．酸性の場合には，土壌学の方面で，前者は潜酸性，後者は活酸性とよばれていることは前節でも述べた通りである．たとえば粘土鉱物と水のみの系で，他に不純物(遊離酸とかアルカリ)を全く含まず，粉体が潜酸性を示すときは，その粘土の1片をリトマス紙上におき，静かに1滴の水で浸すと，粘土と試験紙の接触部にあたる試験紙の部分のみが著しく変色する．また試料を水中で摩砕すると，鉱物粒子の表面から加水分解が進み，上澄液のpHは，加えた蒸溜水のpHとは変わってくることがある．このpHは鉱物粒子の化学組成と深い関係があり，たとえば，アルカリイオン，Mgなどの多い鉱物からは高いpHが示される．このpHを摩剝pHと名付け鉱物一般の判別の補助手段として用いられる(Stevens and Carron, 1948)．

摩剝pHを知るには，鉱物片，または粉末を乳鉢の中にとり，水を加え水中で更に細かくすりつぶし，pH試験紙を乳鉢の縁より懸濁液の中に静かに挿入し，水の部分のみ吸いあげpHを求める．または遠心分離して上澄液のpHを

第15章 酸ならびに塩類溶液による構造変化，その他

pH メーターで測ってもよい．また下記のような方法も用いられる．

試料を乳鉢の上で指頭に感ぜぬくらいに細かくすりつぶし，その一定重量 (約 0.02 g)を，別の乳鉢の中に入れる．これに適当な pH 指示薬の一定量(0.2 cc)を加え，一定時間(1分間)摩刷する．直ちに一片の脱脂綿で液体をすい上げ，その脱脂綿に移った液の色を pH の標準変色表(東洋濾紙の水素イオン濃度試験紙標準変色表(7本組原画)が適当である)の上をたどり，同一の色調のところを求め，その色調の pH の値を記する．もしこの色が変色域の外へ出たならば，pH 測定の普通の手順と同様に，指示薬を変えて実験を繰り返して変色域内で色の一致点を求める．原試料が著しく着色している時は，脱脂綿上の色を見分けるのにむずかしいから，1枚の薄い脱脂綿片を，混濁液の上にかぶせ，別に新しい脱脂綿片を，その上に重ねてかぶせて，その後に後者を静かに引きはなし，その色を比べる．用いた試薬と変色域は次のようである．

試薬	変色域
チモールブルー	1.4～3.0
ブロムフェノールブルー	2.8～4.4
ブロムクレゾールグリーン	3.8～5.4
メチルレッド	5.4～7.0
ブロムチモールブルー	6.2～7.8
フェノールブルー	6.6～8.2
クレゾールレッド	7.2～8.8
チモールブルー	8.0～9.6

各産地の粘土について上記の方法を試み，その中より純粋な粘土鉱物についての変色状況を，多数の試料について記録した結果を総括すると次のようである．アロフェン(pH：6に相当する変色)；カオリナイト(pH：5.5～7に相当する変色，pH：6～6.5に相当する変色が最も多い)；雲母粘土鉱物(Al, di.)(pH：5.5～7.0 に相当する変色，pH：6～6.5 に相当する例が最も多い)；パイロフィライト(pH：5.5～6.0 に相当する変色)；モンモリロナイト(pH：5.5～8 に相当する変色，pH：6に相当するものが最も多い)；いわゆる酸性白土(pH：4～5 に相当する変色)；サポナイトおよびセピオライト(pH：8に相当する変色)；滑石，ロイヒテンバージャイトおよびジュエライト(pH：9に相当する変色)．

不純物を含まない，粘土鉱物と水のみの系の pH は，粘土鉱物自身の性質と

して意味を持つ．一方で，遊離酸が含まれていて，それが上澄液のpHを下げていることがある．この遊離酸が，鉱物生成の過程で生じた初成的のものであるときは，特に論ずべき問題はない．恐らく，このようなときは，長い時間（地質時代を通じ）遊離酸と接している粘土鉱物自身も酸性白土のようなものに変わっているであろう．しかし，たとえば，硫化鉄が粘土の中に含まれていて（従って生成した当時はむしろ還元性，アルカリ性の条件），その後，空気中に露出し酸化を受け，硫化鉄が酸化して，硫酸を生じているものがある．このような酸化は，天然に存在した時の状態がどうであれ，採取後，実験室内に長く放置しておくと容易に起こるものであって，しばしば石こうの結晶が生じていることもある．要するに，粘土のpHという場合，そのpHの値は，その粘土の生成した環境を指示する役割を果しているか，また，生成後今日までの間の地質学的の変化に対応して生じている性質であるのか，あるいは全く2次的に，試料採取後，長く実験室内に放置しておいたために生じたものであるのかの検討が必要である．

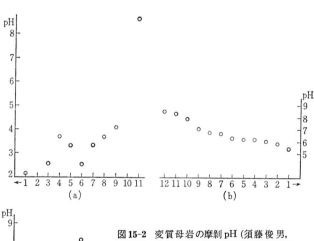

図15-2 変質母岩の摩刹pH（須藤俊男，1956）．(a) 山形県蔵王硫黄鉱山（試料は向山広による．試料採集場所の間隔は，平均3m）．(b) 秋田県花輪鉱山山吹鉱体（試料は中村正による．間隔は1m）．(c) 秋田県尾去沢鉱床の1鉱脈の例（試料は佐藤元昭による．間隔は平均5m）．全図とも鉱体の中心部を矢印で示す．

鉱物の成因論にしばしば用いられるpHの意味は，海水，温泉，その他熱水液のpHを意味する場合は別として，泥水，土壌，堆積物の間隙水のpHという場合は，摩刹pHの意味も十分考えねばならないであろう．また摩刹pHは，粘土鉱物の判別法として最初用いられたが，Keller(1955)により，鉱物の風化作用を考える上で重要であることが指摘されている．また，1つの母岩の中に金属鉱体が胚胎されているとき，鉱体より近くから遠くへ順次採取された試料について，摩刹pHを測定すると(前に示した筆者の方法による)，鉱体，鉱脈に近づくにつれて，pHが減少する傾向が見られる例がある．この変化には，硫化鉄鉱物の酸化，硫黄の酸化などに基づくものも含まれていると思われるが，実験室内で全く2次的に生じた変化がすべてではなく，変質母岩の天然における性質の変化を伝えているものと考えられる(図15-2)．

15-8 粘土鉱物の呈色反応

粘土鉱物は吸着性によりいろいろな色素も吸着することはよく知られた事実であるが，このときしばしば吸着と同時に，色素の変色を起こすことがある．この変色が同一の色素でありながら，粘土鉱物により異なることがあり，簡易判別法に用いられることがある．

従来，いろいろな色素が粘土鉱物の判別に利用されているが，主としてスメクタイトに特有な呈色反応を示すものが多い．中でもパラアミノフェノール(p-C_6H_7NO) (Hambleton and Dodd, 1953)が最も多くの粘土鉱物の各に特有な呈色反応を示し，判別できる粘土鉱物種の数が多い．

パラアミノフェノールのアルコール溶液(0.1%，0.5%，2%，4%)を用意する．試料の微粉末を，絵具皿の中に分け取り，パラアミノフェノール溶液を加え，放置して乾かす．乾固膜の上に塩酸(1:1)を滴下しこのときの色を見る．モンモリロナイトは青～青緑色(0.1%～4%の溶液で)，カオリナイトは桃～褐色(4%の溶液で)，雲母粘土鉱物(Al, di.)は肉色(0.5～2%の溶液で)を示す．溶液の濃度を変えて反応を見る理由は，薄い呈色反応は，高濃度の試薬の溶液の色により妨げられて，明瞭に見にくくなるためである．2種以上の粘土鉱物の混合粉末では，上記の混合色が現われる．また，着色体の粉末を顕微鏡下で調べると，異なった色の粒の混在が認められる．

色素が粘土鉱物に吸着されるとその色調が変わり，この変化が同一の色素でも粘土鉱物により異なるという事実の解釈は必ずしも十分についていないが，恐らく，原因の最大なものは，粘土鉱物自身の酸性，アルカリ性であろうと思われる．粘土鉱物による色素の吸着と変色は，粘土鉱物を媒介とする染物に役立っている．

色素でない物質が，粘土鉱物(主として，スメクタイト)に反応して，発色することがあり，古くからモンモリロナイトの判別として用いられていた．たとえばベンチジン(ベンジジン)($C_{12}H_{12}N_2$)，パラフェニレンジアミン(p-$C_6H_8N_2$)の水飽和溶液を，またビタミンA(肝油を利用できる)を，モンモリロナイト塊の上に滴下すると，直ちに何れも濃青〜濃緑色を示す．モンモリロナイトの量により色の濃淡がある．この呈色反応は試薬滴下後に直ちに見られるものである．呈色反応が直ちに生じなくても，長時間空気中に放置しておくと，試薬(たとえばベンチジン)自身が空気中の酸素により酸化されて青緑色を呈する．この反応は古くから知られていて，小林久平は，酸性白土の研究の途上に，上記の反応を酸性白土の判別法として用いられていた．実際は，酸性白土中のモンモリロナイトのみにかぎって示されるものでなく，一般のスメクタイトに示される反応である．古くから利用されている反応でありながら，その機構についてはまだ定説がない．古くは，酸性白土，ベントナイト中にしばしば含まれる2酸化マンガンの酸化作用によると考えられたこともあったが，呈色は2酸化マンガンによる呈色よりも著しく強いところから，やはりモンモリロナイト自身の反応であろうと考えられ，小林久平は酸性白土に酸化酵素的の性質があると述べている．山本大生(1955)は，アミン(NH_2)の酸化還元により，セミキノン型の共鳴構造ができて，これにより呈色すると述べている．

15-9 触媒作用

粘土鉱物は一般に細かく吸着性が強い．この性質は，また触媒作用と関連している．特に古くよりモンモリロナイトの触媒作用が注意されているが，天然の酸性白土，人工の活性白土に触媒能が著しい．酸処理の結果，一般にSiO_2/Al_2O_3の比は増大し，吸着能，触媒能は著しく増大する．この機構についてはまだ議論があり，モンモリロナイトの底面の構造と炭素化合物の構造との概略

の一致にその原因を求める説，または，水素イオンがこの触媒作用に重要であるとする説などがあるが(Grim, 1952)，アルミニウムが溶脱して生ずる格子不整も，1つの原因であろうと推定されている．

最近，主としてアメリカでは，モンモリロナイトのみならず，カオリナイト群まで活性化する方法を研究中である．いずれも高温で，水または水素，または酸を作用させて，カオリナイト中よりアルミニウムを溶脱させる方式である．既に述べたように，日本では小林久平は世界にさきがけて酸性白土の研究の中で，その触媒作用についても詳細に論じ，これを化学工業化すると同時に，石油の成因説も発表している．近年，下山晃(Shimoyama and Johns, 1971)は，モンモリロナイトの触媒作用を利用して，脂肪酸を転化し，石油の成因に結びつける一連の研究を発表している．

15-10 電気的性質

一般に固体，液体，気体がたがいに接触しているとき，その界面には電位差を生じていることが知られている．すなわち，界面で正負の電荷が極めて近い距離で対峙して分布する．これが電気2重層である．いろいろな原因があるが，溶液中の陽イオン（または陰イオンの何れか）が，他よりも強く選択的に吸着されると，残りの反対符号のイオンが，その外辺に引きよせられて電気2重層をつくる．ここで選択吸着の原因が問題であるが，粘土鉱物粒子の場合は，その粒子の表面の陰電荷が原因である．このため，固体の表面に接する液体の部分に，主として，正のイオンが選択的に吸着され，その外方を主として負のイオンが取りかこむ．電気2重層は，Helmholtz(1879)により最初に提出され，Stern(1924)により発展された．すなわち，吸着イオン層は，むしろ固体表面に固定しているもので(イオン固定層)，その外側では液体内部に向かって，次第に拡散しているイオン層があるという．固相と拡散層の外側の間の電位差(ε電位)は，固体とイオン固定層の間の電位と，拡散層と液体の間の電位(ζ電位)の和である．

粘土鉱物のイオン吸着，交換，有機複合体の形成の一部，分散，凝結などの重要な性質は，粘土粒子の界面の電気的性質に起因するが，更に，電気泳動，電気浸透などの性質を生み，また，電気透析の結果生ずる変化を説明するに役

15-10 電気的性質

立つ.

電気泳動は,粘土粒子の懸濁液に直流の電気を通すと,粒子が何れかの極へ移動する現象であり,日本では渡辺裕(1966)のすぐれた研究がある.

電気透析は次のような方法で行う.図15-3のようなガラスの容器の中を,半透膜をもって3室に区切り,その中央の室の中に粘土の懸濁液を入れ,両側の室の中に白金電極を入れ,100~200Vの電圧下で直流を流す.するとミセルの陽イオンは,半透膜を通り,陰極へ運ばれる.従って陰極箱の中の水をしばしば新しい蒸溜水に変えると,遂には粘土粒子の表面に引きつけられていた陽イオンが全く無くなる.このときに,粒子の表面に接するものは水のみである.この水はHと(OH)とに極く僅か解離している.そのときに(OH)はHよりも解離する力が多少弱く,またイオン層の中に侵入する力も強いので,表面に近く牽引され,Hは,(OH)に比し多少解離する力が強いので,(OH)の外側へ配列するものと考えられる.そして実際にこのミセル全体は,一部解離しているHイオンにより弱い酸性を呈している.このような粘土粒子は粘土酸に相当する.ミセルの表面に牽引されていた陽イオンは粘土酸の水素イオンを置換して含まれていると考えられるもので,一般に粘土は粘土酸の塩と考えることができる.粘土酸は,水素イオンを置換する金属イオンに欠けたもので,この意味で塩基未飽和粘土ともいい,これに反し,水素イオンが十分に金属イオンにより置換されたものは,塩基飽和粘土といって区別することがある.このようにして電気透析したものが示すpHを,終局pHという.粘土鉱物の大部分は,負に帯電した陰性膠質であるために,前に述べたように,その終局pHは酸性である.しかし一方で,粘土(特に土壌)の中には,アルミニウムまたは

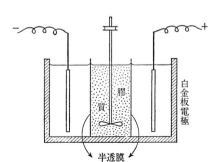

図 15-3 電解透析の装置.

鉄の水酸化物が含まれていることがあり，これらは陽性膠質であることは既に述べた通りである．このようなものでは電気透析の結果得た未飽和状態においては，(OH) の解離が H より大きくなり，終局 pH はアルカリ性となる．土壌粘土鉱物について終局 pH を測定すると，SiO_2/R_2O_3 の比の小さいものほど，その pH はアルカリ性を呈する．

いま終局 pH が酸性であるものに，酸(例えば塩酸)を加えると，H イオンの解離は妨げられ，(OH) はそれより解離度の強い Cl イオンと置換されるため，粒子の陰電荷は次第に減じ，酸の量を増していくと，遂に無電荷の状態がくる．この状態のときの pH を等電点という．すなわち，この等電点においては，粒子は陽極へもまた陰極へも引かれない．さらに酸の濃度を増すと，陰イオンの解離度が陽イオンより大きくなり，粒子は陽電荷を帯び，従って，粒子は陰極に泳動し陽性膠質となってしまう．終局 pH がアルカリ性の場合はこの逆で，その等電点はさらにアルカリを加えることにより終局 pH よりももっとアルカリ性の側において等電点に達する．等電点においては粒子は無電荷であり，凝固を起し易い状態にある．終局 pH が 7 のときは，H イオンと (OH) イオンの解離度が相等しいのであって，等電点の pH は不変で 7 に留まる．終局 pH が著しく酸性またはアルカリ性の場合は，それにかなり大きい濃度の酸，またはアルカリを加えないと，等電点に達することができないが，濃度の高い酸アルカリを加えると，粘土鉱物が分解してしまうことがあり，このような場合は等電点に達することができないのである．

以上述べたように，一般に未飽和粘土は，一種の粘土酸の性質を帯びていると考えられ，この酸により示される酸性は，粘土自身の酸性である．定性的にこの酸性は，以下に述べるようにすれば認めることができる(§15-6 参照)．粘土に中性塩，例えば食塩を加えると，粘土酸より塩酸が生ずる．すなわち，粘土酸中にある H–(OH) と NaCl との反応により，Na は粘土粒子の表面に NaOH として吸着され，解離度の強い H は，Cl と結合し塩酸となるからである．この酸性は置換酸性である．またリトマス紙片で，その酸性を認めることができる．何となれば，リトマスは一種の塩基性の色素であり，その中の陽イオン R は ROH となり，粘土の表面に吸着され，陰イオンの塩素は粘土表面の水素イオンと結合して，塩酸を生ずるからである．酸性白土をリトマス紙の上にお

いて，1滴の水で浸すと，粘土粒子とリトマス紙の接した部分の紙片が赤変するのは，上のように説明することができる．

　粘土原料に酸を加えれば，上澄液はより酸性側へ変化し，アルカリを加えれば，上澄液はよりアルカリ側へ変化するが，その変化には，上澄液のpHを人工的に酸またはアルカリを加えて変化させようとするときに，いわば抵抗しようとする傾向がみられる．これが粘土の緩衝能といわれているものである．

15-11 粘土鉱物の化学反応性

　粘土鉱物一般は外界から与えられる物理，化学的の刺激に敏感で変化を生じ易い．その変化の中には，吸着，イオン交換，有機物との複合体，溶解，分解などいろいろあるが，また特定の無機塩と化合し（常圧，常温）新しい化合物を生ずる例がある．たとえば，アロフェン，ハロイサイトに$Ca(OH)_2$を加え放置すると，いろいろな比率の$CaO \cdot Al_2O_3 \cdot H_2O$の化合物が生じたり，加水ゲーレナイト($2CaO \cdot Al_2O_3 \cdot SiO_2 \cdot nH_2O$)を生じ，石こうを共存させると，セメントバチルス($3CaO \cdot Al_2O_3 \cdot 3CaSO_4 \cdot 32H_2O$)を生ずることが報告され，またこのような反応により，アロフェン粘土塊に強度をもたらすので，化学的安定処理方法の1つに利用されている(有泉昌, 牧隆正, 1964)．またフッ化アンモニウムとアロフェンの化学反応も報告されているが，生ずる結晶性の化合物の判定は未詳である．

　特定の粘土鉱物と特定の試薬との常温常圧下の化学反応は，上に述べたように基礎の方面のみならず，応用研究としても重要であるが，従来は研究例が少ない．将来取扱う粘土鉱物の種類を拡大して発展を期したい研究問題である．ただここで1つ問題提起をしておきたいことがある．それは固液両相の化学反応によって新しい結晶性物質が常温常圧下で生ずる場合は，単一種の結晶生成物で占められることなく，近縁な結晶化合物が共生し，また，しばしば，実験条件(反応時間，試薬の濃度など)を一定にしても，再現性に乏しいことがある(予期される生成物の中の一部の生成量について)．これは恐らく原物質の粒度，結晶度その他の条件の変化が，高温高圧の反応の時よりも鋭敏に影響するためと考えられる．

15-12 表 面 積

微細な粘土鉱物粒子では，当然，粒の表面積は増大し，それが特性に著しい影響を示す．従ってその測定は重要である．古くから多くの測定法があるが，何れも吸着を利用する方法である．Dyal と Hendricks(1950)の方法は，まずハロイサイまたはモンモリロナイトとエチレングリコル複合体を真空中におき，吸着平衡に達せさせる．このときエチレングリコルは結晶粒の外面積，ならびに内面積(層間)のすべてを覆っていると見られる．次に，ハロイサイトでは100°C に，モンモリロナイトでは600°C に加熱した試料で同様の実験を行えば，この場合は有機分子は層間に入らないから，外面積に吸着するエチレングリコルの量が求められ，差より層間域の面積(層間2層吸着)が求められる．その後グリセロールを用いて，表面積換算係数の異なる方法が出されたが(Kinter and Diamond, 1958)，日本では江川友治，渡辺裕および佐藤昭夫(1955)により，畑土壌粘土鉱物についてはじめて表面積の測定が行われた．モンモリロナイトが単位構造にまで分散した状態の比表面積は理論的に 8×10^6 cm^2/g の程度である．表面積については久保田徹(1971)の総合文献がある．

15-13 摩砕の影響

粘土鉱物に限らず，鉱物一般は乳鉢の中で摩砕するような機械的の刺激で，予想外の変化を示すものである(Mackenzie and Milne, 1953；Takahashi, 1959).

粘土鉱物の種により多少の相異はあるが，乾式摩砕(試料に何も加えないで乳鉢の上ですりつぶす)のとき，起り得べき変化を一括して記すれば次のようである．粒子は細かくなり，構造はこわれ，X 線粉末ピークも，DTA のピークも不鮮明になり，吸水量，塩基交換容量は増加し，酸，アルカリに溶け易くなる．電子顕微鏡下で調べると，細かくなった粒子は次第に再集合しはじめ，極めて一様な球状体となる．なお構造のこわれていく途中で，もとの構造とは別な結晶相ができる例もある．以上のような変化(構造がこわれはじめる)は，大体10時間前後の摩砕時間にみられ，その後の変化は数百時間の摩砕時間の間に見られる．なおカオリナイト群の変化過程は，原試料の結晶度の変化により異なる．

15-14 塵肺症

鉱山, 工場で働いていられる人達が, その鉱山, 工場内の空気中のほこりを長く吸入した結果, 肺に症状を起こすことは古くから知られている. このとき害をなすものは, ほこりの中の鉱物の微粒子であって, 特に石英が古くから知られ, 珪肺症とよばれていたが, それ以外にも特殊な鉱物の害も明らかとなり, 塵肺症と総称されている. 石英以外の有害鉱物で, 粘土鉱物, または, それに関係深い鉱物にパイロフィライト, 滑石, 石綿があり, パイロフィライト肺, 滑石肺, 石綿肺などと呼ばれている. 塵肺症は鉱物学と医学の境界域にある興味ある重要な研究分野であって, 古くから国外では協力研究が進められているが, 日本では労働衛生研究所で坂部弘之, 林久人等の広く深い研究がなされている(Hayashi, Koshi and Sakabe, 1969).

15-15 宇宙化学と粘土

粘土鉱物の多様な性質, 中でも吸着性, 触媒力, 特に有機物と複合体を形成し, その重合, 転化を助成することなどの事実は, 地球上における生命の起源と古くから結びつけて考えられていて, また実験も行われている. まだ多くの仮定のもとでの話ではあるが, 筆者は次のようなことを考えている. 地球の生成の初期(地殻の生成の初期)に, 現在の地球表面よりはるかに高い温度, 圧力条件下に地殻物質が置かれた場合には, 地表全体が, あたかもオートクレーブの中にあったような状態が考えられ, 粘土が広く地表を覆う時期があったのではなかろうか? 火山活動の盛んな時期には, これらの粘土は酸(硫酸)により洗われ, 酸性白土となり, この強い触媒, 吸着能は無機物質より, 簡単な有機物質をつくり出したり, 重合, 転化を助成したのではなかろうか? 生命の創成の問題は, 現在の段階では全く不明である.

Ponnamperuma(1969)は NASA にあって, 地球の化学進化について, 活発な研究を行い, 粘土鉱物の役割を極めて重要視している. 近年はカオリナイト, 雲母の上をホルムアルデヒド(HCHO)を還流させて糖類をつくり, またバーミキュライト(Mg 型)の表面を媒体とし, イソプレン(C_5H_8)よりイソプレノイド構造を持つ非環状重合体をつくり, これらの反応に, 粘土鉱物の寄与を重要視している.

参 考 文 献

有泉昌, 牧隆正(1964): 土木研報告, 122号の3.
Brown, G.(1953): Clay Miner. Bull., **2**, 64.
Dyal, R. S. and Hendricks, S. B.(1950): Soil Sci., **69**, 421.
江川友治, 渡辺裕, 佐藤昭夫(1955): 農技研報告, **B 5**, 39.
Grim, R. E.(1952): Problems of Clay and Laterite Genesis, 191, The American Institute of Mining and Metallurgical Engineers.
Hambleton, W. W. and Dodd, E. G.(1953): Econ. Geol., **48**, 139.
Hayashi, H., Koshi, K. and Sakabe, H.(1969): Proc. Intern. Clay Conf., 1969, Tokyo, **I**, 903, Israel Universities Press.
Helmholtz, H.(1879): Ann. Physik, **7**, 337.
Kato, Y.(1964): Soil Sci. Plant Nutr., **10**, No. 1, 6, 28, 34.
Kato, Y.(1965): Soil Sci. Plant Nutr., **11**, No. 1, 30, No. 2, 16, No. 3, 16, 25.
Keller, W. D.(1955): The Principles of Chemical Weathering, Lucas Brothers.
Kinter, E. R. and Diamond, S.(1958): Clays and Clay Miner., 5th Nat. Conf., 318, Pergamon Press.
小林久平(1949): 酸性白土, 丸善.
久保田徹(1971): 粘土科学, **11**, 1.
Mackenzie, R. C. and Milne, A. A.(1953): Miner. Mag., **30**, 178.
Ponnamperuma, C.(1969): Proc. Intern. Clay Conf., 1969, Tokyo, **II**, 200, Israel Universities Press.
Rich, C. I. and Obenschein, S. S.(1955): Soil Sci., Soc. Amer. Proc., **19**, 334.
Rolfe, B. N. and Jeffries, C. D.(1952): Science, **116**, 599.
Shimoyama, A. and Johns, W. D.(1971): Nature, **232**, 140.
Stern, O.(1924): Z. Elektrochem., **30**, 508.
Stevens, R. E. and Carron, M. K.(1948): Amer. Miner., **33**, 31.
須藤俊男(1956): 日鉱会誌, **72**, 313.
Sudo, T., Oinuma, K. and Kobayashi, K.(1965): Acta Universitates Carolinae, Geol. Suppl., 1, 189.
Takahashi, H.(1959): Bull. Chem. Soc. Japan, **32**, 374.
Tamura, T.(1958): J. Soil Sci., **9**, 148.
田中甫(1960): 粘土科学の進歩, **2**, 415, 技報堂.
Wada, K.(1958): Soil and Plant Food(Tokyo), **4**, 75.
Wada, K.(1961): Amer. Miner., **46**, 78.
Walker, G. F.(1949): Nature, **164**, 577.
渡辺裕(1966): 農技研報告, **B 16**, 91.
Weiss, A.(1956): Z. anorg. allgem. Chem., **284**, 247.
山本大生(1955): 日本化学会誌, **76**, 42.

第16章 粘土鉱物の産状, 成因

16-1 産状, 成因

粘土鉱物が天然で見出される状態(産状)には3つある：
(a) 土壌および風化岩,
(b) 局部的な地下通路を通って湧出した熱水, 温泉によってできた岩脈, 鉱脈またはそれによって変質された母岩,
(c) 現世の堆積物, ならびに地質時代を経た堆積岩

である. この3つの産状には, 粘土鉱物を生成させた作用というべきものが考えられている. (a)では風化作用, (b)では熱水, 温泉作用, (c)では続成作用といわれている.

粘土鉱物を生成する母体と見てよいものには2つある. 1つは溶液であり, 他の1つは既存の岩石, 鉱物である. 前者では溶液から鉱物が生成沈殿することが考えられる. このときの液体は, 地表水, 地下水, 海水などに求めることができるが, 熱水になると常温下の水溶液とは性質が異なり, 時にはコロイド液のような場合もあろう. そして粘土鉱物の生成の場合は, 水溶液からイオン結晶の塩化ナトリウムが生ずる場合とは異なって, 恐らくシリカゲル, アルミナゲル, その他の共沈ゲルとして最初は沈殿し, その後結晶化が進むという過程をとることもあろう. このとき, 結晶化の速度, いわば, この粘土鉱物の生成反応速度には, 圧力, 温度が大きく影響するであろう.

溶媒の性質は, 温度, 圧力, pH, 化学成分などで示されようが, この性質のよって来たる原因の中で, 特にpH, 化学成分は, 多くの場合, 溶媒が現に接しつつあり, または過去に接したことのある母材(岩石, 鉱物)の性質により変わる. また溶媒が移動するにつれ, 接する母材が変われば, 溶媒の化学的性質も移動するにつれて変わり, 温度, 圧力も変わり得る. このように, 移動しつつ性質を変え, 環境の変化に応じて, 粘土鉱物を生んでいくという姿が考えられる. 他の1つは, 母材そのものの影響を受けて, 粘土鉱物が生成するモデルである. たとえば, 長石が雲母化する例, 黒雲母がバーミキュライト(tri.亜群)

に変わる例である.

　以上何れの場合でも，粘土鉱物の生成条件は，温度，圧力，溶媒のpH，溶媒の移動の速度および母岩の化学成分により規定される．風化作用の場合は，上記の母岩の化学成分以外に，気候的条件，生物的条件および地形的条件に著しく左右される．これらの条件は，個々独立にいろいろ変化するが，その変化は互いに密接に関係する．例えば溶媒のpHは，母岩の化学成分により大いに左右される．1つの粘土鉱物の好生成条件は，これらの条件の各に影響される．これらの条件のいずれもが1つの粘土鉱物の生成条件として好条件となるとき，この粘土鉱物の生成は，最も促進されることは勿論であるが，この条件の中で，いずれか1つがその粘土鉱物の生成に特に好条件となったときは，他の条件はその粘土鉱物の生成に著しい影響を示さない場合もある．すなわち他の条件の中に，その粘土鉱物化に不利な条件があっても，その粘土鉱物化は進行することがある．要するに以上の諸条件の組合せにより生ずる総合環境が，粘土鉱物の生成(沈殿)を規定するものであって，各粘土鉱物にはそれぞれ最も適した生成総合環境がある．この総合環境を構成する諸因子は，互いに密接な連関を持って変化し得るので，その1つを切り離して考えることができないが，その中で，溶媒のpHをまずとり上げることができる．

　1つの岩石または鉱物と，それに接する溶媒との相互反応により生ずる粘土鉱物化については，すべての成因を通じ(熱水液の作用および風化作用を通じ)現在のところ，次のような原則が成立すると考えられる．いまAを粘土鉱物化を受ける岩石または鉱物とし，Bをそれに接する溶媒とする．

　(1) Aが交代されて1つの粘土鉱物または粘土鉱物の集合に化す場合と，Aが分解して生じたイオンがBの中で他のイオンと結合して沈殿する場合とある．Aの中からイオンが溶脱する速度は，BのpHと温度とその移動速度とに左右される．アルカリ金属，アルカリ土金属は最も溶脱され易く，鉄，マグネシウム，アルミニウムは，次いで溶脱され易いと考えられる．酸性下ではケイ酸の移動はほとんど起こらぬものと考えられるが，アルカリ性になれば，ケイ酸は溶脱されはじめる．このいずれの場合でも，次の原則が成立している．

　(2) BのpHが中性よりアルカリ性の側では，Aの中のイオンは溶脱し難い．従ってこれらのイオンは，Aを交代する粘土鉱物の構造中にとりこまれ，構造

の電荷を左右する.

　ここで1つ注意を要する点は,溶脱されるイオンの種類は,pHにより異なっているが,さらに溶脱されたイオンの移動する難易は,イオン半径の大きい陰イオンほど困難であり,例えばケイ酸イオンのように常に大きい陰イオンとして行動するものは,岩石の基地の中を容易に拡散移動することは少ないものと考えられる(ただし強いアルカリ性の場合,および割目を通り移動する場合は,その割目を通ってケイ酸として遠距離まで移動することは比較的容易であろう).酸性ないし中性下では,陽イオンは溶脱されて,酸性条件にある部分へは,どこまでも遠くまで拡散移動するに反し,ケイ酸はほとんど移動しない(ケイ酸は酸性下では大部分が沈殿する)と考えられる.マグネシウム,鉄,アルミニウムの存在下では,緑泥石,モンモリロナイトの生成は促進され,カリウムの多いときは,雲母粘土鉱物全般の生成が促進され,またカリウムと鉄の濃集するような特殊な状態では,雲母粘土鉱物(Fe, di.)が生じ易く,特に塩類の濃集の著しいところに,セピオライトが生成されている.

　(1),(2)の傾向は,母岩Aの化学成分にも大いに影響される(例えば,輝石,角閃石,安山岩,玄武岩,輝緑岩などよりは,緑泥石,モンモリロナイトが生成し易く,石英粗面岩よりは雲母粘土鉱物を生じ易い).

　(3) BのpHが酸性に向かうと,まずAの中よりイオンが溶脱され,Aはイオンに乏しいケイ酸塩鉱物に化する.アルカリ金属は最も溶脱され易く,マグネシウムはこれに次ぎ,最後にはアルミニウムまで溶脱する.ゆえにSiO_2/Al_2O_3の比は一般に高くなる.

　(4) 著しくアルカリ性で,ケイ酸の溶脱が著しいときは,アルミニウム,鉄などの酸化物,水酸化物を残す.

　BのpHは,Aとの反応の進むにつれて,変化しているものである.溶媒が1つの方向に移動するときに,その移動に従って,溶質の性質は変化する.例えば,温度は低下し,pHはいろいろに変化する.すなわち移動してゆく道程の各場所の総合環境は,一般に少しずつ異なる.よって,各点で生成沈殿を起こすべき粘土鉱物の種類もこの移動方向に沿う各場所で異なる.今一つの場所での環境が生成沈殿に好都合な粘土鉱物(A)はそこで沈殿し,この環境が生成に適しない粘土鉱物(B)は,さらに溶媒の移動方向に向かって漸次つくり出さ

れる新しい異なった環境の中で，生成沈殿に好都合となった場所を選んで沈殿する．このような場合，移動方向に沿ういろいろの粘土鉱物の各（またはその中のいくつかの組合せ）で特色づけられる粘土帯ができる．すなわちこのような粘土帯は溶媒の移動が地下より地表に向かうときは，上下に配列し，また溶媒が垂直に近い割目から分かれて母岩中へ向かうときは，水平の方向へ配列する．

16-2 pH の意味

ここで pH とは，いうまでもなく，水溶液化学で用いられている水素イオン濃度の意味である．そして，pH の大小による各種の元素の溶解度などに関する議論も，水溶液化学で見られる実験結果を基にして進められている．しかし，このような論は，地表水，河川，海水，温泉などについて論ずる場合には問題がないが，熱水となり，更に鉱物粒の集合体の粒間に含まれている水分ともなれば，理想溶液の理論は，そのまま適用できないことは勿論である．既に述べたように，粘土鉱物の生成の場がどのようであろうとも，それには既存の岩石とか鉱物と液相の接触が重要である．pH の問題も，この立場から考える必要がある．すなわち，加水分解がそれである．加水分解（塩の）といえば，塩が水溶液中で，水と反応し変化し，そのとき水素イオン，または水酸イオンを生ずることである．もちろん一般に塩といえば可溶性塩であり，一般鉱物にはそのまま適用できないように思えるが，鉱物粒子の表面と水との反応で生じた pH の変化を求めることができる．摩剤 pH はそれである．たとえば，長石の粉末を少量の水と共に乳鉢ですりつぶして後に，液体の部分（長石の微粉末は入らぬようにし）の pH を，pH 試験紙で調べると，アルカリ性を示す．この事実は，摩砕という力学的の仕事が，長石粒子の表面から加水分解を促進するものと考えられる．長石はもちろん水可溶性塩ではないが，アルカリイオンのケイ酸塩であるから，

$$Na[Si_3Al]O_8 \rightleftarrows Na^+ + \langle[Si_3Al]O_8\rangle^-$$
$$\langle[Si_3Al]O_8\rangle^- + H_2O \rightleftarrows H[Si_3Al]O_8 + OH^-$$

のようである．なお摩剤 pH を測定するとき，懸濁している微粒子が試験紙の上に附着しないよう注意する必要がある．$H[Si_3Al]O_8$ の物質は，土壌学方面

で用いられている言葉を用いれば，塩基未飽和の長石ともいうべきもので，粘土鉱物とか，沸石などを生成させる本体となる．加水分解による水素イオン，水酸イオンの生成を摩剝という仕事で，あらゆる鉱物より促進させることは，古くから知られた事実である．水，熱水が母材の鉱物粒の間に浸みこんでいったり，堆積岩の鉱物粒子の間に保有される水について，「粘土鉱物の生成にあずかる pH」という概念を，いくらかでも具体化できる特性が摩剝 pH であろう．

16-3 熱 水 源

割目にそうて噴出してきた高温高圧の液(熱水)により主として生成された岩体，岩脈(熱水脈)，ならびに，熱水との化学反応によって変化した(熱水変質を受けたという)岩石(熱水変質を受けた岩石)は，粘土鉱物の1つの重要な産出の場であることが多い．熱水からは多くの金属鉱物も沈殿する．このとき鉱石として採掘される岩脈を特に鉱脈といい，それのまわりの岩石を母岩ということがある．鉱床生成に関連した化学反応で母岩の性質が変わることを，母岩の変質という．よって，熱水鉱脈，鉱体，およびその母岩の変質した部分(熱水変質を受けた母岩)は，粘土鉱物の産出の場であることが多い．母岩の変質が，鉱床の生成機構の解明，一部に探鉱の目的で，鉱物学，鉱床学の両方面から研究がはじめられたのは戦後であり，Lovering(1949), Sales and Meyer(1948), 日本では岩生周一(Iwao 等, 1954)がこの方面の研究の門を開いた．

まず鉱脈の中に生じている粘土鉱物がある．粒子の大きさは，粘土フラクションより大きいこともある．極めて一般的な話であるが，深い部分では，強い酸で洗われるような環境は少ない．よって，Fe, Mg, Na, K など，アルカリイオン，アルカリ土金属イオン，マグネシウム，鉄などのイオンがあっても，粘土鉱物自体の中に取り入れられる．銅，鉛，亜鉛鉱脈に伴う緑泥石，雲母粘土鉱物(Al, di.)などがよく見出される．秋田県荒川鉱山の銅鉱脈中の 14Å シャモサイト(Sudo, 1943), 秋田県宮田又鉱山の鉱脈の一部に，ゴム状のセピオライトが見出されている．

鉱脈には生成時における地表からの深さがある．浅い部分になればなるほど，比較上深い部分より圧力，温度が低下し，また酸化条件も著しくなり，また噴出という現象も著しくなり，pH も小さくなる．このような条件では，Na, K,

290   第16章 粘土鉱物の産状,成因

Ca, Mg, Fe などのイオンは溶脱し易く,鉄は酸化し易く,要するにこれらの元素は Si-Al の母体とは縁遠くなる.たとえば,カオリナイト,パイロフィライトが生ずる.この中で,パイロフィライトはカオリナイトより高温度で生成することが合成実験の結果知られているから,パイロフィライトの生成場所は,カオリナイトのそれより深いと考えられる.更にギブサイト($Al(OH)_3$),ダイアスポア($AlO(OH)$),コランダム(Al_2O_3)を伴うことがある.

熱水熱気は,割目を通って,地下より地表へ動くと同時に,各深さにおいて割目より母岩と反応する.割目を通し,熱水熱気が母岩に接するときに,まずその割目を中心として,割目近くは温度高く,遠くはなれれば温度低く,ここ

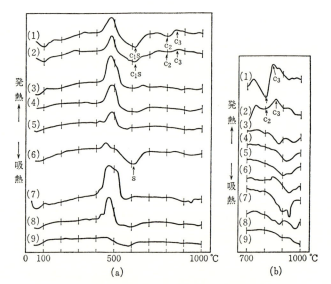

図 16-1 (a) 新潟県三川鉱山の小米原通洞地並南立入の変朽安山岩地帯において,この変朽安山岩中を貫ぬく一小鉱脈より,この立入にそうて,鉱脈に近くより遠くへ,順次採集した試料の示差熱分析曲線である.(1)は鉱脈に最も近く(50 cm), (2)は(1)に次いで近く(1 m), (3)は約10 m, (9)は鉱脈より最も遠い(60 m).中間の試料は大部分が約10 m おきに採集した試料である. 400~500°C の間の発熱は黄鉄鉱の存在に基づく.緑泥石(c_1, c_2, c_3)と雲母粘土鉱物(Al, di.)(s)のピークが認められる.
(b) (a)図の 700~1000°C の間を拡大した図で,c_2, c_3 のピークは特に明瞭にみえる. 900~1000°C 附近の吸熱は,炭酸塩鉱物と推定される.試料採集:長沢敬之助.示差熱分析:筆者および佐藤元昭.

に1つの温度勾配ができ上る．しかも熱水熱気が1つの脈より母岩中へ影響する力および範囲は，熱気に富むほど大で，温度圧力の高いほど大であると考えられる．しかも熱水熱気は割目より母岩の中へ進むにつれ，pHは一般に大きくなるものとみることができる．これと同時に，溶媒の移動(イオンの拡散なども含む)は脈に近いほど著しい．溶媒の通路より母岩の方へ向かって生ずる温度，pH，および溶媒の移動速度の3つの勾配によって，割目を中心として，それに近いところに生ずる粘土鉱物は，それより遠いところに生ずる粘土鉱物と種類を異にする場合がある．変朽安山岩中の鉱脈による母岩の変質の例としては新潟県三川鉱山がある(須藤俊男，長沢敬之助，岩生周一，大森えい子, 1953)．この例では，変朽安山岩中を貫ぬく，小さい石英銅鉱脈(一部苦灰石を含む)のため，鉱脈の附近は，変朽安山岩の自己変質作用の結果と重なり，緑泥石化，雲母粘土鉱物化が特に著しくなる．そのため，試料のDTA曲線は鉱脈より約10m附近を境として，形を一変する(図16-1(a), (b))．

　熱水液の末期の状態は，地下水と合して，地表へ湧き出す温泉である．この温泉は，いろいろの物質を溶かしていて，pHは酸性，中性，アルカリ性のいずれをもとり得る．この温泉は母岩と反応して，粘土鉱物を生成せしめる．この温泉の化学成分，pHは特にそれが接する母岩の化学成分と密接な関係にあって切り離して考えることができない．温泉と母岩とを一緒に考えてみると，酸性，中性の環境は，カオリナイト群の生成を助成し，特に酸性が強いと，母岩の中に SiO_2 のみを残す．この SiO_2 は蛋白石の形である(たとえば別府の別府白土)．アルカリ性ではモンモリロナイトの生成を助成される．また，特に鉄とカリウムの多い条件では，青緑色のセラドナイトを生ずることもある．セラドナイトは，火山岩，または火山ガラスを交代して細脈状に産することがある(宮城県細倉鉱山の変朽安山岩の一部に見られる．筆者未発表)．

　モンモリロナイトは，ガラス質の凝灰岩から変化したベントナイトの主成分として，主として東北地方(長野，関東，新潟，山形，秋田，福島)に分布している．

　同じくモンモリロナイトよりできている粘土に酸性白土がある．これはベントナイトと密接に伴って産し，同一区域に接近してあり，または，ベントナイトの一部が酸性白土化している．これはベントナイトより SiO_2/Al_2O_3 の比が

高く，アルカリ，アルカリ土イオンの含有量が小さい．この原因の一部はクリストバライトの混入による．酸性白土とベントナイトの化学成分の相異が果してモンモリロナイト自身の性質の相異による場合があるか否か現在では確かでない．さらにベントナイトを人工的に酸で処理すれば，酸性白土と同様の粘土をつくることができる．これらより考察すると，酸性白土は，ベントナイトが酸性の条件下で変化して再生される場合があると考えられる．工業的に大きい価値を有する酸性白土，またはベントナイト鉱床の中には，温泉作用により，その生成の1歩がはじまったと推定される例が多いが，これらの他に，風化作用，続成作用によると考えられるものもある．

　温泉の作用は地下水の作用と直結している．従って，温泉の作用が休止しても，温泉の通った岩石中の通路を通り，地下水は盛んに流通する．そのため一度生じた粘土体は，その後現在に到るまで，引き続いて，地下水の作用を受け，変質されていることが多い．ベントナイトの鉱床には，このような例がしばしば認められる．

16-4　粘土化帯

　主鉱脈というものは格別見あたらないが，母岩全体が広い範囲にわたり著しく熱水変質を受けている場合がある．そして，ある点(あるいは線といったほうがよいか)を中心とし，それより近くから遠くへ，変質域の鉱物組合せが変わり，それらにより，いくつかの帯(変質帯)に分けられることがある．この中心と見られる線とは，やはり，この変質帯をつくる主因となった熱水の出てきた場所といえる．しかし従来考えられていたことは，次のようである．すなわち，明らかな脈(例えば石英脈)があっても，それによると思われる母岩の変質の程度は，極めて少ない場合がある．従って，広く変質帯が生ずる原因は，石英脈ができるとき，その熱の影響とか，化学ポテンシャルよりも，石英脈生成に前駆して噴出してきた，より活動力の大きい流体(多分水蒸気)が，変質帯の形成にあずかって力があった場合もあるだろうとの考えがある．

　(a) カオリナイト群を主とする粘土化帯は，硫黄鉱床に見られる(Mukaiyama, 1959)．母岩には安山岩が多いが，強い漂白作用を受けていて，鉄鉱物は，粘土鉱物と別に存在する．金鉱床にカオリナイトが発達している例が多い(北

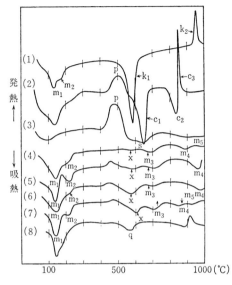

図16-2 浅成鉱床に伴う粘土のDTA曲線の例(実験は筆者および長沢敬之助).
(1) 北海道鴻ノ舞鉱山5号脈の白色粘土(松田亀三試料). (2) 島根県鰐淵鉱山の緑泥石(坂本卓試料), ロイヒテンバージャイト-シェリダナイト. (3) 兵庫県生野鉱山の鉱体中の断層粘土(筆者試料). 灰ないし淡緑色, 雲母粘土鉱物(Al, di.)で黄鉄鉱を含む. (4)~(7)まではいずれも変朽安山岩中の鉱脈に伴う断層粘土. (4) 鹿児島県串木野鉱山(鳥井頌平試料). (5) 鹿児島県大口鉱山(徳永正之試料). (6) 鹿児島県串木野鉱山(鳥井頌平試料). (7) 静岡県清越鉱山(筆者試料). (8) 静岡県清越鉱山(筆者試料), 銀の富鉱体中に, 鉱石とともに混在する粘土であって, 石英(q)とともにカオリン群, モンモリロナイトの混合より成ると考えられる複雑な粘土である.

海道鴻ノ舞鉱山, 栃木県関白鉱山, 鹿児島県大口鉱山). 鴻ノ舞鉱山の粘土は, 図16-2(1)のように, カオリナイトを主とするが, m_2のピークの存在とともにk_2の振幅が標準のカオリナイトより多少小さく太いことから, 少量のモンモリロナイトを含むと考えられる. この粘土中に銀鉱物を混在するため, この粘土自身が銀の高い品位を示すことがある.

(b) 足尾鉱山の母岩は, 石英粗面岩, および古生層であるが, 特に前者の中に, 雲母粘土鉱物(Al, di.)の巨大な交代部分がある(Nakamura, 1961). その中に, 黄銅鉱の塊を含み, また顕微鏡で検すると, 鉄の著しく多い緑泥石(種は不明)を含む(須藤俊男, 1947). 図16-2(3)に, 兵庫県生野鉱山の鉱脈に伴う雲母粘土鉱物(Al, di.)の例を示した.

(c) 島根県鰐淵鉱山の緑泥石(Sakamoto and Sudo, 1956)(図16-2(2))は, ロイヒテンバージャイト-シェリダナイトの近くのもので, 極めて細かい粒子の集合体で, 広く分布していて, 製紙用, その他, 用途が広い. 変朽安山岩が更に広く熱水変質を受けて生じたものと考えられる.

(d) 青森県上北鉱山の立石鉱体は, 流紋岩およびその凝灰岩の破砕帯を交代してできた熱水性の銅鉱体で, 不規則ではあるが, 上下にのびた形をしている.

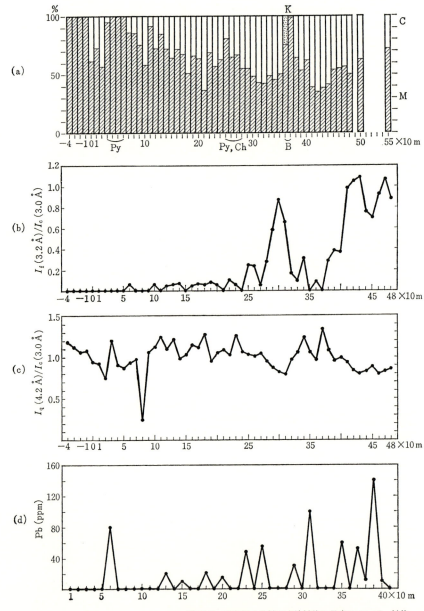

図 16-3 青森県上北鉱山本坑鉱体の母岩について，鉱体

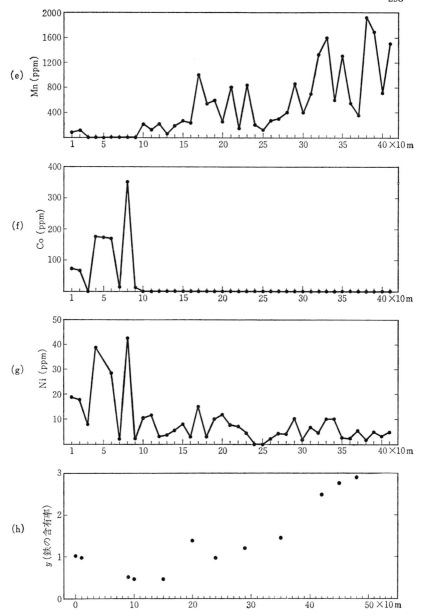

よりの距離と諸性質の関係を示す（古村民司による）．

この鉱体より外方に，ほぼ同一の母岩を切って1坑道が設置されている．鉱体より，10 m おきに採取された試料につき調べられた結果は，図 16-3 のようである(古村民司による)．

図 16-3(a)では，雲母粘土鉱物(Al, di.)(M)と，緑泥石(C)の比は，鉱体をはなれるにつれ減少の傾向を示す．変質の様子は極めて一様の変化を示しているとはいい難く，所々に黄鉄鉱(Py)が，細脈や斑染の形で多く見られる部分があり，それに黄銅鉱(Ch)が伴う部分があり，これらの部分では雲母粘土鉱物(Al, di.)(M)が，緑泥石(C)より多くなっている．B は破砕帯で，この部分は，雲母粘土鉱物(Al, di.)(M)とカオリナイト(K)と，少量(図には略す)のパイロフィライトが見られる．石英の量を，その 4.2 Å の線の強さ(I_q)と，方解石の 3.0 Å の X 線粉末反射の強さ(I_c)の比，また長石の量を，同様に I_f(3.2 Å)/I_c(3.0 Å) で示す(同図, (c), (b))．石英の量は平均して距離と関係ないが，長石は鉱体から離れるほど多くなる．顕微鏡下で調べると，鉱体に近い部分では，長石はすべて完全に雲母粘土鉱物(Al, di.)に化しているためである．微量元素で，Pb, Mn, Co, Ni は距離と関係して変化する(図 16-3(d), (e), (f), (g))．ただし，Cu, Ti, Ga は距離の変化と明瞭な関係を示さない．生沼の図表に照らすと，鉱体より離れるにつれて，緑泥石は鉄に富むようになる(y は図 19-2 参照)．鉄が多くなると，14 Å と 7 Å の反射強度の比は，次第に小さくなる．従って，鉱体より離れるにつれて，緑泥石の比率は，見掛上減少するはずであるが，事実図 16-3(h)に示すように，増加している．この図では，鉄の含有量の増加に対する X 線の回折相対強度の補正は行っていない．

(e) 長野県米子鉱山(ダイアスポア，パイロフィライト)は第3紀安山岩中に生成されたパイロフィライト鉱床として知られている．坑道内，ならびにそれに沿う地表部分から採取された極めて多数の試料中の鉱物の種，ならびに，その含有量を見積り，作成された鉱物分布図は図 16-4 のようであり，ダイアスポア，カオリナイトを主とする部分が，局所部分にまとまって見られ，その周辺に石英カオリナイトの多い部分がとりまいている様子が示されている(Sudo, Hayashi and Shimoda, 1962).

(f) 従来，黒鉱鉱床に含められていた鉱体は，鉱体の形からみると，2 つに大別される．1 つは，不規則ではあるが，上下に伸びた形を示し，黒鉱鉱床の

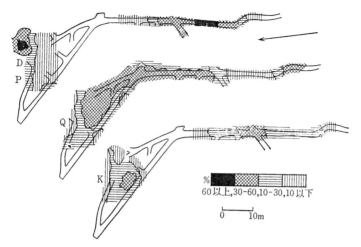

図16-4 長野県米子(ダイアスポア)鉱床の鉱物分布図. D:ダイアスポア, P:パイロフィライト, Q:石英, K:カオリナイト. 下田右による(Sudo, Hayashi and Shimoda, 1962).

生成の源となった熱水の通った(噴き出した)道(ベントまたは火道という)であろうと思われる. 筆者と林久人は, はじめて, 花岡鉱山堤沢鉱床(鉱体は黄鉄鉱を主とする部分, せん亜鉛鉱, 方鉛鉱を主とする部分, 石こうを主とする部分がある)より, ダイアスポアが, せん亜鉛鉱, 黄鉄鉱の肉眼的の結晶集合塊の間隙に, 白色短柱状の結晶としてあるのを発見し, その後, 青森県上北鉱山本坑鉱体(黄鉄鉱を主とする)からも, 同様の産状のダイアスポアを発見した(Sudo and Hayashi, 1957). 林久人(1961)は, その後, 上記の2鉱体に加え, 青森県青森鉱山大滝沢鉱床(黄鉄鉱を主とし, 少量の硫砒鉄鉱, ウルツァイトよりなる)の粘土鉱物を詳細にしらべ, 下記のような変質帯の発達することを発見した. 堤沢鉱体:鉱体——雲母粘土鉱物(Al, di.)-緑泥石帯——モンモリロナイト帯. 本坑鉱体:鉱体——パイロフィライト-ダイアスポア帯——パイロフィライト帯. 大滝沢鉱体:鉱体——パイロフィライト帯——カオリナイト帯. これらの変質帯は, パイロフィライト鉱床のそれと同じである. そして, 上記の諸鉱体は何れも, 不規則ではあるが上下にのびた形を示す.

(g) 岩生周一(Iwao, 1963)は, 宇久須のみょうばん石鉱床のケイ石鉱床の詳細な研究の結果, ケイ化帯——みょうばん石帯——カオリナイト-パイロフィ

ライト帯——雲母-モンモリロナイト帯の変質累帯を明らかにした.

(h) 熱水源の粘土化帯は,日本に例が多いが,もちろん,日本と同様の火山地質を持つ地域には,同様な実例が認められる.たとえば,ニュージーランドはその一例であり,またハンガリーの,Tokaj 山地も,その一例である.この山地は熱水変質岩が広く分布していて,溶岩,火山砕屑岩よりできていて,層理と斜交する大きい割目に沿うて,粘土化が生じている.多くのボーリングコアの調査によれば,この割目より外方に向けて,ケイ化帯——カオリナイト帯(少量のディッカイトを伴う)——アレバルダイト帯——モンモリロナイト帯——雲母帯が見られる(Nemecz, Varju 等, 1965). Szeky-Fux(1965)は,Tokaj 山地の金銀鉱脈に伴う粘土化を論じ,下部へゆくに従って,カオリナイト——モンモリロナイト——緑泥石が累帯分布を示し,モンモリロナイトと緑泥石の混合層鉱物が,この両者の帯の中間に見出されることを報告している.

(i) 近年,地熱地帯の開発に伴って,多くのボーリングコアが採取され,その研究が進められているが,この研究に伴って,粘土化岩の分布,性質が,地表より地下深くまで明らかにされている.そして,ここでもまた,粘土化帯の帯状分布が明らかにされている.たとえば,松川の地熱地帯では詳細な研究がある(Sumi, 1968).ここでは,地熱の中心に向かって,サポナイト-緑泥石——モンモリロナイト——カオリナイト群——みょうばん石の累帯分布が認められ,パイロフィライトの生成は,この帯状分布の発達の上に重複して生じたもののようである.ニュージーランドの Wairakai 地方の地熱地帯についても,既に Steiner(1953, 1967)の研究があり,その後,この地方の変質鉱物の分布は次のように報告されている.すなわち粘土鉱物および非粘土鉱物についての帯状分布を示し,粘土鉱物では温度の上昇に伴ってカオリナイト(地表に近い)→モンモリロナイト→雲母および緑泥石となる.非粘土鉱物では,タイロライト・濁沸石(地表に近い)→ワイラカイト・ソーダ長石→カリ長石であるとし,モンモリロナイトはタイロライトと濁沸石に,雲母と緑泥石はワイラカイトとソーダ長石に対応する条件下で生成され,この中でカオリナイトはすべて表成起源のものであり,他は割目を通り,上昇してきた熱水液起源のものであるという.雲母は何れもモンモリロナイトとの不規則型で,底面間隙は,割目に近づくほど小さくなり,この成因は,モンモリロナイトが熱水液(カリウムを含む)によ

16-4 粘土化帯

り変質して生じたものとした．原岩は主としてケイ酸質の火山岩およびその中に介在する鮮新—更新世の堆積岩よりなり，斜長石，石英，少量の鉄苦土鉱物を含むが，初成的のカリ長石は含まれていない．この報告は，後に述べる日本の黒鉱の問題と比較検討する必要があると考えられる．

以上，変質鉱物の帯状分布について，いくつかの例を示したが，近年の研究の発達により，実例はなお多く増加している．しかし，ここで，次の事柄が注意される．

まず，いうまでもなく，天然の事実は複雑である．上記に例示したような粘土化帯の表現は，要約的な表現である．しかし，このように表現された結果を見ても，粘土化帯の性質（各帯を代表する粘土鉱物，またその帯の分布上の相対順序）は，意外なほど変化に乏しい．従って，粘土鉱物の合成結果と見比べて結論する方法をとるならば，地下の増温，増圧を考えて，変質帯の生成時の温度，圧力，場所（生成時の地表よりの深さ）を示すことができる．しかし，将来の問題であろうが，たとえば，同じ合成実験でも，出発物質の性質が鉱物生成の物理化学的の条件を左右することを考慮に入れるならば，粘土化帯の生成条件は必ずしもせまく限定されるものではないであろう．

以上述べたモデルは，熱水脈が母岩を貫ぬき，その熱の影響と，物質と母岩の化学反応で変質域が生ずるというものであり，しばしば，その変質域は広く発達し，変質帯が形成されるというものである．このモデルは，一見簡単なように見られるが，具体的な例から考えると，いろいろ研究を深めなくてはならない場合が多い．たとえば，母岩が火成岩であり，しかも風化を受けていない場合があり，堆積岩であって，中に粘土鉱物が既に含まれている場合（一部は続成作用の結果生成された場合も勿論ある）もあり，また熱水が，時期をおいて噴出して，既に生じている変質帯の上に，重複した変質を生ぜしめている場合もある．また上記のモデルと多少異なるが，火山岩が迸入してきたとき，その中の水蒸気，その他のガスが逃げる途なく，その火山岩自身を変質させる場合（自己変質作用といって，変朽安山岩，変質玄武岩などの変質はこの作用かと考えられている）がある．また火山岩の中に気泡があり，その中に，粘土鉱物，沸石，方解石などが生じていることがあり，このような気泡鉱物の生成は，少なくもはじまりは，火山岩中の水蒸気，ガスからしぼり出された熱水と，火山岩の成

分の反応の結果生じたものと考えられる．時に，気泡の内部が，1つの鉱物で満たされている場合もあるが，小さい気泡の縁より内部に細かい層を示して鉱物が生成している場合もある．恐らく，小さい気泡の縁と，中心部では，鉱物生成の時期，温度，圧力が異なっているであろう．また，縁から生じた鉱物が，まだ気泡中に残っている液，ガスで侵され，遂に全体が最終産物で満たされて固まったというような場合も考えられる．

以上要するに，いま1つの粘土鉱物の生成の過程をたどってみれば，単純な化学成分の酸化物とか水酸化物一般のゲルを，オートクレーブで処理したような実験条件(物理的化学的)そのもので，天然の条件は解決し切れるものではないと思われる．

粘土鉱物学より研究を進める場合は，まず，研究区域の上に，細かい網をかけたように，多数の地点より採取された多くの試料について鉱物分析を行って，この結果を，再び地図の上に，プロットし，鉱物分布図ともいうべきものをつくることが必要である．このような方針は，熱水源の粘土化岩の研究に必要であるばかりでなく，粘土鉱物の立場から，粘土鉱物の成因，産状をしらべるときの全般の方針としても必要である．また鉱床の母岩の変質の研究の場合には，鉱物分布図は，鉱体を遠く離れた部分までに及ぶことが必要である．

16-5 現世の堆積物

陸上では湖，沼などまた海底の土(海底土)は，また粘土鉱物の産出の場である．海底土の粘土鉱物の研究が世界的に広く進められている．広い海の底の土の研究であるから，極めて多くの試料を研究に供しなければならない．そのため，まず2μ以下のフラクションのみに統一して，この中の粘土鉱物の含有率を求め，各粘土鉱物について，含有率を適当ないくつかの範囲のグループに分け，海底の粘土鉱物分布図ともいうべきものがつくられて，ソ連とアメリカから分布図が発表されている(大西洋については，Biscaye(1964)，太平洋については，Griffin等(1968)，インド洋ではGorbunova(1966))．日本では生沼郁，小林和夫(Oinuma and Kobayashi, 1966)が海底土の鉱物学的研究を開始し，その後，引き続き生沼郁，青木三郎により研究が進められている．2, 3の例を図16-5, 6に示す(Oinuma and Kobayashi, 1966)．

海底土の鉱物学的研究には,いくつかの将来の問題が残っている.その1つは,一律に 2μ 以下のフラクションのみを取り扱って相対的の比較に終っているが,2μ という値は粘土フラクションを分別する一義的の粒径ではない.従って少なくとも 2μ 以上のフラクションについても調べて,2μ 以上と以下のフラクションで,粘土鉱物の含有比を比較する必要がある.

海底土中には,雲母粘土鉱物,モンモリロナイト,緑泥石などが共存する.従来は,上記の名称で判定されているのみであるが,元来,モンモリロナイトと緑泥石は,何れも化学成分の変化に富む.海底土中のこれらの粘土鉱物の化学成分上に特色があるかないかについての研究は極めて重要である.生沼郁の研究によれば,2,3の太平洋底の試料中の緑泥石は,生沼の図表では対称線の近くに分布する.また鉄の極めて多いスメクタイトが海底土中に含まれている

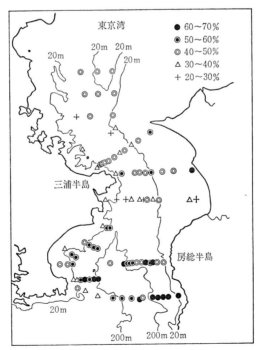

図16-5 東京湾入口の海底土の粘土鉱物分析によるモンモリロナイトの含有率.海流のはげしい区域では比率が小さくなっている.生沼郁,小林和夫による(Oinuma and Kobayashi, 1966).

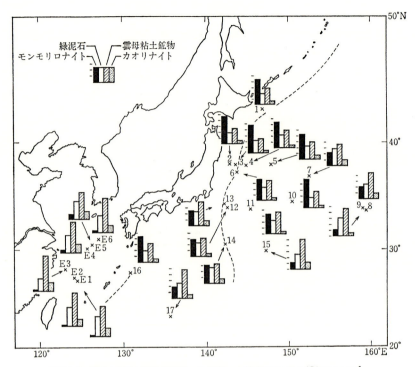

図 16-6 海底土の粘土鉱物含有率,生沼郁,小林和夫による(Oinuma and Kobayashi, 1966). 生沼郁原図より筆者が多少簡約にした図である.

報告があるが,鉱物学的の詳細な研究に欠けている.

現在までの内外のデータから示されるように,一般にカオリナイト,スメクタイト,雲母粘土鉱物,緑泥石は海底土の主鉱物成分であり,それらの含有率は地域と関係があると考えられている場合が多い.たとえば粘土鉱物が陸からはこばれてきたもの(陸起源)として説明できる例が多い.一例を示せば,大西洋底土(Biscaye, 1964)中のカオリナイトは,アフリカ中部の西方,ブラジルの東方に多い.このとき,ギブサイトも同じ傾向にあり,それらの起源は熱帯の風化土と見られている.

16-6 粘土鉱物と海水中の変化に関する実験

粘土鉱物は一般に外界の物理化学的の刺激に鋭敏である.特にイオン交換の

性質を考えれば，陸地から流されてきた粘土鉱物が海水と接したとき，まずイオン交換容量に変化が現われるはずである．Carroll and Starkey(1960), Potts (1959)によれば，2:1型では，交換性Mgイオンが増加し，CECは減少し，1:1型では，CECは増加する(表16-1)．

表16-1 ミズリー河中粘土を，36〜86時間海水に浸した後の交換性イオン(100 g/風乾土)(Potts, 1959)

	原試料	36時間後	86時間後
Ca^{2+}	60.7	38.3	17.3
Mg^{2+}	20.1	29.7	39.3
Na^+	1.7	1.8	3.4
K^+	1.4	1.4	2.0

Keller(1964)は，河川の水(James River)の分析値(Clarke, 1924)と，大洋の水の化学分析値(Garrel and Thompson, 1962)を用いて，前者より後者へ移るときの各イオンの自由エネルギーの変化を求め(Ca^{2+}:+891 cal, Mg^{2+}:−415 cal, Na^+:−433 cal, K^+:−353 cal)，Pottsの結論を理由付けた．

粘土鉱物の交換性イオンに関する特性は，交換性イオンを全部特定のイオンに変えて，homoionicの状態とすることにより，明確に認められ，これは交換性イオンを持つ粘土鉱物の判別にも必要なことである．しかし一方で2種の交換性イオン存在下に示される粘土鉱物のイオン交換特性は，それら各の存在下に示される性質の平均といえるようなものではなく，全く新しい傾向が示される．2種以上の交換性イオンが共存する溶液と粘土との間に見られる諸性質の研究で，Marshall(1954)および共同研究者は，重要な寄与をしている．研究された試料は，粘土鉱物では，スメクタイト，雲母粘土鉱物が主なものである．結論として，粘土へのKの固定は，Naイオンの共存の場合は助成され，Caイオンの共存下では妨げられる(Kのみの単一イオン系の場合に比し)．更にK-H，K-Caなどの多イオン系の研究より，粘土へKが固定される程度は，Kイオンの濃度が10%以下のほうが，以上より大きい．このような地味ではあるが価値高い研究は，粘土鉱物研究にも大きく役立っているのみならず，粘土と海水の接触によって引き起こされる変化の研究に重要な暗示をあたえている．すなわち，海水中のKは，その濃度が低いにかかわらず，Na, Caイオンの共存のもとで，粘土鉱物(特にスメクタイト，バーミキュライト群のようにイオン

交換性を持つもの)に固定される傾向が強い．これが Potts の示したように，CEC の減少の原因となるのであろう．また交換性の Mg の増加につづいて起こってくると考えられることは，海水の pH からみて，$Mg(OH)_2$ が層間に生じ，次第に固定化することである．このように考えれば，スメクタイト(層間に交換性イオンを有する粘土鉱物としては，陸上で分布が広い)が，海底に入った時から，雲泥化，緑泥石化へ進み出すといえる．ただし，反応速度の詳細な点は不明である．何れにしても，現世堆積物中の粘土鉱物の個性に関するデータが不足していて，これが明確にされれば，現世の堆積物中の粘土鉱物の研究に大きい寄与をするであろう．

以上要するに，現世堆積物，特に海底土の表層の粘土鉱物の成因を画一的に明確に結論付けることはむずかしい．一般に，海底土はモンモリロナイト，緑泥石，雲母，カオリナイトの組合せよりなる．もちろんこれらの鉱物の比率は一様でなく，部分によりモンモリロナイト，カオリナイトを欠くこともあり，またこれらが卓越する区域もある．このような変化に対しては，陸地起源の影響がいまだに存続している結果であるとか，モンモリロナイトは，海底火山地帯で，火山ガラスの豊富な場所に多いとかと説明されている．上記の4つの鉱物について，中間的な性質を持つ粘土鉱物は現在のところ普通に広く見出されてはいない．時に普通の緑泥石より耐熱性の悪い緑泥石が見出されているのみである．既に述べたように，粘土鉱物は海水と接するとき，明らかに変化している．従って海水というものを巨視的に見たとき，pH をコントロールする原因が粘土鉱物にあるという一般的結論も成り立つであろう．また炭酸塩鉱物も海中に多い鉱物であるから，少なくも現在では，炭酸塩鉱物もまた粘土鉱物と共に，海水の性質を支配するに一役買っているものと考えられる．一方で粘土鉱物の結晶学的ならびに鉱物学的の性質に深く注意を払うならば，その分布，比率については，陸上，海底の起源区域の地質による影響を加味した局部的の環境を，より重要視した解釈が先立つこともあろう．

16-7 現世堆積物より堆積岩

粘土鉱物の重要な分布の場は，堆積岩に見ることができる．特に泥岩は主として粘土鉱物よりできている．粘土鉱物学の発達に伴って，堆積岩中の粘土鉱

物の研究が1つの大きい研究の柱として進められたが，それは一方では堆積岩岩石学の発達をうながし，また一方では，アメリカで見られる通り，石油工業の要請によって発展したといえる．いうまでもなく，油田を胚胎しているものは堆積岩であり，粘土鉱物は石油の成因と密接な関係がある．

この方面でWeaverは最も広く大きいすぐれた成果を発表し，日本では，石油工業との関連で，樹下惺(1961, 1962)，青柳宏一(Aoyagi, 1969)が，日本の堆積岩の粘土鉱物の様相をはじめて明らかにした．莫大な報文であり，ここで詳細を紹介することは不可能であるが，現在まで示された結論を要約すれば次のようである．

まず堆積岩を構成している粘土鉱物には，主なる群はすべて見出される．もちろん，その中で，モンモリロナイト，カオリナイト，雲母粘土鉱物，緑泥石は代表的のものである．そして，一般に，これらの比率の幅は広い．たとえば，カオリナイトを主とする部分(カオリナイト鉱床として採掘されている例)，モンモリロナイトを主とする部分(ベントナイト鉱床として採掘されている例)がある．

まず粘土鉱物の組合せから，地質構造運動の発達史が組立てられている例がある．たとえば南部オクラホマの上部ミシシッピー系-下部ペンシルバニア系の頁岩の粘土鉱物の研究を基とした研究がある(Weaver, 1958, 1960)．このことは，堆積岩中の粘土鉱物の起源を考えるとき，それが当時の陸地の岩石の中の粘土鉱物に求められることで，起源区域を指示できることを示している．次に粘土鉱物の組合せが，地層の区分と相関を示すデータが得られていて，特に無化石堆積岩の地層対比に役立ち，たとえば，南部オクラホマ古生層の細分などで示された成果がある(Weaver, 1960)．日本では，新潟油田その他で樹下惺(1961, 1962)により，粘土鉱物の組合せの変化が，有孔虫化石層序区分と一致していることが示され，青柳宏一(Aoyagi, 1969)は多くの油田に分布する堆積岩の粘土鉱物による区分を示している．更に，詳細な堆積環境の指示にも，粘土鉱物は有効であることが示されている(Weaver, 1960)．

以上の成果を通じて注目されるのは，Weaver(1958)の説である．それは，粘土鉱物の種は，一般に砕屑質であって，その起源岩の性格をまず著しく反映しているという．たとえば，堆積環境を指示するとされている海緑石でも，最

近の Burst(1958) の研究のように,結晶学的性質に幅があることは,原物質の性質による.また広く分布が期待される 1M 型雲母粘土鉱物とか,di. 亜群の緑泥石が稀であることも,雲母,緑泥石の多くは,砕屑物起源であろうと述べている.要するに Weaver の説は,堆積岩中の粘土鉱物は,砕屑物起源のものが多く,起源岩中の粘土鉱物の性質がいまだはっきりと残っているものが多く,粘土鉱物と海水との反応による変化は一般に完結していないものが多いことを述べているものと見られる.しかしここで Grim(1954) は,メキシコ湾西部の地域で河川中の粘土鉱物組成(モンモリロナイト,カオリナイト,緑泥石,雲母粘土鉱物)が,河口から沖へ,20〜30マイルほどの間で著しく変化し,モンモリロナイト,カオリナイトは減少し,緑泥石,雲母が増すことを示し,淡水環境から,海水環境へ移るときの粘土鉱物の変化は(完全な変化でないにしても)無視できないと述べている.

　もとより堆積環境の意味は広い.起源となる陸地の岩石の地質学的,ならびに鉱物学的性質からはじまり,堆積する場所の海底地質と地形,海底の火山活動,堆積速度,海流などいろいろあろう.堆積速度のゆるやかな範囲では,粘土鉱物の粒度による分級の結果示される分布域,また凝集の程度の相異による分布域の相異が示されることもあろう.また陸上の岩石の風化が極端に進み,分解が著しく進んだ状態では,母材は単純な化学成分のゲルにまで分解し,それらが海底に運ばれて,粘土鉱物化することもあろう.堆積と削剝が共に急な地向斜の堆積では,陸地起源岩中の粘土鉱物の性質は著しく残存し,海底へ運ばれて後の変化も妨げられると考えられる.しかし一方で古期の海底の環境の指示に有効な例も示されている.たとえば Weaver(1960) は,縁陸瀬海の環境の指示には,粘土鉱物が有効であることを示している.

　以上述べた事柄は,しかしながら,現世,古期の海底の堆積物という面を主として描いたものであるが,堆積岩の形成過程になると,重要な変化が生じ,粘土鉱物にも変化がおよぼされる.すなわち,地殻変動のため沈降が生じ,その上に堆積が進むとすれば,下部の古い地層ほど,荷重の増大により圧力を受け,また地下増温により温度も上昇する.そして,堆積当初広く接していた水(海水,陸水)は,鉱物,岩石の粒子や破片の間に保有されるいわゆる「間隙水」となる.このようにして,温度,圧力の増加のもとで,間隙水と鉱物の反応が

生じ，堆積岩の固結がはじまると同時に，構成鉱物の変化が生ずる．各粘土鉱物の性質が変化するのみならず，それら相互の反応も生ずる．これがいわゆる続成作用である．一般に，続成作用の進行に伴って，各粘土鉱物では，粒子の大きさの増大，結晶度の改良(一般に結晶度の低い粘土鉱物が，結晶度の高い粘土鉱物に変化する)などがみられる．また化学成分の変化は Mg, K の増大が見られることが多いといってよいだろう．

Keller (1964) は，Colorado Plateu の Morrison formation の上部，Brushy Basin member 中のモンモリロナイトと雲母粘土鉱物の関係について，後者は前者の続成作用の結果の産物と見ている．Burst (1959) は，Wilcox 層中の上下方向の粘土鉱物の変化を次のように説明している．モンモリロナイトは，深度 3000 フィート以下では不明瞭となり，3000～14000 フィートで，モンモリロナイトと雲母の混合層となり，雲母粘土鉱物の比率は深度の増加とともに増大し，14000 フィート以上では膨潤性は全く消失する．他にも多くの研究例があるが，それらの中で注目すべきことは，混合層鉱物が，広く堆積岩の中に見出されるようになり，それは，A なる粘土鉱物が，B なる粘土鉱物へ変化する途中の産物と見られていることである．そして続成作用による粘土鉱物の変化は，今もって進みつつあり，定着した平衡状態にあるものではないらしいことである．

16-8 海 緑 石

海緑石は，古くから現世堆積物の中にも，また堆積岩の中にも広く見出され，カンブリア紀から現世までのあらゆる地質時代に見出される．大部分は海成層中に見出され，その集積が特定の層準に見られることが多いので，地層の対比の補助的役割を果す鉱物と見られたり，また特殊の堆積環境を指示する鉱物と考えられてきた．日本では，主に白亜紀，第3紀の海成砂岩，泥岩中に見出される．

海緑石については，高橋純一，八木次男 (Takahashi and Yagi, 1929) の世界的の研究がある．両氏は海緑石の成因の一形式として，日本近海の現世の海底で，「ごかい」の類が，次第に海緑石化をしていることを認められ，有機物の存在は，海緑石の生成の1つの重要な因子であること，さらに進んで一般の海底風化の特色は，陸上のそれと異なり，生成されるものには，第2鉄，カリウム

等が濃集し，アルミニウムが減少する傾向のあることを指摘された．海緑石化は，まさにこのような変化の結果の生成物としてふさわしい．

海緑石は小さい濃緑色の球粒体として，現世の堆積物，堆積岩の中に見出され，顕微鏡下で見ると，極めて細かい結晶片の集合であり，X線分析が粘土鉱物研究に応用されはじめた頃から，雲母粘土鉱物(Fe, di.)(di. 亜群でFe^{3+}が多くAlは少ない意味)であるとされてきた．Burst(1958)は総合的な研究を行って，まずその性質にはかなりの変化があること(たとえば結晶度)，しばしば雲母-スメクタイトの混合層であることを示した．地層との関係については，整合，不整合の段階を指示するに役立つと述べている．またHurley, Cormier等(1960)は，スメクタイト層の比率は，若い地層の中のものほど大きく(30%以上)，古生層の初期のもので10%程度であることを示し，海緑石の変化の中に続成作用による変化が示されていると述べている．

古くからイオン交換剤として用いられている「緑土」という物質は，海緑石のように思われるが，もしそうだとすれば，海緑石は標準の雲母の特性を必ずしも持っていなかったことが，古くから利用面で暗示されていたことになる．また「緑土」という名の物は，顔料にもあり，この中には，海緑石，セラドナイトが含まれるらしい．セラドナイトと海緑石は，既に述べたように，極めて近縁の鉱物で，恐らく鉱物学的には一連のものであろうが，産状が異なることが注意されている．すなわちセラドナイトは塩基性の岩石中の，輝石，角せん石を交代していたり，また変朽安山岩の割目にそうて見出されたりする(あたかも青インキをかけたような見掛けを示す(宮城県細倉鉱山))．これらの産状は，海緑石のそれとは異なり，成因には温泉作用，熱水作用が考えられる．実際，結晶粒の大きさは(恐らく結晶度も)セラドナイトでは，海緑石より大きい．更に古く，海緑石，セラドナイトに類似していて，「緑土」と名付けられた鉱物の研究がある．古いけれども暗示に富む研究であるので以下に紹介する．Hummel(1931)は，海緑石に極めて近いが，多少異なる緑色物質(例えば海緑石よりも屈折率低く，カリウム少なく，水分が多い)が，斑岩中の輝石の変質鉱物または気泡を満たして産していることを認め，これを「緑土」と名づけ，その成因については，高橋純一の研究に従って，海底風化が最も大きいものであることを推定した．

なお海緑石，セラドナイトそれに類する鉱物については，凝灰岩中の粘土鉱物の項でも論ずる予定である．

16-9 土壌粘土鉱物

　土壌を構成する物質（土壌物質）の中にも，粘土鉱物が広く分布している．土壌は，地球表面に露出している岩石が，風化作用によって機械的に粒子が細かくなり，また化学的に分解され，そこに生物の生育が可能となった1つの生きた組織体であって，現在でも変化しつつある．土壌生成作用を支配する因子は，母材，気候，地形，生物の4つとされている．これらの因子は，必ずしも平等な影響を示しているとはかぎらない．特に気候条件の影響が著しく支配してできた（地形がゆるやかで，長い間，特定の気候で見舞われているところでできた）成帯土壌は広範囲に分布し，母材の種類による影響を受けていることは少ない．また，気候条件の因子よりも，地形や母材の局所的な因子が著しく支配してできた間帯土壌がある．土壌の垂直断面では成層状態が見られることが多いが，これらの層の区別は，構成物質の種類，または土壌生成過程で生じつつあるイオンの溶脱，集積などの結果示されることが多い．

　土壌は生成作用を基準として分類され，一方で構造により分類される．後者は，土壌構成物質の中の微粒子の集合状態によるものであって，単粒構造，蜂巣構造（図16-7）などがある．これは天然の凝集状態ともいえるもので，各構造のでき方は，粒度，粒子の形，表面電荷などによるものと思われる．土壌構成物質中の微粒子の構造は，農学，土木工学の方面で重要であるから，土壌の構造の分類は，主としてこれらの方面で重要視されている．土壌の構造と粘土鉱物の種の間の関係についての研究は少ないが，カオリナイトのように，比較的粒の大きいものは，全体として板状体の粒団をつくるが，モンモリロナイトではそのような傾向が妨げられる．ただし，天然の土壌の場合には，懸濁液から凝集したままの状態よりも，それに次いで圧縮された結果が示されていると考えられる．pHが小さい懸濁液から凝集した場合は，一般にカード・ハウス型が示されるといわれている．

　さて再び，土壌生成作用にもどり，それによる分類と，粘土鉱物の関係について述べよう．

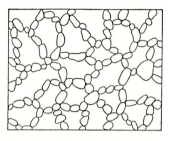

図16-7 蜂巣構造.

　土壌中の粘土鉱物の近代的研究の門は，Hendricks and Fry(1930)が，モンモリロナイト，ハロイサイトの存在を示し，日本で川村一水，船引真吾(1936)の研究が発表されたときに開かれたといってよい．川村，船引は，ほとんどあらゆる種類の岩石に基因する土壌中のコロイド粒子を化学分析して，その結果 SiO_2/Al_2O_3 の比は大体 2～3 前後に落ち，沖積層土壌は最も SiO_2/Al_2O_3 の比が大であることを認め，また X 線粉末写真は，そのすべてを通じてハロイサイトの粉末写真を示すことを認めた．この事実は当時日本の土壌全般を通じて，主成分粘土鉱物の変化が乏しいことを暗示していた．

　戦後，粘土鉱物学の発達に伴って，内外で土壌構成粘土鉱物の研究は急速に進んだ．土壌中の鉱物一般は次のように大別することができる．(a) 母材の中のものがそのまま変化せず含まれているものと，(b) 母材の風化物である．このとき後者は，母材の鉱物が風化物で交代されているもの，母材がイオンとか，単純な化学成分のゲルとかに分解し，それらがそのまま土壌中に含まれていたり，また，それらが土壌中で再結合して，新しい鉱物をつくっている例である．鉱物の中で風化に対して大きい抵抗力を持つ鉱物(たとえば，ジルコン，ルチルなど)は(a)に入る．粘土鉱物は，一般に外界の刺激に敏感であることは既に述べたが，非粘土鉱物の風化生成物は，多くの場合，粘土鉱物なのであるから，母材中に既に粘土鉱物があり，これが土壌中に入った場合は，それ以上の風化を受けることがない場合がある．しかしまた pH の条件，共存イオンの種の変化に伴って，層間の性質に変化が生ずることもあり，また風化の進行によっては，2：1層，1：1層の内部にまで変化がおよぶ場合もあろう．要するに，母材中の粘土鉱物が土壌中に入って分解してしまう場合は別として，母材と土壌で粘土鉱物についての変化が見られることがある．

16-9 土壌粘土鉱物

非粘土鉱物の風化の例では,長石の報告がある.水の豊富な,しかし溶脱の強い条件では,長石の種によらずアルカリ,アルカリ土イオンは溶脱され,ハロイサイト,メタハロイサイトが生じ,溶脱の強くない条件下では,雲母粘土鉱物(Al, di.)が生じ易い(Sand, 1956).この何れであるかの理論付けは,log K^+, log $(OH)^-$ と関係することが報告されている(Garrel and Howard, 1959).

粘土鉱物の相互の変化の場合には,非交換性のものが交換性のものへ変化するという一般的傾向がある.一般に,2:1層の内部にまで結晶化学的変化を受けることが少ない.変化は次の2つの系列に分けられる.(a) di. 亜群では,白雲母——雲母粘土鉱物(Al, di.)——モンモリロナイト,(b) tri. 亜群では,黒雲母——バーミキュライト群——サポナイト(鉄を含む鉄サポナイト)である.なお特殊な土壌型の中には,Al (層間)バーミキュライトが生ずる.これは交換性のAlイオンが,層間域にあるものであって,このAlイオンの起源は,一部は2:1層の8面体のAlの溶脱によるものとされている.従来はdi. 亜群のものが報告されていたが,tri. 亜群のAl (層間)バーミキュライトも存在することが,加藤芳朗(Kato, 1964-65)の詳細な研究で明らかにされている.酸性白土はすべてが風化作用のみでできたものか否か疑問であるが,一産地の例では,ベントナイトの表層が,酸性白土になっているので,特殊な風化作用が考えられる.その酸性化の原因には,地表水が考えられるが,この場合,ベントナイトが広く地表に露出していて,地表水に洗われたためか,または局部的に,たとえば炭酸などが多い地表水で洗われたためか明らかでない.

ゲルより新しく粘土鉱物が生成される場合については,Mackenzie(1957)の興味ある研究がある.ここで考えられるゲルとは,シリカゲル,アルミナゲルの類であって,風化作用が極端に進み,母材のケイ酸塩鉱物が,究極の分解状態に達した場合に生ずるものである.一般にアルミナゲルは,シリカゲル,または,鉄ゲルよりは,結晶化が容易に進み,層状の構造を持つギブサイトになる.これが最初できると,これの上に,ギブサイトの構造に支配され,シリカゲルも規則正しい構造をとって結合し,2:1型,1:1型の粘土鉱物が生ずる.しかし,ギブサイトがまだ生じない状態で,シリカゲルが既に存在しているときは(恐らく共沈の状態が考えられる),シリカアルミノゲルとなる(恐らくアロフェンの生成もこの1つであろう).

土壌生成と粘土鉱物の関係の大要は次のようである.

1年の大半は凍結している寒帯の土壌では，水の移動も少なく，従って，イオンの溶脱もなく，また有機物の分解も著しくない．従って，風化は著しくなく，土壌の中の粘土成分は僅かである．また，砂漠地方では，水の移動，イオンの溶脱，有機物の存在は少ない．このようなとき，溶脱イオンは流れ去ることなく集積し，また生成する粘土鉱物の中に取り込まれるので，カオリナイトよりも，むしろモンモリロナイト，雲母粘土鉱物，セピオライト，アタパルジャイトなどが生ずる．熱帯，亜熱帯で，高温，多湿の気候下では，母岩は強い風化を受け，有機物の分解は急で，溶脱も著しく，従って，温帯に見られるように，有機物の分解によって生ずる有機酸の集積は少ない．母材は，Si, Al まで別々になって分解する傾向にある．酸性よりもむしろアルカリ性の環境となっているため，ケイ酸は，アルミニウムゲルより溶脱が進み，Al が(Fe も同様)最後に残り，ボーキサイト，ラテライトを生じ，粘土鉱物としては，カオリナイト，緑泥石(di. 亜群)などが生ずる．強烈な風化といえども，表層ほど強く，地下へいけば比較的弱まると考えられるから，粘土鉱物(主としてケイ酸とアルミニウムの水酸化物が結合している形)は，下層に多くなる傾向がある.

気候が寒冷ないし温暖であって，表層に多量の有機物が集積することがある．これらは分解して腐植となり，酸性を示す．このような土壌では，表層では，ケイ酸が残り，イオンは地下に浸み込み，酸性が比較的弱まるにつれ沈殿する．これがポドソル性土壌で，粘土鉱物は雲母粘土鉱物(Al, di.)を主とする．高温，多湿であって，有機物が表層で集積するより分解してしまう環境下では，ケイ酸は下層に運ばれる傾向があり，表層にはアルミニウム，鉄が集積する傾向がある．この傾向は熱帯のラテライト性土壌と似ているが，全般的に見て風化の程度はラテライト性土壌ほど進んでいない．ギブサイト，鉄の水酸化物を含むが，カオリナイトは表層からも見出される．また表層に集積する Al は，一部 Al (層間)バーミキュライトを形成している．厳密ではないが，日本の赤黄色土(東海地方の台地に母材のいかんによらず分布する赤黄色の土壌)は，この例と考えられる．褐色森林土といわれる土壌は，赤黄色土とポドソル性土壌の中間に位するもので，そのため粘土鉱物の組成にも幅がある．ポドソル性のものでは，Al (層間)バーミキュライトが劣勢となり，赤黄色土的のものではカオリナ

イトが優性となる．日本は南北に長い形を示していて，そのため気候的の変化は，その北端と南端ではかなり相異している．すなわち，北海道の北端では，ポドソル性土壌の発達著しく，南部へ来るにつれ褐色森林土が発達し，さらに南部では一部に赤色土壌の発達をみるのである．

以上は成帯土壌の例であるが，間帯土壌の一例としては，アルカリ土壌がある．これはアルカリ塩類の集積した土壌である．乾燥した気候の，水はけの悪い地帯に生ずる．地下水位が高く，地下水中の塩類が地表に出て蒸発して，アルカリ塩類を集積する．粘土鉱物は雲母粘土鉱物(Al, di.)を主とする．なお日本の沖積土起源の水田土壌の粘土鉱物についても，最近研究が進んでいるが，主なる粘土鉱物，またはその組合せは一定せず，起源岩の影響が著しく反映されたままになっていて，水田土壌内での粘土鉱物の生成，変化は著しくない．

また「アンド土壌」といわれているものは，日本はじめ火山国に広く分布する火山灰土壌であって，湿潤，亜湿潤の気候下で出現する特殊な間帯土壌といえる．多量の非晶質物質(火山ガラスの風化物でアロフェンといってもよいであろう)からなり，有機物の含有量高く，厚い暗色のA層を持ち，嵩密度は低く，粘着性も弱いが，吸収能は大きい．その粘土鉱物については，宮沢数雄(1966)の詳細な研究がある．

16-10 火山灰およびガラス質凝灰岩

火山灰およびガラス質凝灰岩は，粘土鉱物生成の起源物質として極めて重要である．火山灰とは，火山より噴き出した微粒物質のことであって，その中に，色々の鉱物が含まれているが，粘土鉱物の生成に特に関係があるのは，火山ガラスである．またガラス質凝灰岩は，火山ガラスの破片が降り積って固まった岩石である．火山ガラスと一口にいっても，その源になるマグマの性質により，ケイ酸の多い，鉄，マグネシウム分の少ない，淡色のガラスから，ケイ酸分が比較的少なく，鉄分の比較的多い茶褐色のガラスまである．岩体として固結すれば，前者は流紋岩に，後者は玄武岩になるものであり，また中間に安山岩になるものもあり，これらの名前をとって流紋岩質ガラス，玄武岩質ガラスなどという．

火山ガラスは，いうまでもなく非晶質であるが，準安定のエネルギーレベル

から，相対的に，より安定なレベルへ降下するため，外界のあらゆる環境を利用して，結晶化をめざしている．そして，めざす結晶性物質に粘土鉱物とか沸石がある．従って，火山ガラスは，風化作用，続成作用，熱水作用などいろいろな作用を受けて結晶化しているのである．

火山灰の風化物は火山灰土といわれ，日本の台地土壌の中で，特異な型の土壌である．従って，その研究は日本で古くから開始された．関豊太郎(Seki, 1928)，塩入松三郎(1934)の開拓的研究により，当時すでに，火山灰土の主成分粘土鉱物にアロフェンがあることが推定されていた．火山灰土は，日本各地に分布しているが，その中で，関東地方に分布するものは，古くから関東火山灰層といわれ，また関東ロームといわれていた．この分布，粒度分析，重鉱物組成，成因について，中尾清茂(1930, 1932, 1933, 1937)，原田正夫(1949)の開拓的研究が発表されている．戦後，粘土鉱物学の発展とともに，鉱物学者のみならず，地質学者の協力も得られ，火山灰，凝灰岩の粘土鉱物の研究は大きく発展した(関東ローム研究グループ, 1965)．戦後のこの方面の研究の発端は「栗の殻状の粘土粒子，アロフェン-ハロイサイト球粒体」の発見である．その研究史を忠実に記録すれば次の通りである．

ハロイサイトが管状の結晶であることが，Batesおよびその共同研究者により報ぜられた頃，「苗木白粘土」の電子顕微鏡写真が撮られ，それは球粒体であることが示された(只野文哉, 1949)．「苗木白粘土」というのは，若い時代の凝灰岩(というよりは火山灰層)の風化粘土と見られるもので，X線粉末写真は，ハロイサイトと一致するものであった．筆者は，当時同様な粘土に七戸，八戸，雫石などの粘土があることに気付き，これらは，何れも球粒体よりできていることを確かめた(Sudo, Minato等, 1951; Sudo and Ossaka, 1952)．これらの粘土は，何れも白色の粉末であり，戦時中，Alの原料と目されていた粘土であって，ハロイサイトの他の試料(たとえば硫黄鉱床に伴うもので，上信粘土といわれている試料，塊状で貝殻状の割れ口があり，電子顕微鏡下で管状の粒子)に比すれば，酸，アルカリで分解し易い．「苗木白粘土」は，みょうばんの原料としても用いられていた．すなわち，硫酸を加えると，著しく発熱し，分解するので，これに硫酸ソーダを加えて，みょうばんをつくるのである．

中平光興，岩井津一等(Nakahira, Iwai and Suzuki, 1951)，村岡誠(Muraoka,

1952)も、この球粒体に注目し、それがしばしば、多角形の外形を示すことを認めた。筆者はこの形が火山ガラスより粘土鉱物を生成する過程と密接な関係があることを推知し、柴田栄一の協力により、はじめて明らかに、球粒体から細い伸長状の結晶があたかも角が生えたように生じている例を認めた(Sudo, 1953, 1954, a). 同じ頃、野沢和久(Nozawa, 1953), 木下亀城, 鞭政共(Kinoshita and Muchi, 1954)の研究が発表せられた。その後、筆者は高橋浩の協力により、この球粒体の形を詳細に調べた(図16-8)。それによれば、小さい球粒体から、短い、細い、曲った伸長状のものが突き出している。この伸長状のものは、長く、太く、直線的の輪郭を持つものもある。この後者の場合には、一般に球粒体の数は少なくなり、形は大きくなり、時に直線的の輪郭が示されて多角形に見えたり、また全体が伸長状のものの放射状の集合体になっているものもある。このような形の変化には、火山ガラスが、ハロイサイト化する一連の変化過程が示されていると見られ、伸長状の物質の形の変化は、ハロイサイトが生れ育っていく過程を示すものと考えられた(Sudo and Takahashi, 1956).

次いで倉林三郎と土屋竜雄(1959, 1960), 土屋竜雄と倉林三郎(1958), 須藤俊男, 倉林三郎等(Sudo, Kurabayashi, Tsuchiya and Kaneko, 1964)は、関東ロームの粘土鉱物学的の詳細な研究を進めた。これより、前後して、関東ローム層は、主として第4紀の研究者により、地質学的に4つに大別された。それは上部より立川, 武蔵野, 下末吉, 多摩の各ローム層である。倉林, 土屋は、これらの各層の粘土鉱物学的特徴を、一般的事実として見事に示した。すなわち、立川ローム層は、アロフェンを主とし、武蔵野ロームは、アロフェンとハロイサイトを主とし、残る2つは、ハロイサイトを主とする。そして、倉林, 土屋と共に、菅原(金子)幸子(1960)は、X線的熱的性質の変化をとらえて、上部ほどアロフェンが多く、下部へ行くにつれハロイサイトが卓越する一般的事実を示した。事実と解釈は以下の通りである。

(a) ハロイサイトのX線粉末反射は(定性的であるが), 下部へゆくほど強く鋭くなる。これはハロイサイト結晶粒子の発達と量の増加のためと思われる。

(b) 100～200℃の吸熱ピークの温度は、下層へゆくにつれ低くなる(図16-9(a))。これはアロフェンの減少と思われる。なぜならば、アロフェンのみの場合、このピークは高温側へなびき、ピークの温度は、層間水のみの脱水の場合

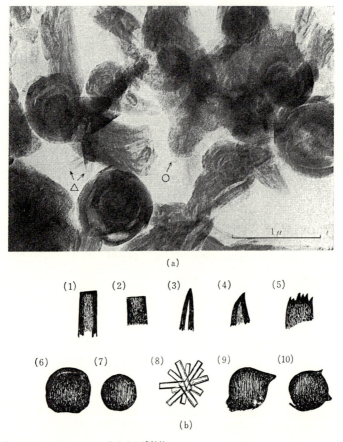

図 16-8 アロフェン-ハロイサイト球粒体.
(a) 群馬県石井の関東ロームの下部層(倉林三郎,試料；写真,日本電子株式会社)球粒体がくずれ,中よりアロフェンと思われる微粒子の集合がにじみ出ているところ(○印).また球粒体よりはがれて一部管状に丸くなった粒子(△印)がみえる.
(b) 従来観察し得たすべての球粒体に見られる,あらゆる形をスケッチにより分けたもの(筆者原図).多角形を示すもの(6),丸い形(7),伸長状の結晶(ハロイサイト)の放射状の集合(8),角の出ている形(9),(10),角の形(1)〜(5).

より高い.

(c) 下部へゆくほど,ピペリディン処理物の第 2 の発熱ピークの強さ(面積ではかる)が減少する(図 16-9(c)).アロフェンの量の減少と解される.

(d) 次のものは,下層へゆくほど増加する. (1) 500〜600°C の吸熱ピーク

16-10 火山灰およびガラス質凝灰岩

の温度(図16-9(b))ならびに面積(図16-10のN_2). これはハロイサイトの量の増加, 一部に結晶度の改良も原因しているであろう. (2) 800〜900°Cの発熱ピークの温度の上昇. これはアロフェンの減少による. アロフェンはハロイサイトに比し, この温度は低い. (3) 500〜600°Cの吸熱ピークの面積と, 発熱ピークの面積の比(図16-10 (N_2/X))の増加. これはアロフェンの減少による. 発熱ピークには, アロフェンとハロイサイトの両方のピークが重なっている.
(4) 500〜600°Cの吸熱ピークの面積と, その半値幅の比(図16-10 (N_2/W))の増加. これは, ハロイサイトの含有量に比例する. また倉林, 土屋は, ハロイサイトの含有量を, 方解石を比較試料に用いて定量し, これも下層へゆくほど増加することを示した(図16-10 (H), 図16-11). かくして, 電子顕微鏡下で調べたところ, いま問題にしている球粒体は, 武蔵野ローム層およびその下層に広くみられ, 特に武蔵野ローム層は, この球粒体のみよりできているものが多いことが明らかとなった. しかも, 武蔵野ローム層の上部では, 角の無い球粒で, 中には多少不規則な輪郭を示すものもあるが, 下部になると, 角がでている. この角は, 細くまがって, ちぢれ毛のように見えるものがある. また少し直線

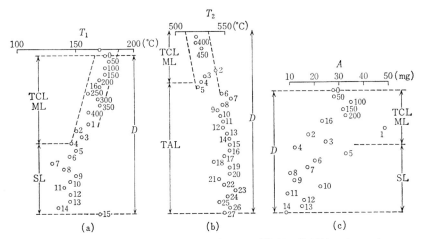

図16-9 関東ローム層の地表よりの深さと諸性質の関係(菅原(金子)幸子(1960)による).
TCL: 立川ローム, ML: 武蔵野ローム, SL: 下末吉ローム, TAL: 多摩ローム. (a) 上末吉. D: 約13 m, T_1: 100〜200°Cの間に生ずる吸熱ピークの温度. (b) 登戸. D: 約25 m, T_2: 500〜600°Cの間に生ずる吸熱ピークの温度. (c) 上末吉. A: ピペリディンで処理した試料の第2の発熱ピークの面積.

的な輪郭を持っているものでは，球体に近いほど太く，先端ほど細くなっている．球粒体から離脱した伸長状物質には，縁の方から，伸長方向を軸として，半ば巻いた形を示すものから，完全に管状に巻いているものも見られる．下末吉より下層にかけては，伸長状物質は，次第に太く長く，しかも直線的な輪郭を持ち，完全な管状の外形のものが多くなり，同時に球粒の本体は大きくなり，その数は減少し，管状のハロイサイトを主とする部分が多くなる．電子顕微鏡写真で，球粒の平均直径，伸長状の結晶の伸長方向の平均の長さの関係を示すと，図16-12のようである．

以上の事実は，この球粒体は，火山ガラス→アロフェン→ハロイサイトの変化過程の中で，アロフェンがハロイサイトに変化する過程でできるものである

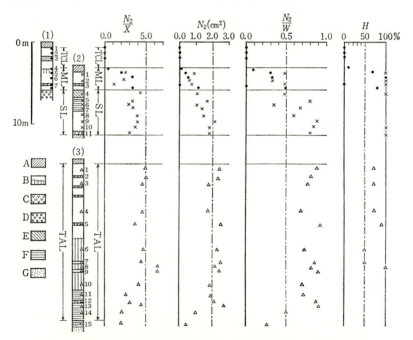

図 16-10　関東ロームの層序と鉱物学的諸性質の変化．(1)岡本(2)千年(3)おし沼のプロファイル．A：黒色表土，B：亀裂の多い層，C：軽石(浮石)層，D：礫，E：チョコレート褐色層，F：粘土層，G：砂層，1,2,3，… は試料を採取した層位．N_2：(OH)脱水によるピークの面積，X：発熱ピークの面積，W：N_2のピークの半値幅，H：ハロイサイトの含有量(倉林三郎，土屋竜雄(1959)による)．TCL, ML, SL, TAL の記号の意味は図16-9と同じ．

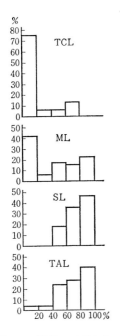

図 16-11 関東ローム層中のハロイサイトの含有量分布図(倉林三郎, 土屋竜雄(1959)による. 記号は図 16-9 と同じ.

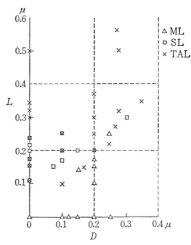

図 16-12 アロフェン-ハロイサイト球粒体の直径(D)と, それと共存する伸長状のハロイサイト結晶の長さ(L)との関係(各ローム層より採取された試料について求めたもの)(倉林三郎, 土屋竜雄(1960)による). 記号は図 16-9 と同じ.

ことを暗示する. アロフェンは, 立川ローム層の主成分で, $0.05\,\mu$ 程度の粒の不規則集合体である. これがハロイサイトに変化する過程で, 球粒体に凝集し, これから表面に平行に, ハロイサイトの結晶が生ずる. このとき, ハロイサイトの底面は, 表面より中心までほぼ球粒体の表面に平行に同心状(一部らせん状と思われる)に重なり, 各面には, 小さいしわがあり, あたかもキャベツのような構造と考えられる. 時に, この面が部分的に平らになると, 多角形の輪郭ができる. 元来, ハロイサイトは, 管状の結晶になりやすいのであるから, 表面から, 管状になろうとしてはがれる. このとき, 先端ほどよくまるくなるが, 球粒体の本体に接しているところは, その表面へ拡がって附着しているので, 根本は太く, 先端は細い角のような形を示す. はがれ落ちたものは, 結晶度が特に悪く, 完全な管状になり切らないものが多い. 最近, 更に高倍率の鮮明な

電子顕微鏡写真によると，半ば，こわれかかった球粒体が見られ，この球粒体の間に，ところどころに，アロフェンがみられ，また，こわれかかった球粒体の内部からアロフェンがにじみ出たように見える部分がある．格子像を出すと，7Åの格子像が，同心的にかなり内部まで見える．もちろん全体でなく，部分により，格子像の出ない帯があり，これは7Åの像のでる帯と，やはりほぼ同心的に配列している．この球粒体は，日本の研究に次いで，各国の火山灰土で見出され(Chen, 1959; Alietti, 1959; Sieffermann and Millot, 1969; Trichet, 1969)，今日では，世界的に広く分布していることが確かめられている．以上の研究から，この球粒体は，アロフェン-ハロイサイト球粒体と名付けられていて，利用の方面，土質の方面でも研究されている．

なお下末吉層の海成層の部分には，一種の混合層鉱物ができていること，そしてこの鉱物を主とする部分は，海成層にほぼ限られていることが，倉林，土屋の研究で明らかにされた．

なお関東ロームは，赤土(あかつち)といわれるほど色が赤褐色を示している．この鉄分を含む鉱物としてまず考えられるのは褐鉄鉱であるが，これのみではなさそうで，たとえばヒシンゲライトの存否の研究が必要である．また火山灰土では，下層にギブサイトが見出される場合がある．

火山ガラス，アロフェン，ハロイサイト，ギブサイトを，化学成分の上から見た場合に，これらの各の生成環境を，おたがいの化学成分の変化に基づいて説明することは必ずしも容易でない．1つの考えとして，火山ガラスの加水分解により生ずるアルカリ性で，ケイ酸の溶脱がアルミナのそれより卓越し，アロフェン($SiO_2/Al_2O_3 \fallingdotseq 1$)となり，溶脱ケイ酸は，地下に浸透していく．浸透するにつれ動きがにぶり(あるいはpHの条件の変化も1因かもしれない)，アロフェンに附加し，初期には，ハロイサイトと同じような非晶質体($SiO_2/Al_2O_3 \fallingdotseq 2$)が生じ，この比からハロイサイトの結晶化が促進されるという考えがある．関東ローム中のアロフェンは，大体 $SiO_2/Al_2O_3 \fallingdotseq 1$ の比を持つからである．しかし，広くアロフェンを見ると，この比は1～2の範囲にある．ギブサイトの生成には，アロフェンからの離脱を考えれば，ハロイサイトとの共生が説明できるが，この条件は，アルカリ性というよりは，むしろ酸性の環境下で示されるものであろう．

16-10 火山灰およびガラス質凝灰岩

火山ガラスのアロフェンとハロイサイトに変化する場合のX線粉末回折パターンの実例を図16-13, その型を図16-14に示す.

一方で, 火山ガラス片(ガラス質凝灰岩中の)がモンモリロナイトに変わって

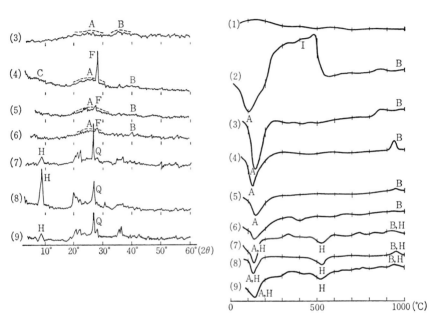

図16-13 火山ガラス片から風化して生じた粘土鉱物のX線粉末回折パターンとDTA曲線.
(1) 明神礁の海底火山より噴出した火山ガラス片(海水と接触していたが全く変質を受けていない).
(2)〜(6) アロフェン. ここの試料では, A,Bがアロフェンによるピークとみてよい. (4)の試料では, Cにも幅広いバンドが見える. F:長石, I:有機物.
(2) 東京原町田の関東ローム層(上部ローム層).
(3) 東京小金井附近の関東ローム層. 上部ローム層. 有泉昌試料, 筆者実験. A:3.6Å (6vb), B:2.5Å(5vb).
(4) 栃木県大谷の大谷石の表層を蔽う軽石の風化物. 太田茜司試料, 筆者実験. A:3.6Å(9vb), B:2.52Å(5s), F:3.19Å(31vs).
(5)〜(9) 栃木県今市市附近の土壌断面より採取した試料.
(5) アロフェンを主とする(淡黄色).
(6) 同上(赤褐色), 「今市土」, 小坂丈予試料, 筆者実験. A:3.8Å.
(7) アロフェン-ハロイサイト球粒体を主とする(褐色). 上部ローム層. H:ハロイサイト, Q:石英, 100〜200°Cの吸熱ピーク, 900〜1000°Cの発熱ピークにはアロフェン(A,B)とハロイサイト(H)のピークが重なっていると考えられる.
(8) 同上(白色). 「今市白粘土」. 餅のように粘る.
(9) 同上(褐色). (7)と同じ.

322　　　　第16章　粘土鉱物の産状，成因

いる例が多い．ベントナイト鉱床の多くはこの例である．ただしかし，この成因には，風化作用による場合，また続成作用による場合もあるように思われる．何れにしても，ハロイサイト-アロフェン化の環境とは異なり，イオン溶脱が著しくない還元性の環境が考えられる．ベントナイトの広い分布からして，モンモリロナイト化は広く見られるが，一方で鉄サポナイト化も見られる．たとえば，大谷石の俗に「みそ」といわれる部分に見られる．図16-15はその顕微鏡写真である．見事な気胞構造が見られ，その中心部は比較的結晶片の粗い鉄に

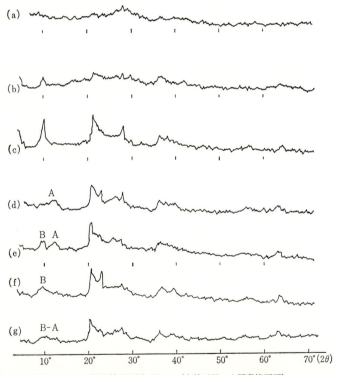

図16-14　関東ロームのX線粉末回折パターン(倉林三郎，土屋竜雄原図)．
(a) アロフェンを主とする．
(b), (c) アロフェン-ハロイサイト球粒体．
(d)〜(g) モンモリロナイトとカオリナイト群の混合層鉱物(ハロイサイト-メタハロイサイト-モンモリロナイト．ただしモンモリロナイトの存在の徴候の有るものも無いものもある)．幅広い底面反射は，7Å附近に(A)，また10Å附近に(B)，また7〜10Åにまたがって(B-A)みられる．

16-10 火山灰およびガラス質凝灰岩

富む鉄サポナイトの集合に変わり，その周辺部は，極めて細かくて結晶の形が明確に認められないが，モンモリロナイト-バイデライト系に化している．直交ニコル下で像の部分が広く明るく見えるのは，集合複屈折によるものであろう．

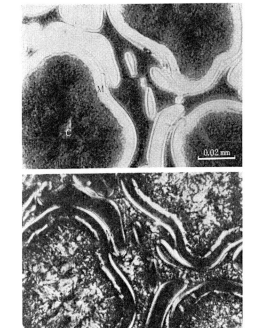

図 16-15 大谷石の俗にいう「みそ」の部分の顕微鏡写真(神山宣彦による)．C：鉄に富むサポナイト，M：モンモリロナイト-バイデライト系．

次に火山ガラス(ガラス質凝灰岩中の)が青緑色の鉱物に変わっている場合が広く知られている．凝灰岩の中の火山ガラス片の中に青緑色の鉱物に変わっているものがあり，青緑色の斑点のある凝灰岩は広く知られている．時には，局部的であるが，凝灰岩全体が，青緑色の鉱物に変わっている例もある．例えば宮城県白石市の凝灰岩の一部にこの例が見られる．

この凝灰岩を顕微鏡下で見ると，青緑色の鉱物は火山ガラス片を交代し，内部では細かい結晶片の集まりが認められるが，縁に近くなると，特に細かい結晶となり，一様に緑色を呈する部分に移化する．また，時には，結晶片の集まりが長石片を脈状に貫いたり，火山ガラス片の間を埋めている部分もある

(Sudo, 1951). 結晶片が顕微鏡下で見分けられる部分と見分けられない部分を分離して取り出すことはむずかしい．全体の試料のX線粉末反射を調べ，また化学分析を行った結果では，化学成分はセラドナイトに一致するが，X線粉末反射は極めて不鮮明である．火山ガラス片の縁と内部に生じている青緑色の鉱物の見掛けの相異は，恐らく結晶粒径の粗細の相異によるものであろう．最初は，Hummel の研究に従って，「緑土」と名付けられたが，産状は，普通のセラドナイトのそれとも，また Hummel の試料とも異なっている．国外文献には，セラドナイトの Japanese variety とも記されたことがあるが，X線粉末反射が極めて不鮮明なことは，このセラドナイトの結晶粒が極めて細かいこと（火山ガラスの脱ガラス過程の初期に生成したような）によるもので，本質的の性質か否か疑わしいので，現在ではセラドナイトとしてよかろうと思う．最近大谷の凝灰岩の中のセラドナイトの研究結果が発表されたが(Kohyama, Shimoda 等, 1971)，このセラドナイトの性質はすべてが標準のセラドナイトとよく一致している．要するに注意すべき事柄としては，セラドナイトが，広く火山ガラスの変質物としても産出するということである．

このセラドナイト化の機構は，未だ十分明らかでない．まず，青緑色の斑点

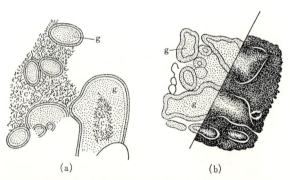

図 16-16 宮城県白石市の著しくセラドナイト化したガラス質凝灰岩の顕微鏡下で見られる粗織(筆者原図, Sudo(1951)).
(a) ガラス粒を交代するセラドナイト(g および c)．c：ガラス粒の中心，または，間隙を満たす結晶粒の比較的粗粒の部分．g：ガラス粒の縁の部分を交代する極めて細かい結晶粒の部分(一様に緑色に見える)．
(b) 平行ニコルでガラス粒が一様に緑色に見える場合でも，直交ニコル下では，粒の中心部で，結晶が比較的粗粒になっていること，また粒の縁の部分では集合複屈折が見られる．

16-10 火山灰およびガラス質凝灰岩

のある凝灰岩を顕微鏡下で見ると,青緑色化した火山ガラス片が,無色のガラス片に混じっているが,この色付いた火山ガラス片の中には,1つの破片の中の一部が,濃緑色に色付いていて,この着色した部分と無色の部分の境が明瞭である例が多い.また白石市の例のように,凝灰岩全体が,濃青緑色に色付いている例は,日本の凝灰岩全体からみると少ない.しかし,一方で,ガラス質凝灰岩中の火山ガラス片は,大なり小なりセラドナイト化している.成因はまだ明らかでない.局部的の温泉作用によるという説,続成作用によるという説がある.

火山ガラスの変質物に関連して,図16-17に「みがき砂」のX線粉末回折パターンを示す.この図で示すように,「みがき砂」の中には,X線粉末反射でみるかぎり,火山ガラス片と区別できないものもあり(図16-17(1),(2)),また変質がはじまっていることを示しているものもある(図16-17(3)).この変質物は極めて幅広い(hk)バンドと,それよりも,はるかに不鮮明な底面反射を示す.

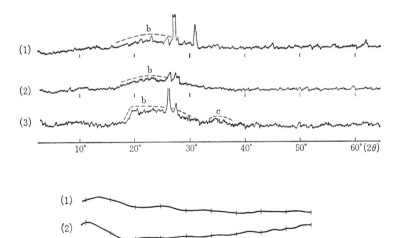

図 **16-17** 火山ガラスおよびいわゆる「みがき砂」のX線粉末回折パターン.(1)明神礁の海底火山により海中に吹き出された火山ガラス片.(2)みがき砂,長野県小市.(3)みがき砂,石川県津幡.b,c:幅広い反射帯.

この形からは，何という鉱物かは，はっきりしない．極めて細かい，板状構造を持つ粘土鉱物結晶が，まず，主として (hk) の方向から，規則性を示しながら，形成されているようにも思われる．しかし，ベンチジン反応を示すところからみると，火山ガラスがモンモリロナイトへ変化する極めて初期のものかもしれない．また DTA 曲線よりみると，ハロイサイトが含まれているようにも見える．一般にガラス質の凝灰岩の表層部分は，一見して未変質のように見えても，多くの場合，ベンチジン反応が見られる．青森県深浦町の「みがき砂」は，X線粉末反射では 3～4 Å の範囲の幅広いピークが見えるのみであるが，化学分析値は，SiO_2, 69.31％；Al_2O_3, 12.01％；Fe_2O_3, 2.17％；FeO, 0.51％；MgO, 0.66％；CaO, 0.45％；Na_2O, 2.50％；K_2O, 4.66％；$H_2O(+)$, 5.25％；$H_2O(-)$, 2.48％；TiO_2, 0.25％；P_2O_5, 0.04％；MnO, 0.01％，計 100.30％ で水分が多いことが注意される．火山ガラス片の風化の初期には，まず加水して，なお X 線的に非晶質の時期があり，やがて粘土鉱物（モンモリロナイト，カオリナイト群）の結晶子が生ずる場合があるように考えられる．

16-11 黒鉱とグリーンタフ

黒鉱鉱床，グリーンタフの 2 つは，また各種の粘土鉱物の産出の場である．産状と成因は複雑で，上に述べてきた分け方の何れか 1 つに入れることはできないので，節を改めて述べることにした．

黒鉱鉱床の成因については，実に古くから諸説があり，まだすべてが結論付けられてはいないように思われる．しかし，現在のところ，黒鉱鉱床の生成過程は，第 3 紀の特定の地質時代に，海底に噴出した熱水（海底火山作用）により生じ，以後，今日まで，続成作用を受けてきたといえるようである．このとき，噴出する熱水の火道の周囲の母岩は，熱水変質を受けているであろうが，海底堆積の部分は，当時は海底土であり，その後の続成作用を受けているものであろう．黒鉱鉱体の中で，特定の層準に，地層面にのびたレンズ状の形をしている鉱体は，主として海底堆積の作用で生じたもの，また上下にのびたパイプのような形をした鉱体は，海底噴火の火道に相当する部分と考えられている．黒鉱はこれらすべてをいうのか，一部をいうのかという議論は，歴史的な事柄は別として，大した意味がない．

ここでは，黒鉱鉱床の成因に立ち入ることは避けたい．粘土鉱物研究の方面からいえることは，鉱体の形がどうあろうと，鉱体から母岩の内部まで，上下，左右の方向に網の目のように細かいサンプリングにより採取された試料についての詳細な鉱物分析と，鉱物分布図ができるならば，鉱床の成因の解明にも役立つと思われる．現在のところまだこのような研究例がないので，将来の課題である．いくつかのボーリングコア試料の鉱物分析が現在行われているが，当然のことながら，鉱体の内部から遠く離れた母岩の中までの，一連のコア試料を得ることがむずかしい．ここでは，今まで得られた黒鉱地帯の粘土鉱物の忠実な記録の一端を述べて，将来の研究に資したいと思う．なお黒鉱鉱床の中で，上下にのびたパイプ状の鉱体については，熱水源の項に述べた通り，熱水変質域が確認されている．

以下に述べるのは，扁平な形をして，特定の層準に存在する鉱体，またはその附近を貫いているボーリングコア試料のデータである．以下に見る通り，鉱体に伴う粘土鉱物の中には，どちらかといえば，熱水起源の粘土鉱物がしばしば見られる(1M型の雲母粘土鉱物よりむしろ2M型の産出，結晶度のよいカオリナイト，パイロフィライトの産出など)．

花岡鉱山松峯鉱床のボーリングコア試料を調べた結果では次の事実が認められる(佐藤芳雄，未発表)．地表より下方に向かって，主要な粘土鉱物の変化は次のようである．

　　モンモリロナイト——雲母とモンモリロナイトの不規則型——緑泥石とモ
　　ンモリロナイトの不規則型——雲母粘土鉱物(Al, di.)および緑泥石

混合層鉱物中のモンモリロナイト層の比率は上方ほど高くなる．雲母，緑泥石のポリタイプの判定についてはまだデータが少ないが，得られた結果の範囲では，雲母については $2M_1$, 1M, 1Md 型が認められ，$2M_1$ は鉱体の上部に，1M型は鉱体の下部，または鉱体より離れた部分に存在する．また緑泥石については鉱体中より産するものについて II_b 型の判定ができたものが1つあり，またスドー石の産出が確かめられた．

安部城鉱床については次の通りである(水本久，未発表)．

竹鉱体：流紋岩質凝灰岩，およびその変質部分のボーリングコアを調べた結果では，母岩の部分で，上より下へ確かめられた粘土鉱物，ならびにそれに伴

328

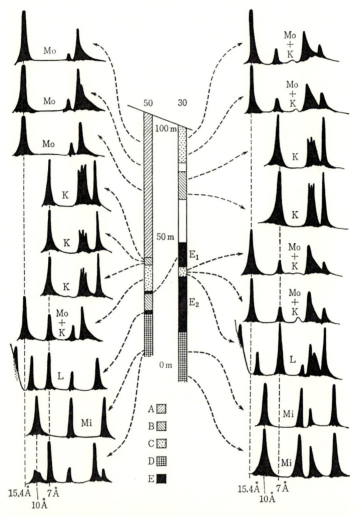

図 16-18 秋田県安部城鉱山竹鉱床南鉱体の2本のボーリングコア試料の粘土鉱物組成の比較. A：モンモリロナイト(Mo), B：カオリナイト(K)(結晶度がよい), C：モンモリロナイト(Mo)とカオリナイト(K)の混合, D：雲母粘土鉱物(Al, di.)(Mi)を主とする部分, L：雲母-モンモリロナイトの混合層. E：鉱体. E_1 は第1鉱体, E_2 は第2, 第3鉱体として取り扱われている部分(水本久による).

16-11 黒鉱とグリーンタフ

って観察される重要な事項は次の通りである.

モンモリロナイト——次第にモンモリロナイトの量が増加,カオリナイトを伴う——カオリナイト(高温石英を含む)——ケイ化帯——第1鉱体(硫砒銅鉱,せん亜鉛鉱,黄鉄鉱,重晶石,特に重晶石は自形の結晶)——モンモリロナイト(カオリナイトを伴う)——27Å鉱物(雲母-モンモリロナイトの不規則型)——第2鉱体(第1鉱体と同じ鉱物組合せ)——第3鉱体(硫化鉄鉱のみ)——モンモリロナイトと雲母の不規則混合層鉱物(図16-18)

なおこのボーリング孔に近接した,他の孔については次の通りである.

モンモリロナイト——カオリナイト(せん亜鉛鉱,ウルツァイト,重晶石を含む)——第2鉱体——モンモリロナイトおよびカオリナイト——27Å鉱物およびカオリナイト——ケイ化帯——第3鉱体(黄鉄鉱のみ)——モンモリロナイトと雲母の不規則混合層

以上2つの結果で注意すべきことは次の通りである. まず, ボーリングの深さ範囲では母岩は同一で, 流紋岩質凝灰岩と見ることができる. 高温石英の結晶が粘土鉱物の様相の変化にかかわらずしばしば見出される. 表層に近いモンモリロナイトの帯の上部はほとんど変質を受けていない母岩に近く, 水篩してようやく粘土分を集めることができる程度であるが, 鉱体に近づくと, 一般的にその量が増加する傾向がある. 特にカオリナイトを伴う部分は, カオリナイトのみの部分と同様に粘土の量が多い. しかし鉱体の近くでも, 時により極めて変質の弱い部分があり, このような部分では, 原岩の組織が明らかに残っていて, その中に少量のモンモリロナイトが見出されるのみである. カオリナイトは, 鉱体に近い部分では, 6角板状, 三斜晶系の結晶度の良好なものであるが, 鉱体よりはなれる(一般にモンモリロナイトを伴う)と結晶度は不良となる. ボーリングコアの下底に見られる不規則型は長周期反射を示さないものであって, 底面反射は10.3~10.8Åの範囲に示されるものである.

また鉱体の部分は一般に多孔質で, 原岩の組織を残している部分からみると, 極めて多孔質な凝灰岩の部分と鉱体と関係があるように思われる.

桜鉱体:ボーリング孔は, やはり流紋岩質凝灰岩を主として切っている. 上部は竹鉱体と同じく流紋岩質凝灰岩であるが, 鉱体を境として下部は, これに砂岩, 礫岩などを伴っていて檜川層とされている.

パイロフィライト-雲母とモンモリロナイトの不規則型——鉱体(硫化鉄鉱)——ケイ化帯——雲母粘土鉱物(Al, di.)——緑泥石——雲母粘土鉱物(Al, di.)

この結果で,パイロフィライトを生じていることは注意すべき事実である.また,雲母粘土鉱物(Al, di.),緑泥石の組合せの部分は檜川層に対応するものと考えられる.

姫鉱体:銀杏木層の流紋岩質凝灰岩を切っているボーリング孔で,鉱体もその中のみに見られるが,竹,桜の両鉱体が不規則扁平状で,水平方向にのびた形をしているのに反して,この鉱体はむしろ上下にのびた不規則塊状をなしている.

モンモリロナイト——モンモリロナイトとカオリナイト——鉱体(黄鉄鉱を主とする)——雲母とモンモリロナイトの不規則型——鉱体(黄鉄鉱を主とする)——雲母(一部はモンモリロナイトとの不規則型)

以上述べた例から,黒鉱の生成とその周囲の粘土鉱物の生成との関係について,まだ的確な結論を下すことができない.

以上の粘土鉱物の変化は,必ずしも黒鉱地帯でなくても認められるものである.しかしパイロフィライトの産出,極めて結晶度のよいカオリナイトよりできている著しく粘土化された部分は,第3紀の堆積岩の特定の層準に広く見られるものであるかどうか不明である.

ここで既に述べたハンガリーのTokaj地方,ニュージーランドのWairakai地方の熱水変質の報告と比較検討する必要がある.この地方の母岩はやはり火山砕屑岩であり,そこに示された粘土鉱物の変化の表現のみからみると,黒鉱地帯のそれと大差ないように見える.そこでは既に述べたように,割目を上昇してきた熱水の影響を重要視している.

グリーンタフは地層の1つの層準を示す語として,グリーンタフ層(緑色凝灰岩層)と同じに用いられる.裏日本の油田地帯の第3紀最下部層である.酸性-塩基性の火山岩類,火山砕屑岩を主とし,砂岩,頁岩,礫岩なども含む.一般に,変質,変成をうけていて(その型式は多様である)緑色を呈する.従って,グリーンタフという名は,一般に変質して緑色を呈している凝灰岩の岩石名として用いられることもある.この変質,変成状態は,1つの特色で,その様式は

多様で複雑であるが，その解明は，この岩体の解明に役立つことはいうまでもない．従って，一般に「グリーンタフ変質」として研究が進められている．解明の鍵の1つは，緑色の変質物の研究で，これは何れも Fe, Mg に富む粘土鉱物である．

グリーンタフ変質の内容は複雑である．その中には，続成作用あり，火山岩床の自己変質作用あり，局部的の温泉，鉱液による変質，また，石英せん緑岩の接触変質と考えられるものなどが含まれている．近時，構造地質，岩石学の研究者に，鉱物学者も協力して，変質の研究が行われているが，粘土鉱物の研究から見ると，変質物の性質は，次の2点で，他に例を見ないほど複雑である．(a) いく種かの粘土鉱物が密雑混合している．(b) 粘土鉱物は，しばしば中間性を示し，混合層であり，偏倚性中間性粘土鉱物と考えられるものもある．

日本のグリーンタフの変質については，吉村尚久(Yoshimura, 1971)，船橋三男と吉村尚久(1966)の重要な成果がある．北海道渡島福島地域で明らかにされたところによると，この地方では上位より順に，モンモリロナイト——モンモリロナイトと緑泥石，の混合層——緑泥石，の変化がみられ，混合層鉱物では，下部ほど緑泥石の含有量が多くなっているといわれている．この研究は，混合層鉱物(A, Bの組合せ)が，A鉱物，B鉱物の各を主とする岩体の中間に産することを示した点で重要である．また同氏の研究によれば，酸性岩では上記の型に加えて，雲母-モンモリロナイトの混合層も見られ，塩基性岩では，石基は緑泥石-モンモリロナイトに変わるが，斑晶は緑泥石のみに変化することが多いという．これは原鉱物の化学組成と，ガラス質か否かということと，また反応する溶液の性質の変化によるものと考えられている．

いわゆるグリーンタフ地域の変質玄武岩の気泡(長野県内村地方の虚空蔵層の変質玄武岩中の気泡)を満たす緑色鉱物には，主として緑泥石-バーミキュライト，緑泥石-モンモリロナイトの混合層が報告されている．この型は部分的な不規則型であるが，これに，緑泥石，バーミキュライト群，モンモリロナイトを伴っていて，小規模の範囲に極めて複雑な鉱物組成を示している(Hayashi, Inaba 等, 1961)．もっともこの結果は，1つの気泡を満たしている物質のすべてを粉末としX線的に調べたものであるから，この1つの気泡を満たしている鉱物組成の平均のみを示している可能性がある．気泡の壁から中心に向け細か

い鉱物組合せの異なる部分の帯状分布が予想できるので,これらの帯を分けて調べる必要があろう.

また,グリーンタフ地域に,第3紀の砂鉄層があり,この砂粒は暗緑色の粘土鉱物で膠結されている.最初,この鉱物は新鉱物と考えられ,レンベルジャイトと名付けられたが(Sudo, 1943),その後,鉄サポナイトの一種とされた(Sudo, 1954, b).顕微鏡写真(図16-19)を示す.この図ならびに,日本各地の第3紀砂鉄層の顕微鏡的の組織を通じて見ると,岩石全体から,単なる水簸により分離した粘土鉱物の粉末試料では知ることのできない,複雑な鉱物共存の状態が見られる.まず緑色の粘土鉱物は,色,集合形,集合場所について,必ずしも一様でない.鉱物粒の間隙を満たすもの,粒の表面を極めて薄く蔽うもの,粒を交代するものなどである.これらの相異は,必ずしも全く異なった群の粘土鉱物によるものではないらしい.たとえば,間隙充填物のみの部分からなる試料,または粒を薄膜状に囲んでいる部分のみからなる試料中の緑色鉱物は,何れも鉄サポナイトのカテゴリーに入る場合がある(Sudo, 1943).しかし,このような事情はすべてでなく,中には複雑な粘土鉱物の集合体である場合もある(Shimosaka and Sudo, 1961).更に注目すべきは,方解石,蛋白石がしばし

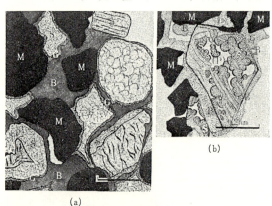

図16-19 第3紀砂鉄層中の顕微鏡組織(筆者原図, Sudo(1943)).
(a) 宮城県茂庭, (b) 島根県畑谷.
M:磁鉄鉱, A:輝石, S:蛋白石, B, G:鉄サポナイト, Bは褐色味を帯び, Gは緑色味を帯びている.(a)では粒の周囲を薄く皮膜様に取り囲む部分(G)は,粒の間隙を満たす部分(B)と見掛けを異にするが,(b)では大差がない.

ば見られ，これらは粒子間隙を満たすものあり，また輝石粒を交代する例がある．このとき，輝石粒の表面の薄膜状の鉄サポナイトは交代されず，輪のようになって方解石の地の中に残っている．これらの組織を見ると，砂鉄層であっても，堆積当時の鉱物粒の組織がそのまま残っているとは受け取れず，堆積，固結の過程で，鉱物の移動，分離，集積，成長が生じているものと思われ，顕微鏡的組織の上で見られる続成作用による鉱物変化の結果ではなかろうかと考えられる．

16-12 熱力学的考察

粘土鉱物の産状と合成の実験結果を相照らして，粘土鉱物の生成条件を語ることができる．もっとも，このとき，合成実験の条件，たとえば，出発物質をはじめとし，その他の物理化学の条件が，天然の鉱物生成の条件そのものであると期待することは無理な場合もあるが，この点を許容するならば，生成温度の上限とか，範囲とかを語ることができる．しかし，ここでもう少し化学反応の理論的解析を行うとすれば，熱力学的の解法を利用することができる．

熱力学は，原子論と相対して，科学史の上に，方法を打ち建てたことでもわかる通り，後者が，直観的，ミクロ的であるのに対し，前者は，経験的，マクロ的の手法である．1つの化学反応を，一般的に，$aA+bB+\cdots=mM+nN+\cdots$で表わすが，この一般式はAなる物質が$a$モル，Bなる物質が$b$モル，…反応し，Mが$m$モル，Nが$n$モル，…生ずるという，1つの原則を示したものにすぎない．A, B, …, M, N, …は，この式で示されるかぎり化学式(たとえばSiO_2, K^+など)を意味するものにすぎない．重要なものは，まず各物質の濃度である．濃度としては，モル分率N_iが用いられる．各物質のモル分率を，n_1, n_2, …とすれば，$N_i=n_i/\sum_i n_i$である．1つの相からできているもの，たとえば固相，水，などのように，純粋でまざりものがないものの濃度を単位濃度とし1とする．理想溶液とか，理想気体からのずれは，現実の溶液，気体に見られ，そのために活量とフガシティーが用いられる．すべての化学反応では，反応の進行方向と速度が唯一の鍵であり，これは自由エネルギー(恒温恒圧のギブスの自由エネルギー)の変化ΔGで示される．ここで用いられる熱力学的データは，標準状態(25°C, 1気圧，反応にあずかる物質の濃度1モル)の値で示さ

れる．これを示すために，右肩に0の符号をつける．ΔG は規定により，右辺（生成系）の自由エネルギーより，左辺（反応系）の自由エネルギーの差をとる．ΔG^0 は標準自由エネルギーの変化である．ΔG^0 と温度との関係は次のようになる．

$$\Delta G^0 = \Delta H_0 - 2.3026 \Delta a \cdot T \log T - \frac{1}{2}\Delta b \cdot T^2 - \frac{1}{2}\Delta c \cdot T^{-1} + IT$$

ここで，$\Delta a, \Delta b, \Delta c$ は各物質の比熱(C_p^0)の差，$\Delta C_p^0 = \Delta a + \Delta b \cdot T + \Delta c \cdot T^{-2}$ に関係する定数，$\Delta H_0, I$ は積分定数である．この式を活用するために，反応にあずかる物質の比熱 C_p^0 の温度変化，ならびに，特定の温度におけるエンタルピー，溶解熱の実験値が必要である．これらのデータのみならず，熱力学特性関数の正確な実験値を求めることは極めてむずかしいこと，永年の地味な研究の積み重ねにより，今日では，表から直ちに数値を求めることができるようになっていることを改めて思い出す必要がある．また平衡定数 K との関係は

$$\Delta G = -RT \ln K + RT \ln \frac{(a_M)^m (a_N)^n \cdots}{(a_A)^a (a_B)^b \cdots}$$

となる．a は活量を示す．標準状態（このとき，活量はすべて単位活量となる）のときは，$\Delta G^0 = -RT \ln K$ である．

電子の授受が行われる酸化還元反応では，右辺に $+qe^-$ が生ずるとすれば，酸化還元電位 Eh は，ファラデー定数を 23.063 cal/V として

$$Eh = \frac{\Delta G^0}{q \times 23.063} + \frac{4.574 T}{q \times 23.063} \log K$$

となる．天然の産状または合成実験の結果に照らして，適切と考えられる化学反応式を立てるのが次の仕事である．天然また合成実験より，カリ長石⇆白雲母⇄カオリナイト，またカリ（またはソーダ）長石⇄カオリナイトの変化が認められる．右辺の鉱物は左辺の鉱物より，アルカリイオンに乏しい．いうまでもなく，ここに，H^+ の作用が考えられるから，次のような式が立てられる．

$$\frac{3}{2}\mathrm{K[Si_3Al]O_8} + \mathrm{H^+} \rightleftarrows \frac{1}{2}\mathrm{\{K\}(Al_2)[Si_3Al]O_{10}(OH)_2} + 3\mathrm{SiO_2} + \mathrm{K^+} \quad (16\text{-}1)$$
（カリ長石）　　　　　　　　　（白雲母）

$$\mathrm{\{K\}(Al_2)[Si_3Al]O_{10}(OH)_2} + \mathrm{H^+} + \frac{3}{2}\mathrm{H_2O} \rightleftarrows \frac{3}{2}\mathrm{(Al_2)[Si_2]O_5(OH)_4} + \mathrm{K^+} \quad (16\text{-}2)$$
（白雲母）　　　　　　　　　　　　　（カオリナイト）

また次のような式も立てられている．

16-12 熱力学的考察

$$\text{Na}[\text{Si}_3\text{Al}]\text{O}_8 + \text{H}^+ + 4.5\text{H}_2\text{O} \rightleftarrows 0.5(\text{Al}_2)[\text{Si}_2]\text{O}_5(\text{OH})_4 + 2\text{H}_4\text{SiO}_4 + \text{Na}^+ \quad (16\text{-}3)$$
(ソーダ長石) (カオリナイト)

これらの式は，いうまでもなく，反応の原則を示す式であるが，ケイ酸分が生ずる場合，それを SiO_2(個体) として式にはめ込むことがあり，またケイ酸 (いろいろなケイ酸が考えられるが，上式では，オルソ型をとっている) として示すときもある．後者では濃度変化を考えることになる．

(16-1), (16-2)の式から，固相，水の活量は1であるから，平衡定数は，$K = (a_{\text{H}^+})/(a_{\text{K}^+})$ のようになり，実験的に表16-2のように求められている(Hemley, 1959)．

表16-2は1020気圧の値であるが，Hemleyによれば，1000気圧の相異による平衡定数の相異は $10^{-0.18}$ である．各反応で平衡に達しているときは，$\Delta G = 0$ となり，$\ln(a_{\text{H}^+}/a_{\text{K}^+})$ は平衡定数そのものになる．

$$[Q] = -\log Q = -\log\left(\frac{a_{\text{H}^+}}{a_{\text{K}^+}}\right) = -(\log a_{\text{H}^+} - \log a_{\text{K}^+}) = \text{pH} + \log a_{\text{K}^+}$$

とすれば図16-20が得られる．$[Q]$ が大きければ，T の低い範囲では，カオリ

表16-2 温度と平衡定数(1020気圧)

温度(°C)	200	300	350	400	500
カオリナイト→カリ雲母	$10^{-3.10}$	$10^{-2.00}$	$10^{-1.60}$	$10^{-1.27}$	$10^{-0.80}$
カリ雲母→カリ長石	$10^{-4.91}$	$10^{-3.56}$		$10^{-2.69}$	$10^{-2.08}$

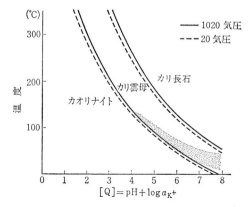

図16-20 カオリナイト，カリ雲母，カリ長石の安定域(Hemley(1959)による)．pH：水素イオン濃度，a_{K^+}：カリウムイオンの活量．

ナイトの安定域が拡がり，T が大であれば，カオリナイトの安定域は狭く，カリ雲母，カリ長石へ変り易いなどと議論される．H_4SiO_4 を溶液とみるならば，平衡定数の中に入れ，$K=[H_4SiO_4][Na^+]/[H^+]$ である．ここでたとえば log $[Na^+]/[H^+]$ と，$\log[H_4SiO_4]$ の図表の中で，カオリナイト，ソーダ長石の安定域が示される．ナトリウムイオンの高い側にソーダ長石の安定域があり，その反対の側にカオリナイトの安定域があるという当然のことが示されている (Fournier, 1967; Kramer, 1968).

その他 Eh-pH の関係式の基本計算方式を示せば次の通りである．準備すべきデータは，反応にあずかる諸物質の熱力学的関数(標準生成エンタルピー，H^0 (kcal)，標準自由エネルギー G^0 (kcal)，標準エントロピー S^0 (cal/deg)，比熱 C_p^0，など)である．これらの正確なデータが得られていれば，Eh-pH の関係式を求めることができる．たとえば，

$$2Fe^{2+}(aq)+3H_2O(l) = Fe_2O_3(s)+6H^+(aq)+2e^-(aq) \quad (16\text{-}4)$$

の反応式がある．ここで (aq) は水溶液，(l) は液体，(s) は固体を意味する．これより

$$Eh = 0.73-0.059\log[Fe^{2+}]-0.059\cdot 3pH$$

また

$$3Fe^{2+}(aq)+4H_2O(l) = Fe_3O_4(s)+8H^+(aq)+2e^-(aq) \quad (16\text{-}5)$$

より，

$$Eh = 0.98-0.059\cdot\frac{3}{2}\log[Fe^{2+}]-0.059\cdot 4pH$$

(16-4), (16-5)式より

$$2Fe_3O_4+H_2O = 3Fe_2O_3+2H^++2e^-$$

となり，25°C で

$$Eh = 0.22-0.059pH$$

となる．またたとえば，H_2S ガス(g) との反応

$$2Fe_2O_3(s)+2H_2S(g) = FeS_2(s)+Fe_3O_4(s)+2H_2O(l)$$

より，平衡定数を求め，Fe_2O_3, Fe_3O_4, FeS_2 が平衡にあるとき共存する気相中の H_2S の示すフュガシティーと温度との関係を求めることができる．

参 考 文 献

Alietti, A.(1959): Academia Nazionale di Science, Lettere e Arti.
Aoyagi, K.(1969): Clay Sci., **3**, 37, 54, 70, 126.
Biscaye, P. E.(1964): Geochem. Tech. Rep., **8**, 1.
Burst, J. F.(1958): Bull. Amer. Assoc. Petrol. Geol., **42**, 310; Amer. Miner., **43**, 481.
Burst, J. F.(1959): Clays and Clay Miner., 6th Nat. Conf., 327, Pergamon Press.
Carroll, D. and Starkey, H. C.(1960): Clays and Clay Miner., 7th Nat. Conf., 80, Pergamon Press.
Chen, Pei-yuan(1959): Proc. Geol. Soc. China, No. 2, 93.
Clarke, F. W.(1924): U. S. Geol. Surv. Bull., 770.
Fournier, R. O.(1967): Econ. Geol., **62**, 207.
船橋三男, 吉村尚久(1966):地団研専報, 12号, 147.
Garrel, R. M. and Howard, P.(1959): Clays and Clay Miner., 6th Nat. Conf., 68, Pergamon Press.
Garrel, R. M. and Thompson, M. E.(1962): Amer. J. Sci., **260**, 57.
Gorbunova, Z. N.(1966): Oceanography, **6**, 215.
Griffin, J. J., Windom, H. and Goldberg, E. D.(1968): Deep-Sea Research, **15**, 433.
Grim, R. E.(1954): Clays and Clay Miner.(A. Swineford and N. Plummer, Editors), Publ. 327, 81, Nat. Acad. Sci.—Nat. Res. Counc., Washington.
原田正夫(1949):東京大学農学部土壌肥料学教室, モノグラフ, No. 1.
林久人(1961):鉱物雑, **5**, 101.
Hayashi, H., Inaba, A. and Sudo, T.(1961): Clay Sci., **1**, 12.
Hemley, J. J.(1959): Amer. J. Sci., **69**, 1075.
Hendricks, S. B. and Fry, W. H.(1930): Soil Sci., **29**, 457.
Hummel, K.(1931): Chem. Erde, **6**, 468.
Hurley, P. M., Cormier, R. F., Hower, J. and Fairbairn, H. W. Jr.(1960): Bull. Amer. Assoc. Petrol. Geol., **44**, 1793.
Iwao, S., Kishimoto, F. and Takahashi, K.(1954): Geol. Surv. Japan, Rep. No. 162.
Iwao, S.(1963): Jap. J. Geol. Geograph., **34**, 81.
樹下惺(1961):粘土科学の進歩, **3**, 302, 技報堂.
樹下惺(1962):粘土科学の進歩, **4**, 163, 技報堂.
関東ローム研究グループ(1965):関東ローム, その起源と性状, 築地書館.
Kato, Y.(1964-1965): Soil Sci. Plant Nutr., **10**, 258, 264; **11**, 30, 62, 114, 123.
川村一水, 船引真吾(1936):土壌肥料, **10**, 215, 281.
Keller, W. D.(1964): Soil Clay Mineralogy(C. I. Rich and G. W. Kunze, Editors), 1, Univ. of North Carolina Press.
Kinoshita, K. and Muchi. M.(1954): Mining Inst., Kyushu J., **22**, No. 8, 276

Kohyama, N., Shimoda, S. and Sudo, T.(1971) : Miner. J., **6**, 299.
Kramer, J. R.(1968) : 23th Intern. Geol. Congr., Prague, **6**, 149.
倉林三郎, 土屋竜雄(1959) : 地質雑, **65**, 545.
倉林三郎, 土屋竜雄(1960) : 地質雑, **66**, 586.
Lovering, T. S.(1949) : Monograph I, Econ. Geol.
Mackenzie, R. C.(Editor)(1957) : The Differential Thermal Investigation of Clays, Mineralogical Society, London.
Marshall, C. E.(1954) : Clays and Clay Miner.(A. Swineford and N. Plummer, Editors), Publ. **327**, 364, Nat. Acad. Sci.—Nat. Res. Counc., Washington.
宮沢数雄(1966) : 農技研報告, **B 17**, 1.
Mukaiyama, H.(1959) : J. Fac. Sci. Univ. Tokyo, Section II, **11**, Suppl.
Muraoka, M.(1952) : Geol. Surv. Japan, Rep. No. 145.
Nakahira, M., Iwai, S. and Suzuki, A.(1951) : J. Sci. Res. Inst., **45**, 52.
Nakamura, T.(1961) : J. Inst. Polytech., Osaka City Univ., Ser. G, **5**, 53.
中尾清蔵(1930) : 地質雑, **36**, 91.
中尾清蔵(1932) : 地質雑, **39**, 97, 112.
中尾清蔵(1933) : 地質雑, **39**, 580, 747.
中尾清蔵(1937) : 地質雑, **44**, 713.
Nemecz, E., Varju, Gy. and Barna, J.(1965) : Proc. Intern. Clay Conf., 1963, Stockholm, **II**, 51, Pergamon Press.
Nozawa, K.(1953) : Res. Inst., Natural Resources, Misc. Rep., No. 30, 56.
Oinuma, K. and Kobayashi, K.(1966) : Clays and Clay Miner., 14th Nat. Conf., 209, Pergamon Press.
Potts, R. H.(1959) : Unpublished Master's Thesis, University of Missouri, Library, Columbus, Missouri.
Sakamoto, T. and Sudo, T.(1956) : Miner. J., **1**, 348.
Sales, R. H. and Meyer, C.(1948) : Trans. AIME, **178**, 9.
Sand, L. B.(1956) : Amer. Miner., **41**, 28.
Seki, T.(1928) : Third Pan-Pacific Sci. Congress, Tokyo, II, 1936.
Shimosaka, K. and Sudo, T.(1961) : Clay Sci., **1**, 19.
塩入松三郎(1934) : 日本学術協会報告, **10**, 694.
Sieffermann, G. and Millot, G.(1969) : Proc. Intern. Clay Conf., 1969, Tokyo, **I**, 417, Israel Universities Press.
Steiner, A.(1953) : Econ. Geol., **48**, 1.
Steiner, A.(1967) : Abstract, 16th. Nat. Conf.(Denver), 31.
Sudo, T.(1943) : Bull. Chem. Soc. Japan, **18**, 281.
須藤俊男(1947) : 地質雑, **53**, 7.
Sudo, T.(1951) : J. Geol. Soc. Japan, **57**, 347.
Sudo, T., Minato, H. and Nagasawa, K.(1951) : J. Geol. Soc. Japan, **57**, 473.
Sudo, T. and Ossaka, J.(1952) : Jap. J. Geol. Geograph., **22**, 215.

Sudo, T.(1953) : Miner. J., **1**, 66.
須藤俊男,長沢敬之助,岩生周一,大森えい子(1953) : 鉱山地質, **3**, 87.
Sudo, T.(1954, a) : Clay Miner. Bull., **2**, 96.
Sudo, T.(1954, b) : J. Geol. Soc. Japan, **59**, 18.
Sudo, T. and Takahashi, H.(1956) : Clays and Clay Minerals(A. Swineford, Editor) Publ. **456**, 67, Nat. Acad. Sci.—Nat. Res. Counc., Washington.
Sudo, T. and Hayashi, H.(1957) : Miner. J., **2**, 187.
Sudo, T., Hayashi, H. and Shimoda, S.(1962) : Clays and Clay Miner., 9th Nat. Conf., 378, Pergamon Press.
Sudo, T., Kurabayashi, S., Tsuchiya, T. and Kaneko, S.(1964) : Trans. 8th Intern. Cong. Soil Sci., Bucarest—Romania, 1964, **III**, 1095, Publishing House of the Academy of the Socialist Republic of Romania.
菅原(金子)幸子(1960) : 粘土科学の進歩, **2**, 360, 技報堂.
Sumi, K.(1968) : Geol. Surv. Japan, Rep. No. 225.
Szeky-Fux, V.(1965) : Acta Geologica Hung., **IX**, 259.
只野文哉(1949) : 窯業原料, 第2集, 38, 窯業原料協議会, 学術図書.
Takahashi, J. and Yagi, T.(1929) : Econ. Geol., **24**, 838.
Trichet, J.(1969) : Proc. Intern. Clay Conf., 1969, Tokyo, **I**, 443, Israel Universities Press.
土屋竜雄,倉林三郎(1958) : 地質雑, **64**, 605.
Weaver, C. E.(1958) : Bull. Amer. Assoc. Petrol. Geol., **42**, 254.
Weaver, C. E.(1960) : Bull. Amer. Assoc. Petrol. Geol., **44**, 1505.
Yoshimura, T.(1971) : Sci. Rep. Niigata Univ., Ser. E, No. 2, 1.

第17章　非晶質粘土鉱物

17-1　は し が き

　古い時代に粘土は非晶質物質よりできているのではないかと考えられたことがあった．この結論は微細粒子の内部構造を明らかにする方法がなかったこと，一方でコロイド化学の研究結果として，コロイドは非晶質物質であると論ぜられていたことの影響を受けたものと考えられる．しかし，その後X線分析が行われるようになり，粘土を構成している主成分鉱物の結晶性が強調され，たとえば，白雲母の完全理想的な構造モデルが，土壌や粘土の本にも示されるようになった．しかし，やがて粘土鉱物の構造は不規則性に富むことが明らかにされて今日におよんでいる．一方で非晶質の鉱物は古くから知られていた．例えば，アロフェン，ヒシンゲライト，ペンウィサイトなどである．古くから知られているこれらの鉱物の産状には，土壌や粘土の中に産する状態とは異なったものが多かった．たとえば，鉱床の酸化帯に見出されたり，いろいろな岩石の割目を満たしているガラス状の塊のアロフェン(Chukhrov, Berkhin 等, 1965)，鉱脈の中に見出されている(伊豆の金銀鉱脈中の)ペンウィサイト，鉄の多い硫化物，その他ケイ酸塩の変質物として見出されるヒシンゲライトなどである．しかし一方で1934年RossとKerr(1934)は，アロフェンに関する論文を発表し，アロフェンは，特に火山灰，凝灰岩起源の粘土，土壌に広く含まれていることを示した．また日本はじめ火山国(たとえばニュージーランド)に広く分布していることが知られ(Sudo, 1953；Fieldes, 1955)，今日まで多くの研究が発表され，非晶質鉱物は，再び粘土鉱物として重要な地歩を占めるようになった．今日，粘土鉱物研究者の一部で考えられていることは次のようなことである．非晶質鉱物は，更に広く，特に，土壌とか若い時代の堆積岩の中に，結晶性の粘土鉱物と共に存在していることが多いのではなかろうか(結晶性の粘土鉱物の表面または結晶粒の間をうめて)．そして，その産状は，結晶性粘土鉱物と一線を画して存在しているものではなく，不規則性結晶に移化するところもあるのではないかということである．このことは，基礎的な性質の解明に必要であ

るのみならず,応用方面でも検討を要する.すなわち,粘土と水の系の問題にも,このような非晶質物質が重要な役割を果たしているのではないかということである.

17-2 アロフェン

全くの非晶質物質,すなわち規則正しい構造を全く持たない物質は,我々がビーカーの中で,新しくつくられた物質に見られるものであって,必ずしもそのまま永存するものではない.早晩,エネルギーレベルが降下して結晶性になるものであって,結晶化速度の遅速があるのみといえる.従って,天然に産する非晶質鉱物といっても,結晶度は極めて幅広く,イモゴライトは,アロフェンより結晶化が明らかに進んでいるものである.非晶質粘土鉱物といわれるものには,生成時には全くの非晶質であったが,現在ではその中に極めて細かい結晶子が生じているものが多い.

アロフェンは,SiO_2, Al_2O_3 に多量の水分からできていて,極めて幅広いX線粉末反射が,11~15Å,3~4Å,2.2Å に見られる.これらの反射は,ガラス状塊のものでは,比較上明らかに認められる.顕微鏡下では複屈折は認め難く,屈折率は1.47~1.55の程度である.小坂丈予は,これらを記載の便宜上,「鉱物アロフェン」,「土壌アロフェン」と区別した.前者はガラス塊のような塊で,前述したような産状を示すもの,後者は土壌中に含まれるものである.小坂丈予(1960)は,多数の試料の化学成分を整理し,その化学成分の変化の範囲は意外なほど狭く,$SiO_2:Al_2O_3:H_2O=1$~$2:1:$約5であることを示した(図17-1).吉永長則(Yoshinaga, 1966)も,土壌中のアロフェンを注意深く分離した結果,土壌アロフェンの化学成分には均一性があることを示した.すなわち $SiO_2/Al_2O_3=1.32$~1.95, $H_2O(+)/Al_2O_3=2.31$~2.81, $H_2O(\pm)/Al_2O_3=5.33$~6.32 である.なお,Chukhrov, Berkhin等(1965)も,アロフェンの中に $SiO_2/Al_2O_3\fallingdotseq 2$ のものが多いことを示し,アロフェンは「ハロイサイト-ゲル」であると述べている.

示差熱分析では,100~200°Cの範囲の水分の脱出に伴う吸熱ピークと,900~1000°C の発熱が見られる.吸熱反応のピークは,一般に高温側にゆるやかに傾斜し,かなり高い温度まで水の一部が脱水しつづけることが示され,TG

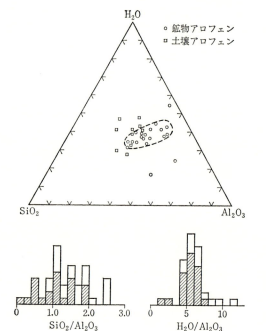

図17-1 アロフェンの化学組成(小坂丈予(1960)による). 斜線の部分は鉱物アロフェン.

曲線には，800°C附近まで重量減が引きつづいて起こっていることが示されている．アロフェンの水分が，ふつうの粘土鉱物の層間水，または粒子表面の吸着水のように，特定のエネルギーレベルに集中しているものでなくて，水の結合力についても，また水そのものの状態についても，一様でないことが示されている．たとえば，(OH)の形の水分も含まれていることが，赤外線分析で示されている(江川友治, 1961; Chukhrov, Berkhin 等, 1965). なおシリカゲルとアルミナゲルが独立に存在している混合体からは，発熱ピークが生じないで，シリカ-アルミナゲルの状態から生ずること(Insley and Ewell, 1935)から，アロフェンは，シリカ-アルミナゲルからできていると考えられている.

小坂丈予(1962)は人工的に，$SiO_2:Al_2O_3$ のいろいろ異なるゲル(これらすべてはシリカ-アルミナゲルと考えられるもの)をつくり，それらの DTA 曲線を調べ，発熱反応は，$SiO_2:Al_2O_3=10:90\sim80:20$ の範囲のものに見られ，$SiO_2:Al_2O_3=0:100\sim5:95$ のものでは僅かに階段が認められるのみ，$SiO_2:Al_2O_3=$

90:10～100:0のものでは，全く認められないことを示した．加熱物中にムライト様鉱物が生成する試料の$SiO_2:Al_2O_3$の値は10:90～80:20であり，これが28:72よりAl_2O_3の多いものではγ-アルミナが生ずる．また発熱ピークの強度は，$SiO_2:Al_2O_3=28:72$，すなわち，$2SiO_2\cdot 3Al_2O_3$の組成のものに最も強く現われる．

アロフェン中のAlの配位数は，4と6の両方があって，その割合は，$Al_2O_3:(SiO_2+Al_2O_3)$の比，pH，水分の量により変化することが報告されている(Egawa, 1964)．なお，この配位数の区別は，螢光X線分析で，AlKαの波長が配位数により僅かに変動することを利用して測定されたものである．

アロフェンのCEC値を求めようとして，通常行われている方法(たとえばSchöllenbergerとSimonの方法)を用いて実験すると，他の粘土鉱物に見られない事実が認められる．すなわちCECの値が，pH，溶液の塩濃度により著しく左右される．また陽イオンのみならず，陰イオンを含む溶液に浸すと陰イオンも吸い込むのである．しかも見掛け上のCECの値は一般に極めて高い．これらの異常性の説明には，物理吸着による説(Birrell and Gradwell, 1954)，塩分子としての吸着を考える説(和田光史，安高治男，1960)，イオン交換とする説(飯村康二，1961, 1965)がある．飯村の考えは，アロフェンのイオン交換はその表面の弱い酸性基(陽イオン交換の場合でシラノール基を考えている)，また弱い塩基性基(陰イオン交換の場合)の解離に基づくイオン交換であるとして，溶液の濃度，pHの変化により著しく変わる原因を説明している．従って，アロフェンでは，その中の交換性イオンの数よりは，一定量の中の酸性基の総数であるとした．

また渡辺裕(1966)の粘土鉱物の電気泳動の詳細な研究によれば，アロフェンは，両性コロイドのような挙動を示し，速度は粒子により変化することがある．これより，アロフェンは，細かい粒子に分けて見れば，化学成分の不均一性が示されるように考えられる．

以上要するに，天然のアロフェンは，SiO_2, Al_2O_3, H_2Oよりできているシリカ-アルミナゲルであり，その化学成分は，比較的限られた範囲にある．しかし，更にミクロに見るときは，いろいろな性質で不均一性が見られる．これは非晶質物質としては当然のことかもしれないが，不均一性の解明が，今後の大きい

研究課題であろう．

近年北川靖夫(Kitagawa, 1971)は電子顕微鏡，比表面積，比重の測定より，アロフェンの粒は球形を示し，表面は水の単位層で蔽われ，約55Åの大きさを持つことを報告している．

17-3 イモゴライト

イモゴライトは，1962年吉永長則，青峯重範(Yoshinaga and Aomine, 1962)が，アロフェンと呼ばれていた試料から，アロフェンを分散させて取り出そうとしたとき発見されたものである．すなわち，2%のNa_2CO_3で処理するとき，酸性(pH 3～4)とアルカリ性(pH 10～11)の何れの状態でも分散する部分と，酸性の条件下のみで分散するものとの2つに分けられた．この中で，前者はアロフェンであり，後者がイモゴライトであった．その後，日本各地に，また西独(Jaritz, 1967)，チリー(Besoain, 1969)，ニュージーランドなどで見出され，アロフェンと共に，軽石の風化物として広く分布していることが明らかとなっ

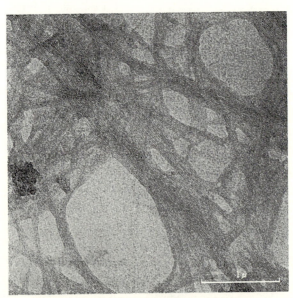

図17-2 イモゴライトの電子顕微鏡写真(試料，木崎喜雄，写真，日本電子株式会社)．

17-3 イモゴライト

た.日本では,イモゴライトは,しばしば,風化した軽石層の中に,軽石の間隙をうめ,または,表面に被膜となって見出されるが,時にイモゴライトのみが集まっている部分があり,あたかも「カンナくず」を集めたように見える.古く塩入松三郎(1934)が,アロフェンとしていた物質は,今日でいうイモゴライトであると考えられる.肉眼的にもよくみると,この膜状の形は,一様な膜というよりは,縁の部分は細い繊維の集合になっているところが多い.

アロフェンと著しく異なる性質の1つは,電子顕微鏡下で示される形である.アロフェンが,0.05μ程度の細かい粒の集合であるに対し,イモゴライトは,極めて細い繊維である.この繊維の最も細いものは,幅がほぼ20Å程度に一定し,これが数本ずつ平行に集まっている.もっともこの繊維束の幅は,試料調整の際の分散の程度で変化し,原試料の中では,電子顕微鏡下で見えるよりも太いことがあろう(図17-2).最近その切断面が示されたが,この細い繊維は

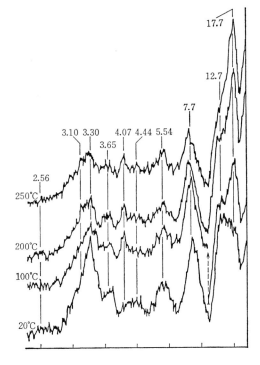

図17-3 イモゴライトのX線粉末回折パターン.無定方位.数値はÅ.今市市板橋,今市軽石層中より採取された試料(吉永長則(Yoshinaga, 1968)による).

管状のものであるらしい．X線粉末反射は，太いけれども，アロフェンよりは明瞭な多くのピークを示し，これまでの粘土鉱物の何れにも一致しない(図17-3)．そして，350～400℃の加熱で消失する．DTA曲線(図17-4)では，400℃附近に吸熱ピークを示すことが特徴で，他はアロフェンと同じく，100～200℃(170℃附近)の吸熱ピークと，900～1000℃の発熱ピークが見られる．和田光史(Wada, 1966)は，イモゴライトに重水(D_2O)交換を行わせて，赤外線分析を行った結果，イモゴライトの(OH)は，すべてODと交換すること，D_2Oの存在下で，Si-Oの伸縮振動は，990, 955, 925 cm^{-1}に明瞭に吸収ピークとなって示されることを認めた．この事実は，アロフェンが極めて幅広い吸収を示すこととあわせ考えると，イモゴライトはアロフェンより結晶度が高いといえる．化学組成は，ほぼ$SiO_2 \cdot Al_2O_3 \cdot 2～3H_2O$で，統計的に見ると，アロフェンより$SiO_2 : Al_2O_3$の比が小さい．構造について，和田光史，吉永長則(Wada and Yoshinaga, 1969)，Russell, McHardy および Fraser(1969)は独立に結果を発表した．和田の示した構造は，Si-O(OH) の6環の鎖を，2つのジグザクなAl-O(OH) の6環の鎖がはさんだものであり，Russell等の構造は，Alの8面体の3本の鎖が，Si_2O_7によって結合されたものである．共に繊維方向の周期8.4Åが説明されている．

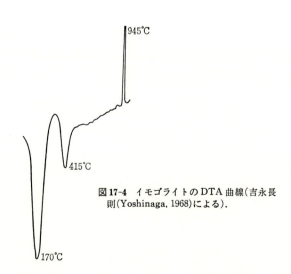

図17-4 イモゴライトのDTA曲線(吉永長則(Yoshinaga, 1968)による)．

成因については，なお今後の研究にまたなければならないが，アロフェン，ギブサイトと共存することが多い．

17-4 ヒシンゲライト

ヒシンゲライトも古くから知られている非晶質の粘土鉱物であって，Fe_2O_3 と SiO_2 と H_2O よりなり，アロフェンの Al_2O_3 の代りに，Fe_2O_3 を含むような組成を持っている．古くから知られている産状は，鉄を含む硫化物，その他の鉱物の変質物として産している．山口県の河山鉱山の磁硫鉄鉱の割目に見出される試料について鉱物学的性質が発表されている(Sudo and Nakamura, 1952)．DTA 曲線はアロフェンと同様の型を示す．X 線粉末反射は，極めて幅広い不鮮明なピークとなって現われる．この型は，スメクタイトに一致するが，その化学成分からみて，ノントロナイトといわれている．最近，神山宜彦は，大谷凝灰岩中のいわゆる「みそ」の部分(極めて細かい鉄サポナイトとモンモリロナイト-バイデライト系の混合物)の風化部分に，ヒシンゲライト様の部分があることを見出した．

上記の諸事実を考慮すると，ノントロナイト，鉄サポナイトの分解物として生ずる場合，また非晶質体として生成して，その中に上記のスメクタイトの結晶子が生ずる場合の2通りがあるように考えられる．

ヒシンゲライトは，土壌，粘土中に広く含まれる鉄鉱物の1つとして，広く分布しているのではないかと考えられている．土壌，粘土中の赤褐色の原因は，従来深い研究が無いままに，褐鉄鉱，または，それに類似の鉄の水酸化物または酸化物のみと考えられていたが，それのみであるかどうか，将来の研究にまたねばならない．脱鉄法で完全にぬけ切らない鉄がある例が，しばしば知られているからである．

参 考 文 献

Besoain, F.(1969)：Geoderma, **2**, 151.
Birrell, K. S. and Gradwell, M.(1954)：J. Soil Sci., **7**, 130.
Chukhrov, F. V., Berkhin, S. I., Ermilova, L. P., Moleva, V. A. and Rudnitskaya, E. S.(1965)：Proc. Intern. Clay Conf., 1963, Stockholm, **II**, 19, Pergamon Press.
江川友治(1961)：粘土科学の進歩, **3**, 103, 技報堂.

Egawa, T. (1964) : Clay Sci., **2**, 1.
Fieldes, M. (1955) : New Zealand J. Sci. Techn., **37**, 336.
飯村康二(1961)：粘土科学の進歩, **3**, 90, 技報堂.
飯村康二(1965)：粘土科学の進歩, **6**, 149, 技報堂.
Insley, H. and Ewell, R. H. (1935) : J. Res. Nat. Bur. Stand., **14**, 615.
Jaritz, G. (1967) : Zeit. Pflanzenernahr. Dung. Bodenk., **117**, 65.
Kitagawa, Y. (1971) : Amer. Miner., **56**, 465.
小坂丈予(1960)：粘土科学の進歩, **2**, 339, 技報堂.
小坂丈予(1962)：粘土科学の進歩, **4**, 33, 技報堂.
Ross, C. S. and Kerr, P. F. (1934) : Prof. Pap. U. S. Geol. Surv., **185-G**, 135.
Russell, J. D., McHardy, W. J. and Fraser, A. R. (1969) : Clay Miner. Bull., **8**, 87.
塩入松三郎(1934)：日本学術協会報告, **2**, 151.
Sudo, T. and Nakamura, T. (1952) : Amer. Miner., **37**, 618.
Sudo, T. (1953) : Clay Miner. Bull., **2**, 97.
和田光史, 安高治男(1960)：粘土科学の進歩, **2**, 394, 技報堂.
Wada, K. (1966) : Soil Sci. Plant. Nutr., **12**, 151.
Wada, K. and Yoshinaga, N. (1969) : Amer. Miner., **54**, 50.
渡辺裕(1966)：農技研報告, **B 16**, 91.
Yoshinaga, N. and Aomine, S. (1962) : Soil Sci. Plant Nutr., **8**, 6, 22.
Yoshinaga, N. (1966) : Soil Sci. Plant Nutr., **12**, 1.
Yoshinaga, N. (1968) : Soil Sci. Plant Nutr., **14**, 238.

第18章 中間性粘土鉱物論

18-1 中間性粘土鉱物

粘土鉱物の諸性質は極めて多様であり，細かい変化に富むことは，天然物のみならず，合成物にも認められる．従って，粘土鉱物の分類表ができ上っていても，何れの分類範囲にも的確に属さない性質の粘土鉱物が，しばしば古くから報告されていた．A, B の 2 つの鉱物の中間的性質を持つ例としては，化学成分に見られる例で，1 つの同形系列上に属する種があるが，これは粘土鉱物に限らず，一般の鉱物にも認められる．しかし粘土鉱物で，A, B 2 つの鉱物の中間的性質を示す例は，A, B がそれぞれ異なった群に属する鉱物の場合である．このような粘土鉱物をここで中間性鉱物と呼ぶことにする．

まずここで中間性の意味を，いま少しほり下げて考えておく必要がある．まず中間性鉱物と認められる場合は，それの端の鉱物と考えられる A, B がある．この A, B は粘土鉱物の分類で一般に異なった群に属している．次に粘土鉱物の性質には，幾何学的の性質（化学成分，結晶構造など）と動力学的の性質（イオン交換，膨潤など）があり，これら両者が結びついて，粘土鉱物の性質が完全に決定される．よって，分類上の地位も，この両性質により定められている．次にこれら性質を表わすに，定性，定量の両方面があるが，原則として，定量結果が優先する．化学成分，結晶構造に関係する特性ではいうまでもないことである．同じように，動力学的の特性でも定量表示が原則である．イオン交換容量の値，膨潤度などの値はそれである．以上のような性質ならびにその表示の原則の上に立って，A, B の 2 種の粘土鉱物の中間の性質とは，次の 2 つの意味がある．いうまでもなく中間といっても，A に近いものから B に近いものまでの幅がある．また，原則としてすべての性質について中間でなければならないが，鉱物性質の最も基本となる性質（結晶構造，結晶化学的性質，化学成分などで鉱物の 1 つの分類形式の規準として採用される性質）について，明らかな中間性が認められれば，中間性鉱物と考えてよいと思われる．次に重要なことは，各幾何学的性質，各動力学的性質について変化の幅を考えた場合に，この幅は

必ずしも各の特性について同じでない．特に幾何学的性質の僅かな変化に対応し，著しい動力学的性質の変化が生じ得る．たとえば，大したゆがみも認められない家が2つあり，一方は，しっかり釘が打ち込まれてあり，他は，ゆるくなっているとすれば，こわれ方の難易は大へん異なり，この差は，こわしてみればはっきりわかる．たとえば，1つの粘土鉱物(A)の変質の極く初期に，化学成分上に著しい変化は生じていないが，イオン交換能とか膨潤を著しく帯びるようになっている鉱物(A′)が生ずるという報告がある．もちろんこのような場合でもA′の化学成分は，実際には僅かではあるがAとは変わっているのである．従って，現実にA′の化学成分はAの鉱物と大差はないのに，一方で著しい膨潤性が生じているという点でBと一致する特性を持つような例である．このとき，膨潤性が「ある」，「なし」の定性的の表現にとどまるならば，A′は膨潤性のある点ではBに一致するといえるが，定量的に比較したときに，A′の膨潤度と，Bの膨潤は同等ではないであろう．以上要するに，中間性鉱物の特性は，重要な特性について，A,B 2鉱物の特性の中間を示すものである．Aと全特性が全く一致し，同時にBとも全特性が全く一致するようなものは，現実に存在しないし，また，中間性鉱物に含めて考えられるものでもない．

近代の研究によれば，中間性粘土鉱物は，2つに大別することができる．1つは，混合層鉱物であって，A,Bの鉱物が，分子オーダーの細かさで，結晶学的にくりかえして平行連晶しているものであり，ここでは，「混合層鉱物型の中間性鉱物」という．他の1つは，単一の鉱物とみなされるものであって，これを「偏倚型中間性鉱物」という．そして，更に複雑なことは，混合層鉱物の成分鉱物は，多くの場合，A,Bの標準鉱物そのものでなく，偏倚型であることが多くの例で明らかにされている．

中間性粘土鉱物の産状からはじまり，あらゆる特性の研究を通じて得た結果の中の主要な部分は(全部ではないが)，この鉱物の存在の意味ならびに役割について次の事柄を示す．中間性鉱物は，AからB，または，BからAへ変化する途中の鉱物である場合が多く，1つの粘土鉱物の変化を指示する役目を果すことが多い．この変化は地殻の中での，粘土鉱物の変化の一生，サイクルを示す．これは筆者が粘土鉱物研究からまとめ上げた1つの世界像であって，これを構成するために，筆者はここに3つの原理を提唱するのである．

(A) 中間性粘土鉱物存在
　(a) 混合層鉱物の成分層の性質偏倚
　(b) 偏倚性粘土鉱物の存在
(B) 粘土鉱物の進化とサイクル

18-2 混合層粘土鉱物の発見

　混合層鉱物の発見は Gruner(1934)によりなされた．Gruner は，バーミキュライトの研究の途上，バーミキュライト(tri. 亜群)と黒雲母が，細かいオーダーで底面を平行にし，くりかえして積み重なっているものを見出した．その後，このように2種(時には3種)の粘土鉱物がくりかえして，平行連晶をつくっているものが，粘土鉱物の中に続々見出され，このくりかえしの様相には，規則-不規則の変化が認められてきた．今日まで知られている実例のほとんど大部分は，板状形態を示すフィロケイ酸塩鉱物である．発見当時は珍しいとされていた混合層鉱物は，今日では広く分布しているふつうの粘土鉱物となった．このことは，粘土鉱物の特性の研究が，微に入り細に入って進められたことによるが，中でもX線分析の進歩があずかって力がある．

　続々発見された実例の中には，新しい試料もあるが，中には，古くから特殊な名で記載されていた試料もある．たとえば次のようなものである．古い時代から粘土鉱物の記載は多く，その分類の大綱も示されていた．しかし，研究方法は不十分で，記載の精度も不完全なものが多かった．また古い時代には，化学成分が研究方法，データの主要なものであった．問題の鉱物はたとえば化学成分が標準の粘土鉱物の何れにも似ていない鉱物である．このようなものについては，化学成分以外の性質の研究が十分に行われないまま，いろいろな名前で呼ばれ，また，その化学成分に近い標準粘土鉱物の名前で呼ばれたりした．これらの鉱物の中には再検討の結果，混合層鉱物であることが明らかになった例が多い(たとえばブラベーサイト(Bradley, 1945))．

18-3 積層状態

　板状の形を示す粘土鉱物の構造の型(原子，イオンの配列)は同一といってよい．特に底面に平行な面内の構造の型は同一である．よって，底面を平行にし

て，異種の粘土鉱物が平行連晶することが予想される．しかし，混合層の成分鉱物は，粘土鉱物としては異種であるから，異種層の積み重なりといえる．たとえばこの種の相異を A, B, C, … とすれば，これらのいろいろな異なる層 A, B, C, … の積み重なりといえる．しかし同一の単位構造の平行な積み重なりにも規則-不規則の変化があるが，この変化は，単位構造の相対的な位置の変化より生ずる．この相対的なずれが特定の A のみであれば，A, A, A, … となり，もし変化があり，それを B と表わせば，相対的の積み重なりの方式の相異は A, B, C, … と表わすことができる．混合層構造の積層状態は，各層の種の相異と，それらの相対的なずれの方式の2つによって示される．

　研究の発展はまず1次元の方向(底面に垂直な方向)の考察から進められた．このような観点では，A, B, C, … のような異なる層が，如何なる順序で積み重なるかという問題に帰する．たとえば，赤と白のカード(A, B)を特定の比率にまぜて，切って1列にならべるとき，どのような順に配列するかという問題になる．

　このとき，順序には大別して3つ考えられる(可能性は別として)．1つは ABABAB… とならぶ例で，全く規則正しい配列である．1つは A と B の各が全く1つのかたまりになっている場合で，これは析出である．その中間にカードの切り方の度合で，不規則なならび方があり，切り方により，いろいろな程度の不規則性がある．これを理論的に分けるためには，確率を導入する．それには，次の確率を考える．1つは無作意に1枚をとったとき，それが A または B である確率(A, B の存在確率 ($P^{(A)}, P^{(B)}$))である．次は，A から B へつながる確率 ($P^{(AB)}$) である．順序を指示する向きは，2つのうちの何れかと定める．ここで全く不規則であるという配列は，この確率が，それに隣接する層の種類と無関係な場合である．すなわち $P^{(AB)}=P^{(B)}$ で，これより不規則度がより小さくなった場合は，$P^{(AB)}$ が他の層の種に関係してくる場合であろう(1つ前から n 個だけ前の層の種に関するように)．これは確率過程でマルコフ連鎖といわれているものに相当する．すなわち，ある何回目かの試みが，それより1つ前から，一般に n 回前の試みの結果に依存する．これを一般に n 重マルコフ連鎖と名付けられている．従って，全くの不規則型から全くの規則型まで幅広い変化がある．これらを記述の便宜上，部分的不規則型ということがある．

18-3 積層状態

このように限られた数の単位体の配列の順序の型は，まずX線の回折強度に影響するので，高度なX線結晶学の理論で研究がはじめられていた．たとえば等軸，六方の最密充填式の区別は，同一の原子面の相対的のずれの方式の相異によるが(実例は，せん亜鉛鉱とウルツァイト)，ここでも規則-不規則の順序の広い変化のモデルについての理論的な研究がなされた．そして混合層鉱物の研究が盛んになる初期に，既にこのようなX線結晶学の理論的研究は，混合層鉱物の研究に直結するような形で進められていた．

研究動向は大別して2つになる．1つは，(a) モデルにより理論強度式を出して実例と比較すること，他の1つは，(b) 直接に確率を求めることである．(a)は行列または漸差方程式を用いる方法(Hendricks and Teller, 1942; Wilson, 1942; Jagodzinski, 1949; Méring, 1949; Kakinoki and Komura, 1952, 1954; MacEwan, 1958; Allegra, 1964; Cesari 等, 1965; Reynolds, 1967; 高橋秀夫(未発表); Sato, 1965, 1969)，(b)は MacEwan (1956) の研究が最初である．HendricksとTellerの論文はこの方面の門を開いた開拓的の研究であるが，今日からみても，ほとんどあらゆる場合が論ぜられ完ぺきである．柿木，小村の式は，中でも最も一般化したものである．Jagodzinski は，n 重のマルコフ連鎖の代りに，Reichweite (g) を導入した．全く不規則な場合は $g=0$ で，それより $1 \sim n$ まで考えられる．結局マルコフの n 重という意味，また Reichweite というものの持つ意味は，相関度ともいえるものである．g の値は不規則型の細分の表示に便利であるので，以下不規則型($g=0$)，不規則型($g=1, 2, \cdots$)と示し，単に不規則型としたのは，詳細未解決のものである．MacEwan (1958) の研究は，直接に混合層鉱物に応用するため多数のモデルについての理論強度を便利なグラフにして発表した最初の例である．これらは層構造因子をすべて等しいとしているので近似式である．高橋秀夫は，柿木，小村の $g=0$ の式を基本として計算式を導き，混合層鉱物のモデルについて理論強度のグラフ曲線を出し，佐藤満雄は，柿木，小村の式を基本として，$g=0, 1, 2$ の場合について混合層鉱物の多数のモデルの理論強度曲線を求めた．

まず一般に $P^{(A)}+P^{(B)}=1$ であり，$g=1$ の場合は，$P^{(AA)}+P^{(AB)}=1$, $P^{(BA)}+P^{(BB)}=1$, $P^{(A)}P^{(AA)}+P^{(B)}P^{(BA)}=P^{(A)}$, $P^{(A)}P^{(AB)}+P^{(B)}P^{(BB)}=P^{(B)}$ である．この式より $P^{(BB)}=KP^{(AA)}+(1-K)$, $K=P^{(A)}/P^{(B)}$ が導かれる．佐藤満

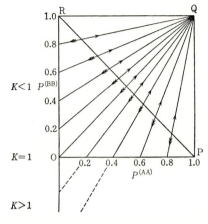

図 18-1 混合層構造を表示する図表 (Sato, 1965).
OPQ の 3 角形内：$P^{(AA)} > P^{(BB)}$
ORQ の 3 角形内：$P^{(AA)} < P^{(BB)}$
OQ 線上：$P^{(AA)} = P^{(BB)}$
PQR の 3 角形内：不規則(析出へ向かう)
POR の 3 角形内：不規則(互層へ向かう)
O 点：全く規則正しい
Q 点：全く析出の状態
PR 線：全く不規則

雄(Sato, 1965)はこれを図表にして示した(図 18-1).

　一方で混合層粘土鉱物の発見とその記述は，これらの深い理論の発達と平行して行われてきたが，その一部は，理論の進歩よりもはやかった．従って，厳密な理論的解析が適用されない頃の記述は 2 つに区分することができる．1 つは従来の何れの粘土鉱物の底面反射(X 線粉末反射)よりも大きい単位構造の高さを示す反射が認められ(長周期反応という)，まず高次の反射は，その整数分の 1 つの高さを示す例である．これは A, B の 2 つの成分鉱物の全く規則正しい配列順序を示すものとして規則型と名付けられた．他の 1 つは，長周期反射を示す場合もあり，また示さない場合もあるが，よく調べると次のような性質が認められる．まず各反射の示す原子面間隙は，最大間隙値の整数分の 1 になっていない．しかも，各反射は，特定の 2 種の底面反射の中間方位に示される．また長周期反射の強さは，上記の規則型とした例より一般に弱い．このような特性は，不規則型という一語で記述された．その内容は，A, B の 2 つの粘土鉱物の不規則型混合層では，近接して出現するべき A, B の粘土鉱物の底面反射の中で，近接せる反射は干渉して 1 本となり，両者の中間の方位に現われ，その方位と強さは，A, B の混合比に依存するというにとどまった．

　今日の状勢は，既に述べたように，理論は十分発達し，しかも，それが実物に適用される用意も整ってきている．よって，混合層粘土鉱物の積層状態の記述も，もはや理論の発達の先端を無視して行うことはゆるされない．

直接に確率を求める方法は，フーリエ変換によるものであって，MacEwan (1956, 1958)，MacEwan と Ruiz Amil(1959)，D'yakonov(1961) の方法がある．MacEwan 等の方法は構造因子の変換であって，それが等しいか，または近似しているときに用いられる近似式であるが，D'yakonov の方法は観測される強度そのものからの変換式である．共に A から B へつながる確率を求めることができる．これらは何れもフーリエ合成であるから，打切効果の誤差が大きいときは，ほぼ周期的な曲線が得られて，これからは正確な結論が得られない．いうまでもなく，強度の実測が正確であるを要する．以上述べてきたように，詳細な理論強度式の研究結果に照らし，従来，単に規則型，不規則型の別についても，より詳細な判定が下され，積層状態が精密に記載される場合が多くなっている．

18-4 成分層の性質の変動

次に重要な事実は，混合層鉱物の研究の進歩に伴って，その成分鉱物が，標準の粘土鉱物の特性そのままでなく，これより多少変化していることである．すなわち成分鉱物そのものが，偏倚性を示すことである．研究者によっては，異常性という言葉が用いられているが，ここでは本章の最初に述べたように偏倚性という表現をとる．

以下に混合層鉱物の代表例を紹介するが，この記述の中に，積層状態，成分層の特性の細かい多様の変化が十分認められるであろう．以下の記述には，一般に，粘土鉱物 A, B の規則型，不規則型の形式で記述したが，積層状態の詳細な結果が明らかにされている場合は，その旨を併記した．そうでないものは，積層状態の詳細の解析データが得られていないものであって，たとえば不規則型といっても全くの不規則型から，部分的の不規則までの範囲の中に入るものと思われる．また粘土鉱物 A, B の意味も，一般に偏倚性を示すものと解してよい．特に偏倚性が明らかにされている例は，その旨を具体的に併記した．古くから論文の中には，「A 様鉱物」，「B 様鉱物」の記載語があるが，本書では，混合層鉱物の成分鉱物には，偏倚性があるという一般性が認められているので，「…様」という表現は省略した．

混合層鉱物は，ほとんどあらゆる種の粘土鉱物の間に認められるが，その何

れもが，非膨潤性と膨潤性の粘土鉱物の組合せである．

18-5 雲母層との組合せ

雲母粘土鉱物(Al, di.)には，古くからいろいろな特殊名がつけられていたことは既に述べた通りであるが，その後の研究で，この中に，雲母-モンモリロナイトの混合層であることが明らかになった例が多い．不規則型と規則型に分けられる．不規則型では底面反射の示す原子面間隙の間に整数倍，整数分の1の関係は保たれていない．不規則型($g=1, 2$)，規則型に極めて近いものまで変化の幅がある．

日本での産状は，堆積岩(特に凝灰岩)の主成分鉱物として炭田地方に見出される(図18-2，表18-1)．恐らく火山ガラス片の続成作用によって生じたものと考えられる．一方で熱水変質鉱物として，硫化鉄鉱の変質帯，パイロフィライト，カオリナイトなどに伴って見出される．凝灰岩の主成分鉱物として見出されたのは，北海道石狩炭田上砂川に広く分布する例(図18-2)(小林和夫，生沼郁，1960)で，佐藤満雄の図表により，はじめてその積層状態が明らかにされた例である．すなわち，モンモリロナイト層(Mo) 0.28，雲母層(Mi) 0.72で，$P^{(Mi,Mi)}=0.611$，$P^{(Mo,Mo)}=0.0$ である．一般に $P^{(A)}>P^{(B)}$ のとき，$P^{(BB)}=0.0$ の構造が最も安定であると考えられる(Sato, Oinuma and Kobayashi, 1965)．熱水変質鉱物の例としては，たとえば青森県上北鉱山の本坑鉱床(硫化鉄)の変質帯に産する例，また長崎県五島，長野県米子(ダイアスポラ)，などのろう石鉱床に伴う例がある．これら熱水源の例は，モンモリロナイト層(膨潤層)の異常性が注意され，最初は「雲母粘土鉱物(Al, di.)の加水複合体」と呼ばれた(Shimoda and Sudo, 1960; Sudo, Hayashi and Shimoda, 1962)．

上北鉱山の試料は，雲母，パイロフィライトと混在している．26.4±1Å (25.6～27.6Å に変化に富み平均値が 26.4Å である)の反射を示し，注目すべきことは雲母の 10.3±0.1Å の反射ピークより，反射角の小さい側へ順次低下する一連の帯状反射を伴い，その上に 12.9±0.5Å 以外に 10.7±0.3Å のピークを示す．エチレングリコル処理で，26.4→28.3±1Å，12.9→13.7±0.1Å，10.7Å→11.2Å へ移行し 10.3Å は変化しない．加熱試料では 26.4Å は次第に弱まり，帯状反射は漸次消失し，500°C 以上で雲母とパイロフィライトの反射のみが残る．米

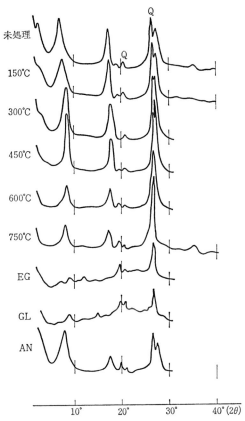

図18-2 雲母-モンモリロナイトの不規則($g=1$)型混合層鉱物の各処理による X 線粉末回折パターンの変化(小林和夫, 生沼郁(1960)による). 北海道石狩炭田上砂川の凝灰岩(厚さ1m, 黄褐色)の主成分鉱物. 加熱は各温度に1時間加熱後, 直ちに乾燥器中に保存し, 空気中でX線を照射.
EG : エチレングリコル処理.
GL : グリセロール処理.
AN : 硝酸アンモニウム処理.

子産の試料には混入物が無く, 27.6 ± 1 Å ($26.8 \sim 28.5$ Å に変化に富み平均が27.6Å となる)およびその高次の反射が逐一確認されるが, 500°C の加熱により 13Å は 10Å へ移行し, 上記の帯状反射が現われ, 27.6Å の反射は消失し, 700°C の加熱試料は, 雲母の反射のみと化する. エチレングリコル処理では $27.6 \to 28.3 \pm 1$ Å となり, 水では著しく膨張し約30Å (一定しない)の反射を示

表 18-1 雲母-モンモリロ

(1)						(2)		(3)
未処理試料		500°C 加熱試料		エチレングリコール処理試料		d(Å)	I	d(Å)
d(Å)	I	d(Å)	I	d(Å)	I			
11.25	80	10.2	45	12.4	40	27.6	70	29.4
7.248	45K			9.71	58	12.9	70	11.95
5.063	22	5.007	25	7.248	90K	9.3	5	5.07
4.503	20	4.503	23	5.273	30	5.121	31	3.25
3.391	3b	3.930	2	4.792	7	4.503	73	
3.587	45K			3.587	60	4.037	4b	
3.268	60	3.324	65	3.373	90	3.831		
2.900	7b	2.900	5b	2.657	2b	3.517	8	
2.576	18	2.576	10	2.043	8	3.241	35	
2.453	5	2.480	4	1.955	4	3.005	5	
2.390	10	2.396	4			2.882	3	
2.296	2					2.812	3	
2.215	2					2.569	45	
2.145	5b					2.493	7	
2.021⎫ 1.997⎭	15	1.997	17			2.458 2.384	10 7	
1.897	4	1.894	2			2.241	5	
1.789	4					2.160	7b	
1.739	3					2.056	3	
1.700	6					1.984	10	
1.665⎫ 1.646⎭	10b	1.663	5b			1.694 1.638	10 8b	
1.534	2b					1.498	32	
1.500	10	1.507	4			1.483	3	
1.358	7b	1.356	2b			1.360	5	

(1) 北海道歌志内鉱山の若鍋層の厚さ 1~3 cm の赤褐色の凝灰岩の主成分鉱物.
   2μ 以下の粒度の部分に 8~12% の石英を含む. この地方には雲母-モンモリロナイトの不規則型($g=1$)の混合層鉱物から主として構成されている凝灰岩が広く分布している. 図 18-2 のデータもその一例. モンモリロナイト層(Mo) 0.25, 雲母層(Mi) 0.75 の比率と推定される(下田右, 生沼郁, 根岸敏雄, 1969).

(2) 長野県米子(ダイアスポア)鉱山の変質帯中に広く見出される. 下田右試料, 実験. 雲母層(Mi) 0.6, モンモリロナイト層(Mo) 0.4 の比率である. 不規則型($g=1$) (Shimoda and Sudo, 1960; Kodama, Shimoda and Sudo, 1969; Shimoda, Sudo and Oinuma, 1969).

ナイトの組合せ

(3′)	(4)		(4′)		(4″)		(5)	
d (Å)	d (Å)	I	d (Å)	I	d (Å)	I	d (Å)	
	38.4	100	40.2	100	10.2	11	24.21	(1)
9.94	18.3	34	19.1	36	4.93	26	12.28	(2)
4.95	11.6	93	12.2	30	3.26	100	8.27	(3)
3.30	9.0	16	9.32	23	1.95	21b	6.61	(4)
	4.91	20	5.22	11			4.941	(5)
	3.20	74	3.31	54			4.086	(6)
	1.94	16	1.92	11			3.520	(7)
							3.089	(8)
							2.722	(9)
							2.240	(11)
							2.053	(12)
							1.899	(13)
							1.768	(14)
							1.542	(16)
							1.446	(17)
							1.370	(18)
							1.301	(19)
							1.234	(20)
							1.175	(21)
							0.9469	(22)

(3) 北海道石狩炭田上砂川の凝灰岩の主成分鉱物(小林和夫,生沼郁,1960). 不規則型($g=1$). 底面反射のみを示す.
(3′) 上の試料の450°C加熱後の変化.
(4) 群馬県戸倉の凝灰岩の熱水変質物. 不規則型($g=2$)(木崎喜雄, 1970; Sato and Kizaki, 1972). 底面反射のみを示す.
(4′) 上記の試料のエチレングリコル処理物.
(4″) 上記の試料の300°C加熱物. 1時間加熱後, 直ちにX線を空気中で照射.
(5) アレバルダイトの底面反射, ( )中はX線反射の次数(Brindley, 1956).

す.

　このような性質は，米子，五島の試料にも共通している．しかも，複水力が強いこともこれらの試料に共通している．モンモリロナイト層とはいうが，複水の点ではバーミキュライト群に近い．しかし，Al（層間）バーミキュライトの徴候はない．よって，恐らくこの混合層鉱物の膨潤層の層間にある交換性イオンの種は，通常のモンモリロナイトと差がないが，その密度がモンモリロナイトより高くなっているものと考えられる．

　アレバルダイトは，フランスの学徒により，発見記載された鉱物であるが (Caillère and Hénin, 1950; Caillère, Mathieu-Sicaud and Hénin, 1950)，Brindley(1956)の解析によれば，全くの規則型である(表18-1(5))．電子顕微鏡下で観察すると，細長い長方形の薄状の結晶で，シャドーイングの方法によって，その1枚の厚さは，単位構造の厚さ19Å（膨潤層は真空中で脱水し9〜10Åになるため）を示すことが知られている．ここでも膨潤層は通常のモンモリロナイト層に比し異常性がある．まず完全に脱水する最低温度，また複水の止む温度は，通常のモンモリロナイトより高い．約450°Cで加熱した試料で複水しなくなり，560°Cで加熱した試料で，はじめて完全に脱水した状態となる．層間の水分子の数は，1層あたり$2H_2O$で，バーミキュライトの$4.3H_2O$より少ない．交換性イオンは，K, Caを主とするが，層間水は常温では2層であり，加熱の途上1層にもなり得る．

　レクトライトは，古くから知られていたが，Bradley(1950)は，これをパイロフィライト様鉱物と，バーミキュライト様鉱物の規則型混合層鉱物とした．成分はSiO_2, Al_2O_3, H_2Oを主とするもので，バーミキュライト様鉱物層と記載したのは，エチレングリコルによる膨潤が通常のモンモリロナイトより不足しているからである．BrownとWeir(1963)は，レクトライトも，雲母-モンモリロナイトの規則型で，アレバルダイトと区別するを要しないとし，発見の時期は，レクトライトのほうが早いので，レクトライトの名前が優先すると述べている．レクトライトも，電子顕微鏡下では，細長い長方形の薄片の結晶であることがわかる．その後，児玉秀臣(Kodama, 1966)は，レクトライト（パキスタン，Baluchistan産）の成分層の性質を詳細に調べ，非膨潤層はパラゴナイト様であり，膨潤層は1：3の割合で，それぞれモンモリロナイト的，バイデライト的で

あることを明らかにした.

既に述べた五島,米子,上北などで見出された不規則型の試料は,電子顕微鏡下で見ると,不規則型の薄片であるが,他より比較的規則型に近い五島の試料では,他より整っている外形が多く見られる(長方形に近い).これらのデータから見ると,これらの試料は,レクトライトと関係が深いものであるように思われる.

18-6 緑泥石との組合せ

この組合せでは,主として規則型が見出されている.StephenとMacEwan (1950, 1951)は,緑泥石と膨潤性緑泥石の規則型を発見した.この膨潤性緑泥石は,Honeyborne(1951)により単独の鉱物として存在していると報告されているもので(中部イギリスのKeuper Marl中),次の性質を示す.500°Cに加熱すると,14.3Åは僅か減少し,13.8Åとなるが,10Åまで減少することがない.グリセロールでは,16~18Åに膨潤する.いわば緑泥石とモンモリロナイトの両方の性質を示す.その後,この鉱物の詳細な研究は進んでいないが,今日の知識から推定できるところを確かめるためには,当時のデータは不十分である.要するに緑泥石と膨潤性緑泥石の規則型は28Åを示し,グリセロール処理で,これは32Åにのび,540°Cでは13.8Åが極めて強く残り,24Åは出現しないという記載である.このことからみると,結晶化学的に見て,この膨潤性鉱物は緑泥石に極めて近いものである.Lippmann(1954)はドイツのKeuper粘土から同様なものを見出した.この試料は550°C,30分の加熱で,28Åは不鮮明となるが,なお残っている.Lippmann(1956)は,更にゲッチンゲン附近の,Hünstollenより,同様の鉱物を見出し,14Åの反射は,260°C,1~12時間の加熱で変化なく,500°C,1時間の加熱で,13.8Å(たとえばアルカリ土イオン型にしたものでは,550°Cの加熱で13Å)となる.そして加熱物では,28Åの反射は消失する.Lippmannは,この鉱物をコレンサイト(緑泥石とバーミキュライトの規則型)と名付けた.しかし,この膨潤層は,熱変化から見ると,普通のバーミキュライトとは判定し難いものである.Lippmannもこのことを認めていて,コレンサイト中のバーミキュライト層は,通常のバーミキュライト(Mg型)より,Mgイオンを多く含んでいるだろうと述べている.その後

Bradley と Weaver(1956)は，コロラドの Juniper Canyon より，550°C, 2 時間の加熱で 24Å を示す，緑泥石とバーミキュライト(Mg 型)の規則型を見出し，これをコレンサイトと記載し，Earley, Brindley 等(1956)は，Ward County, Texas より，緑泥石と通常のモンモリロナイトの規則型を発見した．もっともこれらの例では，バーミキュライトは tri. 亜群であり，モンモリロナイトといわれているものは，サポナイトであろうと考えられる．

MacEwan, Ruiz Amil および Brown(1961)は，これら一連の研究を評して，コレンサイトの命名の多様化を指摘して，緑泥石と組み合う膨潤性の鉱物には，膨潤性の緑泥石——バーミキュライト群——スメクタイトの一連のものが，これらの中間体をも含めて存在する可能性を指摘している．

しかしなお問題は今日まで残されている．それは，組み合っている緑泥石にしても，またスメクタイトにしても，成分の変化に幅がある．緑泥石については，上記の例は何れも Mg に富む種であるから，tri. 亜群と呼んでよいと思われるが，その後 di. 亜群を成分層とする型が見出された(後述)．次に膨潤層の命名であるが，tri. 亜群と組み合う膨潤層は，モンモリロナイトよりむしろ，サポナイトと記載したほうが適切でないかという問題である．近年，金原啓司はグリーンタフ中より産する混合層鉱物の詳細な鉱物学的データを報告したが，その中で，緑泥石と組み合う型は，多くは緑泥石-サポナイトと記載するのが適切であるとしている(表 18-2)．

筆者と共同研究者は，Al に富む緑泥石とモンモリロナイトの規則型混合層鉱物を発見した．最初山口県蔵田鉱山(いわゆるろう石鉱床であるが，カオリナイトを主とする)より発見されたが，その後，全く意外にも秋田県花岡鉱山堤沢鉱体(硫化鉱体，すなわち黄鉱というよりは，せん亜鉛鉱，方鉛鉱に富む黒鉱の部分)の変質帯に見出され(Sudo, Takahashi and Matsui, 1954, a, b ; Sudo and Hayashi, 1955, 1956, b)，続いて青森県上北鉱山本坑鉱体(硫化鉄を主とする)の変質帯からも，横倉弘の採取試料の中より，林久人，生沼郁により発見された．この一連の発見ならびにその副産物として得られた成果は次のようである．まず Al に富む緑泥石と，モンモリロナイトの組合せという新しい型の混合層鉱物が見出されたこと，しかも，それの分布が意外にも広く，一方でろう石鉱床に伴い，他方で黒鉱鉱床に伴って見出されたことである．この事実は，同時

表18-2 緑泥石-サポナイトの混合層鉱物(金原啓司による)

未処理試料		未処理試料*			300°C		450°C		600°C		700°C		エチレングリコール処理試料		硝酸アンモニウム処理試料	
d (Å)	I	00l	d (Å)	I	d (Å)	I	d (Å)	I	d (Å)	I	d (Å)	I	d (Å)	I	d (Å)	I
31	21	001	31.08	18			22.64	2	23.33	12	24.25	17	33.95	5	29.43	14
15.0	100	002	14.92	100	13.38	60	12.62	58	12.44	100	12.27	100	15.77	100	13.80	100
9.832	12	003	9.752	6	7.823	100	7.894	100	7.890	9	8.785	10	10.04	3	9.018	16
7.319	33	004	7.308	24	5.941	6	5.980	7	5.980	1			7.755	64	6.964	12
5.834	6	005	5.901	3	4.792	33	4.766	24					5.151	14	5.368	3
4.855	18	006	4.806	12	3.948	4	3.948	4					3.477	39	4.548	3
4.599	22	007	4.259	1	3.437	80	3.411	69	3.385	17	3.373	30	2.829	10	3.798	5
4.044	8	008	3.633	19	2.947	28	2.957	28	2.947	20	2.966	25			3.368	9
3.634	28	009	3.264	2											2.970	4
3.219	18	00,10	2.915	6												
2.914	13															
2.653	8															
2.607	12															
2.519	22															
2.467	22															
2.389	8															
2.118	10															
1.543	23															
		平均 d_0	29.55		24.18		23.81		23.85		24.50		31.42		27.37	

* 底面反射の精密測定. 加熱時間は1時間. 茨城県久慈川流域北部の新第3紀中新世のグリーンタフの変質安山岩質凝灰岩中に産する(Kimbara, Shimoda and Sato, 1971). サポナイト層(S)は0.4, 緑泥石層(C)は0.6の比率, $P(SS)=0.0$, $P(CC)=0.33$.

表 18-3 花岡鉱山堤沢鉱床の変質帯より見出されたダイアスポア，ブルーサイト (Sudo and Hayashi, 1957)

(1)		(2)ダイアスポア		(3)ブルーサイト		(4)重晶石	
d	I	d	I	d	I	d	I
4.72	60s	4.69	2	4.75	53		
4.40	5b					4.35	20
4.00	67s	3.98	10			3.89	25
3.58	5s	3.516	2			3.57	10
3.45	5s					3.44	63
3.33	4s					3.31	35
3.22	7s	3.216	2				
3.13	6s					3.10	63
2.86	2b					2.83	40
2.84	3s						
2.71	5b					2.72	45
2.60	3s						
2.56	25s	2.558	4				
2.50	2b					2.47	14
2.36	45b	2.36	1	2.35	100		
2.32	22s	2.312	8			2.31	10
2.22	4b					2.20	15
2.13	17s	2.124	7			2.10	100
2.08	48s	2.072	7			2.04	10
1.918	7s	1.892	1			1.92	5
1.873	2s					1.85	15
1.821	3b	1.807	1	1.79	40		
1.737	3b					1.74	8
1.713	3b	1.707	3				
1.684	2s					1.67	15
1.669	3s						
1.634	21s	1.603	2			1.63	8
1.610	9s						
1.573	10s			1.57	33	1.58	10
1.526	3s					1.52	25
1.482	11s	1.477	3	1.490	17		
1.448	2s						
1.432	5						
1.425	4	1.418	2			1.420	20
1.402	4s	1.397	1				
1.399	9s	1.372	3				

(2),(3),(4)はそれぞれダイアスポア，ブルーサイト，重晶石の標準X線粉末回折データ．

18-6 緑泥石との組合せ

に行われた鉱物学的の研究で,黒鉱地域の変質帯の一部は,意外にもろう石鉱床と全く同じ鉱物組合せからできていることがはじめて明らかにされた.すなわち,カオリナイト,パイロフィライト,ダイアスポアなどに,今問題としている混合層鉱物,またその他の型の混合層鉱物が伴う.たとえば,花岡鉱山の黄鉄鉱,せん亜鉛鉱,上北鉱山の黄鉄鉱の結晶の間隙に,肉眼的なダイアスポアの結晶が生えたように附着している(Sudo and Hayashi, 1957).この新事実は,黒鉱鉱床の成因の解釈に反響をよんだが,ここでは詳細を省略する.表18-3は,花岡鉱山堤沢鉱体の変質帯の比較的白色砂質の部分のX線的データであるが,それはダイアスポア,ブルーサイト,重晶石の集合である.このダイアスポアの光学性は,屈折率,$\alpha=1.690\sim1.685$,$\gamma=1.737\sim1.730$,$\alpha-\gamma=0.047\sim0.045$,$2V(-)=86°\sim84°$である.

上北鉱山産の混合層鉱物は最も純粋なものであって,その鉱物学的特性が児玉秀臣により詳細に解析された(Sudo and Kodama, 1957).$d_0=29.88\pm0.5$Åで,エチレングリコル処理で31.8 ± 1Åとなり,硝酸アンモニウム処理で変化しない.300°C,1時間の加熱試料では,29.8Åの反射は消失し,15.2Å(002)は14.0~12.3Å($I:5$)の弱い反射に,7.52Å(004)は8.0~8.3Å($I:5$)の反射に,3.53Å(009)の反射は3.41Å($I:7$)に移行し,4.96Å(006)は4.77Å($I:17$)に

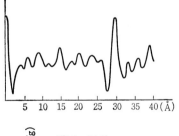

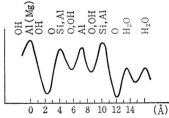

図18-3 青森県上北鉱山本坑鉱体の変質帯より産するトスダイト(緑泥石(di.-tri., スドー石)-モンモリロナイトの規則型混合層鉱物)のフーリエ変換図(上図)と,1次元フーリエ合成図(下図).共に底面に垂直な方向の様相のみを示す(Sudo and Kodama, 1957).

移行する．500°C の加熱では，24 Å の極めて弱い反射が現われ，12.3 Å, 8.2 Å, 4.80 Å, 3.40 Å の反射は漸次明瞭になり 4.80 Å 以外は 300°C の加熱の場合よりやや強まる．700°C の加熱では，24 Å の反射は依然としてかなり弱く，11.9 Å, 3.36 Å は急に強まり，4.75 Å は弱くなる．900°C の加熱では反射は全部殆ど消失し，1000°C で新しい鉱物相が現われる．1次元フーリエ合成図は図 18-3

表 18-4 トスダイトの加熱変化

未処理試料		加熱試料					
d (Å)		300°C*		300°C**		500°C*	
		d (Å)	I	d (Å)	I	d (Å)	I
30.4	320	27.8	20			24.0	10
15.2	240	13.6	90				
		11.8	5	12.0	60	11.9	60
10.00	20	9.02	22				
				8.158	25		
7.557	20						
5.980	3					5.824	6
		5.336	18				
5.006	70			4.818	70		
4.480	95	4.480	70	4.502	45	4.525	90
4.247	15						
		4.168	5				
		3.798	5			3.864	5b
3.705	20						
				3.424	40		
3.297	24	3.336	20			3.302	27
2.954	20	2.947	8	2.966	15	2.928	7
2.562	40	2.565	35	2.568	25	2.588	20
				2.513	15		
2.354	6	2.336	6	2.354	12		
2.302	5	2.247	4			2.257	7
2.189	4	2.179	3	2.178	3	2.174	5
2.026	7	2.034	10	1.994	10	2.034	4b
1.971	6						
1.691	10	1.688	8	1.682	7	1.697	7b
1.688	10	1.641	7	1.650	8		
1.493	40	1.496	28	1.496	20	1.505	6

* 1時間加熱. ** 5時間加熱.
福島県高玉鉱山(金，銀石英脈)の母岩(凝灰岩，凝灰質堆積岩)の熱水変質鉱物．エチレングリコル処理で．31.9±0.8Å，硝酸アンモニウム処理で 26.5±1.0Å (Shimoda, 1969).

18-6 緑泥石との組合せ

(下)のようで，MacEwan のフーリエ変換図は，図 18-3(上)のようになり，30 Å の周期の生ずる確率は 1 に近い．

この型の混合層鉱物は，その後引続いて，内外から報告された(Mitsuda, 1957; Frank-Kamenetsky, Logvinenko 等, 1965; Imai and Watanabe, 1972; Shimoda, 1969(表18-4))．この中で，Frank-Kamenetsky 等(1965)は，アルシュタイトと古くから名付けられている鉱物を再検討した結果，これは Al に富む緑泥石とモンモリロナイトの規則型であることを明らかにし，この型の混合層鉱物に，トスダイト(Toshio SUDO より)と命名した．ところで，この命名より以前に，Al に富む緑泥石が単独で天然で発見され，ドイツ学徒によりスドー石と命名され，その後，di.-tri. 亜群をスドー石，di. 亜群をドンバサイトと命名することになったことは既に述べた通りである．この混合層鉱物の緑泥石層の性格については，次のようである．蔵田，花岡の試料は，di. 亜群，上北試料は di.-tri. 亜群であった．Frank-Kamenetsky のトスダイトと命名した試料は di. 亜群であり，下田右(Shimoda, 1969)が詳細な鉱物学的データを示した高玉の試料は di. 亜群である．この現状によれば，トスダイトは，di. ないし di.-tri. 亜群の緑泥石とモンモリロナイトの規則型に名付けられている名前といえる．

金岡繁人(1968)は近年，日本の陶石の鉱物組成を再検討した結果，その中に，混合層鉱物(トスダイト，および雲母-モンモリロナイトの不規則型)が広く含まれていることを示した．陶石は古くから日本の陶磁器原料として重要であり，それ自身だけで陶磁器原料として用いられる特性を示すことが知られていたが，原料としての詳細な研究は少なく，また岩石学，地質学的の立場からの研究も少なかった．金岡は陶石が窯業原料として望ましい性質をそれ自身で発揮できる 1 つの原因は，この混合層鉱物にあるのではないかと見ている．陶石の研究は窯業原料の重要な研究課題である．このように混合層鉱物が原料の性質に寄与すると考えられる状態で見出されると，混合層鉱物自身の窯業的の性質の研究も重要である．従来はほとんど研究がないが，ハンガリー Tokaj 山地に産するアレバルダイトで調べられたところでは，モンモリロナイトのみの原料，雲母のみの原料の両方の欠点をおぎなったような窯業的性質が示されている (Nemecz, Varju 等, 1965)．アレバルダイトは，ベントナイトに比し，ずり応力と，ずり速度の比例関係が良好であり，ずり速度の低いところでも，粘性は

低い.また,アレバルダイトにカオリナイトなどが混じているアレバルダイト岩は,ベントナイトに比べて可塑性が大きく,曲げ強さが大きいと報告されている.

以上の各規則型の混合層鉱物に対して1つ気付かれることがある.標準のバーミキュライト(Mg型),モンモリロナイトであれば,少なくも200～300°Cでは脱水して,脱水相の反射が14～15Åの反射に代って現われ,また,複水しても14～15Åへもどり,14～15Åと9～10Åの2つの反射が増減する.その間に連続反射が見られたり,不明瞭になったりすることはあっても,極めてせまい温度範囲に認められる.しかし,混合層鉱物の成分鉱物になると,脱水が一様に行われないことがあるように思われる.中には明瞭に24Åが生ずる場合,があるが(BradleyとWeaver(1956)の緑泥石-バーミキュライトの例),時には24Åが極めて出にくい場合がある(Al質の緑泥石-モンモリロナイトの例).24Åの反射が極めて不鮮明のまま終わるのは,複水を考えても,脱水を考えても,標準試料に比べて加熱変化が一様でないことを示しているといえよう.

18-7 その他の混合層鉱物

ステブンサイト(Faust and Murata, 1953)は,スメクタイトの1員とされ,8面体陽イオン(Mg)の欠損により,交換性イオンを保有するものである.加熱によると,いろいろな脱水層が生じ,しかも,その途中で,混合層(規則型)が生ずるが(Otsu and Yasuda, 1964),このことはバーミキュライト(Mg型)に似ている(Walker, 1961).ステブンサイトでは未処理の試料に24Åの反射が示されているものがあり,Brindley(1955)は滑石様層とサポナイト様の層の規則型と見た.Faust, Hathawayおよび Millot(1959)は,ステブンサイトは8面体シートに欠損のあるスメクタイトであり,欠損の分布が不規則であれば,部分により欠損のないドメインができて,この部分が滑石の挙動を示すものという.結論は大して変わらないが,後者の結論の中には,この混合層鉱物は,起源を全く異にする2つの鉱物が偶然結合してできたものでないということが示されているように思われる.しかし,最近イタリア学徒は,滑石-サポナイトの規則型を報告していて,これを,最近,アリエタイトと命名した(Veniale and Van der Marel, 1969).この試料は,ステブンサイトのように欠損は見られないも

18-7 その他の混合層鉱物

のであるが,この鉱物の成分鉱物は,たがいに密接な成因関係により結ばれているものと考えられている.

筆者は酸性白土に伴って特殊な混合層鉱物と思われる試料を発見した(Sudo and Hayashi, 1956, a). 底面反射が (hk) バンドに比し著しく不鮮明で,カオリナイト群とモンモリロナイトの混合層と考えられる試料である(図18-4, 図18-5). 同様の試料は日本の炻器粘土に広く見られる(本多朔郎, 1959). 炻器粘土は日本では一般に低級粘土の意味であるが,元来,炻器(瓦,土管など)の原料で, SK 4~10 の間で焼結し,それより溶けるまでの温度範囲が広いものである. 日本では瓦工業が多くの地域で行われていて,原料の分布も広いが,原料の多くは第4紀の頁岩の風化物,凝灰質頁岩の風化物と考えられる.

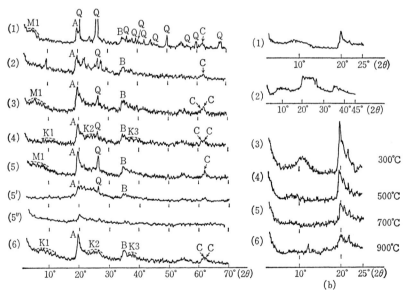

図18-4 カオリナイト群とモンモリロナイトの複雑な混合層鉱物(酸性白土に伴う例)のX線粉末回折パターン.
(a) (1)戸津, (2)来丸, (3)和気, (4)水沢, (5)菩提, (5′)菩提産の試料をエチレングリコル処理したもの, (5″)菩提産の試料を600°Cに1時間加熱したもの, (6)粟津. M, K:幅広い反射, M1:15Å附近, K1:7Å附近, K2:3.5Å附近, K3:2.5Å附近, A: (02;11), B: (13;20), C: (06;33), Q:石英.
(b) 粟津産の試料の未処理(1), エチレングリコル処理(2), 加熱処理((3)~(6))の結果 示される底面反射の変化を詳細に記録した結果を示す.

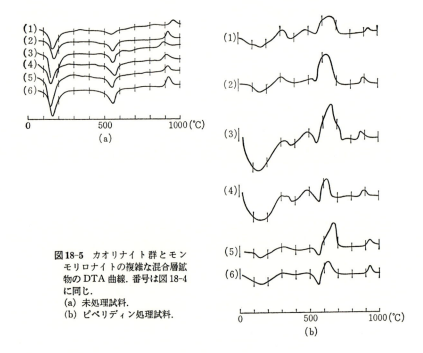

図 18-5 カオリナイト群とモンモリロナイトの複雑な混合層鉱物の DTA 曲線. 番号は図 18-4 に同じ.
(a) 未処理試料.
(b) ピペリディン処理試料.

同様な試料は,下山晃によりウラン鉱床に伴って産出していることが見出された(Shimoyama, Johns and Sudo, 1969). ここでは酸性白土層の下にりん灰石に富む層があり,その下に,アルコース質の砂岩があって,問題の試料は,この中に,レンズ状脈として含まれている.また関東ロームの下末吉ローム層の中に広く見出され(Sudo, Kurabayashi 等, 1964),最近は,大谷凝灰岩体の一部に凝灰岩の変質物として見出される.

特色は底面反射が極めて不鮮明か,ほとんど認められず,しかし,(hk) バンドはかなりよく見えること, SiO_2, H_2O, Al_2O_3 が主成分であることである. 試料により多少の相異があるが,不鮮明な底面反射の上に,よくみると,14 Å, 10 Å, 8 Å, 7 Å の辺に多少ふくらみがあり,ガラス板に粘土ペーストをはさみ強くすりつけて,できるだけ定方位配列させると,8 Å のピークが(極めて幅広いピークであるが)強まる.加熱すれば,これらのピークは,認められなくなり,7 Å が比較的強くなり,これが 600°C で消えると,10 Å 附近の幅広いピークが

現われる．DTA 曲線はカオリナイト群の型を示し，ハロイサイトに近いが 500〜600°C の吸熱，ならびに高温の発熱ピークの温度は低く，特に発熱のピークは小さく太い．ピペリディン処理物では，一般に 600〜700°C に発熱ピークを生ずるが，関東ローム中の試料は，この発熱ピークが認められないものもある．下山は，モンモリロナイトより，この試料に近づく一連の試料をしらべ，この順に $SiO_2 : Al_2O_3$ は減少し，CEC 値は減少し，交換性 Al の量が増すことを見

表 18-5 カオリナイト群-モンモリロナイトの混合層鉱物の化学成分

	(1)	(2)	(3)	(4)	(5)
SiO_2	48.73%	48.46%	46.81%	41.78%	46.50%
TiO_2	0.28	0.28	0.16	0.28	0.39
Al_2O_3	19.54	21.94	25.09	24.21	29.90
FeO	0.13	0.32	0.32	0.28	0.27
Fe_2O_3	2.07	1.26	0.75	1.54	0.94
MnO	0.00	0.00	0.00	0.00	0.00
MgO	2.96	2.56	1.82	2.64	1.03
CaO	0.72	0.27	0.29	0.79	0.76
Na_2O	0.32	0.53	0.48	0.50	0.43
K_2O	0.28	0.21	0.11	0.12	0.64
$H_2O(+)$	8.68	8.57	10.26	11.79	12.79
$H_2O(-)$	15.59	15.37	13.21	15.40	6.87
P_2O_5	0.02	0.03	0.03	0.03	0.01
計	99.32	99.80	99.33	99.36	100.53
CEC	104.9	94.6	74.4	67.6	37.4
Na^+	2.7	2.1	2.6	3.7	3.2
K^+	1.9	1.0	0.9	1.3	2.6
Ca^{2+}	2.6	2.6	2.6	3.0	3.2
Al^{3+}	49.5	57.6	48.9	32.7	9.9

新潟県中束の第 3 紀中新世の砂岩中にある，酸性白土層に伴う試料．数個の試料の化学分析値を，SiO_2/Al_2O_3 の比の大より小へならべた順が (1)〜(5) である．下段は，110°C に乾かした試料についての，CEC と交換性イオンの含有量(me/100 g)．特に化学分析値と，CEC の値，交換性 Al の値の相関に注意．(1) はモンモリロナイトと見てよいが，交換性の Al が多いことに注意．(2) より (5) へ行くにつれ，カオリナトイ群(K)が，次第にその量を増して，モンモリロナイト層(M)と複雑な混合層をつくっていると考えられる．(5) では，K：M≒3：1 と推定されている (Shimoyama, Johns and Sudo, 1969)．

表 18-6 カオリナイト群-モンモリロナイトの混合
層鉱物のX線粉末回折パターンの加熱変化

常温		150°C		300°C		450°C		600°C		750°C	
d(Å)	I	d(Å)	I	d(Å)	I	d(Å)	I	d(Å)	I	d(Å)	I
		11.0	4.5b	10.6	6b	10.6	5b	11.4	5b	11.0	3
8	14b	7.6	10b	7.6	10b	7.7	8b				
4.48	17	4.48	17	4.48	15	4.48	15b	4.48	6	4.48	2
3.35	13	3.36	9	3.36	11	3.36	11	3.36	12	3.36	13
2.56	7	2.56	5.5	2.56	4	2.56	4				
1.677	3	1.680	2.5	1.683	2.5	1.683	2.5				
1.492	5	1.494	3.5	1.494	3.5	1.494	2.5				

表 18-5(5)の試料.加熱時間は5時間.

出した(表 18-5,表 18-6).

以上の事実を総合するに,この試料の中にはモンモリロナイト,ハロイサイト(一部脱水型)があり,これらはまた混合層を形成しているものと考えられる.しかし,この混合層を従来の考え方で解釈するのは無理である.10Åと7Åとの混合層から,8Åのピークが生ずることは考えられるが,著しい連続反射を示すことは,いろいろの比率のものが共存しているためと考えられる.筆者は最初,モンモリロナイトの結晶片が,カオリナイト群に変わるとき,この結晶片の外辺へいくにつれて,カオリナイト群の層が増加するモデルで説明した(図 18-6).これによれば,モンモリロナイトとカオリナイト群の比率は,1つの結晶の部分により異なる.このモデルによればモンモリロナイトの結晶の形は,極めてひずんだものとなるので,部分による比率の相異,また結晶の全体のひずみの両方から,底面反射は極めて弱くなり,しかし(hk)バンドはさほど影響を受けないはずである.このモデルは,MacEwan の研究より思い付い

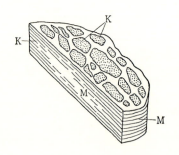

図 18-6 モンモリロナイト(M)とカオリナイト群(K)の不規則混合層鉱物のモデルの一例(Sudo and Hayashi, 1956, a, b).

たものである．古く MacEwan は，風化黒雲母の形が，縁ほど開いている例を調べ，これは黒雲母が風化しはじめた頃，その外縁から，モンモリロナイト化が進むため生じたものと考えた．この試料の底面反射は，全く不鮮明なものであると報告されている．モンモリロナイトから，カオリナイト群，すなわち2：1型から，1：1型，またはその逆の変化が生じ得ることは既に報告されている (Brindley and Gillery, 1954)．特に酸性白土とこの混合層鉱物の共存は，次のように説明できるであろう．酸性下でモンモリロナイトは Al (層間) モンモリロナイト (層間に Al イオンをもつ) に変わる傾向があることは既に述べた通りである．これより，カオリナイト群へ変わることは，容易に考えられる．関東ローム層の中に含まれているものについては，倉林，土屋によれば主として下末吉の海成層の中に，この混合層鉱物が見出されている．恐らく関東ローム中の例は，カオリナイト群から，モンモリロナイトへ変わる初期にもできるのではないかと考えられる．関東ロームでは，モンモリロナイトを含まぬ試料もあり，このようなものでは，ハロイサイトとメタハロイサイトの混合層が考えられる．ここで成因は不可解である．何故ならば，ハロイサイトは僅か 50°C 附近の温度で，メタハロイサイトになり，もとへもどらないといわれている．このような変化が，脱水の途中の状態として，天然に何故広く存在するのかという疑問である．なお，この混合層鉱物の形は，電子顕微鏡で見ると板状である．X線的性質から，ハロイサイトが考えられるとすれば，管状の形が見られないのも不思議である．しかし，最近カオリナイト群の形の変化は，より広いという報告もあるので (Brindley and Sousa Santos, 1966)，将来検討すべき問題であろう．

同様な試料は最近 Schultz, Shepard 等 (1971) によりアメリカで発見され，詳細な研究が行われ，カオリナイトとモンモリロナイトの混合層とされている．

18-8 X線以外の2,3の特性

混合層鉱物の主な種類をX線性質と化学成分を通して述べてきたが，ここで，その他の性質にふれる．もとより，近年の研究の結果，更に広い特性が調べられているが，ここで極めて重要な特性に限る．

混合層鉱物の中間性鉱物としての性質は，化学成分の上，またX線的性質

(干渉反射)に認められているが，示差熱分析，赤外線吸収ではどうであろうか．赤外線吸収については，A-B の混合層鉱物であっても，A, B の両鉱物の性質が独立して示される例と，何れか一方の性質(たとえば A)のみが示される場合(たとえ B の含有率が高くても)の2つに大別できるといえる(Oinuma and Hayashi, 1965 ; Shimoda and Brydon, 1971)．従って，後者の場合では，B の性質は標準の性質に比し異常なものとして示されているといえる．DTA 曲線でも同様の例があり，たとえば緑泥石-サポナイト，またはモンモリロナイトの規則型またはそれに近い試料の DTA 曲線には緑泥石型のみが示されている(図18-7)．また Cole と Hosking(1957)は，雲母-モンモリロナイトの混合層鉱物の DTA 曲線を調べ，その比率とは無関係に，500~600°C のピークの強いものと，700°C 附近のピークの強いものに分けられることを示し，前者はモンモリロナイト層の異常性に基づき，後者は雲母層の異常性に基づくとした．下田右等 (Shimoda, Sudo and Oinuma, 1969)は，その後多数の試料の DTA 曲線を調べ，次の見解を発表した．雲母-モンモリロナイトの混合層鉱物の DTA 曲線も，比率にはあまり関係なく，雲母粘土鉱物(Al, di.)の特性のみが著しく現われているものがある(図18-8(3), (4))(雲母の加水複合体と呼ばれた種)．しかしこの混

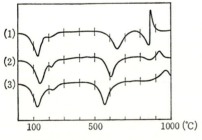

図 18-7 緑泥石-スメクタイト混合層鉱物の DTA 曲線(試料, 実験, 下田右).
(1) 石川県能登鉱山(緑泥石は tri. 亜群, スメクタイトは鉄サポナイト).
(2) 青森県上北鉱山トスダイト(緑泥石は di.-tri. 亜群(スドー石)).
(3) 福島県高玉鉱山トスダイト(緑泥石は di. 亜群).

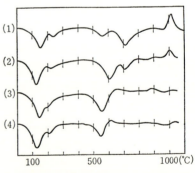

図 18-8 雲母-モンモリロナイトの混合層鉱物の DTA 曲線(実験, 試料, 下田右).
(1) 北海道歌志内鉱山.
(2) 島根県石見鉱山.
(3) 長野県米子鉱山.
(4) 福島県高玉鉱山.
(3), (4)は雲母の加水複合体とも名付けられた試料.

合層鉱物は化学成分，X線粉末回折パターンでは明らかに中間性を示している．よってこの試料では，成分層の異常性という点で，モンモリロナイト層の異常性を認めなくてはならない．この例についての下田の論はColeとHoskingの考えの軌をふんでいるものであって，下田もまた，このような例は雲母粘土鉱物(Al, di.)を母材として生じたものと考えている．

18-9 産状と成因

　混合層鉱物は，あらゆる産状で見出される．熱水変質帯，堆積岩，土壌，風化帯である．これら各の産状で，しばしば次のような事実が認められる．すなわち，1つの粘土鉱物(A)が，他の粘土鉱物(B)(またはその逆)へ変化しつつある過程と考えられる部分に，A-Bの混合層鉱物が産することがある．たとえば変質帯の境界部，1つの粘土鉱物が風化により変化する途中，続成作用で1つの粘土鉱物が，他の粘土鉱物へ変化する途中などである．そしてまた，極めて重要なことは，同じ組合せの混合層鉱物が，あらゆる産状で見出される．雲母－モンモリロナイトの混合層鉱物は，熱水変質岩，堆積岩，土壌，何れの中にも見出される．1つの粘土鉱物が次第に侵されて，混合層鉱物になると考えられる例が多い．土壌中の緑泥石が，緑泥石－バーミキュライト(規則型)になっている例(Johnson, 1964)はそれである．もっとも，土壌中の混合層鉱物の中には，母材の中に含まれていたものの砕屑物もある．堆積岩の中で，上部はモンモリロナイトを主とし，下部は雲母粘土鉱物を主とし，その中間に，これらの混合層鉱物(不規則型)が見出されることがあり，このとき，比率が深さにより異なり，上部ほどモンモリロナイト層が多く，下部ほど雲母層が多いことが認められ，緑泥石－モンモリロナイトの混合層でも同様な事実があると報告されている(Yoshimura, 1971)．将来，十分な解析を行って検討すべき問題である．熱水変質岩中の例では，一度でき上った鉱物が，再び侵されるという過程が考えられるのは，たとえば，重複変質の場合である．しかし変質帯の境界部に産する例は，変質帯の帯状分布の生成機構が明確にならないかぎり，果して，1つの鉱物ができ上って，それが次の熱水で侵されるときにできたものか否か明らかでない．

　既に述べたように混合層粘土鉱物は，鉱物学的性質の上からも，また産状か

らも，1つの粘土鉱物が，他の鉱物へ変化する途中の産物として生成する場合が多いと考えられるが，このとき，変化の向きは2つある．混合層鉱物はすべて非膨潤性(N)と膨潤性(E)の組合せである．そして，NはEに比して，一般に結晶度が高い．ここで，結晶度がよい(または高い)とは，その中の原子の配列，また層の積み重なりの，何れもがよく組織立てられているという意味である．粘土鉱物の変化では，結晶度が低下する向きの変化を degradation という．すなわち究極は分解へと進む向きである．この反対が aggradation である．土壌中の混合層鉱物は，degradation の向きの変質過程を示し，続成作用の過程で見られる混合層鉱物は，aggradation の向きを示す変質過程を示している．このように，混合層鉱物(A-B)は，AからBへ，またはBからAへ変化する過程の途上にある鉱物であって，その変化の向きがある．この向きの区別が産状から推定できる場合があるが，混合層鉱物自身の示す特性の中に，この区別を指示する特性が含まれているか否かが重要な研究問題である．

　ColeとHosking(1957)は，雲母-モンモリロナイトのDTA曲線を調べ，それを大別した．1つは，500〜600°Cに吸熱ピーク(a)を示すもの(A)で，他は600〜700°Cに吸熱ピーク(b)を示すもの(B)である．もちろん，この各で，更に弱いピークの存在するもの(Aではbのピークもあり，Bではaのピークもあるものが多い)があるが，顕著なピークを見ると，aかbである．ColeとHoskingは，Aは雲母がモンモリロナイトへ変化する途上のもの，Bはその逆のものとした．従ってAでは，変化してできるモンモリロナイトの吸熱ピークは標準のものより低く，雲母の吸熱ピークと近似する点で異常であるとし，Bでは，変化して生ずる雲母の吸熱ピークは，モンモリロナイトと同程度に高く(標準の試料より高く)，その意味で異常であるという．すなわち，A→Bの変化の途上のものでは，BはAの特性の一部を示していて，標準のBの特性より異常だといえる．この事実と解釈は，混合層鉱物の成分鉱物が(この場合は片方の成分鉱物であるが)，異常であるという一般的の事実に照らして興味深い．LippmannはHünstollenのコレンサイトの研究で，この鉱物は，緑泥石よりバーミキュライト(実は既に述べたように膨潤性の緑泥石に近いものであるが)への変化の途中のものと見ている．そして，このような場合，生成されるものの性質に不均一が目立つことを指摘した．すなわち，加熱過程で脱水が一様

に生じないため，24Åの反射が不鮮明になるのは，このためと説明している．古い堆積岩中の混合層鉱物が，N→Eへの鉱物変化の途上の産物としてなお現存しているとすれば，極めて遅い反応速度の変化過程の産物ということになろうから，変化してできる鉱物の性質に，不均一が目立つことはもっともらしく思える．堆積岩の中には，E→Nの方向の変化が続成作用の結果見られることが多いが，Lippmannのコレンサイトの場合は，それを含む堆積岩の原岩中に，極めて良好な結晶度を持つ緑泥石が豊富で，それが恐らく風化作用で膨潤性緑泥石へ変化しつつあったがその変化の結果を，混合層鉱物としてなお現在にとどめているものと解釈されている．

以上述べたように混合層鉱物の成因は，1つの鉱物Aが他の鉱物Bへ変化する途中の産物と見られる例がある．この成因を，もう少し具体的に述べるならば，母材として，Aの粘土鉱物があり，それが2次的に変質するとき，一様に変質が進むときもあろうが，へき開面に沿うて，ところどころの機械的に弱い層から，選択的に変質が進むという考えである．このことは産状からもまた合成からも示されている．この成因を2次成因と名付けよう．

ところで，混合層鉱物のすべての成因が，2次成因で説明できるか否かは現在のところ断定できない．ただ現在強調できることは，多くの例が，2次成因で説明できるということである．以上の論では規則型，不規則型の区別する表現をとらず議論を進めてきた．その意図には，これらの型の両者を通じて2次成因で説明できる例が多いと見ているからである．しかし，やはり規則型について節を新たにして論ずる必要がある．

18-10 規 則 型

規則型になると，2次成因以外の成因をも考えなくてはならないように思われる．全く規則正しいモデルは，全く1つの鉱物相なのであるからである．しかし，一方でやはり2次成因が，産状，合成の結果から考えられる場合が多い．

まず産状からみると，しばしば不規則型と規則型は，密接に伴うことが多い．勿論，渾然一体となっている例は未知であるが，不規則型の分布する地域に，規則型がレンズ状に見出されたり，また厚い一様と思われる地層の上部より不規則型がでていて，成分層の比率が次第に下部にいくにしたがって変わり，あ

るところで規則型が生ずる例がある．これらの事実は，主として規則型または不規則型が見出される範囲が分れていても，各が全く別の起源からきたものと考えられないように思われ，成因の上で密接な関係が示されているように考えられる．また最近の精密なX線解析によれば全くの規則正しいモデルそのものに比すべきものは稀で，僅かながらモデルより乱れが多い．また，合成の実験でも，1つの母材である粘土鉱物より，規則型ができることが示されている．よって，以下，引きつづいて規則型（またはそれに近いもの）の2次成因を論ずる必要がある．このとき，いかにして1層おきに（またはほぼ1層おきに）変質が進むかということについての議論となる．

　混合層粘土鉱物の成分鉱物の異常性は，既に述べたところであるが，全くの規則型のモデルについて考えてみると，2:1層は，全く異常なものでなければならない．すなわち，底面に垂直な方向の1つの向きでは，Aの鉱物の性質をそなえ，他の向きではBの鉱物の性質をそなえていなければならない．このような極性は，不規則型でも，Aの層とBの層の境の部分に考えなくてはならない．もっとも，この異常が，不規則型の成分鉱物層の異常のすべてを説明し得るか否か疑問である．しかし，全くの規則型のモデルでの成分鉱物層の異常性は，極性にあると考えられる．下田右とその共同研究者は(Sudo, Hayashi and Shimoda, 1962)，2:1層の4面体シートは，Si:Alの比で非対称であると考えた（電気的極性説）．そして，この電気的極性の方向は，相隣る2:1層の間では，常に反対方向に向いているモデルで説明できるとした．BrindleyとSandalaki(1963)はこれに対して，2:1層の層間にイオンが交換して入りこむとき，不溶分離のように種により分かれて入りこむ，たとえば，Kの多い層間，Na, Caの多い層間が交互に生じ，Kは固定されるという説を出した（不溶分離説）．電気的極性説を直接実証することはむずかしい．間接的な事実からであるが，近年この説の支持が増している(Tettenhorst and Johns, 1966; Cole, 1966; Veniale and Van der Marel, 1968; Lippmann and Johns, 1969)．次に母材が2層構造であるときに，規則型が生ずるのではないかとの暗示がある(Johnson, 1964)．2層構造でも，理想的な構造モデルでは，層間域の結晶学的，結晶化学的性質には変わりがないはずであるが，1層おきに，層間物質の結合力に僅かの変化があるのではないかというのである．

18-11 合　成

上田智(Ueda and Sudo, 1966)は，雲母粘土鉱物(Al, di., $2M_1$型)の人工変質を目的とする実験で，巧みな方法で，Kを除く方法を示した．それは，熱水条件で，硫酸アルミニウムと処理する方法である．そうすると，みょうばん石の結晶化と共に，雲母は雲母-モンモリロナイトの規則型に変化する．この変化はKが1層おきにぬけたと考えられることを示している．この実験は白雲母片($2M_1$)についても成功している．富田克利(Tomita and Sudo, 1968, 1971)は，雲母粘土鉱物(Al, di., $2M_1$型)を，(OH)が完全に脱水するまで加熱し，直ちに，塩酸で洗うことにより，あるいは硝酸リチウム溶融塩で処理し，Kの一部を除くことにより(塩酸で洗った後に(OH)は複水する)，雲母-モンモリロナイトの規則型が生ずることを見出した．この変化は白雲母片($2M_1$)を用いたときにも示されている．以上の事実は電気的極性説を裏付けるものとされている．またRossと児玉秀臣(Ross and Kodama, 1970)は，テトラフェニルホウ酸ナトリウムで雲母よりKを除く実験を行って，その速度はSiと4面体中のAlの比の大きいものほどゆるやかであることを認め，電気的極性説にその根拠を求めている．一方で近年，構造規制による考えが出されている．この考えに立てば，1M型を用いたときの結果が大へん興味深い．富田の実験では，1Mからは常にモンモリロナイトができるが，上田の実験では，1Mの金雲母からでも，規則型ができている．もし，構造規制があるとすれば，2層の構造では，1層毎にKイオンの結合が僅かであるが変化しており，この差が加熱により強められると考えられる．このような僅かな差がありとすれば，赤外線吸収スペクトルの章で述べたように，まず2:1層中の(OH)のプロトンのある向きが思い出される．プロトンのついている向きの相異が，tri.とdi.の亜群の間に考えられていた．di.亜群の2層構造の(OH)のプロトンの位置，ならびに(OH)脱水物の詳細な構造解析が将来必要であろう．

WyartとSabatier(1967)は，300~600°Cの熱水条件で，$MgCO_3$とモンモリロナイトから緑泥石，蛇紋石と共にコレンサイトを合成できたことを報告している．この場合にコレンサイトは，安定な鉱物組合せ(滑石-コージーライト-クリノクロル)の代りに生ずるものであって，その生成には原試料のモンモリロナイトの存在が重要な条件であろうと述べている．

また近年，Frank-Kamenetsky とその共同研究者(Frank-Kamenetsky, Kotov 等，1972)は，熱水条件下でカオリナイトと K, Ca, Na, Mg の塩化物の系より，いろいろな混合層鉱物を合成し，この過程は天然の熱水源また続成作用の過程でできる混合層鉱物の成因の解明に資すると述べている．

以上述べたように混合層鉱物の成因の1つには，1つの粘土鉱物からの変化という機構が考えられるが，このような場合に，混合層鉱物の生成条件には，温度，圧力，化学的条件と共に，既にある粘土鉱物が土台となっていることがあり，このことが混合層鉱物の生成を(特に高温高圧にしなくても)促進するに役立っていると考えられる．このような生成機構は，トポ化学反応から出発するものであって，トポ化学反応の研究を取り入れて研究を進める必要がある．

18-12 偏倚型の存在

混合層鉱物の成分層は偏倚型が多いことは，既に述べた通りである．ここで偏倚型が単一の鉱物として存在しているかどうかの問題が残る．既に述べたように，中間性鉱物は，研究が進むにつれて混合層鉱物であることが明らかにされた例が多い．これは，必ずしも中間性鉱物のすべてが，混合層鉱物であるといい切るデータは現在ないので，残りのものはどのような性質のものかが重要な研究問題として残る．しかし，現在この問題の結論を出すことは，極めてむずかしい．偏倚型が1つの鉱物として存在するという一方で，やはりよく調べると，それは，混合層であるという反論が行われ，また，偏倚性の原因が，現在考えられている方向と全く別のところに求められる説が提出されていることもある．従って，多くは将来の問題であるが，以下，現在考えられている範囲を述べる．

まず膨潤性の緑泥石(Honeyborne, 1951(表18-7(1)); Stephen and MacEwan, 1951(表18-7(2)); Martin Vivaldi and MacEwan, 1957(表18-7(3)))は，偏倚性の鉱物かと考えられている．データはまだ十分ではないが，この鉱物が混合層鉱物であることが明らかにされた事実はなく，かえって，この鉱物が混合層鉱物の成分層として存在することが示されている．「剝離性緑泥石」(Shimane and Sudo, 1958(表18-7(4)))は，化学成分その他の性質(幾何学的の性質)は緑泥石と一致するが，著しい剝離性を示す．その後，Sutherland と MacEwan(1960)

表18-7 異常緑泥石の鉱物学的性質

		(1)	(2)	(3)	(4)	(5)	(6)	(7)
各種処理後の変化	未処理	14.0Å	14Å	13.6Å	14Å	—	14.8Å	14.49Å
	グリセロール	16.18	17.8	14.8	14	—	15.7	—
	エチレングリコル	—	14.2	14.2	14	—	15.5	14.49
	水	—	—	—	—	—	15.5	14.49
	硝酸アンモン	—	—	—	—	—	14.8	14.49
	110°C	—	—	—	—	14	14.8	—
	300°C	—	—	—	—	14	14.7	14.38
	500°C	13.8	13.8	13.7	14	14	14.2	14.37(450°C)
	600°C	—	—	—	—	14	—	13.95
	700°C	—	—	—	—	14	—	13.17
	800°C	—	—	—	—	14	—	9.71(760°C)
未処理試料のX線粉末回折パターン	001				14.4 (5)		14.8 (47)	14.49 (170)
	002				7.22 (10)		7.325(28)	7.197(150)
	003				4.81 (10)		4.844(32)	4.786 (47)
	020				4.56 (1/3)		4.572(65)	4.637 (4)
	004				3.604(10)		3.590(30)	3.588 (55)
	005				2.840 (3)		2.882(10)	2.872 (10)
							2.635(20)	
	131 20$\bar{1}$				2.596(1/3)			2.592 (3)
	13$\bar{2}$ 201						2.547(40)	2.551 (2)
								2.458 (4)
	13$\bar{3}$ 202				2.401(1/3)		2.409(30b)	2.397 (2)
	006				2.338(1/3)			
	133 20$\bar{4}$				2.175(1/3)		2.268 (7)	2.282 (2)
	007				2.054 (1)			2.052 (3)
	135 204						2.009(14b)	2.019 (2)
	135 20$\bar{6}$						1.895 (3)	
	13$\bar{6}$ 205				1.820(1/3)		1.810 (2)	
	136 207						1.726 (5)	
	137 206				1.655(1/2)		1.682 (5)	
	137 208						1.564(66)	1.578 (2)
							1.534 (3b)	1.545 (5)
	062 331				1.507(1/3)		1.500 (8)	1.511 (2)
	00,10				1.493 (1)			
	13$\bar{9}$ 208				1.409(1/3)		1.401(56)	1.406 (2)
化学分析値	SiO_2				33.14%	41.2%	32.72%	30.84%
	TiO_2				0.08	—	0.03	0.12
	Al_2O_3				10.04	10.31	20.28	14.15
	Fe_2O_3				4.00	3.10	1.00	2.59
	FeO				5.66	3.66	—	18.42
	MnO				—	—	0.06	0.10
	CaO				0.56	1.87	1.97	0.59
	MgO				32.64	20.09	24.47	20.62
	Na_2O				0.18	0.03	0.25	0.21
	K_2O				0.06	—	tr.	0.04
	$H_2O(+)$				12.46	9.78	12.57	10.82
	$H_2O(-)$				0.98	5.78	7.02	0.88
	計(%)				99.80		100.37	99.38

(1),(2),(3)「膨潤性緑泥石」, (1) Honeyborne(1951). (2) Stephen and MacEwan(1951).
(3) Martin Vivaldi and MacEwan,(1957).
(4)「剥離性緑泥石」高知県吉野(Shimane and Sudo, 1958).
(5)「緑泥石と膨潤性緑泥石の混合層鉱物」(1:1の全くの不規則性か?)と解されたもの. 膨潤性は,アミン複合体で示されている(Sutherland and MacEwan, 1960). 著者は(4)の試料も同様のものと推論しているが,解明されていない. 化学分析値の合計は不明.
(6)「膨潤性緑泥石」,「サポナイトの緑泥石様複合体」とも名付けられたもの(Shimoda,1970).
(7)「収縮性緑泥石」,「低耐熱性緑泥石」ともいうべきもの(金原啓司による).

(表18-7(5))は,この鉱物と同様な鉱物を調べ,緑泥石と膨潤性緑泥石との混合層鉱物とした. すなわち, (20l), (40l) の複合斑点ならびにアミン類による複合体に見られる膨潤などから,1:1の比率の不規則型と結論されているようである. なおこの両鉱物の詳細な比較検討は不十分であり,熱変化に見られる剥離性と,湿式化学処理の結果について従来いわれていた膨潤性との比較検討も,多くは将来の問題である. 日本からの膨潤性緑泥石と考えられる試料は,石見鉱山よりの試料(Osada and Sudo, 1960), 花岡鉱山からの試料(Shimoda, 1970) (表18-7(6))があるが, この中で,下田右は,花岡鉱山の試料につき,500°C加熱試料の1次元電子分布密度を求めたところ, 通常の緑泥石のように層間物質に基づくピークの分裂が見られない(図18-9)という注目すべき結果を得ている.

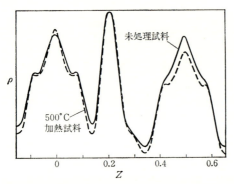

図18-9 秋田県花岡鉱山「膨潤性緑泥石」,「サポナイトの緑泥石様複合体」とも名付けられた試料の1次元フーリエ合成図 (Shimoda, 1970).

近年,金原啓司は,いわゆるグリーンタフ中の粘土鉱物の性質を詳細に研究した結果,中間性鉱物が極めて広く分布している事実を明らかにし,耐熱曲線により他の粘土鉱物と比較した(図18-10). その結果, 日本で発見された膨潤性緑泥石ともいうべきものは化学成分はダイアバンタイトに近く,図18-10(E), (D)のように600°C以上の加熱により, d_0 が9〜12Åにまで収縮するものである(図18-10). ダイアバンタイトの古くからのデータを見ると,加水,酸化しているものが多いと述べられていて, このようなものは古くからダイアバンタイトーバーミキュライトと名付けられている. この「収縮性緑泥石」が,果して1つの偏倚型であるか否か現在のところまだ疑問である.

「イライト」の多様性が指摘され, その中に混合層鉱物が存在することが示されたが, しかし, 「イライト」の一部は, 偏倚型として1つの鉱物として存在

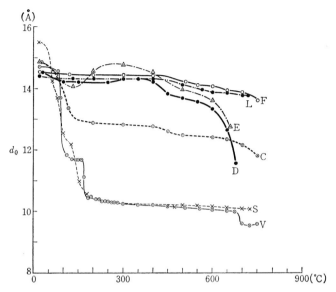

図 18-10 粘土鉱物の耐熱曲線(金原啓司による). 高温 X 線ディフラクトメーターによる,単位構造の高さ(d_0)の温度変化.
L:島根県鰐淵鉱山,緑泥石,ロイヒテンバージャイト-シェリダナイト (Sakamoto and Sudo, 1956).
F:秋田県尾去沢鉱山,鉄緑泥石.
S:秋田県大平山,鉄サポナイト.
V:福島県雲水峯,バーミキュライト.
C:秋田県大平山,緑泥石-サポナイトの混合層鉱物.
E:秋田県花岡鉱山,「膨潤性緑泥石」,「サポナイトの緑泥石様複合体」とも名付けられた試料 (Shimoda, 1970).
D:秋田県大平山,「収縮性緑泥石」または「低耐熱性緑泥石」.

することが示されている (Gaudette, Eades 等, 1965). しかし一方で, この偏倚性の原因を不均質な鉱物粒子により説明しようとする説があり, 「イライト問題」は定説に達していない.

はじめに述べたように中間性鉱物は, 異なった2つの群の中間に認められるものと述べた. この原則は変りないけれども, 群の中には, スメクタイト, バーミキュライト群のように極めて近縁の群がある. この2群については, 偏倚型中間性鉱物は明らかに認められる. たとえば, 膨潤性の度合を半ば定量的に比べた場合に, 層間イオンの種により, スメクタイトであって, なおバーミキュライト群の性質を示すもの(またはその逆)が存在する (Al (層間) バーミキュ

ライトの例).

　当面の問題と多少はずれるけれども，たとえばモンモリロナイトとして判定され，全く問題のない試料であっても，実は単位胞は僅かながら，位置により異なっているという報告もある．

　以上要するに偏倚性型の中間性鉱物の存在は(一部になお議論の余地があるが)，全面的に否定する結論は全くない．また一方で既に述べたように，混合層鉱物の成因の主要なものは2次成因であることを示す事実が多い．これらをあわせ考えると，1つの粘土鉱物Aが，他の粘土鉱物Bへ変化する過程のモデルは次のように考えられる．その変化の初期には，偏倚型が生じ(単位胞に微細な変化が生じはじめているが，まだ，2種，3種と区別して考えるに足るほどの変化を生じていない型)，やがて変化が進むと，単位胞は2,3種に分化し，混合層をつくるというモデルである．

18-13　サイクル

　以上論じてきたところから，粘土鉱物の地殻表層の産状，成因は，自然と地殻表層における粘土鉱物のサイクルという変化過程にまとめることができる．このサイクルの場の分け方は，地球化学の元素のサイクルでしばしば示されているものであるが，粘土鉱物の変化の多様性は，必ずしも1つの円で示し尽されるものでない．

　たとえば，ここに熱水性の結晶度のよい緑泥石があり，これが風化の進まない環境(たとえば寒帯とか，またはイオンの溶脱の悪いアルカリ性の環境)へ露出し，堆積，埋没へ移れば，ほとんど大した変化を受けないであろう．しかし，風化の進む状態では，緑泥石→膨潤性緑泥石→tri.亜群のバーミキュライト→tri.亜群のスメクタイト(鉄サポナイトなど)と進み，特殊な環境でtri.亜群のAl(層間)バーミキュライトになる．黒雲母の風化過程も同様であろう．di.亜群の雲母を出発物質とすれば，di.亜群のバーミキュライト→di.亜群のスメクタイトへ進み酸性条件下ではAl(層間)スメクタイト，カオリナイト群へ進むであろう．この両者ともN→Eの変化であり，degradationということができる．以上何れの場合でも，更に風化が進めば，粘土鉱物は分解され，ボーキサイト，ラテライトを生む．これらの母材は，通常，塩基性岩であるらしい．以

上の変化過程は一括したモデルとして示したものであって，実際には，必ずしも上記の変化を逐一たどるとはかぎらない．また，ここでは層間域の結晶化学的の変化(加水されること，イオン交換が起こることなどの変化)を考えている．ところで，2:1層，1:1層の内部にまで，どのような変化が，風化過程で生じ得るか，まだ結論が得られない(もちろん分解してしまう場合は別として)．たしかに，イオンの溶脱の著しい環境では，これらの層中のイオンの溶脱も考えられる．Al(層間)バーミキュライト，Al(層間)モンモリロナイトの生成には，2:1層のAlが一部溶脱し，層間に入ると考えられている．このとき，そのあとは，欠損のまま残るのであろうか．また，イオン交換が行われて，これらの層が化学成分と構造の両方面で(結晶学的特性の面で)改造が行われ得るのであろうか．海底堆積，埋没の過程に入れば，上に述べたような変化の向きと逆の変化が続成作用で生ずる．このときdi.亜群のスメクタイトからは，まずdi.-tri.亜群の緑泥石が生ずるはずであるが，実際にはtri.亜群の緑泥石が極めて多い．恐らくMgの供給環境が多いためで，Mgが不足すれば，Feで償い得られるためと思われる(Rex, 1967)．そうすれば，続成作用の過程では，2:1層，1:1層の結晶化学的な改造が十分行われるものと思われ，粘土鉱物のこの過程での変化は，E→Nの向きとなり，この変化は温度，圧力の増加条件もととのっているから当然のことと思われる．

粘土鉱物の変化をサイクルで示すと共に，粘土鉱物の生成に，進化ともいえる重要な事実を思い出す．進化とは，生物学上の言葉であるが，それ以外にも広く用いられている．いうまでもなく，進化という言葉が無生物の変化に用いられる場合は，生物の進化の特性が，そのまますべて無生物界にあてはめ得られるものではない．従来粘土鉱物の進化という言葉がしばしば用いられているが，その意味は「粘土鉱物の変化」という意味と大差ないほど，意味はあいまいである．しかし，粘土鉱物の変化の形は，むしろ既に述べたように，サイクルとして描くのが適切であろう．粘土鉱物の進化という表現は，非晶質物質から，粘土鉱物が発生する過程に用い得られると思われる．第17章に火山ガラスから粘土鉱物の生成変化を詳細に述べたが，これは粘土鉱物の進化として述べてよかろうと思われる．

18-14 混合層鉱物の構造式

全く規則正しい規則型のモデルの構造式は次のように立てることができる。まず緑泥石-モンモリロナイトの規則型について，2:1層の内部の変化はないものとして，

$$\{(EC)^+_{x/2} \cdot nH_2O\}((Mg_{3-(x/2)}Al_{x/2})(OH)_6)(Mg_{6-x}Al_x)[Si_{8-2x}Al_{2x}]O_{20}(OH)_4$$
$$= \{(EC)^+_{x/2} \cdot nH_2O\}(Mg_{9-(3x/2)}Al_{3x/2})[Si_{8-2x}Al_{2x}]O_{20}(OH)_{10}$$

となる．いくつかの実例（表18-8）（もちろん成分比は厳密に1:1に一致してい

表18-8 混合層鉱物

	(1)	(2)	(3)	(4)	(5)	(6)	(7)
SiO_2	43.1%	41.2%	37.2%	34.00%	33.90%	33.95%	39.46%
TiO_2	0.73	0.04	0.4			tr.	0.02
Al_2O_3	16.6	12.1	15.5	16.25	17.60	19.20	12.59
Fe_2O_3	6.32	1.74	6.7	12.60	10.92	0.71	0.31
FeO		0.39			1.20	0.69	0.14
MnO	0.03		0.01				
CaO	0.94	1.4	1.0	0.50	1.10	0.70	0.06
MgO	17.65	22.0	18.9	22.16	20.98	26.31	24.91
Na_2O	0.52	0.07	0.2	0.37	0.67	0.74	0.22
K_2O	2.72	0.22	1.4	0.28	0.68	0.05	0.03
$H_2O(+)$	7.40	15.4	18.4	13.95	9.83	11.26	11.20
$H_2O(-)$		6.80			2.92	6.55	10.94
P_2O_5	0.26	—			—	—	—
計	(100.48)		99.71	100.11	99.80	100.16	99.88
分析者						杉浦精治	高橋博

(1)〜(12) 緑泥石との組合せ．
(1) Yate formation(Ward County, Texas)中より産出するもの(Earley, Brindley 等, 1956). CO_2 : 0.81%, S : 0.00%, C : 3.40%.
(2) 上部 Mississippian 堆積岩(Juniper Canyon, Moffat County, Colorado)より産する(Bradley and Weaver, 1956)．CEC : 40 me/100 g．
(3) 上部 Mississippian のドロマイト質堆積岩(Cumberland Plateau, Tennessee)より産する(Peterson, 1961)．V : 0.0001%, Zr : 0.0001%, Cu : 0.001%.
(4) 輝緑岩中より産する(Rossena, Italy)(Gallitelli, 1956).
(5) 同 上(Campotrera, Italy)(Gallitelli, 1956).
(6) 石川県能登鉱山石音鉱体に伴う(杉浦精治, 1962).
(7) 北九州市恒見，ドロマイトに伴う(高橋博, 1959).
(8) 秋田県古遠部鉱山の玄武岩中に産する(脇田健治, 未発表).
(9) 茨城県久慈川流域北部のグリーンタフの安山岩質凝灰角礫岩中より産する．スメクタイト(S)が0.4，緑泥石(C)は0.6の比率，$P^{(SS)}=0.0$, $P^{(CC)}=0.33$. 3.2%の石英を含む(定量結果より)．スメクタイトは鉄サポナイトと考えられる(Kimbara, Shimoda 等, 1971).
(10) トスダイト．青森県上北鉱山本坑鉱床の硫化鉱床を取りまく変質帯より産する．緑泥石は，di.-

ないものがあり，そこまで検討の進んでいない例もある)を上式に入れると，表 18-8, 18-9 のようになる．この表が示すように，8面体陽イオン総数 $\sum^{3+} + \sum^{2+}$ は9より小さくなっている．この理由として，緑泥石層と考えたときの8面体シート(2カ所にあるシートの両者か，または何れか一方かは不明)が，一部 di. 亜群の性質を示すためと考えられる．di.-tri. 亜群の式

$$(Al_2Mg_{x/2})(Al_2)[Si_{4-x}Al_x]O_{10}(OH)_8$$

より出発すれば，この式で両8面体シートの結晶化学的性質を等しいとし，

の 化 学 成 分

(8)	(9)	(10)	(11)	(12)	(13)	(14)	(15)
35.26%	37.82%	39.94%	42.14%	45.15%	43.17%	52.46%	54.11%
0.96	0.22	0.74			0.51	0.38	0.01
16.02	14.72	33.17	37.38	33.35	33.54	27.77	40.38
6.66	6.47	1.34	0.30	3.25	0.26	0.89	0.15
8.19	8.90	0.18			0.13	0.98	—
	0.37	tr.				0.02	ナシ
2.37	1.81	1.30	1.65	0.41	0.52	1.28	0.52
14.61	14.36	6.44	0.08	1.25	0.65	2.22	0.78
1.58	1.10	0.52	0.15	0.25	0.38	0.24	3.87
0.21	1.10	0.24	1.40	0.11	2.84	3.72	0.29
8.43	7.10	11.64	11.22	14.40	7.75	6.58(灼)	
4.92	6.44	4.39	6.16	2.58	10.48	3.04	
0.25	—	0.08		—	tr.		
99.46	100.41	(100.41)	100.48	100.75	100.23	99.58	(100.24)
脇田健治	金原啓司	児玉秀臣	下田右		下田右	生沼郁	児玉秀臣

tri. 亜群(スドー石)．スメクタイトはモンモリロナイト(Sudo and Kodama. 1957)．S: 0.69% を含む．S: O, −0.26.
(11) トスダイト．福島県高玉鉱山(金，銀鉱脈)の母岩(第3紀凝灰岩，凝灰質堆積岩)の熱水変質鉱物．緑泥石は，di. 亜群で，スメクタイトはモンモリロナイト(Shimoda, 1969).
(12) トスダイト(Privetny, Crimia)．古くからアルシュタイトと呼ばれていた(Frank-Kamenetsky, Logvinenko 等, 1965).
(13)〜(15) 雲母との組合せ．
(13) 長野県米子(ダイアスポア)鉱山の変質帯に産する．雲母-モンモリロナイトの不規則型($g=1$) (Shimoda and Sudo, 1960).
(14) 北海道石狩炭田上砂川第3紀の凝灰岩の主成分鉱物，雲母-モンモリロナイトの不規則型($g=1$) (小林和夫，生沼郁, 1960).
(15) レクトライト(Fort Sandeman 地方，Baluchstan, Pakistan)．SrO: 0.13% を含む．層間イオンは，固定されている部分(f)と，交換性の部分(e)に分けて分析されている．SrO(f)0.04, SrO(e)0.09; CaO(f)0.15, CaO(e)0.37; MgO(f)0.24, MgO(e)0.54; K_2O(f)0.24; K_2O(e)0.05; Na_2O(f)3.59; Na_2O(e)0.28 (Kodama, 1966).

表 18-9

	EC	Na	K	Ca/2	Mg	Fe^{2+}	Fe^{3+}	Al	Si	Al	Ti
(2)	0.57	0.03	0.07	0.71	7.78	0.07	0.31	0.84	5.47	2.53	
(4)		0.124	0.062	0.184	5.690		1.634	1.163	5.862	2.138	
			0.370			8.487					
(5)		0.225	0.148	0.404	5.360	0.172	1.409	1.372	5.814	2.186	
			0.777			8.313					
(6)		0.248	0.010	0.260	6.807	0.100	0.094	1.829	5.898	2.102	
			0.518			8.830					
(7)		0.080	0.006	0.044	6.670	0.022	0.041	1.760	7.090	0.907	0.003
			0.130			8.493					
(8)		0.545	0.047	0.904	3.870	1.217	0.891	1.756	6.270	1.602	0.128
			1.496			7.734					

番号は表 18-8 に同じ.

$Al \rightleftarrows 1.5Mg$ をくり込んでいけば,

$$(Al_{4-2\alpha}Mg_{x/2+(6\alpha/2)})[Si_{4-x}Al_x]O_{10}(OH)_8$$

これを2倍して, 上式と同様に 2:1 層の内部の変化を無視すれば,

$$\{(EC)^+_{x/2} \cdot nH_2O\}(Al_{6-3\alpha}Mg_{3x/4+9\alpha/2})[Si_{8-2x}Al_{2x}]O_{20}(OH)_{10}$$

これより $x/2+3x/2=2x$ である(表 18-10).

トスダイトの化学成分の例はコレンサイトより僅かである(表 18-10). まずマグネシウムの含有量は無視し得るものから, 少量ながら無視できないものまである. ここで構造式を立てるとき, マグネシウムを2種の8面体層にどのように分配するか問題であるが, 一般的に考えれば, 両方に適当に, または等分に分配する場合, 何れか一方にのみ分配する場合が考えられる. 緑泥石(di. 亜群)の構造特性によれば, ケイ酸塩層を完全に di. 亜群とし, (OH)層にマグネシウムを分配する場合が, 最もよく X 線強度が実測値と一致することが認め

表 18-10

	α	水分子層よりの正電荷$(x/2)$	8面体層の正電荷$(3x/2)$	$\dfrac{x}{2}+\dfrac{3x}{2}$	4面体層よりの負電荷$(2x)$
(4)	1.069	0.370	1.758	2.128	2.138
(5)	1.073	0.777	1.408	2.185	2.186
(6)	1.359	0.518	1.570	2.088	2.102
(7)	1.400	0.130	0.784	0.914	0.907
(8)	1.118	1.497	0.112	1.609	1.602

番号は表 18-8 に同じ.

られているので，ここでは，トスダイトの緑泥石格子についても上記の型をとって構造式をたててみることにする．すなわち構造式は次のように立てることができる．

$$\{(EC)^+_{x/2} \cdot nH_2O\}(Al_{6-\alpha}Mg_{x/4+3\alpha/2})[Si_{8-x}Al_x]O_{20}(OH)_{10}$$

ここで3価の8面体陽イオンの総数をΣ^{3+}とし2価のそれをΣ^{2+}とすれば

$$\Sigma^{3+} = 6-\alpha$$

$$\Sigma^{2+} = \frac{x}{4}+\frac{3\alpha}{2}$$

$$\frac{x}{2}+2\cdot\frac{x}{4}=x$$

の関係が成立する．

また4面体シートから生ずる負電荷xを$x_1/2$と$x_2/2$ ($x_1 \neq x_2$)の2つの部分に分つときは

$$\{(EC)^+_{x_1/2} \cdot nH_2O\}(Al_{6-\alpha}Mg_{x_2/4+3\alpha/2})[Si_{8-x_1/2-x_2/2}Al_{x_1/2+x_2/2}]O_{20}(OH)_{10}$$

となる．

上北産の構造式は$O_{40}(OH)_{20}$として

 層間イオン　　　　$\{K_{0.10}Na_{0.34}Ca_{0.46}\cdot 8H_2O\}$
 層間8面体シート　$(Al_{2.32}Mg_{3.19}(OH)_{12.00})$
 2:1層　　　　　　$(Al_{8.00})[Si_{13.30}Al_{2.70}]O_{40.00}(OH)_{8.00}$

$\alpha=0.84$, $x=2.70$, $x_1=1.36$, $x_2=1.34$となる．緑泥石層はdi.-tri.亜群(スドー石)となる．

高玉産の試料の構造式は

 層間イオン　　　　$\{K_{0.58}Na_{0.09}Ca_{0.57}\cdot 8.88H_2O\}$
 層間8面体シート　$(Al_{4.05}Mg_{0.04}Fe^{3+}_{0.07}(OH)_{12.00})$
 2:1層　　　　　　$(Al_{8.00})[Si_{13.72}Al_{2.28}]O_{40.00}(OH)_{8.00}$

緑泥石層はdi.亜群となる．

Frank-Kamenetsky, Logvinenko等(1965)が最初にトスダイトと命名した試料も，その化学成分からみると(表18-8(12))，緑泥石層はdi.亜群のものと考えられる．

混合層鉱物の構造式を，できるだけ正しく導くには，化学分析で，交換性と

非交換性のイオンを分けて分析した結果が必要である．児玉秀臣(Kodama, 1966)のレクトライトの研究は，この意味で完ぺきである．レクトライトの式は

$$\begin{Bmatrix} Na_{1.65} \\ K_{0.07} \\ Ca_{0.04} \end{Bmatrix} \begin{pmatrix} Mg_{0.07} \\ Fe_{0.02} \\ Al_{4.00} \end{pmatrix} \begin{bmatrix} Al_{2.00} \\ Si_{8.00} \end{bmatrix} O_{22} + 0.75(A)(B) \begin{bmatrix} Al_{1.55} \\ Si_{6.45} \end{bmatrix} O_{22}$$

$$+ 0.25(A)(B)[Si_{8.00}]O_{22}$$

$$(A) = \begin{Bmatrix} Na_{0.13} \\ K_{0.01} \\ Mg_{0.19} \\ Ca_{0.10} \\ Sr_{0.01} \end{Bmatrix}, \quad (B) = \begin{Bmatrix} Mg_{0.04} \\ Fe^{3+}_{0.01} \\ Al_{4.12} \end{Bmatrix}$$

と示されている．ここで成分比は1：1で，非膨潤層はパラゴナイト様であり，膨潤層はバイデライトとモンモリロナイトが3：1の比率で占めている．

18-15　原理のまとめ

　粘土は数多くの特性を持つため古くから広い応用面を開拓してきた．この特性の源は粘土鉱物にあるとのことで粘土鉱物学ができた．粘土鉱物学は鉱物学の新しい道として大きい発展をとげてきたが，粘土研究分野は粘土科学という総合科学に発展し，粘土鉱物学はその最も重要な基礎部門を受けもつこととなった．粘土鉱物学の近年の発達によって，粘土鉱物の性質の極微の変化が明らかにされてきたが，この変化が，粘土鉱物学自身にも，また応用面にも，どのような意義を持つかを考える時期になっているといえる．ここでいくつかの原理を提唱してこの問に答えたい．

(1) 中間粘土鉱物の存在

　粘土鉱物の特性には，幾何学的な特性とともに動力学的な特性をも考慮しなくてはならない．後者は外からの物理，化学的な刺激によって引き起こされる反応の程度により明らかにされる．分類表では，これらの特性が，いくつかの不連続的な「わく」の中にまとめられて示される．しかし，粘土鉱物の実際の姿には，これらの「わく」と「わく」の間にまたがり，どちらつかずの性質を示すものが多い．環境の変化に対応し，それに追随して変化し得る幾何学的特

性の幅は，動力学的特性のそれに比し小さいことが多い．このことは，中間性鉱物に広く認められている．中間性鉱物は2つに分けて考えられる．1つは混合層型であり，他は偏倚型である．前者は2種またはそれ以上の異なった単位構造が，特定の結晶学的関係に位置するものである．後者は混合層の確認ができないものであって，モデルとしては，恐らく，すべての単位構造の特性が，一様に偏った性質を持つものである．ここに偏倚性とは，理想的な性質に比して変化している意味の定性的な表現である．現在のところ，偏倚性の存在は混合層に比して明確なものでなく，将来検討を進めるべき問題である．しかし，従来のデータから推測するならば，偏倚型の存在の問題は，究極のところ，不連続観と，連続観の観点の相異という結論以上に出ない場合も考えられる．

(2) 粘土鉱物単位構造特性の変化

粘土鉱物の単位構造の特性には微妙な変化があり得る．この事実を重要事項として取り上げるのが，この原理である．論議の対象物として非混合層と混合層に分けられ，その各の内容は強いて分ければ，「変化」の指摘の性格によって2つに分けられる．(a) 1つは理想像と比較し，変化を一括して指摘する場合，(b) 他は1つの鉱物内での変化として指摘する場合である．

(A) 非混合層の場合

　(a)　すでに述べた偏倚型はこの例である．

　(b)　特に全体として異常性が認められない例でも，単位構造はわずかながら部分により変化している事実を指摘した報告がある(モンモリロナイトの一例)．従って，このような例では，その鉱物全体から記録される特性は，各単位構造の特性の平均値ということができる．

(B) 混合層の場合

　(a)　混合層鉱物の成分鉱物層の特性が，標準の粘土鉱物の特性から偏倚していることが多くの例で示されている．特に，全くの規則型の単位構造について，または不規則型で，異種の成分鉱物層の境界部にある単位構造については，異常性が考えられる．この異常性は単に理想像と比較してみたときに少し変化しているというようなもののみではなく，単位構造の内部に存在し得る新しい異常性(例えば電気的極性)を考えさせられるものである．

　(b)　混合層鉱物の1つの成分鉱物層についても性質が一定していない例

がある(Kodama, 1966). また, (B)(a)で述べた電気的極性説では, 層間電位の非対称性より来る電気的極性の向きが, 1つの粘土鉱物の中でも一様でない場合もあり得ると考えられる.

(3) 粘土鉱物の進化とサイクル

以上述べた(1), (2)は粘土鉱物の最近の進歩から示された一般特性ならびにその解釈である. そこでは極めて微細な変化を追ってこれを明らかにしているが, 微細な変化に粘土鉱物の生成変化を示す鍵が示されているからこそ, このような変化を追うことに意義が認められているのである. すなわち, どうしてこのような微細な異常な変化が認められるかとの問に対する答は, 常に粘土鉱物の成因の解釈と密接に結ばれてくるのである. 粘土鉱物について細かい性質の変化と産状を結びつけた結果として描き得るものは, 粘土鉱物の地殻表層におけるサイクルの図である. そして, 混合層鉱物は, このサイクルの道筋にあって粘土鉱物の変化の向きを指示する役割を果たしているように思われる. これが第3の原理の趣旨である.

以上述べた(1), (2), (3)の3つの原理を総合してみると, 混合層鉱物を媒介として行われる粘土鉱物変化の様相については, 次のようにモデル化して考えることができるだろう.

中間性鉱物存在の原理で, 偏倚型中間性鉱物(すなわち単位構造としては2種に区別できないが, 全体として偏倚型を示すもの)があるかどうかについては, 最終的な結論は現在まだ得られていないと述べた. しかし膨潤性緑泥石については, 原試料のデータは必ずしも十分とはいえないが, 偏倚型であると現在でも考えられている. しかし, また一般的に, もし偏倚型が存在するならば, それは2つの鉱物の中間といっても, 何れか一方に近い特性を持つものとして存在する可能性が大きい.

しかし第2の原理では, 中間性鉱物の混合層型においては, その成分鉱物が異常性を示すことが述べられる. この異常性はまず, 不規則型において, 1つの成分鉱物層の1群を考えるならば, そのものが偏倚性の中間性鉱物の1群であり得る. 2つの成分鉱物層の群すなわち2種の群の境界部について, また全く規則正しい混合層のモデルについては, 単位構造の内部に存在する新しい異常性を考えねばならない. 他方で混合層型の成因には, 1次的(初成的)なもの

がある一方で，2次的なものが多い．例えばA→Bの鉱物変化の途中に生成される混合層型(A-Bの組合せ)については，Bの単位構造はAの特性を一部保持し，しかも新しくBの特性をも一部持っているという中間性を示す(ColeとHoskingの考え)．

ここまで整理してくれば，偏倚性は少なくとも混合層鉱物の成分層として存在することは明らかである．そして1つの粘土鉱物Aが他の粘土鉱物Bに変化する道筋，すなわちA-Bの混合層型を媒介として変化するモデルは，次のように考えられる．すなわち，Aが変化しはじめる頃，その単位層は，未だ混合層として2種の成分層に分化する時期に到らず，偏倚型中間性鉱物として存在する可能性がある．更に変化が進めば，単位構造は2種に(またはそれ以上に)分化し混合層をつくるが，その成分鉱物層の単位層は，たとえばA→Bの変化では，Bは母材であるAの特性を一部に持ち，その意味でBは標準特性に比すれば異常である．

18-16　混合層鉱物の成因(初成因，1次成因)

本書を通じて粘土鉱物の研究を語るにあたって，近年の研究の発展を通じて蓄積されつつある莫大なデータを逐一語ることは不可能である．むしろ，この莫大な知識を通じ粘土鉱物の本質を透視するよう注意した．本書にもられたデータは，自由に選択されているが，本章にて，1つの透視図が示されたのである．それは，混合層鉱物を通じてみた，粘土鉱物の1つの世界観ともいうべきものである．すなわち，中間性粘土鉱物の存在，混合層鉱物成分層の性質変動の2つの事実，混合層鉱物の2次成因を重要視して，地殻表層における粘土鉱物の挙動を，混合層鉱物を通じて，1つの鉱物サイクルの上にまとめられることを示したものである．中間性鉱物存在の原理，混合層鉱物成分層の性質変動の原理，粘土鉱物の進化とサイクルの原理の3原理を提唱したのである．

しかしここで，この原理が現在のところ唯一無二のものとは考えていない．問題点は，2次成因が唯一無二のものではないからである．この原理について，筆者自身が再検討してみる意味で，以下に少し論ずることにする．しかし，以下の論を通じて筆者は現在のところ，上の原理に代る原理を提唱する鍵とか，または，新しい原理を追加する糸口とかを得て最終結論に達しているわけでは

ない．全く将来の問題と考えている．

　まず，上に述べてきたように，2次成因は，産状，合成から広く認められるが，一方で，数は多くないが，初成因を示す事実や考えがある．Al, Mg, Si ゲルを出発物質として，高温，高圧下で「イライト」-サポナイトの混合層鉱物が合成されている(Iiyama and Roy, 1963)．ただし，これは天然の産状から推定できる環境条件に比し，著しく高圧下の条件である．出発物質の如何により，同一の鉱物の生成条件が異なることは，合成の章で述べた通りである．Schellmann (1967)は，鉄鉱層の中に針鉄鉱，シャモサイトのoolite に伴って，モンモリロナイトと Al に富む緑泥石の規則型混合層鉱物を見出し，これは水酸化アルミニウム，シリカゲルの再結晶（続成作用での）の結果生じたものと考えている．温度，圧力条件は明らかでないが，ゲルからの生成過程としては，むしろ熟成という過程で，それが2つのゲルに分かれ，それらが互層するような形で，結晶化することはあり得ると思われる．

　完全な規則型のモデルについて，特に初成因が考えられる．何故ならば，元来，それは，1つの単一鉱物と見られるからである．アレバルダイトの直線輪郭でかこまれた細長いリボン状の見事な結晶は，全く特有な自形結晶と考えられる．最近の研究では，アレバルダイトとレクトライトは同一鉱物で，その積層状態は，必ずしも全くの規則型でないことが示され，また雲母粘土鉱物(Al, di.)よりアレバルダイトと全く同じ性質（ただしリボン状の形はしていない）の規則型に近い混合層鉱物が合成されている．Lippmann と Johns (1969)は，全くの規則型は，不規則型と連続した究極の積層状態のものと考えるよりは，独立した鉱物と見ている．それは，ドロマイトでは，CO_2の分子の配向が，方解石とマグネサイトと異なっていることから，この2つの規則型と見るより，独立した鉱物とし，また粘土鉱物の完全な規則型は，電気的極性の存在が，独立した鉱物の資格を得るに十分であるとしている．しかし，この結論は成因的にも独立という意味か，単なる幾何学的の形の上で一線を画すべきとの意味か明らかでない．

　広く鉱物界を見るに，2種の鉱物が，くりかえして，結晶学的の関係を保って配列している例は珍しくない．そして，これらの中には，肉眼的の大きさのくりかえしから，細かいくりかえしまであり，組み合っている鉱物には，鉱物

の分類表の上で遠くへだたった2種の鉱物から，一方では固溶体系列に属するものから，また同一鉱物と見做される鉱物の中に，くりかえしが見られる場合(たとえば聚片双晶)がある．このように結晶では，原子，イオン配列に知られている規則正しいくりかえしからはじまって，更に高次元でも，くりかえしという特性が示されている．このように広く見ていくと，たとえば，大きい単位では，くりかえしという特性のみを考えると，長石と石英のグラフィック組織があり，長石のパーサイト，クリプトパーサイト，金属の共晶，炭酸塩鉱物などがある．これらの中でHendricksとTellerの理論による解析が炭酸塩鉱物に(Graf, Blyth and Stemmler, 1967)，また同趣旨の理論が長石に適用されている(Megaw, 1960)．これらのくりかえしを一般に造岩鉱物の混合層(または互層)構造とよべば，その成因は，粘土鉱物の場合より多様であり，造岩鉱物の互層構造の研究は，鉱物学の1つの大きい研究課題である．従来，まず，不溶分離による成因が確かめられている．たとえば，長石，金属などについてである．また結晶成長の過程で，互層構造ができる場合も知られ，また考えられている．たとえば金属のハロゲン化物の混合溶液から結晶が生成するとき(Kleber, 1959)，または共晶の生成過程についてである．粘土鉱物の混合層の成因について，もし，不溶分離，または，結晶成長の過程での成因も一部あるとすれば，恐らく混合ゲルからの粘土鉱物の生成過程についてあり得ると思われる．

18-17 粘土鉱物の世界像

粘土鉱物学の初期では確実な知識の不足から，この学問の世界観は混頓としていた．以来，その発展は大きくデータの数は昔日の比でなく，しかも各データはいずれも粘土鉱物の特性の極微の変化を明らかにし，これを追い続けた結果を示している．自然科学の発達の初期には，「もの」の個性を経験するといっても，極めてせまいものであった．それにもかかわらず，個人的体験のせまい世界に打ち勝ち，個性的存在を超越して，客観的展望および理解の世界に像を打ち立てることに価値観が見出されていた．今日ではいうまでもなく，「もの」自体については，莫大な，広く，深く，細かい実体が明らかにされデータが蓄積されている．知識に乏しい科学の初期の世界は混頓としていたといえるが，今日のように，広く深く細かい知識の莫大な集積の世界もまた，そのままの状

態を傍観しているかぎり，混頓とした世界であるといえる．蓄積されるデータの数と質の意識を考えて展望の世界に像を打ち立てることの必要性は，初期の時代と変わらず，むしろその必要性は蓄積されるデータを背景にして具体的に研究者の心に迫るように思われる．

既に述べたように粘土鉱物のような微細な鉱物の研究においては，肉眼は勿論のこと，普通の顕微鏡でさえも無力な場合が多かったが，この微細な世界を研究する他のいろいろな新しい研究方法が生れて，それらにより，ようやく微細な鉱物の世界は1歩1歩明るみに出されてきたのである．しかし，このようにして明るみに出されてきた粘土鉱物の性格とは一口にいえば，まことに微細な変化に富むことであった．そしてこの変化は，外界の状態の変化に極めて鋭敏に影響されているのをみたのである．ここで粘土鉱物の研究にあたり，何ごとも理想化しようとする考えのみをもって出発しては，粘土鉱物の真の姿は遠く手のとどかぬところに逃げ去って(得た結論は一見統一した美しさを持つとしても)，見失われていることに気づく．しかし，一方でありのままにみるとき，粘土鉱物の姿は，時に収拾のつかぬほどの変転極まりない千変万化の姿を呈しているをみる．そして次にこの千変万化する粘土鉱物の姿には，自然と1つの向きに変化しつつある鉱物の姿が認められてくる．粘土鉱物の生成する場所はいずれも地表またはそれに近いところである．そして，その環境は時々刻々に変化している．この変化に鋭敏に対応して，変化してゆく鉱物に粘土鉱物がある．どのような変化が見られるのであろうか．

生物が生命を保つ間は，その構成物質は他よりエネルギーをとり，組織は整った状態を保とうとするが，一たび死に到れば，その組織は崩壊し土へ帰るという．これになぞらえるならば，粘土鉱物の変化の1つの過程では，鉱物の崩壊していく姿，整より不整への変化を見る．

鉱物の遺跡がつもり固まって堆積岩の一部(頁岩，粘板岩)をなす．これらの堆積岩はいわば鉱物の遺跡の集まりであるが，これが一たび火成作用のエネルギーを得れば，変成作用により再び結晶度の高い鉱物の集合となる．粘土鉱物に見る変化の他の1つの過程では，不整より整への変化を見る．ここに粘土鉱物を通じて鉱物のサイクルの姿を知ることができるのである．

18-18 degradation, aggradation, 進化

degradation, aggradation は，元来，地形学の方面で用いられている語であって，前者は，河川の線，面両方の侵食作用，後者は流れによりけずりとられた物質を，陸上，海底に堆積させる作用の意味として用いられている．しかし，土壌学では，degradation を，1つの土壌型が，より風化の進んだ土壌に変る意味で用いられている．粘土鉱物研究で，近年用いはじめられた degradation の意味は，上の土壌学の用法に沿うものと考えられるが，より一般に粘土鉱物結晶の崩壊過程（単結晶粒径の減少，結晶度の低下，分解へ向かう過程）の意味として用いられ，aggradation は，この反対に，結晶の成長過程（粒径の増大，結晶度の改良，再結晶の過程）を意味するように用いられている．進化という語も粘土鉱物で用いられているが，その用法は degradation を下向進化（退化）の意味に，aggradation を上向進化の意味に広く用いられているように思われる．本書では degradation, aggradation の用語にとどめ，進化という語は，たとえば，火山ガラスのような非晶質物質が粘土鉱物へ結晶化する過程に用いてもよかろうという程度にとどめた．

参考文献

Allegra, G.(1964) : Acta Cryst., **17**, 579.
Bradley, W. F.(1945) : Amer. Miner., **30**, 704.
Bradley, W. F.(1950) : Amer. Miner., **35**, 590.
Bradley, W. F. and Weaver, C. E.(1956) : Amer. Miner., **41**, 497.
Brindley, G. W. and Gillery, F. H.(1954) : Clays and Clay Minerals (A. Swineford and N. Plummer, Editors), Publ. **327**, 349, Nat. Acad. Sci.—Nat. Res. Counc., Washington.
Brindley, G. W.(1955) : Amer. Miner., **40**, 239.
Brindley, G. W.(1956) : Amer. Miner., **41**, 91.
Brindley, G. W. and Sandalaki, Z.(1963) : Amer. Miner., **48**, 138.
Brindley, G. W. and Souza Santos, P. de(1966) : Proc. Intern. Clay Conf., 1966, Jerusalem, **I**, 3, Pergamon Press.
Brown, G. and Weir, A. H.(1963) : Proc. Intern. Clay Conf., 1963, Stockholm, **I**, 27, Pergamon Press.
Caillère, S. and Hénin, S.(1950) : C. R. Acad. Sci., Paris, **230**, 668.
Caillère, S., Mathieu-Sicaud, A. and Hénin, S.(1950) : Bull. Soc. franç. Minér., **73**, 193.
Cesari, M., Morelli, G. L. and Favretto, L.(1965) : Acta Cryst., **18**, 189.

Cole, W. F. and Hosking, J.(1957) : The Differential Thermal Investigation of Clays (R. C. Mackenzie, Editor), Ch. 248, Mineralogical Society, London.
Cole, W. F.(1966) : Clay Miner., **6**, 261.
D'yakonov, Yu, S.(1961) : Kristallografia, **6**, 624.
Earley, W., Brindley, G. W., McVeagh, G. W. and Van den Heuvel, R. C.(1956) : Amer. Miner., **41**, 258.
Faust, G. T. and Murata, K. J.(1953) : Amer. Miner., **38**, 973.
Faust, G. T., Hathaway, J. C. and Millot, G.(1959) : Amer. Miner., **44**, 342.
Frank-Kamenetsky, V. A., Logvinenko, N. V. and Drits, V. A.(1965) : Proc. Intern. Clay Conf., 1963, Stockholm, **II**, 181, Pergamon Press.
Frank-Kamenetsky, V. A., Kotov, N., Goilo, E. and Klotchkova, G.(1972) : Preprints Intern. Clay Conf., 1972, Madrid, **I**, 365, S. E. A. and A. I. P. E. A.
Gallitelli, P.(1956) : Accademia Nazionale dei Lincei, Ser. VIII, **XXI** fasc 3-4, 146.
Gaudette, H. E., Eades, J. L. and Grim, R. E.(1965) : Clays and Clay Miner., 13th Nat. Conf., 33, Pergamon Press.
Graf, D. L., Blyth, C. R. and Stemmler, R. S.(1967) : Illinois, State Geological Survey, Circular 408.
Gruner, J. W.(1934) : Amer. Miner., **19**, 557.
Hendricks, S. B. and Teller, E.(1942) : J. Chem. Phys., **10**, 147.
本多朔郎(1959) : 地質雑, **65**, 664.
Honeyborne, D. B.(1951) : Clay Miner. Bull., **1**, 150.
Iiyama, T. and Roy, R.(1963) : Clays and Clay Miner., 10th Nat. Conf., 4, Pergamon Press.
Imai, N. and Watanabe, K.(1972) : Miner. Geol., **22**, 43.
Jagodzinski, H.(1949) : Acta Cryst., **2**, 201.
Johnson, L. J.(1964) : Amer. Miner., **49**, 556.
Kakinoki, J. and Komura, Y.(1952) : J. Phys. Soc. Japan, **7**, 30.
Kakinoki, J. and Komura, Y.(1954) : J. Phys. Soc. Japan, **9**, 169.
金岡繁人(1968) : 窯協誌, **76**, 72.
Kimbara, K., Shimoda, S. and Sato, O.(1971) : Journ. Japan. Assoc. Miner. Petrol. Econ. Geol., **66**, 99.
木崎喜雄(1970) : 粘土科学, **10**, 39.
Kleber, W.(1959) : Freiberger Forschungshefte, **B 37**, 1.
小林和夫, 生沼郁(1960) : 地質雑, **66**, 506.
Kodama, H.(1966) : Amer. Miner., **51**, 1035.
Kodama, H., Shimoda, S. and Sudo, T.(1969) : Proc. Intern. Clay Conf., 1969, Tokyo, **I**, 185, Israel Universities Press.
Lippmann, F.(1954) : Heiderberg. Beit., Miner., **4**, 130.
Lippmann, F.(1956) : J. Sed. Petrol., **26**, 125.
Lippmann, F. and Johns, W. D.(1969) : Neues Jahrb. Miner., Mh., **H 5**, 212.

MacEwan, D. M. C. (1956) : Kolloid-Zeit., **149**, 96.
MacEwan, D. M. C. (1958) : Kolloid-Zeit., **156**, 61.
MacEwan, D. M. C. and Ruiz Amil, A. (1959) : Kolloid-Zeit., **162**, 93.
MacEwan, D. M. C., Ruiz Amil, A. and Brown, G. (1961) : The X-ray Identification and Crystal Structures of Clay Minerals (G. Brown, Editor), Ch. XI, 393, Mineralogical Society, London.
Martin Vivaldi, J. L. and MacEwan, D. M. C. (1957) : Clay Miner. Bull., **3**, 177.
Megaw, H. D. (1960) : Proc. Roy. Soc., A **259**, 59, 159, 184.
Méring, J. (1949) : Acta Cryst., **2**, 371.
Mitsuda, T. (1957) : Miner. J., **2**, 169.
Nemecz, E., Varju, Gy. and Barna, J. (1965) : Proc. Intern. Clay Conf., 1963, Stockholm, **II**, 51, Pergamon Press.
Oinuma, K. and Hayashi, H. (1965) : Amer. Miner., **50**, 1213.
Osada, M. and Sudo, T. (1960) : Clay Sci., **1**, 29.
Otsu, H. and Yasuda, T. (1964) : Miner. J., **4**, 91.
Peterson, M. N. A. (1961) : Amer. Miner., **46**, 1245.
Rex, R. W. (1967) : Clays and Clay Miner., 15th Nat. Conf., 195, Pergamon Press.
Reynolds, R. C. (1967) : Amer. Miner., **52**, 661.
Ross, G. J. and Kodama, H. (1970) : Clays and Clay Miner., **18**, 151.
Sakamoto, T. and Sudo, T. (1956) : Miner. J., **1**, 348.
Sato, M. (1965) : Nature, **208**, 70.
Sato, M., Oinuma, K. and Kobayashi, K. (1965) : Nature, **208**, 179.
Sato, M. (1969) : Zeit. Krist., **129**, 388.
Sato, M. and Kizaki, Y. (1972) : Zeit. Krist., **135**, 219.
Schellmann, W. (1967) : Proc. Intern. Clay Conf., 1966, Jerusalem, **II**, 53, Israel Program for Scientific Translations.
Schultz, L. G., Shepard, A. O., Blackmon, P. D. and Starkey, H. C. (1971) : Clays and Clay Miner., **19**, 137.
Shimane, H. and Sudo, T. (1958) : Clay Miner. Bull., **3**, 297.
Shimoda, S. and Sudo, T. (1960) : Amer. Miner., **45**, 1069.
Shimoda, S. (1969) : Clays and Clay Miner., **17**, 179.
Shimoda, S., Sudo, T. and Oinuma, K. (1969) : Proc. Intern. Clay Conf., 1969, Tokyo, **I**, 197, Israel Universities Press.
下田右, 生沼郁, 根岸敏雄 (1969) : 地質雑, **75**, 59.
Shimoda, S. (1970) : Clay Miner., **8**, 352.
Shimoda, S. and Brydon, J. E. (1971) : Clays and Clay Miner., **19**, 61.
Shimoyama, A., Johns, W. D. and Sudo, T. (1969) : Proc. Intern. Clay Conf., 1969, Tokyo, **I**, 225, Israel Universities Press.
Stephen, I. and MacEwan, D. M. C. (1950) : Geotechnique, Lond. 2, 82.
Stephen, I. and MacEwan, D. M. C. (1951) : Clay Miner. Bull., **1**, 157.

Sudo, T., Takahashi, H. and Matsui, H. (1954, a) : Nature, **173**, 161.
Sudo, T., Takahashi, H. and Matsui, H. (1954, b) : Jap. J. Geol. Geograph., **42**, 71.
Sudo, T. and Hayashi, H. (1955) : Sci. Rep. Tokyo Univ. Education, Sec. C, No. 25, 259.
Sudo, T. and Hayashi, H. (1956, a) : Nature, **178**, 1115.
Sudo, T. and Hayashi, H. (1956, b) : Clays and Clay Minerals (A. Swineford, Editor), Publ. **456**, 389, Nat. Acad. Sci.—Nat. Res. Counc., Washington.
Sudo, T. and Kodama, H. (1957) : Zeit. Krist., **190**, 379.
Sudo, T. and Hayashi, H. (1957) : Miner. J., **2**, 187.
Sudo, T., Hayashi, H. and Shimoda, S. (1962) : Clays and Clay Miner., 9th Nat. Conf., 378, Pergamon Press.
Sudo, T., Kurabayashi, S., Tsuchiya, T. and Kaneko, S. (1964) : Trans. 8th Intern. Cong. Soil Sci., Bucarest—Romania, 1964, **III**, 1095, Publishing House of the Academy of the Socialist Republic of Romania.
杉浦精治 (1962)：鉱物雑, **5**, 311.
Sutherland, H. H. and MacEwan, D. M. C. (1960) : Clays and Clay Miner., 9th Nat. Conf., 451, Pergamon Press.
高橋博 (1959)：鉱物雑, **4**, 151.
Tettenhorst, R. and Johns, W. D. (1966) : Clays and Clay Miner., 13th Nat. Conf., 85, Pergamon Press.
Tomita, K. and Sudo, T. (1968) : Nature, **217**, 1043.
Tomita, K. and Sudo, T. (1971) : Clays and Clay Miner., **19**, 263.
Ueda, S. and Sudo, T. (1966) : Nature, **211**, 1393.
Veniale, F. and Van der Marel, H. W. (1968) : Contr. Miner., Petrol., **17**, 237.
Veniale, F. and Van der Marel, H. W. (1969) : Proc. Intern. Clay Conf., 1969, Tokyo, **I**, 233, Israel Universities Press.
Walker, G. F. (1961) : The X-ray Identification and Crystal Structures of Clay Minerals (G. Brown, Editor), Ch. VII, 297, Mineralogical Society, London.
Wilson, A. J. C. (1942) : Proc. Roy. Soc., **A 180**, 277.
Wyart, J. and Sabatier, G. (1967) : Bull. Groupe Français des Argiles, **XVIII**, 33.
Yoshimura, T. (1971) : Sci. Rep. Niigata Univ., Ser. E., Geology and Geography Mineralogy, No. 2, 1.

第19章 粘土鉱物の判別，定量

19-1 判 別 表

粘土鉱物の性質の中で，結晶構造，化学成分，X線粉末反射，赤外線吸収，電子顕微鏡写真などは，現在の状態の性質で，これらは幾何学的の性質ということができる．一方で，粘土鉱物は，外界からの物理的，化学的刺激に対し敏感であって，変化を示す．加熱変化，液体との反応などである．このような性質は，動力学的な性質といえるであろう．したがって，粘土鉱物の判別表(診断表)は，非粘土鉱物のそれとは比べものにならないほど複雑である．いうまで

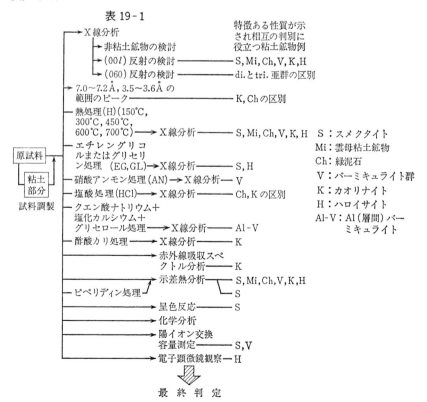

表 19-1

もなく，詳細な判別は，基礎分野のみならず，応用面でも必要である．例えば，単にモンモリロナイトが多く含まれているという簡単な報告は，土木工学の方面の報告としても意味は少ない．どのような交換性イオンを持つモンモリロナイトかということが，土質を左右する大きな因子の1つだからである．

表19-1に，粘土鉱物の診断書の項目を示す（主として生沼郁，児玉秀臣，小林和夫による．酸，塩類溶液の処理方法は第15章参照）．

まず具体的な系統方式を立てるにあたって，注意されることは，各処理の実験条件（試料の粒度，加熱速度，一定の温度に加熱する時間，試薬の濃度，試薬処理の温度など）が研究者によってかなりまちまちなことである．もとより，判定という目的にとどまるならば，各処理で鉱物が変化し終わる条件の限界が判っておればよいが，このような限界は，必ずしも，あらゆる粘土鉱物で確か

表19-2 主な粘土鉱物の主要底面反射の加熱変化およびエチレングリコル，水，アンモニウム塩で処理後に認められる変化

	室温	100°	200°	300°	400°	500°	600°	700°	800°	900°	1000°	EG	H₂O	AN
モンモリロナイト	15.4		15～10	rehy.		9.4						17	○	×
バーミキュライト (Mg型)	14 7			rehy. ×		{14 9.3		9.3				14	×	10
Al(層間)バーミキュライト	14 14	13～12	13 11	12 11	11 10	11 10			10	1/2時間		×	?	*
膨潤性緑泥石	14 14.5					× 13.8						17	?	?
緑泥石	14.3 7						14.2	14.2 ×	14			×	×	×
雲母粘土鉱物(Al, di.)	10								×			×	×	×
ハロイサイト	10					7.2						11	×	×
メタハロイサイト	7.2					×						×	×	×
カオリナイト	7.15						×					×	×	×

表中の数字は底面反射の示す原子面間隙（Å）を示す．「EG」はエチレングリコル．「rehy.」は加熱物を空気中の湿気中に放置するときは，復水して原子面間隙の変化が認められなくなる例を示す．「―×」は消失することを意味する．「1/2時間」は加熱時間の報告せられているもの．×は反応のない意味．○は反応するが処理方法の如何により原子面間隙の変化量の一定しない例，？は実験データがないため反応の有無の不確実の例．＊は試料によりまたは処理の方法，用いる塩類の種類により反応したりしなかったりする例．加熱変化は，冷却後のX線分析による結果を示す．記号は表19-1参照．

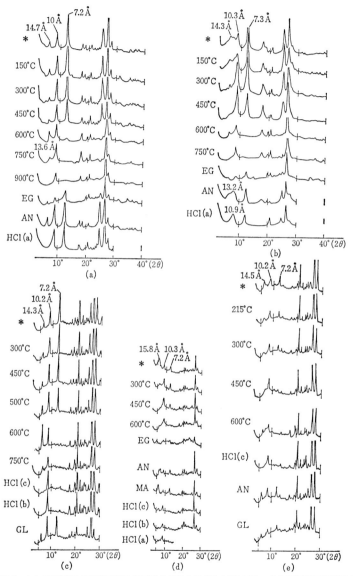

図 19-1 (a) 石狩炭田上砂川の第3紀頁岩中の粘土分(Ch+Mi+K). (b) 石狩炭田夕張の第3紀頁岩中の粘土分(Ch+Mi+K). Mi は一部 Mo との混合層をつくっている. (c) 東北地方古生層頁岩(Mi+Ch). (d) 日本海底土のコア試料(Mo+Mi+Ch). (e) 中生代頁岩の風化部分(Mi+Al-V)(生沼郁, 小林和夫(Sudo, Oinuma and Kobayashi, 1961)による). 記号は表 19-1 の通り, HCl(a), (b), (c)はそれぞれ加熱時間 60 分, 30 分, 10 分の意味.

められているとは限らない．将来の重要な研究問題の1つである．

従って，ここで示す判別方法では，従来，研究者により発表されたデータの中で，できるだけ実験条件が明確に記されたものを尊重し，併せて，筆者の研究室で今日まで検討してきた結果，採用してきた一般規準(たとえば，粒度は2μ(e.s.u.)以下，一定温度に加熱する時間は1時間，試薬の濃度は1N)をも加味して示した．まず，各種処理の結果は表19-2にまとめられる．しかし，この表は極く大綱であり，交換性イオンの種により，スメクタイト，バーミキュライト群は変化に富むことに注意しなければならない．

19-2 X線粉末回折パターンより出発する判別系統

X線粉末回折パターンの記録はX線ディフラクトメーターの使用で便利に得られ，また，未処理，各処理の結果のX線粉末回折パターンへの影響が容易に認められる．判定のために必要なX線回折パターンをまとめて示したのが，図19-1の各例である．この場合の判定規準としては，次の各項があげられる．まず加熱の時間は1時間で，加熱後直ちに乾燥器中に保存し，X線照射時は空気中に露出させる．この操作では，複水の強いバーミキュライト群の存在試料以外は判別に大誤はない．しかし将来は複水するもの(バーミキュライト群，スメクタイト)は勿論，一般に高温X線ディフラクトメーターの記録により比較する方針をとることを筆者は強調したい．(a) 150°Cの加熱後，次第に，9~10Åのピークが強まる(スメクタイトの存在)．(b) 14Åのピークは，600°Cの加熱で強まる(緑泥石の存在)．(c) 7Åのピークは，600°Cで消失(カオリナイトの存在)．(d) 塩酸処理で，14~15Åが全く消失する(緑泥石(tri.亜群)の存在)．スメクタイトでは消失する場合(海底土の例)，また，15~10Åの中間にピークを示す場合がある．(e) 硝酸アンモン処理で，15Åが12Åへ変化(スメクタイトの存在)．バーミキュライト群が入っている試料は，図19-1(e)である．このバーミキュライトはMg型ではなく，Al(層間)バーミキュライト類似の複雑な例である．

次にX線粉末回折パターンより出発する，系統的な判別法を組み立ててみた．まず略号についての説明は，次の通りである．Å：オングストローム，X：X線分析結果，各種の処理後の特性も含む．処理は，EG(エチレングリコル)，H_2O

(水), AN (硝酸アンモニウム), H (加熱, 1 時間加熱後デシケーター中で室温に冷却し, X線照射時は取り出して, 空気中でX線照射をした結果をここでは示す), HCl (塩酸), MA (酢酸マグネシウム処理)で示す. 数字はX線粉末反射の示す原子面間隙. 太字で示したものは, 底面反射を示す. ( )中に相対強度(vs (非常に強), s (強), m (中位), w (弱), vw (非常に弱)など), 面指数などを示す. 底面反射と非底面反射とを並記しているときは, (できるだけ)不定方位粉末塊から示されるものを意味する. 特に記してある以外は, 銅の対陰極を用いた場合である. D (DTA ピーク), N_1 (100~200°C の吸熱ピーク), N_2 (200°C 以上に示される吸熱ピーク), X (発熱ピーク), S (S字形のピーク), P (ピペリディン処理). 熱ピークについて相対強度を記号で示すことがあるが, その意味はX線粉末ピークの場合と同じ. また熱ピークではピークの拡がりを記号で示す(例えば sh (幅せまく鋭い), b (幅広い)). E (電子顕微鏡下で見られる形). 特別の形以外のものは記さない. 記された数値全般には, 測定誤差, 使用する機械の仕組により変動がある(特に DTA ピークでこの変動がある). よって数値は, 例示の意味か, または平均して, その値の近くであるという意味である. di. 亜群(dioctahedral subgroup). tri. 亜群(trioctahedral subgroup). 以下, X線粉末チャートに示された, 最も低角度の反射の示す原子面間隙の値を出発点として検索を開始する.

(I) 30Å X : **29.5 Å** およびその整数分の1の反射が見える. 1.53 Å は tri. 亜群(I-1), 1.49 Å は di. 亜群(I-2).

(I-1) X : **29.5 Å**(001)(m), (002)(m), (003)(w), (004)(w), (005)(vw), (006)(vw), (007)(vw), (008)(w), (009)(vw), (0, 0, 10)(vw), EG(**29.5 Å**→**32~33 Å**), H(500~600°C, **29.5 Å**→**24 Å**).
200~600°C にかけて 8 Å のピーク生ずる. スメクタイト層の脱水相の 9~10 Å のピークと, 緑泥石の 7 Å のピークの干渉ピークである.

D : N_1(m), N_2(600°C, s, b), S(800°C, m, b).
tri. 亜群の緑泥石とスメクタイトの規則型混合層鉱物.

(I-2) X : 表 18-4.

D : N_1(m, b), N_2(600°C, s, b), X(900°C, m, b).

di. 亜群の緑泥石-モンモリロナイトの規則型混合層鉱物.

〔註〕 1954年日本で発見され, 1964年 Frank-Kamenetsky 等(1965)はソ連より同型のものを発見し, トスダイト(Toshio Sudo の略)と命名した. 一方ドイツの Engelhardt, Müller 等(1962)は, di. 亜群の緑泥石が単一鉱物として産すること(ドイツの堆積岩中に, また凝灰岩の熱水変質鉱物として)を見出し, スドー石と命名した.

上記の各例(I-1), (I-2)での膨潤層の性質は, 膨潤性緑泥石からバーミキュライト群, スメクタイトまで連続的な変化がある. 膨潤性緑泥石との組合せでは, 600°Cで28Åが生ずる. バーミキュライト群, スメクタイトの区別は, 明示し難い場合がある. AN で 24Å が生じ, EG で膨潤し難い場合は, 緑泥石層と組み合う膨潤層は, バーミキュライト群と考えられるが, 各の単一鉱物の判別の場合と同じように, Mg 型にして比較する方法が安全である. またバーミキュライト群といっても, tri. 亜群の緑泥石と組み合うものは, Mg 型のバーミキュライトのことが多く, di. 亜群の緑泥石と組み合うものは, Al 質のバーミキュライトが多いと考えられるが, 従来このような点までの深い研究はない. 将来の問題である.

(II) $24 \sim 28$ Å

D : N_1(m, b), N_2(500~600°C, m, b), S(900~1000°C, m, b).

雲母-モンモリロナイトの混合層鉱物. 従来知られている例は di. 亜群の雲母との組合せである.

〔註〕 広く産するものは, 26~28Å のもので, その整数分の1の反射系列を示さず, 不規則型である. (I-1)の場合と同じように, 雲母と組み合っている含水鉱物層は, 必ずしも代表的なモンモリロナイトと一致せず, 複水力が強く, バーミキュライト群から, スメクタイトまでの変化を示す. ただし, ここでいうバーミキュライトは Al 質であることは勿論であるが, Al (層間)バーミキュライトであるか否か明らかでない. 層間の交換性アルカリイオンの密度が通常のスメクタイトの平均値より大きいものかもしれない. 稀に全くの規則型またはそれに近いものがある. これがレクトライトである. 最近アレバルダイトは, これと全く同性質のものであることが認められた. このものの含水層は, 水分子層の数の点でも, 代表的なバーミキュライト群, モンモリロナイトと異なる. X : **24.6Å**(001)(s), (002)(s), (003)(w), (004)(w), (005)(s), (006)(vw), (007)(m), (008)(s), (009)(vw), H_2O (**24.6Å→28.4Å**), EG(**24.6Å→26.5Å**), H(560°C, 24 hr, **24.6Å→19.2Å**). E : 画然とした長い矩形板状を示す.

(III) $14 \sim 15$ Å

(III-1)　X : **15Å**(s, b), **5Å**(w, b), **3Å**(m, b)(バーミキュライトの場合には 2.60Å(平均)の (13 ; 20) の反射が2次元反射を伴って生ずる). EG(**15Å→17Å**), H_2O(**15Å→20Å**), AN(**15Å→12Å**), H(300°C, **15Å→9~10Å**). 高温X線ディフラクトメーターで記録すれば, 200°C で 9~10Å に安定する.

D : P(600~700°C に著しい X を示す).

スメクタイト, 1.50Å は di. 亜群(III-1-1). 1.53Å は tri. 亜群(III-1-2).

(III-1-1) D : N_1(s, b), N_2(600～700°C, b), S(800～1000°C, b).
E : 不定形, 薄板状.
X : リチウム塩溶液を通し, リチウム型とし, 200～300°Cに24時間加熱しグリセロール処理をする. **15Å→9.3Å**(膨潤せず, 加熱変化を受けたままである).
モンモリロナイト(白灰)(III-2-2 参照).
同上の処理で, **15Å→17.7Å**. バイデライト(白灰).

(III-1-2) D : N_1(s, b), N_2(400～500°C, b), S(800°C, b).
E : 不定形, たんざく形. ノントロナイト(黄).
D : N_1(s, b), N_2(800～900°C, b).
E : 不定形, たんざく形. サポナイト(白灰).

〔註〕 サポナイトではN_1(s, b), N_2(600°C, b), N_3(800～900°C, b)を示すものがある. この解釈については§9-4参照.

(III-2) X : **14.4Å**(s, sh), **7.2Å**(w, sh), **4.8Å**(m, sh), **3.6Å**(s-m, sh), EG(**14.4Å→14.4Å**), H_2O(**14.4Å→14.4Å**). 2.65Å(130, 202と指数付けされる)がmwの強度で常に生ずる(スメクタイトとの比較).
バーミキュライト群, 1.50Åはdi. 亜群(III-2-1). 1.53Åはtri. 亜群(III-2-2).

(III-2-1) X : AN(**14.4Å→10Å**), H(500～700°C, **9～10Å**が出現しはじめる). 高温X線カメラでの記録では, スメクタイトと全く同じ, 200°Cで, 10～9Åのピークのみとなる.
D : N_1(s, b), 800～900°CでS形, または, 小さい発熱ピークをはさみ, 2つの小さい吸熱ピークが見られる. P(600～700°CにXを示す). バーミキュライト(tri. 亜群).

〔註〕 バーミキュライト結晶片は, 2μより大きいものが多い. AN, H, N_2は, 粒度, 交換性イオンの種類によりかなりの変動が見られる. Walker(1957)によれば, バーミキュライトと, スメクタイトの区別は, バーミキュライトをMg型(1Nの塩化マグネシウム溶液で約20分沸騰)として比較するのが最もよいとされている. 上記の性質はMg型に示される性質である.

(III-2-2) X : AN, Hでの**14.4Å**の変化は, バーミキュライトより不充分. Tamura(1958)の方法により, **14.4Å**が不変であればアルミ

ニウム層間体を有するバーミキュライト(Al(層間)バーミキュライト)，**14.4Å→17Å**のときはアルミニウム層間体を有するモンモリロナイト(III-1-1参照)(アルミニウム層間モンモリロナイト)．

〔註〕 バーミキュライトのdi.亜群全般にわたり，X，Dのデータは未詳の部分が多い．よって，III-1のXのデータは，強度までが，di.亜群にまで適用できるか否か疑わしい．

(III-3) X：EG(**14.3Å→14.3Å**)，AN(**14.3Å→14.3Å**)，H(600°C，1 hr，**14.3Å**の反射のみ著しく増強する)．緑泥石．1.53Åは，tri.亜群(III-3-1)，1.49–1.50Åはdi.亜群(III-3-2)．

(III-3-1a) X：**14.3～14.1Å**(m, sh)，**7.1～7.2Å**(s, sh)，**4.7～4.8Å**(m, sh)，**3.5～3.6Å**(s, sh)，HCl(**14.3Å→消失**)．

D：N_1(w, b)，N_2(600～700°C，s, sh)，S(800～900°C，s, sh)．緑泥石(tri.亜群)(VII-1a参照)．

〔註〕 **14.3Å**が加熱により多少収縮し(**13.8Å**)，EGで**14.3Å→17Å**のものが膨潤性の緑泥石で，層間体の変質のみが進んだ特殊の例である．逆にこの収縮が見られるものは必ずしも膨潤性とはかぎらない(海底土中の例)．底面反射で7.1～7.2Å，3.5～3.6Åの値が緑泥石(Ch)の場合にカオリナイト群(K)より実際は僅かに小さい．この相異が両者の区別に役立つという報告がある．Chでは7.08Å，3.54Å，Kではそれぞれ7.16Å，3.58Åと報告されている(Biscaye, 1964)．

(III-3-1b) X：**14.3～14.1Å**(w, sh)，**7.1～7.2Å**(s, sh)，**4.7～4.8Å**(w, sh)，**3.5～3.6Å**(s, sh)，HCl(**14.3Å→消失**)．

D：N_1(w, sh)，N_2(600～700°C，s)，X(700～900°C，s)．鉄緑泥石．

(III-3-2) X：**14.3Å**(m, sh)，**7.15Å**(m, sh)，**4.8Å**(s, sh)，**3.6Å**(m, sh)，HCl(tri.亜群より耐酸性)．

D：N_1(w, b)，N_2(600°C，s, sh)，X(900°C，b)．緑泥石(di.亜群)．

(IV) **12Å**

(IV-a) X：**12Å**(s, b)，**5Å**(vw, b)，**1.50Å**(w, b)，EG(**12Å→17Å**)，H(300°C，**12Å→9～10Å**)．

D：N_1(s, b)，N_2(600～700°C，b)，S(800～1000°C，b)．P(600～700°CにXを示す)．

モンモリロナイト(Na型，K型)．

〔註〕 ふつうのモンモリロナイトでも，冬期乾燥期にこのような性質を示すことがある．

(IV-b) X : **12 Å**(s, b), **5 Å**(m-s, b), 1.50 Å(w, b), EG(**12 Å は 17 Å** まで膨張しない). H(300°C, **12 Å→10 Å**).

D : N_1(s, b), N_2(500〜600°C, b), または N_2(700°C, b). S(800〜1000°C, b)(§ 18-8).

雲母-モンモリロナイトの混合層鉱物(I-2 参照).

〔註〕 上記の例は何れも di. 亜群の白, 灰色のものであるが, 加水黒雲母は, 褐色または褐緑色で, 11〜12Åの極めて不鮮明な反射のみが目立ち, またDでも顕著なピークを示さない. スメクタイトは15Åの反射を示す. しかし, この値は極めて乾燥している場合は, 更に小さく現われ, またNa型では12Åを示す. このような場合をのぞけば, 15Åの反射が主な底面反射である. 従って, スメクタイト, バーミキュライト群, 緑泥石は, 14Å鉱物と総称されることがある. この3つの鉱物の中で, スメクタイト, バーミキュライト群は近縁の鉱物で区別がむずかしいことは既に述べた通りであるが, バーミキュライト群, スメクタイトでAl(層間)型になると, 特に判定がむずかしい. 更に近年詳細な研究によれば, これらの3鉱物の間に, 従来気付かれていたより広い幅があり, 中間性を帯びているものが続々見出されるようになった(たとえばグリーンタフ中の緑色鉱物). 中間種の判定については, まだ研究中であり, 発表の途中の論文が多いのでここでは省略し, 従来のデータに従って14〜15Åの反射の変化を通じて, 14Å粘土鉱物の区別判別の系統を表記すれば次の通りである.

処理	EG	KCl または Mg型にして NH_4OH	KCl-EG	KOH	クエン酸ナトリウム-Ca 型にして EG	
14〜15Å	17〜18Å	17〜18Å			→	スメクタイト
	14 Å	14 Å			→	バーミキュライト群 (主としてtri.亜群)
	14 Å	14 Å			→	緑泥石
		10 Å			→	バーミキュライト群 (主としてtri.亜群)
		12 Å			→	スメクタイト
		14 Å	14 Å	14 Å	→	緑泥石
			10 Å	14 Å	→	バーミキュライト*群 (主としてdi.稀にtri.亜群)
				18 Å	→	モンモリロナイト*

＊ 従来「Al(層間)バーミキュライト」と呼ばれていた種.

(V) **10 Å**

(V-a) X : **10 Å**(s, sh-b), **5 Å**(s, sh-b), **3.3 Å**(s, sh-b), 1.50 Å(w, sh-b), EG(**10 Å→10 Å**), H(800〜900°Cまで見られ, 移動することなく消失).

D : N_1(w, b), N_2(500〜600°C, b), S(800〜1000°C, b). 雲母粘土鉱物(Al, di.)(Fe, di.).

〔註〕 tri. 亜群のものは産出が極めて珍しい(レディカイト(Brown, 1955)). またMAで**10Å**が**14Å**に移行する珍しい種がある. 変質の著しい雲母粘土鉱物と考えられる.

(V-b) X : **10 Å**(s, b), **3.3 Å**(s, b), EG(**10 Å→11 Å**), H(200°C, **10 Å**

→7 Å).
D：N_1(s, b)， N_2(500°C, s, b)， X(900~1000°C, s, sh).
E：管状．ハロイサイト．

(VI) 9Å　X：**9.16~9.30** Å(s, sh)， 4.58~4.65 Å(s, sh)， 3.05~3.10 Å(s, sh)， EG(9 Å→9 Å)， AN(9 Å→9 Å)， H(900~1000°C まで消失せず)．

1.53 Å は tri. 亜群(VI-1)， 1.49 Å は di. 亜群(VI-2)．

(VI-1)　X：**9.16** Å(s, sh)， **4.58** Å(s, sh)， **3.05** Å(s, sh)
D：N_1(w, b)， N_2(900~1000°C)．滑石．

(VI-2)　X：**9.30** Å(s, sh)， **4.65** Å(s, sh)， **3.10** Å(s, sh)
D：N_1(w, b)， N_2(700~800°C)．パイロフィライト．

(VII) 7Å　X：**7.1~7.4** Å(s, sh-b)， **3.5~3.7** Å(s, sh-b)， EG(7 Å→7 Å)， 1.49 Å は di. 亜群(VII-1)， 1.53 Å は tri. 亜群(VII-2)．

(VII-1a)　X：**7.15** Å(s, sh)， **3.58** Å(s, sh)， **2.378** Å(s, sh)． $hkl(k=3, k \neq 3)$が生ずる．4.35 Å($1\bar{1}0$)， 4.17 Å($1\bar{1}1$)， 4.12 Å($1\bar{1}1$)， 3.84 Å($02\bar{1}$)， 3.78 Å(021)， 2.558 Å(s)， 2.526 Å(m)， 2.491 Å(s)， 2.379 Å(s)， 2.338 Å(s)， 2.288 Å(s)．H(600°C で粉末反射消失)(III-3-1a 参照)．
D：N_1(w, b)， N_2(600°C, s, sh)， X(900~1000°C, s, sh)， カオリナイト(三斜晶系)．

(VII-1b)　X：底面反射(VII-1a と同様)と $k=3$ の反射を生ずる．2.565 Å(s)， 2.502 Å(s)， 2.341 Å(s)．粉末反射は不鮮明．カオリナイト(単斜系)．

〔註〕 3698 cm^{-1} の赤外線吸収ピークがカオリナイトより示されるが，このピークはカオリナイトを他の粘土鉱物から区別するに役立つ(Kodama and Oinuma, 1963)．

(VII-1c)　X：底面反射(VII-1a と同様)．その他 2.560 Å(m)， 2.510 Å(m)， 2.322 Å(s)．粉末反射は一般に鮮明．
D：N_2(700°C, b)， X(900~1000°C, sh)．ディッカイト．

(VII-1d)　X：底面反射(VII-1a と同様)．その他 2.54 Å(m-s)， 2.423 Å(s)， 2.330 Å(w)．粉末反射は一般に鮮明．

D : $N_2(700°C, b)$, $X(900~1000°C, sh)$. ナクライト.
(VII-1e) X : $7.4 Å(s,b)$, $3.6 Å(m)$, $2.4 Å(w)$. その他2次元反射を主とする($4.43 Å$, $2.56 Å$). 粉末反射は極めて不鮮明.
D : $N_1(m, b)$, $N_2(500°C, s, b)$, $X(900~1000°C, s, sh)$. メタハロイサイト.
(VII-2a) X : $7.3~7.4 Å(s, b)$, $3.6~3.7 Å(s, b)$. アンチゴライト.
(VII-2b) X : $7.1 Å(s, sh)$, $3.5 Å(s, sh)$. アメサイト.
(VII-2c) X : $7.2 Å(s, b)$, $3.6 Å(s, b)$. グリーナライト.

19-3 緑泥石の結晶化学的性質の判別図

生沼郁は,X線の粉末反射の強度比から,緑泥石の結晶化学的性質を知る図表を作成した(図19-2).緑泥石の底面反射の強度比は,緑泥石の化学成分,ならびに,2つの8面体シート(1つは2:1層内,1つは層間にある)のイオンの分布様式により異なる(Brindley and Gillery, 1956; Schoen, 1962).古くは,この2つの8面体シート中のイオンの種の比率は全く同じとされていたが(対称分布),同一である必要はないので(非対称分布),図には対称-非対称の変化も取り入れてある.この図表により,多くの試料について,容易にこの分布の実態を明らかにすることができる.

図表作成の方針は次の通りである.この図表の完全な形を想定するならば,構造因子(ここでは強度を取り上げているが)の観測値(F_o)と,その計算値(F_c)が,常に完全な一致を示す結果を得ようという方針であるが,これは現在のところ不可能である.よって,以下の方針には,一部に平均,近似の手順がとられているが,これは許さるべきことであろう.またこの図表は,緑泥石の結晶化学に寄与するのは勿論であるが,目標は更に広い.既に,幾度か繰り返したように,粘土鉱物は,多種類が密雑混合して広く分布し,それら各を分離することは容易でない.緑泥石は性質の変化(化学分析,結晶化学的性質)に富んでいる.これらの性質を,より深くしかも容易に分析できるような(多数の試料も短時間で可能となるような)方法が望ましく,この図表は,この目的のためにも役立たせようというのである.

まず,この図表作成のためには,取り扱うX線粉末反射は底面反射とした.

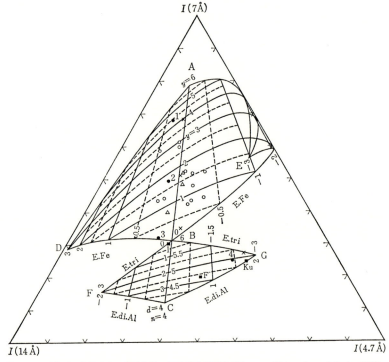

図 19-2 緑泥石の化学成分，結晶化学の特性判定用図表(Oinuma, Shimoda and Sudo, 1972).
不定方位粉末使用．14Å，7Å，4.7Åのピークの強度($I(14Å)$，$I(7Å)$，$I(4.7Å)$)の3成分．
1, 2, 3, 4標準試料の値．それらの化学成分はそれぞれ表 4-7(17)(16)(15)(19)．
E. Feは2:1層中のFeの層間域のFeに比しての過剰分．E. di. Alは2:1層中のdi. Alの数過剰分．E. tri.=−E. di. Al×3/2．yはFe(Cr, Mn)の総量．dはdi. Alの数．$n=6-d/2$．× ガラス板上につくられた皮膜より得られた標準試料の値．△ 太平洋底土(図 16-6)．○ 青森県上北鉱山立石鉱床母岩中の緑泥石(図 16-3(h))．■ Alに富むdi. 亜群の緑泥石．ABCは対称分布，ABはtri.-tri. 亜群，BCはtri.-tri. よりdi.-di. 亜群，ADBは2:1層にFeが過剰，AEBは層間にFeが過剰，BFCは層間にdi. Alの席が過剰，BGCは2:1層にdi. Alの席が過剰の範囲を示す．

従って，採用すべき単位構造の高さ，ならびに各原子面の座標の選択がある．この座標は化学成分により僅かではあるが異なっている(Pauling, 1930; Brindley and Robinson, 1951; Steinfink, 1958, 1961; Bailey and Brown, 1962)．これらの各を使用し，しかも各場合について，無定方位粉末塊の場合のローレンツ偏光因子を用いた場合と，単結晶(この場合は底面のみが平行の場合としてよい)の場合の因子を組み合せ，合計二十数種の図表をつくった．なお原子構

19-3 緑泥石の結晶化学的性質の判別図

造因子は，4面体層の Si, Al は Si で代表させ，8面体シートの Mg, Al は，Mg ＞Al のときは，Mg で代表させ，Mg＜Al のときは Al で代表させた．Fe の分散による補正は，International Tables for X-ray Crystallography (Lonsdale 等, 1962)により，方法は James(1965)によった．補正項は，14Å 反射について -0.86，7Å について -0.86，4.8Å について -0.84 である．次に Fe の多いもの，Fe-Mg を主とするもの，Mg を主とするもの，Al を主とするものの，4つの純粋なしかも諸性質が詳細に正確に測定されている緑泥石試料の X 線粉末強度を測定し，統計処理を行って，これらの観測値と，図表から示された結果が，最も近いものを採用した．図 19-2 はこれである．

この図 19-2 は，Bailey と Brown(1962)の原子面座標をとったものである．よって原子面座標は，いろいろな化学組成の試料の値の平均でなくて，その中の1つで代表させたと見るべきものである．また，この図は，14Å-7Å-4.7Å の成分である．7Å-4.7Å-3.5Å の図も各原子面座標について，ていねいに作成したが，有効面積が大へんせまく，実用に適しないことがわかった．また図 19-2 は不定方位粉末塊の場合の図である．従来，底面の平行配列体を得るため，いろいろ工夫されているが，実際に得られる定方位配列は不十分であり，再現性なく，むしろ不定方位粉末塊の状態を規準にして試料を作成するほうが容易だったからである．

便宜上 14Å，7Å，4.7Å の反射を，それぞれ1次，2次，3次の反射とすれば，構造因子からの計算から明らかなように，対称性分布のとき奇数次の反射は，8面体の構造に関係なく一定である．また，非対称分布のときも奇数次の反射強度の比は変わらない．よって，対称性分布の乗る直線 AB も，また特定のイオンの両8面体シートにおける過不足数を示す直線も，$I(7\text{Å})$ 成分の頂点へ集まる．

この図表を利用するときは，強度の実測に注意を払わねばならない．用いた強度測定条件は，次のようであって，これは，単に，ここでの実験のみならず，粘土鉱物の X 線粉末反射の強度を問題とするときは留意しておくべきことである．試料は 20×16 cm のアルミニウムのホルダー中に，不定方位粉末塊としてつめる．ゴニオメーターの半径：185 mm．スリット系：1/6°-1/6°-0.4 mm，このスリット系で，上記の試料面からは，X線束が 3.3°，26.7Å (CuKα) まで，

はみ出すことはない．走査速度：毎分1/2°．スケール因子：8または4．400または200 cps．フルスケールで測定しているので数え落しは無視できる．シンチレーションカウンター使用．時定数：4秒．時間幅(W)と時定数(T)の関係は，$T \leqq W/2$ の条件では，$T \leqq 14.4/2 = 7.2$ で $T=4$ が好条件とされている(Klug and Alexander 1954)．上記の条件では $W/T = (60 \times v/w)/T = 60 \times 0.12 \times 2 \div 4 = 3.6$ である．v は計数管のスリット幅，w はゴニオメーターの走査速度(度/分)である．

図19-2にいくつかの実例を示してある．海底土中の緑泥石は，何れも Fe-Mg 域で，AB の線のほとりに落ちる．もちろんこの例は一部である．海底土の中にはdi.亜群のスメクタイトから変わった緑泥石があるならば，di.-tri. 亜群の例が期待されるが，ここで取り扱った試料では，何れも tri. 亜群である．青森県上北鉱山立石鉱体の母岩中の緑泥石が，鉱体をはなれるにつれ鉄をより多く含むことが示されている．di.亜群の緑泥石は，何れも黒鉱といわれる母岩(流紋岩質の凝灰岩)の熱水変質物と考えられる試料であり，その成因は未解決である．

19-4 モンモリロナイト-ノントロナイト系列

同形置換で含まれる鉄が，X線回折強度に影響を与える例は，緑泥石に見られることは述べた通りであるが，モンモリロナイト-バイデライト-ノントロナイト系列でも，この影響が見られる．この系列では，加熱脱水相($d_0=9.5$Å)の底面反射の相対強度に影響がより著しく現われる(図19-3)．

19-5 定量方法

多くの粘土試料は多種の粘土鉱物の混合体である．そして，機械的にそれらを分けることは極めてむずかしい．従って，粘土鉱物の判別の場合に，混合物より直接行う方法が研究されていることは既に述べた通りである．粘土の中に1つの粘土鉱物がどのくらいの量入っているかという定量の研究も同じ状況である．定量の目的はいろいろあるが，各粘土鉱物の含有率を求めて，粘土または粘土を含む岩石の区別に役立たせようという目的がある．たとえば，変質帯の区分，また地層の区分に役立てようという目的である．これらの目的のため

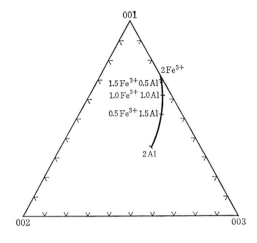

図19-3 モンモリロナイト-ノントロナイト系列のAlとFe^{3+}の比と底面反射強度比の関係. 試料を加熱し，層間水を脱水させたもの(d_0は9.5Åの程度)の底面反射強度比を示す. 001, 002, 003は，それぞれ $d_0, d_0/2, d_0/3$ の原子面間隙を示す底面反射を示す.

には，できるだけ多くの試料を取り扱わねばならないから，迅速法が望ましい．しかし，ここで結果が無意味なものとなっては問題外であるが，迅速と精度の向上を両立させることも無理である．そこで最良でも，最悪の結果でもないが，十分注意して行えば，ルーチンの仕事として進めることができる方法に落着く．そこで，絶対量を迅速に求めることは極めてむずかしいので，相対量を出す方法が進められてきた．相対量でも十分目的を果し得ることがわかり，海底土，各種の堆積岩の研究に利用されている(Talvenheimo and White, 1952; Johns, Grim and Bradley, 1954; Hathaway and Carroll, 1954; Murray, 1954; Weaver, 1958; Schultz, 1955, 1960). 日本では生沼郁，小林和夫が定量方法を開拓した．生沼，小林の方法に比すれば，上記の各研究者の方法には，近似がいっそう目立つので，以下に生沼，小林の方法を簡単に紹介する(Sudo, Oinuma and Kobayashi, 1961).

方針はX線の粉末反射強度と重量パーセントの関係を利用する．検量曲線をつくるため，まず石英と各粘土鉱物をいろいろな重量比にまぜたもの50 mgに，標準物質として，方解石粉末10 mgを加え，よく混合し，混合粉末にX線を照射する．標準物質の回折線には，3.02 Åのピークを選び，各粘土鉱物については，最も回折角の小さい方位にでる底面反射を取扱う．試料作成の方法は次のようである．30 mgを水にとき，ガラス板上に，2.0×2.7 cmの面積にひろ

げ,そのまま静かに放置して乾かす.この方法によって得られた配列は,完全な定方位配列ではないが,再現性のよい状態をつくり得る方法である.

検量曲線作成用の試料については,成分鉱物粉末をよく混合することはいうまでもないが,試料粉末の粒度を細かくし,よくそろえることが必要である.またここで1つの困難な問題がある.検量曲線に用いる粘土鉱物と,試料中の粘土鉱物とが,あらゆる性質で全く一致している必要がある(化学組成,結晶度,粒度分布など).しかし,粘土鉱物には個性の差があり,この条件を厳密に保つことはむずかしい.できるだけ近似している個性のものを使用する以外に方法がない.

検量曲線は直線から著しくはずれることは少ないので,これを直線とし,次の近似解法を立てる(図19-4).A, B, C,…の被測定試料鉱物のX線粉末反射強度比を,$I_A : I_B : I_C : \cdots$ とし,これらが等量存在するときの強度比(各直線の傾斜でもよい)を $a : b : c : \cdots$ とすれば,被測定試料の量比は,$(I_A/a) : (I_B/b) : (I_C/c) : \cdots$ となる.各粘土鉱物について,産状が異なり,結晶度も異なるいくつかの試料を集めて,それらを2種ずつ等量に混じたものの強度比は,雲母の10Åの強度比 $(I(10-M_i))$ を1.0として求めると,次の範囲に示される(強度はピークの面積で示す).モンモリロナイトの15.4Åのピークの強さ $(I(15-M_o))$ は3〜5,モンモリロナイトの加熱脱水物の10Åのピーク $(I(10-M_a))$ では0.6〜1.2,カオリナイトの7Åのピーク $(I(7-K))$ では0.8〜1.5,となる.化学成分上の注意としては,何れもAlに富むものを選んでいる.カオリナイ

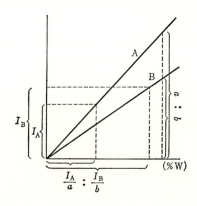

図19-4 2種の粘土鉱物の検量曲線よりそれらの含有率を求める方式.

19-5 定量方法

トの場合は，化学成分が一定していて問題はないが，雲母粘土鉱物(Al, di.)，モンモリロナイトでは，化学成分が変わることがある．もし定量しようとする試料に鉄が極めて多いことがわかったならば，原則としては，その鉄の量を原試料のX線粉末反射，その他，たとえばEPMAで推定して，それに近い標準粘土鉱物で検量曲線をつくらねばならない．緑泥石の場合は，化学成分(鉄の含有量)の影響が，X線粉末反射強度に著しく示されるから，次の配慮をする．定量せんとする試料中の緑泥石の14.3Åの強度 ($I(14-Ch)$) と，7Åの強度 ($I(7-Ch)$) の比を求めてみると約0.3となる．よってこれと近い標準試料(秋田県花岡鉱山，緑泥石)を用いて，$I(14-Ch)=1.0$ より0.5の値が得られる．ここで平均をとり，$I(15-M_o):I(10-M_d):I(14-Ch):I(10-M_i):I(7-K)$ $=2.6:0.9:0.5:1.0:1.2$ となる．1/6°-1/6°-0.4 mm のスリット系を用いた場合は，最小角3°(2θ)まで，X線束はガラス上の粘土膜から，はみ出さないので，補正は不必要であるが，1°-1°-0.4 mm を用いたときは，補正比は 1.4:1.0:1.8 であるから，上記の強度比は，

$$3.6:0.9:0.7:1.0:1.0$$

となる．

例として，雲母粘土鉱物(Al, di.)-モンモリロナイト-緑泥石の混合体を示す．データは表19-3のようである．300°Cの加熱により，モンモリロナイトの15.3Åのピークは10Åへ移行する．複水しなくなる限界は交換性イオンの種により異なるが，天然産のままのモンモリロナイトでは，平均300°Cとして十分である．エチレングリコル処理で，モンモリロナイトの15Åは，17Åに移行する．よって，緑泥石について $I(7-Ch)/I(14-Ch)=77/25=49/16\fallingdotseq3$．よって，$I(15-M_o):I(14-Ch):I(10-M_i)=(168-30):(90/3):161$．従って，量比は（モンモリロナイト）:（緑泥石）:（雲母粘土鉱物(Al, di.)）=(138/3.6):

表19-3 雲母粘土鉱物(Al, di.)-モンモリロナイト-緑泥石の混合体

	X線粉末反射ピークの強度		
	14～15Å	10Å	7Å
未処理試料	168	161	90
300°C(1時間)加熱試料	25	170	77
エチレングリコル処理試料	16	72	49

(30/0.7) : (161/1.0).

このとき別途の方法もある.300°C で加熱すると,10Å の反射は脱水モンモリロナイトの反射と,雲母の反射が重なるが,両者は構造因子が近似しているので,(161/90)×77=137 より $I(10-M_d) : I(10-M_i) = (170-137) : 137$ とおくことができる.量比は (33/0.9) : (137/1.0).他の一例を表 19-4 に示す.

表 19-4 緑泥石-雲母-カオリナイトの場合

	X線粉末反射強度		
	14〜15Å	10Å	7Å
未処理試料	32	87	236
塩酸(1 N,1 時間温浴上での)処理試料		108	77

14〜15Å の反射は,塩酸処理で完全に消失するから,この反射は,全部緑泥石のものとみる.よって,$I(14-Ch) : I(10-M_i) : I(7-K) = 32 : 87 : 87 \times (77/108)$.

標準鉱物添加による強度の増加から算出する方法がある.試料中の定量すべき粘土鉱物(その反射強度を I_A)に,できるだけ近似した標準粘土鉱物(その反射強度を I_C)を,適当な割合に加え,他の鉱物(B)との強度比をとり,$I_A/I_B = a$ とする.標準粘土鉱物(C)を x の重量比で混じた試料よりの強度比を求める.このとき I_A と I_B の比は変わらないが,相対強度の各は変化し,$I_A'I_B'$ となる.$(I_A' + I_C)/I_B' = b$ とする.$I_A'/I_B' = a$ であるから,$I_C/I_B' = b - a$,$I_A' = \dfrac{a}{b-a} I_C$.ここでX線強度と試料の重量が比例すると考えれば,被測定試料中の鉱物 A の重量 y(被測定試料の重量を 1 とする)は,$y = \dfrac{a}{b-a} x$ より求められる.この方法は粘土中の少量の石英の定量にはよい結果を示す.

なお吸収係数を用いる方法があるが,その原理は,Klug と Alexander(1954)に詳細に論ぜられているので省略する.混合物中のある成分の反射強度は,粒子が十分細かく,厚さが十分厚いとき,入射X線の単位面積あたりの強度(I_0)に比し,エネルギー(工率)として $P = I_0 \cdot P \cdot V \cdot A \cdot T \cdot O \cdot |F|^2$ となる.P:反射面の重複度,V:回折される試料の容積,A:吸収因子,T:温度因子,O:ローレンツ偏光因子,F:構造因子であり,この中でいま特定の回折角 θ の方位のピークを問題とすれば,O も $F(\theta)$ も変化なく,また実験中入射X線の条件も一定とすれば,I_0 も変化なく,$I_0 PTO|F|^2 = K$ は一定で,P は A と V に関係する.X線ディフラクトメーター法では,試料が十分ないときは,A は θ に無関

19-5 定量方法

係で,$A=1/(2\mu\rho)$ となる.ここで μ は質量吸収係数,ρ は試料の密度である. μ は原子に関する値であるから,化合物については,各元素の吸収の和で示される.混合物の場合,各元素の含有量の重量 % を $x_1, x_2, \cdots$ とし,その質量吸収係数を $\mu_1, \mu_2, \cdots$ とすれば,全体の質量吸収係数は $\mu=(x_1\mu_1+x_2\mu_2+\cdots)/100$ である.また化合物 $A_{y_1}B_{y_2}\cdots$ のとき A, B, $\cdots$ の原子量をそれぞれ $a, b, \cdots$ とすれば,$\mu=(y_1a\mu_1+y_2b\mu_2+\cdots)/(y_1a+y_2b+\cdots)$.主なる粘土鉱物の質量吸収係数(CuK$\alpha$ 線の場合)は,カオリナイトで 30.4,パイロフィライトでは 32.9,雲母粘土鉱物(Al, di.)では 43.0,滑石では 32.1 である.n 成分中の 1 成分の反射強度 I_1 は,$(K_1V_1)/(\mu\rho_1)$ で,V_1 は 1 の成分の全体の体積に対する割合である.全重量に対する 1 の成分の重量を X_1,また密度を ρ_1 とすれば,$V_1=X_1\rho/\rho_1$ で,$I=K_1\dfrac{X_1}{\rho_1\mu}$ となる.μ は試料全体の質量吸収係数で,1 の成分のそれを μ_1 とすれば,$\mu=X_1\mu_1+(1-X_1)\mu_M$ である.μ_M は 1 以外の全体の吸収係数である.よって 1 の成分の反射強度は

$$I_1 = \frac{K_1 X_1}{\rho_1\{X_1\mu_1+(1-X_2)\mu_M\}}$$

となり,ここで $\mu=\mu_M$ の場合は,$I_1=(K_1X_1)/(\rho_1\mu_1)$ で,$K_1\rho_1\mu_1$ は一定であるから $I_1 \propto X_1$ となる.

DTA 曲線からの定量法は Carthew(1955)により示された.カオリナイト群の (OH) 脱水によるピークの面積 (A) と,その幅 (W) の比は,カオリナイト群の重量にほぼ比例し,またこの値は傾斜比と比例する(図19-5).Carthew によれば,カオリナイトの量は,$[(A)/(W)$(試料から得られた値)$]/[(A)/(W)$(図19-5 から求められた値)$]$ の比に 0.8 g を乗じて得られる.

その他化学分析から求める方法,酸,アルカリ溶脱から求める方法,塩基交

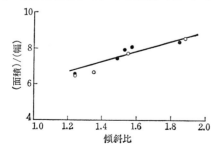

図19-5 熱ピークの面積と幅の比と傾斜比の関係,0.8 g の試料の場合(Carthew(1955)による).

420 第19章 粘土鉱物の判別，定量

換容量から粘土鉱物の定量を行う方法がある．化学分析より計算する方法は，カオリナイト，雲母粘土鉱物，石英の混合体で試みられよい結果を得ている．酸，アルカリ溶脱の方法は，アロフェンの定量からはじめられ，他の粘土鉱物の一般定量法をめざしているが，同一の粘土鉱物でも，粒度，結晶度が，溶脱，

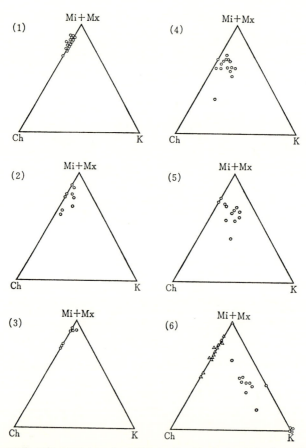

図 19-6　北海道石狩炭田芦別地方の第3紀堆積岩の粘土鉱物組成分析(Sudo, Oinuma and Kobayashi, 1961)．
Mi：雲母粘土鉱物(Al, di.)．Ch：緑泥石．K：カオリナイト．Mx：雲母-モンモリロナイトの混合層．
(1) Poronai formation．(2) Ashibetsu formation．(3) 上部 Corbicula．(4) Woodwardia．(5) 下部 Corbicula．(6) 登川層(〇印)．函淵層(白亜紀)(×印)．

19-5 定量方法

分解の程度に,大きくひびく恐れがある.何れにしても,粘土鉱物の定量法には,今後,いろいろな方法で行った結果を比較検討して研究を進めることが必要である.

生沼,小林の方法を,堆積岩中の粘土鉱物の定量に適用した結果の一部を図 19-6,図 19-7 に示す.上記の方法は,日本で広く利用されてきたが,結果として,地層の層準を,粘土鉱物組成で相対的に比較できるという目的は達せられているように思われ,不整合面を境として粘土鉱物の比率が変わっている場合も示されている (Kobayashi, Oinuma and Sudo, 1964). もちろん化石による層序区分の細分の程度には現在のところおよばないが,無化石層中の区分に粘土鉱物分析は有効と思われる.

上記のように定量分析の,地質学的応用としては,相対量を求めることで目的を達するかもしれないが,他方では,正確な絶対量の測定が要求されている.それは非金属資源の開発の場合である.たとえば,カオリン粘土の開発の場合,その中のカオリナイトのみならず,構成鉱物(多少を問わず)の定量が重要視される (Caillère and Hénin, 1959 ; Hofmann and Haacke, 1962). チェコスロバキアはカオリン粘土の世界での主要産地であるが,特に原料の構成鉱物の定量を重要視していて,第2回の国際粘土岩石学会議の席上,同一の試料を世界各国の指定された研究室に配布して定量結果を比較した.日本から筆者の研究室が参加したが,その結果,研究者によりかなりの変化があった (Konta, 1963). こ

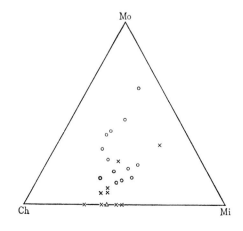

図 19-7 秩父盆地の堆積岩の中の粘土鉱物組成分析 (Sudo, Oinuma and Kobayashi, 1961). Mo:モンモリロナイト. Mi:雲母粘土鉱物(Al, di.). Ch:緑泥石. ○秩父町層群. ×小鹿野町層群. △彦久保層群.

の配布試料はカオリナイト以外に,雲母粘土鉱物(Al, di.),石英,などを含む.
石英の定量は各国ともよく一致したが,筆者の研究室では標準鉱物添加法によって求めたものである.

19-6 アロフェンの存在の認定

アロフェンの試料1gをとり,これにフッ化ナトリウム(またはフッ化カリウム)の飽和溶液5mlを加え,フェノールフタレイン液2~3滴加えると桃色になる.カオリナイト,滑石,モンモリロナイトなどは上記の反応がないので,この反応はアロフェンの同定法として用いられている.

この呈色反応は,$Al(OH)_3$ が NaF と反応して,K_3AlF_6+NaOH を生じ,NaOH がフェノールフタレインにアルカリ性の色を示させる反応である.アロフェンの化学成分と原子の結合型式についてはなお十分明らかでない.大体はシリカ-アルミナゲルとされているが,一部にシリカゲル,アルミナゲルの分離した部分があるかも知れないが,アルミナゲルは,とかく容易に結晶性物質(ギブサイト,ベーマイト)になり易いから,アロフェンのアルミニウムの大部分が遊離のアルミナゲルとして存在するとは考えにくい.何れにしても,上記の呈色反応はアロフェンの同定法として大きい誤りはないと思われるが,シリカゲル,アルミナゲル,シリカ-アルミナゲル,イモゴライトなどについて,将来,検討して,判定方法としての地歩を高める必要があろう.

試薬のつくり方は次の通りである.フッ化ナトリウムの飽和溶液:蒸溜水100mlをポリエチレンのビーカーにとり,50°Cの温度でフッ化ナトリウムをポリエチレン棒でかきまぜながら,ビーカーの底に,結晶が溶解せずに残るまで溶かす.この飽和溶液を,小さいポリエチレンの瓶の中に入れ保存する.フェノールフタレインは,アルコール60ml,水40mlの中へ1%の溶液をつくって用いる.

19-7 ベントナイトの含有量測定法

粘土鉱物の中でスメクタイトは,バーミキュライト群,ハロイサイトと共に,性質の多様な変化を示すものといってよい.そのため,利用の途も多いが,また一方で人生に悪い作用もおよぼしている.一例は,地すべり,山くずれなど

19-7 ベントナイトの含有量測定法

に一役買っている場合が多く，トンネルの壁，ボーリング孔の壁の崩壊などにも重要な一役を買っている．上記の事柄はスメクタイトの性質であるが，その中の Al の多いもの，すなわちモンモリロナイト–バイデライト系は，流紋岩質の火山ガラス層，凝灰岩の変質物(風化，熱水，続成のいろいろな作用が考えられている)として広く分布し，一方でモンモリロナイト–バイデライト系のスメクタイトを主とした粘土は，ベントナイトといわれ利用されている．利用が検討されるときは，いうまでもなく，中に入っているモンモリロナイト–バイデライトの含有量が品位として示されることが望ましい．また，ここで特筆すべきことは，一般に粘土の特性は(たとえば可塑性)，極く少量のスメクタイトが含まれていても著しく影響を受けることがある．たとえば，少量のモンモリロナイトが混入しただけで可塑性が改良されたり，また砂の中に僅かなモンモリロナイトが混入している試料は，山くずれ，地すべりで最も悪い力を発揮するものである．よって，一般に，スメクタイトの定量は含有量の多少にかかわらず必要である．手間がかかっても正確な方法が望ましいが，上記の事柄からまず知られることは，どちらかといえばモンモリロナイト–バイデライト系の定量が応用方面から求められている．

ここに記する方法は，石油工業で利用される泥水中のモンモリロナイト–バイデライト系のスメクタイトの定量法である(Jones, 1964)．これを石油工業の方面ではベントナイトの含有量測定法という表現で用いられている．応用方面で用いられている方法であるから迅速法の性格を持っている．すなわち，メチレンブルー色素の吸着(もちろん，多少の相異はあっても，粘土鉱物全般に認められるが)は，中でもスメクタイトが最高であることを利用する．

泥水を正確に 25 ml とり，これを 250 ml の 3 角フラスコの中に入れ，3% の過酸化水素水と，5 N の希硫酸を加え，4 分間，沸騰する．水で 50 ml にうすめる．メチレンブルーの溶液 (4.5 g/l) をつくる．メチレンブルーは塩基性の染料で水にとけて青色の溶液となる．これを 1 回に 1 ml ずつ加え，数秒間振り，ガラス棒で中の泥水 1 滴をとり，濾紙上にたらし，濾紙上に附着した粉末物のまわりに，青色の色が現われるかどうか調べる．この色が現われるまでメチレンブルーを加え，現われたならば，なお 2 分間ほど振り，再び濾紙上に 1 滴たらしてみて，やはり青色の色が現われていたらここを終点とする．多くの試料

で測定した結果では，4.5 g/l のメチレンブルー 1 ml は，0.0171 g のモンモリロナイトに相当している．従って，2 ml の泥水について測定した場合に，1 l 中の含有量(g/l)は，0.0171×(メチレンブルーの消費量(ml))×500 である．

19-8 バイデライトの判別

バイデライトとモンモリロナイトを区別するに，Greene-Kelly(1953)の方法がある．リチウム溶液で処理することにより，Li 型とし，200〜300°C に 24 時間加熱し，グリセロール処理をする．そのとき，加熱の結果，収縮して生じた 9.5 Å の底面反射がそのままで，元へもどっていないならば，試料はモンモリロナイトであり，17.7Å に膨張しているものであるならば試料はバイデライトである．ノントロナイト，サポナイトもバイデライトと同様である．

この方法の理由は次のように考えられている．まずスメクタイトは一般に，100〜200°C の加熱で脱水し，単位構造の高さは 9〜10 Å に収縮するが，複水してもとの状態へもどる．複水しない温度の下限は，層間の交換性陽イオンの種により異なり，Li 型で 200°C, Na 型で 430°C, Ba 型では，500〜600°C とされている．モンモリロナイトは，4 面体シートに同形置換がなく，8 面体シートに同形置換があり，層間電荷の源がバイデライトに比すれば層間より隔たりが大きい．このことが，上記の区別法が成り立つ理由と考えられている．

参 考 文 献

Bailey, S. W. and Brown, B. E.(1962) : Amer. Miner., **47**, 819.
Biscaye, P. E.(1964) : Amer. Miner., **49**, 1281.
Brindley, G. W. and Robinson, K.(1951) : The X-ray Identification and Crystal Structures of Clay Minerals(G. W. Brindley, Editor), Ch. VI, 173, Mineralogical Society, London.
Brindley, G. W. and Gillery, F. H.(1956) : Amer. Miner., **41**, 169.
Brown, G.(1955) : Clay Miner. Bull., **2**, 294.
Caillère, S. and Hénin, S.(1959) : 84° Congrès des Sociétés savantes, 375, France.
Carthew, A. R.(1955) : Amer. Miner., **40**, 107.
Engelhardt, W. von, Müller, G. and Kromer, H.(1962) : Naturwiss., **49**, 205.
Frank-Kamenetszky, V. A., Logvinenko, N. V. and Drits, V. A.(1965) : Proc. Intern. Clay Conf., 1963, Stockholm, **II**, 181, Pergamon Press.
Greene-Kelly, R.(1953) : J. Soil Sci., **4**, 233.

参 考 文 献

Hathaway, J. C. and Carroll, D. (1954) : Clays and Clay Minerarls (A. Swineford and N. Plummer, Editors), Publ. 327, 264, Nat. Acad. Sci.—Nat. Res. Counc., Washington.
Hofmann, U. and Haacke, H. (1962) : Berichte der Deutsch. Keram. Gesell., **39**, 41.
James, R. W. (1965) : The Optical Principles of the Diffraction of X-ray, Bell & Sons.
Jones, F. O. Jr. (1964) : Oil and Gas J., June, No. 1, 76-78.
Johns, W. D., Grim, R. E. and Bradley, W. F. (1954) : J. Sed. Petrol., **24**, 242.
Klug, H. P. and Alexander, L. E. (1954) : X-ray Diffraction Procedures for Polycrystalline and Amorphous Materials, John Wiley & Sons.
Kobayashi, K., Oinuma, K. and Sudo, T. (1964) : Sedimentology, **3**, 233.
Kodama, H. and Oinuma, K. (1963) : Clays and Clay Miner., 11th Nat. Conf., 236, Pergamon Press.
Konta, J. (1963) : Clay Miner. Bull., **5**, 255.
Lonsdale, K., MacGillavry, C. H. and Rieck, G. D. (1962) : International Tables for X-ray Crystallography, Vol. 3, Physical and Chemical Tables, Kynoch Press, Birmingham.
Murray, H. H. (1954) : Clays and Clay Miner., **2**, 47.
Oinuma, K., Shimoda, S. and Sudo, T. (1972) : J. Toyo Univ., Gen. Education, No. 15, 1.
Pauling, L. (1930) : Proc. Nat. Acad. Sci., U. S., **16**, 578.
Schoen, R. (1962) : Amer. Miner., **47**, 1384.
Schultz, L. G. (1955) : Clays and Clay Miner., **3**, 421.
Schultz, L. G. (1960) : Clays and Clay Miner., **7**, 216.
Steinfink, H. (1958) : Acta Cryst., **11**, 191, 195.
Steinfink, H. (1961) : Acta Cryst., **14**, 198.
Sudo, T., Oinuma, K., and Kobayashi, K. (1961) : Acta Universitatis Carolinae——Geologica Supplementum, **1**, 189.
Talvenheimo, G. and White, J. L. (1952) : Anal. Chem., **24**, 1784.
Tamura, T. (1958) : J. Soil Sci., **9**, 141.
Walker, G. F. (1957) : Clay Miner. Bull., **3**, 154.
Weaver, C. E. (1958) : Bull. Amer. Petrol. Geol., **42**, 254.

第20章 分　　類

20-1 分　類　表

　古くから鉱物全般の分類表で，粘土鉱物はフィロケイ酸塩の中に一括されていた．研究の進歩に伴って，粘土鉱物には他の鉱物に比を見ないような多様性が明らかとなり，診断規準は年と共に増加した．十分のデータに基づいて命名したと思っても，なお必要のデータが不足していることがあり，分類上の混乱が多くなった．そこで国際的に命名を統一しようという目的で，国際粘土研究委員会(CIPEA)に，小委員会(委員長，R. C. Mackenzie)が設けられ(Mackenzie, 1965)，1963年ストックホルムの会議を機会にして，原案作成のための委員が7カ国より選ばれ(オーストラリア，チェコスロバキア，フランス，イギリス，アメリカ合衆国，ソ連，日本)，日本からの委員に筆者が指名された．その後，国際粘土研究連合(AIPEA)に受けつがれ，今日まで活動が続けられている．この原案は，一義的なものを示すことなく，格別に議論の分かれている事項は，二者の一を選ぶべき形式のものであった．この結果を31カ国に流し，大綱については，大多数の賛同が得られた．一方，国際鉱物学会連合(International Mineralogical Association——IMA)では，新鉱物および鉱物命名の委員会があり，鉱物全般の命名，提案，改案について，審議し，投票によって決している．CIPEAの原案は1965年IMAの委員会にかけられ，大綱表が決定した(表20-1)(Pedro, 1967)．

　まず，この表は，大綱表であって，主な粘土鉱物しか掲げられていない．しかも，不幸にして，一部には意見が分かれていて，未定として，研究者の選択にまかせられている部分があり(モンモリロナイト-サポナイト群か，スメクタイトか)，また未定の部分がある(イライトの命名の使用はその本質が明らかとなるまで保留する)．

　まず方針は，型，群，亜群，種にわけられている．群の名前をなるべく独立させようという方針である．この点で，まず問題となったのは，モンモリロナイト-サポナイト群である．長い名前であり，しかも特定の種名で，群の名を代

表 20-1

型 (Type)	群 (Group) (x は層間電荷)	亜群 (Subgroup)	種 (Species)
2:1 $Si_4O_{10}(OH)_2$	Pyrophyllite-Talc ($x\sim 0$)	di., Pyrophyllites	Pyrophyllite, …
		tri., Talcs	Talc, Minnesotaite. …
	Smectite または Montmorillonite-Saponite ($0.25 < x < 0.6$)	di.	Montmorillonite, Beidellite, Nontronite, Volkonskoite
		tri	Saponite, Hectorite, Sauconite, Stevensite
	Vermiculite ($0.6 < x < 0.9$)	di.	Vermiculite (di.)
		tri.	Vermiculite (tri.)
	Mica ($x\sim 1$)	di.	Muscovite, …
		tri.	Phlogopite, Biotite, …
	Brittle Mica ($x\sim 2$)	di.	Margarite
		tri.	Seybertite, Xanthophyllite
2:1:1 $Si_4O_{10}(OH)_8$	Chlorite (x variable)	di.	Donbassite
		di.-tri.	Sudoite
		tri	Penninite, Clinochlore, Leuchtenbergite, Sheridanite, Chamosite(14 Å 型), Thuringite, Ripidolite
1:1 $Si_2O_5(OH)_4$	Kaolinite-Serpentine ($x\sim 0$)	di., Kaolinites	Kaolinite, Halloysite, Dickite, Nacrite
		tri., Serpentines	Chrysotile, Antigorite, Amesite, Cronstedite, Chamosite(7 Å 型), Greenalite

表させる方針をなるべく止めようとの方針から，古くから用いられていたスメクタイトを群名にする案が出されたが，意見がわかれ決定できず，研究者の選択にまかされている．しかし，スメクタイトを用いたとしても，バーミキュライト群では特殊名を使用していないので，全体が統一されるわけではない．また「イライト」は，既に述べたように，最近の研究によれば，従来「イライト」と呼ばれていた試料の性質は一様でないことが明らかとなったので，この名前は現在のところ（本質が十分明らかになるまで）使用しないことになり，総称名（群の名）は雲母というふつうの名前を用いることになった．なお委員会の仕事は，大綱表の作成発表後も続けられていて，その後に決定されている事項は次の通りである．粘土鉱物の命名で大きい混乱があったのは，ハロイサイトである．決定はハロイサイト($Al_2Si_2O_5(OH)_4 \cdot 2H_2O$)，メタハロイサイト($Al_2Si_2O_5(OH)_4$)となった．なおカオリナイト群命名につき，最近 Douillet と Nicolas (1969) の論文がでている．また緑泥石の分類も大綱表よりも更に細かく規定された．

本書では，まず原則として，AIPEA の命名委員会の方針に従った．しかし次の2つの問題がある．1つはスメクタイト命名使用がそれである．本書では，スメクタイトを群名として使用することにした．次に本書の内容に即した細分類は，いうまでもなく，大綱の分類では間に合わない．また細分類の形式は，いうまでもなく研究者により異なっている．以下の分類は上の大綱に基づいて筆者がつくったものである．式は化学組成式であって，必ずしも構造式でない．また特別のことわり書きのない大部分は，理想式で示してある．また粘土鉱物として知られているものの中でも，粘土フラクションの粒径を越えて大きく肉眼的な結晶として産するものもあるが，肉眼的な大きさの結晶として見出されるものであっても，一方で粘土フラクションに入る微細な鉱物（分類上の地位は大きい結晶と大差ない）になって見出されるものは，すべて表に示してある．ただし粒径の相異により，理想式の上でも記するに足る化学成分上の変化があるものは，その変化を註記した．{ } は層間物質，( ) は8面体イオン，[ ] は4面体イオンで，左より右へ量の多いものから少ないものへの順で配列してある．同形イオン置換の比率が示されるときは，これらは括弧の中に示し，比率が示されないときは総数を括弧の外に示す．特定の元素を特に強調する場合

は，元素記号の下に──を引いてある．x とのみ示したところは，正確な化学成分が不明で，範囲が明示できないことを示す．$n\mathrm{H_2O}$ は外界の水分の量で変化する水分を示す．種名は代表的のもののみを示した．

まず粘土鉱物は結晶性と非晶性の2つに大別される．非晶質といっても，厳密にいえば，微結晶子が生成していて，全くの非晶質でないものもあるが，結晶化度において著しく劣る1群である．結晶性の鉱物は，すべてフィロケイ酸塩ということができるが，その大部分は，4面体シートの頂点酸素の向きが，何れか一方の側に向いていて，板状，片状の外形態を示す．一方で，頂点酸素の向きが交互にあるものは，繊維状の外形態を示す．なおすべての群の名前として，「…鉱物（複数の意味）」の呼び名でも差支えないと思い，以下に（ ）の中に記した．Eは交換性イオンを1価の形で示す．

1° 結晶性粘土鉱物
(A) 板状形態を示すもの

(イ) 2:1型

パイロフィライト-滑石群
- di. 亜群　パイロフィライト，$(\mathrm{Al_2})[\mathrm{Si_4}]\mathrm{O_{10}(OH)_2}$
- tri. 亜群　滑石，$(\mathrm{Mg_3})[\mathrm{Si_4}]\mathrm{O_{10}(OH)_2}$
  - ミネソタアイト，$(\mathrm{Fe,Mg})_3[\mathrm{Si_4}]\mathrm{O_{10}(OH)_2}$

スメクタイト(モンモリロナイト鉱物)
- di. 亜群　モンモリロナイト，$\{\mathrm{E}_{1/3}\cdot n\mathrm{H_2O}\}(\mathrm{Al}_{5/3}\mathrm{Mg}_{1/3})[\mathrm{Si_4}]\mathrm{O_{10}(OH)_2}$
  - バイデライト，$\{\mathrm{E}_{1/3}\cdot n\mathrm{H_2O}\}(\mathrm{Al_2})[\mathrm{Si}_{11/3}\mathrm{Al}_{1/3}]\mathrm{O_{10}(OH)_2}$
  - ノントロナイト，$\{\mathrm{E}_{1/3}\cdot n\mathrm{H_2O}\}(\mathrm{Fe}^{3+}{}_2)[\mathrm{Si}_{11/3}\mathrm{Al}_{1/3}]\mathrm{O_{10}(OH)_2}$
  - ボルコンスコアイト，$\{\mathrm{E}_{1/3}\cdot n\mathrm{H_2O}\}(\mathrm{Fe,Cr,Al})_2[\mathrm{Si,Al}]_4\mathrm{O_{10}(OH)_2}$
- tri. 亜群　サポナイト，$\{\mathrm{E}_{1/3}\cdot n\mathrm{H_2O}\}(\mathrm{Mg_3})[\mathrm{Si}_{11/3}\mathrm{Al}_{1/3}]\mathrm{O_{10}(OH)_2}$
  - 鉄サポナイト，$\{\mathrm{E}_{1/3}\cdot n\mathrm{H_2O}\}(\mathrm{Mg,Fe}^{2+},\mathrm{Fe}^{3+})_3[\mathrm{Si}_{11/3}\mathrm{Al}_{1/3}]\mathrm{O_{10}(OH)_2}$
  - $\{\mathrm{E}_{1/3}\cdot n\mathrm{H_2O}\}(\mathrm{Fe}^{2+}{}_3)[\mathrm{Si}_{11/3}\mathrm{Al}_{1/3}]\mathrm{O_{10}(OH)_2}$
  - ソーコナイト，$\{\mathrm{E}_{1/3}\cdot n\mathrm{H_2O}\}(\mathrm{Zn})_3[\mathrm{Si}_{11/3}\mathrm{Al}_{1/3}]\mathrm{O_{10}(OH)_2}$
  - ヘクトライト，$\{\mathrm{E}_{1/3}\cdot n\mathrm{H_2O}\}(\mathrm{Mg}_{8/3}\mathrm{Li}_{1/3})[\mathrm{Si_4}]\mathrm{O_{10}(OH)_2}$

ステブンサイト, $\{E_{0.33/2}\cdot nH_2O\}(Mg_{2.92})[Si_4]O_{10}(OH)_2$

バーミキュライト群(バーミキュライト鉱物)

 tri. 亜群 バーミキュライト(tri.)
    $\{E_{0.6\sim 0.8}\cdot 4\sim 5H_2O\}(Mg, Fe^{3+}, Fe^{2+}, Al)_3[Si, Al]_4O_{10}$

 di. 亜群 バーミキュライト(di.)
    $\{E_{0.6\sim 0.8}\cdot nH_2O\}(Al, Fe, Mg)_2[Si, Al]_4O_{10}(OH)_2$

   Al(層間)バーミキュライト(E が主として Al よりなる)

雲母群(雲母粘土鉱物または雲母)

 di. 亜群 白雲母, $\{K\}(Al_2)[Si_3Al]O_{10}(OH)_2$
   雲母粘土鉱物(Al, di.),
    $\{K_x\}(Al, Mg)_2[Si, Al]_4O_{10}\cdot nH_2O$, $x=1\sim 0.5$. nH_2O の位置は不明.
   (雲母粘土鉱物(Fe, di.)), 海緑石, セラドナイト,
    $\{K_x\}(Fe^{3+}, Al)_2[Si, Al]_4O_{10}\cdot nH_2O$, $x=1\sim 0.5$. nH_2O の位置は不明.

 tri. 亜群 金雲母, $\{K\}(Mg_3)[Si_3Al]O_{10}(OH)_2$
   黒雲母, $\{K\}(Al, Fe^{2+}, Fe^{3+}, Mg)_3[Si, Al]_4O_{10}(OH)_2$
   雲母粘土鉱物(tri.), レディカイト

脆雲母群(脆雲母鉱物または脆雲母)

 di. 亜群 マーガライト, $\{Ca\}(Al_2)[Si_2Al_2]O_{10}(OH)_2$
 tri. 亜群 セーバータイト, $\{Ca\}(Mg_2Al)[Si, Al]_4O_{10}(OH)_2$
   ザンソフィライト, $\{Ca\}(Mg_2Al)[Si, Al]_4O_{10}(OH)_2$

(ロ) 2:1:1型

緑泥石群(緑泥石鉱物または緑泥石)

 tri. 亜群(8面体イオンの総数 n が $5 < n \leq 6$ の範囲のもの)
   ペンニン, クリノクロール, ロイヒテンバージャイト, シェリダナイト, など. 鉄は一般に少量で, Fe^{2+}, Fe^{3+} ともに8面体イオンを置換すると考えられるもの($Fe^{2+}\rightleftarrows Mg$, $Fe^{3+}\rightleftarrows Al$)は, 古くからオルソ緑泥石と総称されていた.
    $(Mg_{6-x-y}Fe^{2+}{}_yAl_x)[Si_{4-x}Al_x]O_{10}(OH)_8$

20-1 分 類 表

$(Mg_{6-x-y}Fe^{2+}{}_yFe^{3+}{}_zAl_{x-z})[Si_{4-x}Al_x]O_{10}(OH)_8$
チューリンジャイト,リピドライト,シャモサイト(14Å型)
など.鉄が多く,古くから鉄緑泥石といわれていたもので,特に Fe^{3+} が多い.これは8面体の Fe^{2+} の酸化により生じたと考えられているもの.古くから,レプト緑泥石と総称されていた.

$(Mg_{6-x-y}Fe^{2+}{}_{y-z}Al_xFe^{3+}{}_z)[Si_{4-x}Al_x]O_{10+z}(OH)_{8-z}$

di.-tri. 亜群(2:1層は di. で層間8面体シートが tri. 亜群)

クッケアイト,$(Li_xAl_4)[Si_{4-x}Al_x]O_{10}(OH)_8$

スドー石,$(Mg_{x/2}Al_4)[Si_{4-x}Al_x]O_{10}(OH)_8$

di. 亜群($4\leq n <5$ の範囲のもの)

ドンバサイト,$(Al_{4+x/3})[Si_{4-x}Al_x]O_{10}(OH)_8$

この鉱物は原則として2:1層,層間8面体シート何れも di. 亜群のものをいう.

(ハ) **1:1型**

カオリナイト-蛇紋石群

di. 亜群(カオリナイト群またはカオリナイト鉱物)

カオリナイト,ディッカイト,ナクライト,$(Al_2)[Si_2]O_5(OH)_4$

メタハロイサイト,$(Al_2)[Si_2]O_5(OH)_4$

ハロイサイト,$(Al_2)[Si_2]O_5(OH)_4\cdot 2H_2O$

tri. 亜群(蛇紋石鉱物または蛇紋石)

アンチゴライト,$(Mg_3)[Si_2]O_5(OH)_4$

クリソタイル,$(Mg_3)[Si_2]O_5(OH)_4$

アメサイト,$(Mg_2Al)[Si, Al]_2O_5(OH)_4$

クロンステダイト,$(Fe^{2+}{}_2Fe^{3+})[Si, Fe^{3+}]_2O_5(OH)_4$

シャモサイト(7Å型),$(Fe^{2+}, Mg, Fe^{3+}, Al)_3[Si, Al]_2O_5(OH)_4$

(14Å の単位構造の高さを持ち緑泥石に分類されるものもある)

432　第20章　分類

グリーナライト, $(Fe^{2+}_{9/4}Fe^{3+}_{1/2})[Si_2]O_5(OH)_4$

(B) 繊維状形態を示すもの

パリゴルスカイト, $(Mg_5)[Si_8]O_{20}(OH)_2(OH_2)_4\cdot 4H_2O$

セピオライト, $(Mg_4)[Si_6]O_{15}(OH)_2(OH_2)_2\cdot 4H_2O$

（(OH_2)はチャンネルの中に存在する水分子で Mg に配位する水分子)

2° **非晶質粘土鉱物**

アロフェン, $xSiO_2\cdot Al_2O_3\cdot nH_2O$, $x=1\sim 2$, $n\fallingdotseq 5$

ヒシンゲライト, $xSiO_2\cdot Fe_2O_3\cdot nH_2O$

ペンウィサイト, $xSiO_2\cdot Mn_2O_3\cdot nH_2O$

3° **混合層粘土鉱物**

規則型(長周期反射およびその周期の整数分の1を示す反射が認められているもの)

非膨潤性(N)と膨潤性(E)鉱物の組合せであるから，一般命名法は現在のところ N-E 規則型混合層鉱物と，N-E の順に示す．これまでの例は，何れも特殊な名前がつけられている．

コレンサイト(tri. 亜群の緑泥石 –tri. 亜群のスメクタイト)

トスダイト(di. 亜群ないし di.-tri. 亜群の緑泥石–モンモリロナイト)

アリエタイト(滑石–サポナイト)

レクトライト(アレバルダイト)(雲母–モンモリロナイト)

これらの鉱物の中では，近年の詳細な解析によって，規則型より多少はずれ，部分的に不規則なものもある．

不規則型

理論的には全く不規則なもの$(g=0)$から，$g=1,2,\cdots$の不規則のものまである．一案として比率の多いもの(A)の次に少ないもの(B)の順で，「A-B不規則型混合層鉱物$(g=0$または$1,2)$」とする．「雲母–モンモリロナイト不規則型混合層鉱物$(g=1)$のように．

20-2 雲母粘土鉱物の命名について

雲母粘土鉱物という呼び名は粘土フラクションの範囲に入る雲母という意味である．「粘土バーミキュライト」，「粘土緑泥石」という言葉があるが，これ

らの意味も，まず，粘土フラクション中のバーミキュライト，緑泥石という意味は失われていないと思われるが，粒径に注目して呼ばれている名前であると同時に，性質の異常(多くは粒径が細かいと同時に構造不整に基づくと考えられるもの)をも意味して用いられている．たとえば，「粘土緑泥石」は，海底土の中に，ときどき見出されるもので，標準の緑泥石より，耐熱性の低いものをさしている．

20-3 di. と tri. 亜群

この両者は8面体シートの陽イオンの比率を意味する．緑泥石以外では tri. 亜群の場合には Si_4O_{10} を基準として8面体陽イオン数 n は3, di. 亜群の場合は $n=2$. 緑泥石の場合は di. 亜群($4 \leq n < 5$), tri. 亜群($5 < n \leq 6$)である．よく知られているように，3価イオンの場合は，di. 亜群に，2価イオンの場合は tri. 亜群になるが，Mg の多い鉱物でも，8面体シートに欠損があれば，tri. と di. の中間になり得る．Fe-Mg の多い雲母の中に，8面体シートに欠損があり，tri., di. の両亜群の中間の鉱物が報告されている．粘土鉱物では，ステブンサイトがその例であると考えられる．

参 考 文 献

Douillet, P. and Nicolas, J.(1969) : Bull. Soc. Franç. Ceramique, 83, 87.
Mackenzie, R. C.(1965) : Clay Miner. Bull., 6, 123.
Pedro, G.(1967) : Bull. Groupe Franç. des Argiles, XIX, 69.

第21章 粘土鉱物の研究および応用領域

21-1 粘土鉱物の研究領域

前章まで述べてきたように，粘土鉱物は他の鉱物に類をみないような興味ある性質を有している．このことは，その研究の領域が，ただ鉱物学にとどまらず，広い科学，並びに工業の方面に及び，広範な応用面を開くに役立っている．ここでは粘土鉱物の研究と応用領域，およびその各領域での現在および将来の問題を簡単に記してみよう．

(1) 粘土鉱物と鉱物学，結晶学
　不整結晶の問題
(2) 粘土鉱物と地質学
　(a) 粘土鉱物の研究よりみた岩石，鉱物の熱水変質の機構の問題．(b) 粘土鉱物の研究よりみた鉱床の母岩の変質の問題(その機構，鉱液の性質，鉱化作用の性質，鉱床の成因の解決，さらに採鉱上への利用)．(c) 粘土鉱物の研究よりみた堆積岩の問題(粘土鉱物の性質よりその堆積環境の究明．さらに，粘土鉱物の加圧加熱変化よりこの堆積岩の変成過程を考えること．粘土鉱物により頁岩，泥岩の対比を試みること)．(d) 粘土鉱物の研究よりみた変成岩の問題(粘土鉱物の種類と変成度との関係)．(e) 岩石，鉱物の風化の問題(風化の機構の究明)．
(3) 粘土鉱物と土壌学
　(a) 土壌中の粘土鉱物の性質の決定．(b) 粘土鉱物の研究よりみた土壌の生成機構の問題．(c) 土壌中の非晶質鉱物の研究．
(4) コロイド化学と粘土鉱物
　(a) 粘土鉱物のコロイド化学的性質．(b) 水，その他有機物と粘土鉱物複合体の研究．
(5) 土質学と粘土鉱物
　(a) 粘土と水との混合物の圧縮率，弾性係数，すべりに対する抵抗の研究．
　(b) 軟弱地盤の問題．(c) 地すべり粘土の研究．土質学における粘土鉱物

の研究の重要性は，最初海外において強調されたもので，現在までの研究によれば，軟弱地盤，地すべり粘土には，モンモリロナイト，ハロイサイト，非晶質物質，および交換性のアルカリイオンなどが大いに影響を与えるものと要約されている．

(6) 石油工学と粘土鉱物

(a) 粘土を活性化して触媒に利用する研究．(b) 石油井掘進用泥水の研究．日本では沖野文吉(1965, 1967)のすぐれた成果がある．(c) 2次回収法における不透水層(粘土化母岩)の研究(モンモリロナイトの吸水性，膨潤性を防ぐ方法が最も問題となっている)．

(7) 一般無機ケイ酸塩工業の原料と粘土鉱物

(a) 粘土鉱床の研究(鉱量が大で，しかも鉱体の中で品質の一定なることが大切である)．(b) 可塑性，粘性の研究．乾燥強度，乾燥収縮の研究．(c) 耐火度，焼成温度，熱膨張，熱収縮，熱間荷重の研究．(d) 焼成物の色の研究(純白なものが陶磁器用途には賞用される．着色の原因として鉄，チタンなどが著しい)．

(8) 環境医学と粘土鉱物，塵肺症

21-2 粘土の利用

粘土鉱物の多彩な特性は，また他の無機物に比をみないほどの広い利用面を開拓している．利用される本体は粘土鉱物であるが，利用のために採掘されるものは粘土である．すなわち粘土では，1種の粘土鉱物，2種以上の粘土鉱物の集合体，または特定の粘土鉱物を主とし，中に少量の非粘土鉱物を含むことが多い．このとき，利用対象の粘土鉱物の含有率が品位であるが，不良品位のものは，またそれなりに利用の途がある場合が多い．実際に利用する立場では，使用規格の幅により，原料の品質管理のための各種のテスト方法は異なるが，一般に，テストの方法は，幅広く，深くなされている．たとえば，橋爪一生(1964, 1965)のベントナイト利用に関する工業技術上のすぐれた報告がある．

ベントナイトと酸性白土は，いずれも 'a clay with thousand uses' といわれているくらい用途の広い粘土である．この両粘土は，鉱物学的にはいずれもモンモリロナイトを主とする粘土であり，ただ両粘土において，モンモリロナイ

表 21-1 (大坪義雄による)

	酸 性 白 土	ベントナイト
SiO_2/Al_2O_3	7～8(7.05～7.97) (標準7～8)	4～8(4.46～7.67) (標準4～6)
アルカリ金属, アルカリ土金属	少量	比較的多い
塩基交換能	50 me/100 g	60～100 me/100 g
懸濁液の pH	5～6	7.5～8.5
1gの粉末に吸着する水分	2～3 g	3～20 g
100ccの水中に100メッシュの粉末を1g加えたものの沈降容積	1～5 cc	8～80 cc
1Nの25ccのNaCl溶液に1gの粉末を加え75ccの水を加えたときの凝固容積	5 cc/g	50 cc/g

トの性質が多少異なる.両粘土の性質の比較は,表21-1に示すようである.この両粘土に共通の用途も多いが,一般に酸性白土は,ベントナイトよりもより強い吸着性があるため,この強い吸着性,およびそれより導かれる性質を特に利用する場合に用いられ,ベントナイトは,水により膨潤性が著しいため,この吸水的の性質およびそれに直接関連ある性質を利用しようとするときに用いられる.このことは以下に記する用途をみると了解できるであろう.

ベントナイトの利用:金属の鋳物砂型の結合剤としての利用.調合の例は著しく多いが,一例を掲げれば,生型および焼型の両者を通じ砂80～90%,ベントナイト2～10%,塩化カルシウム1～10%である.このときのベントナイトの効力は,砂の表面をよくうすくおおい,型の形を正しく保ち,型の中に鉱物を注入するとき型の形をよく保ち,しかもある程度の耐火性を示すことである.このような条件は,もとより,砂の形,大きさ,種類にも大いに関係のあるところである.

アルシフィルムとしての利用:HauserおよびLebeau(1938)は,ベントナイトより薄膜をつくることに成功し,その後各国においてベントナイトの膜の研究が広く行われるようになった.そのつくり方の一例は,ベントナイト1%の分散液の上澄液を超遠心分離にかけ,その中よりゲル状の粘土を分離する.これを適当の支持台の上にひろげ膜をつくり,700～800°Cに加熱脱水せしめる

と，耐熱，耐水，耐酸，耐有機溶媒の薄膜が得られる．これをアルシフィルムという．このアルシフィルムをつくるときの条件は，粘稠性のゲル状物をつくることであって，このため，水のみならずモンモリロナイトと複合体をつくるアミン類，グリセロール，酢酸マグネシウムなどを加えることもある．また寒天，ふのり，アラビアゴム，石けん，ロート油等の親水性のコロイドを混ずることもある．またモンモリロナイト有機分子複合体の利用製品としてベントンがある．

促肥剤，客土としての利用：肥料分を吸着させ肥効を長く保たしめる．また選択吸着特性は放射性廃棄物の処理処分にも役立っている（松村隆, 1969）．

医薬品としての利用：塗布薬の基礎剤として用いる．またイオン交換性を利用して銀を含ませた銀ベントナイトは，殺菌剤として用いられる．

土木工学方面の利用：ベントナイトは水を通さぬ性質を利用して，砂利に混じ，ダムの漏水防止に用いる．また塩化ナトリウムを混ずると，ベントナイトは脱水して固まるので，塩田の地底に敷いて漏水の防止に用いる．

窯業方面への利用：ベントナイトを混入せしめるときは，可塑性，乾燥強度を増すので，陶磁器，耐火物，琺瑯等の原料中に混じて用いる．

塗料としての利用：ベントナイトに消石灰(10~20%)を混入して用いる．これは一種の耐火性の塗料となる．

繊維工業の方面：ベントナイトの泥液中に，電解質を加えて固まらせたものを，人絹のつや消しに用いる．恒久性があり，その触感が軟かい．その他防臭剤，脱臭剤等多くの利用方面がある．

酸性白土の利用面は，次のようである（小林久平, 1949）．吸着性を利用する例：(a) 脱色および精製；種々の油，糖液，糖蜜，あめ，醬油，酒の脱色，ナフタリン，ベンゾールの精製．(b) 吸水，吸湿性を利用するもの；乾燥剤として用いられる．(c) 一般の吸着剤としての利用；石油中の硫黄の除去，天然ガスよりガソリンの採取，ビタミンBの吸着，アルカロイド，モルヒネ，コカイン，ニコチンの解毒剤．

ガス中の硫黄の除去：醸造工業の廃水の処理，清酒の防腐剤，飲料水中の鉛分の除去，印刷インキの除去など．

イオン交換性を利用する場合：硬水の軟化剤その他，ハミガキ粉，粉石けん

の増量剤，洗粉，古新聞，羊毛古ぼろの漂白，充填剤(製紙用，電気絶縁用成形物)など，各種の用途がある．

なお酸性白土については，桑田勉の酸性白土の完全利用の研究は注目すべきものである．すなわち活性化する過程で，活性白土の利用と共に，生ずるケイ酸より粒状シリカゲル(乾燥剤)，合成ケイ酸アルミニウム(医薬用)をつくり，硫酸アルミニウムを分離し，廃液より石膏をつくるという過程で酸性白土の完全利用工業が実現されている．

カオリナイト群を主とする粘土(カオリン粘土)は，不純物が少なく，焼いて(SK 4 程度)も色付きの淡いものは，陶磁器，耐火物用として用いられ，色の悪いもの(鉄による)は，炻器に用いられる．紙，ゴムのコーティング，充填用，農薬の増量剤，化粧品などにも用いられる．日本では，アロフェン-ハロイサイト球粒体を主とする粘土が，紙の充填用，コーティングに用いられている．パイロフィライトの利用面は，タイル，衛生陶器，耐火物，碍子，紙ゴム充填剤，塗料，農薬の増量剤である．雲母粘土鉱物(Al, di.)の利用面は，ゴム充填剤，塗料，陶磁器，などに見ることができ，鋳物砂用にも用いられる．アロフェンは加熱脱水して，吸湿剤，断熱煉瓦の原料に用いられる．いうまでもなく，粘土鉱物の利用特性の1つは選択吸着性であり，広範な利用面がある．たとえばバーミキュライト(Mg 型)はアンモニア除去，放射性廃棄物の処理に有効である．

21-3 合成工業と完全利用

以上述べたように，粘土の利用の場合には，天然にあるままの形で利用される場合もあるが，何等かの方法で加工されて後に利用に供される場合も多い．たとえば，水簸で不純物を除くとか，また不純物の中にも利用されるものがあれば，分けて利用することもある(粘土とケイ砂に分けて利用する)．更に完全に粘土鉱物を分けるため浮遊選鉱が研究されている．加熱して後に利用する場合も一種の加工といえる．一般に高品位の原料が一様に広くある(量が多い)ことは，天然資源の利用に不可欠のことである．また使用上の規格の厳密さには幅があり，厳密な規格になればなるほど，不純物のない純粋な原料が望まれる．上に述べたように，品位を高めるために，特定の手段を取られることがあるが，一方で合成により極めて純粋な原料をつくり，極めて厳格な使用規定にも堪え

られる製品をつくる方法もある．沸石の利用にこの代表的の例を見ることができるが，粘土の利用についても例外でないと筆者は考えている．たとえば，高温高圧工業で，極めて純粋なNa型のモンモリロナイトを合成し利用することなどである．もちろん，将来のエネルギー資源をも検討すると同時に，価格に見合う使用規格を持つ利用面の検討も必要であるが，粘土資源（特に高品位の）といえども，限りのあるものであるから，将来像として，粘土鉱物の高温高圧合成工業の夢を持つ必要があり，そのための基礎的の研究を今からはじめる必要があろう．また，同じく将来像として，合成工業とは異なるが，幅ひろい品位の粘土を利用対象とした，粘土の完全利用の発展が考えられる．

本書の巻頭に述べたように，粘土は功罪をもって，人類の歴史を，人類と共に歩んできた．それは全く多様な特性によるためである．粘土の罪の方は，環境科学の1つの問題となろう．今まで述べてきた広く深い知識を基にし，粘土の罪をなくし，功に変える研究が重要である．単なる夢想に終わることなく，科学的の定量的な深い研究の，広い連絡，協力によって，粘土もまた環境科学に重要な役割を果たすであろう．

21-4 将来の問題

粘土鉱物学の発達はいうまでもなく，そのあらゆる方面で（詳細な記載から，一般原理の提唱まで）将来におよぶものである．本書に述べた内容はいうまでもなく将来の問題を多く含んでいる．ここでは，それらを単に列記するよりもむしろ，本書で述べた内容に照らして，従来不足し，また欠けていた問題は何かという問いに答えてみよう．

(1) 粘土鉱物研究者自身が，組み立てて使用している粘土鉱物判別基準については，検討の余地が十分にあるが，その再検討は従来不活発である．たとえば，動力学的性質の区別確認にあたり，外部から加えられる物理，化学的な処理の実験条件が，厳密に規定されていないまま，結果だけの比較が行われている場合がある．たとえば，通常のMg型のバーミキュライトの加熱変化は，急冷して後に乾燥器中へ保存するというのみの配慮では，復水を防ぐことができない場合がある．また硝酸アンモニウム処理の結果は，粒径の差により影響される．要するに粘土鉱物の判別のための実験処理条件の規定について将来検討

を深める必要がある．この配慮なくして中間性鉱物の確認もおぼつかない．

(2) 粘土鉱物の諸性質の微妙な変化の発生の場所は層間であり，その部分にある水分子，(OH)，交換性イオンである．これらの化学分析は，将来の鉱物学の分野でも重要視する必要があろう．いうまでもなく水分の分析については，一般に重量減としてではあるが，熱重量変化曲線が鉱物学の分野でも重要視されるようになっている．しかし化学分析表中に固着陽イオン，交換性陽イオンの分析が区別明記されている例はまだ少ない．児玉秀臣のレクトライトの研究報文は，ゆきとどいた分析値から論を進めている数少ない研究の1つである (Kodama, 1966).

(3) 粘土鉱物の「粒の大きさ」の意味を検討することが，将来といわず，早急に必要であろう．「粒の大きさ」の中には，普通にいわれているような，力学的な分離操作の結果示された特定の大きさもあれば，また X 線の干渉，電子線の干渉から示される大きさもあり，これらは必ずしも一致しない．結晶の問題に必要な「粒の大きさ」とは，例えば X 線の干渉域で示される c 軸方向の平均の大きさ(厚さ)であろう．この大きさは，単位構造より大きい次元の構造につき，またその成長についての研究問題を示す．粘土鉱物のラインプロファイル(ライン形)のフーリエ解析はこの問題の1つの研究方法である．

(4) 混合層鉱物それ自身の性質の研究面では，成分鉱物層の性質偏倚について，将来にわたり，より深い研究が望ましいが，一方で過去を顧みると，大多数の研究は，$(00l)$ 反射を問題にするにとどまっている．将来は $(hk0)$，(hkl) 反射をも広く取り上げて調べる必要がある．また本書の問題と多少異なる部面に属するが，混合層鉱物の水性，土質試験特性は，応用方面で重要な興味ある研究問題であり，将来研究が発達してほしい．すでにアレバルダイトについて，ハンガリーにおける研究があり，最近日本でも，陶石の主成分粘土鉱物の中に，しばしば混合層鉱物が存在することが明らかにされ(金岡繁人, 1968)，その存在が，窯業原料としての陶石の特性の発揮に役割を果たしているように考えられている．

(5) 粘土鉱物，すなわち天然で粘土フラクションの細かい鉱物に見られるが，非粘土鉱物には見られない数多くの特性は，微粒という性質と密接に関係するものが多い．従って，粘土鉱物が，かりに巨大な鉱物になったとすれば，それ

21-4 将来の問題

はもはや粘土鉱物ではなくなり，数多くの興味ある粘土の特性は失われてしまう．しかし，一方で結晶構造の章で述べたように，構造特性の詳細な解明は，やはり肉眼的の結晶を必要とする．そこで，肉眼的の結晶としても見出される，緑泥石，ディッカイトなどは別として，常に粘土フラクションの粒径でしか見出されないスメクタイトのようなものも，人工的に，肉眼的の単結晶をつくることができれば，構造解明に役立つであろう．スメクタイトはいろいろの他の鉱物から，熱水条件下で容易につくることができるから，たとえば，白雲母片を処理して，そのままこれをモンモリロナイト片に変化させる方法が考えられる．しかし，方法は容易であっても，注意すべきいくつかの事柄がある．このようにして特定の鉱物を土台としてつくったスメクタイトは，果たしてスメクタイトの一般性を持つかどうか，微粒でしか見られない天然のスメクタイトの特性を，大きい単結晶がすべて忠実に持っているかどうか，の問題は検討することが必要である．天然で大きな結晶に成長し得ない鉱物には，結晶成長が限定されなければならない，それなりの理由が内在するのかもしれないからである．

(6) なお気のついた問題を最後にまとめて述べるならば次のようである．

赤外線吸収スペクトル分析は，粘土鉱物の重要な研究方法の1つとなっているが，将来，遠赤外分析とともにピークの起因についての研究の発展が望ましい．すでにくりかえし述べたように，粘土鉱物の異常性の発生の部分は層間域であり，この部分の陽イオンを中心とした分子振動は遠赤外域に反映されることが多いと思われるからである．また関連分野に関する事柄としては，トポ化学反応，タクトイドなどの事柄について将来の研究問題として注意を深くする必要があろう．トポ化学反応の研究からは，混合層鉱物の2次生成の場合のN→Eの変化の研究に有力な指針が得られると思われ，タクトイドの研究からは，混合層粘土鉱物の1次生成の研究に有力な指針が得られるものと思われる．

(7) 将来の発達させるべき問題の1つに，「粘土-重金属複合体」ともいうべき物質の合成とその利用検討がある．スメクタイト，バーミキュライトのイオン交換性粘土鉱物のイオン交換性を利用し，層間イオンを重金属(銀，銅，鉛など)で置換する．このような物質は重金属層とケイ酸塩層が分子オーダーで互層している構造を示す．そしてバーミキュライト群では肉眼で見得る単一結晶

が得られるから「バーミキュライト-粘土複合体」は特に利用特性の検討が期待できるのではなかろうか.従来,アニリンその他の有機分子と共に重金属を層間に挿入する研究が Heller と Yariv(1969)に発表されているが,近年,永田洋,秋山富雄,中村真人は有機物を用いず,直接に「粘土-重金属複合体」(特に銀-粘土)の研究を進めている.

参 考 文 献

橋爪一生(1964):化学機械と装置,10月,13; 11月,10; 12月,10.
橋爪一生(1965):化学機械と装置,2/3月,3; 4月,3.
Hauser, E. A. and Lebeau, D. S.(1938) : J. Phys. Colloid Chem., **42**, 961.
Heller, L. and Yariv, S.(1969) : Proc. Intern. Clay Conf., 1969, Tokyo, **I**, 741, Israel Universities Press.
金岡繁人(1968):窯協誌, **76**, 72.
小林久平(1949):酸性白土,丸善.
Kodama, H.(1966) : Amer. Miner., **51**, 1035.
松村隆(1969):粘土科学, **9**, 1.
沖野文吉(1965):掘さく泥水の基礎と応用,石油資源開発株式会社技術研究所.
沖野文吉(1967):粘土科学, **6**, 81.

第22章 粘土鉱物研究に関係するX線結晶学の基礎

22-1 規則正しい構造からのX線回折強度式

結晶からの回折X線の強度を支配する1つの重要な因子は,特定の振幅と,位相を持つ,いくつかのX線の波動の合成振幅である.この合成振幅を構成する諸因子の中には,1つの原子の中の電子による散乱の結果示されるもの(原子構造因子, f),1つの単位胞の中の各原子からの散乱を考えて,それらによる干渉の結果示されるもの(結晶構造因子, F),1つの結晶の中の各単位胞からの散乱を考えて,それらによる干渉の結果示されるものがある.波動は,振幅(A)と位相角(φ)よりなり,一般に複素数 $A=|A|\exp i\varphi$ で示すことができる. f も F も複素数で示される.位相は行程差 p でも示されるが,これらは $\varphi = \dfrac{2\pi}{\lambda}p$ で結ばれる. λ はX線の波長である.特定の波長の,いくつかの波は,たがいの位相差が波長の整数倍(φ が $2n\pi$)のとき,すなわち同位相で重なり合うとき,たがいに最も強め合って合成される.

よく知られているように,たとえば単位胞についての回折条件として

$$\left.\begin{array}{l} a_0(\cos\varepsilon_1-\cos\omega_1)=h\lambda \\ b_0(\cos\varepsilon_2-\cos\omega_2)=k\lambda \\ c_0(\cos\varepsilon_3-\cos\omega_3)=l\lambda \end{array}\right\} \qquad (22\text{-}1)$$

の連立方程式がある. a_0, b_0, c_0 は単位胞の3辺の長さ, ε, ω は,それぞれ,回折X線の進行の向きと単位胞の軸ベクトルの間の角,入射X線の進む向きと単位胞の軸ベクトルの間の角である. h, k, l は波長 λ の整数倍を示す整数であるが,上式のように,左辺の cos 項の差をつくる順を一定として表わせば, ε, ω の大小関係で, h, k, l は,一般に0または正,負の整数となり,逆格子点の番地座標となるべき数となる.従って,X線を反射すると考えられる格子面(面間隙が d),またはそれに平行な, d/n の位置に「仮想される面」の指数となる.入射X線の向き,回折X線の向きの単位ベクトルを,それぞれ, $\vec{S_0}, \vec{S}$ とすれば,(22-1)は

$$\left.\begin{array}{l}\left(\dfrac{\vec{S}-\vec{S_0}}{\lambda},\ \vec{a_0}\right)=h\\[4pt]\left(\dfrac{\vec{S}-\vec{S_0}}{\lambda},\ \vec{b_0}\right)=k\\[4pt]\left(\dfrac{\vec{S}-\vec{S_0}}{\lambda},\ \vec{c_0}\right)=l\end{array}\right\} \qquad (22\text{-}2)$$

のスカラー乗積で示される.

1つのベクトルを $\vec{A}$ とすれば,次のように示される.

$$\vec{A}=(\vec{A},\vec{a_0})\vec{a_0}{}^*+(\vec{A},\vec{b_0})\vec{b_0}{}^*+(\vec{A},\vec{c_0})\vec{c_0}{}^* \qquad (22\text{-}3)$$

ただし,$\vec{a_0}{}^*,\ \vec{b_0}{}^*,\ \vec{c_0}{}^*$ は,逆格子の軸周期ベクトルである.(22-2)式の各式に $\vec{a_0}{}^*,\ \vec{b_0}{}^*,\ \vec{c_0}{}^*$ を乗じ,辺々相加え(22-3)式を参照すれば,

$$\dfrac{\vec{S}-\vec{S_0}}{\lambda}=\vec{R}=h\vec{a_0}{}^*+k\vec{b_0}{}^*+l\vec{c_0}{}^* \qquad (22\text{-}4)$$

すなわち逆格子点の位置ベクトルは $\dfrac{\vec{S}-\vec{S_0}}{\lambda}$ で示される.

(22-2)式より

$$\left.\begin{array}{l}(\vec{S}-\vec{S_0},\ \vec{a_0})=h\lambda\\(\vec{S}-\vec{S_0},\ \vec{b_0})=k\lambda\\(\vec{S}-\vec{S_0},\ \vec{c_0})=l\lambda\end{array}\right\} \qquad (22\text{-}5)$$

は何れも行程差,位相差である.3次元に拡大し,一般化すれば,行程差は,$(\vec{S}-\vec{S_0},\ \vec{r})$ であり,$\vec{r}$ は実格子点の位置ベクトル,$\vec{r_m}=m_1\vec{a_0}+m_2\vec{b_0}+m_3\vec{c_0}$ である.よって角度 φ で位相差を示せば,

$$\dfrac{2\pi}{\lambda}(\vec{S}-\vec{S_0},\ \vec{r})=2\pi\left(\dfrac{\vec{S}-\vec{S_0}}{\lambda},\ \vec{r}\right)=2\pi(\vec{R},\vec{r}) \qquad (22\text{-}6)$$

となり,逆格子点の位置ベクトルと実格子点の位置ベクトルのスカラー乗積に 2π を乗じたものである.ここで m_1, m_2, m_3 は,整数または分数である.整数のときは,結晶全体に着目した場合,分数のときは,単位胞内に限定したときである.すなわち,単位胞内の原子の座標を (x,y,z) とし,これら各を,それぞれ a_0, b_0, c_0 を単位とした座標 (X, Y, Z) とすれば,$x/a_0=X,\ y/b_0=Y,\ z/c_0=Z$ であるから,(22-6)式は

$$2\pi(hX+kY+lZ)=2\pi\left(\dfrac{hx}{a_0}+\dfrac{ky}{b_0}+\dfrac{lz}{c_0}\right)$$

となり,各原子の構造因子を f_i とすれば,結晶構造因子 F は

$$F = \sum_i n_i f_i \exp\left\{2\pi i\left(\frac{hx_i}{a_0} + \frac{ky_i}{b_0} + \frac{lz_i}{c_0}\right)\right\} \tag{22-7}$$

n_i は単位胞内の i 番目の原子の数である.1次元の場合は

$$F(00l) = \sum_i n_i f_i \exp\left(2\pi i \frac{lz_i}{d_0}\right) \tag{22-8}$$

回折 X 線の強度を単位胞について考えるとき,$|F|^2$ がその強度の中の1つの因子となる.以下,電子1個による散乱強度(電子単位)I_e を単位として強度を示すときは I_e は省略してよい.粘土鉱物の試料は粉末である.いま粉末の全くの不定方位集合体が厚くあり,入射 X 線は,すべて試料の粉末塊の1面内に落ち,計数管の窓は回折 X 線のハローの一定の長さを受けるとすれば,試料による X 線の吸収は無視できるほど小さく,各微結晶から生ずる散乱 X 線の間には平均として干渉がないとの仮定のもとで,

$$\frac{P}{P_0} = \frac{N^2\lambda^3 e^4}{m^2 c^4} \cdot \frac{1}{16} \cdot \frac{l}{\pi r S_0} \cdot V \cdot T \cdot P \cdot |F|^2 \cdot \left(\frac{1+\cos^2 2\theta}{\sin\theta \sin 2\theta}\right) \tag{22-9}$$

P は回折 X 線を試料より r の距離にある長さ l の電離槽で受けたときの X 線のエネルギー(工率),N は1 cc 中の単位胞の数,e は電子の電荷(4.80298×10^{-10} esu),m は電子の質量(9.1091×10^{-28} g),c は光の速度(2.997925×10^{10} cm·sec^{-1}),S_0 は試料面に入射する点での入射 X 線束の断面積,単位面積あたりの入射 X 線の強さを I_0 とすれば,入射 X 線の工率は $P_0 = I_0 S_0$,V は X 線の照射を受ける体積,P は格子面の重複度,T は温度因子である.θ に関係する項は,$|F|$ と $L_p = \frac{1+\cos^2 2\theta}{\sin\theta \sin 2\theta}$ で,$K = \frac{N^2\lambda^3 e^4}{m^2 c^4} \cdot \frac{1}{16} \cdot \frac{l}{\pi r S_0}$ は定数(実験条件一定として)とみることができる.よって,実際には吸収補正項として吸収因子 A も関係し,

$$P = K \cdot (I_0 \cdot S_0) \cdot A \cdot P \cdot |F|^2 \cdot \left(\frac{1+\cos^2 2\theta}{\sin\theta \sin 2\theta}\right) \tag{22-10}$$

もし試料面の面積(S)が小さいときは,$S_0 = S\sin\theta$ で

$$P = K \cdot (I_0 \cdot S) \cdot A \cdot P \cdot |F|^2 \cdot \left(\frac{1+\cos^2 2\theta}{\sin 2\theta}\right) \tag{22-11}$$

各粉末片の底面が平行に配列集合していて X 線束がこの面の上に全く落ちるときは,

$$P = K \cdot (I_0 \cdot S_0) \cdot A \cdot P \cdot |F|^2 \cdot \left(\frac{1+\cos^2 2\theta}{\sin 2\theta} \right) \qquad (22\text{-}12)$$

試料面がX線束の断面より小さいときは，

$$P = K \cdot (I_0 \cdot S) \cdot A \cdot P \cdot |F|^2 \cdot \sin\theta \left(\frac{1+\cos^2 2\theta}{\sin 2\theta} \right) \qquad (22\text{-}13)$$

上の式は，何れも試料の厚さが十分厚い場合であり(理想的には無限大)，たとえば，吸収因子を具体的に示せば，(22-12), (22-13)の場合は

$$A = \frac{1}{2\mu}$$

でよい．しかし，薄くなると(厚さ：x)，補正項として次の式が用いられる．

$$A = \frac{1-\exp(-2\mu x/\sin\theta)}{2\mu}$$

粘土鉱物のX線粉末反射を記録し，強度の観測値を求める(I_{obs})．このとき相対強度ではあるが(全くの定性判別の第1歩である場合は別として)，十分の補正をしてI_{obs}を求める．一方で，各粉末反射の指数付けを行う．試料の粉末片は全くの不規則方位をとるよう試料をつくる．上式より，I_{obs}の各値から，構造因子F_{obs}の大きさ(符号は不明)が求められる．一方で，各粉末線の指数付けを行って，構造のモデルを考え，これより構造因子の計算値(F_{calc})を求める．このときは符号も同時にでてくる．すべての粉末反射について，$R = (\sum ||F_{obs}|-|F_{calc}||)/\sum |F_{obs}|$の値($R$-値)が小さいほど，$F_{obs}$と$F_{calc}$の各ピークによる変化はよく一致している．この「$R$-値検定」は一般の単結晶構造解析の際に行われる手順であり，X線粉末反射についても行うことができる．しかし，X線粉末反射の場合は，いろいろの因子が相対強度に影響をおよぼす．全くの不定方位粉末集合体は，X線粉末反射の相対強度を求めるときの，試料の1つの規準状態であるが，しばしば，いろいろな程度に定方位配列の部分ができ，これが相対的のX線粉末強度に影響する．また一般にX線粉末反射には重なりが多い．要するに，X線粉末反射のみからは，一般に詳細な点まで構造について論ずるには無理な場合もある．

底面反射のみを取り扱い，$F(00l)_{calc}$を出す場合は，底面に平行な方向の，各原子面のzパラメーター，単位胞内に含まれる各原子の数n，各原子の構造因子fを用いる．対称中心を原点としたときは，虚数項は消え，実数項は2倍

22-1 規則正しい構造からの X 線回折強度式

となり(22-8)式は

$$F(00l) = 2 \sum_i n_i f_i \cos 2\pi \frac{lz_i}{d_0} = 2 \sum n_i f_i \cos\left(\frac{4\pi l z_i \sin\theta}{\lambda}\right) \quad (22\text{-}14)$$

ここで，i は原子の種を示し，$\sum$ はこの構造の単位胞中のあらゆる原子についての総和をとる意味である．d_0 は単位構造の高さを示す．なお単位胞の境界面の上にある原子の数は常に半分とする．粘土鉱物の底面反射は，一般に 2θ の小さい部分に生ずるから，原子構造因子は，Si, Al, Mg の 1 群は，相互に極めて近似し，また Fe, Mn, Cr の 1 群も相互に極めて近似している．よってしばしば，4 面体層の内部のイオンは，原子構造因子に関するかぎり，Si で代表させ，8 面体層のイオンは Mg または Al (Mg>Al のときは Mg，Al>Mg のときは Al)で代表させることができる．まず各粘土鉱物について，$\frac{\sin\theta}{\lambda}$ による $F(00l)$ の変化曲線を求める．

長野県余地峠のいわゆる「絹雲母」，すなわち雲母粘土鉱物(Al, di.)の化学式を，化学分析の結果から $O_{10}(OH)_2$ を基準とし，

$$\{K_{1.5}\cdot 0.5H_2O\}(Al)_{4.00}[Si, Al]_8 O_{20}(OH)_4$$

として，その底面反射 10 Å，5 Å，3.3 Å の強度を計算する．原子構造因子の表より，ここでは原子の状態をとり，10 Å，5 Å，3.3 Å の 3 つの反射の $\sin\theta/\lambda$ の

表 22-1

	$F(10\text{Å})$	$F(5\text{Å})$	$F(3.3\text{Å})$
$[Si, Al]_4 O_{10}(OH)_2$	17	-120	74
$1.5K\cdot 0.5H_2O$	-32	30	-26
4Al	45	42	39
F	30	-48	87
$|F|^2$	900	23.04	75.69
	(0.119)	(0.303)	(1.00)

表 22-2

		$|F|^2 (10\text{Å})$	$|F|^2 (5\text{Å})$	$|F|^2 (3.3\text{Å})$
(a)	2.0K	623	1836	6889
(b)	$1.5K\cdot 0.5H_2O$	900	2304	7569
		(0.119)	(0.303)	(1.00)
(c)	$1.0K\cdot 1.0H_2O$	1225	2809	8281
(d)	1.5K	1156	2704	8100
		(0.148)	(0.334)	(1.00)

値から(λ は CuKα の反射として，1.5418 Å)，各原子の構造因子を求め，上記の式を3つに分けて構造因子(F)を求める(表 22-1)．ここで (OH), H_2O については酸素原子の値を代用する．$|F|^2$ 値は水分の量により変わる(表 22-2)．

層間のイオンと水の関係は，現実にはどのようになっているか議論があるが，ここでは，モデルとして上記の4例を示したにすぎない．このようにして，たとえば，(b), (d)では，上記の各反射の相対強度が求められる(表 22-3, 22-4)．

表 22-3

Lorentz 偏光因子(L_p)	L_p(10Å)	L_p(5Å)	L_p(3.3Å)
全くの不定方位粉末集合	365	82	35
	(10.4)	(2.34)	(1.0)
底面の定方位集合	13.4	6.3	4.0
	(3.35)	(1.58)	(1.0)

表 22-4

		I(10Å)	I(5Å)	I(3.3Å)
(b) 1.5K・0.5H_2O の場合	全くの不定方位集合体	1.23	0.70	1.00
	定方位集合体	0.40	0.48	1.00
(d) 1.5K の場合	全くの不定方位集合体	1.54	0.78	1.00
	定方位集合体	0.54	0.53	1.00

いま余地峠の試料を乳鉢で指頭に感ぜぬ微粉とし(2μ以下の粒径分離はしていない)，その x mg を水にといた泥水をガラス板上にひろげ，(I) 自然放置して乾かした試料について，また，(II) 2μ 以下のフラクションを 2 mg ガラス板に上と同様の手順でつくった試料の乾燥皮膜について，また，(III) 2μ 以下のフラクションをアルミニウムの試料保持板にできるだけ不定方位粉末集合塊になるようつめた結果，および，(IV) 白雲母の結晶片をうすくしガラス板にはりつけたものの 10 Å，5 Å，3.3 Å の底面反射の相対強度を示す(表 22-5)．

表 22-5

		I(10Å)	I(5Å)	I(3.3Å)			I(10Å)	I(5Å)	I(3.3Å)
(I)	100 mg	1.3	0.47	1.0		5	2.6	0.70	1.0
	80	1.45	0.54	1.0		2.5	2.5	0.80	1.0
	60	1.52	0.57	1.0	(II)		1.2	0.86	1.0
	40	1.45	0.58	1.0	(III)		2.0	0.8	1.0
	20	1.75	0.52	1.0	(IV)		0.35	0.2	1.0
	10	2.3	0.58	1.0			0.5	0.3	1.0

22-1 規則正しい構造からのX線回折強度式

以上の結果から,上記のようにしてガラス板上につくった試料の乾燥皮膜を構成している粘土粒子の配列状態は,底面の完全な平行配列の状態からはほど遠いものであることがわかる.この結果は相対強度の計算例として掲げたものである.

電子分布密度 $\rho(z)$ と構造因子はフーリエ変換の関係で結ばれている.いま底面反射の場合に,それに垂直な方向(c^* の方向)の電子分布密度(もちろんこの方向に垂直な面内の原子の数は単位胞内に含まれる数に限定される)は,対称中心がある場合は,原点を対称中心にとって,

$$\rho(z) = \frac{1}{d}\sum_{-\infty}^{+\infty} \pm |F(00l)| \cos 2\pi \frac{lz}{d_0} \qquad (22\text{-}15)$$

ここで d_0 は単位構造の高さ,z は c^* 方向の原子面の座標である.この式より,1次元の電子分布密度曲線を描くことができるが,それは z の各点における $\pm|F(00l)|$ の項の総和であり,項数は無限項が原則であるが,実際には多ければ多いほどよい.原理的には,電子分布密度は,各原子面(c^* の方向に垂直な)の位置にピークとなってあらわれ,そのピークの示す電子密度は,その原子面内で単位胞の範囲に入る原子(またはイオン)の核外電子の数の総和を示す.また,ピークの位置は,ゆがみが無い原子面の中心の位置を示すはずである.しかし,実際には無限項を取ることができない.項数が不足するときは,項数の打切りの効果といって,ピークの分離は不完全となり,ピークから読み取れる電子分布密度は,実際の値とは一致せず,またごく僅かであるが,ピークの位置は,原子面の座標よりずれる.項数は可能なかぎり多いほうがよいが,従来の議論の範囲では,たとえば,雲母粘土鉱物では10項の程度である(2層構造ならば l は2よりはじまるから (0,0,20) までの反射を利用する程度).このフーリエ合成をグラフで示すならば,まず $l=1$ のときは $F(001)$(正または負)を振幅とし,$\cos(2\pi z/d)$ の曲線であって,z の変化に対して,もっとも振動の数は少ない.l が大きくなればなるほど,振動がしげくなる.これらの曲線より,z の点の振幅(正または負)を求め,それらを総和したものが,z 点の電子の分布密度である.Brindley(1956)はアレバルダイトにつき,22 の反射(もっともこの間で極めて弱くて採用できなかったものが2つある)を用い,構造のモデルから,20項を採用し,F_{calc} の符号を,F_{obs} にもその通り与えて,実測と計

算による2つのフーリエ合成図をつくり，よく一致する場合を見出した．これらより，最終的な原子面の z パラメーターを求めた(表22-6)．ここでは，層間位置の対称中心を原点としている．1枚の2:1層の両側(面に平行な方向，面に垂直な方向の2つの側)では，層間の電子分布密度に著しい相異があることが示されている．また，交換性イオンの電子分布密度は，単位胞あたり14程度である．しかし構造式では $\{Na_{1.26}K_{0.40}Ca_{0.30}\}$ のようであって，これをイオンとすれば，12+7+5=24の電子密度が予測されるが，これは14の実際値よりはるかに高いため，恐らく，モデルで示したように，Naは不純物か，または粒子表面にあるものだろうという議論を行っている．

表22-6 アレバルダイトの原子面の z パラメーター ($z=12.31$ Å)

z_i	イオンの種ならびに数
10.85	$2H_2O$
8.02	6O
7.42	4(Si, Al)
5.83	4O+2(OH)
4.76	4Al
3.69	4O+2(OH)
2.10	4(Si, Al)
1.50	6O
0	0.7(K, Ca)

Brindley(1956)による

結晶全体からのX線の回折強度を問題とするときは，(22-6)式の位相をとり入れて，次のように表わすことができる．いま結晶を直方体とし，a, b, c 軸の方向に配列している単位胞の数を，それぞれ，N_1, N_2, N_3 とし，$|F|$ はすべての単位胞について等しいとする．1結晶あたりの強度に寄与するものは，2つに大別できる．1つは，各単位胞自身からの寄与で，たとえば，c 軸方向では，$|F|^2 N_3$ である．他の1つは離れた位置 (m_3, m_3' とし $m_3-m_3'=n_3$ とし，各の位置ベクトルを $r_{m_3}, r_{m_3'}$ とする) の単位胞の交互作用による寄与であり，$\sum_{n_3}(N_3-|n_3|)\exp\dfrac{2\pi i}{\lambda}(\vec{S}-\vec{S_0}, \vec{r}_{m_3}-\vec{r}_{m_3'})=\sum_{n_3}(N_3-|n_3|)\dfrac{2\pi i}{\lambda}(\vec{S}-\vec{S_0}, n_3\vec{a_0})$ となる．ここで $-N_3+1\leqq n_3 \leqq N_3-1$ で，$(N_3-|n_3|)$ は N_3 個の単位胞の中から，1つおき，2つおき，3つおき，…の対を取り得る数である．よって3次元の場合は

$$I \propto |F|^2 \{N_1 N_2 N_3 + \sum_{n_1}\sum_{n_2}\sum_{n_3}(N_1-|n_1|)(N_2-|n_2|)(N_3-|n_3|)$$

$$\times \exp\{2\pi i(\vec{R}, \vec{r_m}-\vec{r_{m'}})\} \qquad (22\text{-}16)$$

各単位胞自身の寄与は $p=q=r=0$ の場合である. また(22-16)は次のように書きかえることができる.

$$I \propto |F|^2 \sum_{n_1}\sum_{n_2}\sum_{n_3}(N_1-|n_1|)(N_2-|n_2|)(N_3-|n_3|)$$
$$\times \exp 2\pi i(n_1\vec{a_0}+n_2\vec{b_0}+n_3\vec{c_0},\ h\vec{a_0}^*+k\vec{b_0}^*+l\vec{c_0}^*)$$
$$= |F|^2 \sum_{n_1}\sum_{n_2}\sum_{n_3}(N_1-|n_1|)(N_2-|n_2|)(N_3-|n_3|)$$
$$\times \exp 2\pi i(hn_1+kn_2+ln_3)$$
$$= |F|^2 \frac{\sin^2 N_1\pi h}{\sin^2 \pi h} \cdot \frac{\sin^2 N_2\pi k}{\sin^2 \pi k} \cdot \frac{\sin^2 N_3\pi l}{\sin^2 \pi l} \qquad (22\text{-}17)$$
$$= |F|^2 L_1 L_2 L_3$$

この式は全く規則正しい3次元結晶の強度式であり, h,k,l の逆格子点が反射可能となる場合である. ここで, $\pi h, \pi k, \pi l$ は(22-5)より, 位相差の1/2である. $L_1 L_2 L_3$ を一般にラウエの回折関数と呼ぶことがある.

22-2 不整構造のX線強度式(1次元不整構造)

不整構造では, 逆格子上で反射可能な部分が各逆格子点以外へひろがる. また, このことは, 単一結晶の粒径が極めて細かくなったときにも生ずる. よって, 一般に細かい, しかも, 不整な構造を持つ粘土鉱物結晶では, 逆格子の反射可能域は, $h'=h+u,\ k'=k+v,\ l'=l+w$ で示される.

よって回折線のひろがりを支配するものは, 整数 h,k,l の部分でなくて, u, v, w の部分である. 従って(22-17)式に相当する部分は,

$$\frac{\sin^2 N_1\pi u}{\sin^2 \pi u} \cdot \frac{\sin^2 N_2\pi v}{\sin^2 \pi v} \cdot \frac{\sin^2 N_3\pi w}{\sin^2 \pi w}$$

となり, この式の中にラインプロファイルを示す因子が含まれている. この各項は, N_1, N_2, N_3 を一般に N とし n_1, n_2, n_3 を一般に n とし u, v, w を一般に s とすれば, (22-17)式は

$$I \propto |F|^2 \sum_{n=-(N-1)}^{N-1}(N-|n|)\exp 2\pi i sn = |F|^2 \{N+2\sum_{n=1}^{N-1}(N-n)\exp 2\pi i sn\}$$
$$= |F|^2 \frac{\sin^2 N\pi s}{\sin^2 \pi s} \qquad (22\text{-}18)$$

で示され, この式の総和の部分は

$$N+2\{(N-1)\cos\varphi+(N-2)\cos 2\varphi+\cdots\} \tag{22-19}$$

の級数の和となる．N 個の単位胞の配列部分（X線の反射面に垂直な方向で）をコラムとして表わし，コラムの方向に n 個はなれて存在する単位胞の対の数 $A(n)$ は，N 個の単位胞の長さを持つコラムの数を $P(N)$ とすれば，

$$A(n) = \sum_{N=n+1}^{\infty}(N-n)P(N)$$

で，たとえば $n=3$ のときは，

$$A(3) = 1\cdot P(4)+2\cdot P(5)+3\cdot P(6)+\cdots+(N-3)\cdot P(N)$$

となる．

$A(n)$-n のプロットで，1点 (n) で引かれた接線が，n 軸を切る点を $n_0(n)$ とすれば

$$n_0(n) = \sum_{N=n}^{\infty}NP(N)\Big/\sum_{N=n}^{\infty}P(N)$$

$n=0$ のところで引かれた接線の n 軸の交点 $\bar{N}\ (=n_0(0))$ は

$$\bar{N} = \sum_{N=0}^{\infty}NP(N)\Big/\sum_{N=0}^{\infty}P(N) \tag{22-20}$$

となる．すなわち，$\bar{N}_0$ はすべてのコラムの平均の長さを示す．この $\bar{N}$ が平均の長さである意味は，$\bar{N}$ の長さでできた円柱の体積が粒子の体積に等しくなるということである．

$\sin(N\varphi/2)/\sin(\varphi/2)$ の形は，合成振幅に相当するものであるが，これは

$$1+\cos\varphi+\cos 2\varphi+\cdots+\cos(N-1)\varphi \tag{22-21}$$

の級数の和である．すなわち，同一の（たとえば1という）振幅と，位相が φ, $2\varphi, \cdots$ のように異なる波の合成波の振幅である．たとえば d_0 の原子面間隙でへだたっている N 枚の原子面から（特定の θ_0 の方向に）反射するX線の合成振幅である．この振幅の2乗形が，(22-18)のように強度に関係する．この関数は強度分布に関するラインプロファイル（ライン形）を示す．この中に，$N_1, N_2, N_3, N-|n|$ のような項が含まれるが，これらは結晶粒の大きさに関係を持つ．上の式の導入では，結晶を直方体と考え，その3辺を N_1, N_2, N_3 としたが，結晶粒子の実際の大きさ（実は平均の大きさ）を求める1方法は，(22-16)から導かれる．

$2\sin\theta/\lambda$ は逆格子点の位置ベクトルの大きさを与える．よって

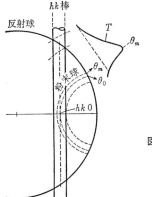

図 22-1 hk 棒よりの X 線回折の様相.

$$w = \frac{2d}{\lambda}(\sin\theta - \sin\theta_0)^{1/2} \quad (22\text{-}22)$$

となる.不整構造には変位の乱れによるものと,置換の乱れによるものとある.前者では,位相の変化が見られ,後者では $|F|$ が格子点 n について異なる.

粘土鉱物の不整構造の1つに,a, b 両軸の方向の周期は不変で,c 軸の方向の周期に乱れのある構造がある.これは変位の乱れによるものである.この不整構造を持つ結晶が,c の方向にも,また ab 面内でも,ひろがりが極めて小さいとき,逆格子点 (hk) を中心とし,反射可能域は,(hk) 点を通り c^* 軸の方向に軸を持つ円筒状の部分(hk 棒)となる.反射球がこの棒と交わるとき,その交わりの球面の部分に比例する強さで構成された連続反射が,X 線粉末反射として現われる(図 22-1).すなわち,θ の小さい側に急で,θ の大きい側にゆるやかな 2 次元反射(hk バンド)である.このとき非対称ピークの位置は,$(hk0)$ のピークの位置より少し小さい位置(θ_m)に生ずる.何となれば,交わりの球面部分の面積は,$(hk0)$ の点を通る粉末球の場合より多少大きい粉末球の場合に最大となるからである(Brindley and Méring, 1951).この差 Δd は,ab 面内で測られた粒子の大きさ D にも関係し,

$$\Delta d = 0.32 \frac{d_{hk}^2}{D}$$

である(Warren, 1941).また(22-7)式より,

$$F(hk) = \sum_i f_i \exp\left[2\pi i\left\{\frac{hx_i}{a_0} + \frac{ky_i}{b_0} + \frac{2dz_i}{c_0\lambda}(\sin\theta - \sin\theta_0)^{1/2}\right\}\right] \tag{22-23}$$

となる。

不整構造では，1つの位置(m)について，構造因子が $F_m \exp(i\delta_m)$ (δ_m は位相)で表わされ，すべての単位胞の和について求められる($\sum_m F_m \exp(i\delta_m)$)。このとき構造因子は，規則構造の場合のように一括して外へくくり出すことはできない。合成波の強度 I，振幅の2乗 $|F|^2$ は，次のように共役複素数を乗ずると求められる。

$$I_{av} = |F|^2 = \{F_1 \exp(i\delta_1) + F_2 \exp(i\delta_2) + \cdots\}\{F_1^* \exp(-i\delta_1) + F_2^* \exp(-i\delta_2) + \cdots\} = \sum_m |F_m|^2 + \sum_m \sum_{m'}{}' F_m F_{m'}^* \exp\{i(\delta_m - \delta_{m'})\}$$

ここで $\sum'$ は $m = m'$ の場合をのぞいて総和を求める意味である。m点の位置ベクトルを $\vec{r}_m$ とすれば，$m \neq m'$ について $F_m F_{m'}^*$ と $F_m^* F_{m'}$ が重なって表わされるため2重和に2をつけていない。すなわち

$$I_{av} = \sum_m |F_m|^2 + \sum_m \sum_{m'} F_m F_{m'}^* \exp 2\pi i\left(\frac{\vec{S}-\vec{S}_0}{\lambda},\ \vec{r}_m - \vec{r}_{m'}\right) \tag{22-24}$$

(22-24)式の第1項の数は N であり，第2項の数は $N-n$ である。ただし $n = m - m'$ である。ここで，$F_m F_{m'}^*$ の平均を次のようにとる。すなわち，「nだけへだたった2つの構造因子を，n を一定にして平均したものを，m の各値について加え合わせる」。このように平均値の形でまとめると，その数として，$(N-n)$ が式の中に表わされるようになり，またこれより以下では強度は平均強度(I_{av})で示される。(22-18)式の場合と同じように一般化して示せば，

$$I_{av}(s) = I_e \sum_{n=-(N-1)}^{N-1} (N-|n|)\langle F_m F_{m+n}^*\rangle \exp(2\pi i s n) \tag{22-25}$$

ここで1次元の不整格子のときは，

$$I_{av}(w) = I_e \frac{\sin^2\pi N_1 h}{\sin^2\pi h} \cdot \frac{\sin^2\pi N_2 k}{\sin^2\pi k} \sum_{n_3=-(N_3-1)}^{N_3-1}(N_3-|n_3|)$$
$$\times \langle F_{m_3} F_{m_3+n_3}^*\rangle \exp(2\pi i n_3 w) \tag{22-26}$$

のように表わされる。この平均値の変形は次の2通りがある。1つは，$F_n \exp(i\delta_n)$ の F_n を一定とし $|F|^2$ とし，残りを変形する方法，他はより一般的の変形である。

22-2 不整構造のX線強度式(1次元不整構造)

x が特定の値を持つ確率を $f(x)$ $\left(但し \int_{-\infty}^{+\infty} f(x)dx=1\right)$ とすれば,たとえば $\exp(2\pi iux)$ の平均値は,

$$\langle \exp(2\pi iux) \rangle = \int_{-\infty}^{+\infty} f(x)\exp(2\pi iux)dx \qquad (22\text{-}27)$$

で示される.

いま構造の内部に1方向の1カ所に不整(このときは,たとえば単位構造のずれ)が生ずれば,それにより,位相の差 $\exp(i\mu)$ が生ずる.ここで不整が p 回生じているとすれば,位相差は,$\exp(ip\mu)$ である.いま1つの方向にある n 個の単位構造をよぎるとき,p 回の不整が生ずる可能性は,不整の生起確率を α とすれば,

$$\frac{n(n-1)\cdots(n-p+1)}{p!}\alpha^p(1-\alpha)^{n-p}$$

となる.ただし,ここでは全く不規則な生起とし,他の方向で生ずる不整との間は全く独立とする.よって位相の平均値は,

$$\sum_{p=0}^{n}\frac{n(n-1)\cdots(n-p+1)}{p!}\alpha^p(1-\alpha)^{n-p}(\exp i\mu)^p = (1-\alpha+\alpha\exp i\mu)^n$$

である.記号をもと通りにして示せば,

$$\langle F_{m_3}F_{m_3+n_3}\rangle = |F|^2(1-\alpha+\alpha\exp i\mu)^{n_3} = |F|^2Q_3^{n_3}$$

これを3次元の意味で表わせば,

$$|F|^2Q_1^{n_1}Q_2^{n_2}Q_3^{n_3}\exp 2\pi i(n_1u+n_2v+n_3w)$$
$$= |F|^2(Q_1\exp 2\pi iu)^{n_1}(Q_2\exp 2\pi iv)^{n_2}(Q_3\exp 2\pi iw)^{n_3}$$

この形は,n_1, n_2, n_3 について総和をとれば

$$1+a\cos x+a^2\cos 2x+\cdots+a^{n-1}\cos(n-1)x$$

の級数の和に持ってくることができて $n\to\infty$ のとき

$$\frac{1-a\cos x}{1+a^2-2a\cos x}$$

となる.すなわち

$$\frac{1-Q^2}{1+Q^2-2Q\cos 2\pi u} \qquad (22\text{-}28)$$

ここで,2種の単位構造の高さを d_1, d_2 とし,d_1 の生ずる確率を α とすれば,

$$Q^2 = 1-4\alpha(1-\alpha)\sin^2\{\pi s(d_2-d_1)\}$$

$$Q\cos 2\pi u = (1-\alpha)\cos 2\pi sd_2 + \alpha\cos 2\pi sd_1$$

となり (22-28) 式より

$$\frac{2\alpha(1-\alpha)\sin^2\{\pi s(d_2-d_1)\}}{1-2\alpha(1-\alpha)\sin^2\{\pi s(d_2-d_1)\}-(1-\alpha)\cos 2\pi sd_2-\alpha\cos 2\pi sd_1} \quad (22\text{-}29)$$

ここで, $s=(2\sin\theta)/\lambda=1/d'$ で, d' は d_1 と d_2 の高さを示す単位構造による干渉反射の結果示された見掛け上の網面間隙を示す.

次に (22-24) 式の $\vec{r}_m$ の内容は, 次のように示すことができる. たとえば, m_3 の層の m_1m_2 の単位胞中の, k 番目の原子についての位置ベクトルを $\vec{r}_m{}^k$ とすれば,

$$\vec{r}_m{}^k = (m_1\vec{a}_0 + m_2\vec{b}_0 + m_3\vec{c}_0) + X(m_3)\vec{a}_0 + Y(m_3)\vec{b}_0 + Z(m_3)\vec{c}_0 + \vec{r}_k$$

である. $X(m_3), Y(m_3)$ は層に平行なずれ, $Z(m_3)$ は層に垂直の方向のずれである. よって

$$\exp\left\{\frac{2\pi i}{\lambda}(\vec{S}-\vec{S}_0,\ \vec{r}_m{}^k-\vec{r}_{m'}{}^{k'})\right\}$$
$$= \exp[2\pi i\{X(m_3)-X(m_3')\}u + \{Y(m_3)-Y(m_3')\}v$$
$$+ \{Z(m_3)-Z(m_3')\}w + (m_3-m_3')w]$$

ここで, $m_3-m_3'=n_3$, $X(n_3)=X(m_3)-X(m_3')$, $Y(n_3)=Y(m_3)-Y(m_3')$, $Z(n_3)=Z(m_3)-Z(m_3')$ とすれば

$$\exp[2\pi i(X(n_3)u+Y(n_3)v+Z(n_3)w)]\cdot\exp(2\pi in_3 w)$$

となり, この平均が取り入れられる必要があり, いうまでもなく, 1次元不整の場合であるから (22-18) 式にならって,

$$I_{av}(w) = I_e|F|^2 \frac{\sin^2\pi N_1 h}{\sin^2\pi h}\cdot\frac{\sin^2\pi N_2 k}{\sin^2\pi k}$$
$$\times \sum_{n_3=-(N_3-1)}^{N_3-1}(N_3-|n_3|)\langle\exp 2\pi ilZ(n_3)\rangle\exp(2\pi in_3 w)$$
$$= k\sum_{n_3=-(N_3-1)}^{N_3-1}(N_3-|n_3|)\langle\exp 2\pi ilZ(n_3)\rangle\exp(2\pi in_3 w) \quad (22\text{-}30)$$

平均値の更に一般化した取扱いは次のようである. ここで単位胞の位置に関する記号は右下に, 種類に関する記号は右上に括弧につつんで記する. 括弧につつまない記号は「ベキ乗」数を示す. $g=1$ のときは,

$$\sum_{t=1}^{R} P^{(st)} = 1$$

22-2 不整構造のX線強度式(1次元不整構造)

また,t種の層がくるためには,その前に隣接の層の種に規定される(相関がある)ことを示すため,

$$\sum_{s=1}^{R} f^{(s)} P^{(st)} = f^{(t)}$$

Rは種の全数,s, tは種を示し,$f^{(s)}, f^{(t)}$は,それぞれs, t種層(構造因子)の存在数の単位胞の全数に対する割合(存在確率)を示す.$g=0$のときは,

$$P^{(st)} = f^{(t)}$$

である.

まず1次元不整格子で,配列の順を考えるものを層とする.この層は,原子面であってもよければ,また幾種かの原子の層状配列体であってもよい.このとき,構造因子は層構造因子ともいえるもので,従来,V, V^*の記号が用いられている.もとより,一般の構造因子と,本質的に異なるところがない.任意に選んだ連続したn個の層がs種の層ではじまりt種の層で終る配列をしている確率を$A_n^{(st)}$とし,nを$N-1 \sim -(N-1)$の範囲で加え,またs, tの各を種の数$1 \sim R$の範囲で加え合わせる.よって(22-26)式の平均値の部分を,(22-27)の確率表示で書きかえる方針で,次のように表わすことができる.nをn_3としsをwにもどす.

$$I_{av}(w) = I_e \frac{\sin^2 \pi N_1 h}{\sin^2 \pi h} \cdot \frac{\sin^2 \pi N_2 k}{\sin^2 \pi k}$$
$$\times \sum_{n_3=-(N_3-1)}^{N_3-1} (N_3-|n_3|) \left\{ \sum_{t=1}^{R} \sum_{s=1}^{R} A_{n_3}^{(st)} V^{(s)} V^{(t)*} \right.$$
$$\left. \times \exp 2\pi i n_3 w + (共役項) \right\} \qquad (22\text{-}31)$$

この式の解法には行列が用いられる.行列が有効であるかを簡単に述べると,次の通りである.いま$a^{(11)}$を1の種の層の次に1の種の層が続く確率とすれば,1の次に1をはさみ,次いで1がくる確率は$a^{(11)}b^{(11)}$となる.$a^{(11)}b^{(12)}$は,1-1-2と続く確率と見られる.いま,1, 2の2つの種しかないとき,中に1つおいて,続く種の続き具合は,1-1, 1-2, 2-1, 2-2の各について1または2を中に入れればよい.これらは,2つの行列

$$\begin{pmatrix} a^{(11)} & a^{(12)} \\ a^{(21)} & a^{(22)} \end{pmatrix} \begin{pmatrix} b^{(11)} & b^{(12)} \\ b^{(21)} & b^{(22)} \end{pmatrix}$$

の積の元素で示される.もし,中に2つおいた継続を考えるときは,aとbの

3元正方行列の積の元素が，あらゆる場合の確率を示している．一般に s-r-t 種の継続の場合は，$C^{(st)} = \sum_{r=1}^{R} A^{(sr)} B^{(rt)}$ の元素で示され，これは $A^{(sr)}, B^{(rt)}$ を元素とする行列の積の元素で示される．そこでこれらの和が求めるものであるが，そのため，最終的に行列の積を対角行列に変換する．対角和(trace, Spur)は，一般に

$$\sum_{s}\sum_{t} A^{(sr)} B^{(rs)} = \sum_{t} (AB)^{(tt)} = \text{Spur } A$$

となる．

一般に，種類とか位置の異なったもののあらゆる組合せは，行列元素により示すことができる．$A_n{}^{(st)}$ は次のように表わされる．

$$A_n{}^{(st)} = \sum_{h_1=1}^{R} \sum_{h_2=1}^{R} \cdots \sum_{h_{n-1}=1}^{R} f^{(s)} P^{(sh_1)} P^{(h_1 h_2)} \cdots P^{(h_{n-1}t)}$$

ここで $f^{(s)}$ は，s 種の層の存在確率であり，$P^{(sh_1)}, \cdots$ などは s 種と h_1 種の層が相隣って(s のすぐ次に h_1 が)続く(つながる)確率である．この中で，$f^{(s)}$ を s のすべてについて示せば，それは，対角行列 F の元素 $(F)^{(s)}$ で示される．また，つながりの確率は，両端の種のあらゆる組合せにより，行列 P の元素として $((P)^{(sh_1)}$ など)示すことができる．また，$V^{(s)} V^{(t)*}$ の s,t のあらゆる組合せも，これを元素とする行列 (V) の元素 $(V)^{(st)}$ で示すことができる．よって

$$A_n{}^{(st)} = \sum_{s}\sum_{t}\sum_{h_1=1}^{R}\sum_{h_2=1}^{R} \cdots \sum_{h_{n-1}=1}^{R} f_s(P)^{(sh_1)}(P)^{(h_1 h_2)} \cdots (P)^{(h_{n-1}t)} (VF)^{(ts)}$$
$$= \sum_{s}\sum_{t} (VF)^{(ts)}(P^n)^{(st)} = \sum_{t} (VFP^n)^{(tt)}$$

ここで

$$\langle F_m F_{m+n}{}^* \rangle = \text{Spur}(VFP^n)^*$$

とすれば

$$\langle F_m F_{m-n}{}^* \rangle = \text{Spur } VFP^n$$
$$\langle F_m F_m{}^* \rangle = \text{Spur } VF$$

となるから，(22-31)式は更に次のように変形される．

$$I_{\text{av}}(w) = I_e \frac{\sin^2 \pi N_1 h}{\sin^2 \pi h} \cdot \frac{\sin^2 \pi N_2 k}{\sin^2 \pi k}$$
$$\times \left\{ N_3 \text{ Spur } VF + \sum_{n_3=1}^{N_3-1} (N_3 - n_3) \text{ Spur } VFP^n \exp 2\pi i n_3 w + (共役項) \right\}$$
$$(22\text{-}32)$$

22-2 不整構造のX線強度式(1次元不整構造)

$g=0$ のときは

$$\langle F_m F_{m+n}{}^*\rangle = \overline{V}\overline{V}{}^*$$
$$\langle F_m F_m{}^*\rangle = \overline{V}{}^2$$

いまマルコフ連鎖-1の過程($g=1$)の2成分の場合は次のようになる. $g=0$ は $g=1$ の場合の特殊解とみることができる.

$$\boldsymbol{V} = \begin{pmatrix} V^{(1)*}V^{(1)} & V^{(1)*}V^{(2)} \\ V^{(2)*}V^{(1)} & V^{(2)*}V^{(2)} \end{pmatrix}$$

$$\boldsymbol{F} = \begin{pmatrix} f^{(1)} & 0 \\ 0 & f^{(2)} \end{pmatrix}$$

$$\boldsymbol{P} = \begin{pmatrix} P^{(11)} & P^{(12)} \\ P^{(21)} & P^{(22)} \end{pmatrix}$$

Hendricks と Teller (1942) の方法は次のようにして行列の対角化を行う.

$$\boldsymbol{Q}_1 = \begin{pmatrix} P^{(11)}\exp(-i\varphi^{(11)}) & P^{(12)}\exp(-i\varphi^{(12)}) \\ P^{(21)}\exp(-i\varphi^{(21)}) & P^{(22)}\exp(-i\varphi^{(22)}) \end{pmatrix} = \begin{pmatrix} q_{11} & q_{12} \\ q_{21} & q_{22} \end{pmatrix}$$

をつくり,その永年方程式の根を求める.

$$\begin{vmatrix} q_{11}-\lambda & q_{12} \\ q_{21} & q_{22}-\lambda \end{vmatrix} = 0$$

$$\lambda = \frac{1}{2}\{q_{11}+q_{22}\pm\sqrt{(q_{11}+q_{22})^2+4q_{12}q_{21}}\} = Q^{(1)} \text{ または } Q^{(2)}$$

となる. ここで $\boldsymbol{O}$ マトリックスを導入し, $\boldsymbol{OQ}_1=\boldsymbol{Q}_d\boldsymbol{O}$ のように, $\boldsymbol{Q}_1$ を対角化する. $\boldsymbol{Q}_d$ の対角元素は, $\boldsymbol{Q}_1$ の永年方程式の根であり,これを $Q^{(1)}, Q^{(2)}$ とする. 次に $\boldsymbol{R}=\boldsymbol{OVFO}^{-1}$ を求め, その対角元素を $R^{(11)}, R^{(22)}$ とすれば,

$$I_{av} = f^{(1)}|V^{(1)}|^2 + f^{(2)}|V^{(2)}|^2 + \frac{R^{(11)}Q^{(1)}}{1-Q^{(1)}} + \frac{R^{(22)}Q^{(2)}}{1-Q^{(2)}} + (共役項) \tag{22-33}$$

となる.

柿木二郎, 小村幸友 (Kakinoki and Komura, 1952) は, $g=0$ のとき, $P^{(st)}=P^{(s)}$ の関係より次の式を示した. "1"種の層の生起確率を p とすれば, "2"の種の層のそれは $1-p$ である. また $\varphi^{(1)}$ と示したのは "1" 層があるとき,それに続く層の原点に生ずる位相差である.

$$\boldsymbol{Q} = \begin{pmatrix} p\exp(-i\varphi^{(1)}) & (1-p)\exp(-i\varphi^{(1)}) \\ p\exp(-i\varphi^{(2)}) & (1-p)\exp(-i\varphi^{(2)}) \end{pmatrix}$$

第22章 粘土鉱物研究に関係するX線結晶学の基礎

となり
$$Q^n = G^{n-1}Q$$
$$G = p\exp(-i\varphi^{(1)}) + (1-p)\exp(-i\varphi^{(2)})$$

のような G が導入できる. この式を利用し高橋秀夫は次の式を導いた.

$$\overline{V}^* = pV^{(1)*} + (1-p)V^{(2)*}$$
$$\overline{V}_\varphi = pV^{(1)}\exp(-i\varphi^{(1)}) + (1-p)V^{(2)}\exp(-i\varphi^{(2)})$$

とおけば
$$I_{av} = L_1L_2\left[N\overline{V}^2 + \overline{V}^*\overline{V}_\varphi\sum_{n=1}^{N-1}(N-n)G^{n-1} + (共役項)\right]$$
$$= L_1L_2N\left(\overline{V}^2 + \frac{\overline{V}^*\overline{V}_\varphi}{1-G} + (共役項)\right)$$

層に対称の中心があるときは, 原点をそこへ移すと
$$V = S\exp\left(i\frac{\varphi}{2}\right)$$
$$\overline{V}^2 = pS^{(1)2} + (1-p)S^{(2)2}$$
$$\overline{V}_\varphi = pS^{(1)}\exp\left(-i\frac{\varphi^{(1)}}{2}\right) + (1-p)S^{(2)}\exp\left(-i\frac{\varphi^{(2)}}{2}\right)$$
$$\overline{V} = pS^{(1)}\exp\left(i\frac{\varphi^{(1)}}{2}\right) + pS^{(2)}\exp\left(i\frac{\varphi^{(2)}}{2}\right)$$

これより

$$\left.\begin{aligned}
I &= pS^{(1)2} + (1-p)S^{(2)2} + \frac{(A^2-B^2)C - 2ABD}{C^2+D^2} \\
A &= pS^{(1)}\cos\frac{\varphi^{(1)}}{2} + (1-p)S^{(2)}\cos\frac{\varphi^{(2)}}{2} \\
B &= pS^{(1)}\sin\frac{\varphi^{(1)}}{2} + (1-p)S^{(2)}\sin\frac{\varphi^{(2)}}{2} \\
C &= 1 - p\cos\varphi^{(1)} - (1-p)\cos\frac{\varphi^{(2)}}{2} \\
D &= p\sin\varphi^{(1)} + (1-p)\sin\varphi^{(2)}
\end{aligned}\right\} \quad (22\text{-}34)$$

高橋はこの式を用いてモンモリロナイト(15.4Å)-雲母(10Å)(Mo-Mi), 緑泥石(14.3Å)-雲母(Ch-Mi), モンモリロナイト-緑泥石(Mo-Ch)の組合せについて強度変化を計算した. その結果は図22-2のようである. また干渉ピークの方位と層の混在率の関係は図22-3のようである. 何れもピークの移動につい

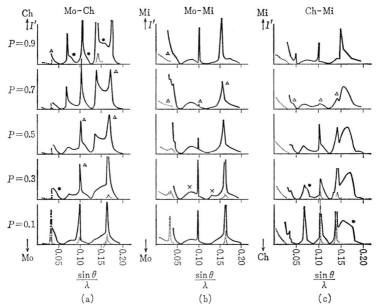

図 22-2 モンモリロナイト(Mo),雲母(Mi),緑泥石(Ch)の混合層構造より計算によって求められた底面反射の強度分布(計算例).P:混層率.破線は実線の部分の10分の1.●, △, ×印は本文参照.(a) Mo-Ch の組合せ,(b) Mo-Mi の組合せ,(c) Ch-Mi の組合せ(高橋秀夫による).

ての計算例の意味で示す.

いま各鉱物の構造因子を S とし,底面間隙を d_0 とすれば,Mo-Mi は,S は近似し,d_0 は相異する例,Mo-Ch は,d_0 は近似し,S の相異する例,Ch-Mi は,この両者とも相異する例である.

図 22-3 の特性には,S の値より,むしろ d_0 の値の近似,相異が大きくひびいている.例えば,図 22-3 で,Mo-Ch の組合せのみが(S が相異しているにかかわらず)直線的関係を示す.また図 22-2 でも,干渉反射強度の極小(△印)をみると,Mo-Ch の組合せの場合にのみ,干渉反射の強度の極小が層の混在率 0.5 の附近にある.なお,図 22-2 では接近した位置に,干渉を生ずべきピークを伴わない部分にも,複雑なプロファイルを示して拡がっている(●印).またピークの無い部分にも,幅広いピーク(×印)が見られる.

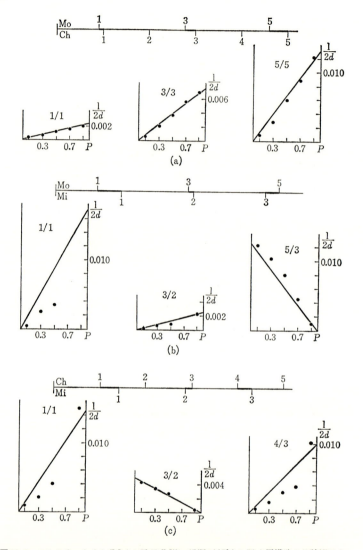

図22-3 モンモリロナイト(Mo), 雲母(Mi), 緑泥石(Ch)の混合層構造より計算によって求められた干渉ピーク(底面反射)の見掛けの層間隙 d について $1/2d$ と混層率 P との関係を示す. 1, 2, 3, … 反射の次数の順位を示す. 太い横線は干渉域. 1/1, 3/2 などは干渉する線の組合せで示したものである(高橋秀夫による).

22-3 フーリエ変換

i, j の位置にある原子間の位置的関係を $\vec{r}_{ij}$ のベクトルで示すと，

$$\vec{r}_{ij} = \vec{r}_{ij}' + \vec{l}^{(st)} + \vec{R}^{(st)}$$

ここで，$\vec{r}_{ij}'$ は1つの層内の i, j 両原子の距離，$\vec{l}^{(st)}$ は s, t 両層の横のずれ，$\vec{R}^{(st)}$ は層間の距離である．$R^{(st)}$ の距離にある s, t 両層が，dh_s, dh_t の範囲にある確率を $W(R)$ とすれば，

$$I_{av} = C|F|^2 \int_0^\infty W(R) \exp\left\{\frac{2\pi i}{\lambda}(\vec{S}-\vec{S}_0, \ \vec{l}^{(st)}+\vec{R}^{(st)})\right\} dR$$

I_{av} は回折X線の1層あたりの平均強度，C は定数である．$\vec{l}$ と逆格子ベクトルの夾角は 90° であり，$\vec{R}$ と逆格子ベクトルの夾角は 0 であるから，

$$\left|\frac{2\pi}{\lambda}(\vec{S}-\vec{S}_0)\right| = 2\pi \cdot \frac{2\sin\theta}{\lambda} = \frac{4\pi\sin\theta}{\lambda} = \mu$$

$$\frac{I_{av}}{C|F|^2} = \int_0^\infty W(R)\cos\mu R \, dR \tag{22-35}$$

強度は実数であるから虚数部は消失する．フーリエ変換で

$$W(R) = \frac{a}{\pi}\int_0^\infty i(\mu)\cos\mu R \, d\mu$$

$$i(\mu) = \frac{I_{av}}{|F|^2}$$

この式は MacEwan(1956, 1958) により提出された式であり，F を等しいとしたとき，1次元不整構造において層高の分布を $W(R)$ で示すことができて，1次元のパターソン系列ということができる．またこの式の導入過程は，動径分布解析の方法と密接な関係にあるが，後述する動径分布の(22-42)式と比べると，(22-35)式は cosine 変換であるに反し，(22-42)式は sine 変換である．

22-4 X線粉末回折の幅

1つのピークを $h(x)$ で示す．この形とか幅(一般にプロファイルという)は，3つの原因で規定される．1つは粒子が細かいための幅の拡大(粒径効果)，結晶の内部のひずみ(ひずみ効果)，残る1つは機械の仕組(機械効果)による．よって，X線粉末反射の形から論ずるときは，まず機械効果をのぞいてから行わねばならない．それには，標準物質のX線粉末反射を求め，それを $g(y)$ とす

る.標準物質とは,粒子効果,ひずみ効果も共に無視できるもので(結晶が良好で,粉末にしても単結晶の大きさが粒子効果を示すほど細かくはないもの),しかもここで問題としているX線の反射と同じ方位に生ずる反射を生ずる物質である.この方位がずれているときは補正することができる(Nakajima, Watanabe 等, 1972). このようにして, $h(x)$ より $g(y)$ をのぞいて,正しいプロファイル $f(w)$ を求める.その方法の1つに Stokes の方法がある(Stokes, 1948). $x,\ y,\ w$ の逆格子座標を同一の θ_0 より同じ単位で測ったときは, $h(x)$, $g(y)$, $f(w)$ は次のように表わすことができる.

$$h(x) = \left(\int_{-\infty}^{+\infty} g(y)dy\right)^{-1} \int_{-\infty}^{+\infty} f(w)g(x-w)dw = \frac{1}{A}\int_{-\infty}^{+\infty} f(w)g(x-w)dw$$

ここで A は $g(y)$ の面積である. h, g, f をそれぞれフーリエ級数で表わす.たとえば

$$h(x) = \sum_{n=-\infty}^{+\infty} H(n)\exp(-2\pi i x n)$$

$$H(n) = \frac{1}{T}\sum_{t=-T/2}^{T/2} h(t)\exp\left(2\pi i \frac{nt}{T}\right)$$

$h(t)$ は $|t| \geq T/4$ で常に 0 である. $H(n)$ は複素数であるから,一般に

$$H(n) = H_c(n) + iH_s(n) = |H(n)|\exp(i\varphi_H(n))$$

$$|H(n)| = \sqrt{H_c(n)^2 + H_s(n)^2}, \quad \tan\varphi_H(n) = \frac{H_s(n)}{H_c(n)}$$

となり,計算の結果

$$F(n) = \frac{A}{T}\cdot\frac{H(n)}{G(n)} = \frac{A}{T}\left|\frac{H(n)}{G(n)}\right|\exp(i\varphi_H(n) - i\varphi_G(n))$$

$$= |F(n)|\exp(i\varphi_F(n))$$

となる.よって,

$$f(w) = \sum_{n=-\infty}^{+\infty} |F(n)|\exp(i\varphi_F(n))\exp(-2\pi i n w) \qquad (22\text{-}36)$$

この式は(22-30)式と同等の式である.(22-30)式の N_3, n_3 をそれぞれ N, n とし $N \to \pm\infty$ としてもよいから

$$k(N-n)\langle\exp 2\pi i l Z(n)\rangle = F(n) = |F(n)|\exp i\varphi_F(n)$$

の関係式が得られる. $Z(n)$ は,ゆがみの程度を示すとみてよい.もし,全く規則正しい構造であれば, n 個はなれた単位構造の間の距離は, d_0 を単位構造の

22-4 X線粉末回折の幅

高さとすれば，nd_0 であるが，ひずみがあれば，$d_0[n+Z(n)]$ となる．いまゆがみの程度が場所により異なり，1の単位胞より2の単位胞の間で Z_1 とし，2の単位胞より3の単位胞の間で Z_2，… とすれば，

$$A(1)\langle\exp(-2\pi i Z(1))\rangle = (N-1)\langle\exp(-2\pi i Z(1))\rangle$$
$$= \sum_{j=1}^{p-1}\exp(-2\pi i Z_j)$$
$$A(2)\langle\exp(-2\pi i Z(2))\rangle = \sum_{j=1}^{p-2}\exp(-2\pi i(Z_j+Z_{j+1}))$$

である．Houska と Warren (1954) は，層状の単位構造を有する結晶で $(00l)$ の反射について考える場合に，n 次のフーリエ係数は

$$\left.\begin{array}{l}A_n(l) = A_n{}^{\mathrm{p}} A_n{}^{\mathrm{s}}(l) \\ A_n{}^{\mathrm{p}} = 1 - \dfrac{|n_3|}{N_3} \\ A_n{}^{\mathrm{s}}(l) = \langle\exp(2\pi i l Z(n))\rangle \to \exp[-2\pi^2 l^2 \langle Z_n{}^2\rangle]\end{array}\right\} \quad (22\text{-}37)$$

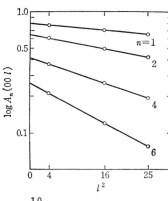

図 22-4 $A_n(00l)$ と l^2 のプロット．島根県鰐淵鉱山産緑泥石，ロイヒテンバージャイト，シェリダナイト (Sakamoto and Sudo(1956)．渡辺隆(Watanabe and Sudo, 1969)による)．

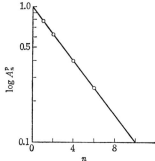

図 22-5 $A_n{}^{\mathrm{p}}$ と n のプロット (試料，データの出所は図22-4に同じ)．

となり,

$$\log A_n(l) = \log A_n{}^\mathrm{p} - 2\pi^2 l^2 \langle Z_n{}^2 \rangle$$

より,粒径係数($A_n{}^\mathrm{p}$)とひずみ係数($A_n{}^\mathrm{s}(l)$)の2つを分けて求める方法を示した.粒径係数は反射の次数lに関係ないが,ゆがみの係数はそれに関係する.方法はまずnの各値について$\log A_n(l)$をl^2に対してプロットすれば,$A_n{}^\mathrm{p}$は$l^2=0$の値から求められ,$A_n{}^\mathrm{s}(l)$は傾斜から求められる.(22-20)より$A_n{}^\mathrm{p}$を,nに対しプロットすれば,$n=0$の点で引かれた接線がnの軸を切る点のnの値が,平均の枚数($\bar{N}$)となる.このとき$n=0$の近くは,直線に近くなるが,一般にnが大きくなると,彎曲し,従って接線の引き方により,誤差が大きくなる恐れがある.渡辺隆(Watanabe and Sudo, 1969)は,$\log A_n{}^\mathrm{p} \sim n$のプロットにすると直線となるので誤差が少ないことを報告している(図22-4,図22-5).

近年児玉秀臣等(Kodama, Gatineau 等, 1971)は Maire と Méring の方法(Maireand Méring, 1960)を用いて,雲母粘土鉱物のラインプロファイルの解析結果を示した.この方法はフーリエ係数の相対値のみを用い,標準試料による補正は行わない方法である.

結晶の粒径が極めて小さくなると,回折線の拡がり(β)が大きくなることは,古くから知られている.このとき粒径といっても,結晶粒子の形は必ずしも一定したものではなく,かりに,すべてが理想的な特定の形をした立体であると仮定しても,粒の大きさとは全く平均の意味であることに注意しなければならない.また,結晶全体が特定な形をした1つの立体である場合でも回折線の幅から求められる粒径は,必ずしも実測値(たとえば理想的な球,正6面体の形を仮定したとき)と完全には一致しない.

回折線の拡がりは,いうまでもなく,機械の仕組によるものをのぞいた後に見られるものである.この拡がりを示すには強度分布曲線(ラインプロファイル,ライン形)が必要で,これにはまず(22-17)式が関係する.拡がりとは特定の角θ_0すなわち最大強度を示す方位からはずれる部分の強度変化を意味し,これは(22-17)式に粒径分布をくり込んで示されるであろう.

回折線の幅の表わし方は2通りある.1つはピークの頂点の高さ(最大強度)の1/2のところの幅(β')で示す.これを半値幅と名付ける.

いま1つの原子面からのX線の反射について,粒の細かさによる反射像の拡

22-4 X線粉末回折の幅

がりを問題とするときは,次の2つの因子を考えに入れる必要がある.1つは,面枚数 N, 従って,厚さ Nd_0 である.他は θ_0 の角度よりはずれた方向の反射である.このずれの角のため位相差 φ が生ずるが,これは $N=1,2,3,\cdots$ に従って $\varphi, 2\varphi, 3\varphi, \cdots$ となり,合成振幅は (22-21) 式の級数の和となり,$\sin(N\varphi/2)/\sin(\varphi/2)$ の形となる.回折X線強度はこの2乗形に比例し,(22-19) の級数和となる.従って半値幅 (β') の場合は,

$$\frac{\sin^2 N\varphi/2}{\sin^2 \varphi/2} = \frac{N^2}{2}$$

を満たす.位相差を求めることが必要で,この求められた位相差は,Nd_0 に関係する.結晶片がうすくなるほど(Nd_0 が小さいほど),反射像が拡がる(位相差が大きく,β' が大きくなる).従って結晶の粒径の見かけの大きさを D' とすれば,$D' \propto 1/\beta'$ となるはずで比例の部分は

$$D' = \frac{0.9\lambda}{\beta' \cos \theta} \tag{22-38}$$

となる (Scherrer の式).

X線回折パターンの拡がりの他の1つの表示は,ピークの面積 $\left(\int I d\theta\right)$ に等しい矩形(ピークの高さ I_0 を1辺とする)の幅(積分幅)(β) で示す.すなわち,

$$\beta = \frac{\int I d\theta}{I_0}$$

このとき β は,

$$D = \frac{\lambda}{\beta \cos \theta} \tag{22-39}$$

となる.

また2次元バンドの場合,(hk) バンドの場合は次のように示される (Warren, 1941).

$$D'' = D_{hk} = \frac{1.84\lambda}{\beta'' \cos \theta} \tag{22-40}$$

β, β', β'' は何れもラジアンで示す.(22-38), (22-39), (22-40) より,D, D', D'' は一般に $K\lambda/\beta \cos \theta$ の形で示されるが,β にしてもまた β' にしてもそれから求められる D の値は,粒子の大きさを示す数である.いうまでもなく,結晶の

形は多様であり，また，結晶粒子の集まりになれば，その中に含まれる微結晶の大きさ，形は多様である．このような大きさが1つの試料について1つの値として出てくる以上，平均値の意味を持つ値であるが，実際は簡単な平均値そのものでもないし，またいろいろな形の単結晶の各について求められた値では，その大きさを忠実に示す数でもない（立方体の場合は別）．しかし上記の相異はごく僅かであって，結晶粒子の大きさの大小を示す意味は十分持っている．このようなわけで，D を「見かけの」結晶粒径という．いま幅を実測したX線の回折パターンの指数が（重なりがないとして）hkl であれば，D はこの面に垂直な方向の「見掛けの」厚さを示すことになる．積分幅から求めた D は，反射面に垂直な方向の厚さが N と $N+dN$ の間にある部分を dv_M とすれば

$$D = \frac{\int N dv_M}{V}$$

ここで D は(22-20)の $\bar{N}$ とは一致しないことに注意する必要がある．たとえば球形の結晶（直径 A）では，

$$\bar{N} = 0.67A = 0.89\,D$$

の程度の相異である．

表 22-7

試料	$D(00l)$	$D'(00l)$	Γ
AT-1	103 Å	112 Å	1.09
AT-2	110	126	1.15
AT-3	120	136	1.13
AT-4	130	167	1.28

中島義晴，渡辺隆等(Nakajima, Watanabe and Sudo, 1972)は，α-セピオライト(栃木県葛生)を熱水状態で変質させてつくった滑石(表22-7(AT))について，粒子の見掛けの大きさをフーリエ解析で求めた値 $D(00l)$ と Scherrer の式より求めた値 $D'(00l)$ (何れも Stokes の方法で補正したプロファイルより求めた)およびその比 $D'/D=\Gamma$ を示した(表22-7)．

22-5 非晶質物質からのX線回折強度式

X線回折強度式を導く方針は波動の合成にある．そして，結晶では，X線回

22-5 非晶質物質からの X 線回折強度式

折現象に影響を与えるものとして電子が考えられるが，それらは1つの結晶構造では，単位構造にまとめられる．しかし非晶質，またはそれに近い物質では，その中に単位構造というような特定の形，大きさのドメインは一般に考えられない．ここで，(a) 統計的に1つの原子があったとき，そのまわりに他の原子が，どのような方位と位置にあるかを示す法(動径分布解析)，(b) 物質の中に密度が一様でなく，密度の異なることにより，ある大きさ，形のドメインが統計的に示される法(小角散乱)がある．(a)により統計的な原子の配置を知り，(b)よりはそのドメインの大きさ(これもやはり粒径という)を求めることができる．強度 I には，単位構造の範囲に限定することなく，原子について考え，各原子それ自身の強度に対する寄与と，離れている原子の相互作用による寄与からなる．強度式の導入，ならびに結果は，単位胞を単位として導いたこれまでの式，たとえば(22-24)と同じ形式で示される．ただここでは，原点なる点より $\vec{r_i}$ の距離にある原子の原子構造因子を f_i とすれば，i 番目の原子は，統計的にいって原点よりあらゆる方位にあると考える．よって観測される強度は各項の平均値の和で示される．

$$I_{av} = I_e \left\{ \sum_i^N f_i{}^2 + \sum_i \sum_j f_i f_j \overline{\exp \frac{2\pi i}{\lambda}(\vec{S}-\vec{S_0},\ r_j-r_i)} \right\}$$
$$= I_e \left\{ \sum_i \sum_j f_i f_j \frac{\sin sr_n}{sr_n} \right\} \qquad (22\text{-}41)$$

ここに $r_n = r_j - r_i$ で $s = \left| \frac{2\pi}{\lambda}(\vec{S}-\vec{S_0}) \right| = \frac{4\pi \sin \theta}{\lambda}$ である．この式は動径分布解析，および小角散乱の基本式である．

(a) 動径分布解析

ある原子の中心より $\vec{r}$ の距離にある原子の電子分布密度を，球対称の分布関数として，$\rho(\vec{r})$ とすれば，r と $r+dr$ の間の密度は，$4\pi r^2 \rho(\vec{r}) dr$ であるから，強度式は次のように示される．

$$I(\vec{s}) = I_e N f^2 \left(1 + 4\pi \int_0^\infty r^2 \rho(r) \frac{\sin sr}{sr} dr \right)$$

試料全体の平均の密度を ρ_0 とすれば，

$$I(\vec{s}) = I_e N f^2 \left[1 + \int_0^\infty 4\pi r^2 \{\rho(r) - \rho_0\} \frac{\sin sr}{sr} dr + \int_0^\infty 4\pi r^2 \rho_0 \frac{\sin sr}{sr} dr \right]$$

であり，ここで第2の積分は0であり，I を I_e を単位として表現するとすれば，

$$\frac{I}{Nf^2}-1 = \int_0^\infty 4\pi r^2 \{\rho(r)-\rho_0\} \frac{\sin sr}{sr} dr$$

フーリエ定理より

$$r\{\rho(r)-\rho_0\} = \frac{1}{2\pi^2} \int_0^\infty s\left(\frac{I}{Nf^2}-1\right) \sin sr ds$$

$$4\pi r^2 \rho(r) = 4\pi r^2 \rho_0 + \left(\frac{2r}{\pi}\right) \int_0^\infty s\left(\frac{I}{Nf^2}-1\right) \sin sr ds \quad (22\text{-}42)$$

すなわち実測した強度分布から動径分布を知ることができる.

(b) 小角散乱

(22-41)式の基本式より，小角散乱に適用される強度式は，次の形式で示されている(Porod, 1951, 1952, 1953).

$$I(\vec{s}) = I_e V \rho_0^2 (1-\omega) \omega \int_0^\infty H(r) \frac{\sin sr}{sr} 4\pi r^2 dr \quad (22\text{-}43)$$

V は X 線の照射を受ける部分の体積，$\omega = V_p/V$ (V_p は全粒子の体積，V は試料の体積)，$H(r)$ は試料に特有な関数. Porod は次の関数を考えた.

$$l_c = 2\int_0^\infty H(r)dr$$

l_c は粒のあらゆる点を通り引かれたすべての径の平均で，球(D の直径を持つ粒)では，

$$l_c = \frac{3}{4}D$$

となる.

Jellinek, Solomon および Fankuchen(1946)によれば，

$$I(\vec{s}) = K \sum_i M(\overline{Rg}\cdot i)(\overline{Rg}\cdot i)^3 \exp\left(-\frac{s^2(\overline{Rg}\cdot i)^2}{3}\right)$$

ここで $\overline{Rg}\cdot i$ は回転半径である. 1つの粒のある軸のまわりの慣性モーメント

表22-8 アロフェンの小角散乱
(渡辺隆(Watanabe, 1968)による)

試 料	$\overline{(Rg)}$	l_c
未 処 理	39	
摩 砕	145〜181	411〜472
加 熱	45	

I ($I=\sum m_i r_i^2$, m_i は質点の質量, r_i はそれと一定直線の間の距離), 粒の質量を m とし, $I=mk^2=\sum m_i r_i^2$ とすると, k をこの軸のまわりの回転半径という. 直径 D の球の場合は $\overline{Rg}^2=\dfrac{3}{20}D^2$ で, $M(\overline{Rg}\cdot i)$ は, $\overline{Rg}\cdot i$ の半径を持つ粒の質量分率である.

渡辺隆(Watanabe, 1968)は, ハロイサイト, カオリナイト, アロフェンにつき小角散乱の研究を行った. アロフェンについては, $\langle \overline{Rg} \rangle$, または l_c は, 電子顕微鏡下で推定された値とよく一致し, また摩砕することにより増加する(表22-8).

参 考 文 献

Brindley, G. W. and Méring, J.(1951): Acta Cryst., **4**, 441.
Brindley, G. W.(1956): Amer. Miner., **41**, 91.
Hendricks, S. B. and Teller, E.(1942): J. Chem. Phys., **10**, 147.
Houska, C. R. and Warren, B. E.(1954): J. Appl. Phys., **25**, 1503.
Jellinek, M. H., Solomon, E. and Fankuchen, I.(1946): Ind. Eng. Chem. Anal. Ed., **18**, 172.
Kakinoki, J. and Komura, Y.(1952): J. Phys. Soc. Japan, **7**, 30.
Kodama, H., Gatineau, L. and Méring, J.(1971): Clays and Clay Miner., **19**, 405.
MacEwan, D. M. C.(1956): Kolloid-Zeit., **149**, 96.
MacEwan, D. M. C.(1958): Kolloid-Zeit., **156**, 61.
Maire, J. and Méring, J.(1960): Proc. 4th Conf. Carbon, 345, Pergamon Press.
Nakajima, Y., Watanabe, T. and Sudo, T.(1972): J. Appl. Cryst., **5**, 275.
Porod, G.(1951): Kolloid-Zeit., **124**, 83.
Porod, G.(1952): Kolloid-Zeit., **125**, 51, 109.
Porod, G.(1953): Kolloid-Zeit., **133**, 16.
Sakamoto, T. and Sudo, T.(1956): Miner. J., **1**, 348.
Stokes, A. R.(1948): Proc. Phys. Soc., **61**, 382.
Warren, B. E.(1941): Phys. Rev., **51**, 693.
Watanabe, T.(1968): Amer. Miner., **53**, 1015.
Watanabe, T. and Sudo, T.(1969): Proc. Intern. Clay Conf., 1969, Tokyo, **I**, 173, Israel Universities Press.

改稿の準備をはじめて以来数年になる. もとより序にも述べた通り, 及ばずながら著者の体系をたてることが主であって, 包含の広いことは全く意図して

いないが, 稿を離れる前後の時期に出された成果の中で, 一言紹介しておくべき成果がある. 1つは, C. E. Weaver と L. D. Pollard の名著, The Chemistry of Clay Minerals (1973)(Elsevier) の出版である. 研究の面では田崎和江の大山, 三瓶山の火山灰の粘土鉱物の研究(たとえば(1973), 地質雑, **79**, 79), また清水洋による風化, 続成過程におけるカオリン鉱物の変化(たとえば(1972), 粘土科学, **12**, 63), イモゴライトの構造決定(P. D. G. Gradwick, V. C. Farmer, J. D. Russell, C. R. Masson, K. Wada and N. Yoshinaga(1972) : Nature, **240**, 189)および梶原良道の地球化学的研究(たとえば(1973), Geoch. J., **7**, 23)である.

索 引 I

粘土鉱物，粘土，土壌に関する物質名

一部に用いた略記号の意味は次の通りである．
光：光学的性質(色，屈折率など)
X線：X線粉末回折パターン
赤外：赤外線吸収スペクトル
熱変：加熱変化
DTA：示差熱分析
TG：熱重量測定
DTG：微分熱重量測定
式：構造式または化学組成式
電顕：電子顕微鏡下で観察される形，大きさなど
化成：化学成分
電回：電子線回折
偏顕：偏光顕微鏡下で観察される形，大きさ，組織など
$d(060)$：(060) の X 線粉末反射の示す原子面間隙
b_0：b 軸上のくりかえしの周期
→：「を見よ」の意味
＝：「等しい」意味

ア

アクアクレプタイト(水瀑石)(Aquacreptite)
　化成 87；X線 147
アタパルジャイト(Attapulgite)
　電顕 161
アノーキサイト(Anauxite) 102
天草陶石(Amakusa toseki) 85
アメサイト(Amesite)
　式 79；分類 427, 431
アリエタイト(Aliettite)(→滑石-サポナイト規則型混合層鉱物)
アルージャイト(Alurgite) 67～68
α-緑泥石(→緑泥石群)
アルミニウム蛇紋石(→蛇紋石群)
Al(層間)バーミキュライト(→バーミキュライト群)
Al(層間)モンモリロナイト(→モンモリロナイト)
アルミニウムモンモリロナイト(→モンモリロナイト)
アレバルダイト(Allevardite)(＝レクトライト＝雲母-モンモリロナイト規則型混合層鉱物)(レクトライトも見よ．便宜上従来アレバルダイトの名前で報告されている事項はここの項に示し，レクトライトの名前で報告されている事項はレクトライトの項に記してある)
　電顕 157～158；DTA 374；産状 298；X線 359～360；分類 432；層間水，層間イオン 449～450
アロフェン(Allophane)
　光 104；電顕 161；赤外 172；DTA 182～183, 190, 191～192, 194～195, 263, 321, 341；熱変 211, 342；化成 84, 341～342；$Ca(OH)_2$ との反応 281；X線 321～322, 341；産状 340；水分 342；CEC 343；Al の配位数 343；電気泳動 343；粒 344；分類 342；存在認定法 422
　鉱物――(Mineral allophane)
　　化成 341～342
　土壌――(Soil allophane)
　　化成 341～342
アロフェン-ハロイサイト球粒体
　(Allophane-halloysite spherule)

474　　　　　　索　　　引

化成 84；研究史 314～315；X線 131,135, 321～322；電顕 161,316,318；DTA 187, 192,194～195；産状 314～315；成因 319
アンチゴライト(Antigorite)
　式 38,79,86；光 102；X線 146；電顕 53；化成 86；赤外 172；DTA 182,186,188～189；熱変 210；TG-DTA-DTG 200；脱水反応 199～200；判別 411；分類 427,431
アンド土壌(Ando soil)　313

イ

今市白粘土(Imaichi white clay)　321
今市土(Imaichi-tsuchi)　321
イモゴライト(Imogolite)
　電顕 161,344；X線 345；DTA 346；赤外 346；構造 346；産状 344
イライト(Illite)
　化成 67,69；研究史 70；式 81；偏倚性 383；命名 428

ウ

雲母粘土鉱物(Mica clay minerals) ＝雲母鉱物(Mica minerals)＝雲母(Micas)
　構造 45；ポリタイプ 46～47,62；式 66；b_0 90；X線 148；DTA 184,186；分類 430
　――(di.)
　　$d(060)$ 138；分類 430
　――(tri.)
　　$d(060)$ 138；分類 430
　――(Al, di.)
　　命名 73；化成 67～68,74,85；光 98；X線 115, 120, 122, 139～140, 151, 404～405；$d(060)$ 138；電顕 160～161；赤外 172；DTA 182,184,189～190；合成 220,224, 227；アンモニウムイオンの固定 234；CEC 234；呈色反応 276；産状 296,328,330；ポリタイプ 327；判別 401,402,409；粘土膜における配列度 447～448
　――(Fe, di.)（各種の詳細については海緑石およびセラドナイトを見よ）
　　命名 73；判別 409；分類 430

加水――(Hydrous mica)　67,68
雲母-モンモリロナイト規則型混合層鉱物 (Regular interstratified mica-montmorillonite)＝アレバルダイト＝レクトライト(アレバルダイト，レクトライト両方を見よ)
雲母-モンモリロナイト不規則型混合層鉱物(Random interstratified mica-montmorillonite)
　X線 356～359；　産状 307,329～331,356～357；DTA 374,376；赤外 374；合成 379；化成 387；判別 409

オ

大谷石(Oya-ishi)(＝大谷凝灰岩(Oya-tuff))　90,323
オルガノフィリックベントナイト (Organophilic bentonite)　263
オルソ緑泥石(Orthochlorite)(→緑泥石群)

カ

海底土(Marine clay)　301～302,415
海緑石(Glauconite)
　式 72；光 98,102；$d(060)$ 138；DTA 182, 185；化成 71～72,74,85；産状 307～308；分類 430
カオリナイト(Kaolinite)
　分離 26～27；式 38,79；構造 37,40,42～43；化成 84；DTA 182,187；$d(060)$ 138；電顕 160～162,；赤外 172,174；合成 220～222, 224～225； CEC 234； 脱水反応 198～199, 205；尿素複合体 254,264；酢酸カリ複合体 270～271；呈色反応 276；産状 296,298,304；熱変 209,402；判別 401,404,410；分類 427, 431
カオリナイト群(Kaolinite group)＝カオリナイト鉱物(Kaolinite minerals)
　b_0 90；構造 42；不規則性 52；光 98,102, 104；X線 115,120～123,127～130,133～134；赤外 172,174；DTA 187,189～190；熱変

索引　　　　　　　　　　　475

204～207, 404；電顕 161；分類 431
カオリナイト群-モンモリロナイト不規則
混合層鉱物(Montmorillonite interstratified with a mineral of the kaolinite group)
　産状 369, 373；DTA 370；熱変 370；X線 322, 369～370, 372；化成 371；CEC 371
カオリン粘土(Kaolin clay)
　熱膨張曲線 215；熱間荷重曲線 214
火山灰土(Volcanic ash soil)　29, 315
加水雲母(→雲母粘土鉱物)
加水黒雲母(→黒雲母)
加水白雲母(→白雲母)
褐色森林土(Brown forest soil)　312
活性白土(Activiated clay)　273
滑石(Talc)
　式 38, 66；化成 84；b_0 89；d(060) 138；光 102；X線 148；赤外 172；DTA 182～183；合成 221～222；熱変 210；判別 410；分類 427, 429
滑石-サポナイト規則型混合層鉱物
(Regular interstratified talc-saponite)
＝アリエタイト
　命名 368；分類 432
ガーニーライト(Garnierite)
　光 102；X線 147
関東火山灰層(Kanto volcanic ash)＝関東ローム(Kanto loam)
　DTA 317～318, 321；X線 318～319, 322；鉱物組成 315～322, 370；研究史 314

キ

絹雲母(Sericite)
　化成 67, 69, 85；命名 73
木節粘土(Kibushi clay)　264
ギルバータイト(Gilbertite)　67, 69
金雲母(Phlogopite)
　式 66；合成 221；分類 427, 430

ク

クッケアイト(Cookeite)　431
クリソタイル(Chrysotile)
　化成 87；電顕 161；光 102；X線 146；DTA 188；熱変 211；脱水反応 200；合成 221；分類 427, 431
グリーナライト(Greenalite)
　光 99, 102；判別 411；分類 427, 432
クリノクロール(Clinochlore)
　合成 221～222；分類 427, 430
グリマートン(Glimmerton)　67
グリーンタフ(Green tuff)
　——の粘土鉱物　331～333
　——の変質　330～331
黒雲母(Biotite)
　式 66；b_0 89；分類 427, 430
　加水——(Hydrobiotite)　409
黒鉱(Kuroko)　326
クロロフェアイト(Chlorophaeite)　93
クロンステダイト(Cronstedite)
　化成 79；分類 427, 431

コ

鉱物アロフェン(Mineral allophane)(→アロフェン)
コレンサイト(→緑泥石-膨潤性緑泥石規則型混合層鉱物)
混合層粘土鉱物(Mixed-layer clay mineral, Interstratified clay mineral)
　発見, 歴史 351；積層状態の変化 351～355；規則型 354, 377；不規則型 353；成分層の性質の変化 355；赤外 374；DTA 374；産状 375；合成 379；式 386～390；成因 375；分類 432；化成 386～387
コンナライト(Connarite)　102

サ

サポナイト(Saponite)
　式 75；化成 78；b_0 89；光 102；d(060) 138；

476　　　　　　索　　引

電顕 160~161; DTA 182,185; 判別 407;
分類 427,429
――の緑泥石様複合体(Chlorite-like
complex of saponite)
　X線 381; 化成 381; 耐熱曲線 383; フー
リエ合成図 382
鉄――(Iron saponite)
　化成 86,93; 光 98; b_0 89; 式 91~92; 酸
化, 還元 91~92; X線 145; メスバウアー
効果 168; 偏顕 323; 産状 323; 耐熱曲線
383; 分類 429
酸性白土(Acid clay)
　化成 86; X線 145; 呈色反応 277; 産状 291
~292,311; 特性 436; 利用 437~438; 混合
層鉱物 369~373
ザンソフィライト(Xanthophyllite) 427,
430

シ

シェリダナイト(Sheridanite)
　化成 85; X線 142; TG-DTA 196; DTA
186,293; 比熱曲線 202; 脱水反応 202; 産状
293; 分類 427,430
地すべり粘土(Landslide clay) 255
下末吉ローム(Shimosueyoshi loam)
317~319
シャモサイト(14Å型)(14Å-chamosite)
　化成 86; 式 82; X線 121,143; DTA 186;
産状 289; 分類 427,431
シャモサイト(7Å型)(7Å-chamosite)
　式 79; 分類 427,431
蛇紋石群(Serpentine group)=蛇紋石鉱物
(Serpentine minerals)=蛇紋石(Serpen-
tine)
　構造 52; 光 98; $d(060)$ 138; X線 146,148;
DTA 188; 脱水反応 198~200; 熱変 211;
合成 222
　アルミニウム――(Aluminium serpen-
tine) 222
　6層――(Six-layer serpentine)

　X線 146; 化成 87; 脱水反応 199~200
重粘性土壌(Heavy soil) 256
重粘土(Heavy clay) 256
14Å鉱物(14Å-minerals) 409
ジュエライト(Deweylite)
　化成 87; X線 147
シリカアルミナスピネル(Silica-alumina
spinel) 206
白雲母(Muscovite)
　分離 26; 式 65,66; X線 139; 合成 221; Z
パラメーター 41
加水――(Hydromuscovite) 67,68

ス

スティルプノメレーン(Stilpnomelane)
25
ステブンサイト(Stevensite)
　式 75; 成分層 368; 分類 427,430
スドー石(Sudoite)=緑泥石(di.-tri. 亜群)
　命名 77~78,408; DTA 186; 産状 327; 分
類 427,431
スドー石-モンモリロナイト混合層鉱物(→
トスダイト)
スパダイト(Spadite) 102
スメクタイト(Smectite)=モンモリロナイ
ト鉱物(Montmorillonite minerals)
　式 81; 化成 74; b_0 89~90; X線 145; 赤
外 173; DTA 183,185~186,188~190; 熱変
207; 脱水温度 207; 内部膨潤 237; 有機複合
体 259~261; 判別 401,404,406,409; 命名
428~429; 分類 429

セ

脆雲母群(Brittle mica group) = 脆雲母鉱
物(Brittle mica minerals)=脆雲母(Brit-
tle micas) 430
成帯土壌(Zonal soil) 309
赤黄色土(Red-yellow soil) 312
炻器粘土(Stoneware clay) 369
セーバータイト(Seybertite) 427,430

索引　　477

セピオライト (Sepiolite)
　構造 59；式 80；化成 87；光 102；X線 148；電顕 160～161；DTA 182；CEC 234；産状 289；分類 432
セラドナイト (Celadonite)
　式 72；光 98～99,102；化成 71～72,74,85；DTA 182,185；産状 323～325；分類 430

ソ

ソーコナイト (Sauconite)
　式 75；分類 427,429

タ

ダイアバンタイト (Diabantite)
　X線 382；熱変 383
立川ローム (Tachikawa loam)　317～319
多摩ローム (Tama loam)　317～319
ダムーライト (Damourite)　67,68
断層粘土 (Fault clay)
　DTA 293；産状 293

チ

中間性粘土鉱物 (Intermediate clay mineral)
　混合層型――(Intermediate clay mineral of the interstratified type) (→混合層粘土鉱物)
　偏倚型――(Intermediate clay mineral of the deviation type)
　意味 350；存在 380
チューリンジャイト (Thuringite)
　化成 85；分類 427,431

テ

ディッカイト (Dickite)
　構造 43,54,57,62；化成 79,84；光 102；X線 123,144,148；電顕 161；DTA 182,187；分類 427,431；判別 410
鉄サポナイト (Iron saponite) (→サポナイト)
鉄緑泥石 (Iron chlorite) (→緑泥石群)

ト

陶石 (Toseki, Pottery stone)　367
土壌 (Soil)
　簡易比較 31；薄片 105；微形態学 105；有機物 264；酸性 271；土壌粘土鉱物 310；生成,分類 309～310；構造 310
トスダイト (Tosudite) (→緑泥石 (di. ないし di.-tri. 亜群)-モンモリロナイト規則型混合層鉱物)
ドンバサイト (Donbassite) (緑泥石 (di.-di. 亜群))
　命名 77～78；分類 427,431

ナ

苗木白粘土 (Naegi white clay)　314
ナクライト (Nacrite)
　構造 44～45；化成 79；光 102；X線 144,148；DTA 182,187；判別 411；分類 427,431
ナゴルナイト ("Nagolnit")　77
ナトリウム雲母 (Paragonite)　221

ネ

粘土 (Clay)
　定義 8～10；分離 16；有機物，炭酸塩の除去 17；脱水 19；分散 19,244；比重分布 30；簡単比較 31；薄片 105；熱膨張 215；熱間荷重 214；熱収縮 215；宇宙化学 283；粘土化帯 292
　――バーミキュライト (Clay vermiculite) (→バーミキュライト群)
　――緑泥石 (Clay chlorite) (→緑泥石群)
粘土鉱物 (Clay mineral)
　研究史 1～4；著書 4～5；研究組織 5～7,13；定義 10；分類 24～27；分散 19,244；比重 30；構造 33～63；式 65～93；化成 68～69,71,84～87；構造式の計算 80～88；酸化，還

元 82,90；格子定数と化学成分 89；光 97～105；電顕 154～162；電回 162～167；X線マイクロアナライザー 167；核磁気共鳴吸収スペクトル 168；メスバウアー効果 168；赤外 171～175；DTA 176～195；TG 196；脱水反応 197～203,205；熱変 204～216；合成 218～227；イオン交換 229～235；層間水 236；内部膨潤 237；外部膨潤 242；コンシステンシー 243；凝集 245；粘性 246；ティキソトロピー 249；可塑性 251；塑性図 254；吸着水の比重 256；有機複合体 259～265；塩酸処理 267；硝酸アンモニウム処理 267；酢酸マグネシウム処理 270；塩の単分子層吸着 270；酸性 271；摩剝pH 273；呈色反応 276；触媒作用 277；電気的性質 278；化学反応性 281；表面積 282；摩砕 282；塵肺症 283；宇宙化学 283；産状, 成因 285～333；pH 288；粘土化帯 292；海底土 301；熱水源 289；土壌粘土鉱物 309；火山灰土 314；黒鉱 326；グリーンタフ 326；熱力学的取扱い 333；非晶質 340～347；中間性 349～351；混合層 351～380；サイクル 384；判別 401～414；定量 414～424；分類 426～433；利用 434～439；完全利用 438；結晶学 443～471

ノ

ノントロナイト(Nontronite)
化成 74；式 75；b_0 89；光 98,102,104；d(060) 138；電顕 160～161；DTA 182,184；合成 220；判別 407,414；分類 427,429

ハ

バイデライト(Beidellite)
式 75；b_0 89；合成 220；判別 407,424；分類 427,429

パイロフィライト(Pyrophyllite)
式 38,66；構造 57～59；化成 84；光 102；X線 136,148；d(060) 138；電顕 161,164；赤外 172；DTA 182～183；熱変 209；合成 221～222,224～225；産状 330；判別 410；分類 427,429

白色マリポサイト(White mariposite) 67,68

バーミキュライト群(Vermiculite group)＝バーミキュライト鉱物(Vermiculite minerals)
構造 40；式 76；化成 78,86；b_0 89；光 102；X線 148,404；赤外 172～173；DTA 182～183,185；熱変 207,404；合成 225；d(060) 138；TG-DTA-DTG 200；層間水 236,239；内部膨潤 237；有機複合体 260；硝酸アンモニウム処理 267；産状 331；耐熱曲線 383；判別 401,402,404,407,409；複水 404；分類 408,409,430

――(di.)(Vermiculite(di.))
判別 409；分類 427,430

――(tri.)(Vermiculite(tri.))
判別 407；分類 427,430；脱水相 208；熱変 402；複水 402,404

Al(層間)――(Al interlayer vermiculite)
合成 227；アルカリ塩による処理 268～269；産状 311；成因 270；判別 401,408～409；熱変 402；分類 430

パラゴナイト(Paragonite)(→ナトリウム雲母) 92

パリゴルスカイト(Palygorskite)
構造 59；式 80；X線 148；DTA 188；分類 432

ハロイサイト(Halloysite)
構造 40,51；光 98～99,101～102,104；式 81；化成 84；X線 123,132,148；d(060) 138；電顕 52,157,160～162,373；赤外 172；DTA 191～192,194～195；傾斜比 195；CEC 234；塩との複合体 270；判別 401,410；熱変 402；命名 428；分類 427,431

ヒ

非晶質粘土鉱物(Non-crystalline clay mineral) 11,340

ヒシンゲライト(Hisingerite)

索　引　479

化成 87,93；光 98,102；DTA 182～183,
194,347；産状 340,347；X線 347；分類 432
漂積粘土(Transported clay)　264

フ

フェロサポナイト(Ferrosaponite)　92
フェンジャイト(Phengite)　67,68
フォリドライト(Pholidolite)　102
ブラベーサイト(Bravaisite)　351

ヘ

ヘクトライト(Hectorite)
　式 75；電顕 161；合成 220；分類 427,429
ペンウィサイト(Penwithite)
　産状 340；分類 432
ベントナイト(Bentonite)
　化成 86；粘度 248～249；ティキソトロピー
　250；産状 291～292, 311；含有量測定 422～
　423；特性 436；利用 436～437
ペンニン(Penine)
　DTA 190；熱変 210；分類 430

ホ

膨潤性緑泥石(Swelling chlorite)(→緑泥
　石群)
ポドソル性土壌(Podzolic soil)　312
ボルコンスコアイト(Volkonskoite)　427,
429

マ

マーガライト(Margarite)　427,430
マグネシウムモンモリロナイト(→モンモ
　リロナイト)

ミ

みがき砂(Polishing sand)
　化成 326；鉱物組成 325；X線 325
「みそ」(Miso)(大谷石中の粘土化した岩片)
　化成 90～93；鉱物組成 90～93；DTA 185；

偏顕 323
ミネソタアイト(Minnesotaite)　427,429

ム

武蔵野ローム(Musashino loam)　317, 319
村上粘土(Murakami clay)
　X線 151～152

メ

メタカオリン(Metakaolin)　205
メタハロイサイト(Metahalloysite)
　式 79；化成 84；光 104；X線 130, 132, 134,
　148；熱変 402；命名 428；分類 431；判別
　411

モ

モンモリロナイト(Montmorillonite)
　分離 26～27；Zパラメーター 41；式 75, 81；
　化成 74, 78, 86, 223, 417；b_0 89；光 98, 101～
　104, 323；X線 121, 127, 132, 145, 149；$d(060)$
　138；電顕 157, 160～161；赤外 172；DTA
　182, 185, 189, 194～195；DTA-TG 196；脱水
　反応 202；合成 220～222, 224～225, 227；ア
　ンモニウムイオンの固定 233；CEC 234～
　235；膨潤 238～239, 242；吸水量 241～242；
　液性限界 241；塑性限界 241；吸着水の比重
　257；有機複合体 260；定量 261；ピペリディ
　ン複合体 194～195, 262；アミン複合体 263；
　呈色反応 276～277；触媒作用 277～278；産
　状 301～302, 307, 327～332；熱変 402～403；
　複水 402；判別 407, 409, 424；分類 427,429
　アルミニウム——(Aluminium montmo-
　　rillonite)　222
　Al(層間)——(Al interlayer montmo-
　　rillonite)　408
　含鉄——(Iron-bearing montmorillonite)
　　化成 86；X線 145
　マグネシウム——(Magnesium montmo-
　　rillonite)　222

ラ

ラテライト (Laterite)　19
ラテライト性土壌 (Lateritic soil)　312

リ

リザルダイト (Lizardite)　188
リピドライト (Ripidolite)
　X線 142；DTA 186；分類 427, 431
緑泥石群 (Chlorite group) = 緑泥石鉱物 (Chlorite minerals) = 緑泥石 (Chlorite)
　構造 36, 40, 47〜50；Z パラメーター 41；ポリタイプ 47〜51, 62；式 76；分類 78, 430；化成 78, 85〜86；b_0 89〜90；光 102；X線 121〜123, 141〜143, 148, 404；電顕 165；DTA 182, 186, 189, 293；d(060) 138；赤外 172〜173；比熱曲線 202；脱水反応 202；熱変 210, 327〜331, 402, 405, 414, 416；耐熱曲線 383；判別 401, 404, 408〜409, 411〜414
——(di.) (Chlorite (di.))
　命名 77；式 78〜79, 431；分類 431；判別 408, 411〜414
——(tri.) (Chlorite (tri.))
　式 76, 78, 431；判別 408〜409, 411〜414；分類 431
——(di.-di.) (→ドンバサイト)
——(di.-tri.) (→スドー石)
α-——(α-chlorite)　77
オルソ——(Orthochlorite)
　命名 77；分類 430
収縮性——(Contractable chlorite) = 低耐熱性——(Low heat resisting chlorite)
　化成 381，X線 381；耐熱曲線 383
鉄——(Iron chlorite)
　判別 408, 412〜414；分類 431
粘土——(Clay chlorite)　432
剥離性——(Exfoliating chlorite)
　X線 381；化成 381
膨潤性——(Swelling chlorite)
　DTA 186；命名 361；X線 361, 381, 406；化成 381；フーリエ合成図 382；耐熱曲線 383；熱変 402
レプト——(Leptochlorite)
　命名 77；分類 431
緑泥石-サポナイト規則型混合層鉱物 (Regular interstratified chlorite-saponite)
　X線 363；DTA 374；耐熱曲線 383；化成 386
緑泥石-バーミキュライト規則型混合層鉱物 (Regular interstratified chlorite-vermiculite)
　命名 361；産状 375；化成 386
緑泥石-膨潤性緑泥石規則型混合層鉱物 (Regular interstratified chlorite-swelling chlorite) = コレンサイト (Corrensite)　361〜362, 432
緑泥石-モンモリロナイト規則型混合層鉱物 (Regular interstratified chlorite-montmorillonite)
　命名 361；産状 375；合成 379；化成 386；判別 406
緑泥石 (di. ないし di.-tri. 亜群)-モンモリロナイト規則型混合層鉱物 (Regular interstratified chlorite(di.〜di.-tri.)-montmorillonite) = トスダイト (Tosudite)
　X線 132, 365〜366, 368；TG-DTG 196；命名 367, 406；産状 362〜367；熱変 366；DTA 374；化成 387；式 388〜389；判別 406；分類 432
緑土 (Green earth)　71〜72, 308

レ

レクトライト (Rectorite)
　成分層の特性 360；化成 387；式 390；分類 432
レディカイト (Ledikite)
　分類 430；判別 409
レプト緑泥石 (Leptochlorite)(→緑泥石群)

レンベルジャイト (Lembergite)
　式 92；産状 332

ロ

ロイヒテンバージャイト (Leuchtenber-
gite)
　化成 85；X 線 142；DTA 186, 293；TG-DTA 196；脱水反応 202；比熱曲線 202；産状 293；分類 427, 430
6 層蛇紋石 (→蛇紋石群)

索　引 II

事項名および I 以外の物質名

ア

ISSS　7, 14
アルシフィルム("Alsi" film)　436

イ

e. s. d.　9, 23
イオン交換(ion exchange)　229, 230〜235
イオン交換容量(ion-exchange capacity)　231
1次粒子(primary particle)　27
1層構造(one-layer structure)　45
1:1型(1:1 type)　36, 79
1:1層(1:1 layer)　37
intercalation　229, 271
intersalation　229, 271

エ

AIPEA　6, 7, 428
ASTM　17
(hk)-反射((hk)-reflection)　124
API　4
液性限界(liquid limit)　241, 251
S. K. (Seger Kegel)　215

カ

解膠(peptization)＝分散
化学吸着(chemical adsorption)　234
化学式(chemical formula)　37
拡散2重層(diffusion double layer)　244
核磁気共鳴吸収(nuclear magnetic resonance)　168
加水酸度(hydrolytic acidity)　272
加水分解(hydrolysis)　288
可塑性(plasticity)　251
活酸性(active acidity)　272
活性化エネルギー(activation energy)
　イオン交換反応の——　231
　脱水反応の——　197
カード・ハウス構造(card-house structure)　245
カルゴン(calgon)　29

キ

逆格子棒(reciprocal lattice rod)　125
吸収(absorption)　234
球相当直径(equivalent spherical diameter)　9, 23
吸着(adsorption)　234
凝結(coagulation, flocculation)　245
　＝凝集＝凝析

ク

クレリシ液(clerici solution)　25

ケ

傾斜比(slope ratio)　192, 419
結合水(bound water)　236
ゲル(gel)　246

コ

コアゲル(coagel)　246
交換性イオン(exchangeable ion)　303, 440

索　引　483

格子像(lattice image)　167
構造式(structural formula)　37, 65, 80
コロイド(colloid)　2
コンシステンシー(consistency)　243

サ

細砂(fine sand)　9
酸性(acidity)(粘土，土壌の)　271
3層構造(three-layer structure)　47

シ

CIPEA　6, 426
JIS　17
重液分離(heavy liquid separation)　24
終局pH(ultimate pH)　279
収着(sorption)　234
焼結(sintering)　216
焼成(firing)　214
シルト(silt)　9

ス

ストークス則(Stokes' law)　9, 20
砂(sand)　9
ずり応力(shear stress)　246
ずり速度(shear velocity)　246

セ

成形能力(workability)　254
積層(stacking)　351
ゼーゲル錐(Seger cone)　215
ζ-電位(ζ-potential)　278
ゼリー(jelly)　246
潜酸性(potential acidity)　271
センチポアズ(centipoise)　247

ソ

層間域(interlayer region)　35
粗砂(coarse sand)　9, 19
塑性限界(plastic limit)　241, 251

塑性指数(plastic index)　252

タ

耐火度(refractoriness)　215
耐熱曲線(heat resisting curve)　383
タクトイド(tactoid)　441
単位構造(unit structure)　35
単粒構造(crumb structure)　309

チ

置換酸度(exchange acidity)　272
直六方格子(ortho-hexagonal lattice)　137, 143

テ

dioctahedral 亜群(sub-group)　38, 433
ティキソトロピー(thixotropy)　249
デリバトグラフ(delivatograph)　200
電気泳動(electrophoresis)　279
電気浸透(electroosmosis)　278
電気2重層(electric double layer)　244

ト

等温法(isothermal method)　205
等電点(isoelectric point)　280
トポ化学反応(topochemical reaction)　441
trioctahedral 亜群(sub-group)　38, 433

ニ

2次元反射(two-dimensional reflection)　124
2次粒子(secondary particle)　27
2層構造(two-layer structure)　45
2：1型(2：1 type)　33
2：1層(2：1 layer)　35
2：1：1型(2：1：1 type)　36
ニュートン流(Newton flow)　247

ネ

ねかし(寝かし)(粘土の) 254
粘性(viscosity) 246
　――係数(coefficient of viscosity) 247
粘稠度＝コンシステンシー
粘度＝粘性係数 247

ハ

蜂巣構造 310
8面体シート(octahedral sheet) 34, 55

ヒ

ピークの幅と高さ(DTA曲線の) 178
微砂(silt)＝シルト
b軸不整(b-axis disorder) 51, 126, 129
ピペット法(pipette method) 23
ビンガム流(Bingham flow) 247

フ

フィロケイ酸塩(phyllosilicate) 11, 33
複屈折(birefringence)
　集合――(form――) 99
　張力――(tension――) 100
　電気――(electrical――) 103
　流動――(streaming――) 103
腐植(humus) 265
物理吸着(physical adsorption) 234
ふるい(sieve) 16
分散(dispersion) 19, 244
分散剤(dispersing agent) 20, 29

ホ

ポアズ(poise) 247
膨潤(swelling)
　外部――(inter-micellar――) 242
　内部――(intra-micellar――) 237
膨潤度(degree of swelling) 240
homoionic 237
ポリティピズム(polytypism) 45, 60
ポリモーフィズム(多形)(polymorphism) 45, 60

マ

摩砕(grinding) 282
摩剥pH(abrasion pH) 273, 275, 289

ミ

ミセル(micelle) 28
ミリグラム当量(milliequivalent) 233

メ

メスバウアー効果(Mössbauer effect) 168

モ

モワレ模様(moiré pattern) 167

ヨ

4面体シート(tetrahedral sheet) 34, 54

ラ

ライン形(line shape) 124
ラインプロファイル(line profile) 124

リ

粒径(particle diameter)＝粒度 8, 9, 440
粒度(particle size) 8, 440
粒度分析(grading analysis) 16

レ

礫(gravel) 9

索　引　Ⅲ
人　名

A

安倍亮(Abe, A.)　184
Achar, B. N. N.　205, 216
Addison, C. C.　82, 93
Addison, W. E.　93
Agrell, S. O.　207, 216
秋山富雄(Akiyama, T.)　442
Alexander, L. E.　414, 418, 425
Alexander, L. T.　81, 93
Ali, S. Z.　210, 216
Alietti, A.　320, 337
Allegra. G.　353, 397
天藤森雄(Amafuji, M.)　187, 188, 203
青木正治(Aoki, M.)　196, 202, 203
青木三郎(Aoki, S.)　300
青峯重範(Aomine, S.)　5, 11, 344, 348
青柳宏一(Aoyagi, K.)　305, 337
Ardenne, M. V.　154, 169
Arens, P. L.　256, 257
有泉昌(Ariizumi, A.)　281, 284, 321
Aruja, E.　53, 63
Asch, D.　3, 11
Asch, W.　3, 11
安高治男(Ataka, H.)　343, 348
Attenberg, A.　243, 257
Averbach, B. L.　124, 153

B

Bailey, S. W.　5, 11, 41, 43, 47, 48, 57, 62, 63, 88, 93, 140, 152, 412, 413, 424
Bannister, **F. A.**　88, 94

Barna, J.　338
Barshad, I.　236, 257
Barth, T. F. W.　150, 152
Bassett, W. A.　173, 175
Baston, D. M.　26, 32
Bates, T. F.　52, 63, 160, 169, 314
Bayley, W. S.　68, 94
Beautelspacher, H.　161, 169
Bentor, Y. K.　5, 11
Berkhin, S. I.　340, 342, 347
Berman, H.　102, 107
Besoain, F.　344, 347
Birrell, K. S.　343, 347
Biscaye, P. E.　300, 302, 337, 408, 424
Blackmon, P. D.　399
Blyth, C. R.　395, 398
Borland, J. W.　231, 235
Borst, R. L.　159, 169
Bowen, N. L.　221, 228
Bowie, S. H. U.　93, 94
Bradley, W. F.　59, 63, 70, 94, 173, 175, 206, 216, 259, 260, 265, 351, 360, 361, 368, 386, 415, 425
Bramão, L.　192, 203
Brammall, A.　88, 94
Brandenberger, E.　69, 95
Brauner, K.　59, 63
Bray, R. H.　70, 94
Brindley, G. W.　43, 53, 57, 63, 64, 82, 84, 89, 90, 94, 129, 134, 152, 162, 167, 169, 204, 205, 206, 210, 211, 216, 261, 359, 360, 362, 368, 373, 378, 386, 397, 398, 411, 412,

424, 449, 450, 453, 471
Brown, B. E.   41, 47, 48, 57, 62, 63, 141, 412, 413, 424
Brown, G.   4, 5, 11, 14, 57, 64, 70, 94, 141, 152, 268, 284, 360, 362, 397, 399, 409, 424
Brush, G. J.   68, 94
Brydon, J. E.   88, 94, 374, 399
Burnham, C. W.   41, 61, 63
Burst, J. F.   73, 94, 306, 307, 337

C

Cady, J. G.   192, 203
Caillère, S.   4, 11, 88, 93, 94, 360, 397, 421, 424
Campbell, R.   93, 94
Carr, R. M.   225, 228
Carroll, B.   198, 203
Carroll, D.   303, 337, 415, 425
Carron, M. K.   273, 284
Carthew, A. R.   419, 424
Casagrande, A.   243, 254, 257
Castaing, R.   167, 169
Cesari, M.   353, 397
Chapman, D. L.   244, 257
Chen, Pei-yuan   320, 337
Chilinger, G. V.   13
Chukhrov, F. V.   77, 94, 340, 342, 347
Clark, J. S.   88, 94
Clarke, F. W.   303, 337
Cole, W. F.   374, 376, 378, 393, 398
Comeforo, J. E.   206, 216
Comer, J. J.   53, 63, 64, 167, 169
Cormier, R. F.   308, 337
Correns, C. W.   101, 107, 226, 228
Cowley, J. M.   164, 169

D

Dana, E. S.   68, 69, 74, 93, 94
DeWit, C. T.   256, 257

Diamond, S.   282, 284
Dietzel, A.   173, 175
Dodd, E. G.   276, 284
Doelter, C.   68, 94
Donnay, G.   56, 63
Donnay, J. D. H.   56, 63
Douillet, P.   428, 433
Drits, V. A.   398, 424
D'yakonov, Yu. S.   355, 398
Dyal, R. S.   261, 265, 282, 284

E

Eades, J. L.   69, 70, 81, 94, 383, 398
Earley, W.   362, 386, 398
江川友治(Egawa, T.)   5, 11, 282, 284, 342, 343, 347
Eitel, W.   5, 12, 154, 169
Emerson, B. K.   93, 94
Endell, K.   154, 169
Engelhardt, W. von   77, 94, 406, 424
Enslin, O.   240, 257
Erdey, L.   198, 203
Ermilova, L. P.   347
Ervin, G.   220, 228
Eugster, H. P.   70, 96, 221, 228
Ewell, R. H.   205, 216, 220, 228, 342, 348

F

Fairbairn, H. W. Jr.   337
Fankuchen, I.   470, 471
Farmer, V. C.   5, 13, 172, 175, 472
Faust, G. T.   81, 93, 368, 398
Favretto, L.   397
Fermor, L. L.   71, 72, 93, 94
Fieldes, M.   340, 348
Fischer, R. B.   206, 216
Folk, F. L.   224, 228
Fournier, R. O.   336, 337
Frank-Kamenetsky, V. A.   5,12, 367, 380,

387, 389, 398, 406, 424
Fraser, A. R.　346, 348
Freeman, E. S.　198, 203
Frenzel, G.　88, 94
Freundlich, H.　241, 257
Friedlaender, C.　69, 95
Fry, W. H.　310, 337
富士岡義一(Fujioka, Y.)　242, 257
船橋三男(Funabashi, M.)　331, 337
船引真吾(Funabiki, S.)　310, 337
Fyfe, W. S.　225, 228

G

Gallitelli, P.　386, 398
Gard, J. A.　4, 12, 14, 16, 169
Garrel, R. M.　303, 311, 337
Gatineau, L.　466, 471
Gaudette, H. E.　69, 70, 81, 94, 383, 398
Gieseking, J. E.　5, 12, 259, 265
Gillery, F. H.　90, 94, 373, 397, 411, 424
Goilo, E.　398
Goin, L. J.　30, 31, 32
Goldich, S. S.　93, 96
González García, F.　260, 265
González García, S.　260, 265
Goodman, P.　164, 169
Gorbunov, N. I.　5, 12
Gorbunova, Z. N.　300, 337
Gouy, G.　244, 257
Gradwell, M.　343, 347
Gradwick, P. D. G.　472
Graf, D. L.　395, 398
Greene-Kelly, R.　260, 265, 424
Griffin, J. J.　300, 337
Grim, R. E.　4, 6, 12, 69, 70, 81, 89, 94, 176, 203, 207, 216, 234, 235, 278, 284, 306, 337, 398, 415, 425
Gross, K. A.　89, 95
Gruner, J. W.　3, 12, 45, 63, 71, 94, 107,

149, 150, 152, 225, 228, 351, 398
Güven, N.　61, 63

H

Haacke, H.　421, 425
Hadding, A.　3, 12
Hallimond, A. F.　71, 94
Hambleton, W. W.　276, 284
原田凖平(Harada, J.)　93, 94
原田正夫(Harada, M.)　314, 337
Haraldsen, H.　210, 216
橋本光男(Hashimoto, M.)　186, 188
橋爪一生(Hashizume, K.)　435, 442
秦孝明(Hata, T.)　85
Hathaway, J. C.　368, 398, 415, 425
Hauser, E. A.　225, 228, 436, 442
早瀬喜太郎(Hayase, K.)　67, 69, 96
林久人(Hayashi, H.)　86, 88, 94, 145, 152, 172, 175, 283, 284, 296, 297, 331, 337, 339, 356, 362, 364, 365, 369, 372, 374, 378
Hayes, J. B.　63
Heddle, F.　71, 94
Heller, L.　442
Helmholtz, H.　278, 284
Hemley, J. J.　335, 337
Hendricks, S. B.　3, 12, 45, 47, 52, 57, 63, 74, 81, 93, 95, 103, 107, 152, 160, 169, 235, 236, 257, 310, 337, 353, 398, 459, 471
Hénin, S.　4, 11, 88, 94, 360, 397, 421, 424
逸見吉之助(Henmi, K.)　130, 187
Hey, M. H.　77, 89, 94
東山幸一(Higashiyama, K.)　93, 95
Hildebrand, F. A.　52, 63
Hillebrand, W. L.　68, 94
Hofmann, U.　69, 71, 95, 154, 169, 220, 228, 421, 425
本多光太郎(Honda, K.)　196, 203
本多朔郎(Honda, S.)　184, 203, 369, 398
Honeyborne, D. B.　361, 380, 381, 398

本庄五郎(Honjo, G.)　165, 169
Hosking, J.　374, 376, 393, 398
Houska, C. R.　465, 471
Howard, P.　311, 337
Hower, J.　337
Hummel, K.　71, 72, 94, 308, 324, 337
Hurley, P. M.　308, 337

I

飯村康二(Iimura, K.)　343, 348
飯山敏道(Iiyama, T.)　394, 398
今井直哉(Imai, N.)　87, 94, 198, 203, 367, 398
今井琢也(Imai, T.)　85
稲葉　明(Inaba, A.)　331, 337
Ingerson, E.　219, 228
Insley, H.　205, 216, 220, 228, 342, 348
岩井津一(Iwai, S.)　204, 216, 314, 338
岩生周一(Iwao, S.)　5, 12, 289, 291, 297, 337, 339
岩田重雄(Iwata, S.)　200

J

Jackson, M. L.　5, 12
Jackson, W. W.　3, 12, 47, 63
Jagodzinski, H.　353, 398
Jakob, J.　69, 95
James, R. W.　119, 152, 413, 425
Jansson, S.　93, 95
Jarilova, E. A.　5, 13
Jaritz, G.　344, 348
Jasmund, K.　4, 12
Jefferson, M. E.　47, 63, 236, 257
Jeffries, C. D.　270, 284
Jellinek, M. H.　470, 471
Jenny, H.　259, 265
Johns, W. D.　278, 284, 370, 371, 378, 394, 398, 400, 415, 425
Johnson, L. J.　375, 378, 398

Johnstone, A.　226, 228
Jones, F.O. Jr.　423, 425
Jordan, J. W.　259, 263, 266
樹下惺(Juge, S.)　305, 337

K

Kachinsky, N. A.　9, 12, 22, 32
梶原良道(Kajiwara, Y.)　472
柿木二郎(Kakinoki, J.)　353, 398, 471, 459
金岡繁人(Kanaoka, S.)　367, 398, 440, 442
金子幸子(Kaneko, S.)(→菅原)
菅野一郎(Kanno, I.)　9, 12, 29, 32
樫出久雄(Kashide, H.)　87, 94
加藤忠蔵(Kato, C.)　176, 203
加藤武夫(Kato, T.)　149, 184, 185
加藤芳朗(Kato, Y.)　269, 284, 311, 337
川村一水(Kawamura, K.)　7, 310, 337
河島千尋(Kawashima, C.)　84, 96, 176, 203, 214, 215, 216
Keller, W. D.　5, 12, 159, 169, 193, 203, 276, 284, 303, 307, 337
Kerr, P. F.　4, 12, 107, 169, 172, 175, 176, 203, 340, 348
Keyser, W. L. de　198, 203
金原啓司(Kimbara, K.)　74, 78, 363, 381, 382, 383, 386, 398
木村守弘(Kimura, M.)　183, 184, 185, 188, 203
木下亀城(Kinoshita, K.)　143, 315, 337
Kinter, E. R.　282, 284
桐山良一(Kiriyama, R.)　225, 228
Kirk, P. L.　30, 31, 32
木崎喜雄(Kisaki, Y.)　359, 398
岸本文男(Kishimoto, F.)　337
北川靖夫(Kitagawa, Y.)　168, 169, 344, 348
北村則久(Kitamura, N.)　165, 169
Kleber, W.　395, 398
Klotchkova, G.　398

Klug, H. P.　414, 418, 425
Knorring, O.　84, 94
小林和夫(Kobayashi, K.)　121, 122, 153, 269, 284, 300, 301, 302, 338, 356, 357, 359, 387, 398, 399, 402, 403, 415, 420, 421, 425
小林久平(Kobayashi, K.)　7, 12, 86, 95, 273, 277, 278, 284, 437, 442
児玉秀臣(Kodama, H.)　84, 85, 95, 115, 136, 139, 152, 172, 174, 175, 196, 209, 358, 360, 365, 379, 387, 390, 392, 398, 399, 400, 402, 410, 425, 440, 442, 466, 471
神山宣彦(Kohyama, N.)　85, 91, 93, 95, 167, 169, 185, 323, 324, 338, 347
小泉光恵(Koizumi, M.)　225, 228
古村民司(Komura, T.)　295
小村幸友(Komura, Y.)　353, 398, 459, 471
Konta, J.　5, 12, 115, 174, 209, 421, 425
興貴美子(Koshi, K.)　283, 284
小藤文次郎(Koto, B.)　85, 95
Kotov, N.　380, 398
神津俶祐(Kozu, S.)　7, 97, 176, 203
Kramer, J. R.　336, 338
Kromer, H.　77, 94, 424
久保田徹(Kubota, T.)　282, 284
Kulbicki, G.　207, 216
Kulp, J. L.　176, 203
Kunze, G.　53, 63
Kunze, G. W.　5, 13
倉林三郎(Kurabayashi, S.)　315, 316, 318, 319, 320, 322, 338, 339, 370, 400
桑原徹(Kuwabara, T.)　254, 257
桑田勉(Kuwata, T.)　438
許冀泉　5, 12

L

Lacroix, A.　71, 95
Lai, T. M.　231, 235
Lambe, T. W.　245, 257
Larsen, E. S.　102, 107
Larsen, G.　13
Lasarenko, E. K.　77
Lebeau, D. S.　436, 442
Le Chatelier, H.　176, 203
Leech, J. G. C.　88, 94
Leonard, R. J.　68, 95
Levinson, A. A.　140, 152
Lindau, G.　241, 257
Lindqvist, B.　93, 95
Lipmann, F.　361, 376, 377, 378, 394, 398
Logvinenko, N. V.　367, 387, 389, 398, 424
Lonsdale, K.　119, 152, 413, 425
Lovering, T. S.　289, 338
Lunn, J. W.　93, 94
Lyon, R. J. P.　173, 175

M

MacEwan, D. M. C.　89, 93, 94, 95, 259, 353, 355, 361, 362, 373, 380, 381, 399, 400, 463, 471
MacGillavry, C. H.　425
MacKenzie, K. J. D.　207, 216
Mackenzie, R. C.　4, 9, 10, 12, 14, 19, 32, 133, 152, 195, 203, 236, 256, 257, 282, 284, 311, 338, 426, 433
Maegdefrau, E.　69, 71, 95
Maire, J.　466, 471
Marshall, C. E.　5, 12, 13, 26, 70, 95, 98, 102, 103, 107, 169, 303, 338
Martin, R. T.　256, 257
Martin Vivaldi, J. L.　380, 381, 399
Masson, C. R.　472
益田峰一(Masuda, M.)　203
Mathieson, A. McL.　57, 63
Mathieu-Sicaud, A.　360, 397
松田亀三(Matsuda, K.)　130, 293
松井治彦(Matsui, H.)　127, 128, 362, 400
松井健(Matsui, T.)　106, 107
松村隆(Matsumura, T.)　437, 442

Mauguin, C.　3, 13, 47, 63
McHardy, W. J.　5, 13, 346, 348
McKinstry, H. A.　204, 216
McMurdie, H. F.　93
McVeagh, G. W.　398
Megaw, H. D.　395, 399
Mehmel, M.　101, 107
Menter, J. W.　167, 169
Méring, J.　453, 466, 471
Meyer, C.　289, 338
Midgley, H. G.　89, 95
美浜和弘(Mihama, K.)　165, 169
Millot, G.　5, 13, 320, 338, 368, 398
Milne, A. A.　282, 284
Milne, I. H.　227, 228
湊秀雄(Minato, H.)　84, 96, 132, 184, 185, 192, 314, 338
Mink, J. F.　160, 169
Mitchell, B. D.　5, 13
光田武(Mitsuda, T.)　367, 399
宮本昇(Miyamoto, N.)　89, 93, 95
宮沢数雄(Miyazawa, K.)　313, 338
水本久(Mizumoto, H.)　327
Moleva, V. A.　347
Morelli, G. L.　397
Morey, G. W.　219, 228
森哲郎(Mori, T.)　256, 257
Mortland, M. M.　231, 235
Mössbauer, R. L.　168, 169
Mottlau, A. Y.　156, 169
鞭政共(Muchi, M.)　93, 95, 315, 337
向山広(Mukaiyama, H.)　292, 338
Müller, G.　5, 13, 77, 88, 94, 95, 406, 424
村岡誠(Muraoka, M.)　132, 192, 314, 338
Murata, K. J.　368, 398
村山渡(Murayama, W.)　228
Murray, H. H.　415, 425
武藤正(Muto, T.)　187, 203

N

長堀金造(Nagahori, K.)　242, 257
永井彰一郎(Nagai, S.)　150
長崎誠三(Nagasaki, S.)　201, 203
長沢敬之助(Nagasawa, K.)　84, 95, 96, 176, 180, 183, 184, 185, 186, 187, 188, 203, 204, 206, 216, 291, 293, 338
永田洋(Nagata, H.)　442
Nagelschmidt, G.　68, 95, 226, 228
Nagy, B.　59, 63
中平光興(Nakahira, M.)　204, 206, 216, 314, 338
中島義晴(Nakajima, Y.)　464, 468, 471
中村真人(Nakamura, M.)　442
中村忠晴(Nakamura, T.)　87
中村威(Nakamura, T.)　87, 93, 96, 184, 188, 293, 338, 347, 348
中尾清蔵(Nakao, S.)　314, 338
Neal, G. H.　93
根岸敏雄(Negishi, T.)　358, 399
Nemecz, E.　298, 338, 367, 399
Newnham, R. E.　43, 57, 63, 64
Nicolas, J.　428, 433
西垣茂(Nishigaki, S.)　196, 202
Nixon, H. L.　158, 169
野口長次(Noguchi, C.)　151
Noll, W.　220, 228
Norrish, K.　54, 64, 70, 94, 238, 257
Norton, F. H.　224, 228
野沢和久(Nozawa, K.)　315, 338

O

Obenschein, S. S.　268, 284
小川雨田雄(Ogawa, U.)　132, 192
生沼郁(Oinuma, K.)　86, 88, 94, 95, 115, 121, 122, 138, 153, 172, 174, 175, 209, 269, 284, 300, 301, 302, 338, 356, 357, 358, 359, 374, 387, 398, 399, 402, 403, 412, 415, 420,

421, 425
沖野文吉(Okino, B.) 249, 435, 442
大森えい子(Omori, E.) 291, 339
大村一蔵(Omura, I.) 86, 95
Orcel, H. 77, 95
長田正徳(Osada, M.) 382, 399
Osborn, E. F. 219, 221, 228
Osborne, V. 88, 94
小坂丈予(Ossaka, J.) 84, 96, 132, 185, 191, 192, 314, 321, 338, 341, 342, 348
大田茁司(Ota, S.) 91, 96, 185, 188, 192, 321
大津秀夫(Otsu, H.) 368, 399
大坪義雄(Otsubo, Y.) 176, 203, 436
大塚良平(Otsuka, R.) 87, 94, 197, 199, 200, 203

P

Palmonari, C. 15
Parphenova, N. I. 4, 13
Parrish, W. 116, 152
Patterson, J. H. 205, 216
Paulik, F. 198, 203
Paulik, J. 198, 203
Pauling, L. 3, 13, 412, 425
Peacock, M. A. 93, 95
Pedro, G. 60, 64, 426, 433
Penfield, S. L. 68, 95
Peterson, M. N. A. 386, 399
Plinius, S. (The Elder, Gaius Plinius Secundus) 1
Pobeguin, T. 88, 94
Ponnamperuma, C. 283, 284
Porod, G. 470, 471
Potts, R. H. 303, 338
Preisinger, A. 60, 63

Q

Quakernaat, J. 89, 95

R

Radczewski, O. E. 154, 169
Radoslovich, E. W. 41, 64, 89, 90, 95, 139, 152
Rayner, J. H. 57, 58, 64
Rees, A. L. G. 164, 169
Reitmeier, R. F. 231, 235
Rekchinsky, L. G. 161, 169
Rex, R. W. 385, 399
Reynolds, H. H. 225, 228
Reynolds, R. C. 353, 399
Rich, C. I. 5, 13, 268, 284
Rieck, G. D. 425
Ries, H. 2, 13
Rimsaite, J. 82, 95
Rinne, F. 3, 13
Roberts-Austen, W. C. 176, 203
Robertson, R. H. S. 133, 152
Robinson, K. 43, 63, 129, 152, 412, 424
Rolfe, B. N. 270, 284
Rosenqvist, I. T. 6
Ross, C. S. 3, 13, 93, 95, 103, 107, 160, 169, 235, 340, 348
Ross, G. J. 379, 399
Ross, M. 62, 64
Rowland, R. A. 176, 203
Roy, D. M. 52, 64, 219, 221, 222, 223, 228
Roy, R. 52, 64, 174, 175, 221, 222, 223, 228, 394, 398
Rudnitskaya, E. S. 347
Ruiz Amil, A. 355, 362, 399
Rukhin, L. B. 10, 13
Russell, J. D. 346, 348, 472

S

Sabatier, G. 379, 400
斎藤平吉(Saito, H.) 196, 200, 203
坂本卓(Sakamoto, T.) 85, 95, 121, 142,

152, 196, 293, 338, 383, 399, 465
Sales, R. H.　289, 338
Samojlow, Ja. W.　77
Sand, L. B.　160, 169, 221, 228, 311, 338
Sandalaki, Z.　378, 397
佐野博敏(Sano, H.)　168
佐々木清一(Sasaki, S.)　256, 257
佐藤昭夫(Sato, A.)　282, 284
佐藤弘(Sato, H.)　86, 95, 121, 142, 152
佐藤満雄(Sato, M.)　353, 354, 356, 359, 399
佐藤元昭(Sato, M.)　275, 290
佐藤修(Sato, O.)　363, 398
佐藤芳雄(Sato, Y.)　327
Schellmann, W.　394, 399
Schembra, F. W.　88, 94
Scherrer, P.　124, 152
Schmidt, O.　241, 257
Schneider, H.　71, 95
Schoen, R.　411, 425
Schofield, R. K.　242, 258
Schöllenberger, C. J.　231, 235
Scholze, H.　173, 175
Schultz, L. G.　373, 399, 415, 425
Schwartz, G. M.　68, 93, 95
Seger, H.　215
関豊太郎(Seki, T.)　314, 338
関口八一(Sekiguchi, Y.)　240, 257
Serratosa, J. M.　173, 175
瀬戸国勝(Seto, K.)　84, 85, 95
Shannon, E. V.　3, 13, 69, 96
Sharp, J. H.　93, 205, 216
Shepard, A. O.　373, 399
Shepard, F. P.　10, 13
Sherman, G. D.　5, 12
柴田栄一(Shibata, E.)　315
島宗孝之(Shimamune, T.)　204, 216
島根秀年(Shimane, H.)　86, 144, 185, 200, 380, 381, 399
清水洋(Shimizu, H.)　472

下田右(Shimoda, S.)　85, 87, 88, 95, 96, 140, 146, 152, 169, 183, 186, 188, 196, 199, 200, 202, 203, 216, 225, 228, 296, 297, 324, 338, 339, 356, 358, 363, 366, 367, 374, 378, 381, 382, 383, 386, 387, 398, 399, 412, 425
下坂康哉(Shimosaka, K.)　332, 338
下山晃(Shimoyama, A.)　278, 284, 370, 371, 399
志村義博(Shimura, Y.)　209, 216
塩入松三郎(Shioiri, M.)　103, 104, 108, 314, 338, 348
素木洋一(Shiraki, Y.)　243, 248, 257
白水晴雄(Shirozu, H.)　89, 96, 140, 143, 152
Sieffermann, G.　320, 338
Simon, R. N.　231, 235
Slaughter, M.　227, 228
Smith, J. V.　52, 64, 207, 216
Solomon, E.　470, 471
Sousa Santos, P. de　162, 169, 373, 397
Starkey, H. C.　303, 337, 399
Steger, W.　214, 215, 216
Steiner, A.　298, 338
Steinfink, H.　412, 425
Stemmler, R. S.　395, 398
Stephen, I.　361, 380, 381, 399
Stern, O.　278, 284
Stevens, R. E.　273, 284
Stokes, A. R.　124, 153, 464, 471
Strese, H.　220, 228
Stubican, V.　174, 175
須藤俊男(Sudo, T.)　4, 13, 67, 69, 84, 85, 86, 87, 88, 89, 91, 92, 93, 95, 96, 108, 121, 122, 127, 128, 142, 145, 151, 153, 169, 176, 184, 188, 195, 196, 202, 203, 223, 225, 228, 266, 269, 284, 289, 291, 293, 296, 297, 314, 315, 324, 332, 338, 339, 340, 347, 348, 356, 358, 362, 364, 365, 369, 370, 371, 374, 378, 379, 381, 382, 383, 387, 399, 400, 403, 412,

415, 420, 421, 425, 465, 466, 468, 471
菅原(金子)幸子(Sugawara, S.) 315, 317, 339, 400
杉浦精治(Sugiura, S.) 386, 400
角清愛(Sumi, K.) 298, 339
Sutherland, H. H. 380, 381, 400
鈴木明(Suzuki, A.) 314, 338
鈴木英雄(Suzuki, H.) 250, 257
鈴木啓三(Suzuki, K.) 88
Swineford, A. 52, 63, 160, 169
Szeky-Fux, V. 298, 339

T

只野文哉(Tadano, B.) 314, 339
田賀井秀夫(Tagai, H.) 204, 216
高木豊(Takagi, Y.) 201, 203
高橋秀夫(Takahashi, H.) 353, 460, 461, 462
高橋浩(Takahashi, H.) 127, 128, 184, 282, 284, 315, 339, 362, 400
高橋博(Takahashi, H.) 386, 400
高橋純一(Takahashi, J.) 307, 339
高橋清(Takahashi, K.) 337
竹田弘(Takeda, H.) 56, 62, 64
武司秀夫(Takeshi, H.) 85, 96
竹内慶夫(Takeuchi, Y.) 56, 64
Talvenheimo, G. 415, 425
玉虫文一(Tamamushi, B.) 240, 249, 250, 257
Tamura, T. 407, 425
田中甫(Tanaka, H.) 267, 284
種村光郎(Tanemura, M.) 131, 187, 203
立山博(Tateyama, H.) 225, 228
田崎秀夫(Tazaki, H.) 84, 96, 149
田崎和江(Tazaki, K.) 472
Teller, E. 353, 398, 459, 471
Tettenhorst, R. 378, 400
Thomas, G. W. 5, 13
Thompson, M. E. 303, 337

Threadgold, I. M. 140, 153
徳永正之(Tokunaga, M.) 144, 153, 187, 293
富田克利(Tomita, K.) 379, 400
Tomkeieff, S. I. 93, 96
鳥井頌平(Torii, K.) 293
Trichet, J. 320, 339
Truog, E. 26, 32
Tschermak, G. 77, 96
土屋竜雄(Tsuchiya, T.) 315, 317, 318, 319, 320, 322, 338, 339, 400
塚原登(Tsukahara, N.) 88, 96
都築芳郎(Tsuzuki, Y.) 204, 206, 216
Tuddenham, W. M. 173, 175
Tuttle, O. F. 221, 228
Twenhofel, W. H. 71, 96
Tyler, S. A. 88, 93

U

内田博(Uchida, H.) 181
宇田川重和(Udagawa, S.) 207, 217
上田智(Ueda, S.) 379, 400
上田良二(Uyeda, R.) 63, 169

V

Van Bemmelen, J. M. 2, 13
Van den Heuvel, R. C. 398
Van der Marel, H. W. 161, 169, 368, 378, 400
van Olphen 5, 13, 244, 257
Varinecz, G. 77, 96
Varju, Gy. 298, 338, 367, 399
Veniale, F. 15, 368, 378, 400
Viczián, I. 77, 96

W

和田光史(Wada, K.) 5, 13, 270, 271, 284, 343, 346, 348, 472
若林弥一郎(Wakabayashi, Y.) 143

脇田健治(Wakita, K.) 386
Walker, G. F. 57, 63, 76, 96, 208, 217, 236, 257, 266, 268, 284, 400, 407, 425
Wardle, R. 134, 152
Warkentin, B. P. 242, 258
Warren, B. E. 124, 153, 453, 465, 467, 471
渡辺晃二(Watanabe, K.) 198, 203, 398
渡辺隆(Watanabe, T.) 464, 465, 466, 468, 470, 471
渡辺裕(Watanabe, Y.) 5, 13, 279, 282, 284, 343, 348
Weaver, C. E. 305, 306, 339, 362, 368, 386, 397, 415, 425, 472
Weir, A. H. 158, 169, 360, 397
Weiss, A. 254, 258, 264, 266, 270, 284
Wescott, J. F. 193, 203
West, J. 3, 12, 47, 63
Whelan, J. A. 93, 96
White, A. 240, 241, 258
White, J. L. 415, 425
Williams, R. C. 156, 169
Wilson, A. J. C. 353, 400
Wones, D. R. 62, 64
Woods, R. D. 158, 169

Wyart, J. 379, 400
Wyckoff, R. W. G. 150, 153, 156, 169

Y

矢田慶治(Yada, K.) 167, 169
八木次男(Yagi, T.) 85, 96, 307, 339
山口真一(Yamaguchi, S.) 253, 258
山本大生(Yamamoto, D.) 277, 284
Yariv, S. 442
安田俊一(Yasuda, T.) 368, 399
谷津栄寿(Yatsu, E.) 255, 258
Yoder, H. S. 46, 64, 70, 96, 221, 228
吉川恵也(Yoshikawa, K.) 223, 228
吉木文平(Yoshiki, B.) 84, 96, 201, 203, 210, 217
吉村尚久(Yoshimura, T.) 331, 337, 339, 375, 400
吉永長則(Yoshinaga, N.) 344, 345, 346, 348, 472
Youell, R. F. 82, 94

Z

Zussman, J. 53, 63, 64, 169, 211, 216
Zvyagin, B. B. 62, 64, 163, 165, 170

索　引　Ⅳ
産　地　名

本文中には簡単のため，小さい単位の地名（たとえば粟津），またはそれに県名のみをつけた程度（たとえば新潟県小戸）で産地名を示した．この索引では，本文中のこのような略記地名につき，全体の地名を明らかにした．

ア

青森(青森県下北郡川内町青森鉱山)　297
赤谷(新潟県新発田市赤谷鉱山)　198
足尾(栃木県上都賀郡足尾町足尾鉱山)
　184, 293
芦別(北海道石狩炭田芦別地区)　420
左沢(あてらざわ)(山形県西村山郡大江町左沢)　86,
　145, 196, 202
安部城(青森県下北郡川内町安部城鉱山)
　327
荒川(秋田県仙北郡協和町荒川鉱山)　86,
　121, 143, 186, 289
粟津(石川県小松市粟津)　369

イ

生野(兵庫県朝来郡生野町生野鉱山)　293
石井(群馬県勢多郡富士見村石井)　316
板橋(栃木県今市市板橋)　345
今市(栃木県今市市)　31, 192, 195, 321
石見(島根県大田市五十猛町石見鉱山)
　199, 374, 382

ウ

宇久須(静岡県賀茂郡加茂村宇久須)　297
雲水峰(うずみね)(福島県須賀川市雲水峰)　86, 144,
　185, 200, 383
歌志内(北海道空知郡上砂川町歌志内鉱山)
　358, 374
内村地方(長野県小県郡丸子町虚空蔵)
　331

オ

大江山(京都府加佐郡大江町)　188
大賀茂(静岡県下田市大賀茂)　185
大串(長崎県西彼杵郡西彼町大串)　84
大口(鹿児島県大口市大口鉱山)　293
大須戸(新潟県岩船郡朝日村大須戸)　151,
　184
大谷(栃木県宇都宮市大谷)　31, 84, 85, 185,
　188, 191, 192, 195, 321
岡本(東京都世田谷区岡本)　318
越生(埼玉県入間郡越生町)　87, 146, 188,
　199, 200
尾去沢(秋田県鹿角市尾去沢鉱山)　275, 383
おし沼(神奈川県川崎市おし沼)　318
渡島福島(おしまふくしま)(北海道松前郡福島町白符(しらふ))　331
小戸(新潟県新発田市小戸)　149, 185, 195
鬼石(群馬県多野郡鬼石町)　146, 200, 211
鬼首(おにこうべ)(宮城県玉造郡鳴子町鬼首)　31, 188,
　191

カ

柏倉門伝(山形県山形市柏倉門伝)　249
春日(鹿児島県枕崎市西鹿籠春日鉱山)
　144, 187
金倉(長野県下高井郡山ノ内町平穏金倉鉱山)
　183, 187, 188

496　　　索　引

上粟代(愛知県北設楽郡東栄町振草上粟代)
　184
上北(青森県上北郡天間林村上北鉱山)
　86, 196, 293, 297, 356, 362, 365, 367, 374,
　386, 412, 414
上末吉(横浜市上末吉)　317
上砂川(北海道石狩炭田空知地区上砂川)
　356, 359, 387, 403
上ノ山(山形県上山市)　149, 195
川端下(長野県佐久郡川上村川端下)　188
河山(山口県玖河郡美川町河山鉱山)　87,
　188, 195, 347
関白(栃木県河内郡上河内村関白鉱山)
　121, 187, 199, 293
神戸(奈良県宇陀郡神戸村神戸鉱山)　184

キ

北ノ沢(茨城県久慈郡里美村笠石北ノ沢鉱
　山)　185

ク

久慈川(茨城県那珂郡山方町の久慈川の東
　岸)　363, 386
串木野(鹿児島県串木野市串木野鉱山)　293
葛生(栃木県安蘇郡葛生町)　87
蔵田(山口県阿武郡阿東村蔵田鉱山)　127,
　128, 130, 362, 367

コ

小市(長野県，産地不詳)　325
鴻ノ舞(北海道紋別市鴻ノ舞鉱山)　130,
　293
河守(京都市加佐郡大江町河守鉱山)　86,
　146, 188, 199, 200, 211
小金井(東京都小金井)　195, 321
五島(長崎県福江市五島鉱山)　196, 356
小向(北海道紋別市小向)　256

サ

蔵王(山形県上山市蔵王鉱山)　84, 130, 275
佐山(秋田県北秋田郡阿仁町佐山鉱山)　143

シ

雫石(岩手県岩手郡雫石町)　31, 192, 195
七戸(青森県上北郡七戸町)　31, 84, 187,
　192, 195
渋川(群馬県渋川市)　195
釈迦内(秋田県大館市釈迦内，釈迦内鉱山)
　85, 140, 186
勝賀瀬(高知県吾川郡伊野町勝賀瀬)　143
勝光山(広島県庄原市川北町,比婆郡比和町
　勝光山)　84, 201
上信(群馬県吾妻郡嬬恋村上信鉱山)　31,
　187, 191, 195
白石(栃木県塩谷郡白石鉱山)　139
白石(宮城県白石市)　323, 324, 325

ス

諏訪(茨城県日立市諏訪鉱山)　186

セ

清越(静岡県田方郡土肥町清越鉱山)　293

タ

大平山(秋田県河辺郡河辺町岩見三内)　383
高玉(福島県郡山市熱海町高玉鉱山)　366,
　367, 374, 387
立山一ノ越(富山県立山一ノ越)　85
種市(岩手県九戸郡種市町)　31, 192, 195

チ

秩父(埼玉県秩父郡大滝村秩父鉱山)　184
千年(神奈川県川崎市千年)　318

ツ

調川(長崎県松浦市調川)　31, 187, 192, 195

索引　497

恒見（福岡県北九州市門司区恒見町）　386
津幡（石川県河北郡津幡町）　325

ト

戸倉（群馬県利根郡片品村戸倉）　359
戸津（石川県能美郡）　369

ナ

中束（新潟県岩船郡関川村中束）　371
なかまるけ

ニ

日光（栃木県塩谷郡塩谷町日光鉱山）　185
人形峠（岡山県苫田郡上斎原村人形峠）
　　223, 241

ヌ

沼田（群馬県沼田市）　195

ノ

能登（石川県加賀市勅使町能登鉱山）　374, 386
登戸（神奈川県川崎市登戸）　317

ハ

畑谷（島根県簸川郡湖陵町畑谷）　332
八戸（青森県八戸市）　31, 192, 195
花岡（秋田県大館市花岡鉱山）　121, 139, 145, 184, 185, 186, 195, 297, 327, 362, 365, 367, 382, 383
花輪（秋田県鹿角市花輪鉱山）　275
原（岐阜県恵那郡山岡町原）　121, 122
原町田（東京都町田市原町田）　321

ヒ

日立（茨城県日立市日立鉱山）　85, 121, 122, 142, 184, 186

フ

深浦（青森県西津軽郡深浦町）　326

福山（兵庫県神崎郡神崎町福本福山鉱山）　187, 188
藤岡（愛知県西加茂郡藤岡村飯野）　123
古遠部（秋田県鹿角郡小坂町古遠部鉱山）　386

ヘ

別府（大分県別府市亀川）　150, 291

ホ

宝坂（福島県耶麻郡西会津町宝坂）　150
細倉（宮城県栗原郡鶯沢町細倉鉱山）　291, 308
菩提（石川県小松市菩提町）　145, 369
穂波（長野県中野市）　84, 136

マ

松川（岩手県岩手郡松尾村松川）　298

ミ

三川（新潟県東蒲原郡三川村三川鉱山）　84, 184, 187, 290
水沢（山形県鶴岡市水沢）　195, 369
三石（岡山県和気郡三石町三石）　183, 184, 188
宮田又（秋田県仙北郡協和町宮田又、宮田又鉱山）　289
宮守（岩手県上閉伊郡宮守村）　87, 147
（明神礁（東京都））　321, 325

ム

陸奥（青森県東津軽郡平内町茂浦陸奥鉱山）　250
村松（長崎県西彼杵郡琴海町村松）　142

モ

茂浦（青森県東津軽郡平内町茂浦）　184
茂庭（宮城県仙台市茂庭）　86, 145, 332

ヤ

八女（福岡県八女郡広川町）　31, 192, 195

ユ

夕張（北海道石狩炭田夕張地区夕張）　403

ヨ

横手（秋田県横手市）　149
吉野（高知県長岡郡本山町）　381
余地峠（群馬県甘楽郡南牧村余地峠）　85, 122, 139, 447

米子（長野県須坂市米子鉱山）　356, 358, 374, 387

ラ

来丸（石川県能美郡辰口町来丸）　369

ワ

若山（大分県大野郡三重町若山鉱山）　150
和気（石川県能美郡辰口町和気）　369
鰐淵（島根県平田市河下町鰐淵鉱山）　85, 121, 142, 196, 202, 293, 383

■岩波オンデマンドブックス■

粘土鉱物学

1974年7月30日　第1刷発行
2015年9月10日　オンデマンド版発行

著　者　須藤俊男

発行者　岡本　厚

発行所　株式会社　岩波書店
〒101-8002　東京都千代田区一ツ橋2-5-5
電話案内　03-5210-4000
http://www.iwanami.co.jp/

印刷／製本・法令印刷

© 宮之原光子 2015
ISBN 978-4-00-730281-7　　Printed in Japan